国家重点研发计划资助 项目编号：2019YFB1505400
National Key R&D Program of China NO. 2019YFB1505400

可再生能源与火力发电
耦合集成及灵活运行控制技术

主编／闵 勇 谷 毅

中国电力出版社
CHINA ELECTRIC POWER PRESS

内 容 提 要

  本书以促进规模化可再生能源与火力发电协调发展为目标，以高比例可再生能源与火力发电的集成耦合机制与协同控制方法为关键科学问题，重点阐明了 4 个关键技术问题：内部协同和外部博弈下耦合系统容量优化配置方法；基于状态感知的耦合系统有功/频率、无功/电压的快速协同控制技术；耦合系统内火电机组快速负荷调控技术；耦合系统优化运营策略与收益精细化分配方法。

  本书展示了可再生能源与火力发电耦合集成与灵活运行控制技术的最新成果，可为可再生能源与火力发电耦合集成与灵活运行控制提供坚实的理论支撑和技术指导，为我国北方地区规模化可再生能源与火力发电协调发展提供有效的解决方案。本书对电网、新能源和火力发电行业的管理和技术人员具有重要的参考价值和工程应用价值。

图书在版编目（CIP）数据

可再生能源与火力发电耦合集成及灵活运行控制技术/闵勇，谷毅主编. —北京：中国电力出版社，2025.1

  ISBN 978-7-5198-8436-9

  Ⅰ.①可… Ⅱ.①闵…②谷… Ⅲ.①再生能源－关系－火力发电－运行－控制系统 Ⅳ.①TM61

  中国国家版本馆 CIP 数据核字（2023）第 245444 号

出版发行：中国电力出版社
地 址：北京市东城区北京站西街 19 号（邮政编码 100005）
网 址：http://www.cepp.sgcc.com.cn
责任编辑：赵鸣志（010-63412385） 贾丹丹
责任校对：黄 蓓 李 楠 于 维
装帧设计：王红柳
责任印制：吴 迪

印 刷：三河市万龙印装有限公司
版 次：2025 年 1 月第一版
印 次：2025 年 1 月北京第一次印刷
开 本：787 毫米×1092 毫米 16 开本
印 张：31.5
字 数：588 千字
印 数：0001—1000 册
定 价：160.00 元

本书编委会

主　　编	闵　勇　谷　毅
副 主 编	徐　飞　张建华　江　浩　陈　宁　郭哲强
	周桂平　陈　磊
参编人员	于　鹏　李正文　崔　岱　李家珏　王强钢
	常东锋　李建兰　薛朝囡　戈阳阳　赵清松
	王　伟　唐冰婕　鲁录义　姚　伟　杨龙杰
	侯国莲　黄从智　林　琳　张宇时　许小鹏
	李震宇　齐　阳　李典阳　唐俊刺　胡展硕
	吕旭明　杨滢璇　邢宇涵　库世达　欧阳德钊
	郭琳琅　周振华　厉　昂　郑善奇　魏　乐
	冯占稳　郭　峰　林晶雨　彭佩佩　刘　闯
	孟逸群

前 言

北方地区电网中水电、燃气轮机等灵活可调电源占比少，风电、光伏发电等可再生能源高比例接入的灵活性需求主要依靠火电机组；已开展的火电深度调峰、热电机组灵活性改造以及电热协调优化调度等研究有效提高了电网调节能力。根据《"十四五"现代能源体系规划》，未来北方地区可再生能源装机容量仍会逐年迅猛增长，而负荷增长平稳，系统将面临更大的可再生能源消纳压力。

电网中普遍存在风电、光伏发电与火电机组电气联系紧密，并可在并网点集成为耦合系统的场景，在实现耦合系统内火电快速调节平抑可再生能源波动、火电与可再生能源协同控制提供调节灵活性、耦合系统整体参与市场竞争等方面具有潜力，但国内外相关研究基本处于空白。分析表明，主要技术瓶颈包括：缺少耦合系统优化设计方法；现有控制相对独立，不适应耦合系统整体调控；现有火电灵活性改造无法满足耦合系统频繁快速调控需求；缺乏电力市场环境下耦合系统优化运营策略。

本书以促进规模化可再生能源与火力发电协调发展为目标，以高比例可再生能源与火力发电的集成耦合机制与协同控制方法为关键科学问题，围绕四个关键技术问题进行详细阐述：内部协同和外部博弈下耦合系统容量优化配置方法；基于状态感知的耦合系统有功/频率、无功/电压的快速协同控制技术；耦合系统内火电机组快速负荷调控技术；耦合系统优化运营策略与收益精细化分配方法。相关研究成果将为可再生能源与火力发电耦合集成与灵活运行控制提供坚实的理论支撑和技术指导，为我国北方地区规模化可再生能源与火力发电协调发展提供有效的解决方案。

本书编写单位包括辽宁省电力有限公司、清华大学、中国电力科学研究院有限公司、华北电力大学、西安热工研究院有限公司、华中科技大学、重庆大学、东北电力大学、三峡新能源大连发电公司、国电电力大连庄河发电公司等。

本书展示了可再生能源与火力发电耦合集成与灵活运行控制技术的最新成果，也包含了编写单位的研究心得和宝贵实践经验。本书内容新颖、材料丰富、对国内电网、新能源和火力发电行业的管理和技术人员具有重要的参考价值和工程应用价值。

本书在使用过程中将根据技术的发展不断扩充、修正和完善。对本书中的不足之处，欢迎读者不吝赐教。

编委会

2024 年 9 月

目 录

目 录

目录

第 1 章

可再生能源与火力发电耦合系统定义及模拟仿真

1.1 耦 合 系 统 定 义

1.1.1 可再生能源与火力发电耦合的研究背景及国内外相关研究现状

可再生能源发电场站与火力发电场站的耦合集成场景在系统内部快速平抑有功波动、协同参与快速调频、电力系统无功调节与共同参与市场博弈等诸多方面都具备着很大的潜力，但国内外的相关研究却基本处于空白状态。

在可再生能源发电场站与火力发电场站的联合运行方面，与耦合集成场景最为相关的主要是风火打捆方面的研究。文献 [1] 提出了将电阻型限流式静止同步补偿器（current-limiting static synchronous series compensator，SSSC）串联到风火打捆系统的联络线上的方式，以提高风火打捆系统的暂态稳定性，进而降低因风电并入而对风火打捆系统暂态稳定性所产生的不利影响；文献 [2] 在考虑风火打捆系统功率外送线路的热载荷能力（即考虑环境温度影响）的基础上，提出了对风火打捆外送电线路的截面与火电容量进行联合优化的方法，并综合考虑了送出风电及火电的收入、火电的总成本、外送线路投资成本以及风电的弃风成本所带来的社会效益，并运用了具体的算例表明该方法与不考虑热载荷能力的方法相比能更充分地发挥外送线路的输电能力，进而增加其社会效益；文献 [3] 基于动态非合作博弈理论，以风火打捆系统的直购电价和大用户直购电量为决策变量，建立了以双方收益均衡且最大化为目标的博弈模型，并论证了纳什均衡的存在性，进而提出了一种风火打捆参与大用户直购交易的新模式，解决了火电厂参与直购交易挤占风电上网空间的问题；文献 [4] 综合考虑了风电、直流、交流系统之间的交互作用，分析了系统中直流闭锁后所出现的电压暂时升高现象的原因，研究了直流系统的无功调节与风电机组的无功电压控制的详细机理，提出了直流、风电的协调控制策略，并以黑龙江电网为例进行了仿真与验证，对风火打捆直流外送系统的电压稳定控制方法提供了指导；文献 [5] 从需求侧和供给侧两侧出发，阐述了风火打捆的跨区域供给电采暖的工作原理，同时对需求侧与供给侧分别建立了价格上限计算模型与价格下限计算模型，评估了风火打捆系统跨区域供给电采暖的经济性，并以甘肃省和陕西省分别作为供给侧和需求侧的示范单位，验证了所提出模型的科学性与合理性；文献 [6] 结合电力系统功角失稳与电压失稳的判据，利用小扰动法分析了风火打捆外送系统静态安全域边界的性质，并提出了 3 种失稳模式分界点的求解方法；文献 [7]、文献 [8] 与文献 [9] 对风火打捆系统在次同步振荡方面的稳定问题进行了分析与研究。其中，文献 [10] 对风火打捆经过串联补偿后的外送系统进行了次同步振荡的机理分析，并在分析静止同步补偿器（STATCOM）控制策略的基础上对次同步振荡阻尼控制器进行了设计，进而对风火打捆系统中次同步振荡的抑制策略进行了研究；文献[11]通过分析风火打捆直流外送系统的次同步振荡原理，基于实际的区域电网参数，对风电场的次同步谐波引发火电机组扭振的必要条件进行了分析，进而对线路谐波阻抗、电流振荡频率与检修方式等因素对次同步谐波传播路径的影响进行了研究；而文献[12]采用了基于图形状态空间的阻抗建模方法，建立了包含轴扭转特性的火电机组详细阻抗模型，并基于时域仿真，分析了火电机组各扭振模态对风电振荡的响应。同时，还在文中阐述了当风电振荡频率接近扭振模态频率时可能会激发轴系扭振的原理，以及可以通过火电机组阻抗中的轴系扭振特性来对不同扭振模态的风险不同等现象进行解释。另外，文献[13]至文献[20]也在阻尼、谐振、安全域边界与相关控制策略等方面对风火打捆外送系统的暂态稳定性进行了大量而深入的研究。

此外，在耦合与集成等领域的概念定义及评价指标体系等方面，也有一些学者进行了探索与尝试。例如，文献[21]利用所设计的包含耦合度与协调度两个方面的耦合协调评价模型，以中铝广西分公司为例，研究了矿山企业生产效率水平与绿色矿山建设指标体系之间的耦合协调程度，并较好地评价了二者之间的相互关系；文献[22]也运用所定义的耦合协调度综合评价模型，在以往对城镇化质量与城镇化水平的静态耦合协调研究的基础上，从时空两个维度出发，对城镇化质量与速度的耦合协调关系进行了动态的分析。

综上所述，目前学者们在风火打捆系统方面的研究内容主要还是着眼于其外送系统的安全稳定问题，而这些研究并未考虑或涉及极具应用价值与研究潜力的可再生能源与火电的耦合集成应用场景，以及该类耦合集成系统的耦合性能评价指标体系或组合规划的设计准则与优化模型的建立等。与此同时，部分学者提出了如耦合度、协调度与耦合协调度等综合性评价指标的具体计算方式，但这些指标的计算方式大多偏向于数学或理论层面的描述，而并未考虑其在实际应用场景中的可行性与可靠性。在电力系统中，可再生能源发电场站与火力发电场站在联合运行与协同耦合方面具有一定的场景特殊性，这与许多学者在研究城市发展情况或企业生产效率等方面所使用的耦合度、协调度以及耦合协调度等模型并不相互兼容。因此，应该在考虑电力系统中可再生能源发电场站与火力发电场站耦合集成的实际应用场景的基础上，基于两者在该场景下运行时的具体耦合与协同原理，设计出一套更为合理的专用于评价其耦合集成性能的指标体系，并在该耦合性能评价指标体系的基础上，对耦合集成场景的最优组合方式及最优规划设计建立相应的准则及模型，进而在考虑经济效益的情况下，为大力推进可再生能源发电场站与火力发电场站耦合集成的工程应用做好铺垫。

1.1.2　耦合系统的定义、研究的必要性及其优势

在当前可再生能源发电场站大规模并入电网的背景之下,火力发电场站与可再生能源发电场站的具体耦合形式多种多样。目前,在同一并网点将该点所接入的可再生能源发电场站与火力发电场站耦合集成为统一的调控对象与运营主体,是部分地区或电网针对应用可再生能源与火电耦合集成场景的试运行计划,如图 1-1 所示,但该并网点处耦合的方案对于应用可再生能源与火电的耦合集成场景只能算是一种最为简单的尝试,其合理性存疑。因此,该类耦合集成场景只能算是耦合系统的一种具体应用形式,其并不具有描述耦合系统概念的代表性。本章将重新定义在包含高比例可再生能源的电力系统中,集成耦合的应用场景——耦合系统的广义概念与狭义概念,以及其应用价值与研究意义。可再生能源与火电的并网点耦合方案如图 1-1 所示。

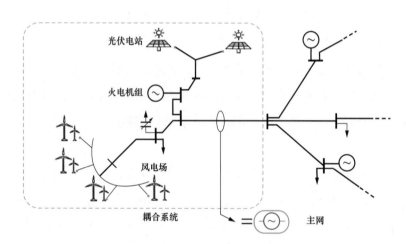

图 1-1　可再生能源与火电的并网点耦合方案

在当前高比例可再生能源接入电力系统的大背景之下,为了进一步挖掘与利用可再生能源发电场站与火力发电场站集成耦合场景的优势与潜力,进而改善电力系统的整体运行状况,同时致力于提升我国可再生能源的整体消纳水平,可再生能源与火电的集成耦合成为了促进我国可再生能源与火电规模化协调发展的一条新途径。因此,耦合系统具有非常显著的应用价值与十分重要的研究意义。

从广义上讲,在区域电网中,将数个不同类型的电源所对应的发电单元(即发电场或发电机组)进行集成耦合,从而形成一个包含不同电源类型的复合能源电能生产主体,进而成为一个被电网及该主体自身统一调控与运营的对象,即耦合系统。

从狭义上讲，对应于本文所研究的可再生能源发电场站与火力发电场站的集成耦合场景，耦合系统特指将一个或多个可再生能源发电场站（或机组）与一个或多个火力发电场站（或机组）进行集成耦合所形成的复合电能生产主体，并被电网及该主体自身统一调控与运营。对于在本文后续部分中所提到的耦合系统，其含义均指狭义概念上的耦合系统。耦合系统示意如图 1-2 所示，它表示了一个包含 2 个火力发电场、2 个风力发电场与 2 个光伏发电场的耦合系统。

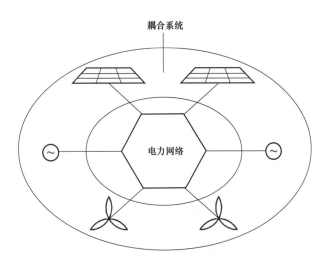

图 1-2　耦合系统示意图

在当前高比例可再生能源接入电力系统的大背景之下，为了进一步挖掘与利用可再生能源发电场站与火力发电场站集成耦合场景的优势与潜力，进而改善电力系统的整体运行状况，同时致力于提升我国可再生能源的整体消纳水平，可再生能源与火电的集成耦合成为了促进我国可再生能源与火电规模化协调发展的一条新途径。因此，耦合系统具有非常显著的应用价值与十分重要的研究意义。

1. 更短的波动平抑时间尺度

耦合系统可以通过利用其内部火电单元的快速调节能力，实现在更短的时间尺度下对可再生能源发电单元功率波动的快速平抑。

领域内众多学者在火电灵活性改造方面开展了大量的研究，其重点是提高火电的调峰能力，同时可再生能源发电场站与火力发电场站的联合运行时间尺度也在分钟级以上，因此它们在更短时间尺度下的快速平抑波动、共同参与调节等巨大潜力并没有得到发挥。理论上，通过对耦合系统内部各火力发电单元的快速调节能力进行统筹利用，可以实现在更短的时间尺度下对其内部可再生能源的功率波动进行快速平抑的效果，进而使得耦合系统的整体功率能够获得比传统风光打捆系统的功率特性曲线更为平滑的结果，如图 1-3 所示。

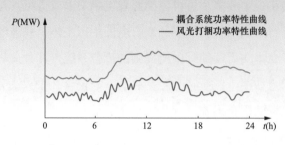

图 1-3　耦合系统与风光打捆系统的典型功率特性曲线

综上所述，为了挖掘电力系统中可再生能源与火电在更短时间尺度下（尤其在分钟级以下）的快速平抑内部功率波动的协调互补潜力，耦合系统的应用是最为直接的途径。

2. 更高的功率可控性与可预测性

对于含有超过一个可再生能源发电单元（属于大多数情况）的耦合系统，其可以通过利用其内部多个可再生能源发电单元的功率预测误差互补优势，增加耦合系统整体功率的可控性与可预测性。

耦合系统作为一个包含可再生能源的发电主体，其正常运行需要根据其内部可再生能源的功率预测结果以及其内部火电的调节能力制订发电计划。因为可再生能源发电单元的功率存在着很大的不确定性，所以其功率预测通常会存在一定的误差，但当耦合系统内部拥有多个可再生能源发电单元时，它们各自的功率预测误差将在正负两个方向上呈现出不同的特性，因而具有一定程度的互补相抵性质，进而可以降低耦合系统的整体功率预测误差，从而形成耦合系统在整体功率可控性与预测准确度等方面的表现有所提高的现象，这也是包含多个可再生能源发电单元的耦合系统的应用潜力及其研究价值所在。

3. 更强的有功、无功辅助调节能力

可再生能源发电单元与火力发电单元在有功、无功调节特性上存在着较大的差异，通过内部的统筹安排与协调配合，耦合系统可以向电网提供更为优质的有功、无功调节服务。

在有功方面，火力发电单元与可再生能源发电单元在一次调频过程中所表现出来的调节速率因受到其各自的调节机制影响而呈现出较大的区别。可再生能源发电单元中电力电子装置的功率调节机制与火力发电单元中锅炉及汽轮机调节的动态过程有着天然的不同，且不同类型的可再生能源发电单元之间也会因为各自调节原理的不同而形成差别，因此最终形成了光伏发电单元的调节速率最快，其次是风力发电单元，而火力发电单元的调节速率相对最慢的特点；类似地，在调节深度等方面，火力发电单元与可再生能源发电单元也呈现出巨大的不同，如图 1-4 所示。综上所述，在一次调频的动作时序方面，可以通过一定的调节机制或顺序设置，例如光伏发电单元先动作、风力发电单元后动作、最后火力发电单元再动作的设置，使得火电、风电与光伏发电的不同调节速率与调节能力形成最佳的配合模式，进而让耦合系统整体向电网提供的辅助调频服务更为优质，也更大程度地利用了火力发电单元与可再生能源发电单元的协调互补能力。

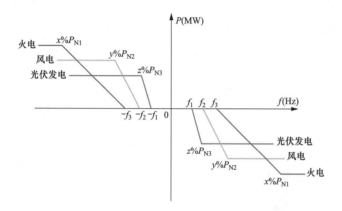

图 1-4　火电、风电与光伏发电的一次调频特性

在无功方面，可再生能源发电单元的电力电子装置在空闲时可以向电力系统提供无功补偿，例如光伏发电单元在夜间可以通过无功可用容量来缓解火力发电单元进相运行的压力，进而提高耦合系统整体控制无功电压的经济性，如图 1-5 所示。

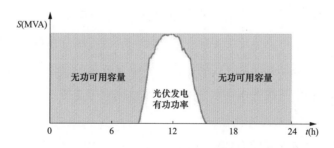

图 1-5　光伏单元可以提高电力系统的无功调节性能

4. 更优的经济效益及调节积极性

在电力市场环境逐渐成熟的大背景之下，耦合系统内部各类电源的协调配合也有助于实现其整体效益的最大化。与此同时，耦合系统担任着电力市场中发电利益主体的角色，其参与电力市场竞争与博弈的过程也可以大大提高火电的辅助调节积极性。

　　当前接入电网的众多发电场站，实际上相当于众多不同的利益主体，每个利益主体都有其自身的利益目标，各主体之间的利益关系存在着某种程度上的竞争或博弈现象。当电网中可再生能源的功率波动导致功率失衡时，负责提供灵活性的火电参与调节的响应态度不够积极，因为这会降低其自身的安全性与经济性。但是，如果采用耦合系统的方案并设置合理的利益分配方式，它将作为一个发电利益主体，其内部的可再生能源功率波动将关乎耦合系统自身的经济性。因此，从耦合系统主体自身的利益出发，为了使关系到内部各发电单元的整体综合效益最大化，其内部提供灵活性的发电单元将在调节过程中表现出高度的积极性，进而形成可再生能源发电单元积极提供电量、火力发电单元积极提供辅助服务以及两者均受耦合系统整体根据市场化具体需求进行协调与控制的格局，如图 1-6 所示。在逐渐成熟且不断推广其应用的电力市场环境之下，这样的格局不仅让耦合系统具有更好的趋势适应性与运营竞争力，同时从电网的宏观层面来看也是极其有利的。

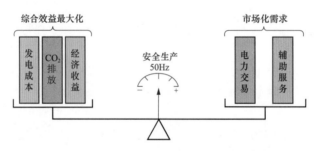

图 1-6　耦合系统在电力市场环境下的运营竞争力

　　对于极少数运行条件较为苛刻的耦合系统，即使在某些情况下其整体的电能质量难以达标，也能够通过在并网之后受助于电力系统的调度调节能力而实现电能的正常生产与输送。这时电力系统的调节压力也将只来源于无法被各耦合系统内部所消化的额外灵活性需求，其调度层面的调节难度也将随着宏观节点数量与系统规模的减小而降低。因此，耦合系统的存在对于提升电网整体的经济效益提供了支持。

　　5. 更好的政策适应性及博弈优势

　　在新电改政策与可再生能源高比例消纳的背景与趋势之下，为了利用市场的资源配置潜力打破行业垄断，提高电能生产者与消费者的积极性，形成市场化的定价机制和交易模式，未来的电力市场必然会演化为一个由多个具有博弈与竞争关系的买方利益主体及卖方利益主体所共同构成的形态。届时电网的盈利将主要来源于输电、配电过程中所需要的过网费用，其相对于发电厂侧的单一买方角色与相对于电力用户侧的单一卖方角色将不复存在，传统的电网垄断式交易模式将转变为各电力用户可绕过电网平台的限制而与生产电能的各发电公司直接进行双向选择与拍卖交易的新格局。

考虑到电力用户及电网对于电能指标的严格要求，作为卖方主体的各发电公司需要对其所生产电能的质量进行相当严格的控制，以使其电能质量满足电力用户与电网的需要。此时，如果火电、风电与光伏发电等各类发电公司均自成为一个主体以参与市场交易，那么尽管火电等功率可控性较高的发电公司具有很大的优势，但受自然因素影响严重的可再生能源发电公司将会因其功率的可控性极低而难以支撑其在电力市场中占有一席之地。因此，如果采用耦合系统的配置方法，每一个耦合系统将作为一个参与电力市场交易与博弈的主体。由于每个耦合系统内部都同时包含环保经济但功率可控性低的可再生能源发电单元，以及调节能力较强的火力发电单元等传统资源，因此其耦合系统主体既可以通过内部协同调节来保证其整体输出电能的质量，又可以通过尽量提升其内部可再生能源的消纳水平以降低其整体的发电成本，进而在参与市场博弈时获得卖方出价竞争的优势。

1.2 耦合系统的耦合机制

1.2.1 耦合系统的耦合机制与指标体系

在当前高比例可再生能源接入电力系统的大背景之下，耦合系统可以进一步挖掘与利用可再生能源发电场站与火力发电场站集成耦合场景的优势与潜力，具有更短的波动快速平抑时间尺度，更高的功率可控性与可预测性，更强的有功、无功辅助调节能力和更优的经济效益及调节积极性。因此，耦合系统具有非常显著的应用价值与十分重要的研究意义。

尽管耦合系统在前述各方面具备很大潜力，但国内外的相关研究基本处于空白状态，这使得其应用与推广存在不少技术瓶颈，其中之一便是缺少耦合系统的组合优化设计方法。目前，在耦合系统的应用层面，如何对区域电网进行耦合潜力辨识，以及如何组合其中的众多发电单元以形成耦合系统成了首要问题，而该问题的关键在于缺乏一套耦合系统的协同性能评价体系，从而难以对其组合设计问题建立优化模型。因此，鉴于可再生能源与火电的集成耦合机制已经明确，应首先建立一套合理的耦合系统协同性能评价指标体系，并据此对耦合潜力辨识及组合优化设计等问题建立相应的数学模型，从而为耦合系统应用的首要问题提供解决方案。

根据耦合系统的研究意义，在不考虑还未普及的博弈型开放电力市场的作用时，其存在所带来的性能提升主要基于功率预测误差互补、对内快速平抑波动与对外配合提供调节 3 个方面。因此，耦合系统协同性能评价指标的设计应主要围绕这 3 个方面来进行。此外，根据耦合系统的运行机理，其内部有功波动的平抑过程具有责任指向性，因此其发电单元间电气距离的不同将在运行层面对电网的潮流波动产生不同的影响。因为本研究建立该协同性能评价体系的重要目的之一是解决实际电网中耦合系统的应用问题，因此必须考虑耦合系统的形成与运行对电网的安全稳定影响。

结合上述，本研究对应地从制定与跟踪发电计划、对内平抑波动、对外提供调节以及对系统潮流的影响四个方面出发，建立了耦合系统的四维协同度（synergy，SNG）评价指标体系，其中包含功率预测互补度（output prediction complementary degree，OPCD）、有功波动平抑度（power fluctuation stabilization degree，PFSD）、有功调节协同度（power regulation coordination degree，PRCD）以及潮流波动影响度（power flow influence degree，PFID）4 个指标。在该研究中，建立该协同评价体系的数学基础为基于历史数据的统计分析，以及离散随机变量的概率分布与相关运算。

综上所述，对于任意一个耦合系统，都可以利用该协同度评价体系中的前三项指标，对其宏观的运行性能或内部各发电单元间的整体协同程度进行量化表征，进而反映出该电能生产主体在有功功率方面的性能。同时，还可以利用该协同度评价体系中的第四项指标，来对其内部发电单元在运行时影响电网潮流的程度进行量化表征，进而反映出该组合方式对系统安全的影响。在该协同度评价体系中，各项指标的数值大小与结果优劣并没有完全一致的对应关系。同时，由于各指标间具有一定的相互独立性，笼统地设定权重以给出综合评价结果的意义不大。因此，该研究所设计的协同度评价指标体系具有相当的灵活性，其工程应用需根据实际场景对各项指标的要求来确定相应的数学模型。

1. 功率预测互补度 OPCD

耦合系统作为一个包含高比例可再生能源且受电网宏观管辖的发电主体，其得以正常运行的一大重要前提是发电计划曲线的制定与跟踪，同时其整体发电计划曲线的制定依据主要来源于其内部各可再生能源电场的预测功率结果及其内部火电等传统资源的调节能力，但可再生能源所具有的不确定性会引入预测误差，这将影响电力系统的运行性能。例如对于风电，在不同时间尺度下预测误差的影响存在着差异：秒级到分钟级的误差主要影响系统调频备用的容量需求，分钟级到十分钟级的误差主要影响系统的旋转备用，小时级的误差主要影响系统的非旋转备用，而数小时级的误差主要影响系统的机组组合计算结果等。

在通常情况下，因为一般火电场的装机容量及调节能力都相较于一般可再生能源电场的装机容量及其波动水平更大，因此从经济性的角度来讲，一个合理的耦合系统组合中一般应包含多个风电与光伏发电等可再生能源电场。因此，当多个可再生能源发电场站耦合在一起之后，其功率总和的整体预测误差期望将会由于将含有不同方向的各可再生能源的功率预测误差进行概率加和运算而呈现出不同程度的降低，从而可以使得耦合系统主体在其整体功率

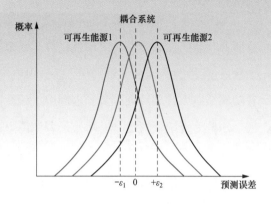

图 1-7 耦合系统整体功率预测的性能提升

计划曲线制定的层面获取一定程度的性能提升，如图 1-7 所示。

根据上述原理，基于耦合系统中各可再生能源预测功率与实际功率的历史数据，该研究定义功率预测互补度 OPCD 以对耦合系统整体预测误差期望的减小程度进行表征。它表达了由于耦合系统的存在，将多个可再生能源电场进行耦合后的整体功率预测误差期望的绝对值与原来各可再生能源的功率预测误差期望的绝对值之和的比值，其计算公式为

$$S_{\mathrm{OPCD}} = \frac{\sum\limits_{t} \left| \sum\limits_{i} X_i^{\mathrm{f}}(t) - \sum\limits_{i} X_i^{\mathrm{p}}(t) \right|}{s_{\mathrm{A}}(t)} \bigg/ \sum\limits_{i} \left(\frac{\sum\limits_{t} \left| X_i^{\mathrm{f}}(t) - X_i^{\mathrm{p}}(t) \right|}{s_{\mathrm{A}}(t)} \right) \tag{1-1}$$

式中：t 为历史一段时间中的某一时刻；$X_i^{\mathrm{f}}(t)$ 为第 i 个可再生能源发电厂站在该时刻的预测功率；$X_i^{\mathrm{p}}(t)$ 为第 i 个可再生能源发电场站在该时刻的实际功率；$s_{\mathrm{A}}(t)$ 为历史数据采样的离散时间点总数。已知该功率预测互补度在数学上满足

$$S_{\mathrm{OPCD}} \leqslant 1 \tag{1-2}$$

且其值越小表明耦合系统整体有功功率预测性能的提升越大。

2. 有功波动平抑度 PFSD

根据制定好的发电计划曲线，耦合系统将进入正常的运行阶段，其在该阶段的主要任务是尽其内部火电的调节能力在更短的时间尺度上对可再生能源的功率波动进行平抑，以最大限度地跟踪发电计划曲线，进而保证耦合系统整体功率的平滑度、可控性与可预测性。因此，耦合系统跟踪发电计划曲线的能力是宏观上衡量耦合系统整体协同性能的一大重要标准，而其在本质上反映了耦合系统内部火电的功率调节能力快速平抑可再生能源功率波动的性能。因此，该研究将该指标定义为有功波动平抑度 PFSD。

对于一个确定的耦合系统，无论其内部各发电单元的数量和种类，其本质上都只拥有两种类型的发电资源：灵活性供给类资源（如火电）与灵活性消耗类资源（如风电与光伏发电等）。在当前的电网中，多数风电与光伏电场都没有向电网提供可控与可观的有功调节能力，导致火电成了电网中灵活性供给能力的主要来源。当然，在南方某些地区，水电等传统资源也具有可观的调节能力，同时在大力推进电网需求侧响应的新形势下，未来电网中的灵活性供给类资源也将纳入电力用户这一角色，但在主要针对北方电网的研究中，耦合系统中的灵活性供给类资源将只考虑火电。

对耦合系统进行有功波动平抑度评价，其本质上与对含有高比例可再生能源的微型电力系统进行灵活性评价有相似之处。传统的电力系统灵活性评价主要从某一时刻系统中有功的供需平衡关系出发，而在含有高比例可再生能源的发电系统中，由于可再生能源的时序波动特性较为明显，系统灵活性的评价应该从单纯的电力供需平衡的角度转变为考虑不同时间尺度下灵活性供需平衡的角度，才更为客观与合理。基于概率卷积和、差运算的对含有高比例可再生能源的电力系统进行灵活性评价的方法，这与研究中设计有功波动平抑度指标的算法类似。综上所述，研究所定义的有功波动平抑度指标包含可任意设定的时间尺度参数，并拥有正负或上下 12 个方向上的含义。

根据耦合系统的运行原理及有功波动平抑指标的评价角度，有功波动平抑度的定义主要基于耦合系统中火电的调峰能力、爬坡速率、可再生能源功率的波动水平。一般情况下，耦合系统在实现内部完全平抑时需要满足

$$
\begin{cases}
\sum_i P_{\max.G.i}^+ \geqslant \sum_n P_{\max.L.n}^- \\[2mm]
\sum_i P_{\max.G.i}^- \geqslant \sum_n P_{\max.L.n}^+ \\[2mm]
\sum_i \dfrac{\mathrm{d}P_{\max.G.i}^+}{\mathrm{d}t} \geqslant \sum_n \dfrac{\mathrm{d}P_{\max.L.n}^-}{\mathrm{d}t} \\[2mm]
\sum_i \dfrac{\mathrm{d}P_{\max.G.i}^-}{\mathrm{d}t} \geqslant \sum_n \dfrac{\mathrm{d}P_{\max.L.n}^+}{\mathrm{d}t}
\end{cases}
\tag{1-3}
$$

式中：$P_{\max.G.i}^+$ 为第 i 个灵活性供给型机组的上调峰容量；$P_{\max.G.i}^-$ 为第 i 个灵活性供给型机组的下调峰容量；$P_{\max.L.n}^+$ 为第 n 个灵活性消耗型机组的向上负荷波动（等效向下净负荷）；$P_{\max.L.n}^-$ 为第 n 个灵活性消耗型机组的向下负荷波动（等效向上净负荷）。

因为耦合系统属于典型的含高比例可再生能源的发电系统，其所具有的高不确定性与高波动性大大削弱了微观、时变型描述方式的意义，但其灵活性的供给能力与消耗水平却均服从特定分布的随机变量，因此，该研究从统计学的角度对耦合系统的灵活性供

需平衡关系进行描述，进而定义其有功波动平抑度。

在耦合系统中，根据每个发电单元的有功功率历史功率信息，可以得到各发电单元的功率概率分布 $\Pr(X_i)$，即得到每个发电单元的功率位于其功率范围 $R(P)$ 内每一个点处的概率。因此，针对历史一段时间，第 i 个发电单位的有功功率为 $X[X\in R(P)]$ 时的概率为

$$\Pr(P_i = X) = \frac{s_{A.i}(X)}{s_{A.i}^{all}(X)} \tag{1-4}$$

式中：$s_{A.i}(X)$ 为第 i 个发电单位在该时间段内有功功率为 X 时的采样点数量；$s_{A.i}^{all}(X)$ 为第 i 个发电单位在该时间段内的总采样点数量。

对于灵活性供给型发电单元，在每一个采样点时刻 t 处，对应于不同的时间尺度参数，都可以利用该采样点的发电功率 $X(t)$ 获得其在该时间尺度下在不同方向上的调节能力。典型地，对于火电机组 i，针对时间尺度为 τ 的场景，其在采样时刻为 t 的点处所具有的方向上的灵活性供给（flexibility supply，FS）能力为

$$F_{S.i}^+(t) = \min[X_{max} - X(t), R_g^+\tau] \tag{1-5}$$

式中：R_g^+ 为该火电机组在该采样点发电功率 $X(t)$ 处的向上爬坡速率；X_{max} 为该火电机组运行允许的最大有功功率，即上调峰容量。

同理，其在采样时刻为 t 的点处所具有的方向向下的灵活性供给能力为

$$F_{S.i}^-(t) = \min[X(t) - X_{min}, R_g^-\tau] \tag{1-6}$$

式中：R_g^- 为该火电机组在该采样点发电功率 $X(t)$ 处的向下爬坡速率；X_{min} 为该火电机组运行允许的最小有功功率，即下调峰容量。

类似地，对于灵活性消耗型发电单元，在每个采样点时刻 t 处，对应于不同的时间尺度参数，也都可以利用该采样点的发电功率 $X(t)$ 获得其在该时间尺度下在不同方向上的波动水平。典型地，对于可再生能源发电机组 j，针对时间尺度为 τ 的场景，其在采样时刻为 t 的点处所具有的方向向上的灵活性消耗（flexibility consumption，FC）水平为

$$F_{C.j}^+(t) = \begin{cases} X(t+\tau) - X(t), & X(t+\tau) \geqslant X(t) \\ 0, & X(t+\tau) < X(t) \end{cases} \tag{1-7}$$

同理，其在采样时刻为 t 的点处所具有的方向向下的灵活性消耗水平为

$$F_{C.j}^-(t) = \begin{cases} X(t) - X(t+\tau), & X(t+\tau) < X(t) \\ 0, & X(t+\tau) \geqslant X(t) \end{cases} \tag{1-8}$$

综上所述，对于耦合系统中的每类资源，都可以通过其各运行点的概率分布，以

及该点在不同方向上、对应于给定时间尺度参数的灵活性供给能力与灵活性消耗水平，得到最终各类资源的灵活性供给能力或消耗水平的概率分布。图 1-8 以灵活性供给类机组、灵活性调节方向向上的场景为例，展示了从机组历史发电功率信息出发获得其灵活性供给能力概率分布的详细过程。最后，再通过同类资源之间的灵活性概率和运算与异类资源之间的灵活性概率差运算，即可得到最终的有功波动平抑度指标 PFSD。

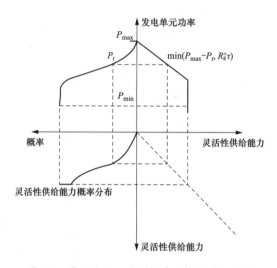

图 1-8　灵活性供给能力概率分布的获得过程

从离散概率分布的角度出发，为了方便函数形式的表达，设置布尔逻辑函数为

$$J(x,y)=\begin{cases}1,x\geqslant y\\0,x<y\end{cases} \tag{1-9}$$

方向向上与向下的有功波动平抑度可分别定义为

$$\begin{cases}S_{\mathrm{PFSD}}^{+}=\dfrac{\sum\limits_{t_1}\sum\limits_{t_2'}J\left[\sum\limits_i F_{\mathrm{S}.i}^{+}(t_1),\sum\limits_j F_{\mathrm{C}.j}^{-}(t_2')\right]}{s_{\mathrm{A}}(t_1)s_{\mathrm{A}}(t_2')}\\[4mm]S_{\mathrm{PFSD}}^{-}=\dfrac{\sum\limits_{t_1}\sum\limits_{t_2'}J\left[\sum\limits_i F_{\mathrm{S}.i}^{-}(t_1),\sum\limits_j F_{\mathrm{C}.j}^{+}(t_2')\right]}{s_{\mathrm{A}}(t_1)s_{\mathrm{A}}(t_2')}\end{cases} \tag{1-10}$$

其含方向的直接表达式为

$$S_{\mathrm{PFSD}}^{\pm}=\dfrac{\sum\limits_{t_1}\sum\limits_{t_2'}J\left[\sum\limits_i F_{\mathrm{S}.i}^{\pm}(t_1),\sum\limits_j F_{\mathrm{C}.j}^{\mp}(t_2')\right]}{s_{\mathrm{A}}(t_1)s_{\mathrm{A}}(t_2')} \tag{1-11}$$

式中：t_1 与 $s_{\mathrm{A}}(t_1)$ 分别为灵活性供给类发电单元的统一采样时间变量及采样点总数；

t_2 与 $s_A(t_2')$ 分别为灵活性消耗类发电单元的统一采样时间变量及计算点总数。根据式（1-5）与式（1-6），在灵活性供给类发电单元的采样范围内，可在每个采样点处计算各发电单元的 $F_{S.i}^{\pm}$；然而，根据式（1-7）与式（1-8），在灵活性消耗类发电单元的采样范围内，却无法在对应于时长 τ 的末端采样区间中计算 $F_{C.j}^{\pm}$，这是因为其计算需要使用位于当前采样点后时差为 τ 处的采样点所对应的数据。综上，在式（1-10）及式（1-11）中，灵活性供给类发电单元应使用实际的采样点总数 $s_A(t_1)$，而灵活性消耗类发电单元应使用修正后的计算点总数 $s_A(t_2')$，即

$$s_A(t_2') = s_A(t_2) - \frac{\tau}{s_I(t_2)} \tag{1-12}$$

式中：$s_A(t_2)$ 为灵活性消耗类发电单元的统一采样点总数；$s_I(t_2)$ 为灵活性消耗类发电单元的统一采样时间间隔。

为了降低计算复杂度，上述有功波动平抑度的表达式是在同一类型发电单元的采样时间点总数相等的情况下，从部分概率运算的角度出发来进行定义的。若每个发电单元的采样时间点总数各异，从全概率运算的角度出发，有功波动平抑度更准确的定义式应为

$$S_{PFSD}^{\pm} = \sum_{s_A^{all}} \oplus \Pr\left[J\left(\sum_i F_{S.i}^{\pm}, \sum_j F_{C.j}^{\mp} \right) | \tau \right] \tag{1-13}$$

式中：$\sum_{s_A^{all}} \oplus$ 为所有采样点组合下的离散概率卷积和算子。

值得一提的是，上述有功波动平抑度的表达对任何灵活性供给类资源与灵活性消耗类资源联合运行的场景具有普适性，但某些灵活性供给类资源的发电功率概率分布具有高度可控性，因此在使用有功波动平抑度对待耦合系统（即其历史运行数据属于非耦合状态）的性能进行预评价时，应注意耦合系统的形成对灵活性供给类资源发电功率概率分布的影响，进而决定式（1-10）、式（1-11）或式（1-13）中灵活性供给能力更为准确的表达形式，从而得到待耦合系统在投入运行之后在平抑性能方面更为合理的预估结果。

综上所述，从统计学层面上讲，有功波动平抑度表达了对于一个确定组合的耦合系统，在所关心的时间尺度及调节方向上，其内部火电完全平抑可再生能源波动的概率期望值；从物理意义上讲，有功波动平抑度通过对历史功率数据进行统计分析，体现了耦合系统内部各发电单元之间灵活性供给与消耗的整体平衡互补程度，表达了耦合系统整体跟踪其发电功率计划曲线的能力，以及其在整体功率的宏观误差、平滑度与可预测性等方面的性能。

3. 有功调节协同度 PRCD

在实际的电网中，耦合系统作为一个发电主体，其在跟踪自身发电计划曲线的基础

上，还应该留有一定的灵活性裕量，即宏观层面上的灵活性供给总量在抵消灵活性消耗总量之后所剩余的灵活性供给量，以用于在实际的电力负荷发生波动等情况下响应电网对耦合系统所提出的调节需求。因为耦合系统的灵活性裕量主要表征耦合系统整体响应电网调度调节或提供辅助服务的能力，所以该研究将其称为有功调节协同度 PRCD。因此，耦合系统可以从计算内部灵活性裕量的角度出发，通过类似的离散统计分析方法，将方向向上与向下的有功调节协同度分别定义为

$$
\begin{cases}
S_{\mathrm{PRCD}}^{+} = \dfrac{\displaystyle\sum_{t_1}\sum_{t_2'}\Big[\sum_i F_{\mathrm{S}.i}^{+}(t_1) - \sum_j F_{\mathrm{C}.j}^{-}(t_2')\Big]}{s_{\mathrm{A}}(t_1)s_{\mathrm{A}}(t_2')} \\[4mm]
S_{\mathrm{PRCD}}^{-} = \dfrac{\displaystyle\sum_{t_1}\sum_{t_2'}\Big[\sum_i F_{\mathrm{S}.i}^{-}(t_1) - \sum_j F_{\mathrm{C}.j}^{+}(t_2')\Big]}{s_{\mathrm{A}}(t_1)s_{\mathrm{A}}(t_2')}
\end{cases}
\tag{1-14}
$$

其含方向的直接表达式为

$$
S_{\mathrm{PRCD}}^{\pm} = \frac{\displaystyle\sum_{t_1}\sum_{t_2'}\Big[\sum_i F_{\mathrm{S}.i}^{\pm}(t_1) - \sum_j F_{\mathrm{C}.j}^{\mp}(t_2')\Big]}{s_{\mathrm{A}}(t_1)s_{\mathrm{A}}(t_2')}
\tag{1-15}
$$

类似地，上述有功调节协同度的表达式也是在同一类型发电单元的采样时间点总数相等的情况下，从部分概率运算的角度出发来进行定义的，目的同样是降低计算复杂度。若每个发电单元的采样时间点总数各异，从全概率运算的角度出发，有功调节协同度更准确的定义式应为

$$
S_{\mathrm{PRCD}}^{\pm} = \sum_{s_{\mathrm{A}}^{\mathrm{all}}} \oplus \mathrm{Pr}\Big[\Big(\sum_i F_{\mathrm{S}.i}^{\pm} - \sum_j F_{\mathrm{C}.j}^{\mp}\Big)\,|\,\tau\Big]
\tag{1-16}
$$

由于有功调节协同度与有功波动平抑度的定义角度类似，其同样具有普适性，且当使用有功调节协同度对待耦合系统的协同调节性能进行预评价时，同样应注意耦合系统的形成对灵活性供给类资源功率概率分布的影响，并根据实际情况或需要对 $F_{\mathrm{S}.i}^{\pm}$ 的概率分布进行修正。

综上所述，对耦合系统的有功协同互补与共同调节潜力的表征包含了对内的有功波动平抑度与对外的有功调节协同度等方面。有功波动平抑度 PFSD 反映了耦合系统内部的灵活性供需平衡关系及波动平抑能力，而有功调节协同度 PRCD 反映了耦合系统整体对外提供辅助调节的潜力。

4. 潮流波动影响度 PFID

在耦合系统运行时，除了对其性能的优劣进行评价，还应该考虑其对电网所带来的影响。根据耦合系统的运行原理，已知其内部各发电单元的功率协同互补过程会导

致电网中的潮流发生变化，且耦合系统的不同组合方式对于电网潮流的影响不同。为了降低问题复杂度，该研究采用直流潮流模型，则一个节点电源的注入功率变化导致某条线路上的潮流变化程度可以用发电机输出功率转移分布因子（generation shift distribution factor，GSDF）来进行表征。因此，所有电源节点的功率变化对所有支路潮流的影响可以用发电机转移分布因子矩阵 $\boldsymbol{G}_{b \times n}$ 来进行表示。其中，b 表示支路数，n 表示节点数。

考虑如图 1-9 所示中的网架结构，当采取

$$\begin{cases} G_{1T} - G_{1W} - G_{1S} \\ G_{2T} - G_{2W} - G_{2S} \\ G_{3T} - G_{3W} - G_{4W} \\ G_{4T} - G_{5W} - G_{6W} \end{cases} \tag{1-17}$$

的耦合方式时，如果 4 个耦合系统都具有优秀的协同性能，那么显然这样的耦合方式在内部功率平抑互补时，对电网中支路的潮流影响最小，自然也是最为健康的耦合方式。但实际上，不同的可再生能源的波动性特征不一样，火电的容量与调节能力也不尽相同。综上所述所建立的指标容易发现，简单地将并网节点处的所有发电单元进行耦合是不合理的，应该综合协同度评价体系中的多维度指标来进行综合评价与设计。

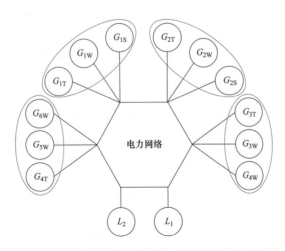

图 1-9　区域电网中发电单元的单火型耦合方案

据前所述，耦合系统一般应包含多个可再生能源发电单元。当耦合系统内部的各可再生能源发电单元的功率发生波动时，利用 $\boldsymbol{G}_{b \times n}$ 考察灵活性供给类资源对其进行功率平抑的过程对某支路潮流的影响，再结合统计分析与概率运算，即可得到各资源、各耦

合系统乃至各耦合方案对该支路的潮流波动影响度 PFID。因为其他可再生能源发电单位的功率波动不可控，所以考虑功率转移对支路潮流的影响时，功率波动的平抑应完全计入耦合系统中火电的调节任务。因此，耦合系统内部功率的平抑过程对支路潮流的影响不仅与该可再生能源节点相对研究支路的 GSDF 有关，还与耦合系统中的火电节点对研究支路的 GSDF 有关。

可定义灵活性消耗类发电单元 j 在时刻 t 处针对时间尺度为 τ 的场景下所具有的全方向上的通用灵活性消耗水平为

$$F_{\mathrm{C}.j}^{\tau}(t') = X_j(t'+\tau) - X_j(t') \tag{1-18}$$

同时，设研究支路为 m，分别考虑耦合场景为单火型与多火多风型两种情况。

（1）单火型耦合场景。对于单火型耦合系统 c，以 1 火 1 风 1 光型系统为例，设风电 1 与光伏发电 1 所处节点分别为 i 和 j，火电 1 所处节点为 k，在针对时间尺度为 τ 的场景下，可根据前述方法得到风电 1 的波动性概率表征或灵活性消耗水平的概率分布。考虑在时刻 t' 处，风电 1 的灵活性消耗水平为 $F_{\mathrm{C}.i}^{\tau}(t')$，则此时耦合系统的内部功率平抑所引起支路 m 上的潮流波动量应为

$$F_{\mathrm{F}.m}^{c\mathrm{W}i}(t') = |(G_{im} - G_{km})F_{\mathrm{C}.i}^{\tau}(t')| \tag{1-19}$$

式中：G_{im} 与 G_{km} 分别为风电节点 i 与火电节点 k 对支路 m 的 GSDF 值。

因此，根据前述方法，可以得到由风电 1 的灵活性消耗分布所导致的支路 m 上的潮流波动 $F_{\mathrm{F}.m}^{1\mathrm{W}1}$ 的离散概率分布。同理，对于系统中的光伏发电 1 节点，也能得到类似的结果，即

$$F_{\mathrm{F}.m}^{cS j}(t') = |(G_{jm} - G_{km})F_{\mathrm{C}.i}^{\tau}(t')| \tag{1-20}$$

因为可再生能源功率的波动性以离散概率分布的形式呈现，因此应采用离散概率卷积和的方式，对耦合系统 c 中各可再生能源发电单元对支路 m 上的潮流影响进行概率求和，得到最终由耦合系统 c 整体所引起的支路 m 上的潮流波动量 $F_{\mathrm{F}.m}^{c}$ 的概率分布，其期望值为

$$E(F_{\mathrm{F}.m}^{c}) = \frac{\sum_{t'_i}\sum_{t'_j}\left[|F_{\mathrm{C}.i}^{\tau}(t'_i)(G_{im}-G_{km})| + |F_{\mathrm{C}.j}^{\tau}(t'_j)(G_{jm}-G_{km})|\right]}{s_{\mathrm{A}}(t'_i)s_{\mathrm{A}}(t'_j)} \tag{1-21}$$

同理，对于当前组合方案下的其他耦合系统，也同样能得到其引起支路 m 上潮流波动的概率分布，再通过概率卷积和的方式，得到在当前组合方案下该支路 m 上潮流波动 $F_{\mathrm{F}.m}$ 的概率分布 $\mathrm{F}(F_{\mathrm{F}.m})$ 及期望值 $\mathrm{E}(F_{\mathrm{F}.m})$，即

$$E(F_{\mathrm{F}.m}) = \sum_{c\in S\{c\}} \oplus \mathrm{F}(F_{\mathrm{F}.m}^{c}) \tag{1-22}$$

式中：$S\{c\}$ 为在当前的耦合方案下耦合系统标号 c 的集合。

最后，对于系统中的每一条支路 b，都可以通过重复上述步骤并得到支路 b 在当前组合方案下的潮流波动概率分布 $F(F_{\text{F}.b})$ 及其期望值 $E(F_{\text{F}.b})$，进而形成潮流波动支路向量：

$$\overrightarrow{FF} = (E(F_{\text{F}.1}), E(F_{\text{F}.2}), \cdots, E(F_{\text{F}.b})) \tag{1-23}$$

（2）多火型耦合场景。对于多火型耦合场景，即采取

$$\begin{cases} G_{1,4\text{T}} - G_{1,5,6\text{W},1\text{S}} \\ G_{2,3\text{T}} - G_{2,3,4\text{W},2\text{S}} \end{cases} \tag{1-24}$$

其计算 PFID 的流程将更为复杂。它与单火型场景的区别在于，当考虑耦合系统中可再生能源的功率波动对某支路上潮流的影响时，其波动平抑任务应该由耦合系统中的所有火电共同承担。

由于耦合系统内各火电的平抑功率可以有多种组合，因此为了让联合潮流影响的计算流程合理化，需要在该微观场景下嵌套一层电力调度优化以获取合理的最优潮流状态，再据此进行潮流波动量的计算。优化模型的目标函数可直接使用最小化火电的总经济指标，即

$$\sum_{k \in c\{k\}} C_{\text{T}_k}(\Delta P_{\text{T}_k}(t_i')) \tag{1-25}$$

其中，$c\{k\}$ 表示在当前的耦合系统中火电单元标号 k 的集合。

区域电网中发电单元的多火型耦合方案如图 1-10 所示。

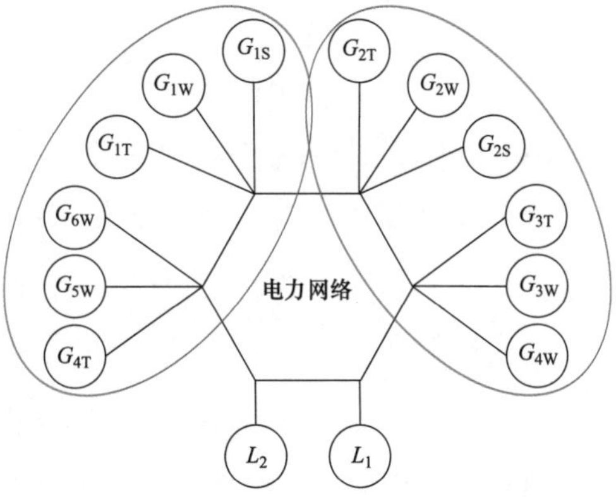

图 1-10　区域电网中发电单元的多火型耦合方案

由于火电运行成本的常见函数形式为

$$C_{\text{T}_k}(P_{\text{T}_k}(t_i')) = a_i + b_i P_{\text{T}_k}(t_i') + c_i P_{\text{T}_k}^2(t_i') \tag{1-26}$$

为简化嵌套优化问题的复杂度，考虑到 $P_{\text{T}_k}(t_i')$ 与 $\Delta P_{\text{T}_k}(t_i')$ 的关系，目标函数的

形式也可近似采取

$$C_{T_k}(\Delta P_{T_k}(t_i')) = a_i' + b_i'\Delta P_{T_k}(t_i') + c_i'\Delta P_{T_k}^2(t_i') \tag{1-27}$$

同时，优化的约束条件为

$$\sum_{k \in c\{k\}} \Delta P_{T_k}(t_i') = -F_{C.i}(t_i') \tag{1-28}$$

以 2 火 1 风 1 光型系统为例，风电 1 与光伏发电 1 所处节点依然分别为 i 和 j，火电 1 与 2 所处节点分别为 k 和 l，在针对时间尺度为 τ 的场景下，风电 1 在时刻 t_i' 处的灵活性消耗水平为 $F_{C.i}^{\tau}(t_i')$，此时耦合系统的内部功率平抑所引起支路 m 上的潮流波动应为

$$F_{F.m}^{cWi}(t_i') = |G_{im}F_{C.i}^{\tau}(t_i') + \sum_{t \in \{k,l\}} G_{tm}\Delta P_t(t_i')| \tag{1-29}$$

$\Delta P_k(t_i')$ 与 $\Delta P_l(t_i')$ 为经过上述嵌套层优化之后所得到的各火电的平抑发电功率增量。同理，对耦合系统 c 中的光伏发电 1 节点在 t_j' 时刻的波动平抑，也能得到类似的潮流影响结果，即

$$F_{F.m}^{cSj}(t_j') = |G_{jm}F_{C.j}^{\tau}(t_j') + \sum_{t \in \{k,l\}} G_{tm}\Delta P_t(t_j')| \tag{1-30}$$

在此基础上，后续再进行与单火型场景同样的概率运算，最终可以同单火型场景一样得到耦合系统以及整体的耦合方案 S 引起支路 m 上潮流的波动分布 $F(F_{F.m})$ 及期望 $E(F_{F.m})$，再结合对应于支路 m 的潮流波动安全阈值 $F_{F.m}^{lim}$，即可得到潮流波动影响度 PFID。其表达式为

$$S_{PFID} = \frac{E(F_{F.m})}{F_{F.m}^{lim}} \tag{1-31}$$

（3）耦合系统资源-经济-环境耦合协同度指标体系。本节通过结构性指标和效果性指标，建立了一个耦合协同度指标体系来评价可再生能源与火力发电耦合系统耦合效果。耦合系统的结构性指标是系统输入，它与某一地区可再生能源和火电机组的特点密切相关。效果性指标可以评价这些电源形成耦合系统后的耦合效果。结构性指标由调度时间间隔、等效电距离、可再生能源和负荷需求数据、电源容量比和协同策略五个指标组成。可再生能源与火力发电耦合系统耦合协同度指标体系如图 1-11 所示。

效果性指标是耦合系统的输出，反映系统耦合效果。耦合系统是一个复杂的系统，其耦合效果受资源、经济和环境的影响。这三个方面相互作用、相互影响，它们之间的相互作用对决策者的均衡决策提出了挑战。

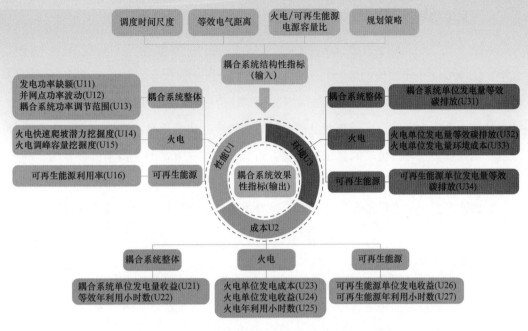

图 1-11　可再生能源与火力发电耦合系统耦合协同度指标体系

　　因此，本节以资源、经济、环境三个子系统相互作用来表示耦合系统内电源之间的耦合关系。由这些子系统组成的可再生能源与火力发电耦合系统可以定义为一个耦合系统。通过其内部的协调，可以实现系统的有效耦合。耦合协同度评价可以根据三个子系统的相应指标来分析它们之间的耦合关系。因此，本节选取了三个子系统中 18 个具体指标，如图 1-11 所示。指标的选取以可再生能源利用、较少可再生能源不确定性引起的电力波动、火电潜力开发、可再生能源技术的经济环保性为依据，从电源到整个系统，建立了综合定量评价可再生能源与火力发电耦合系统耦合效果的耦合协同度评价模型。

　　为了对不同的指标进行比较，需要对各类评价指标进行标准化，在这里将指标分为正特性指标和负特性指标，正特性指标指的是该项评价指标的值越大，则评分越高，负特性指标反之，正特性指标标准化计算方法为

$$U_{ij} = \frac{U_{ij} - \min U_{ij}}{\max U_{ij} - \min U_{ij}} \tag{1-32}$$

其中，U_{ij} 代表第 i 个子系统的第 j 项指标值，$\max U_{ij}$ 和 $\min U_{ij}$ 表示指标值 U_{ij} 可能取值的最大值和最小值。

　　对于负特性指标计算方法为

$$U_{ij} = \frac{\max U_{ij} - U_{ij}}{\max U_{ij} - \min U_{ij}} \tag{1-33}$$

评分标准化后，计算子系统综合得分为

$$u_i = \sum_{j \in U_i} \lambda_{ij} \cdot X_{ij} \left(\sum_{j \in U_i} \lambda_{ij} = 1 \right) \tag{1-34}$$

式中：U_i 为第 i 个子系统的综合得分；λ_j 为第 j 个指标的权重，该权重可通过犹豫模糊决策（HFPR）决定。HFPR 方法可以在模糊评价中寻求更为综合的判断以提升决策结果的精准性，它提供了一种直观且简单的方式来表达决策信息，既能包括单个决策者对事物偏好在多个评价值之间犹豫的情况，也能反映群决策情形下多个决策者给出的不同偏好意见。

借鉴物理学中的容量耦合概念及容量耦合系数模型来计算耦合系统的耦合度 C，即

$$C = 3 \left[\frac{U_1 \cdot U_2 \cdot U_3}{(U_1 + U_2 + U_3)^3} \right]^{\frac{1}{3}} \tag{1-35}$$

显然 $0 \leqslant C \leqslant 1$。当 $C=1$ 时，耦合度最大，系统之间或系统内部要素之间达到良性共振耦合，系统将趋向新的有序结构；当 $C=0$ 时，耦合度最小，各子系统之间或系统内部要素之间处于无关状态，各子系统将向无序发展。当 $0 < C \leqslant 0.3$ 时，两个子系统发展处于较低水平的耦合阶段；当 $0.3 < C \leqslant 0.5$ 时，处于颉颃阶段，各子系统已经越过了它的发展拐点，开始提高；当 $0.5 < C \leqslant 0.8$ 时，进入磨合时期，各子系统越过另一个拐点，开始良性耦合。当 $0.8 < C \leqslant 1$ 时，各子系统处于高水平耦合阶段。

单纯依靠耦合度判别各子系统之间相互作用机理，会出现较低水平的两个序参量取值形成耦合度较高的评价结果。为有效排除这一干扰因素，构建了耦合协调度模型，以便综合、有效评判火电和可再生能源耦合系统中性能、环境、成本三个子系统，真实反映不同子系统指标体系交互耦合的协调程度，即

$$T = q_1 \cdot U_1 + q_2 \cdot U_2 + q_3 \cdot U_3 \tag{1-36}$$

$$D = \sqrt{C \cdot T} \tag{1-37}$$

其中，T 为子系统之间的协同度，q_1、q_2、q_3 为重要程度系数，三个子系统同等重要，$q_1 = q_2 = q_3 = 0.33$。D 为耦合协调度，一般认为 $0 < D \leqslant 0.4$ 时，为低度协调的耦合；$0.4 < D \leqslant 0.5$ 时，为中度协调的耦合；$0.5 < D \leqslant 0.8$ 时，为高度协调的耦合；$0.8 < D < 1$ 时，为极度协调的耦合。同时，设所研究的支路为支路 m，分别考虑耦合场景为单火型耦合与多火型耦合两种情况。

1.2.2 耦合系统的耦合潜力辨识

在设计了前述对耦合系统进行多维度性能评价的协同度指标体系 SNG 后，可以利用其对待研究区域电网中发电单元的耦合潜力进行辨识。因为追求性能提升是设计

耦合系统的目的之一，同时耦合系统的运行对系统潮流的影响不能超出相应的安全稳定边界，因此，该研究利用协同度评价指标体系 SNG 中的功率预测互补度 OPCD 与潮流波动影响度 PFID，构造了一组用于判断区域电网中发电单元是否具备耦合潜力的条件：如果至少存在一种耦合方案，使得该耦合方案下的各耦合系统的功率预测互补度满足

$$S_{\mathrm{OPCD}}^{c} \leqslant \delta \tag{1-38}$$

同时对应于系统中所关心支路的潮流波动影响度矢量满足

$$\boldsymbol{S}_{\mathrm{PFID}} \leqslant \varepsilon \tag{1-39}$$

其中，

$$S_{\mathrm{PFID}} = \left[\frac{\mathrm{E}(F_{\mathrm{F.1}})}{F_{\mathrm{F.1}}^{\lim}} \quad \frac{\mathrm{E}(F_{\mathrm{F.2}})}{F_{\mathrm{F.2}}^{\lim}} \quad \cdots \quad \frac{\mathrm{E}(F_{\mathrm{F.}m})}{F_{\mathrm{F.}m}^{\lim}} \right] \tag{1-40}$$

$$\varepsilon = \left[\varepsilon_1 \quad \varepsilon_2 \quad \cdots \quad \varepsilon_m \right] \tag{1-41}$$

式中：δ 为衡量耦合方案的整体性能提升程度的阈值；ε 中的元素为所关心的 m 条支路的潮流波动安全阈值，则认为该区域电网中的发电单元具备耦合潜力，存在至少一种安全、合理且可能带来一定性能提升的耦合系统组合方案。

耦合系统中可再生能源与火力发电的时空耦合规律。

（1）时间耦合规律。时间耦合考虑电源之间功率的互补，包括不同可再生能源机组之间的互补，以及火电和可再生能源电源之间的互补。不同可再生能源机组之间通过功率预测互补度，可以评价电源的时间耦合性。火电与可再生能源通过优化调度，实现可再生能源与火电的实际耦合，如图 1-12 所示，火电和可再生能源耦合后，火电的灵活性可减小并网点功率波动。

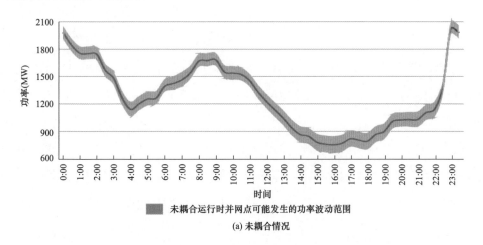

图 1-12 可再生能源与火力发电耦合前后功率波动范围对比（一）

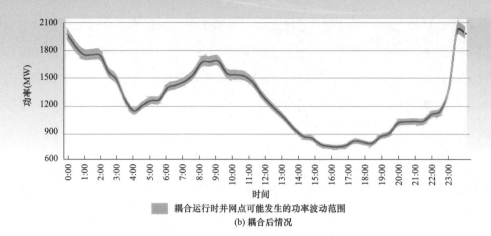

耦合运行时并网点可能发生的功率波动范围
(b) 耦合后情况

图 1-12　可再生能源与火力发电耦合前后功率波动范围对比（二）

（2）空间耦合规律。空间耦合考虑各电源距耦合点的电气距离，计算电源的总传输损耗率，以此评估不同电源组成耦合系统时的空间耦合性。

电气距离考察线路和变压器年电能损耗，电能损耗（年）计算方法为

$$\Delta P_1 = \frac{P_{ar}^2 + Q_{ar}^2}{U_L^2} \cdot R_L \cdot L \cdot t \tag{1-42}$$

式中：U_L 为线路额定电压，kV；R_L 为线路实际单位距离电阻，Ω/km；L 为线路长度，km；P_{ar}^2 为电源点 i 送出的年平均有功功率，MW；Q_{ar}^2 为电源点 i 送出的年平均无功功率，Mvar；t 为持续时间，h。

变压器电能损耗（年）计算方法为

$$\Delta P_{zT} = \frac{P_{ar}^2 + Q_{ar}^2}{U_T^2} \cdot R_T \cdot t \tag{1-43}$$

$$R_T = \frac{P_k \cdot U_{TN}^2}{1000 \cdot S_{TN}^2} \tag{1-44}$$

式中：U_{TN} 为变压器额定电压，kV；U_T 为变压器运行电压，kV，在这里额定电压与运行电压视为相等；R_T 为变压器短路电阻，Ω；P_k 为变压器短路损耗，kW；S_{TN} 为变压器额定容量，MVA。

电源点 i 到耦合点的传输损耗（假定电源点经过变压器和无分支线路直接至耦合点再上网，电源点通常功率因数较高，运行于 0.9 左右，同时线路距离不长，故无功对线路损耗的影响很小，故变压器和线路的电阻可认为是串联，电阻可直接进行叠加计算）：

$$P_{loss,i} = \frac{P_{ar}^2 + Q_{ar}^2}{U_L^2} \cdot R_L \cdot L \cdot t + \frac{P_{ar}^2 + Q_{ar}^2}{U_{TN}^2} \cdot R_T \cdot t = \left(\frac{R_L \cdot L}{U_L^2} + \frac{R_T}{U_{TN}^2}\right) \cdot (P_{ar}^2 + Q_{ar}^2) \cdot t$$

$$= \left(\frac{R_{\mathrm{L}}}{U_{\mathrm{L}}^2} \cdot \frac{R_{\mathrm{N}}}{R_{\mathrm{N}}} \cdot \frac{U_{\mathrm{N}}^2}{U_{\mathrm{N}}^2} \cdot L + \frac{R_{\mathrm{T}}}{U_{\mathrm{TN}}^2} \cdot \frac{R_{\mathrm{N}}}{R_{\mathrm{N}}} \cdot \frac{U_{\mathrm{N}}^2}{U_{\mathrm{N}}^2} \right) \cdot (P_{\mathrm{ar}}^2 + Q_{\mathrm{ar}}^2) \cdot t$$

$$= \left(\frac{R_{\mathrm{L}}}{R_{\mathrm{N}}} \cdot \frac{U_{\mathrm{N}}^2}{U_{\mathrm{L}}^2} \cdot L_i + \frac{R_{\mathrm{T}}}{R_{\mathrm{N}}} \cdot \frac{U_{\mathrm{N}}^2}{U_{\mathrm{TN}}^2} \right) \cdot \frac{R_{\mathrm{N}}}{U_{\mathrm{N}}^2} \cdot (P_{\mathrm{ar}}^2 + Q_{\mathrm{ar}}^2) \cdot t \tag{1-45}$$

式中：U_{N} 为选取的标准电压等级，kV；R_{N} 为该电压等级的标准单位距离电阻值，Ω/km。

综上，所有电源点的等效电气距离（取 220kV）为

$$\sum_i L_i^* = \sum_i \left(\frac{R_{\mathrm{L},i}}{R_{\mathrm{N}}} \cdot \frac{U_{\mathrm{N}}^2}{U_{\mathrm{L},i}^2} \cdot L_i + \frac{R_{\mathrm{T},i}}{R_{\mathrm{N}}} \cdot \frac{U_{\mathrm{N}}^2}{U_{\mathrm{TN},i}^2} \right) \tag{1-46}$$

以 2 台 600MW、2 台 300MW 火电及 300MW 风电为例，其中 600MW 机组经过 500kV 线路传输，300MW 机组和风电经过 220kV 线路传输。针对不同传输距离估算耦合系统传输损耗，结果见表 1-1。利用估计的传输损耗率可以评估不同距离之间的电源组成耦合系统的潜力。

表 1-1　　　　　　　　基于等效距离的耦合系统传输损耗估计

600MW×2 火电距离	300MW×2 火电距离	300MW 风电距离	传输损耗	传输损耗率（%）
20	50	50	31811.83	0.366817
100	50	200	54904.95	0.6331
100	150	100	76012.6	0.876489
200	50	100	49736.21	0.5735
300	200	200	117784.7	1.358155
400	300	300	169342.8	1.952663

1.3　耦合系统全工况动态建模

1.3.1　可再生能源全工况动态建模

风电功率主要受风机地理位置及当地实时风速的影响。风机（wind turbine，WT）的输出功率 $P_{\mathrm{WT}}(t)$ 为

$$P_{\mathrm{WT}}(t) = \begin{cases} 0, & 0 \leqslant v \leqslant v_{\mathrm{ci}}, v \geqslant v_{\mathrm{co}} \\ P_{\mathrm{WT\text{-}rate}} \dfrac{(v - v_{\mathrm{ci}})^3}{(v_{\mathrm{r}} - v_{\mathrm{ci}})^3}, & v_{\mathrm{ci}} < v < v_{\mathrm{r}} \\ P_{\mathrm{WT\text{-}rate}}, & v_{\mathrm{r}} \leqslant v \leqslant v_{\mathrm{co}} \end{cases} \tag{1-47}$$

式中：$P_{\text{WT-rate}}$ 为风机的额定功率；v_{ci}、v_{r}、v_{∞} 分别为风机的切入风速、额定风速和切出风速。

已有的风电功率数据表明，风电预测误差并不服从正态分布。相反，一些报告显示，风电功率的预测误差服从 β 分布。但因为风电机组数量较大，且地理分布较分散，通过中心极限定理可以证明，风电预测误差近似服从正态分布。因此，在每个调度时段 t 内，风电功率的预测值 $W_{\text{WT}}^{\text{F}}(t)$ 为其功率实际值 $W_{\text{WT}}^{\text{A}}(t)$ 与预测误差 $\varepsilon_{\text{WT}}(t)$ 的和，即

$$W_{\text{WT}}^{\text{F}}(t) = W_{\text{WT}}^{\text{A}}(t) + \varepsilon_{\text{WT}}(t) \tag{1-48}$$

对于 24h 内的风电功率预测，每个调度时段 t 内的风电预测误差的平均值即期望可视为 0，标准差 $\sigma_{\text{WT}}(t)$ 可以近似表示为

$$\sigma_{\text{WT}}(t) = 0.2W_{\text{WT}}^{\text{F}}(t) + 0.02W_{\text{WT}}^{\text{C}} \tag{1-49}$$

式中：W_{WT}^{C} 为风机的总装机容量。

因此，风电预测误差 ε_{WT} 的概率密度函数可表示为

$$f(\varepsilon_{\text{WT}}) = \frac{1}{\sqrt{2\pi}\,\sigma_{\text{WT}}} \exp\left(\frac{-\varepsilon_{\text{WT}}^2}{2\sigma_{\text{WT}}^2}\right) \tag{1-50}$$

当风力发电机功率过剩导致系统难以消纳时，可允许其降功率运行，则风力发电机的实际功率 $P^{\text{WT}}(t)$ 满足约束条件

$$0 \leqslant P^{\text{WT}}(t) \leqslant W_{\text{WT}}^{\text{F}}(t) \tag{1-51}$$

光伏发电是根据光生伏打效应，将太阳能转化为电能。光伏阵列每个调度时段 t 内的输出功率 $P_{\text{PV}}(t)$ 为

$$P_{\text{PV}}(t) = f_{\text{PV}} P_{\text{PV-rate}} \frac{G_{\text{T}}}{G_{\text{S}}} [1 + \alpha_{\text{P}}(T_{\text{c}} - T_{\text{STC}})] \tag{1-52}$$

式中：f_{PV} 为光伏阵列的功率降额因素，与光伏板表面污渍、自身老化等因素引起的损耗有关；$P_{\text{PV-rate}}$ 为光伏阵列的额定输出功率；G_{T} 为光伏板上总太阳能辐照度；G_{S} 为标准测试条件下的太阳能辐照度；α_{P} 为功率温度系数；T_{c} 为光伏阵列的表面温度；T_{STC} 为标准测试条件温度。

由上式可以看出，光伏阵列在调度时段内的实际功率与诸多因素有关，因此光伏预测误差近似服从正态分布，则在日前的每个调度时段 t 内，光伏功率的预测值 $W_{\text{PV}}^{\text{F}}(t)$ 为其功率实际值 $W_{\text{PV}}^{\text{A}}(t)$ 与预测误差 $\varepsilon_{\text{PV}}(t)$ 的和，即

$$W_{\text{PV}}^{\text{F}}(t) = W_{\text{PV}}^{\text{A}}(t) + \varepsilon_{\text{PV}}(t) \tag{1-53}$$

对于 24h 内的光伏发电功率预测，每个调度时段 t 内的光伏预测误差的平均值即期

望可视为 0，标准差 $\sigma_{PV}(t)$ 可以近似表示为

$$\sigma_{PV}(t) = 0.2W_{PV}^{F}(t) \tag{1-54}$$

因此，光伏预测误差 ε_{PV} 的概率密度函数可表示为

$$f(\varepsilon_{PV}) = \frac{1}{\sqrt{2\pi}\sigma_{PV}} \exp\left(\frac{-\varepsilon_{PV}^{2}}{2\sigma_{PV}^{2}}\right) \tag{1-55}$$

当光伏发电机功率过剩导致系统难以消纳时，可允许其降功率运行，则光伏发电系统的实际功率 $P_{PV}(t)$ 满足约束条件

$$0 \leqslant P_{PV}(t) \leqslant W_{PV}^{F}(t) \tag{1-56}$$

1.3.2　火力发电机组全工况动态建模

1. 考虑深度调峰的火电机组爬坡约束

当火电机组进行深度调峰时，随着机组负荷降低，锅炉燃烧、水动力等工况逐渐变差，容易引起锅炉灭火、水循环停滞或倒流等事故。因此，为了保证机组的稳定运行，在深度调峰时，火电机组的爬坡率会随着负荷降低而减小。火电机组负荷与爬坡率的对应关系可归纳为常规调峰阶段、深度调峰第一阶段和深度调峰第二阶段 3 个阶段。假设火电机组 n 在以上三种状态对应的爬坡率依次为 $R_{1,n}$、$R_{2,n}$ 和 $R_{3,n}$，则计及深度调峰火电机组的负荷与爬坡率的关系可以表示为

$$R_{n,t}^{TH} = \begin{cases} R_{1,n}, & \forall P_{n,t}^{TH} \in [x_n P_{n,max}^{TH}, P_{n,max}^{TH}] \\ R_{2,n}, & \forall P_{n,t}^{TH} \in [y_n P_{n,max}^{TH}, x_n P_{n,max}^{TH}] \\ R_{3,n}, & \forall P_{n,t}^{TH} \in [P_{n,min}^{TH}, y_n P_{n,max}^{TH}] \end{cases} \tag{1-57}$$

式中：$P_{n,min}^{TH}$、$P_{n,max}^{TH}$ 和 $P_{n,t}^{TH}$ 分别为火电机组 n 的最小发电功率、最大发电功率和第 t 个调度时段内的发电功率；x_n 和 y_n 分别为深度调峰第一阶段和深度调峰第二阶段中火电机组负荷最大值与 $P_{n,max}^{TH}$ 的比值；$R_{n,t}^{TH}$ 为火电机组 n 在第 t 个调度时段内的爬坡率。

火电机组 n 在某一调度时段所能达到的输出功率，除了与上一调度时段的输出功率和爬坡率有关以外，还和调度时间尺度 ΔT、火电机组的启停状态及火电机组各调峰阶段的负荷取值范围有关。此外，火电机组运行在深度调峰状态时，可直接进行停机，而当火电机组启动时，不能直接进入深度调峰状态，必须达到常规调峰状态的最小输出功率。因此，综合考虑以上因素，可以推导出计及深度调峰的火电机组爬坡约束通用表达式为

$$① \ P_{n,t-1}^{\mathrm{TH}} \in \left[x_n P_{n,\max}^{\mathrm{TH}} + R_{1,n} \Delta T, P_{n,\max}^{\mathrm{TH}} \right],$$

$$\begin{cases} P_{n,t}^{\mathrm{TH}} - P_{n,t-1}^{\mathrm{TH}} \leqslant R_{1,n} \Delta T \\ P_{n,t-1}^{\mathrm{TH}} - P_{n,t}^{\mathrm{TH}} \leqslant R_{1,n} \Delta T \end{cases}$$

$$② \ P_{n,t-1}^{\mathrm{TH}} \in \left[x_n P_{n,\max}^{\mathrm{TH}} + R_{1,n} \Delta T - (R_{1,n}/R_{2,n})(x_n - y_n) P_{n,\max}^{\mathrm{TH}}, x_n P_{n,\max}^{\mathrm{TH}} + R_{1,n} \Delta T \right],$$

$$\begin{cases} P_{n,t}^{\mathrm{TH}} - P_{n,t-1}^{\mathrm{TH}} \leqslant R_{1,n} \Delta T \\ (R_{2,n}/R_{1,n}) P_{n,t-1}^{\mathrm{TH}} - P_{n,t}^{\mathrm{TH}} \leqslant R_{2,n} \Delta T - (1 - (R_{2,n}/R_{1,n})) x_n P_{n,\max}^{\mathrm{TH}} \end{cases}$$

$$③ \ P_{n,t-1}^{\mathrm{TH}} \in \left[x_n P_{n,\max}^{\mathrm{TH}}, x_n P_{n,\max}^{\mathrm{TH}} + R_{1,n} \Delta T - \frac{R_{1,n}}{R_{2,n}} (x_n - y_n) P_{n,\max}^{\mathrm{TH}} \right],$$

$$\begin{cases} P_{n,t}^{\mathrm{TH}} - P_{n,t-1}^{\mathrm{TH}} \leqslant R_{1,n} \Delta T \\ \dfrac{R_{3,n}}{R_{1,n}} P_{n,t-1}^{\mathrm{TH}} - P_{n,t}^{\mathrm{TH}} \leqslant R_{3,n} \Delta T - \left(\dfrac{R_{3,n}}{R_{2,n}} - \dfrac{R_{3,n}}{R_{1,n}} \right) x_n P_{n,\max}^{\mathrm{TH}} - ((R_{2,n} - R_{3,n})/R_{2,n}) y_n P_{n,\max}^{\mathrm{TH}} \end{cases}$$

$$④ \ P_{n,t-1}^{\mathrm{TH}} \in \left[y_n P_{n,\max}^{\mathrm{TH}} + R_{2,n} \Delta T, x_n P_{n,\max}^{\mathrm{TH}} \right],$$

$$\begin{cases} \dfrac{R_{2,n}}{R_{1,n}} P_{n,t}^{\mathrm{TH}} - P_{n,t-1}^{\mathrm{TH}} \leqslant R_{2,n} \Delta T - \dfrac{R_{1,n} - R_{2,n}}{R_{1,n}} x_n P_{n,\max}^{\mathrm{TH}} \\ P_{n,t-1}^{\mathrm{TH}} - P_{n,t}^{\mathrm{TH}} \leqslant \alpha_{n,t} R_{2,n} \Delta T + (1 - \alpha_{n,t}) x_n P_{n,\max}^{\mathrm{TH}} \end{cases}$$

$$⑤ \ P_{n,t-1}^{\mathrm{TH}} \in \left[y_n P_{n,\max}^{\mathrm{TH}}, y_n P_{n,\max}^{\mathrm{TH}} + R_{2,n} \Delta T \right],$$

$$\begin{cases} P_{n,t}^{\mathrm{TH}} - P_{n,t-1}^{\mathrm{TH}} \leqslant R_{2,n} \Delta T \\ \dfrac{R_{3,n}}{R_{2,n}} P_{n,t-1}^{\mathrm{TH}} - P_{n,t}^{\mathrm{TH}} \leqslant \alpha_{n,t} \left(R_{3,n} \Delta T - \dfrac{R_{2,n} - R_{3,n}}{R_{2,n}} y_n P_{n,\max}^{\mathrm{TH}} \right) + (1 - \alpha_{n,t})(R_{3,n}/R_{2,n}) x_n P_{n,\max}^{\mathrm{TH}} \end{cases}$$

$$⑥ \ P_{n,t-1}^{\mathrm{TH}} \in \left[y_n P_{n,\max}^{\mathrm{TH}} - R_{3,n} \Delta T + (R_{3,n}/R_{2,n})(x_n - y_n) P_{n,\max}^{\mathrm{TH}}, y_n P_{n,\max}^{\mathrm{TH}} \right],$$

$$\begin{cases} \dfrac{R_{3,n}}{R_{1,n}} P_{n,t}^{\mathrm{TH}} - P_{n,t-1}^{\mathrm{TH}} \leqslant R_{3,n} \Delta T - \left(\dfrac{R_{3,n}}{R_{2,n}} - \dfrac{R_{3,n}}{R_{1,n}} \right) x_n P_{n,\max}^{\mathrm{TH}} - ((R_{2,n} - R_{3,n})/R_{2,n}) y_n P_{n,\max}^{\mathrm{TH}} \\ P_{n,t-1}^{\mathrm{TH}} - P_{n,t}^{\mathrm{TH}} \leqslant \alpha_{n,t} R_{3,n} \Delta T + (1 - \alpha_{n,t}) x_n P_{n,\max}^{\mathrm{TH}} \end{cases}$$

$$⑦ \ P_{n,t-1}^{\mathrm{TH}} \in \left[y_n P_{n,\max}^{\mathrm{TH}} - R_{3,n} \Delta T, y_n P_{n,\max}^{\mathrm{TH}} - R_{3,n} \Delta T + (R_{3,n}/R_{2,n})(x_n - y_n) P_{n,\max}^{\mathrm{TH}} \right],$$

$$\begin{cases} \dfrac{R_{3,n}}{R_{2,n}} P_{n,t}^{\mathrm{TH}} - P_{n,t-1}^{\mathrm{TH}} \leqslant R_{3,n} \Delta T - \dfrac{R_{2,n} - R_{3,n}}{R_{2,n}} y_n P_{n,\max}^{\mathrm{TH}} \\ P_{n,t-1}^{\mathrm{TH}} - P_{n,t}^{\mathrm{TH}} \leqslant \alpha_{n,t} R_{3,n} \Delta T + (1 - \alpha_{n,t}) x_n P_{n,\max}^{\mathrm{TH}} \end{cases}$$

$$⑧ \ P_{n,t-1}^{\mathrm{TH}} \in \left[P_{n,\min}^{\mathrm{TH}}, y_n P_{n,\max}^{\mathrm{TH}} - R_{3,n} \Delta T \right],$$

$$\begin{cases} P_{n,t}^{\mathrm{TH}} - P_{n,t-1}^{\mathrm{TH}} \leqslant R_{3,n} \Delta T \\ P_{n,t-1}^{\mathrm{TH}} - P_{n,t}^{\mathrm{TH}} \leqslant \alpha_{n,t} R_{3,n} \Delta T + (1 - \alpha_{n,t}) x_n P_{n,\max}^{\mathrm{TH}} \end{cases}$$

$$⑨ \ P_{n,t-1}^{\mathrm{TH}} = 0,$$

$$\left\lfloor P_{n,t}^{\mathrm{TH}} = \alpha_{n,t} x_n P_{n,\max}^{\mathrm{TH}} \right.$$

$$(1\text{-}58)$$

式中：$\alpha_{n,t}$ 为 0-1 变量，表示第 t 个调度时段内第 n 台火电机组的启停状态，$\alpha_{n,t}=1$ 表示处于启动状态，$\alpha_{n,t}=0$ 表示处于停机状态。

式（1-58）可分为四个部分：其中，①～③为第一部分，④～⑤为第二部分，⑥～⑧为第三部分，⑨为第四部分，分别表示 $P_{n,t-1}^{\mathrm{TH}}$ 处于常规调峰阶段、深度调峰第一阶段、深度调峰第二阶段和停机状态时 $P_{n,t}^{\mathrm{TH}}$ 和 $P_{n,t-1}^{\mathrm{TH}}$ 应满足的爬坡约束。

对于任意一确定的火电机组，其爬坡率和各调峰阶段的负荷取值范围为该机组的固有属性，是确定的。因此，当系统的调度时间尺度需求确定后，就可以根据式（1-58）求出该火电机组的爬坡约束。但是，在求解过程中，可能出现 $P_{n,t-1}^{\mathrm{TH}}$ 不满足其对应区间范围的情形，此时需按照以下详细步骤对式（1-58）进行调整。

对于式（1-58）第一部分，当 $P_{n,t-1}^{\mathrm{TH}}$ 根据①～③求出其区间范围后，只保留满足在 $[x_n P_{n,\max}^{\mathrm{TH}},\ P_{n,\max}^{\mathrm{TH}}]$ 范围内的区间部分及其对应的约束，其余不满足的区间部分及约束均舍去。

对于式（1-58）第二部分，存在两种情形需要讨论：$R_{2,n}\Delta T \geqslant (x_n-y_n)P_{n,\max}^{\mathrm{TH}}$ 和 $R_{2,n}\Delta T < (x_n-y_n)P_{n,\max}^{\mathrm{TH}}$。当 $R_{2,n}\Delta T < (x_n-y_n)P_{n,\max}^{\mathrm{TH}}$ 时，④～⑤保持不变；当 $R_{2,n}\Delta T \geqslant (x_n-y_n)P_{n,\max}^{\mathrm{TH}}$ 时，④～⑤将合并为以下约束：

$$P_{n,t-1}^{\mathrm{TH}} \in [y_n P_{n,\max}^{\mathrm{TH}},\ x_n P_{n,\max}^{\mathrm{TH}}],$$

$$\begin{cases} \dfrac{R_{2,n}}{R_{1,n}}P_{n,t}^{\mathrm{TH}} - P_{n,t-1}^{\mathrm{TH}} \leqslant R_{2,n}\Delta T - \dfrac{R_{1,n}-R_{2,n}}{R_{1,n}}x_n P_{n,\max}^{\mathrm{TH}} \\ \dfrac{R_{3,n}}{R_{2,n}}P_{n,t-1}^{\mathrm{TH}} - P_{n,t}^{\mathrm{TH}} \leqslant \alpha_{n,t}\left(R_{3,n}\Delta T - \dfrac{R_{2,n}-R_{3,n}}{R_{2,n}}y_n P_{n,\max}^{\mathrm{TH}}\right) + (1-\alpha_{n,t})\dfrac{R_{3,n}}{R_{2,n}}x_n P_{n,\max}^{\mathrm{TH}} \end{cases}$$

$$(1\text{-}59)$$

对于式（1-58）第三部分，当 $P_{n,t-1}^{\mathrm{TH}}$ 根据⑥～⑧求出其区间范围后，只保留满足在 $[P_{n,\min}^{\mathrm{TH}},\ y_n P_{n,\max}^{\mathrm{TH}}]$ 范围内的区间部分及其对应的约束，其余不满足的区间部分及约束均舍去。

除上述机组爬坡约束外，火电机组还应包括机组功率约束、机组旋转备用约束、机组启停约束和机组各调峰阶段内的最小运行时间约束。

2. 火电机组功率约束

火电机组在每个调度时段的功率应在其允许的功率范围内，即

$$\alpha_{n,t}P_{n,\min}^{\mathrm{TH}} \leqslant P_{n,t}^{\mathrm{TH}} \leqslant \alpha_{n,t}P_{n,\max}^{\mathrm{TH}} \tag{1-60}$$

3. 火电机组最小启停时间约束

火电机组最小启停时间约束包括机组最小停机时间和机组最小连续运行时间，即

$$\begin{cases} (\alpha_{n,t-1} - \alpha_{n,t})(T^{\text{on}}_{n,t-1} - T^{\text{on}}_n) \geqslant 0 \\ (\alpha_{n,t} - \alpha_{n,t-1})(T^{\text{off}}_{n,t-1} - T^{\text{off}}_n) \geqslant 0 \end{cases} \tag{1-61}$$

式中：$T^{\text{on}}_{n,t}$ 和 $T^{\text{off}}_{n,t}$ 分别为第 n 台火电机组在第 t 个调度时段时已经连续运行和停机的时间；$T^{\text{on}}_{n,t}$ 和 $T^{\text{off}}_{n,t}$ 分别为第 n 台火电机组的最小连续运行和停机时间。

1.3.3　耦合系统整体全工况动态建模

根据前文所建立的风力发电、光伏发电和火力发电的全工况模型，可以进一步分析耦合系统的内在耦合规律，并对耦合系统进行数学建模。

耦合系统每个调度时段的全工况运行能效数学模型，即为耦合系统内风电、光伏发电和火电每个调度时段的数学模型的叠加。因此，耦合系统的全工况能效动态模拟模型为

$$f(P^{\text{CS}}_t) = f(P^{\text{WT}}_{j,t},\ P^{\text{PV}}_{k,t},\ P^{\text{TH}}_{n,t}) \tag{1-62}$$

式中：n、j、k 分别为第 n 台火电机组、第 j 台风电机组和第 k 台光伏机组；$P^{\text{CS}}(t)$ 为耦合系统在 t 时段的输出功率。

1.4　本　章　小　结

本章围绕可再生能源与火力发电耦合系统的定义及模拟仿真，得到以下结论：

（1）本章耦合系统的广义与狭义概念进行了定义，并从更短的波动快速平抑时间尺度、更高的功率可控性与可预测性、更强的有功和无功辅助调节能力、更优的经济效益及调节积极性与更好的政策适应性及博弈优势五个角度出发，阐述了耦合系统的应用价值与研究意义。

（2）本章研究了耦合系统的耦合潜力辨识，根据功率预测互补度与潮流波动影响度，建立了耦合潜力辨识的方法，从时间上和空间上分析了电源之间的耦合关系。基于可再生能源与火电的集成耦合机制，从耦合系统的发电计划制定与跟踪、对内快速平抑波动、对外提供辅助调节以及对电力系统的潮流波动影响四个角度出发，建立了一套用于对耦合系统进行协同性能综合评价的四维协同度评价指标体系，填补了耦合评价体系的空白。

（3）对耦合系统中各部件，进行了全工况动态建模，这些研究为后续开展耦合系统多电源容量优化配置提供基础。

参 考 文 献

[1] 李娟，李方媛，王鹏，等. 限流式 SSSC 提高 DFIG 型风火打捆系统暂态稳定分析 [J]. 电力系统及其自动化学报，2021，33（5）：68-76.

[2] 张梦婕，叶荣，林章岁，等. 考虑热载荷能力的风火打捆外送电线路截面和火电容量联合优化 [J]. 电力科学与技术学报，2020，35（4）：91-98.

[3] 黄珊，刘文霞，常源，等. 基于博弈论的风火打捆参与大用户直购策略 [J]. 现代电力，2020，37（2）：212-220.

[4] 纪会争，张帆，康春雷，等. 风火打捆直流送出系统电压稳定控制策略 [J]. 电力建设，2020，41（4）：126-132.

[5] 马彬，牛东晓. 风火打捆跨区域供给电采暖的经济性评估 [J]. 智慧电力，2020，48（3）：89-95.

[6] 刘瑞宽，彭虹桥，余浩，等. 风火打捆送出系统静态安全域边界性质分析 [J]. 分布式能源，2020，5（1）：16-21.

[7] 张育硕，郝丽丽，周彦彤，等. 风火打捆经串补外送系统次同步振荡分析及抑制策略研究 [J]. 电力电容器与无功补偿，2019，40（6）：189-195.

[8] 杨尉薇，朱玲，李威，等. 风火打捆直流送出系统次同步振荡及传播特性研究 [J]. 电力系统保护与控制，2019，47（20）：58-64.

[9] Ren Li et al. Sub synchronous torsional interaction of steam turbine under wind power oscillation in wind-thermal power bundled transmission system [J]. International Journal of Electrical Power and Energy Systems, 2019, 108: 445-455.

[10] Yao Shujun et al. Transient stability analysis of wind-thermal bundled system based on virtual inertia control [J]. The Journal of Engineering, 2019, 2019（16）: 862-866.

[11] 陈畅，杨洪耕. 风火打捆半波长交流输电系统的谐振分析 [J]. 电力自动化设备，2019，39（2）：50-57+64.

[12] 米合丽班·阿不都哈力里，王维庆，王海云. 基于 D-PMSG 的风火打捆直流外送系统送端功角暂态稳定性研究 [J]. 电测与仪表，2018，55（21）：75-79+92.

[13] 毕悦，刘天琪，赵磊，等. 风火打捆外送系统次同步振荡的改进自抗扰直流附加阻尼控制 [J]. 电力自动化设备，2018，38（11）：174-180.

[14] 孟亚男，戚坤基，李秋晨，等. 风火打捆系统暂态稳定性研究 [J]. 吉林电力，2018，46（5）：27-30+46.

[15] 刘瑞宽，陈磊，闵勇，等. 风火打捆送出系统动态安全域边界线性近似方法 [J]. 电网技

术，2018，42（10）：3211-3218.

［16］王开科，南东亮，于永军，等. 含统一潮流控制器的风火打捆并网稳定性分析［J］. 浙江电力，2018，37（8）：42-47.

［17］张超，王维庆，王海云，等. 风火打捆外送系统 220kV 电网次同步振荡监控策略研究［J］. 电力系统保护与控制，2018，46（11）：138-144.

［18］张文辉，李瑞军，李杏茹，等. 铝土矿企业生产效率与绿色矿山建设指标体系耦合协调度分析——以中铝广西分公司为例［J］. 现代矿业，2019，35（1）：206-210.

［19］袁冬青，王富喜. 山东省城镇化质量与速度时空耦合关系研究［J］. 资源与产业，2019，21（5）：37-43.

［20］吴雨薇. 区域多风场接入电网的相关问题研究［D］. 东南大学，2015.

［21］孙骁强，刘鑫，程林，等. 基于多调频资源协调控制的西北送端大电网新能源快速频率响应参数设置方案［J］. 电网技术，2019，43（5）：1760-1765.

［22］韩如磊，钟鸣，魏冰凌，等. 光伏电站无功调节能力仿真及快速无功调节分析［J］. 内蒙古电力技术，2020，38（4）：20-26.

［23］袁家海，席星璇. 我国电力辅助服务市场建设的现状与问题［J］. 中国电力企业管理，2020（7）：34-38.

［24］中共中央国务院关于进一步深化电力体制改革的若干意见［A］. 《风能产业》编辑部. 中国农机工业协会风能设备分会《风能产业》（2015 年第 4 期）［C］. 中国农业机械工业协会风力机械分会，2015：5.

［25］徐硕. 不同时间尺度风电预测误差对电力系统优化运行结果的影响分析［A］. 中国电力科学研究院有限公司、国网电投（北京）科技中心、《计算机工程与应用》杂志社. 第三届智能电网会议论文集——智能用电［C］. 中国电力科学研究院有限公司、国网电投（北京）科技中心、《计算机工程与应用》杂志社：国网电投（北京）科技中心，2019：5.

［26］张瑞山，袁琛，郑莘燕，等. 火电机组参与风光消纳的问题分析及建议［J］. 上海电力学院学报，2019，35（6）：539-543+572.

［27］胡鹏，艾欣，张朔，等. 基于需求响应的分时电价主从博弈建模与仿真研究［J］. 电网技术，2020，44（2）：585-592.

第 2 章

第 2 章

可再生能源与火力发电耦合系统多电源容量优化配置

2.1 耦合系统内部协同和外部博弈

2.1.1 耦合系统内部协同机制研究

合作博弈强调各主体服从联盟制定的协议，通过相互协作获取联盟整体的最大利益。合作博弈可以构成联盟，而联盟能够维持的关键是获利和理性，维持合作博弈联盟主要体现在两方面：一方面是超可加性，即联盟整体的收益大于等于各主体单独行动时的收益；另一方面是整体、个体理性，即联盟各主体分得的利益大于等于单独行动时的收益，且最终各主体分得利益之和等于总收益，由此可知，合作博弈中最重要的就是利益分配问题。

风、光、火在同一点并网形成耦合系统。耦合系统（发电商）作为主从博弈的跟随者需要根据电网的购电策略制定自己的报价策略，但报价策略的确定与其发电成本具有很强的关系。耦合系统内风光发电具有随机性与波动性，需要火电机组平抑其波动才能在获得稳定电能的同时提高消纳水平，为使耦合系统的收益达到最大化，需要对耦合系统内部机组的发电功率进行相应的优化，因此采用"内部协同"的运行原则，风、光、火组成合作联盟，其对外作为一个整体参与电力市场，通过内部风、光、火多个利益主体相互协调，使耦合系统整体对外形成一个稳定可控的电源，并以电网的购电策略作为内部发电功率优化的约束条件，为实现发电商中长期交易与机组短期功率优化的衔接，可将中长期购电量进行分解。风光火联合运营机理如图 2-1 所示。

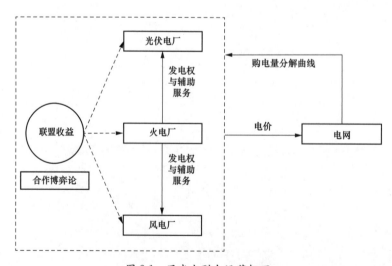

图 2-1 风光火联合运营机理

为兼顾经济、环境和安全性，风光火联盟以燃煤成本与弃能成本最小和功率波动最小为目标，其优化变量为各时段各机组的功率。

最小煤耗成本与弃能成本为

$$\min F_1 = C_{\text{fuel}} + C_{\text{WS}} \tag{2-1}$$

$$C_{\text{fuel}} = \sum_{t=1}^{T} \sum_{h=1}^{H} \{ p_{\text{coul}} u_{h,t} f_h(P_{h,t}^c) + u_{h,t}(1-u_{h,t-1}) S_{\text{U},h} + u_{h,t-1}(1-u_{h,t}) D_{\text{U},h} \} \tag{2-2}$$

$$f_h(P_{h,t}^c) = a_{\text{FT}} P_{h,t}^2 + b_{\text{FT}} P_{h,t} + c_{\text{FT}} \tag{2-3}$$

$$C_{\text{WS}} = \lambda_{\text{wt}} \times \sum_{t=1}^{T} (P_{\text{W},t}^* - P_{\text{W},t}) + \lambda_{\text{st}} \times \sum_{t=1}^{T} (P_{\text{S},t}^* - P_{\text{S},t}) \tag{2-4}$$

式中：C_{fuel} 为火电机组煤耗成本；C_{WS} 为风电、光伏机组弃电成本；λ_{wt}、λ_{st} 分别为弃风弃光成本系数；$P_{\text{W},t}^*$、$P_{\text{S},t}^*$ 分别为 t 时刻风电、光伏机组在 t 时刻的实际功率值；$P_{\text{W},t}$、$P_{\text{S},t}$ 分别为 t 时刻风电、光伏机组上网功率。p_{coul} 为燃煤平均购买价格；a_{FT}、b_{FT}、c_{FT} 为火电机组的运行成本系数；$P_{h,t}$ 为 t 时刻火电机组功率；$u_{h,t}$ 为 t 时刻第 h 个火电机组的状态变量，1 表示启动状态，0 表示停机状态；$S_{\text{U},h}$、$D_{\text{U},h}$ 分别为机组 h 的启停煤耗成本。

分解电量约束为

$$L_t = P_{\text{H},t} + P_{\text{W},t} + P_{\text{S},t} \tag{2-5}$$

式中：$P_{\text{H},t}$、$P_{\text{W},t}$、$P_{\text{S},t}$ 分别为 t 时刻火电机组、风电机组、光伏电站的功率值；L_t 为耦合系统中标电量分解到 t 时刻的电量，需要在任意运行时段都保证。

火电机组功率和爬坡率约束为

$$P_{\text{FT,min}} \leqslant P_{\text{H},t} \leqslant P_{\text{FT,max}} \tag{2-6}$$

$$-R_{\text{FT}}^D \Delta t \leqslant P_{\text{H},t} - P_{\text{H},t-1} \leqslant R_{\text{FT}}^U \Delta t \tag{2-7}$$

式中：$P_{\text{FT,min}}$、$P_{\text{FT,max}}$ 分别为火电机组的最小、最大功率；R_{FT}^D、R_{FT}^U 分别为火电机组的向下、向上爬坡速率。

发电系统需要实时调整功率状态以满足功率平衡约束，而火电机组因其可调节功率的特性通常作为旋转备用容量，备用容量功率调整应满足以下约束：

$$R_{\text{dt}} \leqslant \sum_{i=1}^{N} u_{i,t}(P_{\text{H},t} - P_{\text{FT}i,\text{min}}) \tag{2-8}$$

$$R_{\text{ut}} \leqslant \sum_{i=1}^{N} u_{i,t}(P_{\text{FT}i,\text{max}} - P_{i,t}) \tag{2-9}$$

式中：R_{ut}、R_{dt} 分别为上、下旋转备用容量。

风电、光伏机组功率约束为

$$0 \leqslant P_{\mathrm{W},t} \leqslant P_{\mathrm{W,max}} \tag{2-10}$$

$$0 \leqslant P_{\mathrm{S},t} \leqslant P_{\mathrm{S,max}} \tag{2-11}$$

式中：$P_{\mathrm{W,max}}$、$P_{\mathrm{S,max}}$ 分别为风电、光伏机组的功率上限；$u_{i,t}$ 为 t 时刻第 i 个火电机组的状态变量，1 表示启动状态，0 表示停机状态。

火电机组最短开停机时间约束为

$$(T_{i,t-1}^{\mathrm{on}} - T_{\mathrm{M},i}^{\mathrm{on}})(u_{i,t-1} - u_{i,t}) \geqslant 0 \tag{2-12}$$

$$(T_{i,t-1}^{\mathrm{off}} - T_{\mathrm{M},i}^{\mathrm{off}})(u_{i,t} - u_{i,t-1}) \geqslant 0 \tag{2-13}$$

式中：$T_{i,t-1}^{\mathrm{on}}$ 为第 i 个火电机组在 $t-1$ 时刻的持续运行时间；$T_{\mathrm{M},i}^{\mathrm{off}}$ 为火电机组最短持续停机时间；$T_{\mathrm{M},i}^{\mathrm{on}}$ 为火电机组最短持续运行时间；$T_{i,t-1}^{\mathrm{off}}$ 为第 i 个火电机组在 $t-1$ 时刻的持续停机时间；$u_{i,t}$ 为 t 时刻第 i 个火电机组的状态变量，1 表示启动状态，0 表示停机状态。

2.1.2 耦合系统外部博弈策略研究

在电力市场中，存在多个利益相互影响的利益主体，适合利用博弈论来研究各主体之间的关系。当参与者在作用、地位及影响力方面的关系并不是平等的，掌握信息的时序和数量也不尽相同，因此，有时在决策权限上也存在明确的主从关系。主从博弈模型适用于有主从递阶结构的动态博弈情况，其机制是博弈的领导者先宣布他的行动 x，这一行动将影响下级各参与者对各自收益进行优化时的约束条件和目标函数，然后下级的跟随者在这一前提下选取行动来使得自己的收益函数最优，跟随者的行动又会对上级参与者收益函数的函数值以及约束条件产生影响，而上级领导者可以再调整它的行动，如此循环往复直到其收益达到最大。

主从博弈的具体数学描述为

$$博弈主体：\begin{cases} \min_{x^i, \overline{y}} F_i(x, \overline{y}) \\ \mathrm{s.\,t.}\ G_i(x, \overline{y}) \leqslant 0 \\ H_i(x, \overline{y}) = 0 \\ \overline{y} \in S(x) \end{cases} \tag{2-14}$$

当且仅当 $\overline{y}$ 是下层博弈的纳什均衡，即

$$博弈从体：\begin{cases} \overline{y}^j = \underset{y^j}{\mathrm{argmin}}\, f_j(x, y^j, y^{-j}) \\ \mathrm{s.\,t.}\quad g_j(x, y^j) \leqslant 0 \\ \qquad h_j(x, y^j) = 0 \end{cases} \tag{2-15}$$

在主从博弈中，博弈的从体博弈充当了博弈主体决策问题的约束条件。

在该模型中，电网为博弈主体，以最小化购电成本，解决弃风弃光问题为目标；耦合系统、风电、光伏发电以及火电发电商为博弈从体，以最大化各自收益为目标。各发电商独立决策，上报下一年每月针对其余发电商的最优报价，并将报价结果反馈给电网，电网根据发电商的报价策略，确定各发电商的中标电量，并下发给发电商。因为该模型研究的是中长期交易市场，所以模型只考虑了各主体中长期的收益，并不考虑现货市场对模型的影响。

电网作为电力市场的博弈主体，目标为最小化购电总成本和新能源消纳成本，并提高新能源消纳量，决策变量为在各个电厂的购电量，决策集合 $Q = \{Q_{o,t}, Q_{w,t}, Q_{pv,t}, Q_{h,t}\}$，其目标函数为

$$\min C = \sum_{t=1}^{T} [\lambda_{o,t} Q_{o,t} + \lambda_{w,t} Q_{w,t} + \lambda_{pv,t} Q_{pv,t} + \lambda_{h,t} Q_{h,t} + \lambda_p (Q_{iE,t} - Q_{i,t})] \quad (2\text{-}16)$$

式中：T 为交易周期，时间为 1 年，计算步长为 1 个月；$\lambda_{o,t}$ 为各发电商在 t 月的报价，由发电商根据自己的发电成本决定；$Q_{o,t}$ 为电网 t 月在各发电商的购电量，为决策变量；λ_p 为新能源消纳惩罚成本系数；$Q_{iE,t}$ 为 t 时段内电网期望新能源功率；$Q_{i,t}$ 为风、光总的中标量。

供需平衡约束为

$$Q_{o,t} + Q_{w,t} + Q_{pv,t} + Q_{h,t} = P_{D,t} \quad (2\text{-}17)$$

式中：$P_{D,t}$ 为电网 t 月有功负荷。

购电量约束为

$$Q_{o,t}^{\min} \leqslant Q_{o,t} \leqslant Q_{o,t}^{\max} \quad (2\text{-}18)$$

式中：$Q_{o,t}^{\min}$、$Q_{o,t}^{\max}$ 分别为发电商 t 月最小、最大发电量。

电网期望功率约束为

$$Q_{iE,t}^{\min} \leqslant Q_{iE,t} \leqslant Q_{iE,t}^{\max} \quad (2\text{-}19)$$

1. 风电商模型

风电的收益主要包括售电收益和发电成本，考虑风力发电的不确定性，该模型还引入风力发电量偏差费用，以风电收益最大化为目标。

$$\max M_w = \sum_{t=1}^{T} [\lambda_{w,t} Q_{w,t} - h(Q_{w,t}^K, Q_{w,t}) - f(Q_{w,t})] \quad (2\text{-}20)$$

$$h(Q_{w,t}^K, Q_{w,t}) = C_{o,i} \max(0, Q_{w,t} - Q_{w,t}^K) + C_{u,i} \max(0, Q_{w,t}^K - Q_{w,t}) \quad (2\text{-}21)$$

式中：$h(Q_{w,t}^K, Q_{w,t})$ 为偏差费用；$Q_{w,t}^K$ 为风电实际发电量；$C_{o,i}$、$C_{u,i}$ 分别为高估风电发电的费用系数以及低估风电的费用系数，可结合当地的弃风及缺供电价值来确定；

$\lambda_{w,t}$ 由风电商根据发电成本来确定，是风电商的优化变量。

发电量约束为

$$0 \leqslant Q_{w,t} \leqslant Q_{w,t}^{\max} \tag{2-22}$$

式中：$Q_{w,t}^{\max}$ 为 t 月风电商的最大发电量。

报价约束：风电商的报价既要考虑到自己的发电成本，不可过低报价，又要遵守市场规则，不可过高报价，所以有

$$\lambda_{\min} \leqslant \lambda_{w,t} \leqslant \lambda_{\max} \tag{2-23}$$

式中：$\lambda_{\min}$、$\lambda_{\max}$ 分别为风电商的最低、最高报价。

光伏发电商可类比风电商进行建模。

2. 火电发电商模型

火电商的收益主要包括售电收益、发电成本以及环境成本，以火电收益最大化为目标。

$$\max M_h = \sum_{t=1}^{T} \left[\lambda_{h,t} Q_{h,t} - f_h(Q_{h,t}) - g_h(Q_{h,t}) \right] \tag{2-24}$$

$$\lambda_{h,t} = 2a_{h,i} P_{h,t} + v_{h,t} \tag{2-25}$$

式中：$f_h(Q_{h,t})$、$g_h(Q_{h,t})$ 分别为火电的发电成本和环境成本函数，是机组功率的函数，由电量得到机组功率可通过合约电量分解来实现，可参考文献；$\lambda_{h,t}$ 为火电商的报价，为火电商的优化变量，与其边际成本有关；$a_{h,i}$ 为火电机组运行成本二次项系数；$P_{h,t}$ 为火电机组 t 时刻的功率；$v_{h,t}$ 为火电机组功率-价格曲线。

电量约束为

$$Q_{h,t}^{\min} \leqslant Q_{h,t} \leqslant Q_{h,t}^{\max} \tag{2-26}$$

式中：$Q_{h,t}^{\min}$、$Q_{h,t}^{\max}$ 分别为火电厂 t 月中标量的最小、最大电量。

报价约束为

$$\lambda_{\min} \leqslant \lambda_{w,t} \leqslant \lambda_{\max} \tag{2-27}$$

3. 耦合系统模型

耦合系统的收益主要包括售电收益、发电成本和环境成本，以耦合系统最大化为目标。

$$\max M_o = \sum_{t=1}^{T} \left[\lambda_{o,t} Q_{o,t} - f(Q_{o,t}) - g(Q_{o,t}) \right] \tag{2-28}$$

式中：$f(Q_{o,t})$ 为耦合系统的发电成本；$g(Q_{o,t})$ 为耦合系统的环境成本，主要包括弃风弃光成本和污染气体排放成本；$\lambda_{o,t}$ 为耦合系统的报价，是耦合系统的决策变量，与其成本有关。

2.2 耦合系统时序随机生产模拟

随机生产模拟是发电系统规划和运行优化的重要方法和工具，其目的是计算不同运行方式下各机组发电量、电力系统发电成本及可靠性指标。随机生产模拟可考虑各种不确定因素，如负荷波动、发电机组随机停运等情况，能较为准确地描述系统实际运行情况，已在电力系统电源规划、可靠性评估、运行成本分析等领域获得了广泛应用。

时序随机生产模拟算法的核心思想是不修改原始负荷曲线，直接将机组的随机停运和可再生能源发电机组功率的随机波动反映为系统供电能力的变化，按时间顺序分别计算单一时段内各机组发电量和系统可靠性指标，最后累加得到整个运行周期的运行模拟结果。

2.2.1 火力发电时序随机生产模拟模型

发电设备在整个寿命过程中，会不断地经历运行（备用）、计划停运检修和故障停运检修，这是一个复杂、循环的过程。在此过程中，除备用和计划检修外，其余都是随机的。发电机组因随机故障而被迫要求停运时称作非计划停运，由于某种局部故障被迫要求降低其功率运行时称作非计划降功率。

在随机生产模拟中，使用强迫停运率来表示火电机组发生故障停运的随机性。强迫停运率即火电机组发生强迫停运的概率，它是电力系统可靠性计算中非常重要的一个统计学指标，计算公式为

$$p_{\text{FOR}} = \frac{H_{\text{FO}}}{H_{\text{S}} + H_{\text{FO}}} \qquad (2\text{-}29)$$

式中：H_{S} 为统计期间机组无故障运行时间（service hours）；H_{FO} 为统计期间机组强迫停运时间（forced outage hours）。

考虑机组可能由局部故障造成强迫降功率的情况，在随机生产模拟中为提高计算效率，可将这些不能使用的受阻部分一并计入强迫停运率中，将火电机组随机生产模拟模型等效为两状态模型。

考虑机组故障，在时序随机生产模拟中火电机组的两状态模型为

$$\widetilde{P}_{i,t} = \begin{cases} 0 & p_{\text{FOR}} \\ P_{i,t} & 1 - p_{\text{FOR}} \end{cases} \qquad (2\text{-}30)$$

式中：$\tilde{P}_{i,t}$ 为 t 时段火电机组 i 的输出功率；$P_{i,t}$ 为 t 时段机组 i 的额定功率。

2.2.2　可再生能源时序随机生产模拟模型

随着可再生能源发电规模和单机容量的不断增大，其自身功率的随机性和不确定性也给电力系统的运行带来负面影响。为了考虑可再生能源随机性和波动性给电力系统带来的影响，在随机生产模拟中，可将可再生能源场站处理为多状态机组。

1. 风电机组随机功率模型

风速和风电机组故障都具有较强的不确定性，造成风电机组功率表现出多种可能的状态，经大量研究表明，地区风速通过服从 Weibull 分布，由此可建立风速的概率密度函数，即

$$f(v) = \frac{k}{c}\left(\frac{v}{c}\right)^{(k-1)}\exp\left[-\left(\frac{v}{c}\right)^k\right] \tag{2-31}$$

式中：k 和 c 分别为威布尔分布的两个参数，k 称作形状参数，反映威布尔分布的偏斜度；c 称作尺度参数，反映风电场的平均风速。

形状参数 k 的改变对分布曲线形式有很大的影响。当 $0<k<1$ 时，密度函数为 x 的减函数；当 $k=1$ 时，分布呈指数型；$k=2$ 时，便成了瑞利分布；$k=3.5$ 时，威布尔分布实际已很接近正态分布了。当地风况也可从 c 值大概估计。一般地，风速越大，分布曲线峰值降低且靠右，c 值变大，表示发生大风速的概率增加。

同时，风电机组功率和风速之间存在近似分段线性的关系，即

$$P_i^W(t) = \begin{cases} 0, & v_i(t) < v_{\mathrm{in},i} \text{ 或 } v_i(t) > v_{\mathrm{out},i} \\ P_i^{W,N} \cdot \dfrac{v_i(t) - v_{\mathrm{in},i}}{v_{Ni} - v_{\mathrm{in},i}}, & v_{\mathrm{in},i} \leqslant v_i(t) \leqslant v_{Ni} \\ P_i^{W,N}, & v_{Ni} \leqslant v_i(t) < v_{\mathrm{out},i} \end{cases} \tag{2-32}$$

式中：$P_i^W(t)$ 为风电机组 i 在 t 时刻的功率；$P_i^{W,N}$ 为风电机组 i 的额定功率；$v_i(t)$ 为风电机组 i 在 t 时刻的风速；$v_{\mathrm{in},i}$、$v_{\mathrm{out},i}$ 分别为风电机组 i 的切入风速和切出风速；v_{Ni} 为风电机组 i 的额定风速。

基于等效多状态法，将风电机组按容量等间隔划分为 N 个状态，利用反函数，计算出各个状态对应的风速范围；再将各个状态对应的风速范围代入式（2-32），计算出各风速范围对应的概率，由此即可获得风电机组的各个状态及对应的概率，可得考虑故障因素后的风电机组多状态概率模型，即

$$P_i^W(t) = \begin{cases} 0, \widetilde{p}_{w,i}(t) = p_{w,i}^{W,FOR} + (1 - p_{w,i}^{W,FOR}) \cdot p_{w,i}^{W,1}(t) \\ \qquad\qquad\qquad \vdots \\ P_i^{W,k}(t), \widetilde{p}_{w,i}(t) = (1 - p_{w,i}^{W,FOR}) \cdot p_{w,i}^{W,k}(t) \\ \qquad\qquad\qquad \vdots \\ P_i^{W,N}(t), \widetilde{p}_{w,i}(t) = (1 - p_{w,i}^{W,FOR}) \cdot p_{w,i}^{W,N}(t) \end{cases} \tag{2-33}$$

式中：$\widetilde{p}_{w,i}(t)$ 为风电机组输出功率为 $P_i^W(t)$ 的概率；$p_{w,i}^{W,FOR}$ 为风电机组 i 的强迫停运率；$P_i^{W,k}(t)$ 为风电机组 i 在 t 时刻第 k 个状态的功率；$p_{w,i}^{W,k}$ 为状态为 $P_i^{W,k}(t)$ 的概率。

2. 光伏发电随机功率模型

光照强度和光伏发电设备的随机故障是光伏发电不确定的主要来源，造成光伏发电设备在运行过程中表现出多种可能的功率状态。统计结果表明，地区的光照强度通常服从 Beta 分布，基于 Beta 分布的光照强度概率密度函数可以表示为

$$f(r) = \frac{\Gamma(\alpha + \beta)}{\Gamma(\alpha)\Gamma(\beta)} \left[\frac{r_i(t)}{r_{\max}} \right]^{\alpha-1} \left(1 - \frac{r_i(t)}{r_{\max}} \right)^{\beta-1} \tag{2-34}$$

式中：α、β 为 Beta 分布的形状参数；$r_i(t)$ 为光伏发电设备 i 在 t 时段所接收的光照强度；$r_{\max}$ 为辐照度的最大值；$\Gamma(\cdot)$ 为伽马函数。

同时，光伏发电设备功率和光照强度也存在如下近似关系

$$P_i^{PV}(t) = \begin{cases} P_i^{PV,N} \cdot \dfrac{r_i(t)}{r_{\max}}, & r_i(t) \leqslant r_{\max} \\ P_i^{PV,N}, & r_i(t) > r_{\max} \end{cases} \tag{2-35}$$

式中：$P_i^{PV}(t)$ 为光伏发电设备 i 在 t 时段的功率；$P_i^{PV,N}$ 为光伏发电设备 i 的额定功率。

类似地，利用等效多状态法，按照额定容量将光伏发电设备等分为 N 个状态，将各个状态代入式（2-35）的反函数即可计算出各个功率状态对应的光照度区间，最后利用式（2-34）即可计算出各个光照强度区间所对应的概率，由此求出了各个状态对应的概率。通过以上过程，建立光伏发电设备的多状态概率模型为

$$P_i^{PV}(t) = \begin{cases} 0, \widetilde{p}_{pv,i}(t) = p_{pv,i}^{PV,FOR} + (1 - p_{pv,i}^{PV,FOR}) \cdot p_{pv,i}^{PV,1}(t) \\ \qquad\qquad\qquad \vdots \\ P_i^{PV,k}(t) \cdot r_{nd}(t), \widetilde{p}_{pv,i}(t) = (1 - p_{pv,i}^{PV,FOR}) \cdot p_{pv,i}^{PV,k}(t) \\ \qquad\qquad\qquad \vdots \\ P_i^{PV,N}(t) \cdot r_{nd}(t), \widetilde{p}_{pv,i}(t) = (1 - p_{pv,i}^{PV,FOR}) \cdot p_{pv,i}^{PV,N}(t) \end{cases} \tag{2-36}$$

式中：$\tilde{p}_{pv,i}(t)$ 为光伏发电设备 i 在 t 时段输出功率为 $P_i^{PV}(t)$ 的概率；$p_{pv,i}^{PV,FOR}$ 为光伏发电设备 i 的强迫停运率；$P_i^{PV,k}(t)$ 为光伏发电设备 i 在 t 时刻第 k 个状态的功率；$p_{pv,i}^{PV,k}$ 为状态 $P_i^{PV,k}(t)$ 的概率；$r_{nd}(t)$ 为光伏发电设备所在地区 t 时段的光照情况，有光照时为 1，无光照时为 0。

2.2.3　耦合系统时序随机生产模拟

通用生成函数（UGF）是一种直观且高效的离散随机变量表示及运算工具，其基本思想是将离散随机变量表示为多项式形式。在基于 UGF 的随机生产模拟方法中，将电力系统中具有不确定性的元件建模为多状态元件，并转化为 UGF 模型，进而利用 UGF 组合算子计算得到整个电力系统的 UGF 模型，将系统等效为一个多状态系统；然后利用 UGF 的组合运算，将每个时间间隔内等效电源功率与相应负荷的供需匹配，从而得到每个时间节点上以及一段模拟周期内电力系统的供需平衡情况。

假设离散随机变量 X 的概率质量函数为 $P_r = \{X = x_i\} = P_i$，其中 x_i 为 X 第 i 个可能取值，P_i 为相应概率，k 为 X 可能取值的总个数。随机变量 X 的分布律见表 2-1。

表 2-1　　　　　　　　　　　　随机变量 X 的分布律

X 取值	对应概率
X_1	P_1
X_2	P_2
...	...
X_k	P_k

变量 X 用通用生成函数形式可表示为

$$u(z) = P_1 Z^{X_1} + P_2 Z^{X_2} + \cdots P_n Z^{X_n} \tag{2-37}$$

式中：Z 自身没有任何的实际意义，它的主要作用是为了区分随机变量的取值和概率；Z 的指数代表 X 的取值；Z 的系数代表该取值的概率。

若存在两个相互独立的离散随机变量 X_1 和 X_2，其分别有 K_1 和 K_2 个状态。X_1 和 X_2 的通用生成函数形式为

$$u_1(Z) = P_{11} Z^{X_1} + P_{12} Z^{X_2} + \cdots P_{1k_1} Z^{X_{k_1}} \tag{2-38}$$

$$u_2(Z) = P_{21} Z^{X_1} + P_{22} Z^{X_2} + \cdots P_{2k_2} Z^{X_{k_2}} \tag{2-39}$$

它们的任何函数运算结果也是离散随机变量，并且可通过通用生成函数的组合运算得到。比如，$X_1 + X_2$ 运算对应的随机变量 X_3 可表示为通用生成函数形式，即

$$u_3(Z) = \bigotimes (u_1(Z), u_2(Z)) = \sum_{i=1}^{k_1} \sum_{j=1}^{k_2} P_{ui} P_{2j} Z^{X_{1i}+X_{2j}} = P_{31} Z^{X_1} + P_{32} Z^{X_2} + \cdots P_{3k_3} Z^{X_{k_3}}$$

$$(2-40)$$

$\bigotimes$ 为组合算子。利用组合算子对两个离散随机变量的通用生成函数进行运算，其实质为计算两个相互独立的离散随机变量函数的分布律。

根据每个时间间隔内可再生能源功率状态取值和相应的概率，建立描述可再生能源多状态功率的 UGF 模型，即

$$u_{PW}^m(Z,t) = \sum_{n=1}^N P_{un}^m(t) \cdot Z^{p_{w_n}^m(t)}$$

$$(2-41)$$

式中：$P_{un}^m(t)$ 为模式 m 时段 t 状态 n 的可再生能源功率；$p_{w_n}^m(t)$ 为模式 m 时段 t 状态 n 的概率。

考虑发生随机故障导致火电机组停运的情况，这里主要考虑火电机组的两状态运行，则系统中第 n 台火电机组时刻 t 的通用生成函数模型为

$$u_n(Z,t) = \sum_{i_n=1}^{S_n} P_{i_n}^n(t) \cdot Z^{p_{i_n}^n(t)}, n=1,2,\cdots,N$$

$$(2-42)$$

式中：S_n 为机组 n 的状态数；$P_{i_n}^n(t)$ 为机组 n 在时刻 t 的第 i_n 个状态的功率值；$p_{i_n}^n(t)$ 为机组 n 在时刻 t 的第 i_n 个状态的功率值对应的概率。

假设在 t 时刻，发电机组按预定发电计划顺序依次加载运行，加载至第 n 台发电机组后的等效多状态通用生成函数模型为

$$U_n(Z,t) = \bigotimes (u_1(Z,t), u_2(Z,t), \cdots, u_n(Z,t))$$

$$= \sum_{j_{S_n}=1}^{S_{S_n}} P_{j_{S_n}}^{S_n}(t) \cdot Z^{p_{j_{S_n}}^{S_n}(t)}$$

$$(2-43)$$

式中：S_{S_n} 为 n 台发电机加载运行后系统等效电源状态数；$P_{j_{S_n}}^{S_n}(t)$ 为时刻 t 等效电源第 j_{S_n} 个状态功率值；$p_{j_{S_n}}^{S_n}(t)$ 为时刻 t 等效电源第 j_{S_n} 个状态功率值对应的概率。

假设 t 时刻的负荷为 $L(t)$，则时刻 t 加载了 n 台发电机组的 $LOLP$ 为功率小于负荷 $L(t)$ 的状态所对应的概率之和，即

$$LOLP_n(t) = \sum_{p_{j_{S_n}}^{S_n}(t)<L(t)} p_{j_{S_n}}^{S_n}(t)$$

$$(2-44)$$

时刻 t 加载了 n 台发电机组的电量不足期望 $EENS$，即

$$EENS_n(t) = \sum_{p_{j_{S_n}}^{S_n}(t)<L(t)} [L(t) - p_{j_{S_n}}^{S_n}(t)] \cdot 1 \cdot p_{j_{S_n}}^{S_n}(t)$$

$$(2-45)$$

选取的时段长度为 1h。

时刻 t 第 n 台发电机组的期望发电量为

$$E_n(t) = EENS_{n-1}(t) - EENS_n(t) \tag{2-46}$$

时刻 t 发电机组加载完毕后系统最终等效多状态通用生成函数模型为

$$u_s(Z,t) = \sum_{j_s=1}^{S_s} P_{j_s}^S(t) \cdot Z^{p_{j_s}^S(t)} \tag{2-47}$$

式中：S_s 为系统最终等效电源状态数；$P_{j_s}^S(t)$ 为时刻 t 最终等效电源第 j_s 个状态的功率值；$p_{j_s}^S(t)$ 为时刻 t 最终等效电源第 j_s 个状态的功率值对应的概率。

若模拟周期为 T，则电力系统在整个模拟期的电力不足概率及电量不足期望为

$$LOLP = \sum_{t=1}^{T} LOLP(t)/T \tag{2-48}$$

$$EENS = \sum_{t=1}^{T} EENS(t) \tag{2-49}$$

各机组的期望发电量为

$$E_n = \sum_{t=1}^{T} E_n(t) \tag{2-50}$$

耦合系统随机生产模拟流程如图 2-2 所示。

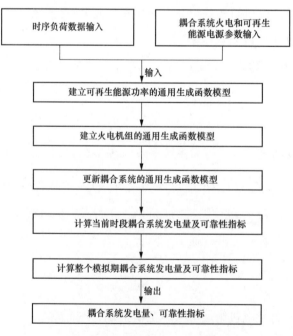

图 2-2 耦合系统随机生产模拟流程图

2.3 耦合系统全寿命周期多电源容量优化配置

2.3.1 耦合系统全寿命周期多电源容量优化配置目标函数

本节考虑的全寿命周期容量优化配置目标函数为耦合系统一年内的综合运行收益 F^C，主要由可再生能源发电收益 F^{RE}、火电收益 F^{TH}、火电运行成本 F^{OP}、火电启动成本 F^{ON} 以及环境成本 F^E 组成，其表达式为

$$F^C = F^{RE} + F^{TH} - F^{OP} - F^{ON} - F^E \tag{2-51}$$

1. 可再生能源发电收益

耦合系统内可再生能源发电上网可获取收益，其计算公式为

$$F^{RE} = \sum_{d=1}^{D} N_d \sum_{t=1}^{T} \sum_{k=1}^{K} C_k^{RE} P_{k,t}^{RE} \tag{2-52}$$

式中：D 为一年中季节类型，本优化中分为冬季、夏季和过渡季；N_d 为各季节天数；T 为调度总时段数；K 为耦合系统内可再生能源的类型总数；C_k^{RE} 为第 k 类可再生能源发电的上网电价；$P_{k,t}^{RE}$ 为第 t 个调度时段内第 k 类可再生能源的发电功率。

2. 火电机组发电收益

耦合系统内火电机组发电收益与其能够提供的实时深度调峰服务有关。根据东北电力辅助服务市场运营规则，当火电厂单位统计周期内开机机组的平均负荷率小于或等于有偿调峰补偿基准时，可获得辅助服务补偿。因此，耦合系统内火电机组发电收益计算公式为

$$\mu_t^{TH} = \sum_{n=1}^{N} P_{n,t}^{TH} \bigg/ \sum_{n=1}^{N} \alpha_{n,t} P_{n,max}^{TH} \tag{2-53}$$

$$F_{n,t}^{TH} = \begin{cases} C_0^{TH} P_{n,t}^{TH}, & \mu_1^{TH} < \mu_t^{TH} \leqslant 1 \\ C_0^{TH} P_{n,t}^{TH} + C_1^{TH}(\mu_1^{TH} P_{n,max}^{TH} \alpha_{n,t} - P_{n,t}^{TH}), & \mu_2^{TH} < \mu_t^{TH} \leqslant \mu_1^{TH} \\ C_0^{TH} P_{n,t}^{TH} + C_2^{TH}(\mu_1^{TH} P_{n,max}^{TH} \alpha_{n,t} - P_{n,t}^{TH}), & 0 \leqslant \mu_t^{TH} \leqslant \mu_2^{TH} \end{cases} \tag{2-54}$$

$$F^{TH} = \sum_{d=1}^{D} N_d \sum_{t=1}^{T} \sum_{n=1}^{N} F_{n,t}^{TH} \tag{2-55}$$

式中：μ_t^{TH} 为耦合系统在第 t 个调度时段内开机火电机组的平均负荷率；N 为耦合系统内火电机组的总数；C_0^{TH}、C_1^{TH}、C_2^{TH} 分别为耦合系统单位统计周期内开机火电机组的平均负荷率在大于有偿调峰补偿基准、处于有偿调峰补偿第一档和处于有偿调峰补偿第二档时的发电收益，有偿调峰补偿收益在非供热期和供热期相比，其值要减半；μ_1^{TH} 和 μ_2^{TH} 分别为有偿调峰补偿第一档和有偿调峰补偿第二档规定区间内的平均负荷率上

限值。

3. 火电机组运行成本

当火电机组在常规调峰（RPR）状态，其运行成本主要为运行煤耗成本；当火电机组处于深度调峰（DPR）状态，其运行成本除运行煤耗成本外，会产生机组损耗成本。因此，火电机组运行成本为

$$F_{n,t}^{\text{OP}} = \begin{cases} (a_n P_{n,t}^{\text{TH}2} + b_n P_{n,t}^{\text{TH}} + c_n)C^{\text{coal}}, & P_{n,t}^{\text{TH}} \in P_n^{\text{RPR}} \\ (a_n P_{n,t}^{\text{TH}2} + b_n P_{n,t}^{\text{TH}} + c_n)C^{\text{coal}} + \omega_n^{\text{DPR}} C_n^{\text{TH}}/(2L_{n,t}), & P_{n,t}^{\text{TH}} \in P_n^{\text{DPR}} \\ 0, & P_{n,t}^{\text{TH}} = 0 \end{cases} \quad (2\text{-}56)$$

$$F^{\text{OP}} = \sum_{d=1}^{D} N_d \sum_{t=1}^{T} \sum_{n=1}^{N} F_{n,t}^{\text{OP}} \quad (2\text{-}57)$$

式中：a_n、b_n 和 c_n 分别为第 n 台火电机组耗量特性函数的系数；$L_{n,t}$ 为第 t 个调度时段内第 n 台火电机组的转子致裂循环周次；C^{coal} 为煤炭价格；C_n^{TH} 为第 n 台火电机组的购机成本；P_n^{DPR} 为第 n 台火电机组在 DPR 和 DPRO 状态的机组负荷区间。

4. 火电机组启动成本

火电机组在启动时会产生启动成本，其启动成本为

$$F^{\text{ON}} = \sum_{d=1}^{D} N_d \sum_{t=1}^{T} \sum_{n=1}^{N} \alpha_{n,t}(1 - \alpha_{n,t-1})C_n^{\text{ON}} \quad (2\text{-}58)$$

式中：C_n^{ON} 为第 n 台火电机组的启动成本。

5. 环境成本

火电机组排放的废气中，包含的应税污染物主要有烟尘、二氧化硫和氮氧化物。因此，火电机组的环境成本为

$$F^{\text{EP}} = \sum_{d=1}^{D} N_d \sum_{t=1}^{T} \sum_{n=1}^{N} \sum_{j=1}^{J} S_j^{\text{EP}} P_{n,t}^{\text{TH}} C_j^{\text{EP}}/G_j^{\text{EP}} \quad (2\text{-}59)$$

式中：J 为应税污染物种类；S_j^{EP}、C_j^{EP} 和 G_j^{EP} 分别为第 j 种污染物的排放系数、单位应税税额和污染当量值。

6. 风电、光伏发电运行维护成本

因为风电、光伏发电在寿命周期内维护成本相对固定且费用较低，同投资成本类似，可折算至单位装机容量进行表征，故将风电、光伏发电的维护成本整合进投资成本中计算，计算方法为

$$F^{\text{WTC}} = \sum_{d=1}^{D} N_d \sum_{t=1}^{T} \frac{r(1+r)^{y^{\text{WT}}}}{r(1+r)^{y^{\text{WT}}} - 1} S_{\text{WT}} I_{\text{WT}} \quad (2\text{-}60)$$

$$F^{PVC} = \sum_{d=1}^{D} N_d \sum_{t=1}^{T} \frac{r(1+r)^{y^{PV}}}{r(1+r)^{y^{PV}} - 1} S_{PV} I_{PV} \tag{2-61}$$

式中：S_{WT}、S_{PV} 分别为风电、光伏发电的规划装机容量；I_{WT}、I_{PV} 分别为风电、光伏发电单位装机容量的投资和维护成本；r 为年利率。

7. 耦合系统外部购电费用

耦合系统无法满足负荷需求时可从外部电力系统购电的费用，计算方法为

$$F^{gs} = \sum_{d=1}^{D} N_d \sum_{t=1}^{T} C_{gs} P_{gs} \tag{2-62}$$

式中：C_{gs} 为从外部电力系统购买单位电量的费用；$P_{gs}(t_M, s)$ 为考虑不确定性条件下耦合系统在第 M 个月典型日 t 时刻场景 s 从外部电力系统购买的发电功率，即耦合系统发电功率缺额。

2.3.2 耦合系统全寿命周期多电源容量优化配置约束条件

风光火耦合系统容量优化配置的约束条件包括功率平衡约束，火电机组、风电、光伏发电的发电约束，以及源荷匹配限制爬坡事件的约束。

1. 功率平衡约束

功率平衡约束反映的是耦合系统内部的火电和风光发电功率应满足在耦合点处的负荷需求，即

$$\sum_{g=1}^{N_{TH}} \left[P_{TH}(g,t) + P_{THR}(g,t) \right] + P_{PV}(t) + P_{WT}(t) = P_L(t) - P_{gs}(t) \tag{2-63}$$

式中：$P_L(t)$ 为耦合点处考虑不确定性条件下 t 时刻的负荷需求；耦合系统在运行时允许的最大发电功率缺额，$P_{gs}(t) \leqslant \varphi_L \cdot P_{L\_pre}(t)$ 表示耦合系统运行时在各时刻的发电功率缺额应小于该时刻负荷需求预测值的一定比例；φ_L 为比例系数。

2. 火电机组发电约束

火电机组发电约束主要包括运行状态约束和爬坡约束，具体如下：

$$\begin{cases} \beta_{RPR}(g,t) + \beta_{DPR}(g,t) = 1 \\ \beta_{RPR}(g,t) \cdot P_{TH\_RPR}^{min}(g) \leqslant P_{TH}(g,t) + P_{THR}(g,t) \leqslant \beta_{RPR}(g,t) \cdot P_{TH}^{max}(g) \\ \beta_{DPR}(g,t) \cdot P_{TH\_DPR}^{min}(g) \leqslant P_{TH}(g,t) + P_{THR}(g,t) \leqslant \beta_{DPR}(g,t) \cdot P_{TH\_RPR}^{min}(g) \\ t \cdot P_{ramp}^{down}(g) \leqslant \left[P_{TH}(g,t+1) + P_{THR}(g,t+1) \right] - \left[P_{TH}(g,t) + P_{THR}(g,t) \right] \leqslant t \cdot P_{ramp}^{up}(g) \end{cases}$$
$$\tag{2-64}$$

式中第一行表示火电机组在 t 时刻仅可处于常规调峰或深度调峰状态；第二、第三行表

示火电机组在常规调峰和深度调峰状态时的功率范围，其中 $P_{TH}^{max}(g)$ 为火电机组 g 的最大功率，$P_{TH\_RPR}^{min}(g)$ 为火电机组 g 在常规调峰状态的最小功率，$P_{TH\_DPR}^{min}(g)$ 为火电机组 g 在深度调峰状态的最小功率；第四行表示火电机组在相邻时刻的功率之差应小于上下爬坡率，其中 $P_{ramp}^{up}(g)$ 和 $P_{ramp}^{down}(g)$ 分别为火电机组 g 的上爬坡率和下爬坡率。

火电机组的实时灵活性调节资源 $P_{THR}(g,t)$ 会受到火电机组的爬坡率，当前功率状态和最大、最小功率限制，如下式所示：

$$
\begin{cases}
P_{TH}^{sup}(g,t) \leqslant P_{TH}^{max}(g) - P_{TH}(g,t) \\
P_{TH}^{sup}(g,t) \leqslant t \cdot P_{ramp}^{up}(g) \\
P_{TH}^{sdn}(g,t) \leqslant P_{TH}(g,t) - P_{TH\_DPR}^{min}(g) \\
P_{TH}^{sdn}(g,t) \leqslant t \cdot P_{ramp}^{down}(g) \\
P_{TH}^{sdn}(g,t) \leqslant P_{THR}(g,t,s) \leqslant P_{TH}^{sup}(g,t) \\
P_{TH}^{sup}(g,t), P_{TH}^{sdn}(g,t) \geqslant 0
\end{cases}
\tag{2-65}
$$

式中：$P_{TH}^{sup}(g,t)$ 和 $P_{TH}^{sdn}(g,t)$ 分别为火电机组 g 的灵活性调节资源上限、下限。

3. 风电/光伏发电约束

耦合系统中的风电和光伏发电在发电时可通过减少部分发电功率，即降低利用率以满足负荷平衡需求和提高经济性，具体约束如下：

$$
\begin{cases}
u_{WT} \cdot P_{WT\_re}(t) \cdot S_{WT} \leqslant P_{WT}(t) \leqslant P_{WT\_re}(t) \cdot S_{WT} \\
u_{PV} \cdot P_{PV\_re}(t) \cdot S_{PV} \leqslant P_{PV}(t) \leqslant P_{PV\_re}(t) \cdot S_{PV} \\
0 \leqslant P_{WT\_re}(t) \leqslant 1, 0 \leqslant P_{PV\_re}(t) \leqslant 1 \\
0 \leqslant S_{WT} \leqslant S_{WT}^{max}, 0 \leqslant S_{PV} \leqslant S_{PV}^{max}
\end{cases}
\tag{2-66}
$$

式中：第一、第二行为风电、光伏发电的可调节功率范围；$P_{WT\_re}(t)$ 和 $P_{PV\_re}(t)$ 分别为风电和光伏发电在 t 时刻的实时功率标幺值；u_{WT} 和 u_{PV} 分别为风电和光伏发电的利用率限值。

2.3.3 多电源容量优化配置的求解方法

在多电源耦合系统中，由于气象和物理等因素的影响，风电、光伏发电系统的能量输出，电负荷具有不确定性。这些不确定性变量共同作用带来的多重不确定性会对多电源耦合系统的运行带来影响，针对上述问题，首先对不确定性变量处理方法进行介绍，然后进一步对容量优化配置模型的求解方法进行介绍。

1. 采用场景法进行不确定性处理

由于不确定性优化问题的复杂性，使用合适而有效的方法对不确定性进行处理是很有必要的。处理综合能源系统不确定性的方法有很多，本文多电源耦合系统中考虑的不确定性变量包括负荷和可再生能源功率，这些不确定性变量已经经过了长期的研究，可以得到准确的概率密度函数。因此，本文采用概率法处理多电源耦合系统中的不确定性变量。在概率法中，不确定性变量有特定的概率密度函数模型，相关具体方法包括机会约束法、二阶段规划法等。机会约束法允许在优化中所做决策可以稍微不满足约束条件，但此决策要保证约束条件成立的概率在一定置信水平内。二阶段规划法分为两阶：第一阶段的决策在不确定性的实际实现前做出；第二阶段作为第一阶段决策后，不确定性变量带来影响时的纠正。

场景法是处理不确定性变量的常用方法之一，其基本思想是把不确定性问题转化为确定性问题，这样优化问题可以使用传统方法进行求解。该方法主要基于不确定性变量的概率密度函数。在处理时，通过对概率密度函数进行分段来生成场景及计算相应概率，再将不确定问题转化为多个确定性问题来进行优化求解，再根据每个确定性问题的取值及其发生的概率，最后求得优化值的期望值。设 $x_i(t,s)$ 为第 i 个随机变量 t 时刻在第 g 个场景下的值，该值一般为分段后概率密度函数中某一段的均值；$p_i(t,s)$ 为第 i 个随机变量 t 时刻在第 g 个场景下 t 时刻的概率，可由概率密度函数划分的相应面积求得；z 为优化目标。那么，存在以下的关系式：

$$z = \sum_t \sum_i \sum_s x_i(t,s) p_i(t,s) \tag{2-67}$$

根据对概率密度函数不同的划分，优化结果所得的期望值也具有不同的精度。根据公式可知，对概率密度函数的划分越细致，$x_i(t,s)$ 的取值越多，则代表场景数越多，即对不确定性变量在各种情况下的考虑越周全，最终得到的期望值也越精确。与此同时，概率密度函数划分的增多，也会带来运算时间的增加。如果同时考虑多个不确定性变量，那么由排列组合，得到的总场景数将是各不确定性变量场景数的乘积，这将导致计算量急剧上升。计算量的上升一方面影响微型综合能源系统能量管理的决策效率，另一方面过多场景的划分对期望值精度的提升十分有限。同时，我们在实际应用中，不一定需要考虑所有可能的情况。因此，选取适当的划分方法以及采用合适的处理手段即可通过场景法对含不确定性变量的处理达到合适的精度和较快的计算时间。场景法主要包括场景生成、场景聚合和场景削减，具体过程如下：

（a）场景生成。①为了便于分析，将每个时段的每个不确定性变量概率密度函数的均值设为 0，以代替原分布的均值，这样的变换不影响不确定性变量概率密度函数的性质。将上述概率密度函数分为 7 个预测误差等级（0，$\pm\sigma$，$\pm2\sigma$，$\pm3\sigma$）。②由第①步，概率密度函数被分成了 7 段。每一段的长度为标准差 σ，每个误差等级的概率被定义为

$\alpha1$，$\alpha2$，$\alpha2$，$\alpha3$，$\alpha3$，$\alpha4$，$\alpha4$。③轮盘赌机制被应用于每个时段每个不确定性变量的场景生成，在此方法中，轮盘中的每个部分代表概率密度函数中的一个分段，一个部分占有轮盘的面积越大，则代表该分段的概率越大。首先将不确定性变量预测误差中各段的概率标准化，使它们之和为1。之后，一个介于0到1的随机数被生成，生成随机数的不同区间可以对应上轮盘赌中的不同部分，这样各场景的相应概率可由随机数区间的上下限之差计算得出。④决定每个时段每个不确定性变量在各场景的值。在此步骤中，将概率密度函数确定的每个误差等级的误差加到它的预测之中，其结果即为相应场景的值。

（b）场景聚合。在各相互独立的不确定性变量以及具有相关性的不确定性变量的场景生成完成之后，需要进行场景聚合，即对场景进行排列组合获得所有可能的场景并计算它们相应的概率。由概率学可知，如果事件 A 和事件 B 相互独立，那么事件 A 和事件 B 同时发生的概率为其概率之积。本节中的多电源耦合系统考虑单个不确定性变量与其他不确定性变量相互独立，以及具有相关性的一组不确定性变量同剩余不确定性变量相互独立的前提下，可以通过乘积计算场景聚合后某个场景下的概率。

（c）场景减少。场景聚合过程得到某一时刻的场景总数是对所有不确定性变量之间的场景进行排列组合得到的，按照排列组合的原理，其值等于各不确定性变量以及具有相关性的一组不确定性变量场景总数的乘积，这样得到的某一时刻的场景总数将是非常大的。以 3 个相互独立的不确定性变量为例，在某一时刻，每个不确定性变量有 7 个场景，那么排列组合后产生的总场景数为 343 个，如此巨大数量的场景将大大增加计算量。因此，需要采用一定的方法对聚合后的场景进行筛选，即场景减少过程。场景减少的基本思想是在所有场景中，选取一定数量的场景来近似表示原来的所有场景。为达到此目的，本节采用 GAMS 软件中的 SCENRED 程序来进行场景减少。SCENRED 是 GAMS 中的一个用于场景减少的工具，它提供的算法可以从原场景中选择一个场景的子集并且分配该子集中场景的最优概率。场景子集中，场景数量和精度可由 SCENRED 指定。SCENRED 提供的场景减少方法具有通用性，执行过程中不需要关注具体的随机过程（例如场景的结构，场景中变量的维度等）。在本节中，主要调用 SCENRED 的正演＋反推法（fast backward＋forward methods），这其中包括反推减少算法（backward reduction）和正向选择算法（forward selection）两个算法。其具体过程为：第一步，使用反推减少算法除去绝大部分的场景，处理的方法是定义一个"距离"来表示场景之间关系的度量，在保留某些场景的同时除去"距离"相近的场景。此外，某场景的概率如果远小于其他场景，它也会被除去。保留场景的概率等于保留场景的概率同与该场景

"距离"相近场景的概率之和。第二步，使用正向选择算法在第一步得出的场景中选出一批最优的保留场景，并计算其相应概率，从而得到最终结果。

2. 多电源容量优化配置的求解方法

本章建立的风光火耦合系统容量优化配置模型为混合整数非线性规划（mixed integer nonlinear programming，MINLP）模型。其模型可总结如下：假设变量 x 为 0～1 整数优化变量，y 为连续型优化变量，$f(x,y)$ 为关于 x、y 的线性目标函数，Ω 为优化变量 x、y 的可行域，则混合线性整数规划模型列写为

$$\min f(x,y)$$
$$s.t.\begin{cases} g(x,y)=0 \\ h(x,y)\leqslant 0 \\ \underline{y}\leqslant y \leqslant \overline{y} \\ x\in\{0,1\} \\ x,y\in\Omega \end{cases} \tag{2-68}$$

其中，$g(x)$ 是混合线性整数等式约束，$h(x)$ 是混合线性整数不等式约束，优化变量 x 等于 0 或 1，y 为连续型变量，$\underline{y}$ 为变量 y 的最小值，$\overline{y}$ 为变量 y 的最大值。

MINLP 的确定性算法称为全局优化（global optimization），假设优化问题是最小化问题。如果 MINLP 的连续松弛是非凸的，则可使用空间分支定界（spatial branch and bound），其为解最一般 MINLP 的算法。它和传统用于求解混合整数线性规划（MILP）问题的分支定界（branch and bound）区别在于，松弛不再是简单的线性松弛，而是对每个约束（constraints）和优化目标（objective）中的函数利用其凸的下逼近/凹的上逼近函数（convex underestimator/concave overestimator）进行逼近，用于提供下界（lower/dual bound）进行剪枝。分支方法除了要缩小整数变量的上下界，还要对约束包含的变量进行限界，然后更新对应的逼近函数。所以对于 MINLP，除了整个问题的凸松弛可以提升收敛速度，某些限制条件/函数更紧的松弛也可以提升收敛速度。

如果 MINLP 的连续松弛是凸的，则可以直接使用分支定界，比如连续松弛可以被表示为二阶锥/SDP/exponential cone 规划，则可调用 MOSEK。所以问题的形式表示（formulation）也是重要的，某些非凸的问题其实有等价的凸表示，往往需要引入多余的提升（lifted）变量得到拓展式（extended formulation）。

对于多项式优化（polynomial optimization，PO），Lasserre hierarchy 提供了一个基于半正定松弛的收敛算法，在 Lasserre hierarchy 中整数被转化成二进制变量，二进制变量 x 又可进一步表示为多项式等式 $(1-x)x=0$，所以多项式 MINLP 可以被

Lasserre hierarchy 求解。多项式的半正定松弛对偶问题，恰好为多项式优化的，基于测度的拓展式的，矩松弛。基于测度的拓展式，还有 Sherali-Adams Hierarchy 线性松弛。

Lasserre hierarchy 的松弛要比 Sherali-Adams Hierarchy 线性松弛更紧。完整的 Lasserre hierarchy 对于 PO 中的每个线性约束，每个变量的上下界都要引入相应的半正定约束，导致 SDP 松弛，对于大到几百到几千的变量的问题，可能就无法求解了。从 Lasserre hierarchy 的 SDP 松弛中提取出一个全局可行解也不是简单的。

目前对于 MINLP 的商业求解器已有很多，如 CPLEX、MOSEX、GUROBI 等，也较为成熟，对于本章所建立的多电源耦合系统模型，可通过分段线性化和大 M 法将其线性化后使用商业求解器 Gurobi 进行求解。

2.4　本　章　小　结

本章围绕可再生能源与火力发电耦合系统多电源容量优化配置，得到以下结论：

（1）根据电力市场中多个利益主题相互影响的角度，建立了外部竞争的主从博弈模型。

（2）考虑耦合系统的内部协同，建立了随机生产模拟模型。

（3）根据耦合系统全工况动态建模和耦合系统各项指标，建立了全寿命周期容量配置优化模型，并给出了求解方法。

参 考 文 献

［1］谭忠富，宋艺航，张会娟，等. 大规模风电与火电联合外送体系及其利润分配模型［J］. 电力系统自动化，2013, 37（23）: 63-70.

［2］刘思源，艾芊，郑建平，等. 多时间尺度的多虚拟电厂双层协调机制与运行策略［J］. 中国电机工程学报，2018, 38（3）: 753-761.

［3］黎灿兵，胡亚杰，赵弘俊，等. 合约电量分解通用模型与算法［J］. 电力系统自动化，2007（11）: 26-30.

［4］赵书强，胡利宁，田捷夫，等. 基于中长期风电光伏预测的多能源电力系统合约电量分解模型［J］. 电力自动化设备，2019, 39（11）: 13-19.

［5］Behzad Javanmard, Mohammad Tabrizian, Meghdad Ansarian, et al. Energy management of multi-microgrids based on game theory approach in the presence of demand response programs, energy storage systems and renewable energy resources, Journal of Energy Storage［J］. Journal of Energy Storage, 2021, 42: 2352-152X.

［6］杨国清，付菁，王德意，等. 非合作博弈下风-火-抽蓄区域电网调度研究［J］. 水力发电学报，2017, 36（9）: 21-30.

［7］赵文会，闫豪楠，何威. 基于风火网非合作博弈的电力市场均衡模型［J］. 电网技术，2018, 42（1）: 103-111.

［8］王雪纯，陈红坤，陈磊. 提升区域综合能源系统运行灵活性的多主体互动决策模型［J］. 电工技术学报，2021, 36（11）: 2207-2219.

［9］廖庆龙，谢开贵，胡博. 含风电和储能电力系统的时序随机生产模拟［J］. 电网技术，2017, 41（9）: 2769-2776.

［10］赵书强，索瑀，许朝阳，等. 考虑断面约束的多能源电力系统时序性生产模拟［J］. 电力自动化设备，2021, 41（7）: 1-6.

［11］肖云鹏，王锡凡，王秀丽. 基于随机生产模拟的直购电交易成本效益分析［J］. 电网技术，2016, 40（11）: 3287-3292.

［12］马彦宏，姜继恒，鲁宗相，等. 基于随机生产模拟的火电机组深度调峰提升新能源消纳能力评估方法［J］. 全球能源互联网，2019, 2（1）: 35-43.

［13］朱天游，郑亚军. 我国发电系统强迫停运率的测算与分析［J］. 中国电力，2000（6）: 33-35+101.

［14］陈亚博，盛戈皞，黎建，等. 含光伏和风电的电力系统随机生产模拟［J］. 电力系统及其自动化学报，2015, 27（5）: 1-6.

[15] 丁明, 张立军, 吴义纯. 基于时间序列分析的风电场风速预测模型 [J]. 电力自动化设备, 2005（8）: 32-34.

[16] 罗捷, 袁康龙, 钟杰峰, 等. 考虑新能源接入对系统调峰性能影响的随机生产模拟算法. 电力系统保护与控制 2019, 47（8）, 180-187.

[17] 周明, 李琰, 李庚银. 基于随机生产模拟的日前发电−备用双层决策模型 [J]. 电网技术, 2019, 43（5）: 1606-1613.

第 3 章

可再生能源与火力发电耦合系统稳定分析及风险评估

耦合系统运行场景复杂多变、系统内电源间多因素关联复杂和边界条件多样化，使得基于同步机的传统动态电力系统经典理论难以解释和分析耦合系统动态特性。因此，首先确定耦合系统典型运行场景，接着针对风电、光伏发电等可再生能源场站的详细建模分析，研究发现风电场并网外特性可由单台风机代替、光伏阵列的动态主要由 VSC 主导，为多机模型进行单机等值提供了理论基础。进一步地，针对单台聚合风机并入弱电网这一场景进行动态建模并对比分析。研究发现，当双馈风场接入弱交流电网后，锁相环主导的次同步振荡模态失稳是导致大规模双馈风场经远距离输送并入交流系统时发生次同步振荡的主导因素。

随着风力发电的快速发展，电力系统的常规同步发电机组被风电大量替代，电力系统的有效转动惯量不断降低，系统频率稳定水平持续下降。在大功率缺失或系统故障情况下，极易诱发全网频率故障。因此，计及主动频率支撑的风电参与电力系统惯量及调频技术研究也受到了越来越多的关注。本章分析了双馈风机虚拟惯量与下垂控制对风火耦合系统小扰动功角稳定的影响，确定了影响风火耦合系统稳定性的主导因素。同时，简要分析了风火耦合系统的电压稳定特性。在此基础上，完成了风火耦合系统多特征参量稳定判据的构建，为下一步进行耦合系统稳定性风险评估提供了稳定判据。

进一步地，本章基于等效开环过程理论，将风火耦合系统这一多输入多输出系统等效为单输入单输出系统，在此基础上应用所构建的稳定判据，对风火耦合系统进行稳定性风险评估。在此基础上，将稳定性风险评估技术推广到风光火耦合系统中。最后，完成了耦合系统稳定性评估平台改造，并通过 RTLAB 验证了所提稳定判据以及稳定性风险评估技术的正确性。

3.1　耦合系统精细化建模与对比分析

3.1.1　研究场景确定

开展项目前期调研，耦合系统场景至少包括风火、光火、风储、风光火、风光火储、风光火储及可控负荷共 6 种典型场景，具体如图 3-1 所示。

3.1.2　风机并入弱电网动态建模与对比分析

随着风电并网容量不断增加，电力系统中的风电渗透率将会不断提高，风电场并网点的短路比将会越来越小，交流电力系统对风电场的支撑作用将会越来越弱。特别在风力资源远离电网的情况下，当风电经过远距离长线路集中外送时，风电系统容易出现有

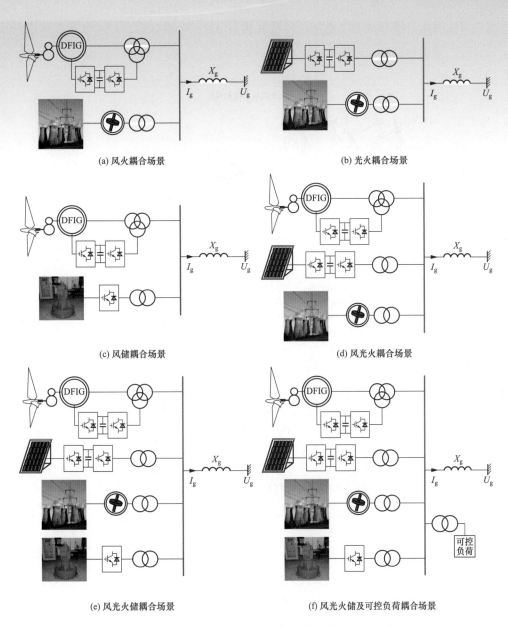

(a) 风火耦合场景　　　　　　　　　　　(b) 光火耦合场景

(c) 风储耦合场景　　　　　　　　　　　(d) 风光火耦合场景

(e) 风光火储耦合场景　　　　　　　(f) 风光火储及可控负荷耦合场景

图 3-1　可再生能源与火力发电耦合系统典型运行场景

功功率振荡。现有关于 DFIG 并网无穷大系统的稳定研究中，尚未研究可以将模型简化到何种程度仍然能对次同步振荡进行分析。而且 PLL 对系统稳定影响的程度揭示得也不够清楚。因此，本文提出了一种 DFIG 并入弱电网下的建模与对比分析通用方法。DFIG 结构如图 3-2 所示。

1. 详细风电场与光伏电站模型与等值依据

为了证明等值模型能够准确反映风电场的动态特性，搭建图 3-3 所示的系统。该系统包括四机两区系统和一个风电场，风电场包含 35 个双馈电机。对风电场部分进行小信号分析，结果如图 3-4 所示。

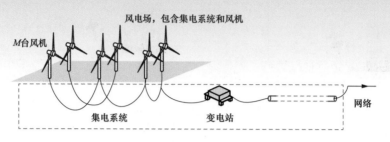

图 3-2　DFIG 结构

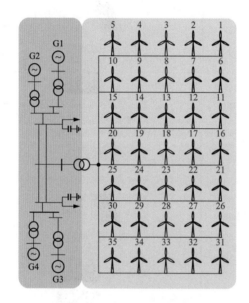

图 3-3　详细风电场拓扑

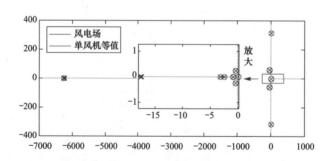

图 3-4　详细矢量风电场动态与单台风机等值结果

可以看到，当采用单台风机等值之后，单台风机的小信号特性与风电场整体呈现出的极点结果基本相同，即风电场的特性可以由单台风机进行等效。

包含大规模面板级 DCO 的分布式光伏并网系统拓扑结构如图 3-5 所示。其中每个光伏发电单元由一个 PV 面板与一个 DCO 连接组成，整个光伏阵列由 M 个光伏串并联、每串 N 个发电单元串联构成 PV-DCO 直流侧系统，通过逆变器进行 DC/AC 变换后接入交流电网。整个系统模型主要包括 PV 面板、DCO 及其控制系统（含 MPPT）、传输线及直流母线、逆变器及其控制系统以及交流系统 5 个部分。其并网结构如图 3-6 所示。

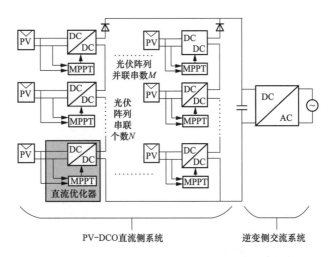

图 3-5 $M \times N$-DMPPT 光伏并网系统拓扑结构

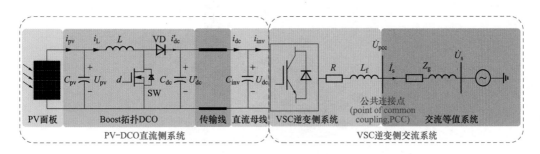

图 3-6 双级集中式光伏并网系统结构

基于以上结构，搭建了 20×20 规模大小的分布式光伏并网系统平均值模型，为了更符合实际情况将 400 个光伏面板的光照强度初始值随机设置在 1000W/m^2（$1 \pm 0.5\%$）范围内。20×20 系统的状态变量共 2010 个，即全系统阶数为 2010。具体包括：①每个 DCO 及其控制系统 5 阶，共 2000 阶；②传输线及直流母线各 1 阶；③VSC 及其控制系统共 6 阶；④锁相环 2 阶。利用线性化工具箱得到系统零极点分布情况如图 3-7 所示。

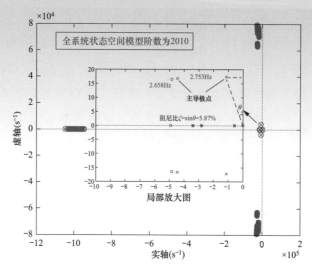

图 3-7　20×20-DMPPT 光伏并网系统零极点图

对系统的主导模态进行分析，如图 3-8 所示，可知虽然特征根共 2010 个，但决定系统扰动后动态特性的仅为 2 个主导极点。

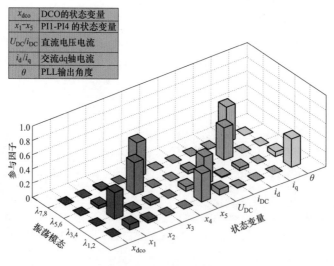

图 3-8　主导模态分析

从图 3-8 可知，系统的主导模态基本上为 VSC 控制器及其相关模态。DCO 及其控制系统对系统的主导模态影响较小，即整个光伏电站的动态可以由其并网处的 VSC 进行等效。

2. 双馈风场并网弱交流系统的详细模型

基于以上分析，可以认为风电场与光伏电站的小信号稳定性可以用单台机组进行等效。因此，本节建立了详细 DFIG 并网模型并将其作为后续研究基准，如图 3-9 所示。

其中，R_t 和 X_t 为变压器的电阻和阻抗，R_L 和 X_L 为线路的电阻和电抗，这两者可以粗略等效为 R_g 和 X_g，是图 3-9 中所示的网络电阻和电抗。

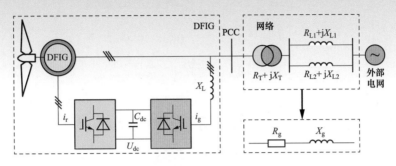

图 3-9　DFIG 并网系统示意图

由图 3-9 可知，DFIG 模型包括风电机组的机械轴系部分、双馈感应发电机模型、转子侧变流器（RSC）、网侧变流器（GSC）、直流电容动态部分以及 PLL 锁相环。因为 GSC 主要用于维持转子侧换流器直流母线电容电压恒定，对双馈感应发电机的动态行为影响比较弱，因此本节详细模型中直接忽略了其动态行为的影响，继而相应忽略直流电容动态部分。双馈风场的动态模型在相关文献中都能找到，限于篇幅以及后续分析方便，此处根据需要简要列举异步发电机的电压和磁链方程。

（1）异步发电机电压方程。DFIG 建模主要采用发电机惯例。基于发电机惯例的 DFIG 动态 d-q 等效电路如图 3-10 所示。

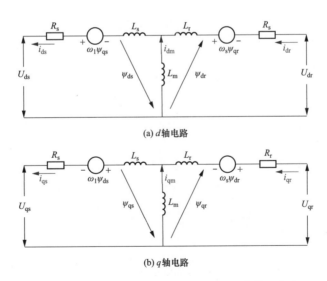

(a) d 轴电路

(b) q 轴电路

图 3-10　DFIG 在发电机惯例下的 d-q 动态等效电路

根据图 3-10，DFIG 在 dq 坐标系下的定子和转子电压方程分别为

$$\begin{cases} U_{ds} = -R_s i_{ds} - \dfrac{1}{\omega_b} p\psi_{ds} + \omega_1\psi_{qs} \\[2mm] U_{qs} = -R_s i_{qs} - \dfrac{1}{\omega_b} p\psi_{qs} - \omega_1\psi_{ds} \end{cases} \tag{3-1}$$

$$\begin{cases} U_{dr} = R_r i_{dr} + \dfrac{1}{\omega_b} p\psi_{dr} - \omega_s\psi_{qr} \\[2mm] U_{qr} = R_r i_{qr} + \dfrac{1}{\omega_b} p\psi_{qr} + \omega_s\psi_{dr} \end{cases} \tag{3-2}$$

其中，$\omega_1 = 1$ 是同步角速度，R_s 和 R_r 分别是定转子电阻。为了简化，此处忽略 R_s 和 R_r。下标 d、q 分别代表转子磁链 ψ_r、定子磁链 ψ_s、转子电压 U_r、定子电压 U_s、转子电流 i_r 和定子电流 i_s 的直轴和交轴分量。ω_b 是基准角速度，$\omega_s = \omega_1 - \omega_r$，$\omega_r$ 是 DFIG 转速。

（2）定转子磁链方程。根据图 3-10，DFIG 在 dq 坐标系下的磁链方程可表达如下

$$\begin{cases} \psi_{ds} = L_s i_{ds} - L_m i_{dr} \\[2mm] \psi_{qs} = L_s i_{qs} - L_m i_{qr} \end{cases} \tag{3-3}$$

$$\begin{cases} \psi_{dr} = L_r i_{dr} - L_m i_{ds} \\[2mm] \psi_{qr} = L_r i_{qr} - L_m i_{qs} \end{cases} \tag{3-4}$$

其中，在 dq 坐标系下，L_m 是同轴等效定转子绕组间的互感，L_s 和 L_r 分别是两相定子和转子绕组的等效自感。

联立式（3-3）和式（3-4），定转子电流可整理为

$$\begin{cases} i_{ds} = \dfrac{L_r\psi_{ds} + L_m\psi_{dr}}{L_rL_s - L_m^2} \\[3mm] i_{qs} = \dfrac{L_r\psi_{qs} + L_m\psi_{qr}}{L_rL_s - L_m^2} \end{cases} \tag{3-5}$$

$$\begin{cases} i_{dr} = \dfrac{L_m\psi_{ds} + L_s\psi_{dr}}{L_rL_s - L_m^2} \\[3mm] i_{qr} = \dfrac{L_m\psi_{qs} + L_s\psi_{qr}}{L_rL_s - L_m^2} \end{cases} \tag{3-6}$$

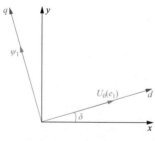

图 3-11 定子电压定向的
矢量控制策略

（3）参考坐标系选择。本文采用定子电压定向的矢量控制方法，将定子电压 U_0 定向在 dq 坐标系的 d 轴上。当忽略定子电阻时，感应电动势近似等于定子电压。根据发电机惯例，在定子侧，感应电动势 e_1 相对定子磁链 ψ_1 滞后 $90°$，相应的感应电动势 e_1 将被定向到 d 轴，并且定子磁链 ψ_1 将被定向到 q 轴的正方向，如图 3-11 所示。

在定子电压定向的矢量控制策略下，磁链和电压之间

的关系表述如下

$$\begin{cases} \psi_{ds} = 0 \\ \psi_{qs} = \psi_1 \end{cases} \quad (3\text{-}7)$$

$$\begin{cases} U_{ds} = U_0 = U_{pcc} \\ U_{qs} = 0 \end{cases} \quad (3\text{-}8)$$

其中，U_0 是定子电压的幅值且是常数。ψ_1 是定子磁链的幅值，且 $\psi_1 = U_0/\omega_1$。U_{pcc} 是 PCC 点电压的幅值。

（4）双馈风场与大电网之间的接口。DFIG 通常使用三相同步坐标系下的 PLL 去跟踪 PCC 点电压的相位，其结构如图 3-12 所示。

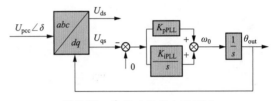

图 3-12　基于 d 轴定向的 PLL

PLL 的数学方程如下式所示

$$\begin{cases} s\theta_{out}(s) = \omega_0(s) \\ \omega_0(s) = -U_{qs}(s)(K_{pPLL} + K_{iPLL}/s) \end{cases} \quad (3\text{-}9)$$

其中，θ_{out} 是 PLL 的输出相角，ω_0 是 PLL 的输出相角速度。K_{pPLL} 和 K_{iPLL} 分别是 PLL 的比例和积分参数。U_{qs} 是 U_{pcc} 的 q 轴分量。

基于上述推导，DFIG 的输出功率可简化为

$$\begin{cases} P_s = U_{ds}i_{ds} + U_{qs}i_{qs} = U_{pcc}i_{ds} \\ Q_s = U_{qs}i_{ds} - U_{ds}i_{qs} = -U_{pcc}i_{qs} \end{cases} \quad (3\text{-}10)$$

PCC 点和交流电网之间的连接方程为

$$\begin{cases} U_{ds} = U_g + i_{ds}R_g - i_{qs}X_g = U_{pcc} \\ U_{qs} = i_{qs}R_g + i_{ds}X_g = 0 \end{cases} \quad (3\text{-}11)$$

其中，U_g 是电网电压幅值。

基于图 3-9 拓扑结构，结合上述 DFIG 并网系统动态模型，DFIG 详细模型如图 3-13 所示。其中，$K = 1/(L_r L_s - L_m^2)$。

3. 双馈风场在不同运行状态和电网强度下的特征值分析

在 Matlab/Simulink 中建立图 3-13 所示的 DFIG 详细模型，双馈风场总的额定容量是 100MVA，系统的基准功率是 100MVA，DFIG 及其控制器参数见表 3-1。在 xy 坐标系下，无穷大电网的电压幅值和相角分别是 1（标幺值）和 0°，锁相环带宽设计为 23Hz。计算详细模型 1 在稳态下的所有特征值，可得到 DFIG 接于弱电网下的振荡模态分布。随着短路比（SCR）的变化，通过分析临界模态的特征值变化趋势，我们能找到

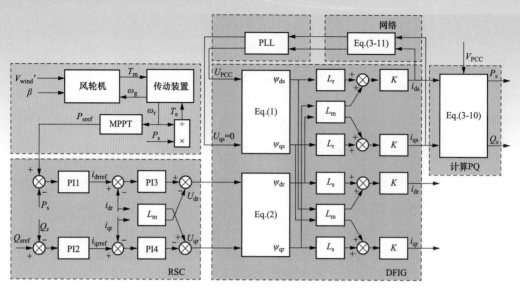

图 3-13 DFIG 详细模型示意图（model 1）

DFIG 接入弱电网时发生功率振荡的主导因素。类似于同步发电机间的机电振荡，将系统中首先发生失稳的振荡模式作为风电机组的主导振荡模式。分析该主导振荡模式随系统风电并网点短路比大小的变化规律，可以找到风电系统发生功率振荡的主导因素，为后文机理分析提供基础。

表 3-1   DFIG 及其控制器参数

参数	数值	参数	数值
L_m	4.395	L_s	$0.106+L_m$
L_r	$0.104+L_m$	R_g	0
K_{pPLL}	100	K_{iPLL}	6000
K_{P_PI1}	-2	K_{I_PI1}	-24.9218
K_{P_PI2}	-2	K_{I_PI2}	-24.9218
K_{P_PI3}	-0.1452	K_{I_PI3}	-12.9304
K_{P_PI4}	-0.1452	K_{I_PI4}	-12.9304

（1）详细模型特征值分析。DFIG 的有功功率设定为 1（标幺值），网络电抗 X_g 是 0.1（标幺值），相应的短路比为 10。通过使用 Matlab 提供的 "control design toolbox/linear analysis" 功能，可将图 3-13 中的非线性模型线性化，详细的特征值分析结果列于表 3-2 中。

表 3-2   详细模型的特征值分布

参数	振荡频率（Hz）	阻尼比（%）	参与变量	振荡模式
$\lambda_{1,2}$	9.08	63.61	ω_0, θ_{out}	PLL
$\lambda_{3,4}$	31.27	0.69	ψ_{dr} 和 RSC-PI1	控制模态 1
$\lambda_{5,6}$	68.03	33.06	定子磁链	定子电压

参数	振荡频率（Hz）	阻尼比（%）	参与变量	振荡模式
$\lambda_{7,8}$	3.16	12.11	风机轴系 θ_s，ω_r	轴系振荡
$\lambda_{9,10}$	18.91	87.3	ψ_{qr} 和 RSC-PI4	控制模式2
λ_{11}	18.91	87.3	RSC-PI2	—
λ_{12}	0	100	风机轴系 ω_t	—
λ_{13}	0	100	RSC-PI3	—

由表 3-2 可知，Model 1 中有 13 个状态变量和 5 个振荡模式。其中，定子电压模态、PLL 模态、风机轴系模态均在相关文献中提到过。在本文中，转子磁链与 RSC 中的 PI 控制器相互作用引发的振荡在此分别定义为控制模式 1 和控制模式 2。其中，所有状态变量对控制模式 1 的参与因子分布情况如图 3-14 所示。由图 3-14 可知，控制模式 1 是一个由转子磁链和 RSC 有功外环 PI 控制器主导模态。

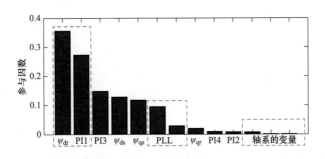

图 3-14　DFIG 状态变量对控制模式 1 的参与因子分布

由于实际运行过程中，风电机组运行工况复杂多变，随着其运行工况的变化，其对应的振荡模式的频率和阻尼都会随之变化。为此，下面将以风电机组运行过程中的两种典型工况为例（次同步、超同步运行工况），以详细模型 1 为基准，分析风电机组并入不同强度电网后系统振荡特性的变化规律。

（2）双馈风场次同步运行状态下的振荡特征。调整输入风电机组的风速，使得风电机组转子转速 ω_r 变为 0.9（标幺值），风电机组有功功率为 0.5（标幺值）。改变风电外送线路的长度使其等效阻抗 X_g 由 0.1 逐渐增加至 0.5（标幺值），风电场额定装机容量为 1（标幺值），此时风电并网点短路比由 10 逐步变为 2。计算得到不同短路比下，详细模型 1 中所有特征值的变化分布，如图 3-15 所示。

由图 3-15 可知，随着系统短路比减小，风电并网点处交流电网不断减弱，风电场轴系振荡模式的阻尼比和振荡频率几乎没有发生变化。而风电机组定子电压振荡模式在此过程中不断左移，阻尼增加，PLL 振荡模式和控制模式 2 的阻尼则明显减弱。不过由

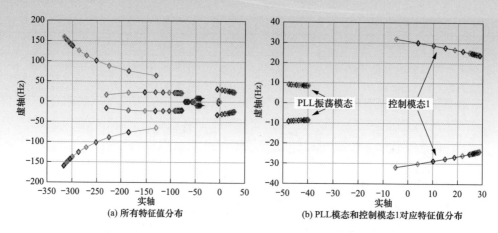

图 3-15　并网 DFIG 在次同步运行状态下的主导特征值分布

于风电场输出的有功功率较小，风电场外送通道的压力较弱，并未引起 PLL 主导模态失稳。但控制模态 1 主导模态对应特征值则不断右移直至失稳，说明当控制参数整定不合理时，所激发的控制模态 1 随着网络强度的变弱也会逐渐降低稳定裕度直至失稳。

（3）双馈风场超同步运行状态下的振荡特征。当风电机组处于额定运行工况时，风电机组定子和与转子串联的换流器同时向电网传输有功功率。进一步调整输入风电机组的风速，使得风电机组转子转速变为 1.2（标幺值），风电机组有功功率为 1（标幺值）。同样改变风电外送线路的长度使其等效网络电抗 X_g 由 0.1（标幺值）逐渐增加至 0.5（标幺值），此时风电并网点短路比由 10 逐步变为 2。基于详细模型 1 计算不同短路比下系统特征值分布，如图 3-16 所示。

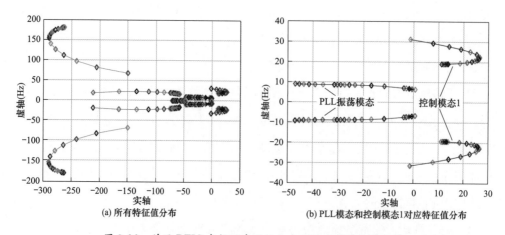

图 3-16　并网 DFIG 在超同步运行状态下的主导特征值分布

由图 3-16 可知，在超同步运行状态下，随着风电并网点短路比降低，定子电压模式，控制模态 2 以及轴系振荡变化特征与前述次同步运行状态下的分布基本一致。此时控制模态 1 同样出现失稳现象，而值得注意的是 PLL 振荡模式对应的特征值此时由复平面的左边越过虚轴，也成了系统的不稳定振荡模式。

综合上述，不同运行工况下的系统特征值变化规律可以发现，对于锁相环而言，随着风电的有功功率的增加以及风电并网点短路比的降低，风电系统中 PLL 振荡模式的阻尼逐渐减弱。当风电场通过远距离输电线路大规模输出有功功率时，系统存在发生振荡的风险，不稳定的 PLL 振荡模式将导致系统失稳。针对控制器的参数整定可知，控制模态 1 受到 RSC 的控制参数影响很大且能响应网络强度变化。

4. 未计及锁相环的简化模型与计及锁相环的简化模型对比分析

针对上述相关振荡现象，为了能够有效研究振荡失稳机理，提出了两种简化模型，主要区别在于是否考虑锁相环。然后在超同步运行方式下，将所提的风电机组简化模型与详细模型进行对比，通过特征值分析和时域仿真，确定简化模型的合理性，以此来探究风电接入不同系统强度等对系统稳定性的影响规律。

（1）两种简化模型介绍。基于图 3-13 中所示的详细模型，忽略定子磁链动态，即 $p\psi_{ds} = p\psi_{qs} = 0$。将其代入式（3-1）中，简化可得

$$\begin{cases} U_{ds} = \psi_{qs} \\ U_{qs} = -\psi_{ds} \end{cases} \tag{3-12}$$

进一步推导得到定子电压计算式，即

$$\begin{cases} U_{ds} = \psi_{qs} = L_s i_{qs} - L_m i_{qr} = U_{pcc} \\ U_{qs} = -\psi_{ds} = -L_s i_{ds} + L_m i_{dr} = 0 \end{cases} \tag{3-13}$$

进一步可得定子电流，即

$$\begin{cases} i_{ds} = \dfrac{L_m i_{dr}}{L_s} \\ i_{qs} = \dfrac{L_m i_{qr} + U_{pcc}}{L_s} \end{cases} \tag{3-14}$$

假设 PWM 处于理想状态，忽略其调制过程，并且忽略定子磁链动态以及风机轴系动态。根据本节的推导，图 3-13 中所示的详细模型 1 通过解耦控制合并化简可得到 Model 2，其结构如图 3-17（a）所示。第二个简化模型（Model 3）与 Model 2 相比保留了 PLL 环节，其他部分均相同，其结构如图 3-17（b）所示。

Model 3 与 Model 2 最大的不同即是否考虑 PLL 动态，进一步通过与详细模型 1 进行比较，可验证简化模型的准确性。

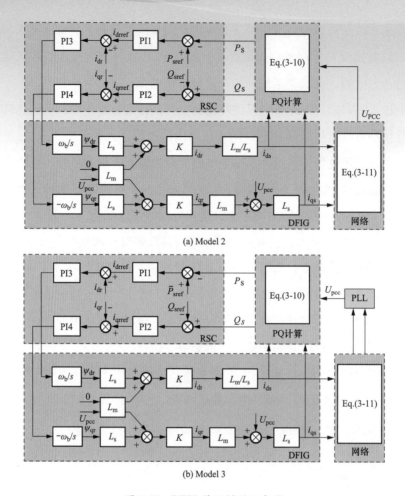

图 3-17　DFIG 简化模型示意图

（2）忽略定子磁链动态对简化模型准确性的影响。正如上一节提到的，简化过程中忽略了定子磁链的动态变化过程，即 $p\psi_{ds}=p\psi_{qs}=0$，保留了转子磁链的动态过程。接下来，我们将做一个对比分析去探究忽略定子磁链动态过程后，在弱电网下系统响应的准确估计是否会受到影响。

图 3-15（a）和图 3-16（a）中的绿线表示定子磁链主导振荡模态。随着系统短路比的减小，电网强度持续减小。在此过程中，定子磁链主导的振荡模态持续向左移动，并且阻尼增加。可见该模态对 PLL 振荡模态和控制模式 1 这两个系统主导振荡模态并没有负面影响。

另一方面，根据表 3-1、表 3-2、图 3-15 和图 3-16 结果，进一步通过参与因子分析图 3-15 和图 3-16 中失稳模态的主导状态变量。从图 3-14 中可推测定子磁链对控制模式 1（系统两个主要振荡模态之一）并没有太多影响。接下来，进一步观察定子磁链对系统中另外一个主要振荡模态——PLL 振荡模态的影响。DFIG 采用图 3-13 所示的详细模型，运行在超同步状态，线路电抗 X_g 设定为从 0.4（标幺值）增加至 0.5（标幺值），步长为 0.01（标幺值），详细的分析结果如图 3-18 所示。

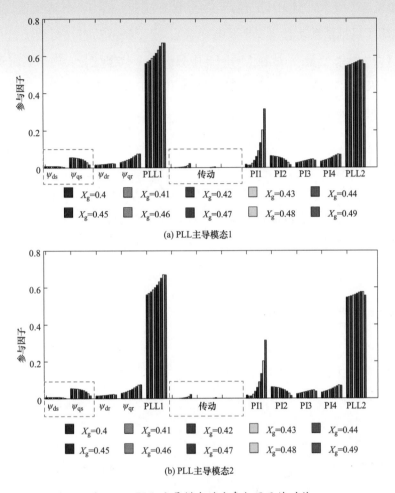

图 3-18　PLL 主导模态对应参与因子绝对值

从图 3-18 所示的参与因子分布结果可知，定子磁链对应的状态变量对 PLL 失稳模态有很低的参与度，即其对失稳模态影响不大。因此，在简化模型中，忽略定子磁链的动态变化过程对系统主导失稳模态影响很小。忽略定子磁链动态过程后，系统响应在弱电网下的准确估计不会受到影响，换言之，尽管省略了定子磁链动态，简化模型仍然精确。

（3）频域特征值分析。进一步地，将上述所提两个简化模型与详细模型 1 在超同步运行状态下对比，验证简化的合理性。本文将计算三个模型的全部特征值并进行对比。首先在 MATLAB/Simulink 中按照前述内容搭建三个非线性动态模型，并完成相关状态变量初值的计算与赋值。当没有扰动或故障发生时，动态模型均能实现平稳运行。基于同样的运行情况，通过 Analysis 中 Control Design 的 Linear Analysis 得到线性化模型 $\Delta\dot{X}=A\Delta X+B\Delta U$ 和 $\Delta y=C\Delta X+D\Delta U$ 中的 A、B、C、D 阵。

显然如表 3-2 所示，Model 1 包括 13 个状态变量，即 13 个特征值。与之相比，Model 2 忽略了风机轴系动态（三个状态变量）、定子磁链动态（两个状态变量）以及 PLL 动态（两个状态变量），故在 Model 2 中只有 6 个状态变量：转子磁链动态（两个状态变量）、RSC 内环控制器（两个状态变量）以及 RSC 外环控制器（两个状态变量）。而在 Model 3 中有 8 个状态变量：其中六个与 Model 2 相同，另外还包括 PLL 动态（两个状态变量）。

在风电机组有功功率为 1（标幺值），转速为 1.2（标幺值）时，对比三个模型中失稳模态的特征值变化轨迹。设定网络电抗 X_g 从 0.1（标幺值）增加至 0.5（标幺值），其他参数如表 3-1 所示，观察简化模型 Model 3 特征值变化，并与 Model 1 对比，失稳模态特征值变化具体如图 3-19（a）所示。类似地，Model 2 与 Model 1 对比如图 3-19（b）所示。

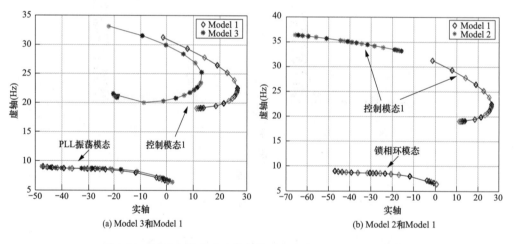

(a) Model 3和Model 1　　　　　　　(b) Model 2和Model 1

图 3-19　短路比影响下的特征值对比结果：$P_s=1$（标幺值）

Model 1 和 Model 3 中均存在 PLL 振荡模态和控制模态 1，如图 3-19（a）所示，针对 PLL 振荡模态，Model 3 能很好吻合 Model 1。对于控制模态 1，虽然两个模型中的模态并没有完全吻合，两个模态的变化趋势是一致的。因为 Model 2 只有六个状态变量，详细模型中存在的五个振荡模式中的三个（定子电压模式，PLL 振荡模式以及轴系振荡模式）均不存在。从图 3-19（b）中可看出，控制模态 1 的变化未能体现失稳特征。说明随着网络强度的变化，Model 3 均能跟随 Model 1，两者变化趋势基本吻合。然而，Model 2 与 Model 1 相差较大，不能很好保持详细模型的失稳特征。

（4）时域仿真分析。稳态时风机有功功率为 1（标幺值），网络电抗 $X_g = 0.25$（标幺值），风机转速为 1.2（标幺值）。忽略 RSC 外环有功参考值的变化，0.1s 时在 RSC 有功外环处给一个 0.01（标幺值）的阶跃信号，观察 ΔP_s 和 ΔQ_s 的响应，具体如图 3-20 所示。

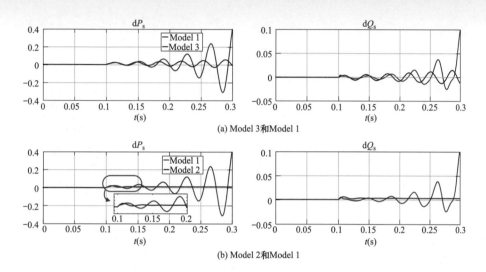

图 3-20 阶跃响应下三个模型对比

由图 3-20 可知，详细模型 Model 1 中存在约为 25Hz 的振荡，且负阻尼较大，导致振荡幅度较高。而 Model 3 中同样存在一个约为 25Hz 的振荡，不同的是负阻尼较小，故受扰动后系统的振荡幅度较小，但主要特征均已包含。而 Model 2 中显然可知系统存在一个约为 35Hz 的振荡，但是系统阻尼很大，能迅速恢复正常，并未包含系统主要特征。对比图 3-20（a）与图 3-20（b）不难发现考虑 PLL 的简化模型（Model 3）能更好反映系统主要动态的变化，即 Model 3 能较好对应上 Model 1 的信号变化，说明与简化模型 Model 2 相比，简化模型 Model 3 更能反映详细模型 Model 1 中的主要特征。

5. 计及锁相环简化模型的次同步振荡分析

本节将基于线性系统分析得到系统框图，以探究振荡失稳机理。

（1）稳定判据的简要解释。作为一种简单的图形方法，本文引入根轨迹法来探究振荡机理。根轨迹是当开环系统的参数（根轨迹增益）从零变为无穷大时，闭环特征方程的根在复平面上移动的轨迹。假设系统前馈路径的传递函数为 G，反馈路径的传递函数为 T，则系统的传递函数模型如图 3-21 所示。

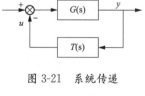

图 3-21 系统传递
函数示意图

系统的开环和闭环传递函数为

$$
\begin{cases}
F_0 = GT \\
F_c = \dfrac{G}{1+GT}
\end{cases}
\tag{3-15}
$$

开环传递函数的根轨迹图如图 3-22 所示。

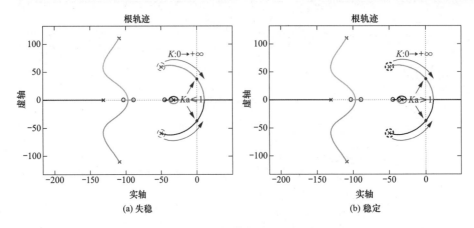

图 3-22　系统开环传递函数 H 对应根轨迹示意图

当系统参数发生变化时，每种振荡模式的响应都不同。本文将系统参数变化后首先出现的失稳振荡模式定义为电力系统的主导振荡模式。随着系统增益的增加，主导振荡模式在复平面中从左向右移动。它逐渐接近虚轴，直至穿过虚轴，从而导致系统失稳。当轨迹穿过虚轴时，可以通过检查轨迹通过虚轴时的临界增益 K_a 来确定闭环系统的稳定性。作为比较，闭环系统的实际增益为 1。因此，如果临界增益 $K_a < 1$，则闭环系统不稳定，如图 3-22（a）所示；否则系统稳定，如图 3-22（b）所示。

（2）线性化模型推导。将前述 Model 3 线性化，得到简化后的小信号模型。具体而言，式（3-6）、式（3-10）、式（3-13）和式（3-14）线性化如下：

$$
\begin{cases}
\Delta i_{dr} = \dfrac{L_m \Delta \psi_{ds} + L_s \Delta \psi_{dr}}{L_r L_s - L_m^2} \\
\Delta i_{qr} = \dfrac{L_m \Delta \psi_{qs} + L_s \Delta \psi_{qr}}{L_r L_s - L_m^2}
\end{cases}
\tag{3-16}
$$

$$
\begin{cases}
\Delta P_s = \Delta U_{ds} i_{ds} + U_{ds} \Delta i_{ds} = \Delta U_{pcc} i_{ds} + U_{pcc} \Delta i_{ds} \\
\Delta Q_s = -\Delta U_{ds} i_{qs} - U_{ds} \Delta i_{qs} = -\Delta U_{pcc} i_{qs} - U_{pcc} \Delta i_{qs}
\end{cases}
\tag{3-17}
$$

$$
\begin{cases}
\Delta U_{ds} = \Delta \psi_{qs} = L_s \Delta i_{qs} - L_m \Delta i_{qr} = \Delta U_{pcc} \\
\Delta U_{qs} = -\Delta \psi_{ds} = -L_s \Delta i_{ds} + L_m \Delta i_{dr} = 0
\end{cases}
\tag{3-18}
$$

$$\begin{cases} \Delta i_{ds} = \dfrac{L_m \Delta i_{dr}}{L_s} \\[3mm] \Delta i_{qs} = \dfrac{L_m \Delta i_{qr} + \Delta V_{pcc}}{L_s} \end{cases} \tag{3-19}$$

上述线性化的公式可将图 3-17（b）中所示的稳态公式替换。进一步地，PLL 能线性化为

$$\Delta \delta = -\frac{X_g i_{qs}}{U_{pcc}} \Delta \theta_{out} + \frac{X_g}{U_{pcc}} \Delta i_{ds} \tag{3-20}$$

考虑 PLL 动态，PCC 点电压 ΔU_{pcc} 重写为

$$\Delta U_{pcc} = -X_g i_{ds} \Delta \theta_{out} - X_g \Delta i_{qs} \tag{3-21}$$

根据矢量控制原则，DFIG 的有功和无功输出分别取决于 d 轴和 q 轴转子电流。因此，RSC 的功率外环矢量控制方程可线性化为

$$\begin{cases} \Delta i_{drref} = (K_{P\_PI1} + K_{I\_PI1}/s)(\Delta P_{sref} - \Delta P_s) \\[2mm] \Delta i_{qrref} = (K_{P\_PI2} + K_{I\_PI2}/s)(\Delta Q_{sref} - \Delta Q_s) \end{cases} \tag{3-22}$$

类似地，RSC 的外环和内环方程可相应线性化。总之，Model 3 的小信号模型如图 3-23（a）所示。

基于控制理论，图 3-23（a）中的结构可分别从有功环和无功环加以简化。首先，有功环的简化为

$$\begin{cases} G = \left(K_{P\_PI3} + \dfrac{K_{I\_PI3}}{s}\right)\dfrac{\omega_b}{s} L_s K = \dfrac{\omega_b L_s K (K_{P\_PI3} s + K_{I\_PI3})}{s^2} \\[4mm] G_1 = \dfrac{G}{1+G} = \dfrac{\omega_b L_s K (K_{P\_PI3} s + K_{I\_PI3})}{s^2 + \omega_b L_s K (K_{P\_PI3} s + K_{I\_PI3})} \\[4mm] G_6 = \left(K_{P\_PI1} + \dfrac{K_{I\_PI1}}{s}\right) G_1 \dfrac{L_m}{L_s} \\[4mm] G_5 = \dfrac{G_6}{1 + G_6 U_{pcc}} \end{cases} \tag{3-23}$$

$$\begin{cases} G_{PLL} = \dfrac{\left(K_{pPLL} + \dfrac{K_{iPLL}}{s}\right)\dfrac{1}{s}}{1 + \left(K_{pPLL} + \dfrac{K_{iPLL}}{s}\right)\dfrac{1}{s}} = \dfrac{K_{pPLL} s + K_{iPLL}}{s^2 + K_{pPLL} s + K_{iPLL}} \\[5mm] G_9 = \dfrac{X_g}{U_{pcc}} \dfrac{G_{PLL}}{1 + X_g i_{qs} G_{PLL}/U_{pcc}} (-X_g i_{ds}) \end{cases} \tag{3-24}$$

接着，无功环的简化为

$$
\begin{cases}
G_2 = \left(K_{P\_PI4} + \dfrac{K_{I\_PI4}}{s}\right)\dfrac{-\omega_b}{s}L_sK = -\dfrac{\omega_b L_s K (K_{P\_PI4}s + K_{I\_PI4})}{s^2} \\[3mm]
G_3 = \dfrac{G_2}{1+G_2}, \quad G_4 = \dfrac{K}{1+G_2}
\end{cases}
\tag{3-25}
$$

经过上述推导，图 3-23（a）可简化为图 3-23（b）所示结构。图 3-23（b）中的聚合项为

$$
\begin{cases}
G_7 = \left(K_{P\_PI2} + \dfrac{K_{I\_PI2}}{s}\right)G_3 L_m / L_s \\[3mm]
G_8 = \dfrac{1 + L_m^2 G_4}{L_s}
\end{cases}
\tag{3-26}
$$

经过上述化简，图 3-23（b）可进一步简化为图 3-23（c）。如图 3-23（c）所示，通过进一步简化可得到闭环结构，图 3-23（c）中的聚合项为

$$
\begin{cases}
G_{10} = \dfrac{i_{qs}G_7 + L_s G_8}{L_s i_{qs} - U_{pcc}i_{qs}G_7} \\[3mm]
G_{11} = \dfrac{1}{1 + i_{qs}X_g G_{10}}
\end{cases}
\tag{3-27}
$$

在图 3-23（c）反馈回路标记 X 处断开，将得到系统的开环传递函数

$$
H = G_5 G_9 G_{11} i_{ds}
\tag{3-28}
$$

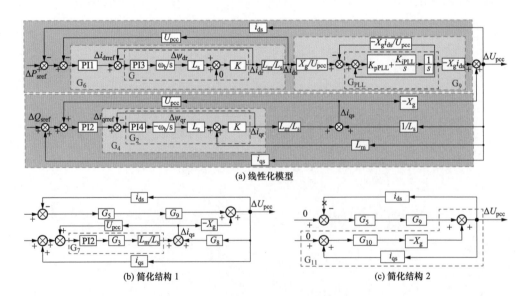

(a) 线性化模型

(b) 简化结构 1

(c) 简化结构 2

图 3-23 Model 3 的线性化系统控制框图

由 DFIG 稳态运行时无功功率为 0 可知稳态时 $i_{qs}=0$，对上述 G_9，G_{11} 进行修改，得到：

$$G'_9 = \frac{X_g}{U_{pcc}} G_{PLL}(-X_g i_{ds})$$

$$G'_{11} = \frac{L_s - U_{pcc} G_7}{L_s - U_{pcc} G_7 + X_g L_s G_8} \tag{3-29}$$

新的开环传递函数为

$$H = G_5 G'_9 G'_{11} i_{ds} \tag{3-30}$$

（3）次同步振荡影响分析。

（a）电网强度影响。根据上述推导，得到 DFIG 开环传递函数 H，相关参数设置如表 3-1 所示，除了 K_{P_PI1} 和 K_{P_PI2} 同时设置为 -5。在转速为 1.2（标幺值），风电机组有功功率为 1（标幺值）时分别观察网络电抗 X_g 为 0.1（标幺值）和 0.5（标幺值）时的开环传递函数 H 对应根轨迹，如图 3-24 所示。

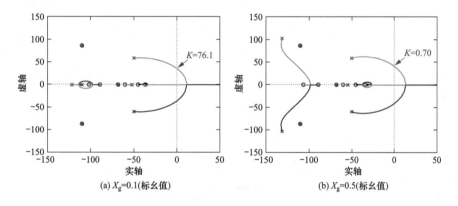

(a) X_g=0.1（标幺值） (b) X_g=0.5（标幺值）

图 3-24　基于 H 的根轨迹：P_s=1（标幺值）

当 X_g 为 0.1（标幺值）时，开环传递函数 H 的根轨迹如图 3-24（a）所示，此时系统的临界增益为 76.1，远大于系统的实际增益，此时系统稳定。当 X_g 为 0.5（标幺值）时，开环传递函数 H 的根轨迹如图 3-24（b）所示，此时系统的临界增益为 0.70，小于系统的实际增益，此时系统失稳。与前者相比，后者的临界增益显著减小，即随着网络电抗增加，系统的稳定裕度相应减小。

（b）PLL 参数影响。基于图 3-23（c）所示的线性化模型和详细模型 1，观察 PLL 参数对两者特征值的影响。设定 K_{pPLL} 从 1 增加至 65，$K_{iPLL}=10K_{pPLL}$，PLL 比例系数对 PLL 主导振荡模态的影响如图 3-25（a）所示。此时，DFIG 有功功率为 0.8（标幺值），网络电抗 X_g 为 0.5（标幺值）。

随着锁相环参数的变化，Model 3 均能跟随 Model 1，两者变化趋势基本吻合。因为简化模型 Model 2 中未考虑 PLL，故此项考虑锁相环 PI 控制器参数变化对系统的影响在 Model 2 中并不能被实现。进一步地，设定 K_{pPLL} 从 1 增加至 65，$K_{iPLL} = 100K_{pPLL}$，则锁相环的动态变化如图 3-25（b）所示。从图 3-25（b）可知，随着 PLL 参数的变化，Model 3 均能较好吻合 Model 1 的特征值变化趋势。

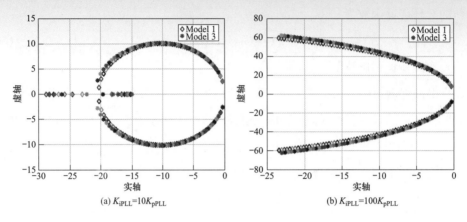

(a) $K_{iPLL}=10K_{pPLL}$ (b) $K_{iPLL}=100K_{pPLL}$

图 3-25　PLL 变比例系数下对应振荡模态特征值分布

相似地，PLL 参数变化时（带宽如图 3-26 所示），开环传递函数 H 对应的根轨迹变化趋势如图 3-27 所示。

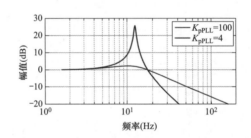

图 3-26　PLL 不同比例参数下对应带宽的伯德图

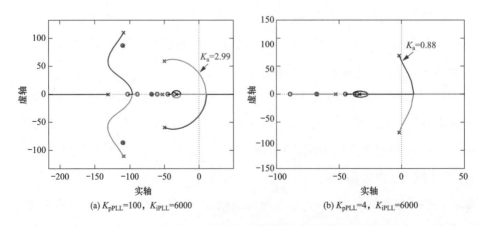

(a) $K_{pPLL}=100$，$K_{iPLL}=6000$ (b) $K_{pPLL}=4$，$K_{iPLL}=6000$

图 3-27　PLL 变比例参数下开环传递函数 H 的根轨迹

当 $K_{pPLL}=100$，$K_{iPLL}=6000$ 时，开环传递函数 H 的根轨迹如图 3-27（a）所示，此时系统的临界增益为 2.99，大于系统的实际增益，此时系统稳定。当 $K_{pPLL}=4$，$K_{iPLL}=6000$ 时，开环传递函数 H 的根轨迹如图 3-27（b）所示，此时系统的临界增益为 0.88，小于系统的实际增益，系统失稳。与前者相比，后者的临界增益显著减小，即随着 PLL 带宽的增加，系统的稳定裕度相应减小。

（c）DFIG 功率影响。当 DFIG 有功功率分别为 0.98（标幺值）和 0.99（标幺值）时，开环传递函数 H 对应的根轨迹如图 3-28 所示，此时网络电抗 X_g 为 0.5（标幺值）。

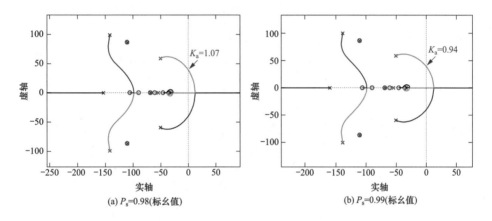

图 3-28　开环传递函数 H 的根轨迹：$X_g=0.5$（标幺值）

当 P_s 为 0.98（标幺值）时，开环传递函数 H 的根轨迹如图 3-28（a）所示，此时系统的临界增益为 1.07，大于系统的实际增益，此时系统稳定。当 P_s 为 0.99（标幺值）时，开环传递函数 H 的根轨迹如图 3-28（b）所示，此时系统的临界增益为 0.94，小于系统的实际增益，系统失稳。与前者相比，后者的临界增益显著减小，即随着 DFIG 有功功率的增加，系统稳定裕度相应减小。

（d）RSC 控制参数影响。进一步地，为了观察 RSC 控制参数可能对系统造成的影响，尝试改变 RSC 外环控制器参数，其他参数与表 3-1 一致，除了 K_{P_PI1} 和 K_{P_PI2} 同时设置为 -0.5。此时，DFIG 有功功率为 0.5（标幺值），逐渐增加输电线路长度，网络电抗 X_g 从 0.8（标幺值）增加至 0.995（标幺值），主导振荡模态特征值变化如图 3-29 所示。

由图 3-29 观察发现，RSC 控制器参数的整定值对系统稳定性有一定影响。接下来对比两组 RSC 外环控制器参数，观察外环控制器带宽对开环传递函数 H 的影响。图 3-30 显示 RSC 外环控制器带宽受到不同控制参数影响，其他参数均与表 3-1 一致。当 K_{P_PI1} 是 -0.5 时，G_5 带宽为 50Hz。当 K_{P_PI1} 是 -5 时，G_5 带宽为 220Hz。在其他参数相同时，该环节带宽对系统稳定性的影响如图 3-31 所示。显然可知，与前述 PLL 失稳模态

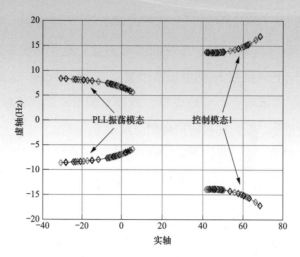

图 3-29 RSC 外环控制参数变化时主导振荡模态特征值变化示意图

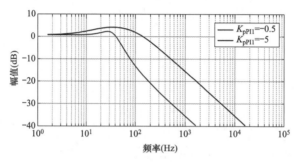

图 3-30 G_5 对应伯德图

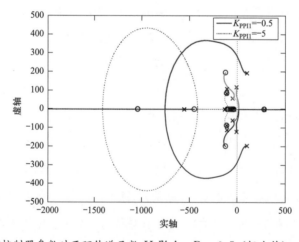

图 3-31 RSC 外环控制器参数对开环传递函数 H 影响：$P_s = 0.5$（标幺值），$X_g = 0.98$（标幺值）

主导的根轨迹不同，RSC 外环控制参数变化影响的是图中大环的根轨迹，当该环节带宽为 220Hz，图 3-31 中大环（虚线）稳定裕度不会受到增益影响，只会影响 PLL 主导模态的稳定性，从而影响系统稳定性；而当该环节带宽为 50Hz，图 3-31 大环（实线）一开始即是不稳定的（位于极坐标系右半平面），稳定裕度显然受到了影响，且影响的是除 PLL 主导振荡模态之外环节的稳定性，从而影响系统稳定性。说明 RSC 外环控制器带宽对系统稳定性也会有所影响。

3.2 耦合系统稳定性主导因素及稳定边界分析

随着可再生能源的快速发展，可再生能源与本地火电机组在同一并网点（point of common coupling，PCC）耦合集成为统一的调控对象，是具有广阔应用前景的重要耦合方式之一。风火耦合系统在我国北方电网中普遍存在，有必要研究耦合系统内部复杂控制环节对其稳定性的影响规律并揭示主导因素，以保证耦合系统的安全运行。

当风、光等可再生能源正常运行时，工作在最大功率点跟踪模式，无法向电网提供足够的惯性响应与一次调频能力，其大量接入电网后会对系统的稳定运行产生显著的影响。为了适应可再生能源大规模并网的需求以及构建电网友好型可再生能源场站，多项国家标准对可再生能源进行主动频率支撑提出了要求。然而，对大规模可再生能源进行主动频率支撑控制的前提是保证耦合系统安全运行，因此有必要针对风火耦合系统研究主动频率支撑控制对其稳定性的影响。

已有研究主要从两方面分析可再生能源采用主动频率支撑控制后对系统的影响：一方面，可再生能源实现主动频率支撑控制的具体方法受到了广泛的关注；另一方面，主动频率支撑控制对系统低频振荡特性的影响也被广泛研究。然而，随着可再生能源装机容量的不断增大，风电渗透率逐渐增加，主动频率支撑控制的加入将不仅影响火电机组主导的机电振荡特性，也有可能影响风电机组主导的次同步振荡特性。基于此，有必要研究主动频率支撑控制对 DFIG 中 PLL 主导的次同步振荡模态（PLL dominant subsynchronous oscillation mode，PLL-SSOM）的影响。

值得一提的是，在已有研究中当风火打捆外送系统发生次同步振荡时，火电机组的轴系扭振被广泛关注。然而，本文的研究重点在于不同主动频率支撑控制参数对风火耦合系统中小扰动功角稳定性的影响，因此不再考虑主动频率支撑控制环节对火电机组轴系扭振的影响。

综上，本文在建立计及主动频率支撑控制的风火耦合系统模型的基础上，分析了在不同风电渗透率和不同 PLL 阻尼系数下主动频率支撑控制对火电机组主导的机电振荡模态（Electro Mechanical Oscillation Mode，EMOM）以及 PLL-SSOM 的影响，重点探究了主动频率支撑控制对 PLL-SSOM 的影响因素。为了探究主动频率支撑控制影响 PLL 主导的次同步振荡的失稳机理，推导了耦合系统计及主动频率支撑控制后 PLL 的小扰动等效模型，通过复转矩法分析了主动频率支撑控制对 DFIG 中 PLL-SSOM 的影响，最后通过时域仿真验证了主动频率支撑控制参数对耦合系统稳定性的影响。

3.2.1 风火耦合系统稳定性主导影响因素分析

1. 计及主动频率支撑控制的风火耦合系统

（1）计及主动频率支撑控制的风火耦合系统结构。风火耦合系统的典型结构及主动频率支撑控制框图如图 3-32 所示。图中，同步发电机 G1 为火电机组；P_e、P_D 分别为同步发电机、DFIG 输出的电磁功率；P_Σ 为风火耦合系统经 PCC 外送的总功率；$E\angle\delta$、$U\angle\theta$ 分别为同步发电机内电动势、DFIG 接入点电压；$U_s\angle 0°$ 为无穷大电网电压；X_1、X_2 分别为同步发电机与 PCC 之间、DFIG 与 PCC 之间的线路电抗；X_3 为 PCC 与无穷大电网之间的线路电抗；ω_{PLL} 为由 PLL 测得的系统角频率；$\omega_0 = 2\pi f$ 为电网的基准角频率，$f = 50\,\mathrm{Hz}$；P_s、Q_s 和 P_{sref}、Q_{sref} 分别为 DFIG 输出有功功率、无功功率的实际值和参考值；U_d、U_q 分别为 DFIG 接入点电压的 d、q 轴分量；θ_{PLL} 为 PLL 测得的 DFIG 接入点电压相角；K_p、K_i 分别为 PLL 比例-积分（Proportion-Integral，PI）控制器的比例系数、积分系数；K_{df}、K_{pf} 分别为虚拟惯量控制系数、下垂控制系数；T_{df}、T_{pf} 分别为虚拟惯量控制、下垂控制的响应时间。

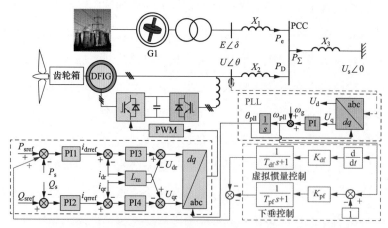

图 3-32　风火耦合系统的典型结构及主动频率支撑控制框图

（2）PLL 模型。常规 PLL 结构如图 3-33 所示。PLL 本质上为二阶系统，由 $U_q = U\sin(\theta - \theta_{PLL}) \approx U(\theta - \theta_{PLL})$ 可知，PLL 的闭环传递函数 G_{PLL} 可表示为

$$G_{PLL} = \frac{UK_p s + UK_i}{s^2 + UK_p s + UK_i} = \frac{2\zeta\omega_n s + \omega_n^2}{s^2 + 2\zeta\omega_n s + \omega_n^2} \tag{3-31}$$

其中，$2\zeta\omega_n = UK_p$，$\omega_n^2 = UK_i$；ζ、ω_n 分别为 PLL 的阻尼系数与带宽。根据 PLL 的性

能指标可知，当 K_i 变化时，PLL 的带宽会相应变化；而当 K_p 变化时，PLL 的阻尼系数会相应变化。

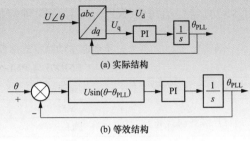

图 3-33　PLL 结构

2. 不同风电渗透率下的特征值分析

针对图 3-32 所示的风火耦合系统，在 MATLAB/Simulink 中搭建仿真算例。DFIG 与火电机组的建模及其小扰动模型前文已经建立，直接引用相关的建模结果。

仿真算例以辽宁省某区域电网为基础，功率基准值为 100MVA，网络阻抗标幺值与实际电网保持一致，DFIG 与火电机组的相关参数分别见表 3-3 和表 3-4。当 PLL 的 PI 控制器比例系数 $K_p=3$、积分系数 $K_i=6000$ 时，按照辽宁省电网已有实际工程的有功功率 [$P_D=3$（标幺值），$P_e=12$（标幺值）]，保持风电机组和火电机组的总功率不变 [即 $P_D+P_e=15$（标幺值）]，逐渐改变风电机组的有功功率大小，基于平衡点线性化分析方法计算系统的特征值。

表 3-3　　　　　　　　　　　　　DFIG 运行和控制参数

参数	数值
DFIG 定转子电阻 R_s/R_r	0/0
定转子绕组间的等效互感 L_m	2.9（标幺值）
定转子绕组的等效自感 L_r/L_s	$0.18+L_m/0.16+L_m$
DFIG 转动惯量 H_w	4s
直流电容 C_{dc}	0.01（标幺值）
直流电容电压 U_{dc}	2.828（标幺值）
转子侧有功控制环 PI1 参数 K_{P1}/K_{I1}	0.5/12
转子侧有功控制环 PI2 参数 K_{P2}/K_{I2}	0.5/12
转子侧有功控制环 PI3 参数 K_{P3}/K_{I3}	1/1
转子侧有功控制环 PI4 参数 K_{P4}/K_{I4}	1/1
网侧功率外环控制 PI5 参数 K_{P5}/K_{I5}	0.9/4
网侧电流内环控制 PI6 参数 K_{P6}/K_{I6}	0.83/5

表 3-4　　　　　　　　　　　　　火 电 机 组 参 数

参数	数值	参数	数值
漏电抗（标幺值）	0.035	惯性时间常数 M（s）	80
d 轴同步电抗 X_d（标幺值）	0.295	q 轴同步电抗 X_q（标幺值）	0.282
d 轴暂态电抗 X_d'（标幺值）	0.0697	q 轴暂态电抗 X_q'（标幺值）	0.060
d 轴次暂态电抗 X_d''（标幺值）	0.05	q 轴次暂态电抗 X_q''（标幺值）	0.05
d 轴开环时间常数 T_{d0}'（s）	6.56	q 轴开环时间常数 T_{q0}'（s）	1.5
d 轴开环次暂态时间常数 T_{d0}''（s）	0.05	q 轴开环次暂态时间常数 T_{q0}''（s）	0.035

当不考虑主动频率支撑控制时，针对不同的风电渗透率，观察火电机组主导的

EMOM 特征值与 DFIG 中 PLL-SSOM 特征值的分布，结果见表 3-5。

表 3-5　　　　　　　　不考虑主动频率支撑控制时不同的风电渗透率下
EMOM 与 PLL-SSOM 的特征值分布

风电渗透率（%）	振荡模态	振荡频率（Hz）	阻尼比（%）
20 [P_D＝3（标幺值）]	EMOM	1.37	7.41
	PLL-SSOM	11.75	2.16
27 [P_D＝4（标幺值）]	EMOM	1.36	8.91
	PLL-SSOM	11.27	2.51
33 [P_D＝5（标幺值）]	EMOM	1.34	10.49
	PLL-SSOM	10.52	3.32

基于表 3-5 所示结果，进一步地，在耦合系统模型中加入主动频率支撑控制，在不同风电渗透率下，保持 K_{pf} 和 T_{pf} 不变，观察不同虚拟惯量控制系数 K_{df} 时，T_{df} 变化对 EMOM 和 PLL-SSOM 的影响，结果如图 3-34 所示（图中标注的时间为 K_{df} 对应的 T_{df} 取值）。

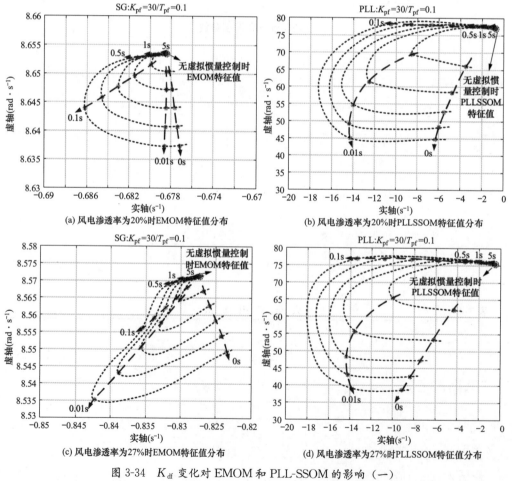

图 3-34　K_{df} 变化对 EMOM 和 PLL-SSOM 的影响（一）

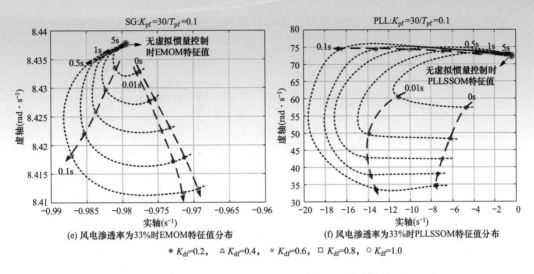

$K_{df}=0.2$, △ $K_{df}=0.4$, ✶ $K_{df}=0.6$, □ $K_{df}=0.8$, ○ $K_{df}=1.0$

图 3-34 K_{df} 变化对 EMOM 和 PLL-SSOM 的影响（二）

由图 3-34（a）、（b）可知，虚拟惯量控制系数 K_{df} 变化对 EMOM 和 PLL-SSOM 均有影响，且对 EMOM 的影响较小，主要影响 PLL-SSOM。观察可发现：当 T_{df} 较小时，虚拟惯量控制对 PLL-SSOM 阻尼有好的影响；随着 T_{df} 增大，虚拟惯量控制对 PLL-SSOM 阻尼的影响由好变坏；随着 T_{df} 进一步增大，K_{df} 的作用被逐渐削弱。另外，当 T_{df} 较小时，虚拟惯量控制对 PLL-SSOM 频率也有显著的影响。另一方面，K_{df} 的增大对 PLL-SSOM 阻尼有好的影响。

图 3-34（c）、（d）、（e）和图 3-34（f）中虚拟惯量控制参数变化对 EMOM 和 PLLSSOM 影响规律与图 3-34（a）、（b）类似，即当风火耦合系统有功功率保持一定时，随着风电渗透率提高（20%提高至 33%），在 PLL 阻尼系数较小的工况下，K_{df} 变化对 EMOM 与 PLLSSOM 影响规律较类似。

3. 不同 PLL 阻尼系数下的特征值分析

基于上述分析，保持风火耦合系统的总功率不变，设定风电机组和火电机组的功率分别为 5（标幺值）和 10（标幺值）。由式（3-31）可知，阻尼系数能反映 PLL 二阶系统的稳定性能，故设定不同的阻尼系数取值以区分系统的稳定程度。针对不同的 PLL 阻尼系数取值，观察 EMOM 与 PLL-SSOM 特征值的变化趋势。

（1）PLL 阻尼系数较大时，设置 $K_p=100$、$K_i=6000$，当不考虑主动频率支撑控制环节时，EMOM 的振荡频率为 1.34Hz，阻尼比为 10.49%；PLL-SSOM 的振荡频率为 8.49Hz，阻尼比为 56.38%。在耦合系统模型中加入主动频率支撑控制，保持 K_{pf} 和 T_{pf} 不变，观察不同的 K_{df} 下 T_{df} 变化对 EMOM 和 PLL-SSOM 特征值的影响，结果分别如图 3-35（a）、（b）所示。进一步地，保持 K_{df} 和 T_{df} 不变，观察不同的 K_{pf} 下，T_{pf}

变化对 EMOM 和 PLL-SSOM 特征值的影响，结果如图 3-35（c）、（d）所示。

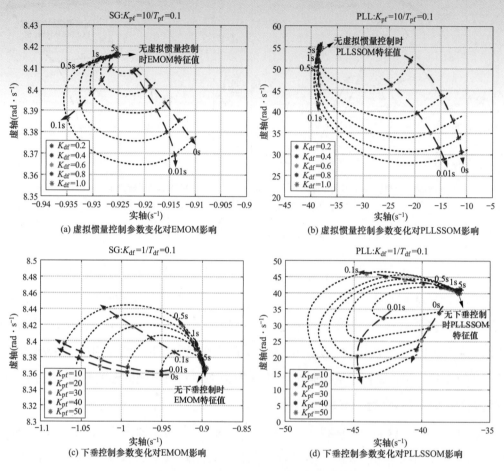

图 3-35　主动频率支撑控制参数变化对火电机组与锁相环主导模态

对应特征值影响（$K_p=100$，$K_i=6000$）

图 3-35 中（a）、（c）、（b）和图 3-35（d）分别反映了主动频率支撑控制参数变化对 EMOM 和 PLL-SSOM 的影响，由图可得如下结论：

1）主动频率支撑控制参数变化对 EMOM 和 PLL-SSOM 均有影响，且对 EMOM 的影响较小，主要影响 PLL-SSOM。

2）与仅采用下垂控制的工况［见图 3-35（b）］相比，当 T_{df} 较小时，虚拟惯量控制对 PLL-SSOM 阻尼有坏的影响；随着 T_{df} 增大，虚拟惯量控制对 PLL-SSOM 阻尼的影响由坏变好；随着 T_{df} 进一步增大，K_{df} 的作用被逐渐削弱。当 T_{df} 较小时，虚拟惯量控制对 PLL-SSOM 频率也有显著影响。此外，当 T_{df} 较小时，K_{df} 的增大对 PLL-SSOM 阻尼有坏的影响，但是当 T_{df} 较大时，K_{df} 的增大对 PLL-SSOM 阻尼有好的影响。

3）与仅采用虚拟惯量控制的工况［见图 3-35（d）］相比，当 T_{pf} 较小时，下垂控制对 PLL-SSOM 阻尼有好的影响；随着 T_{pf} 增大，下垂控制对 PLL-SSOM 阻尼的影响由好变坏；随着 T_{pf} 进一步增大，K_{pf} 的作用被逐渐削弱。当 T_{pf} 较小时，下垂控制对 PLL-SSOM 频率也有显著影响。另外，K_{pf} 的增大对 PLL-SSOM 阻尼有好的影响。

由上述分析可知，当 PLL 阻尼系数较大时，PLL-SSOM 阻尼较大。当 T_{df} 较小时，K_{df} 的增大会恶化 PLL-SSOM 阻尼比。但值得注意的是，此时系统的稳定裕度很大，为了达到较好的调频效果，可以在一定程度上牺牲 PLL-SSOM 的稳定裕度，这并不会影响风火耦合系统的稳定性。

（2）PLL 阻尼系数较小时，设置 $K_p=3$，$K_i=6000$，当不考虑主动频率支撑控制环节时，EMOM 的振荡频率为 1.34Hz，阻尼比为 10.49%；PLL-SSOM 的振荡频率为 10.52Hz，阻尼比为 3.32%。在耦合系统模型中加入主动频率支撑控制，保持 K_{pf} 和 T_{pf} 不变，观察不同的 K_{df} 下 T_{df} 变化对 EMOM 和 PLL-SSOM 的影响，结果如图 3-34（e）、（f）所示。进一步地，保持 K_{df} 和 T_{df} 不变，观察不同的 K_{pf} 下 T_{pf} 变化对 EMOM 和 PLL-SSOM 的影响，结果如图 3-36 所示。

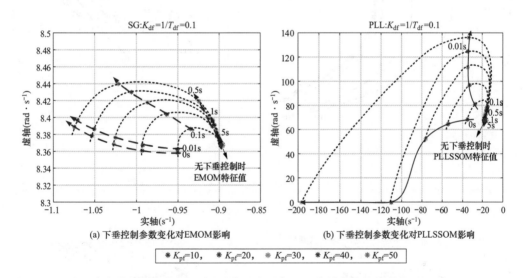

（a）下垂控制参数变化对EMOM影响　　　（b）下垂控制参数变化对PLLSSOM影响

＊$K_{pf}=10$，	＊$K_{pf}=20$，	＊$K_{pf}=30$，	＊$K_{pf}=40$，	＊$K_{pf}=50$

图 3-36 主动频率支撑控制参数变化对火电机组与锁相环主导模态特征值影响（$K_p=3$，$K_i=6000$）

由图 3-36 可得如下结论：

1）与 PLL 阻尼系数较大的工况类似，当 PLL 阻尼系数较小时，控制参数变化对 EMOM 和 PLL-SSOM 均有影响，且对 EMOM 的影响较小，主要影响 PLL-SSOM。

2）与仅采用虚拟惯量控制的工况［见图 3-36（b）］相比，当 T_{pf} 较小时，下垂控制对 PLL-SSOM 阻尼有好的影响；随着 T_{pf} 增大，下垂控制对 PLL-SSOM 阻尼的影响由好变坏；随着 T_{pf} 进一步增大，K_{pf} 的作用被逐渐削弱。当 T_{pf} 较小时，下垂控制对 PLL-SSOM 频率也有显著影响。另外，当 T_{pf} 较小时，K_{pf} 的增大对 PLL-SSOM 阻尼有好的影响，但是当 T_{pf} 较大时，K_{pf} 的增大对 PLL-SSOM 阻尼有坏的影响。

进一步地，对比图 3-34（e）、图 3-34（f）、图 3-35 和图 3-36 可知，在不同 PLL 的 PI 控制器比例系数、积分系数下，当主动频率支撑控制参数变化相同时，EMOM 特征值的变化趋势基本不变，但 PLL-SSOM 特征值的变化趋势差别很大。

（3）主导影响因素分析。进一步在 $K_p = 3$，$K_i = 6000$ 时遍历仿真，观察主动频率支撑控制参数变化对 PLL-SSOM 的影响，结果如图 3-37 所示（图中标注的时间为 K_{df} 对应的 T_{df} 取值）。由图 3-37 可知，主动频率支撑控制参数变化对控制效果有明显的影响。特别地，随着 K_{pf} 的增大以及响应时间 T_{pf} 的变化，PLL-SSOM 特征值存在移动到复平面右半平面的风险，具体分析如下：

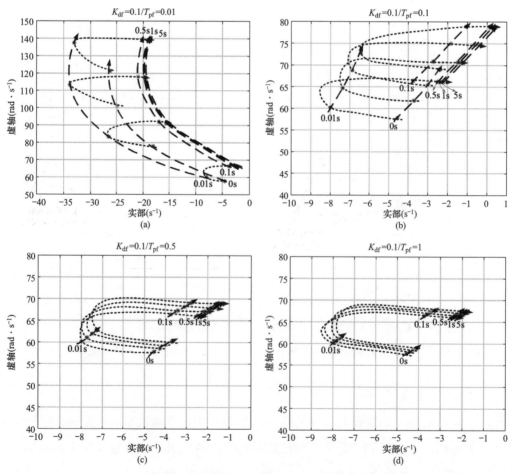

图 3-37 主动频率支撑控制参数变化对 PLL-SSOM 的影响（一）

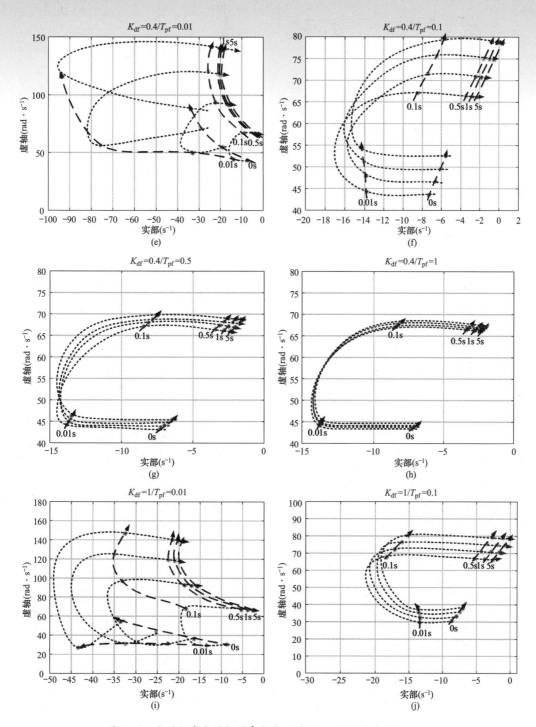

图 3-37　主动频率支撑控制参数变化对 PLL-SSOM 的影响（二）

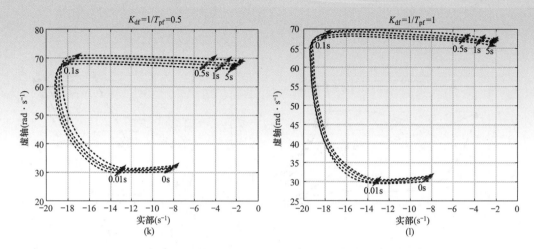

图 3-37 主动频率支撑控制参数变化对 PLL-SSOM 的影响（三）

1）当 T_{pf} 较小时，随着 T_{pf} 增大，PLL-SSOM 的特征值逐渐右移，系统易失稳；随着 K_{pf} 增大，PLL-SSOM 的特征值逐渐右移，系统易失稳。当 T_{pf} 较大时，随着 T_{pf} 增大，PLL-SSOM 的特征值逐渐左移，K_{pf} 的作用被削弱，即随着 T_{pf} 增大，PLL-SSOM 阻尼先减小后增大。

2）随着 K_{df} 增大，PLL-SSOM 的特征值逐渐左移，可见 K_{df} 的增大能提高 PLL-SSOM 阻尼。当 T_{df} 较小时，随着 K_{df} 增大，PLL-SSOM 的振荡频率减小。

3）当 T_{df} 较小时，随着 T_{df} 增大，PLL-SSOM 的特征值逐渐左移，PLL-SSOM 阻尼增大；当 T_{df} 较大时，随着 T_{df} 增大，PLL-SSOM 的特征值右移，PLL-SSOM 阻尼减小，K_{df} 的作用被削弱，即随着 T_{df} 增大，PLL-SSOM 阻尼先增大后减小。

由上述分析可知，当 PLL 阻尼系数较小时，风火耦合系统的主导失稳模态为 PLL-SSOM，引入 K_{df} 能提高 PLL-SSOM 阻尼，而 PLL-SSOM 失稳主要由 K_{pf} 与 T_{pf} 决定。

4. 主动频率支撑控制对 DFIG 中 PLL-SSOM 影响的机理分析

基于上述仿真分析结果，进一步探究主动频率支撑控制影响 PLL-SSOM 失稳机理，推导耦合系统计及主动频率支撑控制后 PLL 的小扰动等效模型，通过复转矩法分析主动频率支撑控制对 PLL-SSOM 的影响。

（1）不考虑主动频率支撑控制时的 PLL 动态。

$$\begin{cases} \Delta\theta_{pll} = G_{PLL}\Delta\theta = \dfrac{UK_p s + UK_i}{s^2 + UK_p s + UK_i}\Delta\theta \\ (s^2 + UK_p s + UK_i)\Delta\theta_{pll} = (UK_p s + UK_i)\Delta\theta \end{cases} \tag{3-32}$$

式中：Δ 为小扰动下的变化量。

基于式（3-32），图 3-33（b）可进一步等效为如图 3-38 所示不考虑主动频率支撑控制时的 PLL 结构，可用于探究主动频率支撑控制对 PLL 的影响。

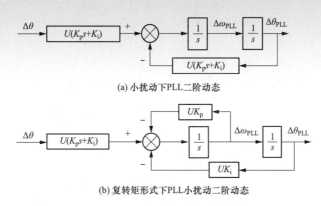

(a) 小扰动下PLL二阶动态

(b) 复转矩形式下PLL小扰动二阶动态

图 3-38　不考虑主动频率支撑控制时的 PLL 结构

（2）计及主动频率支撑控制时的小扰动建模。

图 3-32 所示耦合系统结构中各功率的计算式为

$$
\begin{cases}
P_{\mathrm{D}} = \dfrac{EU}{X_{12}}\sin(\theta-\delta) + \dfrac{UU_{\mathrm{s}}}{X_{23}}\sin\theta \\[2mm]
P_{\mathrm{e}} = \dfrac{EU}{X_{12}}\sin(\delta-\theta) + \dfrac{EU_{\mathrm{s}}}{X_{13}}\sin\delta \\[2mm]
X_{12} = X_1 + X_2 + X_1 X_2 / X_3 \\[1mm]
X_{23} = X_2 + X_3 + X_2 X_3 / X_1 \\[1mm]
X_{13} = X_1 + X_3 + X_1 X_3 / X_2
\end{cases}
\tag{3-33}
$$

因此有

$$
\begin{cases}
\Delta P_{\mathrm{D}} = \dfrac{EU}{X_{12}}\cos(\theta_0-\delta_0)(\Delta\theta-\Delta\delta) + \dfrac{UU_{\mathrm{s}}}{X_{23}}\cos\theta_0\,\Delta\theta \\[2mm]
\Delta P_{\mathrm{e}} = \dfrac{EU}{X_{12}}\cos(\delta_0-\theta_0)(\Delta\delta-\Delta\theta) + \dfrac{EU_{\mathrm{s}}}{X_{13}}\cos\delta_0\,\Delta\delta
\end{cases}
\tag{3-34}
$$

其中，下标 0 表示稳态值。

整理可得

$$
\begin{cases}
\Delta\theta = K_1\Delta\delta + K_2\Delta P_{\mathrm{D}} \\[1mm]
\Delta P_{\mathrm{e}} = K_3\Delta\delta - K_4\Delta P_{\mathrm{D}}
\end{cases}
\tag{3-35}
$$

其中

$$
\begin{cases}
K_1 = \dfrac{X_{23}EU\cos(\theta_0-\delta_0)}{X_{23}EU\cos(\theta_0-\delta_0)+X_{12}UU_s\cos\theta_0} \\[2mm]
K_2 = \dfrac{X_{12}X_{23}}{X_{23}EU\cos(\theta_0-\delta_0)+X_{12}UU_s\cos\theta_0} \\[2mm]
K_3 = \dfrac{UU_s\cos\theta_0 UE\cos(\theta_0-\delta_0)}{X_{23}EU\cos(\theta_0-\delta_0)+X_{12}UU_s\cos\theta_0}+\dfrac{EU_s}{X_{13}}\cos\delta_0 \\[2mm]
K_4 = K_1
\end{cases}
$$

加入主动频率支撑控制环节后，DFIG 输出的有功功率变化量可表示为

$$
\begin{cases}
\Delta P_D = -K'_{df}\Delta\dot\omega_{PLL}-K'_{pf}\Delta\omega_{PLL}=-\dfrac{K'_{df}s+K'_{pf}}{\omega_0}\Delta\omega_{PLL} \\[3mm]
K'_{df}=K_{df}\dfrac{1}{T_{df}s+1},\ \ K'_{pf}=K_{pf}\dfrac{1}{T_{pf}s+1}
\end{cases}
\tag{3-36}
$$

（3）计及主动频率支撑控制时的 PLL 动态。在图 3-38 的基础上，可得计及主动频率支撑控制的 PLL 结构如图 3-39 所示。

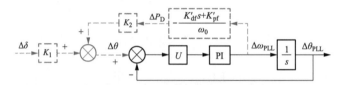

(a) 主动频率支撑控制对锁相环动态影响

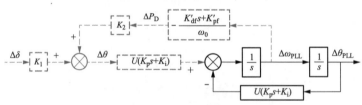

(b) 计及主动频率支撑控制后锁相环二阶动态

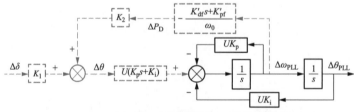

(c) 复转矩形式下主动频率支撑控制对锁相环动态影响

图 3-39　计及主动频率支撑控制的 PLL 结构

进一步考虑火电机组的二阶转子运动方程，即

$$
\begin{cases}
\dfrac{\mathrm{d}\delta}{\mathrm{d}t}=\omega_0(\omega_g-1) \\[3mm]
\dfrac{\mathrm{d}\omega_g}{\mathrm{d}t}=\dfrac{1}{M}\left[P_m-P_e-D(\omega_g-1)\right]
\end{cases}
\tag{3-37}
$$

式中：P_m 为火电机组的输入机械功率；ω_g 为火电机组角频率；M、D 分别为火电机组的惯性时间常数、等效阻尼系数。

对式（3-37）进行小扰动建模后得到

$$\begin{cases} \Delta\delta = \dfrac{\omega_0}{s}\Delta\omega_g \\ \Delta\omega_g = \dfrac{1}{Ms}(\Delta P_m - \Delta P_e - D\Delta\omega_g) \end{cases} \tag{3-38}$$

结合式（3-38），可得考虑主动频率支撑控制后火电机组的转子二阶动态，如图 3-40 所示。

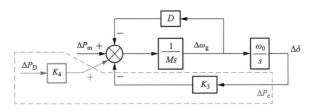

图 3-40　考虑主动频率支撑控制时火电机组转子动态

结合图 3-39（c）和图 3-40，可得计及主动频率支撑控制后风火耦合系统中 PLL 动态如图 3-41 所示。对比图 3-38（b）和图 3-41 可分析主动频率支撑控制对 PLL 主导模态的影响。

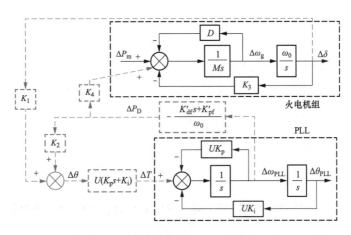

图 3-41　考虑主动频率支撑控制后风火耦合系统中 PLL 动态

由图 3-41 可得

$$\begin{aligned} \Delta\theta &= K_1\Delta\delta + K_2\Delta P_D = K_1 K_4 G_{SG}\Delta P_D + K_2\Delta P_D \\ &= (K_2 + K_1 K_4 G_{SG})\Delta P_D = K_5\left(-\dfrac{K'_{df}s + K'_{pf}}{\omega_0}\right)\Delta\omega_{PLL} \end{aligned} \tag{3-39}$$

其中

$$\begin{cases} G_{SG} = \dfrac{1}{(M/\omega_0)s^2 + (D/\omega_0)s + K_3} \\ K_5 = K_2 + K_1 K_4 G_{SG} \end{cases}$$

基于式（3-39），可推导图 3-41 中附加回路的传递函数为

$$\begin{cases} T = \dfrac{\Delta T}{\Delta \omega_{PLL}} = \dfrac{U(K_p s + K_i)\Delta\theta}{\Delta \omega_{PLL}} = -K_5 \dfrac{K'_{df}s + K'_{pf}}{\omega_0}U(K_p s + K_i) = -T' \\ T' = K_5 \dfrac{K'_{df}s + K'_{pf}}{\omega_0}U(K_p s + K_i) \end{cases} \tag{3-40}$$

式中：ΔT 为加入附加环节后对 PLL 引入的偏差量；T 为 ΔT 与 $\Delta\omega_{PLL}$ 之间的传递函数。

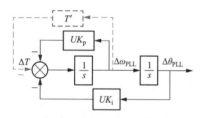

图 3-42　考虑主动频率支撑
控制后 PLL 的简化示意图

基于式（3-40），图 3-41 可等效为图 3-42 所示形式。由图 3-42 可知，考虑主动频率支撑控制后，附加环节主要通过 T' 影响 PLL-SSOM 的振荡频率和阻尼比。绘制 T' 的伯德图，可通过复转矩法分析主动频率支撑控制参数对 PLL-SSOM 同步转矩与阻尼转矩的影响。

5. 主动频率支撑控制参数的影响分析

进一步在风电机组、火电机组有功功率分别为 5（标幺值）、10（标幺值）时，基于式（3-40）验证前述分析的正确性。

（1）PLL 阻尼系数的影响分析。首先观察不同 PLL 阻尼系数下相同控制参数对 PLL-SSOM 的影响。

（a）PLL 阻尼系数较大时，在 $K_{pf}=30$，$T_{pf}=0.1s$，$T_{df}=0.1s$，$K_p=100$，$K_i=6000$ 的条件下，观察不同的虚拟惯量控制系数 K_{df} 对 PLL-SSOM 振荡频率和阻尼的影响，结果见表 3-6。

表 3-6　K_{df} 变化时 PLLSSOM 对应频率和阻尼变化（$K_p=100$，$K_i=6000$）

K_{df}	振荡频率（Hz）	阻尼比
0	9.21	59.54%
0.4	8.17	63.43%
0.6	7.74	65.17%
0.8	7.36	66.81%
1.0	7.02	68.35%

结合表 3-6 振荡频率，绘制附加回路传递函数 T' 的伯德图，如图 3-43 所示。

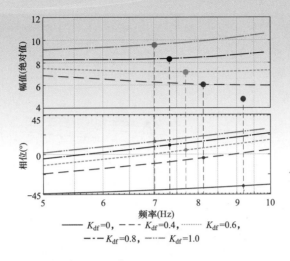

图 3-43　K_{df} 变化时 T' 的伯德图（$K_p=100$，$K_i=6000$）

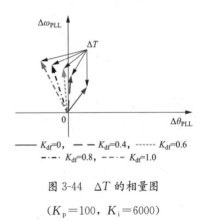

图 3-44　ΔT 的相量图
（$K_p=100$，$K_i=6000$）

由图 3-43 可知，不同的虚拟惯量控制参数下，ΔT 相对 $\Delta \omega_{PLL}$ 的幅值和相角有很大的不同。根据图 3-43，在复平面绘制 ΔT 的相量图，如图 3-44 所示。从图可知：当 $K_{df}=0$（即不加入虚拟惯量控制）时，ΔT 提供正阻尼转矩和正同步转矩；随着 K_{df} 增大，ΔT 的幅值逐渐增大，与 $\Delta \theta_{PLL}$ 之间的夹角逐渐增大。在此过程中，同步转矩明显减小，PLL-SSOM 的振荡频率逐渐减小，在极坐标系中特征值下移。上述分析结果与图 3-35（b）所示特征值的变化趋势一致。

（b）PLL 阻尼系数较小时，在 $K_{pf}=30$，$T_{pf}=0.1s$，$T_{df}=0.1s$，$K_p=3$，$K_i=6000$ 的条件下，观察不同的虚拟惯量控制系数 K_{df} 对 PLL-SSOM 振荡频率和阻尼比的影响，结果见表 3-7。

表 3-7　　　K_{df} 变化时 PLLSSOM 对应频率和阻尼变化（$K_p=3$，$K_i=6000$）

K_{df}	振荡频率（Hz）	阻尼比
0	11.56	1.03%
0.4	11.72	9.30%
0.6	11.78	13.42%
0.8	11.82	17.53%
1.0	11.84	21.63%

结合表 3-7 振荡频率，绘制附加回路传递函数 T' 的伯德图，如图 3-45 所示。

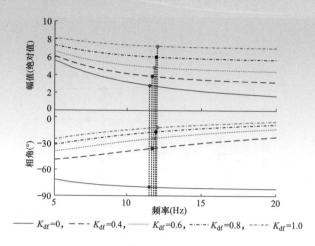

图 3-45 K_{df} 变化时 T' 的伯德图（$K_p=3$，$K_i=6000$）

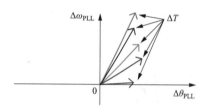

$$— K_{pf}=30,\ T_{pf}=0.1s,\ K_{df}=0,\ \ \ T_{df}=0.1s$$
$$— K_{pf}=30,\ T_{pf}=0.1s,\ K_{df}=0.4,\ T_{df}=0.1s$$
$$— K_{pf}=30,\ T_{pf}=0.1s,\ K_{df}=0.6,\ T_{df}=0.1s$$
$$— K_{pf}=30,\ T_{pf}=0.1s,\ K_{df}=0.8,\ T_{df}=0.1s$$
$$— K_{pf}=30,\ T_{pf}=0.1s,\ K_{df}=1.0,\ T_{df}=0.1s$$

图 3-46 K_{df} 变化时 ΔT 的相量图

（$K_p=3$，$K_i=6000$）

由图 3-45 可知，当 PLL 阻尼系数较小时，不同虚拟惯量控制参数下，ΔT 相对 $\Delta\omega_{PLL}$ 的幅值和相角明显不同于图 3-43。根据图 3-45，在复平面绘制 ΔT 的相量图，如图 3-46 所示。

由图 3-46 可知：当 $K_{df}=0$（即不加入虚拟惯量控制）时，ΔT 提供正同步转矩；随着 K_{df} 增大，ΔT 的幅值增大，与 $\Delta\theta_{PLL}$ 之间的夹角也逐渐增大。在此过程中，阻尼转矩明显增大，PLL-SSOM 的阻尼比显著增加，在极坐标系中特征值左移。上述分析结果与图 3-34（f）所示特征值的变化趋势一致。

对比图 3-44 和图 3-46 可知，当控制参数相同时，PLL 在不同阻尼系数下对附加环节 ΔT 的相角影响很大，K_p 越大，附加环节与 $\Delta\theta_{PLL}$ 之间的夹角越大，使得同步转矩与阻尼转矩之间的影响相互转化，这是导致图 3-35（b）、（d）和图 3-34（f）与图 3-36（b）中轨迹不同的根本原因。

（2）PLL 阻尼系数较小时控制参数的影响分析。进一步在 PLL 阻尼系数较小时分析主动频率支撑控制环节参数对 PLL-SSOM 的影响。

（a）虚拟惯量控制系数 K_{df} 的影响。在 $K_{pf}=30$，$T_{pf}=0.1s$，$T_{df}=0.1s$，$K_p=3$，$K_i=6000$ 的条件下，观察不同的 K_{df} 对 PLL-SSOM 的影响，结果如图 3-45 和图 3-46 所示。

（b）虚拟惯量控制响应时间 T_{df} 的影响。在 $K_{df}=1$，$K_{pf}=20$，$T_{pf}=0.1s$，$K_p=3$，$K_i=6000$ 的条件下，观察不同的 T_{df} 对 PLL-SSOM 振荡频率和阻尼比的影响，结

果见表 3-8。

T_{df}	振荡频率（Hz）	阻尼比
0	5.31	23.01%
0.01	5.16	37.81%
0.1	11.50	22.93%
0.5	11.37	5.85%
1	11.30	3.77%

表 3-8 T_{df} 变化时 PLLSSOM 频率和阻尼变化

结合表 3-8 振荡频率，绘制附加回路传递函数 T' 的伯德图，如图 3-47 所示。

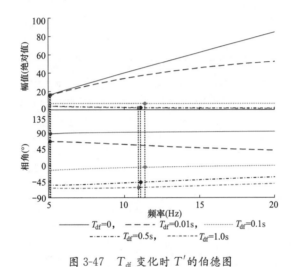

图 3-47 T_{df} 变化时 T' 的伯德图

由图 3-47 可知，不同的虚拟惯量控制响应时间下，ΔT 相对 $\Delta\omega_{PLL}$ 的幅值和相角变化很大。根据图 3-47，在复平面绘制 ΔT 的相量图，如图 3-48 所示。

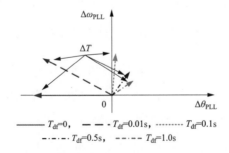

图 3-48 T_{df} 变化时 ΔT 的相量图（$K_p = 3$，$K_i = 6000$）

由图 3-48 可知，当 T_{df} 很小时，ΔT 主要提供更多的负同步转矩，相较未加入虚拟惯量控制时 PLL-SSOM 的振荡频率减小；随着 T_{df} 增大，ΔT 提供正的阻尼转矩，PLL-SSOM 的阻尼比增大，与此同时，ΔT 提供的负同步转矩逐渐减小，PLL-SSOM

的振荡频率逐渐增大；然而当 T_{df} 进一步增大时，ΔT 提供的附加阻尼转矩和同步转矩越来越小，虚拟惯量控制对 PLL-SSOM 的影响被削弱。上述分析结果与图 3-37（j）所示特征值的变化趋势一致。

（c）下垂控制系数 K_{pf} 的影响。在 $K_{df}=1$，$T_{df}=0.1s$，$T_{pf}=0.01s$，$K_p=3$，$K_i=6000$ 的条件下，观察不同的 K_{pf} 对 PLL-SSOM 振荡频率和阻尼比的影响，结果见表 3-9。

表 3-9 K_{pf} 变化时 PLLSSOM 对应频率和阻尼变化

K_{pf}	振荡频率（Hz）	阻尼比
0	10.79	25.96%
10	12.94	32.08%
20	15.44	32.22%
30	17.80	29.78%
40	19.89	26.88%

结合表 3-9 振荡频率，绘制附加回路传递函数 T' 的伯德图，如图 3-49 所示。

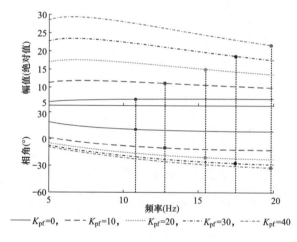

图 3-49 K_{pf} 变化时 T' 的伯德图

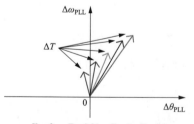

— $K_{pf}=0$，$T_{pf}=0.01s$，$K_{df}=1$，$T_{df}=0.1s$
— $K_{pf}=10$，$T_{pf}=0.01s$，$K_{df}=1$，$T_{df}=0.1s$
— $K_{pf}=20$，$T_{pf}=0.01s$，$K_{df}=1$，$T_{df}=0.1s$
— $K_{pf}=30$，$T_{pf}=0.01s$，$K_{df}=1$，$T_{df}=0.1s$
— $K_{pf}=40$，$T_{pf}=0.01s$，$K_{df}=1$，$T_{df}=0.1s$

图 3-50 K_{pf} 变化时 ΔT 的相量图

由图 3-49 可知，在不同下垂控制系数 K_{pf} 下，ΔT 相对 $\Delta\omega_{PLL}$ 的幅值和相角变化很大。根据图 3-49，在复平面绘制 ΔT 的相量图，如图 3-50 所示。

由图 3-50 可知：当 $K_{pf}=0$（即不加入下垂控制）时，ΔT 提供少量的正阻尼转矩以及较小的负同步转矩；随着 K_{pf} 增大，ΔT 的幅值增大，与 $\Delta\theta_{PLL}$ 之间的夹角逐渐减小。在此过程中，同步转矩明显增大，PLL-SSOM 的振荡频率增大。上述分析结果与图 3-36

(b) 所示特征值的变化趋势一致。

（d）下垂控制响应时间 T_{pf} 的影响。在 $K_{pf}=30$，$K_{df}=1$，$T_{df}=0.1s$，$K_p=3$，$K_i=6000$ 的条件下，观察不同的 T_{pf} 对 PLL-SSOM 振荡频率和阻尼比的影响，结果见表 3-10。

表 3-10 T_{pf} 变化时 PLLSSOM 对应频率和阻尼变化

T_{pf}	振荡频率（Hz）	阻尼比
0	8.39	82.23%
0.01	17.80	29.78%
0.1	11.84	21.63%
0.5	11.00	24.82%
1	10.89	25.37%

结合表 3-10，绘制附加回路传递函数 T' 的伯德图，如图 3-51 所示。

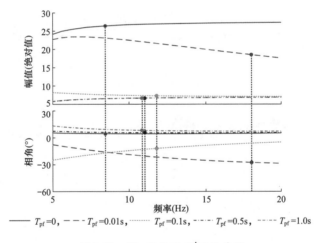

$T_{pf}=0$，$---$ $T_{pf}=0.01s$，$\cdots\cdots$ $T_{pf}=0.1s$，$-\cdot-\cdot$ $T_{pf}=0.5s$，$-\cdot\cdot-$ $T_{pf}=1.0s$

图 3-51 T_{pf} 变化时 T' 的伯德图

由图 3-51 可知，在不同的下垂控制响应时间 T_{pf} 下，ΔT 相对 $\Delta\omega_{PLL}$ 的幅值和相角明显变化。按照图 3-51，在复平面绘制 ΔT 的相量图，如图 3-52 所示。

由图 3-52 可知：当 T_{pf} 很小时，ΔT 主要提供更多的正阻尼转矩，特征值相较未加入下垂控制时左移；随着 T_{pf} 增大，ΔT 提供正同步转矩，PLL-SSOM 的振荡频率增大；然而当 T_{pf} 进一步增加时，ΔT 提供的附加阻尼转矩和同步转矩越来越小，下垂控制对 PLL-SSOM 的影响被削弱。上述分析结果与图 3-36（b）所示特征值的变化趋势

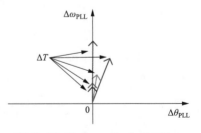

$K_{pf}=30$，$T_{pf}=0$，$K_{df}=1$，$T_{df}=0.1s$
$K_{pf}=30$，$T_{pf}=0.01s$，$K_{df}=1$，$T_{df}=0.1s$
$K_{pf}=30$，$T_{pf}=0.1s$，$K_{df}=1$，$T_{df}=0.1s$
$K_{pf}=30$，$T_{pf}=0.5s$，$K_{df}=1$，$T_{df}=0.1s$
$K_{pf}=30$，$T_{pf}=1s$，$K_{df}=1$，$T_{df}=0.1s$

图 3-52 T_{pf} 变化时 ΔT 的相量图

一致。

6. 仿真验证

通过时域仿真进一步验证主导影响因素分析的正确性。在 MATLAB/Simulink 中搭建图 3-32 所示风火耦合系统，风电机组、火电机组的有功功率分别为 5（标幺值）、10（标幺值），$K_p=3$，$K_i=6000$，2s 时无穷大母线处突增 2（标幺值）负荷，2.1s 时负荷切除，在不同的主动频率支撑控制参数下观察仿真结果。风电机组和火电机组的控制参数分别见表 3-3 和表 3-4。当不考虑主动频率支撑控制时，PLL-SSOM 的阻尼比为 3.32%，发生负荷扰动时系统不失稳。

（1）虚拟惯量控制系数 K_{df} 的影响。保持 $T_{df}=1s$，$K_{pf}=60$，$T_{pf}=0.1s$，不同虚拟惯量控制系数 K_{df} 下的仿真结果如图 3-53 所示（图中功率为标幺值，余同）。

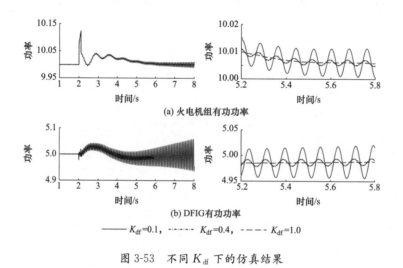

(a) 火电机组有功功率

(b) DFIG有功功率

—— $K_{df}=0.1$，------ $K_{df}=0.4$，- - - - $K_{df}=1.0$

图 3-53　不同 K_{df} 下的仿真结果

由图 3-53 可知：当 K_{df} 取值分别为 0.4 和 1.0 时，系统在发生负荷扰动后振荡收敛，PLL-SSOM 均稳定，且 $K_{df}=1.0$ 下 PLL-SSOM 的振荡幅度明显小于 $K_{df}=0.4$ 下的振荡幅度，说明 $K_{df}=1.0$ 下 PLL-SSOM 特征值的正阻尼更大；而当 $K_{df}=0.1$ 时，系统在发生负荷扰动后振荡发散，PLL-SSOM 失稳。上述仿真结果表明，当 $K_{df}=1s$ 时，随着 K_{df} 增大，PLL-SSOM 的特征值逐渐左移，阻尼比逐渐增大，这一仿真结果与图 3-37 （b）、（f）、（j）所示结果一致，验证了前文分析虚拟惯量控制系数变化对风火耦合系统 PLL-SSOM 影响的正确性。

（2）虚拟惯量控制响应时间 T_{df} 的影响。保持 $K_{df}=0.1$、$K_{df}=60$、$T_{df}=0.1s$，改变虚拟惯量控制响应时间 T_{df}，仿真结果如图 3-54 所示。

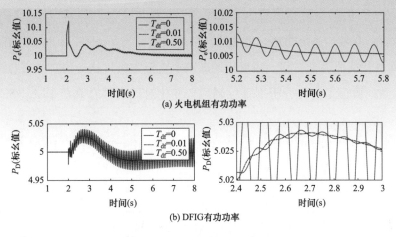

(a) 火电机组有功功率

(b) DFIG有功功率

图 3-54　不同 T_{df} 下的仿真结果

由图 3-54 可知：当 T_{df} 取值分别为 0 和 0.01s 时，系统在发生负荷扰动后振荡收敛，PLL-SSOM 均稳定，相较于 $T_{df}=0$ 的工况，$T_{df}=0.01$s 时收敛速度更快，说明 $T_{df}=0.01$s 下 PLL-SSOM 特征值的正阻尼更大；而当 $T_{df}=0.50$s 时，系统在发生负荷扰动后振荡发散，PLL-SSOM 失稳。上述仿真结果表明，当 $K_{df}=0.1$ 时，随着 T_{df} 增大，PLL-SSOM 特征值先左移再右移，阻尼比先增大后减小，这一仿真结果与图 3-37（b）所示结果一致，验证了前文分析虚拟惯量控制响应时间变化对风火耦合系统 PLL-SSOM 影响的正确性。

（3）下垂控制系数 K_{pf} 的影响。保持 $K_{df}=1$、$T_{df}=5$s、$T_{pf}=0.1$s 不变，改变下垂控制系数 K_{pf}，仿真结果如图 3-55 所示。

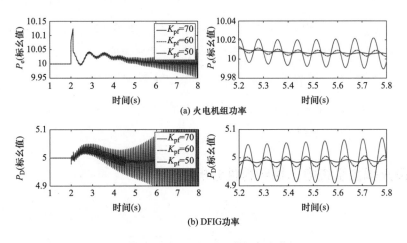

(a) 火电机组功率

(b) DFIG功率

图 3-55　不同 K_{pf} 下的仿真结果

由图 3-55 可知：当 K_{pf} 取值为 60 和 70 时，PLL-SSOM 均失稳，且相较于 $K_{pf}=60$

的工况，$K_{pf}=70$ 时的振荡幅度更大，说明 $K_{pf}=70$ 时 PLL-SSOM 特征值的负阻尼更大；而当 $K_{pf}=50$ 时，系统稳定。上述仿真结果表明，当 $T_{pf}=0.1s$ 时，随着 K_{pf} 增大，PLL-SSOM 的特征值逐渐右移，阻尼比逐渐减小直至为负，这一仿真结果与图 3-37 (j) 所示结果一致，验证了前文分析下垂控制系数变化对风火耦合系统 PLL-SSOM 影响的正确性。

（4）下垂控制响应时间 T_{pf} 的影响。保持 $K_{df}=0.1$、$T_{df}=5s$、$K_{pf}=60$，改变下垂控制响应时间 T_{pf}，仿真结果如图 3-56 所示。

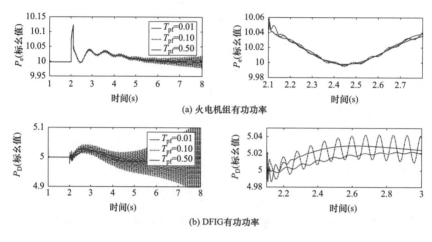

图 3-56　不同 T_{pf} 下的仿真结果

由图 3-56 可知：当 T_{pf} 取值为 0.01s 和 0.50s 时，系统在发生负荷扰动后振荡收敛，PLL-SSOM 均稳定，且相较于 $T_{pf}=0.50s$ 的工况，$T_{pf}=0.01s$ 时的收敛速度更快，说明 $T_{pf}=0.01s$ 时 PLL-SSOM 特征值的正阻尼更大；而当 $T_{pf}=0.10s$ 时，系统在发生负荷扰动后振荡发散，PLL-SSOM 失稳。上述仿真结果表明，当 $K_{pf}=60$ 时，随着 T_{pf} 增大，PLL-SSOM 的特征值先右移再左移，阻尼比先减小后增大，这一仿真结果与图 3-37 (a)~(d) 所示结果一致，验证了前文分析下垂控制响应时间变化对风火耦合系统 PLL-SSOM 影响的正确性。

3.2.2　风火耦合系统电压稳定特性分析

首先对机电暂态过程中风火耦合系统进行简化建模，忽略了机电暂态过程中风电进行功率调节的快动态，将其特性简化为功率平衡代数方程，得到耦合系统的微分代数方程。基于微分代数方程研究了风火耦合系统的暂态电压稳定机理，暂态过程中轨迹可能遇到微分代数方程的奇异点，对应系统发生暂态电压失稳，此时新能源发电对应的功率平衡方程无解。

风火耦合系统电压稳定研究结果如图 3-57 所示。

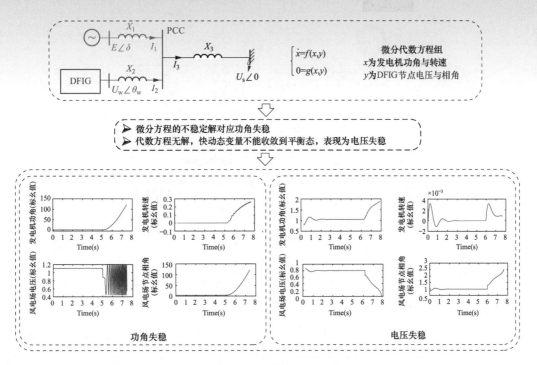

图 3-57　风火耦合系统电压稳定研究结果

3.2.3　风火耦合系统多特征参量稳定判据构建

1. 风火耦合系统结构及其频域模型

（1）计及主动频率支撑控制的风火耦合系统。含主动频率支撑控制的风火耦合系统典型结构如图 3-58 所示。图中同步发电机 G1 代表火电，P_e 和 P_D 分别为同步发电机和 DFIG 的输出电磁功率。$E \angle \delta$ 和 $U \angle \theta$ 分别表示同步发电机内电动势和 DFIG 接入点电压。$U_s \angle 0$ 表示无穷大电网电压。X_1 为同步发电机与 PCC 点之间的线路电抗，X_2 为 DFIG 与 PCC 点之间的线路电抗，X_3 为 PCC 点与无穷大电网之间的线路电抗。

图 3-58 中：ω_{pll} 为由 PLL 测得的系统转速值；ω_g 为电网转速基准值；PWM 为脉宽调制；P_{sref} 和 Q_{sref} 分别为 DFIG 输出的有功功率参考值和无功功率参考值；P_s 和 Q_s 分别为 DFIG 实际有功输出和无功输出；U_d 和 U_q 分别为 DFIG 接入点电压 d 轴和 q 轴电压分量；θ_{pll} 为 PLL 测量得到的 DFIG 接入点电压相角；K_p 和 K_i 分别是 PLL 比例-积分（proportion-integral，PI）控制器的比例参数和积分参数；K_{df} 和 K_{pf} 分别为虚拟惯量系数与下垂系数；T_{df} 和 T_{pf} 分别为虚拟惯量控制响应时间与下垂控制响应时间。

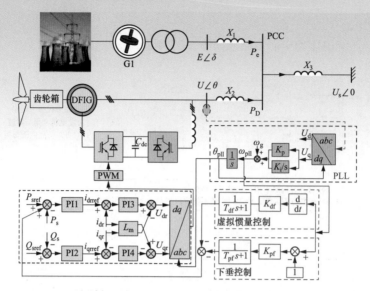

图 3-58　风火耦合系统结构图

DFIG 与火电的建模及其小扰动模型推导已得到广泛研究，本文不再做过多赘述，直接引用相关建模结果。

（2）耦合系统频域模型。如图 3-58 所示，风火耦合系统中计及虚拟惯量与下垂控制的 DFIG 可构成一个开环子系统，其在同步旋转坐标系下的状态方程为

$$\begin{cases} \Delta \dot{\boldsymbol{X}}_g = \boldsymbol{A}_g \Delta \boldsymbol{X}_g + \boldsymbol{B}_g \Delta \boldsymbol{U}_g \\ \Delta \boldsymbol{I}_g = \boldsymbol{C}_g \Delta \boldsymbol{X}_g + \boldsymbol{D}_g \Delta \boldsymbol{U}_g \end{cases} \tag{3-41}$$

式中：$\Delta \boldsymbol{U}_g$ 和 $\Delta \boldsymbol{I}_g$ 分别为同步旋转坐标系下 DFIG 端口电压向量和电流向量，分别为输入向量与输出向量；$\boldsymbol{A}_g$、$\boldsymbol{B}_g$、$\boldsymbol{C}_g$ 和 $\boldsymbol{D}_g$ 分别为 DFIG 侧状态矩阵、输入矩阵、输出矩阵和直接传输矩阵；$\Delta \boldsymbol{X}_g$ 为 DFIG 状态变量；下标 g 为 DFIG 侧参数。

风火耦合系统中除去考虑虚拟惯量与下垂控制的 DFIG 后剩余部分也构成一个开环子系统，同步旋转坐标系下的状态方程为

$$\begin{cases} \Delta \dot{\boldsymbol{X}}_s = \boldsymbol{A}_s \Delta \boldsymbol{X}_s + \boldsymbol{B}_s \Delta \boldsymbol{I}_g \\ \Delta \boldsymbol{U}_g = \boldsymbol{C}_s \Delta \boldsymbol{X}_s + \boldsymbol{D}_s \Delta \boldsymbol{I}_g \end{cases} \tag{3-42}$$

式中：$\Delta \boldsymbol{X}_s$ 为耦合系统中去除 DFIG 后剩余子系统所有状态变量；$\boldsymbol{A}_s$、$\boldsymbol{B}_s$、$\boldsymbol{C}_s$ 和 $\boldsymbol{D}_s$ 分别为剩余子系统的状态矩阵、输入矩阵、输出矩阵和直接传输矩阵；下标 s 为风火耦合系统中剩余子系统参数。

根据状态空间方程和系统开环传递函数之间的转化关系，DFIG 侧与剩余子系统的开环频域模型可由式（3-41）、式（3-42）推导得到

$$\begin{cases} \Delta \boldsymbol{I}_g = \boldsymbol{G}_g(s) \Delta \boldsymbol{U}_g \\ \boldsymbol{G}_g(s) = \boldsymbol{C}_g(s\boldsymbol{I}_w - \boldsymbol{A}_g)^{-1}\boldsymbol{B}_g + \boldsymbol{D}_g = \begin{bmatrix} g_{g11}(s) & g_{g12}(s) \\ g_{g21}(s) & g_{g22}(s) \end{bmatrix} \end{cases} \quad (3\text{-}43)$$

$$\begin{cases} \Delta \boldsymbol{U}_g = \boldsymbol{G}_s(s) \Delta \boldsymbol{I}_g \\ \boldsymbol{G}_s(s) = \boldsymbol{C}_s(s\boldsymbol{I}_s - \boldsymbol{A}_s)^{-1}\boldsymbol{B}_s + \boldsymbol{D}_s = \begin{bmatrix} g_{s11}(s) & g_{s12}(s) \\ g_{s21}(s) & g_{s22}(s) \end{bmatrix} \end{cases} \quad (3\text{-}44)$$

式中：$\boldsymbol{I}_w$ 与 $\boldsymbol{I}_s$ 均为单位阵；s 为拉普拉斯算子。

因此，耦合系统中的 DFIG 与剩余子系统构成一个互联的闭环系统，其可等效简化如图 3-59 所示。

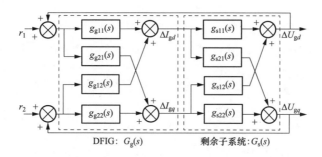

图 3-59　耦合系统 MIMO 闭环结构

2. 基于 EOP 的耦合系统频域等效模型

（1）EOP 理论简介。图 3-59 所示耦合系统是一种如图 3-60 所示的典型 MIMO 系统，为将其等效为 SISO 系统，引入 EOP 理论。MIMO 系统示意如图 3-60 所示。

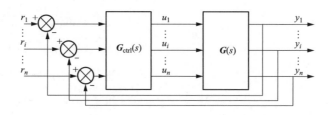

图 3-60　MIMO 系统示意图

图 3-60 中，r_i 是系统的参考输入变量，$i=1, 2, \cdots, n$；u_i 是操纵变量；y_i 是系统输出变量；$\boldsymbol{G}_{\text{ctrl}}(s)$ 和 $\boldsymbol{G}(s)$ 分别是控制器和被控对象的传递函数矩阵。

对由任意一个操纵变量 u_j 和任意一个被控输出变量 y_i 构成的回路，当其他回路全都开环时，容易得知 u_j 到 y_i 的传递函数是 g_{ij}，而当其他回路全都闭环时，由于多输入多输出系统中多回路的耦合作用，u_j 到 y_i 的传递函数会发生改变。此时，输出变量

y 和操纵变量 u 可表示为

$$\begin{cases} y_i = g_{ij}u_j + \bar{\boldsymbol{G}}_{i.}^{ij}\bar{\boldsymbol{u}}^j \\ \bar{\boldsymbol{y}}^i = \bar{\boldsymbol{G}}_{.j}^{ij}u_j + \bar{\boldsymbol{G}}^{ij}\bar{\boldsymbol{u}}^j \end{cases} \tag{3-45}$$

$$\bar{\boldsymbol{u}}^j = -\bar{\boldsymbol{G}}_{\text{ctrl}}^{ij}\bar{\boldsymbol{y}}^i$$

式中：$\bar{\boldsymbol{y}}^i$ 和 $\bar{\boldsymbol{u}}^j$ 分别为除掉第 i 个元素的输出变量向量和除掉第 j 个元素的操纵变量向量；$\bar{\boldsymbol{G}}_{i.}^{ij}$ 为除掉 $\boldsymbol{G}(s)$ 中 g_{ij} 后的第 i 行向量，$\bar{\boldsymbol{G}}_{.j}^{ij}$ 为除掉 $\boldsymbol{G}(s)$ 中 g_{ij} 后的第 j 列向量，$\bar{\boldsymbol{G}}^{ij}$ 为除掉 $\boldsymbol{G}(s)$ 中的第 i 行以及第 j 列后剩下的矩阵，$\bar{\boldsymbol{G}}_{\text{ctrl}}^{ij}$ 为除掉 $\boldsymbol{G}_{\text{ctrl}}(s)$ 中的第 i 行以及第 j 列后剩下的矩阵。

由（3-45）可得到

$$\bar{\boldsymbol{u}}^j = -\bar{\boldsymbol{G}}_{\text{ctrl}}^{ij}(\bar{\boldsymbol{G}}_{.j}^{ij}u_j + \bar{\boldsymbol{G}}^{ij}\bar{\boldsymbol{u}}^j) \tag{3-46}$$

在其他回路都闭环时，u_j 到 y_i 的开环传递函数表达式为

$$\boldsymbol{G}_{\text{o}}^{ij} = \frac{y_i}{u_j} = g_{ij} - \bar{\boldsymbol{G}}_{i.}^{ij}\bar{\boldsymbol{G}}_{\text{ctrl}}^{ij}\bar{\boldsymbol{G}}_{.j}^{ij}(\boldsymbol{I} + \bar{\boldsymbol{G}}_{\text{ctrl}}^{ij}\bar{\boldsymbol{G}}^{ij})^{-1} \tag{3-47}$$

由式（3-47）可知，在 u_j 到 y_i 的等效开环过程中，由于多回路之间存在耦合，等效开环传递函数中含有闭环传递函数矩阵 $\bar{\boldsymbol{G}}_{\text{ctrl}}^{ij}\bar{\boldsymbol{G}}_{.j}^{ij}(\boldsymbol{I} + \bar{\boldsymbol{G}}_{\text{ctrl}}^{ij}\bar{\boldsymbol{G}}^{ij})^{-1}$。显然，多变量系统各个回路之间影响特别复杂。

需要说明的是，利用 EOP 理论将 MIMO 系统等效为 SISO 系统时，根据选择的参考输入变量与输出变量不同，最终得到的闭环传递函数形式上并不完全相同。但无论选择哪一个输入变量和输出变量作为研究对象，得到的所有等效 SISO 系统的稳定性都与原 MIMO 系统的稳定性等价。

（2）SISO 模型等效简化。根据 EOP 理论可知，图 3-59 中，当环路从 ΔI_{gd} 和 ΔI_{gq} 处断开时，从 ΔI_{gd} 至 ΔI_{gq} 的开环传递函数可表示如图 3-61 所示。

由图 3-61 知，ΔI_{gd} 至 ΔI_{gq} 的开环传递函数可写为

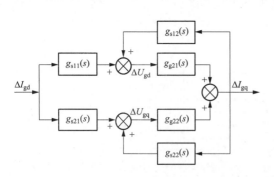

图 3-61　从 ΔI_{gd} 至 ΔI_{gq} 的开环传递函数

$$G_{\text{i}}(s) = \frac{g_{\text{s}11}(s)g_{\text{g}21}(s) + g_{\text{s}21}(s)g_{\text{g}22}(s)}{1 - g_{\text{s}12}(s)g_{\text{g}21}(s) - g_{\text{s}22}(s)g_{\text{g}22}(s)} \tag{3-48}$$

因此，图 3-59 中耦合系统 MIMO 闭环结构可等效为图 3-62 所示的 SISO 系统。

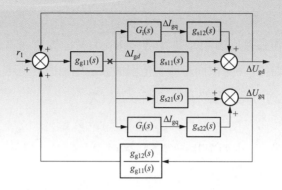

图 3-62 耦合系统 MIMO 闭环结构中某一回路等效 SISO 结构

如图 3-62 所示，在图中标红处断开传递函数框图，其可等效成图 3-63（a），进一步化简后如图 3-63（b）所示。

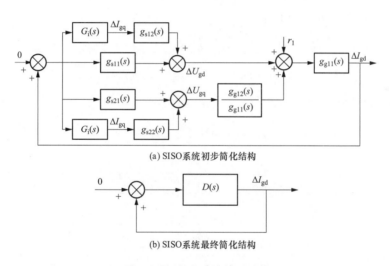

(a) SISO系统初步简化结构

(b) SISO系统最终简化结构

图 3-63 SISO 系统简化结构

基于此，可得到 SISO 系统的闭环传递函数，即

$$F(s) = \frac{D(s)}{1 - D(s)} \tag{3-49}$$

其中：

$$D(s) = g_{g11}(s)g_{s11}(s) + g_{g12}(s)g_{s21}(s) + G_i(s)\left[g_{g11}(s)g_{s12}(s) + g_{g12}(s)g_{s22}(s)\right]$$

综上，利用 EOP 理论可将图 3-58 和图 3-59 所示的风火耦合 MIMO 系统等效为图 3-63 所示 SISO 系统，基于此可进一步利用 SISO 系统稳定判据来判断耦合系统是否发生次同步振荡。

3. 基于 SISO 的稳定判据

本节介绍一种新的稳定判据来评估耦合系统的振荡特性，以下进行简单的数学推导。

任一单变量系统可变换成图 3-63 所示的结构，其特征传递函数是 $T(s)=1/D(s)-1$，若该特征传递函数存在一对次同步频率范围内靠近虚轴的共轭零点 $\lambda_{1,2}=\sigma_0\pm\mathrm{j}\omega_0$，且满足 $|\sigma_0|\ll|\omega_0|$，此时可将系统特征传递函数转换为

$$T(s)=(s-\lambda_1)(s-\lambda_2)G(s) \tag{3-50}$$

其中：$G(s)$ 是除掉 $T(s)$ 中两个共轭零点后多项式中剩下的部分，令 $s=\mathrm{j}\omega$，当 ω 在 $\lambda_{1,2}$ 的微小邻域内时，式（3-50）可表示为

$$T(\mathrm{j}\omega)=(\mathrm{j}\omega-\lambda_1)(\mathrm{j}\omega-\lambda_2)G(\mathrm{j}\omega) \tag{3-51}$$

$G(\mathrm{j}\omega)$ 是有理多项式，因此可分出实部及虚部，即 $G(\mathrm{j}\omega)=a(\omega)+\mathrm{j}b(\omega)$，很明显 $a(\omega)$ 与 $b(\omega)$ 是与 ω 相关的实函数，此时式（3-51）可表示为

$$T(\mathrm{j}\omega)=[-\sigma_0+\mathrm{j}(\omega-\omega_0)][-\sigma_0+\mathrm{j}(\omega+\omega_0)][a(\omega)+\mathrm{j}b(\omega)] \tag{3-52}$$

将 $T(\mathrm{j}\omega)$ 的实部及虚部分离得到

$$\begin{cases} \mathrm{Re}[T(\mathrm{j}\omega)]=a(-\omega^2+\sigma_0^2+\omega_0^2)+2b\sigma_0\omega \\ \mathrm{Im}[T(\mathrm{j}\omega)]=b(-\omega^2+\sigma_0^2+\omega_0^2)-2a\sigma_0\omega \end{cases} \tag{3-53}$$

令特征传递函数的虚部 $\mathrm{Im}[T(\mathrm{j}\omega)]=0$，可得到

$$\begin{cases} \sigma_0^2+\omega_0^2-\omega^2=\dfrac{2a\sigma_0\omega}{b} \\[2mm] \omega_{\mathrm{r}1,2}=\dfrac{-a\sigma_0\pm\sqrt{(a\sigma_0)^2+b^2(\sigma_0^2+\omega_0^2)}}{b} \\[3mm] =\dfrac{-a\dfrac{\sigma_0}{\omega_0}\pm\sqrt{a^2\left(\dfrac{\sigma_0}{\omega_0}\right)^2+b^2\left[\left(\dfrac{\sigma_0}{\omega_0}\right)^2+1\right]}}{b}\omega_0 \end{cases} \tag{3-54}$$

显然，当 $|\sigma_0|\ll|\omega_0|$ 时，$|\sigma_0|/|\omega_0|\approx0$，可发现 $\omega_{\mathrm{r}}\approx\omega_0$。因此可根据特征传递函数的虚部等于零来近似得到系统的主导振荡频率 ω_0，将此过零点的频率 ω_{r} 代入特征传递函数的实部 $\mathrm{Re}[T(\mathrm{j}\omega)]$，可得到

$$\mathrm{Re}[T(\mathrm{j}\omega_{\mathrm{r}})]=\frac{2a^2\sigma_0\omega}{b}+2b\sigma_0\omega=\frac{2(a^2+b^2)}{b}\sigma_0\omega_0 \tag{3-55}$$

又可得知虚部在过零点处的斜率为

$$\frac{\mathrm{d}\{\mathrm{Im}[T(\mathrm{j}\omega)]\}}{\mathrm{d}\omega}\Big|_{\omega=\omega_{\mathrm{r}}}=-2b\omega_0-2a\sigma_0=\omega_0\left(-2b-2a\frac{\sigma_0}{\omega_0}\right)\approx-2b\omega_0 \tag{3-56}$$

通过虚部过零点的斜率大小，可确定 b 的正负，进一步根据 $\mathrm{Re}[T(\mathrm{j}\omega_{\mathrm{r}})]$ 来判断衰减系数 σ_0 的正负。

当 $b>0$ 时，特征传递函数的虚部在过零点处的斜率为负，即曲线在过零点处是从正向负穿越；当 $b<0$ 时，特征传递函数的虚部在过零点处的斜率为正，即曲线在过零点处是从负向正穿越；可得到系统的稳定判据如下：

1）特征传递函数虚部即 $\mathrm{Im}[T(\mathrm{j}\omega_r)]$ 的曲线在过零点处的斜率为负时，若 $\mathrm{Re}[T(\mathrm{j}\omega_r)]<0$，则 $\sigma_0<0$，系统是稳定的；反之，若 $\mathrm{Re}[T(\mathrm{j}\omega_r)]>0$，则 $\sigma_0>0$，系统是不稳定的。

2）特征传递函数虚部即 $\mathrm{Im}[T(\mathrm{j}\omega_r)]$ 的曲线在过零点处的斜率为正时，若 $\mathrm{Re}[T(\mathrm{j}\omega_r)]>0$，则 $\sigma_0<0$，系统是稳定的；反之，若 $\mathrm{Re}[T(\mathrm{j}\omega_r)]<0$，则 $\sigma_0>0$，系统是不稳定的。

上述表述可用图 3-64 表示。图 3-64 对应判据结果主要通过阻抗实部和虚部展示，不易根据该结果设计相应振荡抑制器，因此考虑将其转化为相位特性相关判据，便于通过相位补偿设计控制器，因此将图 3-64 进一步表示成图 3-65 形式。

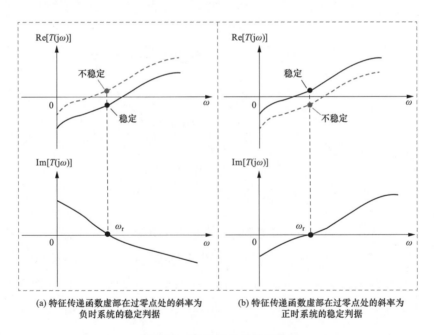

(a) 特征传递函数虚部在过零点处的斜率为
负时系统的稳定判据

(b) 特征传递函数虚部在过零点处的斜率为
正时系统的稳定判据

图 3-64　SISO 系统的稳定判据

图 3-64（a）中 $\mathrm{Im}[T(\mathrm{j}\omega)]$ 的曲线在过零点处的斜率为负，即过零点处 $[T(\mathrm{j}\omega)]$ 的曲线从正虚部过渡到负虚部，可对应为图 3-65（a）复平面中频率增加时，$[T(\mathrm{j}\omega)]$ 的曲线按照方向①②通过实轴。进一步地，图 3-64（a）中 $\mathrm{Re}[T(\mathrm{j}\omega_r)]<0$ 对应图 3-65（a）中方向②，此时系统稳定；图 3-64（a）中 $\mathrm{Re}[T(\mathrm{j}\omega_r)]>0$ 对应图 3-65（a）中方向①，此时系统不稳定。类似地，图 3-64（b）中 $\mathrm{Im}[T(\mathrm{j}\omega)]$ 的曲线在过零

点处的斜率为正，即过零点处 $[T(j\omega)]$ 的曲线从负虚部过渡到正虚部，可对应为图 3-65（a）复平面中频率增加时，$[T(j\omega)]$ 的曲线按照方向③④通过实轴。进一步地，图 3-64（b）中 $\text{Re}[T(j\omega_r)]<0$ 对应图 3-65（a）中方向③，此时系统不稳定；图 3-64（b）中 $\text{Re}[T(j\omega_r)]>0$ 对应图 3-65（a）中方向④，此时系统稳定。上述判据可表达为当等效传递函数在复平面中的曲线按照逆时针通过实轴（方向②④）时，系统是稳定的；当等效传递函数在复平面中的曲线按照顺时针通过实轴（方向①③）时，系统是不稳定的。

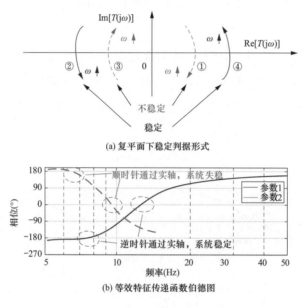

(a) 复平面下稳定判据形式

(b) 等效特征传递函数伯德图

图 3-65 SISO 系统简化稳定判据

图 3-65（a）中的判据可进一步通过图 3-65（b）中特征传递函数 $T(j\omega)$ 在伯德图上的响应特性来表示。从图 3-65（b）可知，当满足所述判据时，特征传递函数伯德图中相角逆时针旋转通过实轴（0°或 180°）时，随着频率的增加，角度增加（正角度增加，负角度绝对值减小），对应频段稳定；相角顺时针旋转通过实轴（0°或 180°）时，随着频率的增加，角度减小（正角度减小，负角度绝对值增加），对应频段不稳定。

基于上述结论，改进后的分析次同步振荡的判据可表述为：绘制特征传递函数的伯德图，观察次同步振荡频率范围内的相频曲线在一个相角周期（0°~360°）内通过实轴（0°或 180°）的方向，若相频曲线为逆时针通过 0°或 180°，则系统稳定；若相频曲线为顺时针通过 0°或 180°，则系统不稳定。

值得注意的是，此判据成立的前提条件是 $|\sigma_0|\ll|\omega_0|$，此时 $|\sigma_0|/|\omega_0|\approx 0$，当锁相环主导模态对应频率不算高频时，该判据有一定的保守性。

3.3 耦合系统稳定性风险评估

3.3.1 基于等效开环过程的风火耦合系统振荡分析

针对如图 3-58 所示的风火耦合系统，在 MATLAB/Simulink 中搭建仿真算例。算例以辽宁某区域电网为基础，其中风电功率为 500MW，本地火电机组功率为 1000MW，系统基准容量为 100MVA。网络阻抗标幺值与实际电网保持一致，锁相环 PI 控制器参数为 $K_p = 3$，$K_i = 6000$。DFIG 控制参数见表 3-11。

表 3-11   DFIG 参数

参数	数值及单位
DFIG 定转子电阻 R_s/R_r	0/0
定转子绕组间的等效互感 L_m	2.9（标幺值）
定转子绕组的等效自感 L_r/L_s	$0.18 + L_m / 0.16 + L_m$
DFIG 转动惯量 H_w	4s
直流电容 C_{dc}	0.01（标幺值）
直流电容电压 U_{dc}	2.828（标幺值）
转子侧有功控制环 PI1 参数 K_{P1}/K_{I1}	0.5/12
转子侧有功控制环 PI2 参数 K_{P2}/K_{I2}	0.5/12
转子侧有功控制环 PI3 参数 K_{P3}/K_{I3}	1/1
转子侧有功控制环 PI4 参数 K_{P4}/K_{I4}	1/1
网侧功率外环控制 PI5 参数 K_{P5}/K_{I5}	0.9/4
网侧电流内环控制 PI6 参数 K_{P6}/K_{I6}	0.83/5

基于平衡点线性化计算耦合系统特征值，针对上述所提判据，可观察主动频率支撑控制环节参数变化时风火耦合系统次同步振荡模态变化趋势。设置 5 组不同控制参数组合，保持 $K_{df} = 1$，$T_{pf} = 0.1$，改变 K_{pf} 和 T_{df}，不同参数组合下简化判据分析结果与 PLL 主导振荡模态分布分别如图 3-66 和图 3-67 所示。

根据图 3-65 分析，由图 3-66 特征传递函数伯德图可知，控制参数组合 1 对应伯德图相位在次同步频率范围内为顺时针通过虚轴（相角减小），系统判定失稳；控制参数组合 5 对应伯德图相位在次同步频率范围内为逆时针通过虚轴（相角增加），系统判定稳定。进一步通过图 3-67 给出的不同控制参数组合下次同步频率范围内特征值的分布可知，控制参数组合 1 下 PLL 主导模态对应特征值在复平面的右半平面，系统失稳；控制参数组合 5 下 PLL 主导模态对应特征值在复平面的左半平面，系统稳定，验证了判据判断结果的正确性。

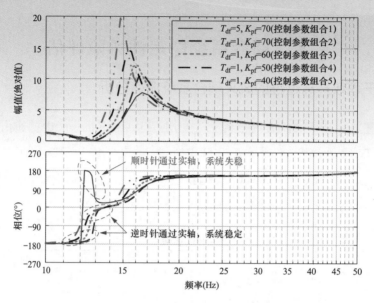

图 3-66　不同控制参数组合下简化判据结果

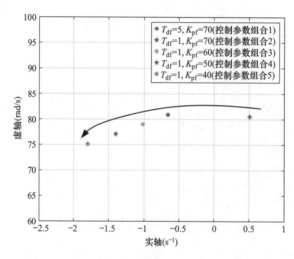

图 3-67　不同控制参数组合下 PLL 主导模态分布

1. 单 DFIG 调频效果对比

对比图 3-67 中控制参数组合 2-5 的特征值分布可知，随着下垂控制系数的减小，PLL 主导模态对应特征值左移，对应阻尼逐渐增大。因为下垂控制及其响应时间均为主动频率支撑控制固有特性而难以改变，随着 K_{pf} 的减小，曲线在逆时针通过实轴（0°）时角度变化明显不同，可考虑加入一超前滞后环节进行相位补偿，改造风火耦合系统在次同步振荡频率范围内的相位特性，避免次同步振荡发生。考虑到主要是由于调频环节的加入后，不同参数组合下 PLL 主导模态对应特征值会发生移动，并产生失稳风险。因此设计的相位补偿环节加入调频环节输入处较合适。

进一步通过时域仿真观察前述分析的正确性，2s时无穷大母线处发生有功功率为2（标幺值）负荷突增事件（负荷并未切除）。设置两组不同控制策略，观察仿真结果。控制策略1对应无调频环节时的基准场景，控制策略2为加入调频环节，其中$K_{df}=1$，$T_{df}=5s$，$K_{pf}=100$，$T_{pf}=0.1s$。图3-68给出了不同调频参数及相位补偿环节下，等效SISO系统的特征传递函数伯德图。图3-69给出了与图3-68同样工况下风火耦合系统时域仿真结果。

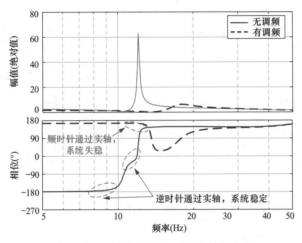

图 3-68　不同控制策略下简化判据结果

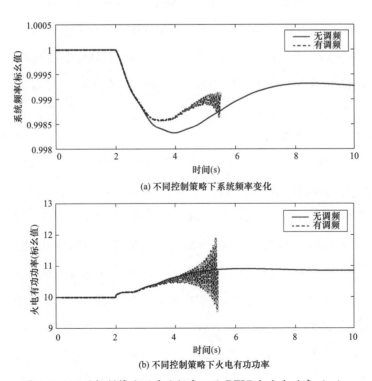

(a) 不同控制策略下系统频率变化

(b) 不同控制策略下火电有功功率

图 3-69　不同控制策略下系统频率以及 DFIG 与火电功率（一）

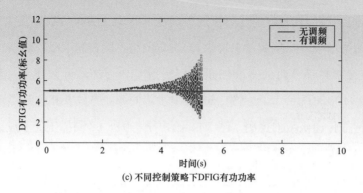

(c) 不同控制策略下DFIG有功功率

图 3-69   不同控制策略下系统频率以及 DFIG 与火电功率（二）

由图 3-68 可知，控制策略 1（无调频）对应特征传递函数伯德图中相频特性曲线在次同步频率范围内为逆时针通过虚轴（相角增加），控制策略 2（有调频）对应特征传递函数开环伯德图中相频特性曲线在次同步频率范围内为顺时针通过虚轴（相角减小），按照所提判据结果，控制策略 1 下风火耦合系统将保持稳定，而控制策略 2 下风火耦合系统将振荡失稳。

图 3-69 时域仿真结果表明不加入调频环节时，负荷扰动下控制策略 1 对应风火耦合系统确实保持稳定。控制策略 1 中在未加入调频环节与相位补偿环节时，DFIG 基本不响应负荷扰动，功率缺额完全由火电机组承担。加入调频环节后，负荷扰动下控制策略 2 对应风火耦合系统中 DFIG 确实响应了负荷扰动，负荷突增初期 DFIG 有功功率明显提高，系统频率最低点有所上升，起到了一定的调频效果，但同时调频环节的加入导致了次同步振荡频率范围内的特征值移动到复平面的右半平面，系统发生振荡失稳。时域仿真结果验证了所提判据的有效性。

2. 多 DFIG 调频效果验证

进一步地，在多台 DFIG 与火电机组并联形成的风火耦合系统中验证所提稳定判据及相位重塑控制的正确性。图 3-70 为多台 DFIG 系统算例，其中包含两台 DFIG，一台火电机组。图 3-70 是在图 3-58 基础上并联一台 DFIG 而来，原系统参数不变，新并入系统的 DFIG 2 容量为 100MW，且 $X_4 = X_2$。为保证研究问题突出，DFIG 2 中的锁相环参数设置为 $K_{p2} = 100$，$K_{i2} = 6000$。其他参数与 DFIG 1 保持一致。

类似地，在图 3-70 所示工况下，2s 时无穷大母线处发生 2（标幺值）负荷突增（负荷并未切除）。设置三组不同控制策略，观察仿真结果。控制策略 1 对应无调频环节时的基准场景，控制策略 2 为加入调频环节，其中 $K_{df} = 1$，$T_{df} = 5s$，$K_{pf} = 100$，$T_{pf} = 0.1s$。图 3-71 给出了多机系统中不同调频参数及相位补偿环节下，等效 SISO 系统的特征传递函数伯德图。图 3-72 给出了与图 3-71 同样工况下风火耦合系统仿真结果。

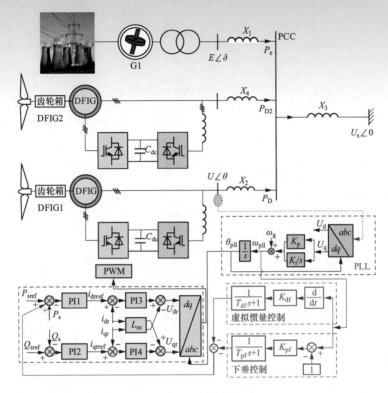

图 3-70　多台 DFIG 耦合系统

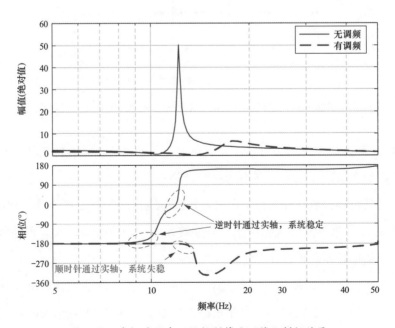

图 3-71　多机系统中不同控制策略下简化判据结果

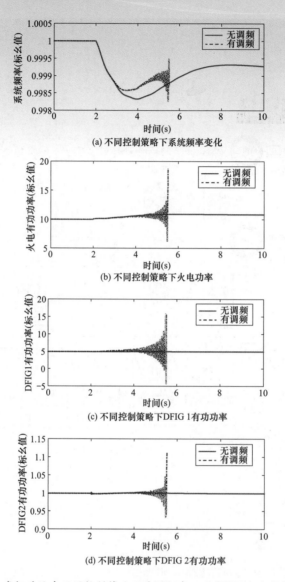

(a) 不同控制策略下系统频率变化

(b) 不同控制策略下火电功率

(c) 不同控制策略下DFIG 1有功功率

(d) 不同控制策略下DFIG 2有功功率

图 3-72　多机系统中不同控制策略下系统频率以及 DFIG 与火电机组功率

　　与图 3-69 类似，由图 3-71 可知，控制策略 1（无调频）对应特征传递函数伯德图中相频特性曲线在次同步频率范围内为逆时针通过虚轴（相角增加），控制策略 2（有调频）对应特征传递函数开环伯德图中相频特性曲线在次同步频率范围内为顺时针通过虚轴（相角减小），按照所提判据结果，控制策略 1 下风火耦合系统将保持稳定，而控制策略 2 下风火耦合系统将振荡失稳。

　　图 3-72 时域仿真结果表明不加入调频环节时，负荷扰动下控制策略 1 对应风火耦合系统确实保持稳定。控制策略 1 中在未加入调频环节与相位补偿环节时，DFIG 1 和 DFIG 2 基本不响应负荷扰动，功率缺额完全由火电机组承担。加入调频环节后，负荷

扰动下控制策略 2 对应风火耦合系统中 DFIG 1 确实响应了负荷扰动,负荷突增初期 DFIG 1 有功功率明显提高,系统频率最低点有所上升,起到了一定的调频效果,而 DFIG 2 由于并未加入主动频率支撑控制环节,负荷扰动时其没有明显响应,同时调频 环节的加入导致了次同步振荡频率范围内的特征值移动到复平面的右半平面,系统发生 振荡失稳。时域仿真结果验证了所提判据的有效性。

3.3.2 基于等效开环过程的风光火耦合系统振荡分析

进一步地,将上述研究扩展到风光火耦合系统中,如图 3-73 所示。针对如图 3-73 所示的风光火耦合系统,在 MATLAB/Simulink 中搭建仿真算例。

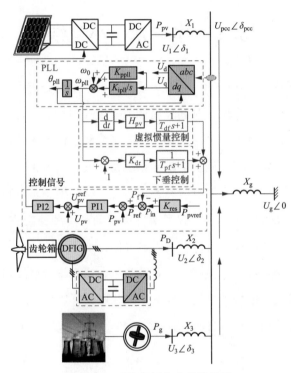

图 3-73 风光火耦合系统结构图

基于平衡点线性化计算耦合系统特征值,针对上述所提判据,可观察主动频率支撑 控制环节参数变化时风光火耦合系统次同步振荡模态变化趋势。设置 3 组不同控制参数 组合,不同参数组合下简化判据分析结果与 PLL 主导振荡模态分布分别如图 3-74 所示。

根据图 3-65 分析,由图 3-74 特征传递函数伯德图可知,控制参数组合 1-2 对应伯 德图相位在次同步频率范围内为逆时针通过虚轴(相角增加),系统判定稳定;控制参 数组合 3 对应伯德图相位在次同步频率范围内为顺时针通过虚轴(相角减小),系统判 定失稳。判据判断结果与时域仿真结果一致,验证了判据判断结果的正确性。

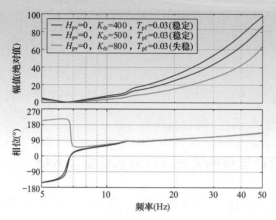

图 3-74　不同控制参数组合下简化判据结果

3.4　本 章 小 结

以我国北方电网普遍存在的耦合系统为研究对象，重点分析了可再生能源电源与火力发电耦合深度、复杂控制系统多时间尺度调节速度等因素对耦合系统稳定性的影响规律，辨识了其潜在不稳定特征模式，揭示了耦合系统稳定性的主导影响因素；研究了耦合系统的多特征参量稳定判据，确定了耦合系统稳定安全边界条件；分析了不同扰动下可再生能源并网控制器多时间尺度响应特性，研究了特征模态阻尼特性变化规律；研究了耦合系统动态安全裕度估计方法，并考虑外部扰动产生和稳定主导因素的不确定性，研究了耦合系统稳定性风险评估方法。主要研究结论如下：

（1）建立了风电场详细仿真模型，并将其与单台风机聚合模型对比，研究发现可用单台风机聚合模型等效风电场外特性。建立了光伏电站详细仿真模型，研究发现光伏电站的主导振荡模态主要由 VSC 内的状态变量参与，可认为光伏电站的动态主要由 VSC 主导，与光伏并网台数无关。

（2）基于前述对聚合模型的理解，分别建立了考虑 PLL 与不考虑 PLL 的 DFIG 聚合模型，并将其与详细模型进行比较，研究发现系统振荡与 PLL 强相关，DFIG 聚合模型需要考虑 PLL 的动态，才能精确反映风电并网振荡特性。

（3）针对风火耦合系统这一典型运行场景对主动频率支撑控制的需求，本文分析了不同的主动频率支撑控制参数下风火耦合系统中火电机组主导的 EMOM 与 PLL-SSOM 的变化规律。PLL 自身阻尼系数对 PLL-SSOM 的影响较大，当 PLL 阻尼系数较小时，在主动频率支撑控制下 PLL-SSOM 的特征值变化趋势靠近虚轴，控制参数变化易导致 PLL-SSOM 失稳，而 PLL-SSOM 失稳主要由下垂控制系数及其响应时间决定。当 PLL

阻尼系数较小时，虚拟惯量和下垂控制决定了其对 PLL-SSOM 振荡频率以及阻尼比的影响。随着虚拟惯性控制系数增大，当其响应时间较小时，PLL-SSOM 的振荡频率普遍减小；当虚拟惯量响应时间增大时，PLL-SSOM 的阻尼比先增大后减小。随着下垂控制系数增大，PLL-SSOM 的振荡频率普遍增大；当下垂控制响应时间增大时，PLL-SSOM 的阻尼比先减小后增大。

（4）本文针对风火耦合系统这一典型运行场景下进行主动频率支撑控制的需求，通过引入 EOP 理论，研究了适用于计及主动频率支撑控制的风火耦合系统次同步振荡分析的稳定判据，分析了主动频率支撑控制对耦合系统次同步振荡的影响。首先基于 EOP 理论将计及主动频率支撑控制的风火耦合系统等效为 SISO 频域模型，研究发现主动频率支撑控制环节参数变化会引起风火耦合系统中锁相环主导次同步振荡模态失稳。提出了一种改进的适用于分析风火耦合系统次同步振荡的判据。相比原判据，所提判据能通过特征传递函数对应伯德图的相位特性来判断耦合系统是否发生次同步振荡。根据判断结果，便于后续基于相位补偿原理来设计振荡抑制器，避免耦合系统发生次同步振荡。时域仿真结果验证了所提判据的有效性。

参 考 文 献

［1］王钦, 姚伟, 艾小猛, 等. 含大规模面板级直流优化器的分布式光伏并网系统动态建模
［J］. 电网技术, 2021, 45（02）: 559-570. DOI: 10.13335/j.1000-3673.pst.2019.2087.

［2］Lei Y, Mullane A, Lightbody G, et al. Modeling of the wind turbine with a doubly fed induction generator for grid integration studies［J］. IEEE transactions on energy conversion, 2006, 21（1）: 257-264.

［3］刘巨, 姚伟, 文劲宇. 考虑PLL和接入电网强度影响的双馈风机小干扰稳定性分析与控制
［J］. 中国电机工程学报, 2017, 37（11）: 3162-3173+3371. DOI: 10.13334/j.0258-8013.pcsee.160857.

［4］Liu J, Yao W, Wen J, et al. Impact of power grid strength and PLL parameters on stability of grid-connected DFIG wind farm［J］. IEEE Transactions on Sustainable Energy, 2019, 11（1）: 545-557.

［5］Chen L, Nian H, Xu Y. Complex transfer function-based sequence domain impedance model of doubly fed induction generator［J］. IET Renewable Power Generation, 2019, 13（1）: 67-77.

［6］MA Jing, QIU Yang, LI Yinan, et al. Research on the impact of DFIG virtual inertia control on power system small-signal stability considering the phase-locked loop［J］. IEEE Transactions on Power Systems, 2017, 32（3）: 2094-2105.

［7］王清, 薛安成, 张晓佳, 等. 双馈风机下垂控制对系统小扰动功角稳定的影响机理分析
［J］. 电网技术, 2017, 41（4）: 1091-1097.

［8］XIONG Qiang, CAI Wenjian. Effective transfer function method for decentralized control system design of multi-input multi-output processes［J］. Journal of Process Control, 2006, 16（8）: 773-784.

［9］HUANG H P, JENG J C, CHIANG C H, et al. A direct method for multi-loop PI/PID controller design［J］. Journal of Process Control, 2003, 13（8）: 769-786.

［10］高磊, 刘玉田, 汤涌, 等. 基于多FACTS的网侧阻尼协调控制量化指标研究［J］. 中国电机工程学报, 2014, 34（31）: 5633-5641.

［11］孙华东, 郭强, 等. 基于等效开环过程的双馈风电场并网宽频振荡量化分析［J］. 中国电机工程学报, 2020, 40（22）: 7260-7269.

［12］Fan L. Modeling type-4 wind in weak grids［J］. IEEE Transactions on sustainable energy, 2018, 10（2）: 853-864.

［13］林思齐，熊永新，姚伟，等. 基于 MATLAB/Simulink 的新一代电力系统动态仿真工具箱［J］. 电网技术，2020，44（11）：4077-4087.

［14］姚伟，文劲宇，程时杰，等. 基于 Matlab/Simulink 的电力系统仿真工具箱的开发［J］. 电网技术，2012，36（6）：95-101.

［15］高家元，肖凡，姜飞，等. 弱电网下具有新型 PLL 结构的并网逆变器阻抗相位重塑控制［J］. 中国电机工程学报，2020，40（20）：6682-6693.

［16］涂春鸣，高家元，赵晋斌，等. 弱电网下具有定稳定裕度的并网逆变器阻抗重塑分析与设计［J］. 电工技术学报，2020，35（6）.

第4章

可再生能源与火力发电耦合系统的快速调频技术

由于大规模、高比例可再生能源接入电力系统导致电力系统频率波动，因此有必要从可再生能源与火力发电耦合系统整体出发，充分合理利用风电、光伏发电、火电等调频资源的调频能力，对多调频资源进行协同优化，实现快速可持续调频。本章内容包括耦合系统频率响应聚合模型的建模方法、耦合系统多调频资源多时间尺度整体协同优化方法、耦合系统快速调频策略及耦合系统快速频率响应装置研发。

4.1　耦合系统频率响应聚合模型建立

针对含可再生能源耦合系统频率响应具有非线性及非高斯特性等特点，提出了基于递归神经网络（recurrent neural networks，RNNs）建立耦合系统频率响应（system frequency response，SFR）模型的新方法，建立了含风电的耦合系统频率响应离散状态空间模型，研究了不同风电渗透率场景下耦合系统频率响应动态特性，验证了基于递归神经网络建立耦合系统频率响应模型的合理性及可行性。

4.1.1　基于 RNNs 的耦合系统频率响应建模

电力系统通常会受到风电、太阳能和负荷等随机干扰，此外通信信道噪声和测量噪声也会导致电网频率波动，因此电力系统频率波动未必服从高斯分布。图 4-1 为辽宁电网一周的频率波动曲线，对图 4-1 所示频率数据进行正态概率分布检验，如图 4-2 所示，显然电网频率的概率密度函数（probability density function，PDF）是非高斯的。

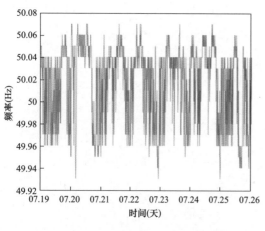

图 4-1　辽宁电网一周的频率波动图　　　　图 4-2　正态概率分布检验图

由于含可再生能源的新型电力系统存在非线性、多变量耦合、随机扰动等特性，基于机理分析难以建立准确的 SFR 模型。针对风-火耦合系统，基于 RNNs 提出的建立风-火耦合 SFR 模型的方法如图 4-3 所示。该电力系统包括：①p 台双馈感应风力发电机（DFIG）及其一次调频控制；②火电机组包括 q 台同步发电机及其一次调频控制；③本地负载。由于 RNNs 包含神经元之间的反馈连接，可用于非线性动力学系统辨识和预测。建立的风-火耦合 SFR 模型得到的输出（频率偏差）应尽可能和实际频率偏差接近，能反映耦合系统在一次调频时的动态特性。

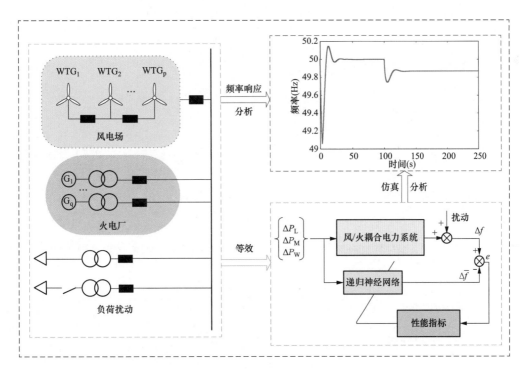

图 4-3　基于 RNNs 构建耦合系统频率响应模型示意图

1. 基于 RNNs 的系统辨识方法

基于 RNNs 的系统辨识方法如图 4-4 所示。其中，z^{-1} 为延时单元，输入 $\boldsymbol{u}(k)=[u_1(k)u_2(k)u_3(k)]^{\mathrm{T}}$ 分别为负荷、风电场和火电厂的变化量（ΔP_{L}，ΔP_{W}，ΔP_{M}），$\boldsymbol{W}_1$ 为输入层与隐含层之间的权重矩阵；$\boldsymbol{W}_2$ 为隐含层和输出层之间的权重矩阵；$\boldsymbol{W}_3$ 为反馈通道的权重矩阵；$\boldsymbol{W}_4$ 为输入层和输出层之间的权重矩阵；$\boldsymbol{B}_1$ 和 $\boldsymbol{B}_2$ 分别代表隐含层和输出层的偏置；隐含层的激活函数是双曲正切函数 $f_1(x)=\dfrac{\mathrm{e}^x-\mathrm{e}^{-x}}{\mathrm{e}^x+\mathrm{e}^{-x}}$，输出层的激活函数为 $f_2(x)=x$。Δf 通过训练 RNNs 使辨识误差 $e(k)=\overline{y}(k)-y(k)$ 最小。RNNs 的输出 $y(k)$ 系统频率偏差，$\overline{y}(k)$ 为耦合系统实际的频率偏差，通过训练 RNNs 使辨识误差 $e(k)=\overline{y}(k)-y(k)$ 最小。

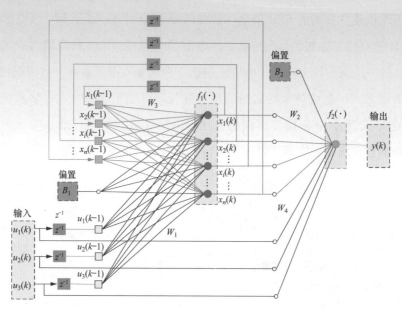

图 4-4　基于 RNNs 系统辨识

因为耦合系统存在非高斯扰动，因此采用辨识误差的生存信息势（survival infor-mation potential，SIP）替代了广泛使用的均方误差（mean square error，MSE）准则。SIP 具有鲁棒性、不需要设定核宽度、无平移不变性等特点，且便于采用辨识误差数据估计其 SIP。

$$\hat{S}_a(e(k)) = \int_0^\infty \left(\frac{1}{L} \sum_{i=1}^{L} l(|e(k)_i| > e) \right)^a \mathrm{d}e$$

$$= \sum_{j=1}^{L} \int_{|e(k)_{j-1}|}^{|e(k)_j|} \left(\frac{1}{L} \sum_{i=1}^{L} l(|e(k)_i| > e) \right)^a \mathrm{d}e$$

$$= \sum_{j=1}^{L} \left(\frac{L-j+1}{L} \right)^a (|e(k)_j| - |e(k)_{j-1}|) \tag{4-1}$$

其中，$e(k)_0 = 0$，上式可改写为

$$\hat{S}_a(e(k)) = \left(1 - \left(\frac{L-1}{L} \right)^a \right) |e(k)_1| + \cdots + \left(\left(\frac{2}{L} \right)^a - \left(\frac{1}{L} \right)^a \right) |e(k)_{L-1}|$$

$$+ \left(\frac{1}{L} \right)^a |e(k)_L|$$

$$= \sum_{j=1}^{L} \lambda_j |e(k)_j| \tag{4-2}$$

其中，$\lambda_j = \left(\frac{L-j+1}{L} \right)^a - \left(\frac{L-j}{L} \right)^a$。由于在 $e(k)_j = 0$ 处不光滑，本节选择辨识误差平方的 SIP 作为训练 RNNs 的目标函数。

$$J(\mathbf{W}) = \hat{S}_a(e^2(k)) = \sum_{j=1}^{L}\lambda_j e^2(k)_j \tag{4-3}$$

通过最小化上式中的性能指标来更新 RNNs 的权重。为了避免计算复杂的链式规则推导，利用图 4-5 所示的原始信号流图和图 4-6 所示伴随信号流图来简化计算。

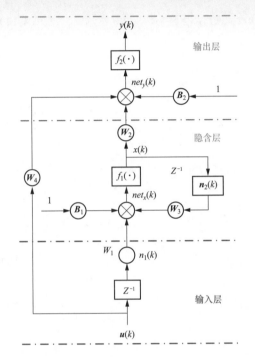

图 4-5　RNNs 原始信号流图

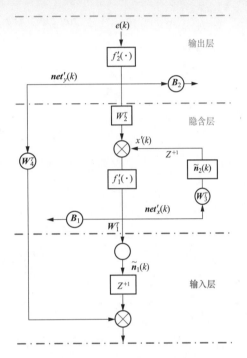

图 4-6　RNNs 的伴随信号流图

根据信号流图 4-5 的流向及各支路增益，可得每个节点的表达式：

$$\mathbf{n}_1(k) = \mathbf{u}(k) \cdot z^{-1} = \mathbf{u}(k-1) \tag{4-4}$$

$$\mathbf{n}_2(k) = \mathbf{x}(k) \cdot z^{-1} = \mathbf{x}(k-1) \tag{4-5}$$

$$\mathbf{net}_x(k) = \mathbf{W}_1\mathbf{u}(k-1) + \mathbf{W}_3\mathbf{x}(k-1) + \mathbf{B}_1 \tag{4-6}$$

$$\mathbf{net}_y(k) = \mathbf{W}_2\mathbf{x}(k) + \mathbf{W}_4\mathbf{u}(k) + \mathbf{B}_2 \tag{4-7}$$

$$\mathbf{x}(k) = f_1(\mathbf{net}_x(k)) \tag{4-8}$$

$$\mathbf{y}(k) = f_2(\mathbf{net}_y(k)) \tag{4-9}$$

根据伴随流图 4-6 的流向及各支路增益，可得其每个节点的表达式：

$$\tilde{\mathbf{n}}_1(k) = \mathbf{W}_1^T \mathbf{net}'_x(k) \tag{4-10}$$

$$\tilde{\mathbf{n}}_2(k) = \mathbf{W}_3^T \mathbf{net}'_x(k) \tag{4-11}$$

$$\mathbf{x}'(k) = \mathbf{W}_2^T \mathbf{net}'_y(k) + \tilde{\mathbf{n}}_2(k) \cdot z^{+1} \tag{4-12}$$

$$
\begin{aligned}
\boldsymbol{net}'_x(k) &= f'_1(\boldsymbol{net}_x(k))\boldsymbol{x}'(k) \\
&= f'_1(\boldsymbol{net}_x(k))\big[\boldsymbol{W}_2^T\boldsymbol{net}'_y(k)+\tilde{\boldsymbol{n}}_2(k)\cdot z^{+1}\big] \\
&= f'_1(\boldsymbol{net}_x(k))\big[\boldsymbol{W}_2^T\boldsymbol{net}'_y(k)+\boldsymbol{W}_3^T\boldsymbol{net}'_x(k)\cdot z^{+1}\big] \\
&= f'_1(\boldsymbol{net}_x(k))\big[\boldsymbol{W}_2^T\boldsymbol{net}'_y(k)+\boldsymbol{W}_3^T\boldsymbol{net}'_{xx}(k+1)\big]
\end{aligned}
\tag{4-13}
$$

$$
\boldsymbol{net}'_y(k) = f'_2(\boldsymbol{net}_y(k))\boldsymbol{e}(k)
\tag{4-14}
$$

在每个 k 时刻，每个权重的灵敏度为

$$
\frac{\partial \boldsymbol{e}(k)}{\partial \boldsymbol{W}_1} = \boldsymbol{net}'_x(k)\boldsymbol{n}_1(k) = \boldsymbol{net}'_x(k)\boldsymbol{u}^T(k-1)
\tag{4-15}
$$

$$
\frac{\partial \boldsymbol{e}(k)}{\partial \boldsymbol{W}_2} = \boldsymbol{net}'_y(k)\boldsymbol{x}^T(k)
\tag{4-16}
$$

$$
\frac{\partial \boldsymbol{e}(k)}{\partial \boldsymbol{W}_3} = \boldsymbol{net}'_x(k)\boldsymbol{n}_2(k) = \boldsymbol{net}'_x(k)\boldsymbol{x}^T(k-1)
\tag{4-17}
$$

$$
\frac{\partial \boldsymbol{e}(k)}{\partial \boldsymbol{W}_4} = \boldsymbol{net}'_y(k)\boldsymbol{u}^T(k)
\tag{4-18}
$$

$$
\frac{\partial \boldsymbol{e}(k)}{\partial \boldsymbol{L}_1} = \boldsymbol{net}'_x(k)
\tag{4-19}
$$

$$
\frac{\partial \boldsymbol{e}(k)}{\partial \boldsymbol{L}_2} = \boldsymbol{net}'_y(k)
\tag{4-20}
$$

采用梯度下降法可得到 RNNs 权值的更新规则为

$$
\boldsymbol{W}(k+1) = \boldsymbol{W}(k) - \eta \nabla J(\boldsymbol{W})
\tag{4-21}
$$

其中，η 为学习因子，梯度为 $\nabla J(\boldsymbol{W}) \triangleq \dfrac{\partial J(\boldsymbol{W})}{\partial \boldsymbol{W}(k)}$

$$
\frac{\partial J(\boldsymbol{W})}{\partial \boldsymbol{W}(k)} = \frac{\partial J(\boldsymbol{W})}{\partial \boldsymbol{e}(k)}\cdot\frac{\partial \boldsymbol{e}(k)}{\partial \boldsymbol{W}(k)} = \sum_{j=1}^{L} 2\lambda_j \boldsymbol{e}(k)_j\frac{\partial \boldsymbol{e}(k)_j}{\partial \boldsymbol{W}(k)}
\tag{4-22}
$$

因此，可以采用 RNNs 建立耦合系统频率响应的离散状态空间模型

$$
\begin{cases}
\boldsymbol{x}(k) = f_1(\boldsymbol{W}_3\cdot\boldsymbol{x}(k-1)+\boldsymbol{W}_1\cdot\boldsymbol{u}(k-1)+\boldsymbol{B}_1) \\
\boldsymbol{y}(k) = f_2(\boldsymbol{W}_2\cdot\boldsymbol{x}(k)+\boldsymbol{W}_4\cdot\boldsymbol{u}(k)+\boldsymbol{B}_2)
\end{cases}
\tag{4-23}
$$

2. 仿真算例

针对图 4-3 左侧的风-火耦合系统（$p=200$，$q=2$），分别在风电渗透率为 15%、25% 和 35% 三个风-火耦合系统场景，验证了基于 RNNs 建模方法的有效性。风电场中有 200 台 1.5MW 的 DFIG 风力发电机组，所有风力发电机组都采用相同的一次调频控制方式。下垂控制系数为 $K_w=50$MW/Hz。火电厂包括两台 600MW 再热蒸汽发电机组，每台机组都配有 DEH 调速系统和励磁电压调节器。汽轮机调速系统的调差系数为

$K_t = 20\mathrm{MW/Hz}$。在仿真过程中始终存在负载扰动。

以风电渗透率为35%的风-火耦合系统为例，图 4-7 给出了风-火耦合系统的实际频率偏差和基于 DSSNN 辨识得到的频率偏差，图 4-8 给出了典型时刻辨识误差的概率密度函数 γ_e，可以看出辨识误差的不确定性逐渐减小。采用表 4-1 所示的四个指标——均方根误差（RMSE）、标准差（SD）、平均绝对误差（MAE）和决定系数 R^2 对模型进行评价，验证了该方法的有效性。

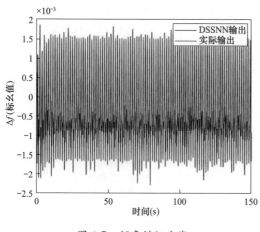

图 4-7 频率辨识曲线

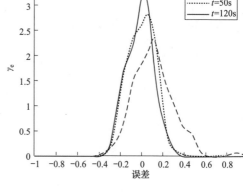

图 4-8 典型时刻误差 γ_e 曲线

表 4-1 模 型 性 能 评 价

RMSE	SD	MAE	R^2
9.28×10^{-4}	9.28×10^{-4}	8.36×10^{-4}	0.918

基于 RNNs 建立的风-火耦合 SFR 模型是一种离散状态空间模型，揭示了耦合系统频率响应动态特性，该辨识方法也可推广应用于其他非线性、非高斯系统的建模中。

4.1.2 基于深度迁移学习的耦合系统频率响应建模

1. 基于深度迁移学习的建模方法

基于 RNNs 的 SFR 模型准确性依赖于足够多且有效的训练数据。当缺乏足够的训练数据用于新的场景时，模型的性能无法得到保证。然而，从一个新场景中收集足够多的数据既耗时又有代价。

针对某些场景的耦合系统进行系统辨识时，存在输入输出数据匮乏等问题，提出了基于深度迁移学习（deep transfer learning，DTL）的耦合系统频率响应建模方案如图 4-9 所示。递归神经网络应用已有场景的输入输出数据建立预训练模型，根据最大均值差异确定迁移学习原则，将已有场景知识进行迁移，通过对预训练模型的隐含层和输入层进行微调，快速建立当前场景耦合系统频率响应聚合模型。算法实现步骤如下。

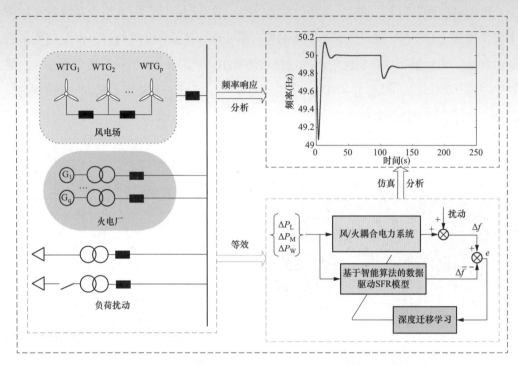

图 4-9　基于 DTL 的耦合系统频率响应模型建模方案

步骤 1：采集耦合电力系统在特定场景下运行的历史输入输出数据，经过预处理后作为源数据。

步骤 2：采用 RNNs 训练源数据，建立 SFR 预训练模型。

步骤 3：对当前场景耦合系统输入输出数据进行采集和预处理，记为目标数据。

步骤 4：利用最大均值差异准则分析源域和目标域的数据分布差异。

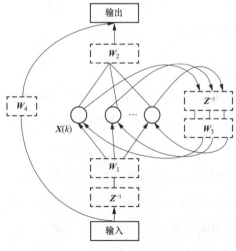

图 4-10　SFR 模型的预训练过程

步骤 5：通过微调制定再训练策略，确定 RNNs 预训练模型的保留拓扑结构、迁移的知识或重新初始化的信息。

步骤 6：使用步骤 5 中得到的微调 RNNs 模型，获得当前耦合系统的 SFR 模型。

预训练的 SFR 模型是基于收集的源域数据进行训练的。本节对耦合系统在历史场景下运行时采集的输入输出数据进行预处理并保存在源域中。预训练的 SFR 聚合模型由如图 4-10 所示的 RNNs 获得。

迁移学习有两个基本领域，分别是源域 D_S（source domain）和目标域 D_T（target domain）。源域有大量数据，保存了耦合系统在历史场景的 SFR 知识，是迁移的对象。目标域有当前场景下耦合 SFR 模型的数据，采用最大均值差异算法（maximum mean discrepancy，MMD）衡量源域和目标域的关联性。

$$MMD^2[D_S, D_T] = \left\| \frac{1}{n_s} \sum_{i=1}^{n_s} \phi(x_s^i) - \frac{1}{n_t} \sum_{i=1}^{n_t} \phi(x_t^i) \right\|_H^2 \tag{4-24}$$

其中，ϕ 是将原始数据映射到再生核希尔伯特空间的核函数，即

$$k(x_s, x_t) = \langle \phi(x_s), \phi(x_t) \rangle \tag{4-25}$$

首先利用式（4-24）计算出源领域和目标领域的 MMD，得到两个域的分布距离，并进行分析。然后，根据 MMD 的大小对原始网络模型进行结构调整，得到新的目标域网络模型，并将原始网络模型训练得到的参数进行选择性迁移。迁移过程主要分为两种情况，首先设定一个阈值 a，如果计算出的 MMD 小于 a，表示源域和目标域数据分布相似，则原始网络模型的结构不需要进行调整，直接对参数进行迁移即可；如果计算出的 MMD 大于 a，但小于阈值 b，则需要修改原始网络模型的结构。例如，更改网络的输入结构，或者加入或替换新的隐藏层，以供目标域模型学习新的知识。在本节中选择了函数扩展对 RNNs 的输入进行了扩展。但是，如果计算出的 MMD 太大（大于阈值 b），说明源域数据和目标域数据之间的分布差异过大，此时基于源域数据训练并修正的模型已不适合当前辨识任务，需要重新基于源域数据构建预训练模型，否则会发生负迁移的现象。

图 4-11 为基于深度迁移学习的 SFR 在线建模示意图。采用两种方式提高神经网络的泛化能力：①增加 RNNs 的隐含层节点；②利用三角多项式基函数 $\{1, \sin(\pi u(k)), \cos(\pi u(k)), \sin(2\pi u(k)), \cos(2\pi u(k)) \cdots \sin(N_L \pi u(k)), \cos(N_L \pi u(k))\}$ 对 RNNs 的输入层每个节点进行函数扩展。当 MMD 远远大于预先设定的阈值 b 时，迁移学习无法获得准确的 SFR 模型，因此需要使用适当的源数据修正 SFR 预训练模型。

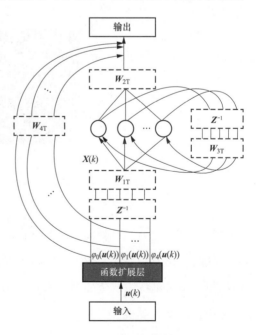

图 4-11　基于迁移学习的 SFR 模型

2. 仿真算例

本节采用耦合系统中风电场的风速和负荷描述耦合系统的场景，针对图 4-9 左侧的风-火耦合系统，分别设置不同的场景验证提出的建模方法。将历史场景下运行的风-火耦合系统输入输出数据记为源域数据，基于 RNNs 对源域数据进行训练获得预训练模型。

源域和目标域样本数量分别为 3500 和 500。学习因子 $\eta = 0.005$，采样周期 $T = 0.1s$。滑动窗口的宽度设 $L = 50$。实验时离线阶段和在线阶段 RNNs 隐含层的节点数分别设置为 6 和 10。RNNs 的权值初始值为 $[-1, 1]$ 的随机数。首先，采用源域数据训练 RNNs，获得耦合 SFR 预训练模型；接着，利用目标域数据对预训练模型参数进行微调（记为模型 A）；然后利用函数扩展对网络的输入层和隐含层进行调整，确定需要迁移的参数后用目标域数据训练新的 RNNs 模型（记为模型 B）。

场景 1：风速和负荷分别为 10m/s 和 1000MW 附近的耦合系统。

耦合系统的风电场风速和负荷分别在 10m/s 和 1000MW 附近，风速的波动范围为 $[-0.5m/s, -0.5m/s]$，负荷的波动范围为 $[-100MW, +100MW]$。将耦合系统的输入输出数据作为源域数据，对 RNNs 进行预训练，从而获得 SFR 预训练模型。负荷扰动如图 4-12 所示。

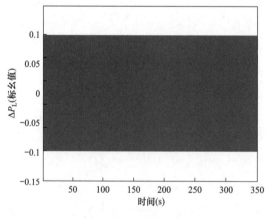

图 4-12 场景 1 的负荷扰动

从图 4-13 可以看出，辨识出的频率偏差曲线和实际频率偏差曲线基本一致。图 4-14 给出了典型时刻辨识误差的概率密度函数 γ_e，可以看出辨识误差随训练时间的增加越来越小、PDF 形状变得又尖又窄。

采用均方根误差（RMSE）、标准差（SD）、平均绝对误差（MAE）、决定系数（R^2）及平均绝对百分比误差（MAPE）来衡量风-火耦合 SFR 聚合模型的性能。由

表 4-2 所示的五个性能指标可以看出：基于离散状态空间神经网络对风-火耦合系统的 SFR 模型进行离线训练时辨识误差较小。

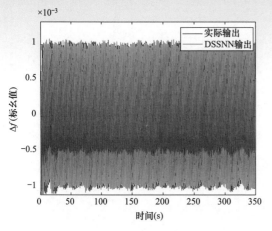

图 4-13 DSSNNs 辨识结果

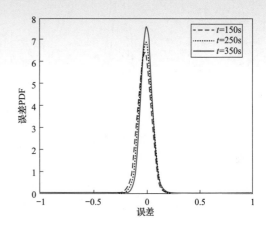

图 4-14 典型时刻辨识误差的 PDF

表 4-2 预训练模型性能评价

RMSE	SD	MAE	R^2	MAPE
5.26×10^{-5}	5.26×10^{-5}	3.65×10^{-5}	0.992	0.112

场景 2：风速和负荷分别为 10.5m/s 和 1000MW 附近的耦合系统。

耦合系统的风电场风速和负荷分别在 10.5m/s 和 1000MW 附近，风速的波动范围为 [−0.5m/s，−0.5m/s]，负荷的波动范围为 [−110MW，+110MW]。负荷扰动如图 4-15 所示。根据场景 2 的目标域数据与场景 1 的源域数据可得 MMD＝0.065，采用模型 A 和模型 B 得到的辨识结果如图 4-16 所示，典型时刻辨识误差的 PDF 如图 4-17 所示，对两个模型性能的评价见表 4-3。

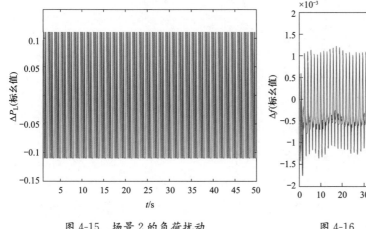

图 4-15 场景 2 的负荷扰动

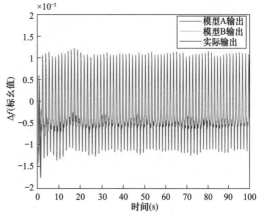

图 4-16 两种模型的辨识结果

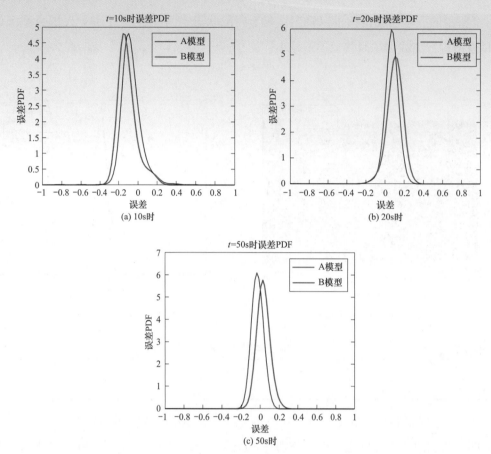

图 4-17　典型时刻两个模型辨识误差的 PDF

表 4-3　　　　　　　　　　两个模型的性能评价

类型	RMSE	SD	MAE	R^2	MAPE
模型 A	8.98×10^{-5}	8.98×10^{-5}	6.02×10^{-5}	0.981	0.159
模型 B	1.0×10^{-4}	1.0×10^{-4}	7.55×10^{-5}	0.971	0.210

场景 3：风速和负荷分别为 12m/s 和 1000MW 附近的耦合系统。

耦合系统的风电场风速和负荷分别在 12m/s 和 1000MW 附近，风速的波动范围为 [−0.5m/s，−0.5m/s]，负荷的波动范围为 [−120MW，+120MW]。负荷扰动如图 4-18 所示。根据场景 3 的目标域数据与场景 1 的源域数据可得 MMD＝0.224。采用模型 A 和模型 B 得到的辨识结果如图 4-19 所示，典型时刻两个模型得到的辨识误差 PDF 如图 4-20 所示。两个模型的性能评价见表 4-4。

场景 2 和场景 3 的目标域数据和场景 1 的源域数据进行对比，MMD 大小分别为 0.065 和 0.24，采用两个模型得到耦合系统辨识结果如图 4-16 和图 4-19 所示。由图 4-16 可以看出场景 2 的风-火耦合系统采用模型 A 得到的辨识结果更准确，图 4-17 也反映出模型 A 在各个典型时刻的辨识误差 PDF 都要比模型 B 小。相反地，场景 3 的风-火耦合

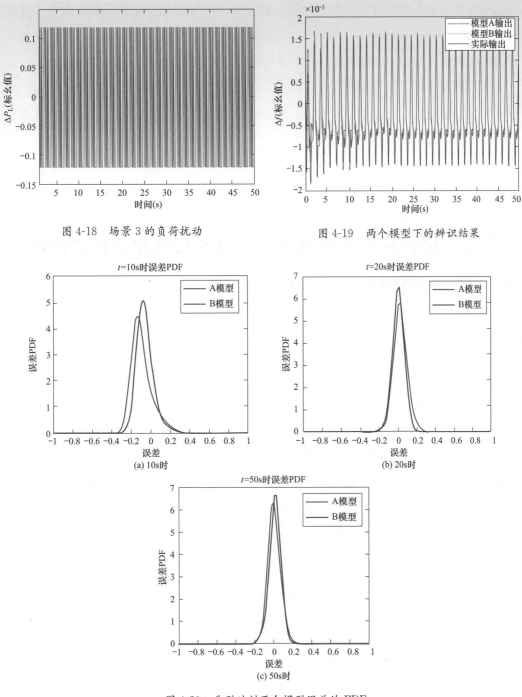

图 4-18 场景 3 的负荷扰动

图 4-19 两个模型下的辨识结果

(a) 10s时

(b) 20s时

(c) 50s时

图 4-20 典型时刻两个模型误差的 PDF

表 4-4　　　　　　　　　　　两 个 模 型 性 能 评 价

类型	RMSE	SD	MAE	R^2	MAPE
模型 A	1.59×10^{-4}	1.59×10^{-4}	1.02×10^{-4}	0.968	0.183
模型 B	1.46×10^{-4}	1.46×10^{-4}	8.35×10^{-5}	0.973	0.179

系统采用模型 B 得到的辨识结果更准确，从图 4-19 可知辨识出的频率偏差更接近实际的频率偏差。由表 4-3、表 4-4 中的各个指标也能看出：当 MMD 较小时，模型 A 具有较高的准确度；当 MMD 较大时，采用模型 B 辨识效果更佳。

本节将迁移学习和递归神经网络相结合，提出了建立系统频率响应模型的新方法。当前场景数据匮乏时，可使用其他类似场景的采集数据进行建模。风-火耦合系统采用风速和负荷描述场景，利用历史和当前场景耦合系统的输入输出数据，可以快速建立在当前场景运行的风-火耦合系统频率响应模型，并分析了在不同场景下运行的风-火耦合系统的频率响应。

4.2 耦合系统多调频资源多时间尺度整体协同优化

4.2.1 耦合系统快速调频的关键参数整定方法

1. 调频参数对耦合系统频率响应特性的影响

为了研究调频参数对于耦合系统频率响应特性的影响，首先建立耦合系统的等效频率响应模型（见图 4-21）。图中，考虑耦合系统中包含火电及可再生能源两类电源（占比分别为 K_{m1}、K_{m2}，$K_{m1}+K_{m2}=1$）；M 和 D 分别为系统等效惯性时间常数和系统等效阻尼；R 和 K_{RE} 分别为火电的调差率和可再生能源一次调频控制增益；f_{db1}、f_{db2} 分别为火电一次调频死区、可再生能源一次调频死区；T_G、T_C、T_R、F_R 分别为调速器时间常数、进汽室时间常数、再热器时间常数、原动机高压缸输出功率占比；T_{RE} 为可再生能源一次调频滞后时间常数。为了便于分析，模型做了以下假设：①忽略负荷频率响应的影响；②仅研究系统频率与有功的关系，忽略了电压幅值的影响。

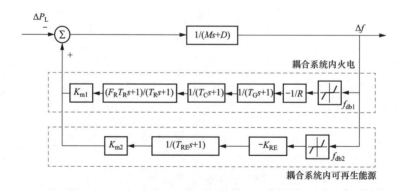

图 4-21　耦合系统等效频率响应模型

将等效频率响应模型中各参数的相对轨迹灵敏度定义为

$$S(K) = \frac{\partial \Delta f / \Delta f}{\partial K / K} = \lim_{\Delta K \to 0} \frac{\Delta f(K + \Delta K) - \Delta f(K)}{\Delta K} \cdot \frac{K}{\Delta f(K)} \qquad (4\text{-}26)$$

式中：K 为进行相对轨迹灵敏度计算的参数；Δf 为系统频率偏差。

通过式（4-26）求取系统频率响应曲线对于调频参数的相对轨迹灵敏度，消除了各参数的变化范围不一致的影响，提高了分析的准确性，并且可以量化参数对于系统频率特性的影响、评估各参数在频率响应不同阶段的作用：若 $S(K)$ 为正，则表示随着参数 K 的增大，系统频率偏差将增大；若 $S(K)$ 为负，则表示随着参数 K 的增大，系统频率偏差将减小。不同参数对于系统频率偏差的影响可通过对其灵敏度幅值大小的比较得出。

以一组典型参数为例，取 $\Delta P_{\mathrm{L}} = 0.05$（标幺值）、$\Delta K = 0.05K$，求解各参数的相对轨迹灵敏度。各参数取值如下：$M = 10\mathrm{s}$、$D = 1$、$f_{\mathrm{db1}} = 0.033\mathrm{Hz}$、$f_{\mathrm{db2}} = 0.06\mathrm{Hz}$、$R = 0.05$、$T_{\mathrm{G}} = 0.2\mathrm{s}$、$T_{\mathrm{C}} = 0.3\mathrm{s}$、$T_{\mathrm{R}} = 7\mathrm{s}$、$F_{\mathrm{R}} = 0.3$、$K_{\mathrm{m1}} = 0.6$、$K_{\mathrm{m2}} = 0.4$、$T_{\mathrm{RE}} = 0.2\mathrm{s}$、$K_{\mathrm{RE}} = 20$。

（1）调频死区对耦合系统频率响应特性的影响。在负荷扰动下（仿真时间 0s 时发生），系统频率偏差变化曲线如图 4-22 所示，系统频率响应曲线对于火电一次调频死区以及可再生能源一次调频死区的相对轨迹灵敏度如图 4-23 所示。由计算结果可知：在频率响应动态过程中，除了功率扰动发生后的初始阶段，火电与可再生能源一次调频死区的灵敏度皆为正，说明电源的一次调频死区越大，系统频率偏差越大；$S(f_{\mathrm{db1}})$ 随着时间增大，呈上升最终趋于平稳的趋势，说明在频率响应动态过程中火电的一次调频死区对于系统频率稳态偏差的影响最大；$S(f_{\mathrm{db2}})$ 随着时间增大，先上升至系统频率最低点处附近达到最大值、然后稍降最终趋于平稳，说明在频率响应动态过程中可再生能源的一次调频死区对于频率最低点的影响最大。

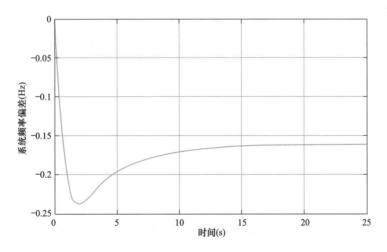

图 4-22　系统频率偏差变化曲线

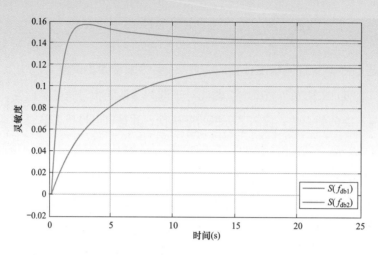

图 4-23　调频死区灵敏度计算结果

（2）调频控制增益对耦合系统频率响应特性的影响。系统频率响应曲线对于火电的调差率和可再生能源一次调频控制增益的相对轨迹灵敏度如图 4-24 所示。由计算结果可知：在频率响应动态过程中，火电调差率的灵敏度为正，可再生能源一次调频控制增益的灵敏度为负，说明 R 的增大将使得系统频率偏差增大，而 K_{RE} 的增大可以使得系统频率偏差减小，从图 4-23 与图 4-24 可知，$S(R)$ 和 $S(K_{RE})$ 的灵敏度幅值远大于 $S(f_{db1})$ 和 $S(f_{db2})$，说明在调频控制参数中调频控制增益对于系统频率偏差的影响占主导作用。

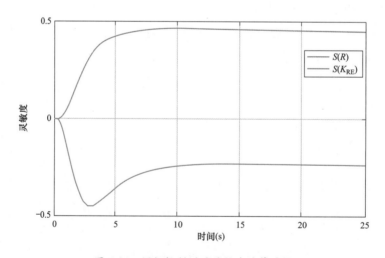

图 4-24　调频控制增益灵敏度计算结果

（3）系统惯量和阻尼对于耦合系统频率响应特性的影响。系统频率响应曲线对于系统惯量和阻尼的相对轨迹灵敏度如图 4-25 所示。由计算结果可知：在频率响应的初始阶段，$S(M)$ 为负且幅值很大，说明系统等效惯性时间常数有利于减小系统的瞬时频率变化，但随着系统频率降到最低点，$S(M)$ 逐渐变为正且幅值较小最后趋于零，说明惯性时间常数对于系统稳态频率偏差没有影响，且不利于频率降至最低点后的频率恢复过程；$S(D)$ 的计算结果一直为负但幅值较小，说明增大系统等效阻尼能够起到一定的减小系统频率偏差的效果，但其作用远小于调频增益对系统频率偏差的影响。

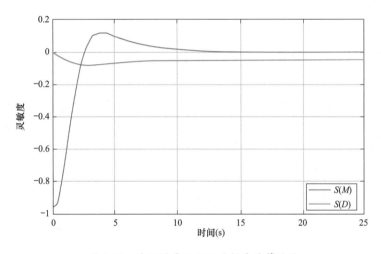

图 4-25　系统惯量及阻尼灵敏度计算结果

　　（4）仿真验证在 PSASP 软件中，基于 CEPRI36 节点系统，将其中一个电源替换为包含风电、光伏发电、火电的耦合系统，如图 4-26 所示，进行多调频资源参与一次调频的仿真。

　　设置耦合系统内电源运行在 3 种不同调频控制参数下：①控制参数 1：光伏电站和风电场调频死区为 ±0.03Hz，一次调频控制增益为 10。②控制参数 2：光伏电站和风电场调频死区为 ±0.03Hz，一次调频控制增益为 30。③控制参数 3：光伏电站和风电场调频死区为 ±0.05Hz，一次调频控制增益为 30。

　　仿真中系统功率扰动设置为：BUS9 节点的有功功率在仿真时间 2.9s 时增加 1（标幺值），得到 3 种参数方案下的耦合系统频率响应曲线如图 4-27 所示。由图中方式 1 与方式 2 的曲线对比可知，增大可再生能源的调频增益参数后，有效减小了最大频率偏差和稳态频率偏差；由图中方式 2 与方式 3 的曲线对比可知，增大可再生能源的调频死区后，最大频率偏差和稳态频率偏差都稍微有所增大；以上仿真结果与灵敏度分析结果一致。

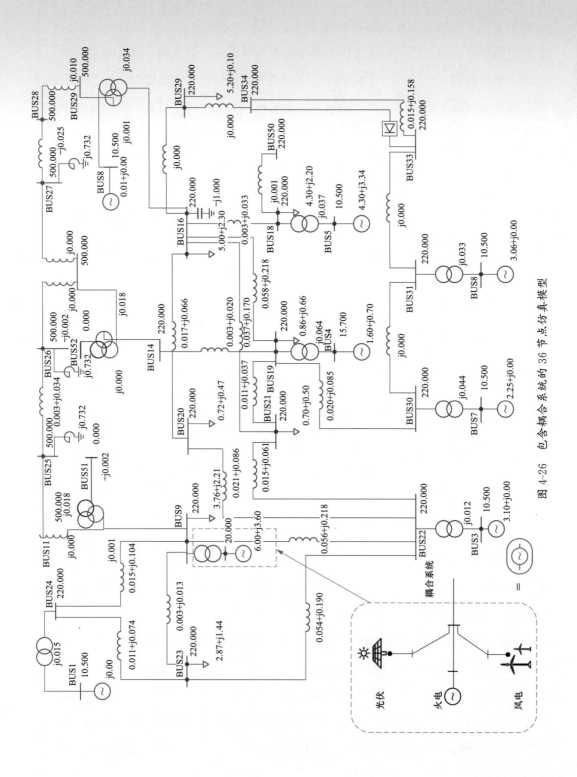

图 4-26 包含耦合系统的 36 节点仿真模型

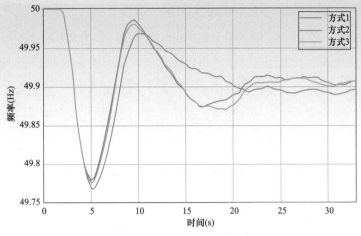

图 4-27　不同调频参数下的 36 节点模型仿真结果

2. 耦合系统一次调频控制增益稳定范围整定

国际上许多风电、光伏发展大国都要求其参与电网一次调频，并给出了一次调频的关键参数（如调差系数）的推荐数值，中国能源行业标准和国家电网有限公司企业标准也给出了风电场和光伏电站参与一次调频的关键参数推荐值，然而这些参数主要参照常规电源机组和部分仿真计算制定，欠缺理论分析，不同机构或标准提出的参数推荐值差异较大（如调差系数，从 2%～20% 不等），不合适的参数可能导致调节不稳定问题，如功率或频率发生等幅振荡。由前述调频参数的灵敏度分析可知，调频控制增益对于系统频率偏差的影响占主导作用，以下从理论上探讨其取值的稳定范围。

从调频问题分析的角度，将系统中电源分为耦合系统与其他电源两部分，建立分析模型，该模型中含有死区、限幅等非线性环节，采用描述函数法对其进行处理，如图 4-28 所示，然后运用 Nyquist 稳定性判据求取控制增益的临界稳定值。图 4-28 中，ΔP 为有功功率的变化量；Δf 为频率的变化量；$G_0(s)$ 为表征系统惯性和阻尼的一阶惯性环节；$G_T(s)$ 为其他电源的一次调频控制传递函数；$N_{TS}(A)$ 为其他电源的饱和描述函数；$N_{TD}(A)$ 为其他电源的死区描述函数；k_d 为其他电源的一次调频控制增益；$G_R(s)$ 为耦合系统的一次调频控制传递函数；$N_{RS}(A)$ 为耦合系统的饱和描述函数；$N_{RD}(A)$

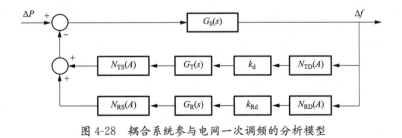

图 4-28　耦合系统参与电网一次调频的分析模型

为耦合系统的死区描述函数；k_{Rd} 为耦合系统的一次调频控制增益。

设其他电源的一次调频控制增益 k_d 为已知的常数，则可依据非线性 Nyquist 判据，求得耦合系统一次调频控制增益 k_{Rd} 的临界稳定值：当增益 k_{Rd} 小于临界值时，图 4-28 中调频控制系统渐进稳定；当 k_{Rd} 大于临界值时，尽管死区环节可能会引起振荡发散，但同时饱和环节会发挥作用，使系统进入等幅振荡状态。

设置耦合系统调频控制增益研究的相关参数数值见表 4-5。

表 4-5　　　　耦合系统调频控制增益研究的相关参数数值设置

参数	数值
耦合系统调频指令下发到逆变器的时间	1.9s
逆变器的执行时间	0.05s
其他电源的一次调频控制增益	25
耦合系统功率占比	45%
其他电源功率占比	55%

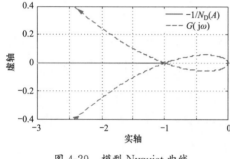

图 4-29　模型 Nyquist 曲线

依据非线性 Nyquist 稳定性判据，可计算得到耦合系统的一次调频控制增益 k_{Rd} 的临界值为 521.6。当 $k_{Rd}=521.6$ 时，$-1/N_D(A)$ 与 Nyquist 曲线 $G(j\omega)=k_d G_0(j\omega)G_T(j\omega)+k_{Rd}G_0(j\omega)G_R(j\omega)$ 的复平面图形如图 4-29 所示。

在 DIgSILENT \ PowerFactory 软件中，构建包含耦合系统和其他电源的算例系统，如图 4-30 所示，对耦合系统一次调频的临界控制增益理论计算结果进行验证。

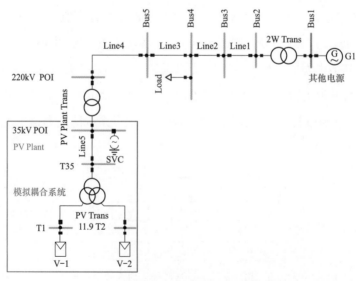

图 4-30　耦合系统接入电网仿真算例拓扑

调整潮流，使得耦合系统有功功率占所有电源总功率的 45%，仿真时间为 5s 时，令负荷突增 10%，在该扰动下，分别设置调频控制增益为 510、521.6、530 时的电网频率和耦合系统有功功率仿真结果如图 4-31～图 4-33 所示。由图可见，当耦合系统的调频控制增益设为小于临界增益时，在系统出现负荷扰动时，电网频率在耦合系统和其他电源的调频控制系统共同作用下能够恢复稳定，与理论分析结果一致；当耦合系统的调频

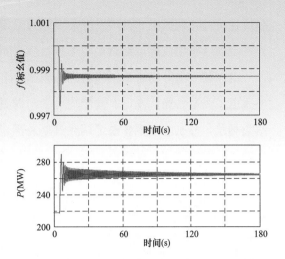

图 4-31　小于临界增益仿真曲线（$k_{Rd}=510$）

控制增益设为大于临界增益时，电网频率最终呈现等幅振荡，与理论分析结果相同；当耦合系统的调频控制增益设等于临界增益时，仿真结果仍然能够慢慢稳定下来，说明仿真计算和理论结果之间存在较小偏差，由于理论计算模型与仿真分析模型之间不可避免地存在一定差异，因此该结果也是合理的。

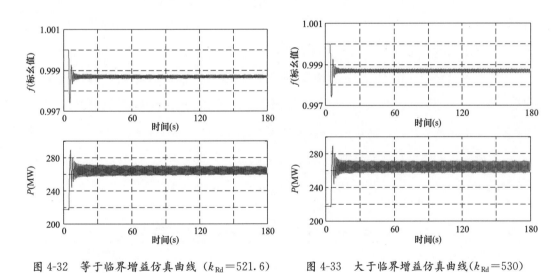

图 4-32　等于临界增益仿真曲线（$k_{Rd}=521.6$）　　　图 4-33　大于临界增益仿真曲线（$k_{Rd}=530$）

4.2.2　耦合系统多调频资源整体协同优化

考虑到耦合系统内可能包含火电、风电、光伏发电、储能、可控负荷等多类型调频资源，需要充分考虑多调频资源特性差异，制定耦合系统的调频策略。

电网频率下降场景下：当电网的频率下降时，需要电源侧增发有功功率、负荷侧切

除可控负荷，而风电和光伏发电需要一直处于降功率状态才能增发有功功率，不利于耦合系统内可再生能源的消纳，考虑只让耦合系统内火电、储能、可控负荷参与调频。

电网频率上升场景下：当电网的频率上升时，需要电源侧减小有功功率，耦合系统内火电、风电、光伏发电、储能均可参与调频。由此，针对电网频率下降以及频率上升两类场景，分别制定耦合系统调频策略及耦合系统频率响应模型，如图 4-34 所示。

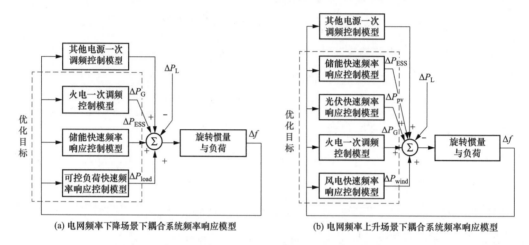

图 4-34   考虑多调频资源特性差异的耦合系统调频策略制定

1. 考虑多调频资源特性的耦合系统调频时序策略

各类调频资源调频死区的制定，需要考虑其调频特性以及各调频资源的协同。频率死区设置过小，可能导致电源频繁参与系统调频、引起功率振荡；频率死区设置过大又可能会降低机组调节能力，延长电网频率的恢复时间。根据 GB/T 40595—2021《并网电源一次调频技术规定及试验导则》，各类型调频资源的调频死区、调频控制增益的推荐值见表 4-6。

表 4-6   各类型调频资源的调频死区及调频控制增益技术规定

调频资源类型	调频死区	调频控制增益
火电	$\pm 0.033\mathrm{Hz}$	$20 \sim 25$
光伏	$\pm(0.02 \sim 0.06)\mathrm{Hz}$	$10 \sim 50$
风电	$\pm(0.03 \sim 0.1)\mathrm{Hz}$	$10 \sim 50$
储能	$\pm(0.03 \sim 0.05)\mathrm{Hz}$	$33.33 \sim 200$

在电网频率下降场景下，耦合系统内火电、储能、可控负荷参与调频，制定的调频死区方案见表 4-7；结合表 4-6 的技术规定，考虑到储能具有响应、调节速度快以及短

时功率吞吐能力强的特点，优先让储能参与电网的一次调频；火电按照传统方式参与电网的一次调频；在电网频率偏差较大时，充分利用用户侧可控负荷参与系统紧急频率控制，以提高系统频率稳定性。

表 4-7　　　　　　　　　电网频率下降场景下耦合系统调频死区方案

调频资源类型	火电	储能	可控负荷
调频死区	-0.033Hz	-0.03Hz	-0.1Hz

在电网频率上升场景下，耦合系统内火电、储能、可控负荷参与调频，制定的调频死区方案见表 4-8：光伏与储能相似，响应、调节速度快，安排光伏和储能在常规机组之前参与系统一次调频；为避免风电机组桨叶控制系统频繁调节造成磨损，风电在常规电源响应之后，在发生大扰动情况下参与电网一次调频；火电按照传统方式参与电网的一次调频。

表 4-8　　　　　　　　　电网频率上升场景下耦合系统调频死区方案

调频资源类型	火电	储能	光伏发电	风电
调频死区	0.033Hz	0.03Hz	0.025Hz	0.06Hz

2. 考虑多调频资源特性的耦合系统整体协同优化模型

（1）频率上升场景下：在保障电网频率安全的前提下，以调频成本最小为模型优化目标，优化对象为各调频资源的调频控制增益，即

$$\min F = C_1 \Delta P_{\text{ESS}} + C_2 \Delta P_{\text{pv}} + C_3 \Delta P_G + C_4 \Delta P_{\text{wind}} \tag{4-27}$$

式中：C_1、C_2、C_3、C_4 分别为储能、光伏发电、火电、风电参与调频的调节成本系数；ΔP_{ESS}、ΔP_{pv}、ΔP_G、ΔP_{wind} 分别为储能、光伏发电、火电、风电参与调频的功率。

火电容量约束为

$$\begin{cases} \Delta P_G \leqslant P_G(t_0) - P_{\text{Gmin}} \\ \Delta P_G \leqslant \Delta P_1 \end{cases} \tag{4-28}$$

式中：P_{Gmin} 为火电的最小有功功率；ΔP_1 为火电的调频功率限幅。

储能一次调频功率变化幅度原则上不设置限幅，主要考虑储能电池荷电状态（state of charge，SOC）的影响，即

$$\begin{cases} SOC_{\min} \leqslant SOC(t) \leqslant SOC_{\max} \\ SOC(t_1) = SOC(t_0) + \dfrac{\Delta P_{\text{ESS}} \Delta t}{\eta E_{\text{ESS}}} \end{cases} \tag{4-29}$$

式中：$SOC_{\max}$、$SOC_{\min}$ 分别为储能荷电状态的上下限；η 为储能充放电效率；E_{ESS} 为

储能电池容量。

当光伏电站功率大于10％场站额定装机容量、风电场功率大于20％场站额定装机容量时，可再生能源场站需要参与电力系统的频率控制，即

$$\begin{cases} \Delta P_{wind} \leqslant P_{wind}(t_0) - 20\% P_{windN}, P_{wind}(t_0) \geqslant 20\% P_{windN} \\ \Delta P_{wind} \leqslant \Delta P_3 \\ \Delta P_{pv} \leqslant P_{pv}(t_0) - 10\% P_{pvN}, P_{pv}(t_0) \geqslant 10\% P_{pvN} \\ \Delta P_{pv} \leqslant \Delta P_2 \end{cases} \tag{4-30}$$

式中：P_{windN}、P_{pvN} 分别为风电场、光伏电站额定功率；ΔP_2、ΔP_3 分别为光伏发电、风电的调频功率限幅。

频率安全约束主要考虑频率变化率（rate-of-change-of-frequency，RoCoF）、频率最大偏差值（Δf_{nadir}）、稳态频率偏差（Δf_s）约束，即

$$\begin{cases} RoCoF \leqslant RoCoF_{max} \\ \Delta f_{nadir} \leqslant \Delta f_{nadirmax} \\ \Delta f_s \leqslant \Delta f_{smax} \end{cases} \tag{4-31}$$

式中：$RoCoF_{max}$、$\Delta f_{nadirmax}$、Δf_{smax} 分别为频率变化率、最大偏差值、稳态频率偏差所允许的最大值。

（2）频率下降场景下：在保障电网频率安全的前提下，以调频成本最小为模型优化目标，优化对象为各调频资源的调频控制增益，即

$$\min F = C_5 \Delta P_{ESS} + C_6 \Delta P_{load} + C_7 \Delta P_G \tag{4-32}$$

式中：C_5、C_6、C_7 分别为储能、可控负荷、火电参与调频的调节成本系数；ΔP_{ESS}、ΔP_{load}、ΔP_G 分别为储能、可控负荷、火电参与调频的功率。

火电容量约束为

$$\begin{cases} \Delta P_G \leqslant P_{Gmax} - P_G(t_0) \\ \Delta P_G \leqslant \Delta P_1 \end{cases} \tag{4-33}$$

式中：P_{Gmax} 为火电机组的最大有功功率。

储能容量约束为

$$\begin{cases} SOC_{min} \leqslant SOC(t) \leqslant SOC_{max} \\ SOC(t_1) = SOC(t_0) - \dfrac{\Delta P_{ESS}\Delta t}{\eta E_{ESS}} \end{cases} \tag{4-34}$$

可控负荷容量约束为

$$\Delta P_{load} \leqslant P_{load}(t_0) - P_{loadmin} \tag{4-35}$$

式中：P_{loadmin} 为可控负荷的允许最小功率。

频率安全约束同式（4-31）。

3. 算例分析

基于如图 4-35 所示的耦合系统等效频率响应模型，根据式（4-27）～式（4-31）建立耦合系统整体协同优化模型，求解频率上升工况下耦合系统内各调频资源的最优调频控制增益。

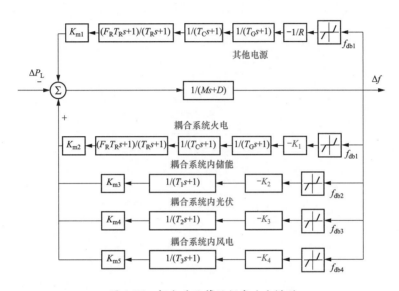

图 4-35　耦合系统等效频率响应模型

仿真工况及模型参数设置如下：电网中，耦合系统功率占比为 30%，其他电源功率占比为 70%（用常规同步机组的一次调频模型等效）；耦合系统内，火电功率占比为 50%，风电和光伏发电的功率占比各为 20%，储能的功率占比为 10%；模型待优化对象为耦合系统内火电、储能、光伏发电、风电的调频控制增益，分别记为 K_1、K_2、K_3、K_4；模型约束中，K_1 的优化范围设置为 20～25，K_2 的优化范围设置为 33.33～200，K_3 和 K_4 的优化范围设置为 10～50；调节成本系数设置为 $C_4 > C_2 > C_3 > C_1$；频率安全约束中，$\Delta f_{\text{nadirmax}}$ 和 Δf_{smax} 分别设置为 0.5Hz 和 0.2Hz，暂不考虑频率变化率的约束。

分别设置频率响应模型中的扰动功率标幺值为 −0.08、−0.085、−0.09，基于遗传算法求解式（4-27）～式（4-31）建立的模型，在 3 种不同扰动功率工况下，耦合系统内各调频资源的调频控制增益优化结果见表 4-9。在 −0.085（标幺值）的功率扰动下，基于优化结果的仿真曲线如图 4-36 所示：由图可知，所提出的耦合系统整体协同优化模型可以在保证频率安全的基础上（频率最大偏差小于 0.5Hz、频率稳态偏差小于 0.2Hz），使得耦合系统总的调频成本最小。

表 4-9　　　　　　　　　耦合系统内各调频资源的调频控制增益优化结果

工况	K_1	K_2	K_3	K_4
$\Delta P_L = -0.08$（标幺值）	22.98	46.11	10	10
$\Delta P_L = -0.085$（标幺值）	25	57.59	23.43	10
$\Delta P_L = -0.09$（标幺值）	25	119.22	15.73	11.96

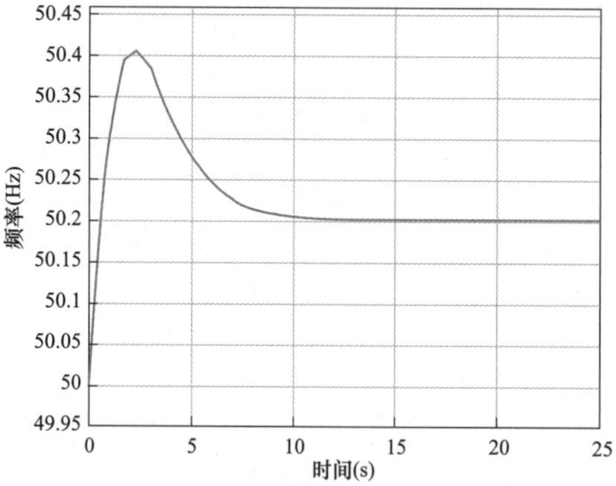

图 4-36　调频控制增益优化仿真曲线

4.3　光伏电站快速调频控制

随着光伏在电网中的渗透率逐渐增加，为了提升电网频率安全水平，光伏电站参与调频成为热点。本节研究光-火耦合系统快速调频协调控制策略，其中参与一次调频的火电机组仍然采用传统的下垂控制，重点在于研究光伏电站参与调频时下垂控制和惯性控制的优化控制。针对双级式光伏电站，通过减载控制使得光伏留有一定的备用容量，提出了光伏电站快速调频策略。

4.3.1　光伏电站自适应下垂控制及惯性控制

通过将光伏电站运行在减载控制下，备用一定的有功功率，在变换器侧设置频率响应层来引入频率信号使得光伏电站能够具有一定的调频能力，响应电网频率的变化，如图 4-37 所示。

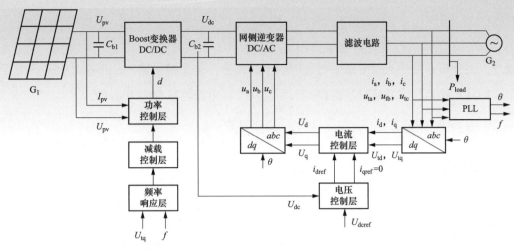

图 4-37 光伏电站快速调频控制策略整体框图

本节采用分层控制策略，主要修改变换器侧的控制策略，其中频率响应层主要根据频率的变化来修改光伏电站的输出有功功率，产生修正后的功率参考值，使得光伏电站能够像同步发电机一样产生调频响应，其具体的控制包括下垂控制和虚拟惯量控制；减载控制层使光伏电站留有一定的备用功率；功率控制层则是通过光伏电站实时产生的输出功率跟踪由频率响应层以及减载控制层产生修正后的功率参考值，得到功率误差信号，之后再经过 PI 控制器生成占空比 d，驱动 Boost 变换器工作来对光伏阵列的输出电压进行调节，从而实现跟踪参考功率；DC/AC 逆变器侧包括电压控制层和电流控制层，电压控制层保持直流母线电压稳定，而电流控制层生成相应的控制信号完成逆变过程。

1. 减载控制

通过在光伏发电侧增加储能或者让光伏电站自身提供一定的备用功率可以使光伏电站具有调频能力。由于储能设备价格比较高，寿命较短，因此本节采用减载控制方法，使得光伏发电系统能提供备用功率来参与电网频率的调节。

由光伏电站的 $P\text{-}U$ 特性曲线可知，当光伏偏离最大功率点时，就可以提供多余的备用功率。因此，定义光伏电站实际工作电压稍高于或低于最大功率点处的电压为 U_1、U_2，记光伏在最大功率点下的电压为 U_m，功率为 P_m，将在稍高于或低于 U_m 的电压 U_1、U_2 下工作的功率记为 P_1，则 P_1 与 P_m 之差称为备用功率 ΔP，见式（4-36），这个过程称为光伏电站的减载控制，通过减载控制使光伏电站预留一定的备用功率来参与电网频率的调节，如图 4-38

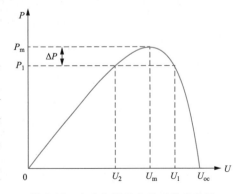

图 4-38 光伏电站的备用功率示意图

所示。

$$\Delta P = P_\mathrm{m} - P_1 \tag{4-36}$$

通过上述分析，要使光伏电站参与电网频率的调节，首先得留有一定的有功功率备用容量，即将光伏运行在减载控制的模式下，定义光伏电站的减载率为 $\sigma\%$ 为

$$\sigma\% = \frac{\Delta P}{P_\mathrm{m}} \tag{4-37}$$

式中：P_m 为光伏的最大输出功率；ΔP 为光伏的减载功率。

在减载控制运行下，光伏的输出功率为

$$P_\mathrm{pv} = P_\mathrm{m}(1 - \sigma\%) \tag{4-38}$$

由于太阳能辐照度具有一定的随机性、波动性，因此将太阳能辐照度引入到减载率中，用以缓解由于太阳能辐照度的变化给电网频率带来波动的影响。因此，设定减载率为

$$\sigma\% = \sigma_0\% \times \frac{S}{1000} \tag{4-39}$$

式中：$\sigma_0\%$ 为初始减载率；S 为太阳能辐照度。

在变减载控制运行下，光伏的输出功率为

$$P_\mathrm{pv} = P_\mathrm{m}(1 - \sigma\%) = P_\mathrm{m}\left(1 - \sigma_0\% \times \frac{S}{1000}\right) \tag{4-40}$$

当确定好所使用的电池型号时，参考其名牌可确定该电池在标准测试条件下，所对应的最大功率点电压 U_m 以及最大功率点电流 I_m。但是在实际情况下，环境因素中的太阳能辐照度 S 和温度 T 不是固定不变的，为了使减载控制能够在任何环境因素下都能轻松实现，因此通过引入实时 S 和 T 来对最大功率点下的电压 U_m 以及最大功率点下的电流 I_m 进行改进，得到改进后的包含 S、T 的最大功率点下的电压 U_m' 以及最大功率点下的电流 I_m' 的信息，它们的乘积即可得到包含环境因素的光伏最大可发功率 P_m，即

$$\begin{cases} U_\mathrm{m}' = U_\mathrm{m}(1 - \gamma\Delta T)\ln(\mathrm{e} + \beta\Delta S) \\ I_\mathrm{m}' = I_\mathrm{m}\dfrac{S}{S_\mathrm{ref}}(1 + \alpha\Delta T) \\ P_\mathrm{m} = U_\mathrm{m}' I_\mathrm{m}' \end{cases} \tag{4-41}$$

$$\begin{cases} \Delta T = T - T_\mathrm{ref} \\ \Delta S = \dfrac{S}{S_\mathrm{ref}} - 1 \end{cases} \tag{4-42}$$

其中，$T_\mathrm{ref} = 25$，$S_\mathrm{ref} = 1000$，$\alpha = 0.0025$，$\beta = 0.5$，$\gamma = 0.00288$。在减载模式运行时光

伏电站的输出为

$$P_{ref} = [P_m(1 - \sigma\%)]/P_n \tag{4-43}$$

最大可发功率 P_m 估计

$$P_m = U_m I_m$$

$$U_m = U_m(S, T) = a_1(S - b_1)^2 + c(T_{STC} - T) + d \tag{4-44}$$

$$I_m = I_m(S, T) = a_2 S + b_2(T - T_{STC})S$$

其中，$a_1 = 4.4 \times 10^{-6}$，$b_1 = 638.25$，$c = 0.0504$，$d = 16.918$，$a_2 = 8.58 \times 10^{-3}$ 及 $b_2 = 2.145 \times 10^{-5}$。

2. 虚拟惯性控制

由于光伏发电等新能源利用电力电子设备连接并网，其有功功率与电网频率没有直接耦合，使得光伏并网发电系统不能主动地提供惯性支持。要想使光伏并网发电系统具有惯性的能力，可通过修改变换器侧的控制策略，将电网频率的变化率作为辅助频率控制信号引入到变换器的控制环节中，修改有功功率的参考值，进而模拟同步发电机组的惯性控制。

当系统正常工作时，系统频率不变，频率变化率为 0，此时光伏按照原定的功率输出；当系统发生功率缺额时，频率发生突变，此时通过引入的频率变化率辅助频率控制向系统瞬时注入或吸收有功功率，从而实现光伏的虚拟惯量控制。根据东北电网《新能源场站、虚拟惯量响应技术指标要求》的规定，光伏电站虚拟惯量响应有功功率变化量应满足

$$\Delta P \approx -\frac{T_J}{f_N}\frac{df_J}{dt}P_n \tag{4-45}$$

式中：T_J 为光伏电站的虚拟惯量响应时间常数，一般取 4～8s；f_N 为电力系统额定频率，取 50Hz；P_n 为光伏发电的额定功率。

逆变器采用基于电网电压定向的控制策略，首先采集电网侧三相交流电压 u_{ta}、u_{tb}、u_{tc} 以及三相交流电流 i_a、i_b、i_c 经过锁相环（phase-locked loop，PLL）控制以及坐标变换得到相位 θ 以及 dp 坐标系下的电压 U_{td}、U_{tq}。如图 4-39 所示的锁相环控制系统通过对电网电压、频率和相位进行锁定，使系统生成的交流电与公共电网保持一致。基于该环节得到电网的频率 f 及频率变化率分别为

$$f = \frac{U_{tq}}{2\pi}\left(k_p + \int k_i dt\right) \tag{4-46}$$

$$\frac{df}{dt} = \frac{U_{tq}k_i}{2\pi} \tag{4-47}$$

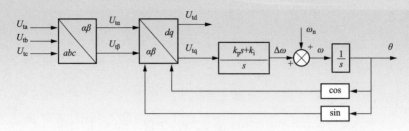

图 4-39 锁相环控制系统

然后将式（4-47）代入到式（4-45）中，可得光伏电站虚拟惯量响应有功功率变化量，即

$$\Delta P_{\text{PV, inertia}} = -\frac{T_{\text{J}}}{f_{\text{N}}} \frac{U_{\text{tq}} k_{\text{i}}}{2\pi} P_{\text{n}} = -K \times U_{\text{tq}} \tag{4-48}$$

引入低通滤波器来滤除 U_{tq} 中的噪声，使输入信号更加平缓，因此

$$\Delta P_{\text{PV, inertia}} = -K \times U_{\text{tq}} \times \frac{1}{1 + T_2 s} \tag{4-49}$$

式中：U_{tq} 为 q 轴分量；k_{p}，k_{i} 为 PLL 控制系统中 PI 控制器的比例、积分系数；K 为虚拟惯量系数；T_2 为时间常数。

3. 下垂控制

根据东北电网《新能源场站一次调频技术指标要求》，实现下垂控制

$$\Delta P_{\text{PV, droop}} = P_1 - P_0 = \begin{cases} -\dfrac{1}{R_2} \times (f - f_{\text{d2}}) & f_{\text{d2}} < f < f_2 \\ 0 & f_{\text{d1}} < f < f_{\text{d2}} \\ -\dfrac{1}{R_1} \times (f - f_{\text{d1}}) & f_1 < f < f_{\text{d1}} \end{cases} \tag{4-50}$$

其中，$R_1 = 5\%$，$R_2 = 2\%$，$f_{\text{d1}} = 49.95\text{Hz}$ 及 $f_{\text{d2}} = 50.05\text{Hz}$。

4.3.2 光伏电站快速调频方案

由于含可再生能源的电网频率随机且不服从高斯分布，因此提出的光伏电站快速调频策略如图 4-40 所示。为提高光伏电站调频能力，通过极小化电网频率偏差的熵及其均方误差构建光伏电站频率控制系统性能指标，采用改进的万有引力算法极小化性能指标 J 求解下垂控制及惯性控制系数。

$$J = \alpha_1 H_a(e) + \alpha_2 E(e^2) \tag{4-51}$$

其中，e 是频率偏差，$H_a(e)$ 是 $\alpha(\alpha > 0, \ \alpha \neq 1)$ 阶 Renyi 熵，$E(\cdot)$ 为数学期望。α_1 和 α_2 为加权系数。

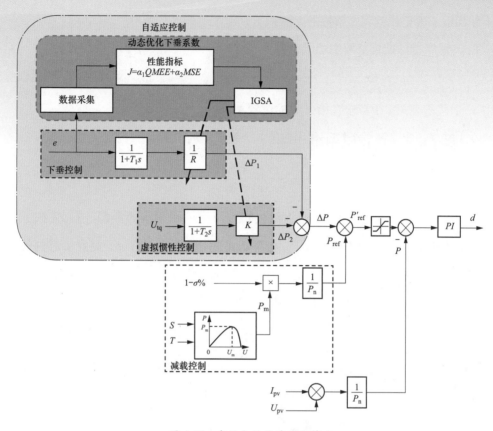

图 4-40　光伏电站快速调频策略

为简化运算过程，二阶 $H_2(e)$ 可以由二阶生存信息势的倒数代替。根据采集得到的频率偏差 $\{e_1，e_2，e_3，\cdots，e_N\}$，其二阶生存信息势可以由下式估计

$$\hat{I}_2(e)=\frac{1}{N^2}\sum_{i=1}^{N}\sum_{j=1}^{N}G_\sigma(e_i-e_j) \tag{4-52}$$

其中的核函数为

$$G_\sigma(x)=\frac{1}{\sqrt{2\pi}\sigma}\exp\left(-\frac{x^2}{2\sigma^2}\right) \tag{4-53}$$

1. 优化算法

将粒子群优化算法（particle swarm optimization，PSO）和万有引力（gravitational search algorithm，GSA）相结合，通过极小化性能指标 J 求解下垂控制及惯性控制系数。

万有引力搜索算法将每一个粒子看作一个有质量的物体，在解空间中，利用粒子位置的适应度值来表示所求问题的可行解，适应度值与粒子的质量成正比关系，每个粒子都会受到其余粒子的引力作用，通过粒子之间的相互吸引，粒子质量小的向粒子质量大的不断靠近，直至找到其中质量最大的粒子，即收敛到可行解中的最优解。

在一个 D 维的搜索空间中，假设有 N 个粒子，定义第 i 个粒子的位置为

$$x_i = (x_i^1,\ x_i^2,\ \cdots,\ x_i^d,\ \cdots,\ x_i^D),\ i=1,\ 2,\ \cdots,\ N \qquad (4\text{-}54)$$

其中，x_i^d 代表着第 i 个粒子在第 d 维的位置上。

在 t 时刻，定义第 j 个粒子作用在第 i 个粒子上的引力大小 $F_{ij}^d(t)$ 为

$$F_{ij}^d(t) = G(t)\frac{M_{pi}(t)+M_{aj}(t)}{R_{ij}(t)+\varepsilon}[x_j^d(t)-x_i^d(t)] \qquad (4\text{-}55)$$

式中：M_{aj} 和 M_{pi} 分别为粒子 j、i 的惯性质量；ε 是一个很小的常量，R_{ij} 为粒子 i、j 之间的欧氏距离；x_i^d、x_j^d 为粒子 i、j 在第 d 维的位置分量；$G(t)$ 是在 t 时刻的引力常数。

在 GSA 算法中，使用以下公式来计算粒子的引力常数 $G(t)$，即

$$G(t) = G_0 \times e^{-\frac{\alpha t}{T}} \qquad (4\text{-}56)$$

式中：G_0 为初始时刻的引力常数；α 为一个常数；T 为最大迭代次数。

G_0 需要根据搜索空间的范围来确定，搜索空间范围大的需要较大的 G_0，范围小的需要较小的 G_0；α 控制算法的收敛速度，α 过小以至于算法收敛速度较慢，α 过大可能会陷入局部最优；因此 G_0 和 α 根据具体情况而定。

$R_{ij}(t)$ 是第 i 个粒子和第 j 个粒子之间的欧氏距离，即

$$R_{ij}(t) = \|x_i(t),\ x_j(t)\|_2 \qquad (4\text{-}57)$$

GSA 引入随机特性，因此在 t 时刻，$F_i^d(t)$ 计算公式为

$$F_i^d(t) = \sum_{j=1,\ j\neq i}^N rand_j F_{ij}^d(t) \qquad (4\text{-}58)$$

式中：$rand_j$ 是 $[0,1]$ 之间的随机数，这使得算法搜索带有随机性，更加合理。

根据牛顿第二定理可知，第 i 个粒子在第 d 维上 t 时刻的加速度 $a_i^d(t)$ 更新公式为

$$a_i^d(t) = \frac{F_i^d(t)}{M_{ii}(t)} \qquad (4\text{-}59)$$

式中：M_{ii} 为第 i 个粒子的惯性质量。

每个粒子的惯性质量与粒子位置的适应度值有关，其粒子的惯性质量 $M_i(t)$ 为

$$M_{ai}(t) = M_{pi}(t) = M_{ii}(t) = M_i(t), i=1,2,\cdots,N \qquad (4\text{-}60)$$

$$M_i(t) = \frac{fit_i(t)-worst(t)}{best(t)-worst(t)} \qquad (4\text{-}61)$$

$$M_i(t) = \frac{M_i(t)}{\sum_{j=1}^{N} M_j(t)} \tag{4-62}$$

式中：$fit_i(t)$ 为在 t 时刻第 i 个粒子的适应度值的大小；$worst(t)$ 为种群中最差的适应度值；$best(t)$ 为种群中最优的适应度值。

$worst(t)$ 和 $best(t)$ 的定义为

$$\begin{cases} best(t) = min_{j \in \{1,2,\cdots,N\}} fit_j(t) \\ worst(t) = max_{j \in \{1,2,\cdots,N\}} fit_j(t) \end{cases} \tag{4-63}$$

通过 PSO 参考利用粒子的自身历史经验和群体历史经验来改进 GSA，其速度和位置更新公式为

$$\begin{aligned} v_i^d(t+1) = rand_1 v_i^d(t) + c_1 rand_2 [p_{best}^d - x_i^d(t)] \\ + c_2 rand_3 [g_{best}^d - x_i^d(t)] + a_i^d(t) \end{aligned} \tag{4-64}$$

$$x_i^d(t+1) = x_i^d(t) + v_i^d(t+1) \tag{4-65}$$

式中：c_1 和 c_2 为学习因子；$rand_1$、$rand_2$ 和 $rand_3$ 为在 [0，1] 范围内的随机数；P_{best} 为个体极值；g_{best} 为全局极值。

2. 仿真实例

图 4-40 所示的光伏电站快速调频策略分别采用 PSO、GSA 以及改进的万有引力算法（IGSA）求解下垂及惯性控制系数；光伏-火电联合调频系统如图 4-41 所示，火电机组汽轮机调差系数为 5%。为了验证提出的光伏电站快速调频策略，进行四种调频策略研究。传统调频策略中 $R_1 = 5\%$、$R_2 = 2\%$，虚拟惯性控制 $K = 10$。太阳能辐照度如图 4-42 所示，对其进行正态分布检验（见图 4-43）可知太阳能辐照度不服从高斯分布。在 30s 时负荷增加 60MW，下垂控制系数、虚拟惯性控制系数、系统频率响应、频率变化率（rate of change of frequency，ROCOF）及光伏电站有功功率如图 4-44 所示。对比频率最大偏差、频率稳态偏差及频率变化率等性能，可以看出采用改进的万有引力算法的光伏电站快速调频策略取得了最优调频性能。

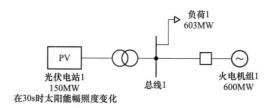

图 4-41 光伏-火电联合调频系统

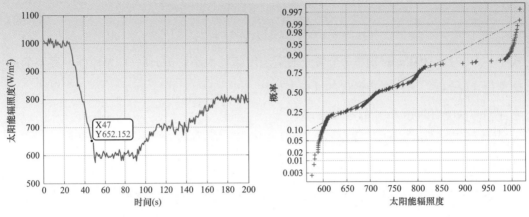

图 4-42 太阳能辐照度 　　　　　图 4-43 正态分布检验

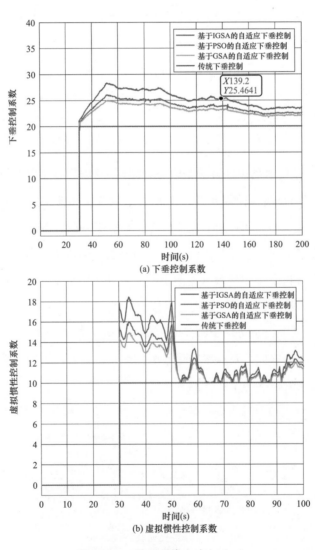

(a) 下垂控制系数

(b) 虚拟惯性控制系数

图 4-44 四种调频策略对比（一）

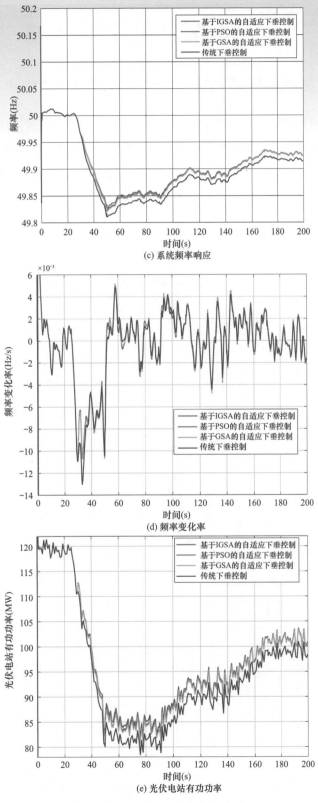

图 4-44　四种调频策略对比（二）

4.4 耦合系统快速调频控制

4.4.1 调频主站与子站协同的耦合系统一次调频控制策略

不同于现有可再生能源与火电各自接受电网调度指令的独立控制模式,将可再生能源与火电进行整体耦合后,现有控制体系中将增加耦合系统层级的控制。

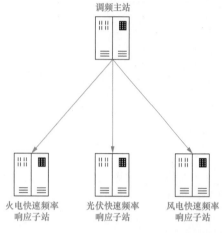

图 4-45 耦合系统快速频率响应装置架构

将耦合系统快速频率响应装置设计为"快速频率响应主站-快速频率响应子站"2 层级结构,主站为耦合系统层级的控制,子站为场站级的控制,其架构如图 4-45 所示:主站功能为制定子站频率响应的策略并且更新子站频率响应的调频参数,主站嵌套在耦合系统层级的有功/频率协同控制平台中;子站部署在耦合系统内的各个场站,子站的快速频率响应装置自主检测场站并网点频率,在频率超死区后执行一次调频控制功能,电站调频功能与电站的 AGC 功能协调,正向叠加、反向闭锁。

耦合系统调频主站与子站协同的一次调频控制策略实现方法如图 4-46 所示,快速

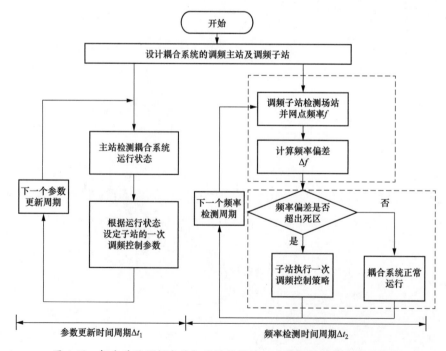

图 4-46 耦合系统调频主站与子站协同的一次调频控制策略实现流程

频率响应装置功能与模块设计见表 4-10。

表 4-10　　　　　　　　　　　快速频率响应装置功能与模块设计

平台/装置	模块	功能描述
快速频率响应子站	一次调频控制	(1) 实时检测场站并网点频率。 (2) 当场站并网点频率偏差超出死区时，使可再生能源场站快速参与电网一次调频，从频率超出耦合系统一次调频死区开始到可再生能源场站的发电功率可靠地向调频方向开始变化的时间小于 1.8s
	参数设定及管理	接收由频率响应主站下达的调频策略参数设定，并更新一次调频控制功能中的调频参数，包括一次调频控制增益、调频死区、调频功率上下限参数等
	功率指令值分配	将场站有功功率调频指令值分配下发至场站内的风电机组/光伏逆变器/火电机组
耦合系统有功/频率协同控制平台	快速频率响应主站	作为平台的功能模块，具备快速频率响应子站的调频参数下发功能，具备耦合系统参与调频事件的数据展示功能

4.4.2　快速频率响应装置设计方案

为了满足各子站参与电网一次调频的快速性要求，调频子站的快速频率响应装置设计方案如下：装置搭配场站的能量管理系统实现场站的一次调频功能，装置分主机和从机两部分组成，具备场站并网点电压、电流、频率高精度高频率采集的功能。装置采用 GOOSE 报文对下通信，采集站内逆变器的遥测、遥信等信息，在终端可通过从机实现 GOOSE 报文与 Modbus 报文互相转换功能，能够实现场站内逆变器的毫秒级控制。装置设计的具体组网结构如图 4-47 所示，采用"监控主机实现稳态控制＋协调控制器实

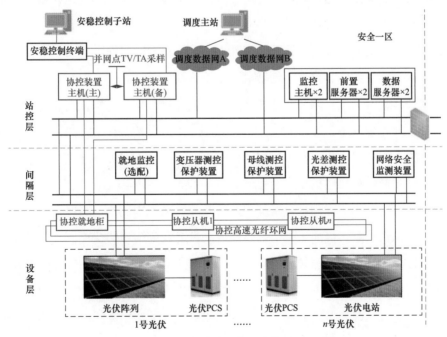

图 4-47　场站内快速频率响应装置组网结构

现暂态控制＋控制命令经协调控制器分发＋全站共网划分 VLAN＋信息直采"的模式。

4.5 本 章 小 结

本章围绕可再生能源与火力发电耦合系统的快速调频协调控制策略开展研究，主要工作如下：

（1）针对风-火耦合系统存在非线性、非高斯扰动、多变量耦合等问题，提出的基于递归神经网络的系统辨识方法可以建立风-火耦合系统的离散状态空间模型，采用辨识误差平方的生存信息势代替均方差训练递归神经网络，该研究中采用辨识误差平方的生存信息势训练递归神经网络，将原始信号流图及其伴随信号流图相结合，简化了递归神经网络学习算法，无须计算复杂的链式法则。最后经仿真实验表明基于递归神经网络建立的风-火耦合系统频率响应模型合理有效。

（2）将迁移学习和递归神经网络相结合，提出了建立风-火耦合系统频率响应模型的新方法。当前场景数据匮乏时，可结合历史场景耦合系统的输入输出数据进行建模。采用耦合系统中风电场风速和负荷描述场景，利用历史和当前场景耦合系统的输入输出数据可快速建立在当前场景运行的风-火耦合系统频率响应模型，分析了在不同场景下运行的风-火耦合系统的频率响应。

（3）针对耦合系统快速调频的关键参数整定方法展开研究。通过建立参数的相对轨迹灵敏度，定量分析了各参数对于频率时域轨迹的影响，用以评估各参数在频率响应不同阶段的作用；采用基于描述函数的非线性 Nyquist 稳定性判据，给出了耦合系统中可再生能源参与调频时的临界频率控制增益。

（4）研究了耦合系统多调频资源整体协同优化方法。分析了耦合系统内多调频资源的调频特性差异，分频率下降/频率上升 2 类场景制定了耦合系统的调频策略；考虑多调频资源特性，研究了多调频资源的调频时序策略，建立了耦合系统整体协同优化模型。

（5）研究了光伏和火电机组耦合系统快速调频法。考虑耦合系统存在非高斯扰动，采用改进的万有引力算法优化耦合系统频率偏差的熵和均方误差，实现光伏电站最优下垂控制和虚拟惯性控制，提高了光伏电站和火电机组联合调频的快速性及准确性。

（6）研究了耦合系统快速频率响应装置。将耦合系统快速频率响应装置设计为"快速频率响应主站-快速频率响应子站" 2 层级结构，主站属于耦合系统层级的控制，子站属于耦合系统内各电源场站级的控制，通过调频主站与子站相协同，提高耦合系统调频的快速性。

参 考 文 献

［1］孙华东，王宝财，李文锋，等．高比例电力电子电力系统频率响应的惯量体系研究［J］.中国电机工程学报，2020；40（16）：5179-5191．

［2］单煜，汪震，周昌平，等．基于分段频率变化率的风电机组一次调频控制策略［J］.电力系统自动化，2022；46（11）：19-26．

［3］李军徽，冯喜超，严干贵，等．高风电渗透率下的电力系统调频研究综述［J］.电力系统保护与控制，2018；46（2）：163-170．

［4］Rajan R., Fernandez F. M., Yang Y. H. Primary Frequency Control Techniques for Large-Scale PV-Integrated Power Systems: A Review［J］. Renewable and Sustainable Energy Reviews, 2021；144: 110998.

［5］Zhang S., Mishra Y., Shahidehpour M. Utilizing Distributed Energy Resources to Support Frequency Regulation Services［J］. Applied Energy, 2017; 206: 1484-1494.

［6］Schäfer B., Beck C., Aihara K. Non-Gaussian Power Grid Frequency Fluctuations Characterized by Lévy-Stable Laws and Superstatistics［J］. Nature Energy, 2018; 3: 119-126.

［7］Mandic D., Chambers J. Recurrent neural networks for prediction: learning algorithms, architectures and stability［M］. Wiley, 2001.

［8］Michel A., Liu D. Qualitative Analysis and Synthesis of Recurrent Neural Networks［M］. CRC Press, 2001.

［9］Chen B. D., Zhu P. P., José C. Survival Information Potential: A New Criterion for Adaptive System Training［J］. IEEE Trans Signal Process, 2012; 60（3）: 1184-1194.

［10］Zhang J. H., Kuai Y. M., Ren M. F. Controller Design for Nonlinear and Non-Gaussian Multivariable Systems Based on Survival Information Potential Criterion［J］. Journal of the Franklin Institute, 2016; 353（15）: 3786-3798.

［11］Li Y., Zhou J., Tian J., et al. Weighted Error Entropy-Based Information Theoretic Learning for Robust Subspace Representation［J］. IEEE Transactions on Neural Networks and Learning Systems, 2021; 33（9）: 4228-4242.

［12］Ren M., Chen J., Shi P., et al. Statistical Information Based Two-Layer Model Predictive Control with Dynamic Economy and Control Performance for Non-Gaussian Stochastic Process［J］. Journal of the Franklin Institute, 2021; 358（4）: 2279-2300.

［13］Yin L., Lai L., Zhu Z., et al. Maximum Power Point Tracking Control for Non-Gaussian Wind Energy Conversion System by Using Survival Information Potential［J］. Entropy, 2022;

24（6）：818.

［14］Weiss K., Khoshgoftaar T. M., Wang D. D. A Survey of Transfer Learning［J］. Journal of Big data, 2016; 3（1）: 1-40.

［15］Wang K., Chen J., Xie L., et al. Transfer Learning Based on Incorporating Source Knowledge Using Gaussian Process Models for Quick Modeling of Dynamic Target Processes［J］. Chemometrics and Intelligent Laboratory Systems, 2020; 198: 103911.

［16］Ribeiro M., Grolinger K., ElYamany H. F., et al. Transfer Learning with Seasonal and Trend Adjustment for Cross-Building Energy Forecasting［J］. Energy and Buildings, 2018; 165: 352-363.

［17］Guo L., Lei Y., Xing S., et al. Deep Convolutional Transfer Learning Network: A New Method for Intelligent Fault Diagnosis of Machines with Unlabeled Data［J］. IEEE Transactions on Industrial Electronics, 2018; 66（9）: 7316-7325.

［18］Wynne G., Duncan A. B. A Kernel Two-Sample Test for Functional Data［J］. Journal of Machine Learning Research, 2022; 23（73）: 1-51.

［19］You S. T., Liu Y., Tan J., et al. Comparative Assessment of Tactics to Improve Primary Frequency Response Without Curtailing Solar Output in High Photovoltaic Interconnection Grids［J］. IEEE Transactions on Sustainable Energy, 2019; 10（2）: 718-728.

［20］Li Q., Baran M. E. A Novel Frequency Support Control Method for PV Plants Using Tracking LQR［J］. IEEE Transactions on Sustainable Energy, 2019; 11（4）: 2263-2273.

［21］Vakacharla V. R., et al. State-of-The-Art Power Electronics Systems for Solar-to-Grid Integration［J］. Solar Energy, 2020; 210: 128-148.

［22］Li Z., Chan K. W., Hu J., et al. Adaptive Droop Control Using Adaptive Virtual Impedance for Microgrids with Variable PV Outputs and Load Demands［J］. IEEE Transactions on Industrial Electronics, 2020; 68（10）: 9630-9640.

［23］Howlader A. M., Sadoyama S., Roose L. R., et al. Active Power Control to Mitigate Voltage and Frequency Deviations for The Smart Grid Using Smart PV Inverters［J］. Applied Energy, 2020; 258: 114000.

［24］Tafti H. D., Konstantinou G., Fletcher J. E., et al. Control of Distributed Photovoltaic Inverters for Frequency Support and System Recovery［J］. IEEE Transactions on Power Electronics, 2022; 37（4）: 4742-4750.

［25］吴俊鹏, 杨晓栋, 翟学, 等. 并网光伏电站的一次调频特性分析［J］. 电测与仪表, 2016; 53（19）: 88-92.

［26］Tielens P., Hertem D. V. The Relevance of Inertia in Power Systems［J］. Renewable

& Sustainable Energy Reviews, 2016; 55: 999–1009.

［27］ Homan S., Dowell N. M., Brown S. Grid Frequency Volatility in Future Low Inertia Scenarios: Challenges and Mitigation Options ［J］. Applied Energy, 2021; 290: 116723.

［28］ Tian B., Wang Y., Guo L. Minimum Entropy Tracking Control for Non-Gaussian Systems Using Proportional-Integral Strategy ［C］. 2016 12th World Congress on Intelligent Control and Automation. IEEE, 2016: 1914–1919.

［29］ Chen B., Xing L., Zheng N., et al. Quantized Minimum Error Entropy Criterion ［J］. IEEE Transactions on Neural Networks and Learning Systems, 2019; 30（5）: 1370–1380.

［30］ Rashedi E., Rashedi E., Nezamabadi-Pour H. A Comprehensive Survey on Gravitational Search Algorithm ［J］. Swarm and evolutionary computation, 2018; 41: 141–158.

［31］ Naserbegi A., Aghaie M., Minuchehr A., et al. A Novel Exergy Optimization of Bushehr Nuclear Power Plant by Gravitational Search Algorithm（GSA）［J］. Energy, 2018; 148: 373–385.

第 5 章

与可再生能源结合的火力发电灵活性改造及运行控制

5.1 耦合系统稳定性风险评估

5.1.1 风电、光伏发电功率的波动性和随机性的量化表征

1. 风电功率波动特性分析

风电机组发出的功率主要跟风速有关。因为风的不确定性、间接性以及风电场内各机组间尾流的影响，使得风电功率的随机波动特性不稳定，而正是风电功率的随机波动被认为是对电网带来不利影响的主要因素。风电功率的波动会使电力系统偏离稳定运行点，甚至造成系统失稳，对可靠性和安全性都有不同程度的影响。实际电力系统感受到的风电功率波动应为前后两个单位时间内风功率的变化量，即

$$\Delta P = P_N - P_{N-1}, \quad N = 2,3,4\cdots\cdots \tag{5-1}$$

式中：ΔP 为风电功率的波动量；P_N 为第 N 个单位时间内风电功率的平均值。

对风电功率的波动量均采取此种定义方式。此外，风电功率波动性指标主要包括爬坡率（ramping rate）、阶跃变化值（step change）、自相关性（autocorrelation），以及一定时间段内爬坡率为正、负的次数，平均持续时间。

（1）爬坡率。爬坡率即风电功率变化率，用于描述风电输出在一定时段内的变化量，根据时间尺度的不同一般可将其分为秒级 γ_s 和分钟级 γ_{min}，例如 10min 功率变化率用 $10 \cdot \gamma_{min}$ 表示，其计算公式为

$$\gamma = \frac{P_{k+1} - P_k}{t_{k+1} - t_k} \tag{5-2}$$

式中：P_k 为第 k 个采样点的风电功率；t_k 为第 k 个采样点的采样时刻。

（2）阶跃变化。阶跃变化是描述风电功率波动最常用的量化指标，反映了两个时刻之间输出功率的变化。其计算公式为

$$\delta(\%) = \Delta P / P \tag{5-3}$$

式中：ΔP 为功率差值；P 为总装机容量。

（3）自相关性。协方差用于衡量两个变量的总体误差。如果两个变量的变化趋势一致，也就是说如果其中一个大于自身的期望值，另外一个也大于自身的期望值，那么两个变量之间的协方差就是正值。如果两个变量的变化趋势相反，即其中一个大于自身的期望值，另外一个却小于自身的期望值，那么两个变量之间的协方差就是负值。其计算公式为

$$\text{cov}(X,Y) = E[X - E(X)][Y - E(Y)] \tag{5-4}$$

其中，X、Y 为自变量，$E(\cdot)$ 表示期望。

序列 X 在滞后步长 k 下的自相关系数 ρ_{XY} 为

$$\rho_{XY} = \frac{\text{cov}(X,Y)}{\sqrt{D(X)}\sqrt{D(Y)}} = \frac{E(X-E(X))(Y-E(Y))}{\sqrt{D(X)}\sqrt{D(Y)}} \tag{5-5}$$

以庄河风电场一年时间段的风电功率监测数据作为历史数据，以一个月为时间长度，分别以 1min、10min、1h 作为时间尺度，按前文指标进行计算分析。

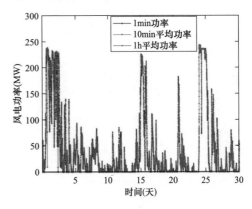

图 5-1 的 1min 步长的风电轨迹中有 6026 个正斜坡期和 5781 个负斜坡期，正斜坡周期的平均持续时间为 2.5min，负斜坡周期的平均持续时间为 2.6min；10min 步长的风电轨迹中有 648 个正斜坡期和 560 个负斜坡期，正斜坡周期的平均持续时间为 25.1min，负斜坡周期的平均持续时间为 30.3min；1h 步长的风电轨迹中有 145 个正斜坡期和 117 个负斜坡期，正斜坡周期的平均持续时间为 2.1h，负斜坡周期的平均持续时间为 2.9h。

图 5-1　不同时间尺度的风电功率曲线

图 5-2 显示了爬坡率大都在非常窄的范围内，由此可见功率很少大幅度变化，1min 尺度的爬坡率在 ±5MW 范围内；10min 尺度的爬坡率在 ±50MW 范围内；1h 尺度的爬坡率在 ±100MW 范围内。图 5-3 显示了不同时间尺度的频率分布，并以装机容量的百

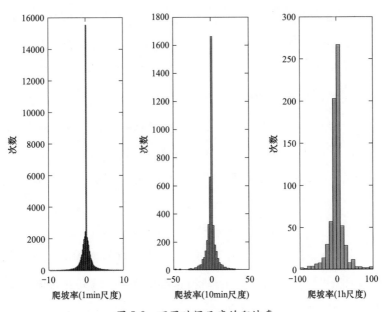

图 5-2　不同时间尺度的爬坡率

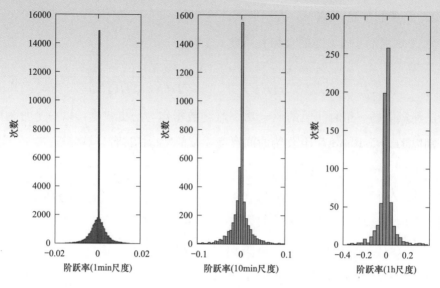

图 5-3 不同时间尺度的阶跃率

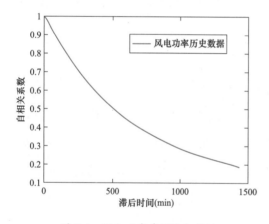

图 5-4 风电功率序列自相关性

分比表示。1min 尺度的阶跃变化在装机容量的±2%范围内；10min 尺度的阶跃变化在装机容量的±10%范围内；1h 尺度的阶跃变化在装机容量的±40%范围内。

图 5-4 显示了风电功率序列的自相关性，横坐标为 k，纵坐标为不同 k 值对应的 ACC 值。计算中，k 以 1 min 为间隔从 1min 取到 24h，滞后时间越长，序列自相关性就越差，当滞后 24h 时，自相关系数减为 0.23。

2. 风电功率状态转移特性分析

风场的功率可划分为不同的功率状态。风功率状态转移特性所描述的就是风电功率在不同时间尺度下，在不同状态之间转移的概率特性。引入状态转移矩阵 P，P 中每一个元素 p_{ij} 代表风电功率从时间 t 的状态 i 转移到时间 $t+1$ 的状态 j 的转换概率，即

$$p_{ij}=P(x^{(t+1)}=j\,|\,x^{(t)}=i) \qquad (5\text{-}6)$$

将一定长度的风电功率时间序列生成风电功率状态转移概率矩阵：

（1）将风场的风电功率功率范围（0 到额定装机容量）等分成 N 份，每一份对应一个状态，其中 N 为状态数；

（2）建立 $N \times N$ 的零矩阵 $\boldsymbol{S}$，用以统计各状态之间转移的次数；

（3）假设风电功率实测序列的第一个值对应状态 m，下一个时刻值对应状态 n，则矩阵 $\boldsymbol{S}$ 的对应元素 S_{mn} 加 1；

（4）将步骤（3）应用于序列中所有其余相邻的风电功率值，得到的 $\boldsymbol{S}$ 中包含了所有对应的状态转移次数；

（5）为得到状态转移矩阵 $\boldsymbol{P}_r$，将 $\boldsymbol{S}$ 中的每个元素除以所在行的元素之和，即

$$p_{ij} = \frac{s_{ij}}{\sum\limits_{j=1}^{N} s_{ij}} \tag{5-7}$$

按照上述方法，分别取 1min、10min、1h 作为步长对风场的风电功率序列进行 10 状态转移特性分析，结果如图 5-5 所示。从图中可以看出，对角线元素值要大于两侧的元素值，且距离对角线越远，值越小，即具有"山脊"特性。随着转移步数的增加，对角线元素值逐渐减小，两侧值逐渐增加。上述分析表明，对于风电功率来说，短时间内保持原状态不变的概率最大，相距越远的状态之间的转移概率越小。而随着时间的推移，风电功率保持原状态的概率减小，向其他状态转移的概率增加。

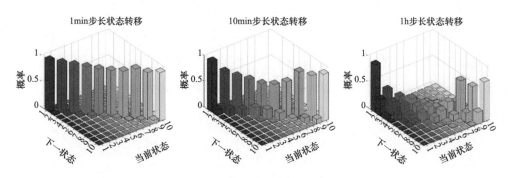

图 5-5　不同步长风功率状态转移特性对比

为了直观地比较风电功率在不同功率水平之间转移的概率，以 10min 作为步长为例，比较风电功率在不同功率水平之间转移的概率，计算结果见表 5-1。

表 5-1　　　　　　　　　10min 时间步长的风电功率状态转移矩阵

下一时刻	当前时刻									
	0～10%	10%～20%	20%～30%	30%～40%	40%～50%	50%～60%	60%～70%	70%～80%	80%～90%	90%～100%
0～10%	0.975	0.025	0.001	0	0	0	0	0	0	0
10%～20%	0.110	0.798	0.088	0.003	0	0	0	0	0	0
20%～30%	0.002	0.141	0.730	0.119	0.006	0.002	0	0	0	0
30%～40%	0.001	0.004	0.158	0.685	0.143	0.008	0.003	0	0	0

续表

下一时刻	当前时刻									
	0~10%	10%~20%	20%~30%	30%~40%	40%~50%	50%~60%	60%~70%	70%~80%	80%~90%	90%~100%
40%~50%	0	0	0.008	0.207	0.620	0.153	0.011	0.001	0	0
50%~60%	0	0.001	0.002	0.011	0.193	0.627	0.160	0.006	0	0
60%~70%	0	0	0	0.002	0.010	0.148	0.699	0.139	0.001	0
70%~80%	0	0	0	0	0.001	0.002	0.064	0.911	0.022	0
80%~90%	0	0	0	0	0	0	0.002	0.094	0.861	0.043
90%~100%	0	0	0	0	0	0	0	0	0.091	0.909

从表 5-1 中的概率值可以看出，风电功率在 10min 之后会发生向其他状态转移的情况，转移的幅度约为风场额定装机容量的 ±30%。但是对于相距较远的功率状态，其互相之间的转移概率非常小。比如风场当前功率在 20% 到 30% 装机容量之间，15min 后功率降为零的概率仅为 0.1%，而功率在 10min 后升至装机容量的 50% 以上的总概率也不超过 1%。因此，可以认为 10min 之内风场输出风电功率将在 ±20% 装机容量的范围内变化。

3. 风电功率持续时间分布特性分析

风电功率持续时间指的是风场有功功率保持功率状态不变所持续的时间，其分布特性分析，需要统计在某一特定状态 n 下，风电功率持续时间的概率分布情况。这里，持续时间的概率分布包含两层含义，即风电功率持续时间的长度和出现的次数。例如，当风功率从状态 m 进入到状态 n 后，开始记录风电功率保持在状态 n 内的时间。若风电功率经历时间 T 后跳出状态 n，则记录状态 n 持续时间 T 一次。将实测风电功率时间序列按照上述统计方法遍历一次，则可得到风电功率在各个状态下持续时间的分布，如图 5-6 所示。

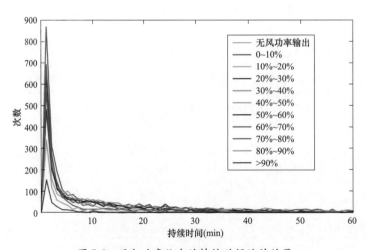

图 5-6　风电功率状态的持续时间统计结果

此外，图 5-7 以风电场功率在装机容量 30%～40% 的持续时间的直方图为例，可以更好显示风电功率状态持续时间概率分布。

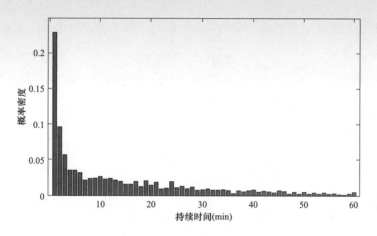

图 5-7　状态持续时间概率密度图

5.1.2　风电、光伏发电功率时间序列随机生产模拟

时间序列随机生产模拟是指通过对历史数据进行时间序列分析，建立风速和功率输出的关系模型，进而模拟一段时间内风力发电机组的功率输出情况。风电功率时间序列模拟生成存在间接和直接两种方式。间接方式先模拟生成风速时间序列，再根据一定的风-电功率转换特性得到风电功率时间序列，如威布尔分布模型、ARMA 模型、组合风速模型、风轮等效风速模型均可以用于风速时间序列的模拟生成，其难点在于如何准确获取风电场的等效风-电功率转换关系。直接方式利用风电场输出功率历史数据建模以模拟未来风电场景，较风速法可靠性增加。本文在考虑历史数据统计特征的基础上，采用 MCMC 法得到风电功率时间序列。

1. 传统 MCMC 的风电功率时间序列生成方法

MCMC 法是以状态转移概率矩阵为基础，利用蒙特卡洛抽样法确定随机变量在各状态间跳变情况的数据生成法，被广泛应用到随机变量生成的模拟中。从风电功率时间序列的角度来讲，MCMC 法能使生成风功率序列够保留原始数据的均值、标准差、概率密度函数（probability density function，PDF）以及自相关系数（autocorrelation function，ACF），因此有着较高的实用价值。

一般来说，传统 MCMC 法包含以下几个步骤：

（1）定义随机变量状态，将原始数据转换成离散状态点。将风电功率的可能取值范围，即从 0 到风电场的额定装机容量离散化为若干个功率区间，每个功率区间记为风电功率的一个状态。记风电场最大功率值为 P_{Em}，划分 N 个状态数，定义风电功率的功率为 $n(n=1, 2, \cdots, N)$，则第 n 个状态代表的范围为 $\left(\dfrac{P_{Em}}{N}\times(n-1), \dfrac{P_{Em}}{N}\times n\right]$。根据风电功率状态的定义，风电功率实测序列中的每个功率情况均可对应于一个风电功率状态。

（2）根据原始数据生成状态转移矩阵 $\boldsymbol{P}_r$。因为状态等分成 N 份，建立 $N\times N$ 的零矩阵 $\boldsymbol{S}$ 记录各功率状态之间的转移次数，矩阵的行/列分别表示转移前/后的状态。假设风电功率序列的当前功率对应于状态 n，下一时刻的功率对应于状态 m，则元素 S_{nm} 加 1；完成遍历后，S_{nm} 记录了风电功率从状态 n 跳变到状态 m 的总次数。将 $\boldsymbol{S}$ 归一化，即将 $\boldsymbol{S}$ 中的每个元素除以所在行的元素之和，得到状态转移矩阵 $\boldsymbol{P}_r$。

（3）在状态转移矩阵的基础上，生成累积概率转移矩阵 $\boldsymbol{P}_{cum}$，方法如下：

$$p_{cum,mn}=\begin{cases} 0 & (n=1) \\ \displaystyle\sum_{j<n} p_{mj} & (1<n\leqslant N+1) \end{cases} \tag{5-8}$$

累积概率转移矩阵的第一列均为零，从第二列开始，每个元素 $p_{cum,mn}$（m 行 n 列）的取值为矩阵 $\boldsymbol{P}_r$ 中对应的第 m 行、列号小于 n 的元素之和。

（4）随机生成初始状态，并利用累积概率转移矩阵 $\boldsymbol{P}_{cum}$，生成风电功率时间序列的蒙特卡洛法步骤如下：

1）当前风电功率处于状态 m。

2）生成一个 [0，1] 均匀分布的随机数 u。

3）将 u 与 $\boldsymbol{P}_{cum}$ 的第 m 行元素（元素行号与当前风功率所处状态号相同）进行比较，如果满足关系式 $\boldsymbol{P}_{cum,mn}<u<\boldsymbol{P}_{cum,m(n+1)}$，则下一个状态取为 n。

4）如果生成的风电功率时间序列已经满足长度要求，则停止；反之，当前状态变为 n，返回第 2）步继续。

5）第 4）步中生成的风电功率状态序列只给出了风电功率在各状态之间的跳变情况。在这一步中，需要根据前述的各状态风电功率持续时间特性来确定每个状态的持续时间。设置起始标识为风电功率从任意状态 $m(m\neq n)$ 进入状态 n，停止标识为风电功率从状态 n 跳出进入任意状态 $k(k\neq n)$，记录起始与停止标识之间对应的时间序列的时间长度 Δt，完成一次统计。

若要用概率分布函数对其进行拟合，可基于获得的原始风电功率序列的所有状态持续时间数据，利用 Matlab 中的 dfittool 工具箱对各个状态持续时间数据进行逆高斯分布拟合，获得各状态拟合函数的参数 μ 和 λ；按照拟合的逆高斯分布，生成各状态持续时间的随机变量集；对（2）中生成的风电功率状态序列进行遍历，若当前状态为 m，则在状态 m 的持续时间变量集中随机抽取一个元素 x，并定为 m 的长度；若已生成的时间序列长度 $\sum x_i$ 大于或等于要求生成的风电功率时间序列长度 l，则仿真结束。

按照上述方法生成的时间序列仅为一系列离散的状态编号，要将其转换为风电功率形式。

（5）在已生成的风电功率状态序列上叠加上波动分量，并将离散状态序列转换为用具体数值表示的风电功率序列，形成最终的随机变量时间序列。具体如下：

1）确定相邻时刻风电功率的波动范围。假设某一时刻风电功率的状态为 n，在其代表的功率范围 $\left(\dfrac{P_{Em}}{N} \times (n-1), \dfrac{P_{Em}}{N} \times n\right]$ 内随机产生一个数 x_w 作为该状态所代表的风电功率，则下一时刻的风电功率的状态 m 的波动范围为 $\left(\dfrac{P_{Em}}{N} \times (m-1) - x_w, \dfrac{P_{Em}}{N} \times m - x_w\right]$；

2）根据前文风电功率波动量的定义，计算原始风电功率序列的波动量，t location-scale 分布适合描述风电功率的波动量及噪声的概率分布，其概率密度函数为

$$f(x) = \frac{\Gamma(\nu + 1/2)}{\sigma \sqrt{\nu \pi}\, \Gamma(\nu/2)} \left[\frac{\nu + (x - \mu/\sigma)^2}{\nu}\right]^{-\nu+1/2} \tag{5-9}$$

式中：$\Gamma(\cdot)$ 为伽玛函数；μ、σ、ν 分别为位置参数、尺度参数和形状参数。

基于所得风电功率序列的波动数据，得出风电功率波动量的概率分布。

3）生成满足上述要求的风电功率波动值的随机数集合，随机数的个数应远大于中生成的功率状态序列中的序列元素个数，以保证步骤 4）中波动量的选择；

4）从所生成的随机数集合中，任意选取一个落在区间 $\left(\dfrac{P_{Em}}{N} \times (m-1) - x_w, \dfrac{P_{Em}}{N} \times m - x_w\right]$ 的数 y（y 不再放回），作为第 m 个状态相对于第 n 个状态的波动量，从而得到第 n 个状态的风电功率值为 $x_w + y$。

从风电功率状态序列 t（t 从 0 开始）时刻状态开始，按照上述方法先确定 $t+1$ 时刻风电功率值，然后根据 $t+1$ 时刻风电功率值确定 $t+2$ 时刻风电功率值，直到遍历完风电功率状态序列，确定所有时刻的风电功率值。

然而采用传统的 MCMC 法生成风电功率序列存在如下几个问题：

1）对于稳定运行的风电场，其功率剧烈跳变的概率很小，风电功率保持原功率状态不变的概率远大于状态之间的跳变，即状态转移率矩阵对角元素的值远大于非对角元素的值。所以采用 MCMC 法生成的风电功率序列容易陷入某种状态而难以跳变的情况，

即产生的风电功率序列持续某一状态的时间会过长。

2）MCMC 法首先生成离散的状态序列，然后在状态所代表的功率范围内随机抽取一个数作为该状态的具体功率值，从而得到最终的风电功率序列。这种方法虽然简单易行，但有可能导致生成的功率序列在同一状态内的波动过于频繁。

3）MCMC 法只计及了状态转移率特性，所生成的序列丢失了风电功率的其他时域特征信息。

2. 基于爬坡方向和非参数估计法的 MCMC 风电功率时间序列生成方法

针对 MCMC 法存在的问题，本文在分析风电功率持续特性和波动特性的基础上，提出了考虑爬坡方向和核密度估计的 MCMC 法。该方法在传统 MCMC 法的基础之上，考虑了风电功率在各状态下的持续时间分布特性，采取先以功率大小和爬坡方向划分状态，后以状态改变为节点给定每个状态持续时间的策略，有效地解决了上述问题，该方法可避免风电功率陷入某种状态而难以跳变的情况，克服风电功率在状态内的波动过于频繁的问题，且所生成的风电功率序列能同时反映原始风电功率序列的持续特性（包括状态持续时间和状态转移率）以及波动特性。

1）状态改变矩阵的生成。按功率大小和爬坡方向划分状态，假设风电场最大功率值为 P_{Em}，现定义风电功率的功率为 n（$n=1, 2, \cdots, N$），其中 N 为状态数，且满足：①落在范围 $\left(\dfrac{P_{Em}}{N} \times (n-1), \dfrac{P_{Em}}{N} \times n \right]$ 之间；②当前时刻的风电功率较上一时刻为上爬坡时，此时的状态为 $i\left[i=1, 3, \cdots, \dfrac{n(n+1)}{2} \right]$；如若满足：①落在范围 $\left(\dfrac{P_{Em}}{N} \times (n-1), \dfrac{P_{Em}}{N} \times n \right]$ 之间；②当前时刻的风电功率较上一时刻为下爬坡时，此时的状态为 i（$i=2, 4, \cdots, 2n$），且将风力功率为 0 值定义为一个专用的状态 0。依据此，相邻时刻风电功率转移概率即状态转移率矩阵 $\boldsymbol{P}_C$ 为

$$\boldsymbol{P}_C = \begin{bmatrix} p_{00} & p_{01} & \cdots & p_{0(2N)} \\ p_{10} & p_{11} & \cdots & p_{1(2N)} \\ \vdots & \vdots & \ddots & \vdots \\ p_{(2N)0} & p_{(2N)1} & \cdots & p_{(2N)(2N)} \end{bmatrix} \tag{5-10}$$

此状态转移率矩阵状态的划分避免了陷入某状态难以跳转的情况，传统 MCMC 状态转移矩阵对角线上元素远大于非对角线元素，在利用蒙特卡洛法生成风电功率时，会导致始终保持原状态不变的情况，此状态变化划分使得状态保持本身不变的概率非常小，即状态转移矩阵的对角线元素因状态改变而非常小。

由此也可得到累积状态转移率矩阵 $\boldsymbol{P}^{cum}$，即

$$\boldsymbol{P}^{cum} = \begin{bmatrix} p_{00}^{cum} & p_{01}^{cum} & \cdots & p_{0(2N+1)}^{cum} \\ p_{10}^{cum} & p_{11}^{cum} & \cdots & p_{1(2N+1)}^{cum} \\ \vdots & \vdots & \ddots & \vdots \\ p_{(2N)0}^{cum} & p_{(2N)1}^{cum} & \cdots & p_{(2N)(2N+1)}^{cum} \end{bmatrix} \tag{5-11}$$

其中元素的取值为

$$P_{kl}^{cum} = \begin{cases} 0, & l = 0 \\ \sum_{j=1}^{l-1} P_{kj}, & l \in [1, 2N+1] \end{cases} \tag{5-12}$$

$\boldsymbol{P}^{cum}$ 中的元素除在第一列均取值为 0，其余元素 P_{kl}^{cum}（k 行 l 列）取值均为 P_C 中第 k 行、l 列之前的所有元素之和。

2）MCMC 法生成风电功率状态跳变序列。利用累计概率转移矩阵 $\boldsymbol{P}^{cum}$，生成风电功率跳变序列的蒙特卡洛法步骤如下：

a）随机产生一个在区间 $[1, 2N+1]$ 内的整数作为初始的风电功率状态，记为 m。

b）生成一个 $[0, 1]$ 均匀分布的随机数 u。

c）将 u 与 $\boldsymbol{P}^{cum}$ 的第 m 行元素（元素行号与当前风功率所处状态号相同）进行比较，如果满足关系式 $P_{mn}^{cum} < u \leqslant P_{m(n+1)}^{cum}$，则下一个状态取为 n。

d）如果生成的风电功率跳变序列中状态个数已经达到设定数目要求，则停止；反之，当前状态变为 n，返回第 b）步继续。

按照上述方法生成的时间序列仅为一系列离散的状态编号，要将其转换为风电功率时间序列还要抽样生成各个状态的持续时间。

3）利用持续时间分布特性确定各状态持续时间。生成功率持续时间概率密度函数的方法可以分为参数估计方法和非参数估计方法两大类。参数估计方法是基于已知分布的假设，通过估计分布的参数来生成持续时间。例如，假设持续时间服从指数分布，可以通过最大似然估计或贝叶斯估计来估计指数分布的参数 λ，然后使用该参数来生成持续时间。常见的参数分布包括指数分布、Weibull 分布、对数正态分布等。文献 [1] 利用带移位因子和伸缩系数的 t 分布描述风功率概率密度，然后利用历史数据样本对模型参数进行估计。文献 [9-11] 采用贝塔（Beta）分布拟合风电功率的预测误差，进而以风电功率预测误差的分布确定储能容量的大小。文献 [12] 分别采用指数分布、正态分布等函数模拟风功率预测误差，然后再利用极大似然估计和最小二乘法对分布函数的参数进行估计。

相比于参数法，非参数法不需要对总体样本进行假设，具有更高的精确性及更广的应用范围，因此本文采用非参数估计方法计算各状态功率持续时间概率密度函数。非参数法包括直方图法、K_N 近邻估计法、Parzen 窗法（核密度估计法）等。

其中核密度估计法的精确性较好且所得分布曲线较为光滑，是非参数法中应用范围最广的方法，所以也作为本文拟采用的方法。非参数核密度估计（nonparametric Kernel Density Estimation，KDE）是一种非参数检验的方法，不需要先验概率分布知识，从实测的数据样本就能得到数据分布特征。假设数据样本概率密度函数是 $F(x)$，其非参数核密度估计为

$$F(x) = \frac{1}{n} \sum_{i=1}^{n} K(x - x_i) = \frac{1}{nh} \sum_{i=1}^{n} K\left(\frac{x - x_i}{h}\right) \tag{5-13}$$

式中：x 为 x_1，x_2，$\cdots$，x_n 随机变量的样本；n 为样本空间；h 为带宽（$h > 0$），也叫平滑系数和窗口；$K(\cdot)$ 为核函数。

非参数核密度估计主要是核函数和带宽的选取，$F(x)$ 会继承 $K(\cdot)$ 的连续性和可微性，带宽 h 会影响拟合的情况。核函数 $K(\cdot)$ 是符合非负、积分为 1、均值为 0 的概率密度函数，常用的 $K(\cdot)$ 有均匀、三角、双权重、三权重、Epanechnikov、高斯等。其中高斯函数公式表示为

$$K(x) = \frac{1}{\sqrt{2\pi}} \exp\left(-\frac{1}{2} x^2\right) \tag{5-14}$$

相对于核函数，带宽的选择对非参数核密度估计的拟合效果影响更大：若带宽选择过大，可能会掩盖拟合对象的某些结构特征，如多峰性；若带宽选择太小，会导致拟合的概率密度曲线欠平滑，出现过拟合的情况。因此带宽应根据数据和密度估计的情况进行调整，使估计的渐进积分均方误差（asymptotic mean integrated squared error，AMISE）最小，可以综合地权衡核密度估计的偏差和方差，AMISE 最小时得到带宽表达式为

$$h = \left[\frac{R(K)}{n\mu_2^2(K)R(f'')}\right]^{1/5} \tag{5-15}$$

$$R(f'') = \int (f''(x))^2 \mathrm{d}x \tag{5-16}$$

选择高斯核函数的核密度估计时，采用正态参考准则将式（5-15）简化为

$$h = \left(\frac{4}{3n}\right)^{1/5} \sigma \approx 1.06\sigma n^{-1/5} \tag{5-17}$$

式中：σ 为样本变量的标准差。

通常推荐考虑更加稳健的散度度量半极差（Interquartile range）I_{qr}，所以将式（5-17）中的 σ 重新替换，即

$$h = 1.06\min(\sigma, I_{qr}/1.34)n^{-1/5} \tag{5-18}$$

为实现对多峰概率密度曲线的准确估计，将系数减小为 0.9，最优带宽为

$$h = 0.9\min(\sigma, I_{qr}/1.34)n^{-1/5} \tag{5-19}$$

完成概率密度的拟合之后，需要对拟合的效果进行检验。通过对拟合效果的检验，可以衡量出各个拟合方法对原始数据的拟合优劣程度，从而选取出最佳拟合函数。常用的检验方法有两种，分别为 Pearsonχ^2 与 K-S（Kolmogorov-Smirnov）。

a. Pearsonχ^2。假设 X_1，X_2，$\cdots$，X_n 是从总体 X 中抽取的 n 个样本，X 服从的概率密度函数为 $f_0(x)$，其概率分布函数为 $F_0(x)$，将大区间分为 k 个子区间，各子区间之间不存在重叠。统计出落在每个子区间中的样本数量，此时 Pearsonχ^2 的统计量为

$$\chi^2 = \sum_{i=1}^{k} \frac{(v_i - np_i)^2}{np_i} \tag{5-20}$$

式中：v_i 为第 i 个区间内的样本数量；p_i 为其落在第 i 个区间内的理论值。

当 n 趋于正无穷时，χ^2 的分布收敛于 χ^2_{k-1}。若给定置信水平 α，则 χ^2_{k-1} 的 α 分位点为

$$P[\chi^2_{k-1} < \chi^2_{k-1}(\alpha)] = \alpha \tag{5-21}$$

式中：$P(\cdot)$ 为事件发生的概率。

如果所求的检验统计量 χ^2 符合 $\chi^2 < \chi^2_{k-1}(\alpha)$，那么就意味着置信水平 α 下的概率分布 $F_0(x)$ 符合要求。

b. K-S。假设 X_1，X_2，$\cdots$，X_n 是从总体 X 中抽取的 n 个样本，X 服从的概率密度函数为 $f_0(x)$，其概率分布函数为 $F_0(x)$，将样本的数据从小到大排列，有 $X_{(1)} \leqslant X_{(2)} \leqslant \cdots \leqslant X_{(n)}$。基于原始样本，求得经验累积分布函数 $F_n(x)$ 为

$$F_n(x) = \begin{cases} 0, & x < X_{(1)} \\ \dfrac{k}{n}, & X_{(k)} \leqslant x < X_{(k+1)} \quad (k=1,2,\cdots,n-1) \\ 1, & x > X_{(k)} \end{cases} \tag{5-22}$$

基于理论累积分布 $F_0(x)$ 和经验累积分布 $F_n(x)$ 之间的最大垂直差距定义为检验统计量 D_n，有

$$D_n = \max_{1 \leqslant i \leqslant n} |F_n(x_i) - F_0(x_i)| \tag{5-23}$$

式中：i 为第 i 个抽样区间。

理论分布模型的参数可由实际历史数据得到，在此情况下，当一个理论分布在检验中被拒绝时，则 K-S 检验产生的误差相对较小。

4）功率时序的生成。上节中生成的风电功率状态序列生成的是离散的状态值，而状态值对应的是某个功率范围和爬坡方向。要将离散状态序列转换为用具体数值表示的风电功率序列，按每个状态的持续时长，抽样生成相应数目的功率样本，按爬坡方向对这些样本排序，排序后的功率即为该状态时段的功率时序。

最后，对风电功率统计特性对比，即对生成风电功率时间序列的均值、标准差、PDF 和 ACF 与原始风功率数据进行对比。

以下以庄河风电场的风电功率进行仿真测试，按风电场的最大功率将原始功率序列按累计概率均分功率区间，并增加爬坡方向，将状态分为 41 个状态（其中将 0 值定义为一个专门的状态 0），并生成状态跳变矩阵，如图 5-8 所示，由图中可以看到对角线元素全部为零，即状态保持不变的概率为零；距离对角线越近，概率值越大。

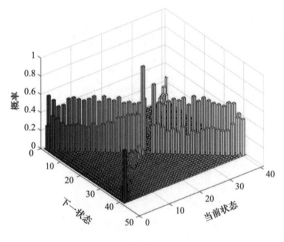

图 5-8　状态跳变矩阵

依据持续时间分布特性确定各状态持续时间，图 5-9 分别显示了风电场功率在状态 1、11、29、41 的持续时间的直方图和非参数核密度拟合曲线。可以看出，非参数核密度分布可以较好地拟合风电功率状态持续时间概率分布。其中状态 1 和 41 代表的是风电功率范围相同但爬坡方向不同的两个状态，所以状态持续时间的概率密度函数具有相似性；状态 11 和 29 同理。

下文对抽样后对抽样序列和原始序列的统计分布特性进行对比。

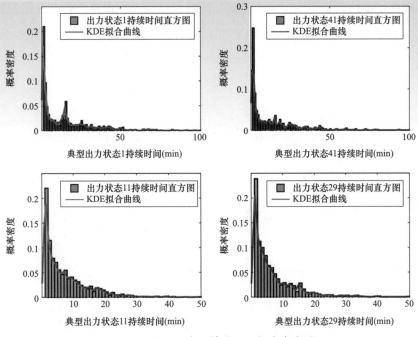

图 5-9　典型状态的持续时间概率密度图

a. 均值和标准差。标准差最常使用作为统计分布程度上的测量依据，能反映一个数据集的离散程度，其计算如下：

$$S = \sqrt{\Big[\sum_{i=1}^{n} (x_i - \bar{x})^2\Big] / n}$$ （5-24）

式中：x_i 为离散随机变量的取值；$\bar{x}$ 为均值。

将抽样生成的风电功率序列与原始风电功率序列的均值和标准差进行误差对比，如图 5-10 所示，和原始序列相近。

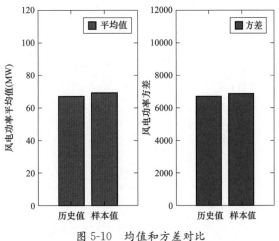

图 5-10　均值和方差对比

b. PDF。分布特征通常用概率密度函数（PDF）来描述。用 PDF 可以清楚地将随机变量在取值范围内的分布情况展现出来，同时也是检验生成符合要求分布随机变量的有力工具。由图 5-11 可知，两者的 PDF 非常相近。

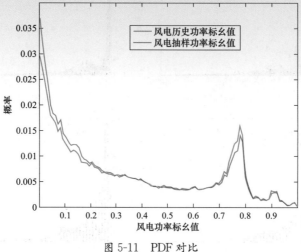

图 5-11　PDF 对比

c. ACF。ACC 是用来描述序列自相关性的参数，ACC 取值越大说明序列的自相关性越强。时间相关特征通常由自相关函数（ACF）曲线描述。执行 ACF 以描述当前和前一时刻的风力之间的相关性。对于给定时间序列 $(x_1, \cdots, x_n)$，其与时移为 k 的序列的 ACF 计算为

$$ACF_k = \frac{\mathrm{cov}(x_t, x_{t+k})}{\sqrt{\mathrm{var}(x_t) \cdot \mathrm{var}(x_{t+k})}}, k = 0, \pm 1, \pm 2, \cdots \tag{5-25}$$

式中：cov 与 var 分别为卷积计算和取方差计算；x_t 为时间序列 $(x_1, \cdots, x_{n-k})$；x_{t+k} 为时间序列 $(x_{1+k}, \cdots, x_n)$。

由图 5-12 可知，抽样生成的风电序列也较好地模拟了原始序列的自相关性。

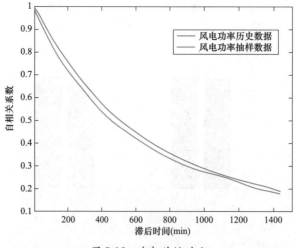

图 5-12　自相关性对比

3. 基于天气模式的光伏功率时间序列生成方法

地球的公转与自转过程都会对光伏发电效率产生较大影响，这是由于日地距离以及太阳高度角会发生明显的周期性改变，导致光伏功率也产生明显规律变化的特征。相对于其他各类可再生能源，光伏功率通常具有显著的季节性、日周期变化性、大气特性以及随机变化特点的规律。

1）计算每月电量，聚类划分季节。不同的季节有各不相同的太阳的入射角、光照的强弱以及日照时间，在不同的季节中，到达地面的辐照强度也会不同，光伏发电输出功率会随着太阳辐照强度的改变而变化。因为目标站点所处地理位置属于我国较普遍的温带季风性气候，与全国大部分地区有着相似的气候特征，四季非常鲜明，且季节划分相对清晰。基于以上条件，以不同季节类型作为一项区分指标，对不同季节内光伏发电量进行比较分析，从而在不同季节类型下实现对光伏功率的精准预测。

依据所获取的数据，结合该地区气象变化趋势，将一年中四个季节所占时间进行分配，对数据进行标准化处理，根据各时点上所采集的电量数据计算每个月的平均电量，绘制全年的光伏发电量变化趋势情况，对全年进行季节划分。

将发电量最低的月份划分为冬季、将发电量逐渐增加的月份划分为春季、将发电量较高的月份划分为夏季、将发电量逐渐减少的月份划分为秋季，将季节划分为四类，见表 5-2。

表 5-2 季 节 类 型 分 类

分类编号	月份
1	2月、5月、8月
2	1月、6月、11月、12月
3	7月、9月、10月
4	3月、4月

2）计算每个季节的每日电量，聚类划分天气。通过观察四季每日的光伏功率，发现同季节不同日期的光伏功率差异较大，因此需要进行相似日的选取，计及每日天气类型对光伏功率的影响，经天气聚类来提高模型精度。

天气预报结果数据通常为字数较短词组，因此可通过基于规则的中文分词方法，将收集到的历史天气预报数据进行粗分为如表 5-3 所示的 4 大类，并将 4 大类天气类型进行编号，从理论上来说，数字越小，当天的光资源情况越好。

分类编号	天气类型
1	晴天
2	多云
3	阴天
4	雨/雪

表 5-3　　　　　　　　　　　天 气 类 型 分 类

FCM 与 K-means 具有相似的工作原理，但由于 K-means 系列算法具有排他性，即针对任意一个样本点，该点隶属于某一类的相似性只有100％和0这两种可能，而 FCM 算法针对各点归属与某一类的相似度指标均为百分比。在针对光伏发电功率构建组合预测模型时，基于特征相似度和模糊隶属度建立隶属度矩阵，以此考虑各项特征输入对模型预测结果的影响，确保依照聚类结果建立的预测模型具备良好的针对性和综合预测性能。FCM 拥有高运算速率、低运行成本等优势，能够依照模糊隶属度函数获取合理的聚类中心，相较于其他几类聚类算法能够得到更优聚类结果。

FCM 的具体工作步骤如下：

（a）首先对样本数量为 n、维度为 m 的数据集建立样本输入矩阵 $\boldsymbol{V}$，即

$$\boldsymbol{V} = \begin{bmatrix} \nu_{11} & \nu_{12} & \cdots & \nu_{1n} \\ \nu_{21} & \nu_{22} & \cdots & \nu_{2n} \\ \vdots & \vdots & \ddots & \vdots \\ \nu_{m1} & \nu_{m2} & \cdots & \nu_{mn} \end{bmatrix} \tag{5-26}$$

（b）设定目标聚类个数 $c(2 \leqslant c \leqslant n)$、随机生成模糊隶属度函数 $u_{ij}\Big(0 \leqslant u_{ij} \leqslant 1,$ $\sum_{i=1,j=1}^{c} u_{ij} = 1\Big)$ 以及隶属度矩阵和迭代目标精度 ε，并且记 $W = [w_1, w_2, \cdots, w_i, \cdots, w_c]^T$ 为设定的 c 个聚类中心的集合，u_{ij} 表示数据集合中第 j 个样本在第 i 类的模糊隶属度。

（c）设定目标函数为

$$J(U,W) = \sum_{j=1}^{n} \sum_{i=1}^{c} u_{ij}^m d_{ij}^2 \tag{5-27}$$

其中以欧氏距离 d_{ij} 作为计算样本数据点与聚类中心距离的指标；$J(U,W)$ 代表样本数据点到各个聚类中心的欧氏距离 d_{ij} 平方和。FCM 聚类模型的核心部分即在于求解目标 J 中 U 与 W 的最小值。

（d）通过计算第 k 次与第 $k+1$ 次迭代后得到 W 的差值，并将 ΔW 与目标精度 ε 比较，若低于 ε，则输出最终聚类结果，否则继续执行步骤（c）。

经聚类后得出四类相似日，得出天气划分情况。

3）光伏发电功率的概率密度分布。本文将光伏发电数据按气象条件分类，采用非参数核密度估计法建立光伏发电功率水平的随机分布模型，从数据样本出发研究数据分布特征。

首先建立光伏发电功率的单变量核密度估计模型，设光伏输出功率样本值为 $P_{PV,1}$，$P_{PV,2}$，…，$P_{PV,n}$，$f(x)$ 为 P_{PV} 符合的密度函数，是未知函数，需计算点 x 处的概率密度函数估计值 $\hat{f}(x)$，即

$$\hat{f}(x) = \frac{1}{nh}\sum_{i=1}^{n} K\left(\frac{P_{PV}-P_{PV,i}}{h}\right) \tag{5-28}$$

式中：n 为样本数量；h 为带宽；$K(\cdot)$ 为核函数。

其次，对不同气象条件下，每个季节每个天气的每个时段件的光伏发电功率整体数据进行概率密度拟合，并与实际概率密度分布进行比较分析。为衡量非参数核密度估计法对整体数据随机分布拟合的效果以及拟合得到的光伏发电功率随机分布模型对光伏单日功率随机分布的估计效果，定义了评价指标，其表达式为

$$I = d^2\sum_{i=1}^{n}(y_i - m_i)^2 \tag{5-29}$$

式中：d 为频率分布直方图的组距；$i=1$，2，…，n，n 为直方图的分组数；y_i 为第 i 个直方柱中心位置的拟合概率密度值；m_i 在评价整体数据随机分布的非参数核密度拟合效果时表示整体数据频率分布直方图第 i 个直方柱高度。

在评价拟合得到的光伏发电功率随机分布模型对光伏单日功率随机分布的估计效果时，m_i 为以对整体数据随机分布拟合时各直方柱边界对单日数据进行统计的第 i 个概率密度直方柱高度。指标 I 越小，表示效果越好。

最后可按季节、天气抽每个时段的每分钟功率，合成总的时域功率曲线。基于MCMC抽样的光伏发电功率序列和原始序列的特性对比如图 5-13 所示。

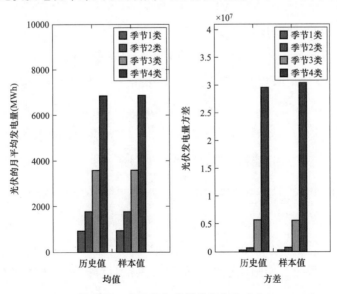

图 5-13　光伏发电量均值和方差对比

4. 同一地区相邻两光伏电站功率相关性分析

同一地区的光伏电站功率具有相关性,因此对各个光伏电站的功率单独进行建模会使得功率曲线与实际情况差距较大。此外,由于光伏受太阳辐射影响,在夜间不功率,因此不同时刻的光伏发电功率分布函数具有差异性,仅根据所有时刻的功率数据建立一个联合功率模型忽略了不同时刻的光伏发电功率分布函数差异性,会增加场景生成误差。因此,将在考虑光伏时序分布函数差异性的基础上,对 24 个时刻的光伏发电功率分别建立 Copula 相关性模型,并根据所建模型生成完整调度周期的光伏时序联合功率典型场景。

进行 Copula 功率相关性建模之前,需要获得两个光伏电站各自的功率分布函数。目前,确定单光伏电站功率分布函数的方法主要有参数法和非参数法两种。相比于参数法,非参数法不需要对总体样本进行假设,具有更高的精确性及更广的应用范围,因此选择非参数法对单一光伏电站功率的分布函数进行估计。非参数法包括经验分布法和核密度估计法,其中核密度估计法的精确性较好且所得分布曲线较为光滑,是非参数法中应用范围最广的方法,因此选择核密度估计法对单个光伏的功率分布函数进行估计。

采用非参数核密度估计法对实际数据进行拟合,经拟合优度及精度检验后,得到光功率的核密度表达式。然后建立多种基于 Copula 函数的两个光伏电场功率联合分布模型,结合各模型的 Kendall 与 Spearman 相关系数,将各 Copula 分布函数与经验 Copula 函数比较,并判断与经验 Copula 函数的欧氏距离,选取最优 Copula 函数作为两个光伏电场联合概率分布,从而生成考虑相邻光伏电场功率相关性的典型场景。

(1)基于 Copula 理论的风光功率相关性建模。对单光伏电站功率模型进行核密度估计后,即可进行两个光伏电场 Copula 功率相关性建模。1959 年的 Sklar 定理指出任何一个 N 维的联合分布函数都可以用一个 Copula 函数和 N 个边缘分布函数来表示。Nelsen 于 1999 年给出了 Copula 函数的严格定义:Copula 函数是把随机向量 $(x_1,$ $x_2,$ $\cdots,$ $x_n)$ 的联合分布函数 $F(x_1,$ $x_2,$ $\cdots,$ $x_n)$ 与各自的边缘分布函数 $F_{X_1}(x_1),$ $F_{X_2}(x_2),$ $\cdots,$ $F_{X_n}(x_n)$ 相连接的连接函数,即存在一个 Copula 函数使得

$$F(x_1,x_2,\cdots,x_n)=C(F_{X_1}(x_1),F_{X_2}(x_2),\cdots,F_{X_n}(x_n)) \tag{5-30}$$

式中:n 为变量个数;$F_{X_i}(x_i)(i=1,$ 2, $\cdots,$ $n)$ 为单个变量的边缘分布函数;$C(\cdot)$ 为 Copula 连接函数;$F(x_1,$ $x_2,$ $\cdots,$ $x_n)$ 为 n 个变量的联合分布函数。

Copula 函数主要分为椭圆函数族(Ellipse-Copula)和阿基米德函数族(Archimedean-Copula)两种类型。其中,椭圆函数族包括正态 Copula 函数和 t-Copula 函数,阿

基米德函数族中常用的有 Gumbel-Copula 函数、Clayton-Copula 函数和 Frank-Copula 函数，不同类型的 Copula 函数具有不同的函数结构。因为 Copula 函数的类型众多，无法直接选取最优 Copula，因此需对其进行拟合优度判别，从而选取最优函数。常用的方法包括函数图像判别法、相关系数判别法及欧氏距离判别法。

a. 函数图像判别法。函数图像判别法是将各 Copula 函数概率密度函数图像与样本数据的概率密度函数进行比较，图像最为接近的即为最优 Copula 函数。

b. 相关系数判别法。相关系数用以反映变量之间的线性相关程度，常用的相关系数包括 Kendall 与 Spearman 秩相关系数。相关系数判别法是通过 Kendall 秩相关系数、Spearman 秩相关系数判别其拟合优度。将各类 Copula 函数的秩相关系数与样本数据的秩相关系数相比较，数据越接近，其拟合优度越好，相应的 Copula 函数即为最优。

设相邻两个光伏电站新农、永记电站的功率分别为 U 和 V。(u_1, v_1) 和 (u_2, v_2) 是其功率 (U, V) 的任意两个功率样本观测值且相互独立。如果 $(u_1, v_1) \cdot (u_2, v_2) > 0$，则称 (u_1, v_1) 和 (u_2, v_2) 具有一致性；如果 $(u_1, v_1) \cdot (u_2, v_2) < 0$，则称 (u_1, v_1) 和 (u_2, v_2) 具有不一致性。

Kendall 秩相关系数 ρ_k、Spearman 秩相关系数 ρ_s 的计算公式分别为

$$\rho_k = \frac{a - b}{\frac{1}{2} N(N-1)} \tag{5-31}$$

$$\rho_s = \frac{\sum_{i=1}^{N} (c_i - \bar{c})(d_i - \bar{d})}{\sqrt{\sum_{i=1}^{N} (c_i - \bar{c})^2} \sqrt{\sum_{i=1}^{N} (d_i - \bar{d})^2}} \tag{5-32}$$

式中：a 为 (U, V) 中具有一致性功率的样本对数；b 为 (U, V) 中具有不一致性功率的样本对数；N 为采样点的总个数，c_i 为 u_i 在 $(u_1, u_2, \cdots, u_N)$ 中的秩，$\bar{c} = \sum_{i=1}^{N} \frac{c_i}{N}$；$d_i$ 为 v_i 在 $(v_1, v_2, \cdots, v_N)$ 中的秩，$\bar{d} = \sum_{i=1}^{N} \frac{d_i}{N}$。

c. 欧氏距离判别法。欧氏距离判别法是用各 Copula 函数与样本数据的经验 Copula 函数的欧氏距离比较，欧氏距离越小，则 Copula 函数的拟合优度越好。

设 $(x_i, y_i)(i = 1, 2, \cdots, n)$ 为二维变量 (X, Y) 的样本，$F_n(x_i)$ 与 $G_n(y_i)$ 分别为二维变量 (X, Y) 的经验累积分布函数。样本的经验 Copula 函数计算公式为

$$C_n(u, v) = \frac{1}{n} \sum_{i=1}^{n} I_{[F_n(x_i) \leqslant u]} I_{[G_n(y_i) \leqslant v]} \tag{5-33}$$

式中：$I_{[.]}$ 为示性函数。

当 $F_n(x_i) \leqslant u$ 时，存在 $I_{[F_n(x_i) \leqslant u]} = 1$，否则为 0；当 $G_n(y_i) \leqslant v$ 时同理。

利用平方欧式距离选取最优 Copula 函数，平方欧式距离的定义为

$$d^2 = \sum_{i=1}^{n} |C_n(F_n(x_i), G_n(y_i)) - C_e(F_n(x_i), G_n(y_i))|^2 \qquad (5-34)$$

所选用的平方欧氏距离的大小能够反映各种 Copula 函数模型与经验 Copula 函数的接近程度。d^2 越小，函数的拟合性能越好。

（2）风光场景的生成。选取了最佳 Copula 函数之后，应对 Copula 函数进行采样，从而生成大量样本，其主要步骤如下：

1）在 [0，1] 区间内随机产生数字 a_1，a_2，$\cdots$，a_n。

2）令第一个随机变量边缘分布函数值 $u_1 = a_1$，根据选定的 Copula 函数求得第二个随机变量边缘分布函数值 u_2，即求 $\dfrac{\partial C(u_1, u_2, \cdots, u_n)}{\partial u_1} = a_2$ 的解。

3）对于第 n 个随机变量边缘分布函数值 u_n，即求式（5-35）的解

$$\frac{\dfrac{\partial^{n-1} C(u_1, u_2, \cdots, u_n)}{\partial u_1 \partial u_2, \cdots, \partial u_{n-1}}}{\dfrac{\partial^{n-1} C(u_1, u_2, \cdots, u_{n-1}, 1)}{\partial u_1 \partial u_2, \cdots, \partial u_{n-1}}} = a_n \qquad (5-35)$$

4）重复上述步骤 k 次则可以得到 k 组 n 个随机变量的边缘分布函数值。

5）基于 Copula 联合概率密度分别求出二者的边缘分布函数，利用反函数运算 $x_i = F_i^{-1}(u_i)$，将（u_{1j}，u_{2j}，$\cdots$，u_{nj}）转换为联合分布函数场景，其中 $j = 1$，2，$\cdots$，T，T 为总天数。

利用场景生成得到的数据量庞大，且各个场景之间相似度高。为实现相近场景的有效合并，采用 K-means 聚类法进行场景缩减。其聚类步骤如下：

1）根据事先设定的聚类数 K，从所有风电联合功率场景中随机选取 K 个场景作为各类别的初始聚类中心；

2）分别计算每个场景与各个类别的聚类中心之间的距离，将每个场景归类至与其距离最近的类别；

3）对每个类别的聚类中心重新进行计算，得到各类别所对应的新聚类中心；

4）判断是否满足收敛条件，若满足，聚类结束，否则回到步骤 2）。

（3）风光场景的互补特性。采用差异系数（coefficient of variation，CV）来表征风光功率的互补特性，CV 的定义为

$$CV = \frac{\sqrt{\dfrac{1}{N}\sum_{t=1}^{N}(P_t^{\text{Wind}} + P_t^{\text{PV}} - \overline{P})^2}}{\overline{P}} \tag{5-36}$$

$$\overline{P} = \frac{1}{N}\sum_{t=1}^{N}(P_t^{\text{Wind}} + P_t^{\text{PV}}) \tag{5-37}$$

式中：P_t^{Wind}、P_t^{PV} 分别为第 t 个采样点的风电功率、光伏发电功率；$\overline{P}$ 为二者平均功率。

CV 越小，风电与光伏发电所共同输出的功率越平稳，风光互补特性就越好。为了保证生成的风光场景输出平稳，即具有良好的互补特性，需要使 CV 小于系统给定的参考值 ε_1 和 ε_2，即 $CV \leqslant \varepsilon_1$ 和 $CV \leqslant \varepsilon_2$（$\varepsilon_1$、$\varepsilon_2$ 分别为仅风电功率的 CV 及仅光伏功率的 CV）。

$$\varepsilon_1 = \frac{\displaystyle\sum_{i=1}^{T} \frac{\sqrt{\dfrac{1}{N_i}\sum_{t=1}^{N_i}(P_{i,t}^{\text{Wind}} - \overline{P_i^{\text{Wind}}})^2}}{\overline{P_i^{\text{Wind}}}}}{T} \tag{5-38}$$

$$\varepsilon_2 = \frac{\displaystyle\sum_{i=1}^{T} \frac{\sqrt{\dfrac{1}{N_i}\sum_{t=1}^{N_i}(P_{i,t}^{\text{PV}} - \overline{P_i^{\text{PV}}})^2}}{\overline{P_i^{\text{PV}}}}}{T} \tag{5-39}$$

$$\overline{P_i^{\text{Wind}}} = \frac{1}{N_i}\sum_{t=1}^{N_i}P_{i,t}^{\text{Wind}} \tag{5-40}$$

$$\overline{P_i^{\text{PV}}} = \frac{1}{N_i}\sum_{t=1}^{N_i}P_{i,t}^{\text{PV}} \tag{5-41}$$

式中：$P_{i,t}^{\text{Wind}}$ 为第 i 天第 t 个采样点的风电功率值；$P_{i,t}^{\text{PV}}$ 为第 i 天第 t 个采样点的光伏发电功率值；$\overline{P_i^{\text{Wind}}}$ 为第 i 天风电功率平均功率；$\overline{P_i^{\text{PV}}}$ 为第 i 天光伏发电功率平均功率；N_i 为第 i 天采样点的总个数。

5. 生成序列与实际功率统计性指标相似度分析

为了验证所建模型的准确性和有效性，引入均方根误差（RMSE）和平均绝对误差（MAE）进行衡量，表达式分别为

$$E_{\text{RMSE},d} = \sqrt{\frac{1}{T}\sum_{t=1}^{T}(P_{\text{copa},t} - P_{\text{act},d,t})^2} \tag{5-42}$$

$$E_{\text{MAE},d} = \frac{1}{T}\sum_{t=1}^{T}|P_{\text{copa},t} - P_{\text{act},d,t}| \tag{5-43}$$

式中：d 为天数；$E_{\text{RMSE},d}$ 为典型场景功率与第 d 天的光伏电站实际功率的均方根误差；$E_{\text{MAE},d}$ 为典型场景功率与第 d 天的光伏电站实际功率的平均绝对误差；T 为时刻；$P_{\text{copa},t}$ 为第 t 个时刻的典型场景功率；$P_{\text{act},d,t}$ 为第 d 天的第 t 个时刻的实际功率。

进行算例分析，首先对新农、永记两个光伏电场的原始功率作非参数核密度估计以生成 Copula 函数的边缘分布函数 U、V，核密度估计曲线及概率密度直方图如图 5-14 所示，累积分布图如图 5-15 所示。

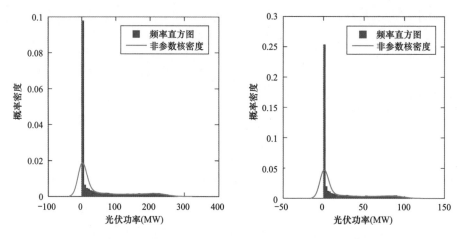

图 5-14　新农/永记电场功率频率直方图和数据拟合情况

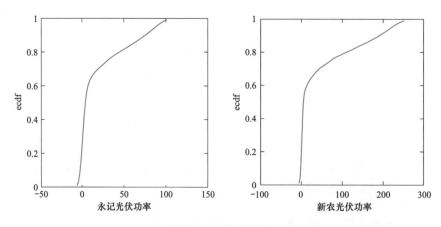

图 5-15　累积分布图

以核密度估计函数为边缘分布，分别代入 5 种 Copula 函数，计算其极大似然估计值，然后采用五种 Copula 函数分别建立两个光伏电场的联合分布模型。两光电场的样本功率频率直方图如图 5-16 所示，得到的五种 Copula 概率密度函数如图 5-17～图 5-21 所示。然后计算各 Copula 函数的 Spearman 秩相关系数和 Kendall 秩相关系数，并与样本的相关系数进行比较，所得结果见表 5-4。

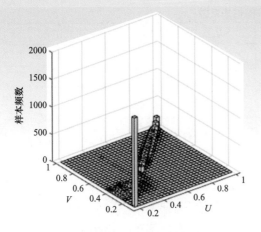

图 5-16 光伏联合功率样本统计图

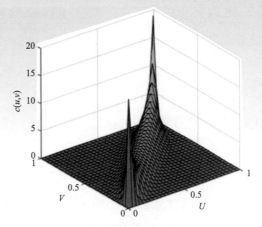

图 5-17 正态-Copula 密度函数

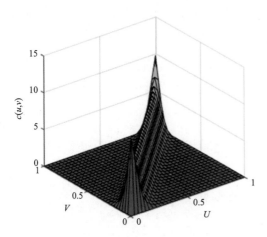

图 5-18 Frank-Copula 密度函数

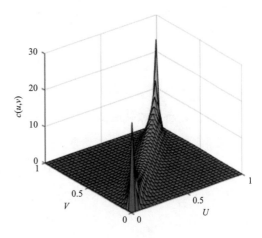

图 5-19 t-Copula 密度函数

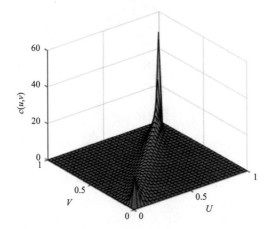

图 5-20 Gumbel-Copula 密度函数

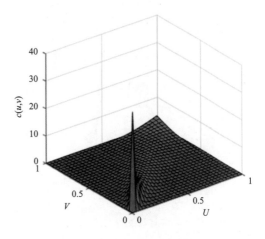

图 5-21 Clayton-Copula 密度函数

表 5-4   各 Copula 函数的相关系数

Copula 函数类型	Kendall 秩相关系数	Spearman 相关系数	欧氏距离
正态-Copula	0.8267	0.9596	2.1925
t-Copula	0.8405	0.9639	2.0500
Gumbel-Copula	0.8564	0.9696	1.8972
Clayton-Copula	0.6959	0.8708	4.3134
Frank-Copula	0.8492	0.9716	2.0438
样本	0.8769	0.9654	0

由图可以看出正态-Copula、t-Copula 和 Frank-Copula 都呈现出明显的上下尾对称性，Gumbel-Copula 着重刻画了上尾相关性，Clayton 着重刻画了下尾相关性。根据图像对比判别，Clayton-Copula 密度函数图与样本频率直方图的图形形式更为接近，都具有下尾特征。从表 5-4 可以看出，五种 Copula 函数的秩相关系数进行对比，其中使用 Gumbel -Copula 函数和 t-Copula 函数模型的秩相关系数与样本数据的相关系数较为接近，但 Gumbel-Copula 函数的欧氏距离更小，综上所述，应选取 Gumbel-Copula 函数对风光样本进行建模以研究其相关性。采用 Gumbel-Copula 函数进行拟合，利用极大似然估计法进行参数 θ 的估计，得 $\theta = 6.9656$。

基于上文所述的场景生成方法，生成 1000 个具有相关性的光伏发电功率场景，然后利用 Kmeans 聚类方法分别对生成的大量光伏场景进行缩减，并求出每个场景的概率，如图 5-22、图 5-23 所示，缩减后各个场景的概率见表 5-5。

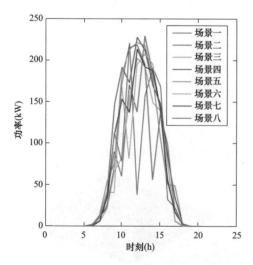

图 5-22 新农光伏发电功率生成场景

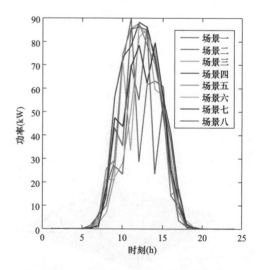

图 5-23 永记光伏发电功率生成场景

表 5-5　　　　　　　　　　　缩减后各个场景生成概率

场景	一	二	三	四	五	六	七	八
概率	0.1187	0.0986	0.1836	0.1151	0.1178	0.1480	0.1315	0.0877

5.2 火力发电机组灵活性改造与运行控制技术评估

5.2.1 火力发电机组灵活性改造技术仿真研究

1. 火电机组灵活性改造建模研究

火电机组灵活性改造后，在深度调峰、快速负荷响应等灵活运行状态下，偏离原设计工况较多，在超低负荷及快速调峰过程中的机组热力特性有待深入研究。分析机组深度调峰、快速调频等灵活性改造后运行的特性有助于分析火电机组在灵活运行下的成本，为评估灵活性改造技术适用性提供数据支撑。通过机组汽轮机、锅炉、控制系统进行必要的仿真建模工作，分析在深调工况下机组在热力参数方面的响应特征、重要运行表征指标，对机组参与灵活运行时的各项指标予以分析，最终得出机组对灵活性改造的适用性评估结论，为后续灵活性改造技术的应用实施提供合理的参考依据。

（1）建模仿真对象。火力发电机组灵活性改造技术仿真对象为某 600MW 超临界湿冷机组，锅炉与汽轮机的主要设计参数分别见表 5-6 和表 5-7。

表 5-6　　　　　　　　　　　锅炉设备规范

名称	单位	设计参数	
		BMCR	TRL
过热蒸汽流量	t/h	1950	1789.9
过热蒸汽压力	MPa	25.4	25.2
过热蒸汽温度	℃	571	571
再热蒸汽出口压力	MPa	4.56	4.17
再热蒸汽出口温度	℃	569	569
给水温度	℃	285.3	279
给水压力	MPa	28.87	28.2
锅炉效率	%	93.83	93.91
炉膛出口温度	℃	1015	988
排烟温度修正前/后	℃	128/123	124/119

表 5-7   汽 轮 机 设 备 规 范

项目	单位	数据
机组形式	—	超临界、一次中间再热、三缸、四排汽、单轴、凝汽式
额定功率	MW	600
额定主蒸汽压力	MPa	24.2
额定主蒸汽温度	℃	566
主蒸汽额定进汽量	t/h	1662.63
再热蒸汽额定进汽量	t/h	1415.73
额定排汽压力	kPa	4.6
配汽方式	—	喷嘴
热耗率（THA）	kJ/(kW·h)	7522
给水回热级数	—	8

（2）建模主要内容。为了解不同技术对机组调峰深度以及调节速率的提升程度，并为技术的适用性提供评价依据，研究对各种灵活性改造技术开展了适用性评估工作。提出了验证适用于耦合系统灵活性技术的理论模型，搭建了适用性评估平台对不同灵活性提升技术进行了仿真计算。仿真平台主要涉及的系统包括汽轮机及辅助系统、锅炉及辅助系统以及必要的控制模块。

利用建立的评估模型，可以对多种灵活性改造技术进行仿真计算以及评价，以研究改造技术实施后，机组输出功率变化情况以及重要运行热力参数的受影响情况，定量分析不同技术对机组功率响应速度以及机组运行稳定性经济性的影响程度，得出相关评估结果。评估主要内容包括：

（1）凝结水辅助调节技术评估；

（2）给水辅助调节技术评估；

（3）高调阀调节技术评估。

主要热力设备的动态模型建立后为了验证模型的准确度，将主要热力参数的动态模拟值与实际运行值进行了对比，验证模型是否具备较好的计算精度，评估模型能否使用于火电机组灵活改造后的动态过程模拟。

2. 凝结水辅助调频改造技术仿真

随着电网中新能源比例的快速增长，以及峰谷差的日益增大，燃煤发电机组参与调峰调频的次数明显增加，对机组调节品质要求越来越高。燃煤机组受制于燃料响应滞后的问题，负荷快速响应收到制约，基于变凝结水流量的辅助调峰技术可通过调整凝结水流量，快速改变低压加热器的抽汽流量，进而提升汽轮机功率响应速度。

通过对凝结水辅助一次调频动态过程进行动态模拟计算，得出机组负荷的响应速度，计算不同凝结水变化量对机组功率的影响，以及采用凝结水辅助一次调频技术对机组热力系统的影响。

（1）仿真目标。对凝结水辅助一次调频动态过程进行动态模拟计算，得出机组负荷的响应速度，分析凝结水辅助调峰技术改造后对机组热力参数以及系统的影响，为后续技术改造以及系统的投运测试提供指导性方向。

（2）仿真主要内容。为了解变凝结水流量对机组负荷响应速率的影响，排除其他影响机组各参数的因素，采用控制变量法对凝结水辅助调峰改造技术进行仿真计算以及评估。在模拟中采用手动控制运行方式，切除协调控制相关模块，机组的煤量、风量以及给水泵转速处于定值控制状态，保持高调门开度为定值，主蒸汽压力无明显波动。通过改变凝结水泵运行转速来达到变凝结水流量的目的，计算不同凝结水流量变化量对机组的负荷变化量、负荷变化率以及单位凝结水流量的负荷响量等指标。

（3）仿真主要工况。在基准负荷 550MW 工况对凝结水辅助一次调频技术进行评估，通过调整凝结水泵转速控制凝结水流量进行变化，改变凝结水流量两次，以计算分析不同凝结水流量变化量对机组功率响应速度及幅度的影响程度。

机组调峰对能耗影响模拟工况见表 5-8。

表 5-8　　　　　　　　　　　　　机组调峰对能耗影响模拟工况表

项目	过程 1	过程 2
基准负荷：550MW 工况	凝结水流量减少 230t/h	凝结水流量减少 110t/h

（4）技术改造仿真结果。

1）凝结水流量变化 230t/h。以 550MW 为基准负荷，进行减少 230t/h 凝结水流量的模拟计算，负荷由增加至恢复接近原始状态共维持 450s 时长，机组功率响应与凝结水流量变化情况如图 5-24 所示，由计算结果可知：

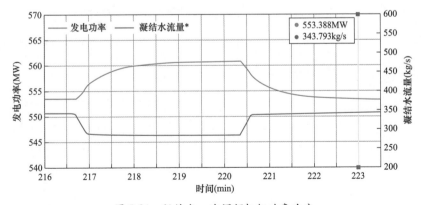

图 5-24　凝结水一次调频机组功率响应

a. 机组功率在凝结水流量开始变化后 3s 内开始出现响应，负荷随着凝结水流量的降低而迅速升高，120s 后凝结水流量减少了 228.8t/h，机组功率增加了 4.6MW；210s 后凝结水流量减少了 237.7t/h，机组功率增加了 5.8MW。凝结水流量恢复至接近初始状态后，机组发电功率受系统惯性影响并未立刻恢复至基准负荷，而是相对缓慢恢复。

b. 当凝结水流量处于快速下降阶段时机组功率随着凝结水流量的变化而迅速升高，凝结水流量降低 230t/h 左右时流量趋于稳定，机组功率仍继续升高，但随着时间的延长爬升速度逐渐减缓。

在热力系统运行参数方面，改变凝结水流量对 4 段抽汽、5 段抽汽压力存在轻微影响，整体抽汽温度及压力波动较小。汽轮机调节级后参数波动较小，锅炉烟风温度以及蒸汽温度均无较大影响。在此工况下，凝结水辅助一次调频对热力系统及运行参数影响较小。汽轮机抽汽温度及压力变化趋势如图 5-25 所示，锅炉烟风温度及主、再热蒸汽温度如图 5-26 所示。

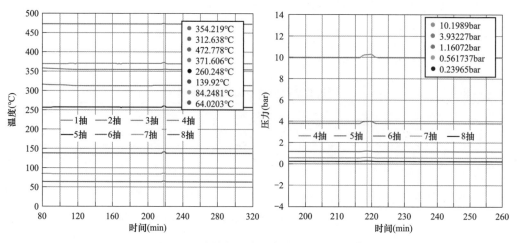

图 5-25　汽轮机抽汽温度及压力变化趋势

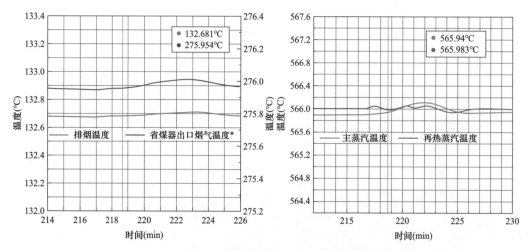

图 5-26　锅炉烟风温度及主、再热汽温

2）凝结水流量变化110t/h。以550MW为基准负荷，进行减少110t/h凝结水流量的模拟计算，负荷由增加至恢复接近原始状态共维持450s时长，机组功率响应与凝结水流量变化情况如图5-27所示，由计算结果可知：

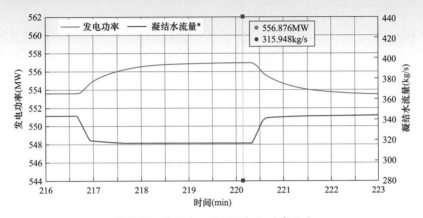

图5-27　凝结水一次调频机组功率响应

a. 机组功率在凝结水流量开始变化后3s内开始出现响应，负荷随着凝结水流量的降低而迅速升高，120s后凝结水流量减少了107.2t/h，机组功率增加了2.2MW；210s后凝结水流量减少了106.9t/h，机组功率增加了2.6MW。凝结水流量恢复至接近初始状态后，机组发电功率受系统惯性影响并未立刻恢复至基准负荷，而是相对缓慢恢复。

b. 当凝结水流量处于快速下降阶段时机组功率随着凝结水流量的变化而迅速升高，凝结水流量降低至107t/h时流量趋于稳定，机组功率仍继续升高，但随着时间的延长爬升速度逐渐减缓。

改变凝结水流量对4段抽汽、5段抽汽压力存在轻微影响，整体抽汽温度及压力波动较小。汽轮机调节级后参数波动较小，锅炉烟风温度以及蒸汽温度均无较大影响，此工况下凝结水辅助一次调频对热力系统及运行参数影响较小。调节级参数计算结果如图5-28

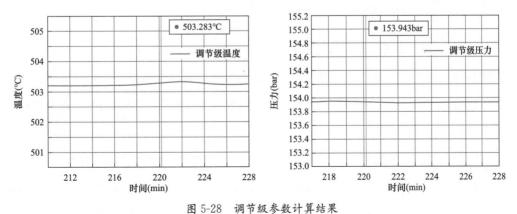

图5-28　调节级参数计算结果

所示，汽轮机抽汽温度及压力变化趋势如图 5-29 所示，锅炉烟风及蒸汽温度如图 5-30 所示。

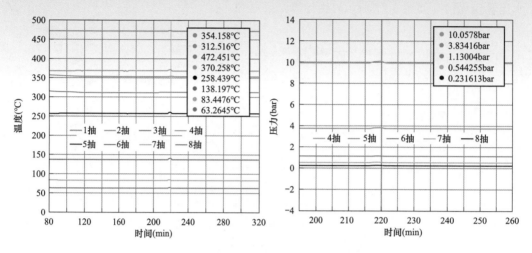

图 5-29　汽轮机抽汽温度及压力变化趋势

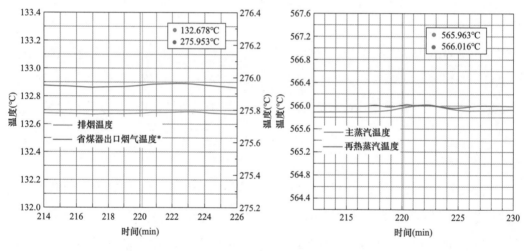

图 5-30　锅炉烟风及汽温

3. 给水辅助调频改造技术仿真

给水辅助调频改造技术通过增设高压加热器给水旁路，在机组需要快速升负荷时开启给水旁路门，减少高压加热器的给水量，使高压加热器抽汽量快速减少，达到快速升负荷的目的。

（1）仿真目标。机组接收到一次调频指令后，可以通过开启给水旁路阀，减少经过高压加热器的流量，以达到减少高压加热器抽汽、增加机组功率响应速度的目的。通过对机组给水旁路调节过程的建模工作，可以得出机组旁路给水流量与负荷的响应特性曲线，并依托模型的热力参数计算，定量分析给水旁路技术对机组热力系统运行参数的扰动程度，为后期系统调试以及应用提供指导方向。

（2）仿真内容。为了解给水旁路的投运对机组负荷响应速率的影响，需排除其他影响机组负荷变化的因素。在模拟中采用手动控制汽轮机、锅炉主控的方式，切除负荷控制相关模块，机组的煤量、风量、给水泵转速以及凝泵转速处于定值控制状态，保持高调门开度不变。通过增开给水旁路来达到改变高压加热器抽汽量的目的，计算不同给水旁路量对机组的负荷变化量、负荷变化率以及单位给水旁路流量对负荷响应的影响量等指标。

（3）仿真工况。在基准负荷 530MW 工况下，对给水旁路辅助一次调频技术进行评估，通过调整给水旁路阀开度，以计算分析不同给水旁路流量变化量对机组功率响应速度及幅度的影响程度。机组调峰对能耗影响模拟工况见表 5-9。

表 5-9   机组调峰对能耗影响模拟工况表

项目	给水旁路流量 1	给水旁路流量 2
基准负荷：530MW 工况	过程 1：旁路流量变化 180t/h	过程 2：旁路流量变化 360t/h

（4）仿真结果。

1）给水旁路流量 180t/h。以 535MW 为基准负荷，给水旁路开启状态共维持 600s 时长，机组功率响应与给水旁路变化情况如图 5-31 所示，由计算结果可知：给水旁路开启后机组在 3s 内出现负荷响应，机组负荷随着给水旁路流量的升高而快速升高，给水流量稳定后，机组功率受热惯性影响继续升高，但提升速率逐渐降低，开启给水旁路 100s 后机组功率增加 4.8MW，300s 后机组功率增加 5.3MW。

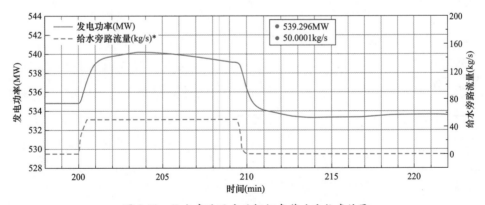

图 5-31   给水旁路开启后机组负荷响应仿真结果

由图 5-32 可知，给水旁路的投运对高压加热器抽汽流量存在一定影响，加热器抽汽流量明显降低，机组功率也随着抽汽量的减少而增加。

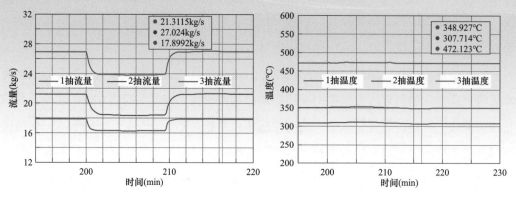

图 5-32　给水旁路投运对高压加热器抽汽参数影响

在蒸汽温度方面，给水旁路的投运对机组主、再热蒸汽温度均存在一定的影响，再热蒸汽温度扰动频率较大，如图 5-33 所示，主要原因是 1 段、2 段抽汽量的增加导致锅炉冷再蒸汽流量变化，对再热器影响相对较大。由于高压加热器抽汽流量的减少，给水温度降低了 8.5℃，对省煤器运行存在较大扰动，由图 5-34 计算结果可知，本工况下两侧省煤器出口平均温度最高降低了约 2.5℃，给水温度的大幅变化对省煤器出口烟气温度影响较大，给水旁路的投运对机组运行稳定性存在一定的影响。

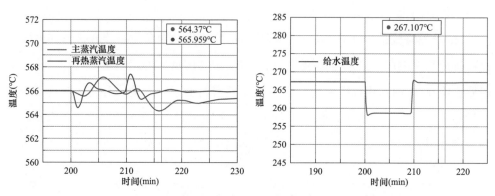

图 5-33　给水旁路投运对给水及蒸汽温度的影响

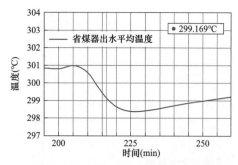

图 5-34　给水旁路投运后省煤器运行参数

2）给水旁路流量 360t/h。以 535MW 为基准负荷，给水旁路开启状态共维持 600s 时长，机组功率响应与给水旁路变化情况如图 5-35 所示，由计算结果可知：给水旁路开启后机组在 3s 内出现负荷响应，机组负荷随着给水旁路流量的升高而快速升高，给水流量稳定后，机组功率受热惯性影响继续升高，但提升速率逐渐降低，开启给水旁路 100s 后机组功率增加 10.1MW，300s 后机组功率增加 11.0MW。

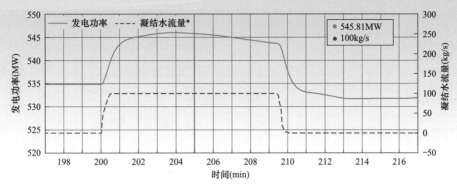

图 5-35　给水旁路开启后机组负荷响应仿真结果

由图 5-36 可知，给水旁路的投运对高压加热器抽汽流量存在一定影响，加热器抽汽流量明显降低，机组功率也随着抽汽量的减少而增加。

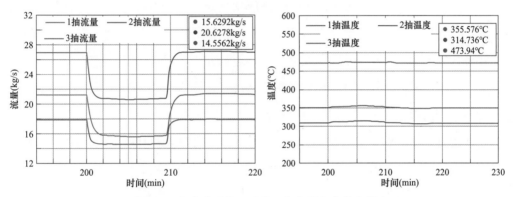

图 5-36　给水旁路投运对高压加热器抽汽参数影响

在蒸汽温度方面，给水旁路的投运对机组主、再热蒸汽温度均存在一定的影响，再热蒸汽温度扰动频率较大，如图 5-37 所示，主要原因是 1 段、2 段抽汽量的增加导致锅炉冷再蒸汽流量变化，对再热器影响相对较大。由于高压加热器抽汽流量的减少，给水温度降低了 17.0℃，对省煤器运行存在较大扰动，由图 5-38 计算结果可知，本工况下

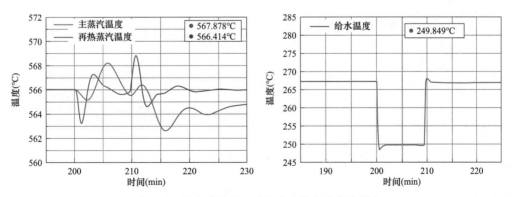

图 5-37　给水旁路投运对给水及蒸汽温度的影响

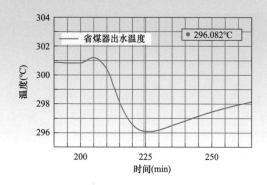

图 5-38　给水旁路投运后省煤器运行参数

两侧省煤器出口平均温度最高降低了约 4.8℃，给水温度的大幅变化对省煤器出口烟气温度影响较大，给水旁路的投运对机组运行稳定性存在较大影响。

4. 高调阀调节技术仿真

（1）仿真目标。机组在需要调频时，可以通过快速增开调门开度来进行调节，通过对机组高调门快速开启过程的模拟，得出机组负荷的响应速度，计算不同负荷下汽轮机高调门快速开启对功率以及热力系统的影响程度。

（2）仿真内容。当汽轮机高调门开度瞬间增加时，汽轮机进汽量会出现短暂的增加，机组功率也随之升高，为了解高调门开度对机组负荷响应速率的影响，排除其他影响机组各参数的因素。在模拟中采用手动控制运行方式，切除协调控制相关模块，机组的煤量、风量以及给水泵转速处于定值控制状态，保持给水泵组转速为定值。通过模拟计算分析高调门参与辅助调节过程对能耗指标的影响程度。

（3）仿真工况。在基准负荷 550MW 工况下，对高调阀调节技术进行评估，通过调整高调阀开度，以计算分析高调阀开度变化对机组功率响应速度及幅度的影响程度。

（4）仿真结果。

550MW 工况。以 550MW 为基准负荷，机组总阀位指令在 10s 内快速升高 5 个百分点，之后维持开度至 125s，之后高调门在 10s 内恢复至原有状态。高调门快速开启后，汽轮机进汽流量快速提升，功率也随之升高。由图 5-39 的计算结果可知，在高调门快速开启的 35s 内，机组负荷快速升高 28.7MW，高调门完成开启后机组负荷升高速率减缓，高调门开度开启时间持续了 100s 后负荷升高幅度变为 18.33MW。机组 DEH

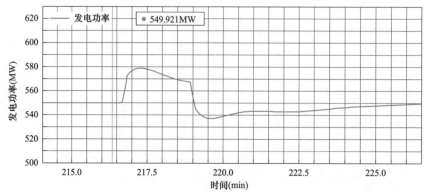

图 5-39　机组高调阀调节负荷响应曲线

高调阀开度与总阀位指令仿真值如图 5-40 所示。

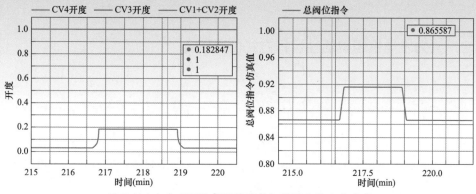

图 5-40　机组 DEH 高调阀开度与总阀位指令仿真值

在热力系统方面，高调门参与一次调频对主蒸汽流量和主蒸汽压力存在部分扰动，由计算结果可知，高调门快速开大时，主蒸汽流量快速增加，当主蒸汽调门维持不变时，主蒸汽流量会逐渐降低，而主蒸汽压力则随着高调门的开度增加而下降，当调门恢复至原有开度时，主蒸汽流量和压力逐渐恢复。汽轮机热力运行参数如图 5-41 所示。锅炉排烟温度运行参数扰动情况如图 5-42 所示。

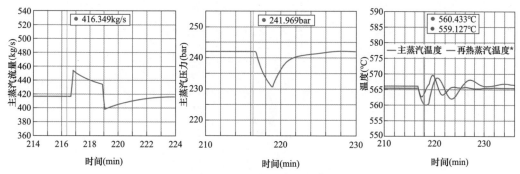

图 5-41　汽轮机热力运行参数

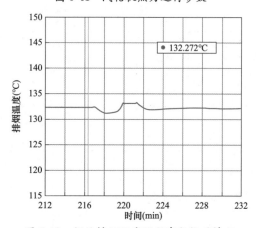

图 5-42　锅炉排烟温度运行参数扰动情况

在蒸汽温度方面，高调门快速增开会引起主再热蒸汽的扰动，但对排烟温度等锅炉烟风运行参数影响较小。

5.2.2 火力发电机组灵活性运行方式仿真研究

1. 机组快速调峰仿真研究

新能源机组与火电机组耦合发电对火电机组的运行灵活性提出了较大的要求，火电机组需要达到更高变负荷速率的调峰能力。火电机组在不同的变负荷速率以及不同的变负荷区间内的参数波动幅度均有所不同，为了解机组快速调峰的运行特点，模拟了机组不同负荷区间内的不同变负荷速率运行情况。

（1）500～600MW间机组变负荷特性。机组不同速率在100MW负荷范围内负荷的功率响应情况如图5-43和图5-44所示，并模拟了该变负荷工况下机组主要参数的受影响程度。

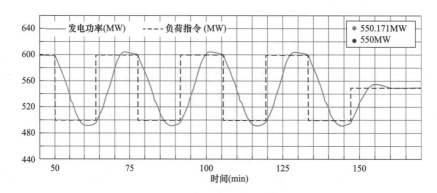

图 5-43 机组 $3.0\%P_e$ 变负荷速率功率响应

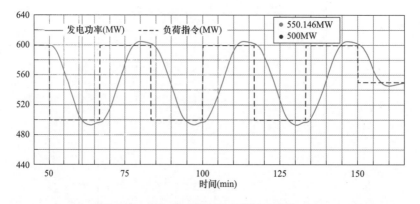

图 5-44 机组 $1.5\%P_e$ 变负荷速率功率响应

1）机组不同变负荷速率下的负荷响应。在功率响应方面，由计算结果可知，机组

变负荷速率在 $3.0\%P_e$（18MW/min）时，机组运行工况变化幅度较大，负荷存在过调现象，负荷最大偏差约 5MW；$1.5\%P_e$ 变负荷速率下负荷偏差约为 4MW，略小于 3% P_e 工况。

2）调节级运行参数。机组在 $3.0\%P_e$（18MW/min）以及 $1.5\%P_e$（9MW/min）工况下，调节级参数计算如图 5-45 和图 5-46 所示，其中 1bar＝100kPa。调节级压力的变化受汽轮机主蒸汽流量的影响，机组变负荷运行时主汽流量变化相对较大。而调节级温度的剧烈变化可能会增加机组的运行安全风险，由定压计算结果可知，机组在 $3.0\%P_e$ 变负荷工况下，调节级温度差约为 50℃，在 $1.5\%P_e$ 变负荷工况下调节级温度差约为 50℃；由滑压计算结果可知，机组在 $3.0\%P_e$ 以及 $1.5\%P_e$ 变负荷工况下，调节级温度差明显低于定压运行工况，在负荷变动时波动较小，有利于减少热应力变化。

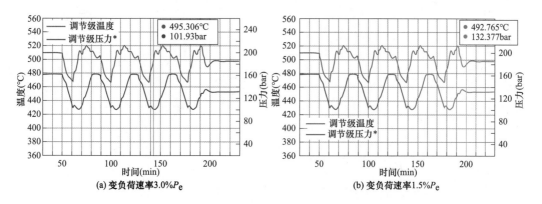

图 5-45　机组定压运行不同变负荷速率下调节级参数

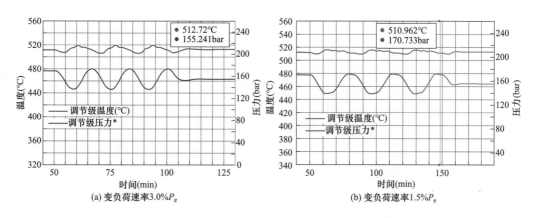

图 5-46　机组滑压运行不同变负荷速率下调节级参数

3）主再热蒸汽温度。机组在 $3.0\%P_e$（18MW/min）以及 $1.5\%P_e$（9MW/min）工况下，主、再热蒸汽参数计算如图 5-47 和图 5-48 所示。由计算结果可知，随着变负荷速率的变小, 主、再热蒸汽温度的波动幅度明显减小, 机组在 500～600MW 区间变化时, 主再热汽温度存在波动。

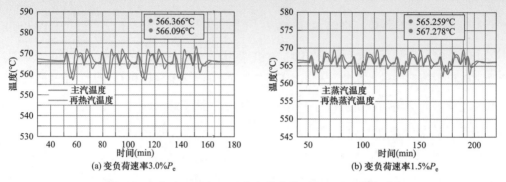

图 5-47 机组定压运行不同变负荷速率下主、再热蒸汽温度

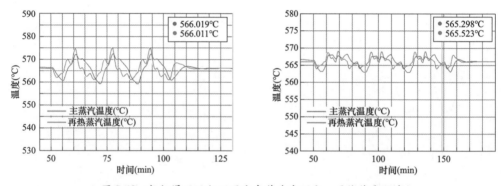

图 5-48 机组滑压运行不同变负荷速率下主、再热蒸汽温度

4）汽轮机抽汽段运行参数。机组在 $3.0\%P_e$（18MW/min）以及 $1.5\%P_e$（9MW/min）工况下, 各抽汽段蒸汽温度以及压力计算结果如图 5-49 和图 5-50 所示。抽汽段的蒸汽温度波动相对较小。抽汽段压力一般与该段压力级前的蒸汽流量近似呈正比关系, 主要受主蒸汽流量变化的影响。

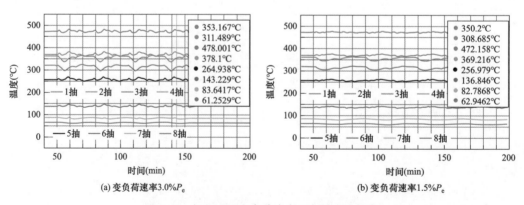

图 5-49 机组不同变负荷速率下各抽汽段温度

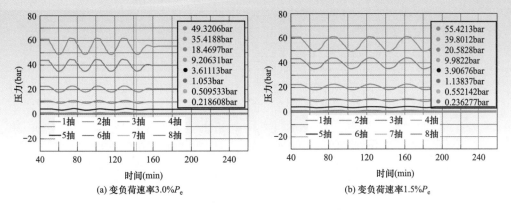

图 5-50　机组不同变负荷速率下各抽汽段压力

5）空气预热器烟气温度。机组在 3.0%P_e（18MW/min）以及 1.5%P_e（9MW/min）工况下，空气预热器进出口烟气温度计算结果见图 5-51 所示。由计算结果可知，机组负荷变化时，空气预热器进出口烟气温度变化小于其他变负荷区间工况。

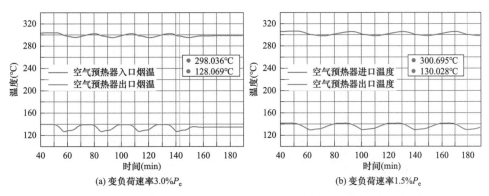

图 5-51　机组不同变负荷速率下空气预热器进出口温度

（2）380～580MW 间机组变负荷特性。机组不同速率在 200MW 变化区间的功率响应情况如图 5-52 和图 5-53 所示，并模拟了该变负荷工况下机组主要参数的受影响程度。

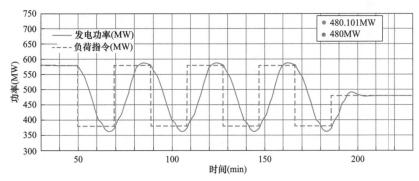

图 5-52　机组 3.0%P_e 变负荷速率功率响应

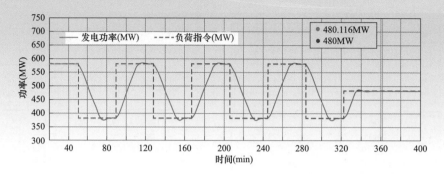

图 5-53　机组 $1.5\%P_e$ 变负荷速率功率响应

1）机组不同变负荷速率下的负荷响应。在功率响应方面，由计算结果可知，机组变负荷速率在 $3.0\%P_e$（18MW/min）时，机组运行工况变化幅度较大，负荷存在明显的过调现象，负荷最大偏差约 16MW；$1.5\%P_e$ 变负荷速率下负荷偏差约为 5MW 左右，明显小于 $3\%P_e$ 工况，可知机组在快速调峰过程中，负荷响应准确性会随着升降负荷速率的增加而变差。

2）调节级运行参数。机组在 $3.0\%P_e$（18MW/min）以及 $1.5\%P_e$（9MW/min）工况下，调节级参数计算如图 5-54 和图 5-55 所示。调节级压力的变化受汽轮机主蒸汽流量的影响，机组变负荷运行时主汽流量变化相对较大。而调节级温度的剧烈变化可能会增加机组的运行安全风险，由计算结果可知，机组在 $3.0\%P_e$ 变负荷工况下，调节级温度差约为 50℃，在 $1.5\%P_e$ 变负荷工况下调节级温度差约为 50℃；由滑压计算结果可知，机组在 $3.0\%P_e$ 以及 $1.5\%P_e$ 变负荷工况下，调节级温度差明显低于定压运行工况，在负荷变动时波动较小，有利于减少热应力变化。

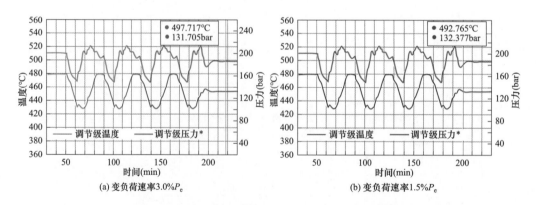

图 5-54　机组定压运行不同变负荷速率下调节级参数

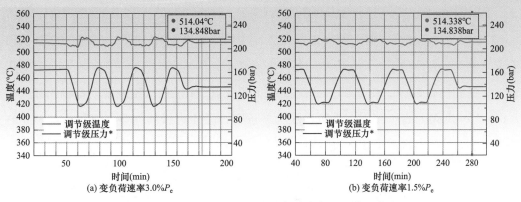

(a) 变负荷速率3.0%P_e (b) 变负荷速率1.5%P_e

图 5-55　机组滑压运行不同变负荷速率下调节级参数

3）主再热蒸汽温度。机组在 $3.0\%P_e$（18MW/min）以及 $1.5\%P_e$（9MW/min）工况下，主、再热蒸汽参数计算如图 5-56 和图 5-57 所示。由计算结果可知，再热蒸汽温度受变负荷影响波动明显大于主蒸汽温度。而且变负荷速率越大，主再热蒸汽温度波动约大。一般主再热蒸汽偏低对经济性存在一定影响，而蒸汽温度偏高则会影响机组运行安全性，由计算结果可知，机组在 $3.0\%P_e$（18MW/min）的工况下再热蒸汽温度超温趋势明显。

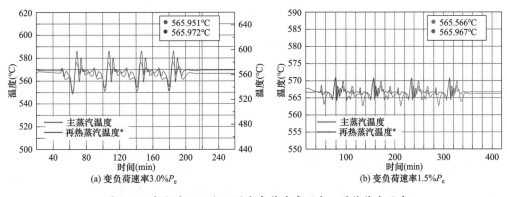

(a) 变负荷速率3.0%P_e (b) 变负荷速率1.5%P_e

图 5-56　机组定压运行不同变负荷速率下主、再热蒸汽温度

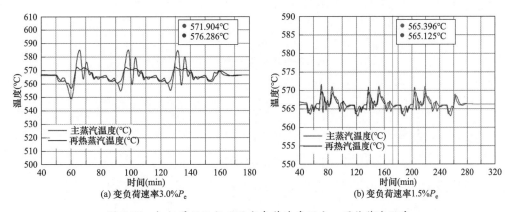

(a) 变负荷速率3.0%P_e (b) 变负荷速率1.5%P_e

图 5-57　机组滑压运行不同变负荷速率下主、再热蒸汽温度

4）汽轮机抽汽段运行参数。机组在 3.0%P_e（18MW/min）以及 1.5%P_e（9MW/min）工况下，各抽汽段蒸汽温度以及压力计算结果如图 5-58 和图 5-59 所示。抽汽段的蒸汽温度一方面受运行负荷影响，另一方面受主、再热蒸汽的波动影响，有计算结果可知，机组在 3.0%P_e（18MW/min）工况下的 3 段、4 段抽汽温度波动范围明显大于 1.5%P_e（9MW/min）工况。抽汽段压力一般与该段压力级前的蒸汽流量近似呈正比关系，主要受主蒸汽流量变化的影响。

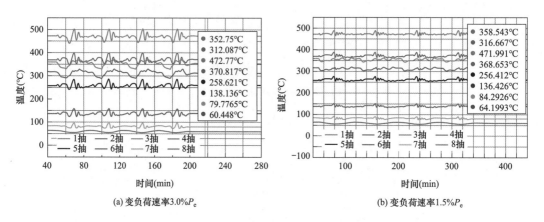

图 5-58　机组不同变负荷速率下各抽汽段温度

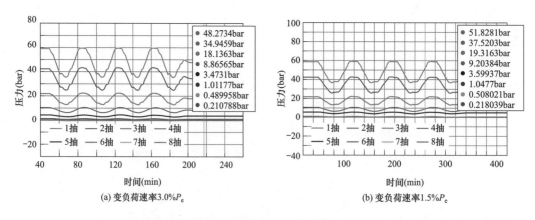

图 5-59　机组不同变负荷速率下各抽汽段压力

5）空气预热器烟气温度。机组在 3.0%P_e（18MW/min）以及 1.5%P_e（9MW/min）工况下，空气预热器进出口烟气温度计算结果如图 5-60 所示。由计算结果可知，机组负荷变化时，空气预热器进出口烟气温度会随之变化。3.0%P_e（18MW/min）工况下的空气预热器出口烟气温度波动范围大于 1.5%P_e（9MW/min）工况。

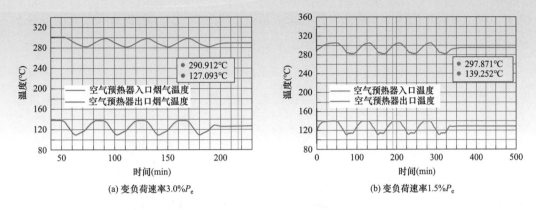

图 5-60　机组不同变负荷速率下空气预热器进出口温度

2. 机组深度调峰仿真研究

为了解机组在深度调峰工况下的参数运行特性，对机组在 30%～50%THA 的低负荷段运行进行了模拟仿真。机组在深度调峰时，设备运行参数偏离设计工况较多，运行参数变化特性存在较大程度改变。因此使用经过标定的灵活性改造技术适用性模拟平台对机组在 180～300MW 的负荷范围内的运行情况进行了仿真模拟，并对比了重要的运行参数。

（1）发电功率。在深度调峰负荷段（30%THA），模拟平台最低仿真负荷约为 180MW，并模拟了从 180～300MW 的升负荷过程。经数据对比可知在 180MW 稳定负荷段，模拟值与运行值比较相近，在变负荷阶段偏差大于稳态工况，如图 5-61 所示。

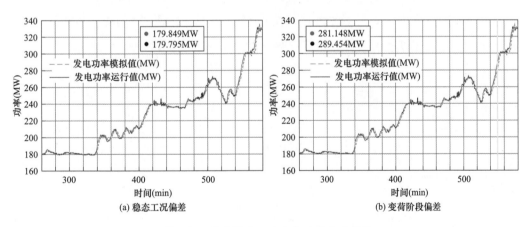

图 5-61　深度调峰工况发电功率仿真结果

（2）超低负荷工况下蒸汽温度特性。对于直流锅炉而言，机组在超低负荷段运行时，过热蒸汽温度主要受水煤比影响，两级过热减温水作为主蒸汽温度精细化调节手段，而再热蒸汽温度影响因素较多，主要受燃烧器摆角、尾部烟道烟气挡板开度、再热减温水等因素影响。当烟气挡板或燃烧器摆角无法控制再热蒸汽温度时，再热减温水作为紧急喷水进行辅助调节，避免再热器局部超温，因此蒸汽温度的调节不仅受设备动态特性影响，也受运行人员调整操作影响。

机组超低负荷蒸汽温度仿真结果如图 5-62 所示，由模拟结果可知，所仿真机组过热、再热蒸汽温度在低负荷段仍能保持接近额定值范围，但随着负荷的变化蒸汽温度存在波动增加的趋势。

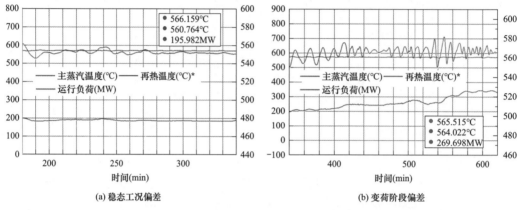

(a) 稳态工况偏差　　　　　　　　　　　　　　　(b) 变荷阶段偏差

图 5-62　机组深度调峰工况过热、再热蒸汽温度运行特性

（3）超低负荷工况下冷端运行特性。由仿真结果可知，在循环水流量一定的情况下，凝汽器运行压力随着负荷的降低而下降，在机组低负荷运行工况下凝汽器压力较常规工况下降较多。因此一方面应注意控制机组运行背压高于阻塞背压以防止低压缸末级叶片鼓风损失增大带来安全性风险，另一方面适当增加循环水泵调节灵活性适当降低超低负荷段循环水流量也有助于提升经济性。机组深度调峰工况冷端运行特性如图 5-63 所示。

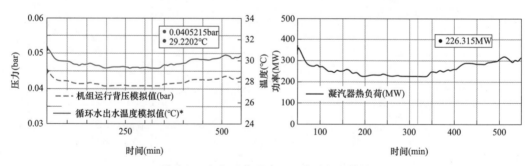

图 5-63　机组深度调峰工况冷端运行特性

5.2.3　火力发电机组灵活性技术评估

热力发电机组的主要设备具有蓄热量大、调节缓慢的特点。受制于机组的控制滞后及热惯性大等因素，其负荷响应速率和变负荷速率很难进一步提高。现有机组变负荷主

要依赖短时间的锅炉蓄热支持汽轮机快速增加流量和功率，而锅炉增加燃料的效果一般要 2min 左右才能逐步显现，这一过程的本质决定了快速升降负荷必然与锅炉蓄热、节流损失、蒸汽温度、蒸汽压力的稳定性相矛盾。为满足电网一次调频对变负荷能力的要求，机组实际运行过程中往往存在较大的调门节流损失，并导致机组蒸汽温度和蒸汽压力控制参数稳定性差，长期运行带来较大的安全风险和经济损失。

随着火电灵活性技术的发展，机组响应一次调频的方式不再局限于主蒸汽调节阀节流，目前凝结水节流、旁路给水调节等多种技术手段均可应用于机组的一次调频。通过适用性评估平台的动态模拟应用，可对凝结水节流、旁路给水调节等技术应用后对设备的影响程度进行定量计算，对技术应用后的负荷响应速率以及能耗等重要参数进行初步评价，以此评估这些提升机组调节灵活性的技术措施的适用性。

1. 凝结水辅助调频技术评估

在凝结水辅助一次调频模拟评估中，为排除机组协调控制等因素对机组功率的影响，控制影响机组负荷的变量，将汽轮机高调门开度、给水泵组转速、给煤量、风量等对机组功率存在较大影响的量切换至手动定值状态，仅改变凝结水泵转速来改变凝结水流量，以达到评估凝结水辅助一次调频效果的目的。

（1）凝结水流量变化 230t/h。以 550MW 为基准负荷，进行减少 230t/h 凝结水流量的模拟计算，评估结果见表 5-10。

表 5-10 机组功率响应及瞬态特性计算结果

项目	单位	基准工况	时间 1	时间 2
相对时间	s	0	120	210
负荷	MW	554.6	559.2	560.4
负荷变化	MW	0	4.6	5.8
凝结水流量变化	t/h	0	228.8	237.7
凝结水流量-负荷变化量	kW/t	0	20.29	24.20
辅助升负荷速度	$\%P_e/min$	0	0.387	0.274

1）当凝结水流量处于快速下降阶段时机组功率随着凝结水流量的变化而迅速升高，凝结水流量降低至 230t/h 左右时流量趋于稳定，机组功率仍继续升高，但随着时间的延长爬升速度逐渐减缓；

2）单位凝结水流量对负荷升高量随着凝结水参与调频的时长而变化，参与 120s 时凝结水流量每减少 1t，机组功率增加 20.29kW，参与 210s 时凝结水流量每减少 1t，机组功率增加 24.20kW；

3）在升负荷速率方面，凝结水参与 120s 时机组平均升负荷速率为 0.387%P_e/min，凝结水参与 210s 时机组平均升负荷速率为 $0.274\%P_e/\text{min}$，升负荷速率随着参与时间的延长而有所减缓。

（2）凝结水流量变化 110t/h。以 550MW 为基准负荷，进行增加 110t/h 凝结水流量的模拟计算，评估结果见表 5-11。

表 5-11 机组功率响应及瞬态特性计算结果

项目	单位	基准工况	时间 1	时间 2
相对时间	s	0	120	210
负荷	MW	553.8	556.0	556.4
负荷变化	MW	0	2.2	2.6
凝结水流量变化	t/h	0	107.2	106.9
凝结水流量-负荷变化量	kW/t	0	20.59	24.09
辅助升负荷速度	$\%P_e/\text{min}$	0	0.184	0.123

1）当凝结水流量处于快速下降阶段时机组功率随着凝结水流量的变化而迅速升高，凝结水流量降低至 110t/h 左右时流量趋于稳定，机组功率仍继续升高，但随着时间的延长爬升速度逐渐减缓；

2）单位凝结水流量对负荷升高量随着凝结水参与调频的时长而变化，参与 120s 时凝结水流量每减少 1t，机组功率增加 20.59kW，参与 210s 时凝结水流量每减少 1t，机组功率增加 24.09kW；

3）在升负荷速率方面，凝结水参与 120s 时机组平均升负荷速率为 $0.184\%P_e/\text{min}$，凝结水参与 210s 时机组平均升负荷速率为 $0.123\%P_e/\text{min}$，升负荷速率随着参与时间的延长而有所减缓。

（3）评估结论。凝结水辅助调节技术具有负荷响应快、对系统扰动小的特点，由仿真结果及分析可知，凝结水辅助调节改造后，凝结水的变化对汽轮机本体热力参数影响较小，对除氧器及凝汽器水位影响较大，但在改造中充分考虑除氧器与凝汽器的容积以及液位报警值，在控制逻辑上设定保护值可使该项技术安全稳定的应用在火电机组上。在调节速率方面，每增加 1t/h 的凝结水流量可为机组增加 20～25kW 的额外负荷响应。该项技术总体上改造适用性较强，可有效提升机组调节能力。

2. 给水辅助调频技术评估

（1）给水旁路流量 180t/h。在此工况开启给水旁路 100s 后辅助升负荷速率为 $0.48\%P_e/\text{min}$，开启给水旁路 300s 后，辅助升负荷速率为 $0.18\%P_e/\text{min}$，升负荷速率随着参与时间的延长而有所减缓，见表 5-12。

表 5-12 给水旁路改造后机组功率响应及瞬态特性计算结果

项目	单位	初始	开启旁路 100s	开启旁路 300s
相对时间	s	0.0	100.0	300.0
负荷	MW	534.8	539.6	540.1
高压加热器给水流量	t/h	1452.6	1460.2	1461.3
给水旁路流量	t/h	0.0	180.0	180.2
给水流量-负荷变化量	kW/t	0.0	26.9	29.2
辅助升负荷速度	$\%P_e$/min	0.0	0.48	0.18

（2）给水旁路流量 360t/h。在此工况开启给水旁路 100s 后辅助升负荷速率为 $1.01\%P_e$/min，开启给水旁路 300s 后，辅助升负荷速率为 $0.37\%P_e$/min，升负荷速率随着参与时间的延长而有所减缓，见表 5-13。

表 5-13 给水旁路改造后机组功率响应及瞬态特性计算结果

项目	单位	初始	开启旁路 100s	开启旁路 300s
相对时间	s	0.0	100.0	300.0
负荷	MW	534.8	544.9	545.8
高压加热器给水流量	t/h	1452.7	1470.2	1469.3
给水旁路流量	t/h	0.0	360.0	360.0
给水流量-负荷变化量	kW/t	0.0	28.0	30.5
辅助升负荷速度	$\%P_e$/min	0.0	1.01	0.37

（3）评估结论。由仿真结果及分析可知：

1）给水辅助调节技术具有负荷响应快的特点，相比凝结水辅助调节技术负荷响应时间更短；

2）给水辅助调节改造后，给水旁路流量的变化对汽轮机给水系统以及锅炉省煤器运行参数扰动较大，对主再热汽温度影响偏大；

3）在调节速率方面，在参调的 100s 内，不同的旁路流量可为机组提供 $0.3\%\sim1.1\%P_e$/min 的速率提升，该项技术可有效提升机组调节能力。

3. 高调阀调节技术评估

（1）汽轮机在高调门开启的 35s 时间段内机组辅助升负荷速率为 $8.2\%P_e$/min，到 100s 时由于高调阀已经完成开启动作，机组功率无法维持在高点导致负荷降低，辅助升负荷速率降低为 $1.83\%P_e$/min；

（2）由表 5-14 计算结果可以看出，高调门调节具有调节速率快、持续时间短的特点。

表 5-14   工况高调阀调节评估计算结果

相对时间	s	0	35	100
主蒸汽流量	t/h	1498.9	1609.9	1566.3
主蒸汽压力	MPa	24.19	23.78	23.12
负荷	MW	549.9	578.6	568.2
平均负荷提升速度	MW/s	0	0.82	0.18
辅助升负荷速率	$\%P_e/\mathrm{min}$	0	8.20	1.83

（3）评估结论。由仿真计算的结果对高调阀调节进行分析评估，可知：

1）高调阀调节调节速度快，在高调阀参与调节的 35s 内机组的升负荷速率有大幅度提升；

2）高调阀调节对机组主、再热汽存在一定扰动，总体上在可控范围。

5.3　耦合系统火力发电机组安全性评估

5.3.1　超低负荷下火力发电机组安全性评估

1. 锅炉安全性评估背景

探讨锅炉燃烧器的最低稳燃低负荷以及低负荷时临界升负荷速率，可以为火电与新能源相耦合机组稳定以及安全运行提供理论基础。在针对锅炉整体的低负荷稳燃问题的研究工作开展得较多，对燃烧器的低负荷运行及低负荷工况下快速升负荷运行缺乏系统的研究。采用数值模拟的方法研究低负荷稳燃和升负荷过程具有快速、可行性高等特点。

基于上述问题，本节中将探究 LNASB 低 NO_x 旋流煤粉燃烧器从 100％负荷降低至 25％负荷过程中的燃烧特性。首先将借助国际火焰研究协会（IFRF）的 2.4MW 旋流煤粉燃烧实验炉来验证所选取数学模型及数值模拟计算方法的准确性，在选定的数学模型和数值模拟方法下通过数值模拟探究降低负荷后旋流煤粉燃烧器的燃烧特性，作为后续对燃烧器低负荷稳定燃烧和低负荷下快速升负荷过程研究的基础。

2. 数值计算方法

煤粉燃烧是一个复杂的过程，其中包括一系列化学、物理反应过程，主要有煤粉热解、煤粉燃烧、湍流流动、传热传质等过程。考虑到工程实际情况，本节将对本文数值模拟中涉及的模型进行简要介绍。

（1）基本守恒方程。煤粉燃烧数值模拟中流体的流动过程，遵循质量、动量和能量守恒。

1）质量守恒为

$$\frac{\partial \rho}{\partial t} + \frac{\partial}{\partial x_j}(\rho u_j) = 0 \tag{5-44}$$

2）动量守恒为

$$\frac{\partial}{\partial t}(\rho u_i) + \frac{\partial}{\partial x_j}(\rho u_i u_j) = -\frac{\partial \sigma_{ij}}{\partial x_j} + S_i \tag{5-45}$$

3）能量守恒为

$$\frac{\partial}{\partial t}(\rho h) + \frac{\partial}{\partial x_j}(\rho u_j h) = -p\frac{\partial u_j}{\partial x_j} + \frac{\partial}{\partial x_j}\left(\lambda\frac{\partial T}{\partial x_j}\right) + \Phi + S_k \tag{5-46}$$

（2）湍流模型。锅炉炉内煤粉燃烧过程包括湍流流动，常用的湍流流动模型包括标准 $\kappa\text{-}\varepsilon$ 模型、RNG k-ε 模型和 realizable（带旋流修正的）k-ε 模型。本文研究对象为旋流燃烧器的流动模拟，考虑到 realizable k-ε 模型适用于包含旋转剪切流、旋流等边界条件层流及二次流等，因此选择 realizable k-ε 模型作为气相湍流模型。

具体的 k 方程为

$$\frac{\partial}{\partial t}(\rho k) + \frac{\partial}{\partial x_j}(\rho k \mu_j) = \frac{\partial}{\partial x_j}\left[\left(\mu + \frac{\mu_t}{\delta_k}\right)\frac{\partial k}{\partial x_j}\right] + G_k + G_b - \rho\varepsilon - Y_M + S_k \tag{5-47}$$

具体的 ε 方程为

$$\frac{\partial(\rho k)}{\partial t} + \frac{\partial(\rho \varepsilon \mu_j)}{\partial x_j} = \frac{\partial}{\partial x_j}\left[\left(\mu + \frac{\mu_t}{\sigma_\varepsilon}\right)\frac{\partial \varepsilon}{\partial x_j}\right] + \rho C_j S_\varepsilon - \rho C_2 \frac{\varepsilon^2}{k + \sqrt{\upsilon\varepsilon}} + C_{1\varepsilon}\frac{\varepsilon}{k}C_{3\varepsilon}G_b + S_\varepsilon \tag{5-48}$$

（3）煤粉颗粒运动。Lagrange 随机颗粒轨道模型主要是通过拉格朗日坐标下的颗粒瞬时方程组，计算不同煤粉颗粒的运动及其轨道，由于煤粉颗粒运动伴随着非均相、有相变的燃烧等化学反应过程，Lagrange 随机颗粒轨道模型具有良好的效果，因此煤粉的运动可描述为

$$m_p \frac{d_{u_{ip}}}{d_t} = C_{D\rho g}\left(\frac{A_p}{2}\right)(\overline{u_{ip}} + u_{ig} - u_{ip})\left|\overline{u_{ip}} + u_{ig} - u_{ip}\right| + m_p g_k \tag{5-49}$$

式中：u_{ip}、m_p、A_p 分别为煤粉颗粒速度、质量、表面积；g_k 为当地重力加速度；ρ_g 为气相密度；$\overline{u_{ip}}$ 为气相速度分量的平均值；u_{ig} 为气相脉动速度分量；C_D 为阻力系数。

（4）煤粉颗粒燃烧。煤粉被一次风带入炉膛，经历了如图 5-64 所示过程。首先是煤粉颗粒受热挥发分析出，紧接着挥发分燃烧，生成二氧化碳和

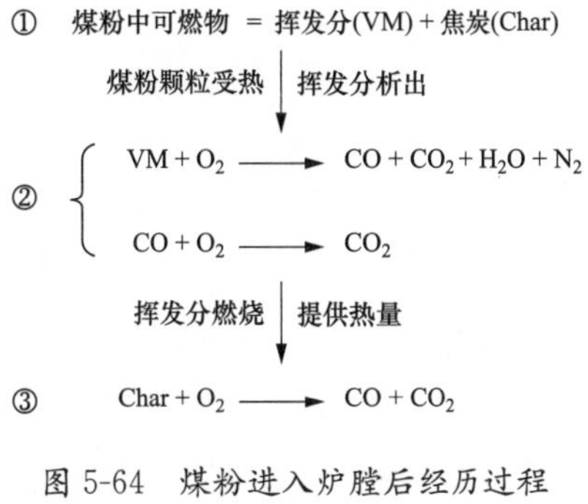

图 5-64　煤粉进入炉膛后经历过程

水，挥发分的燃烧为焦炭燃烧提供热量，最后是焦炭的燃烧。

煤粉颗粒挥发分析出采用双方程竞争模型。气相燃烧模型主要有组分运输模型、非预混模型、预混模型，本文中采用组分运输模型中的涡耗散模型。采用扩散-动力模型

描述焦炭燃烧过程。

（5）辐射模型。炉内传热主要有辐射传热和对流换热，其中95％以上为辐射传热，因此辐射换热方式在炉膛内非常重要，目前常用的辐射换热模型有 P1 模型、DO 模型等。DO 模型对 CPU 计算能力要求高，而 P1 模型可计算散射效果，适用于光学厚度比较大的计算区域，且对 CPU 的计算能力要求较低，因此选择 P1 模型机型煤粉燃烧过程中辐射换热进行求解。

3. 数值模拟方法验证

为了说明数值模拟方法的可靠性，将对 IFRF 旋流煤粉燃烧实验进行验证。图 5-65 为 IFRF 旋流煤粉燃烧器实验炉的结构示意图，其由旋流煤粉燃烧器、炉膛壁及烟气出口组成。实验炉中，燃烧炉膛外壁长度为 7170mm，内壁长度为 6250mm，横截面是边长为 2000mm 的正方形，烟气出口结构如图 5-65 所示，烟气出口直径为 500mm。

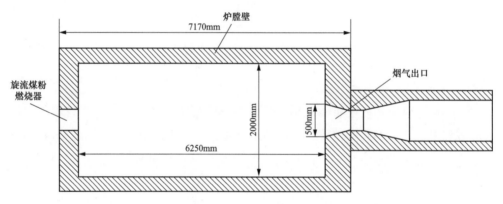

图 5-65　IFRF 旋流煤粉燃烧器实验炉的结构示意图

图 5-66 中展示了 IFRF 旋流煤粉燃烧器的结构示意图，燃烧器的入口由携带煤粉的

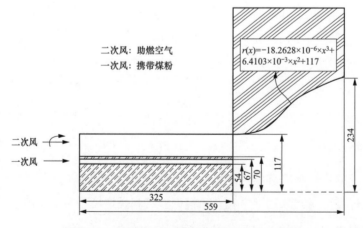

图 5-66　IFRF 旋流煤粉燃烧器的结构示意图

一次风入口以及混合空气的二次风入口组成。其中，一次风为直流，二次风具有一定旋流角度。一次风入口内径为 108mm，外径为 134mm，二次风入口内径为 140mm，外径为 234mm，燃烧器出口的直径为 468mm，旋流煤粉燃烧器与炉膛连接处曲线方程如 $r(x)$ 所示。

旋流煤粉燃烧实验炉中工质即煤粉的煤质特性见表 5-15。

表 5-15　　　　　旋流煤粉燃烧实验炉中工质即煤粉的煤质特性

工业分析（weight%，dry）			元素分析（weight%，daf）					低位发热量（MJ/kg）
V	FC	A	C	H	O	N	S	Q_{LCV}
37.4	54.3	8.3	80.36	5.08	1.45	0.94	12.17	32.32

在旋流煤粉燃烧器中，设定边界条件时，一、二次风均设置为质量入口。旋流角度通过将速度方向设置为径向、轴向、切向三个方向来实现。基准工况中二次风轴向速度和径向速度比为 43.83：49.42。

主要参数设置见表 5-16。

表 5-16　　　　　　　　主　要　参　数　设　置

主要参数	负荷（MW）	一次风量（kg/h）	一次风温（K）	二次风量（kg/h）	二次风温（K）	过量空气系数
数值	2.4	421	343.15	2684	573.15	1.19

炉膛壁面及燃烧器表面均设置为温度边界条件，燃烧器结构较为复杂，可分为燃烧器入口、燃烧器导管壁面、燃烧器出口三个区域。炉膛壁面分为炉膛前墙、炉膛侧墙、炉膛后墙三个区域，烟气出口设置为压力出口边界条件。考虑到实际情况，为了让数值模拟更加接近于具体运行情况，在不同的区域设置了不同的温度及辐射率，具体设置见表 5-17。

表 5-17　　　　　　　　温　度　边　界　条　件　设　置

温度边界	温度（K）	辐射率
燃烧器入口导管面	373/573	0.6
燃烧器前墙面	800	0.6
燃烧器出口侧面	1273	0.6
炉膛前壁面	1400	0.5
炉膛侧壁面	1400	0.5
冷却回路	1000	0.4
炉膛后壁面	1300	0.5
烟气出口壁面	1300	0.5

在上文中选定的数学模型和数值模拟方法下，对 IFRF 旋流煤粉燃烧实验炉的燃烧过程进行热态模拟，得到了燃烧器出口附近特定截面（$z=-0.1m$、$z=0m$、$z=0.25m$、$z=0.5m$、$z=0.85m$、$z=1.25m$、$z=1.95m$ 截面）上的速度、温度、组分浓度分布情况，以及炉膛内的速度场、温度场、各组分浓度场。

图 5-67 展示了旋流煤粉燃烧器中心截面上的速度云图，燃烧器速度集中分布在燃烧器出口附近区域，炉膛中速度最大值位于燃烧器出口附近，在燃烧器出口处有小部分回流区域。

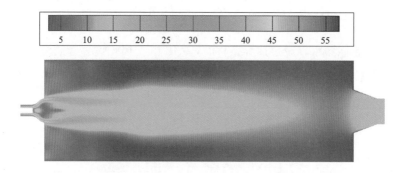

图 5-67 炉膛中心截面上速度分布图

图 5-68 为特定截面上的速度分布图，即距离燃烧器出口距离 $z=0m$、$z=0.25m$、$z=0.5m$、$z=0.85m$ 四个截面上的速度分布图。图 5-68 中〇为文献中实验结果，橙线为文献模拟结果，蓝线为本文模拟结果。本文模拟结果与实验结果中轴向速度、切向速度以及轴向和切向速度的均根方值曲线的趋势均保持一致，且速度的峰值接近，速度峰值对应的横坐标均在 $z=0.2m$ 附近。

图 5-69 所示为炉膛中心截面上的温度分布，燃料着火位置及火焰中心位置位于燃烧器出口附近，燃烧器的高温区域位于炉膛的前半段区域，炉膛中最高温度可达 2200K。

图 5-70 分别为距离燃烧器出口 $z=-0.1m$、$z=0m$、$z=0.25m$、$z=0.5m$、$z=0.85m$、$z=1.25m$、$z=1.95m$ 截面上的温度分布图。本文模拟结果与文献结果中温度分布的趋势均保持一致，峰值温度数值接近，峰值温度对应位置均在燃烧器中心截面附近。低温区域分布在与燃烧器中心截面距离大于 0.4m 区域，距离燃烧器出口较近处温度接近于水冷壁温度，而距离燃烧器中心截面较远处温度接近于炉膛的壁面温度。

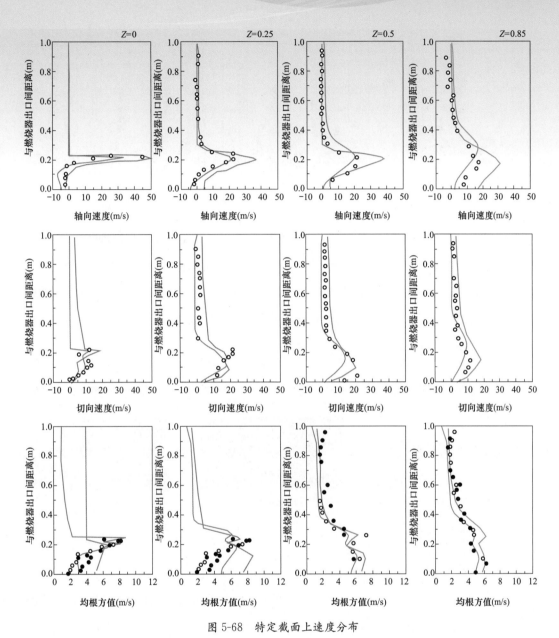

图 5-68　特定截面上速度分布

○—实验结果；橙线—文献模拟结果；蓝线—本文模拟结果

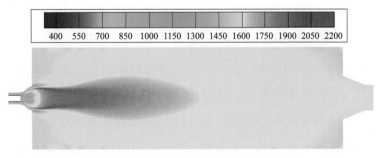

图 5-69　炉膛中心截面上温度分布

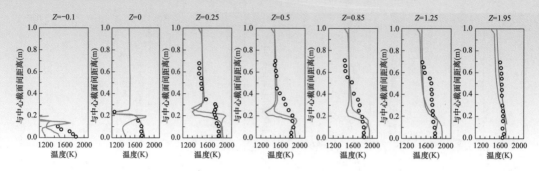

图 5-70 特定截面上温度分布

图 5-71 为燃烧器中心截面上的组分浓度分布。二次风入口作为带有旋流空气入口，具有空气分级的作用。燃烧初期空气量不充分，焦炭的析出分在燃烧器出口处消耗了大量氧气，并生成了一氧化碳，因此燃烧器出口附近氧气的消耗量较大，且燃烧器出口附近一氧化碳产量相对更大，而一氧化碳进一步又会反应生成二氧化碳，因此在与燃烧器出口一定距离处一氧化碳浓度降低，二氧化碳浓度升高。

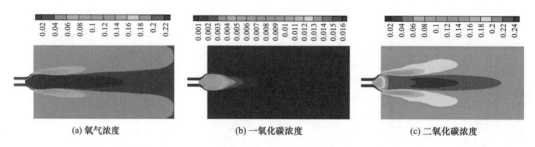

图 5-71 燃烧器中心截面上的组分浓度分布

图 5-72 分别展示了距离燃烧器的出口 $z=-0.1m$、$z=0m$、$z=0.25m$、$z=0.5m$、$z=0.85m$、$z=1.25m$、$z=1.95m$ 截面上的组分浓度分布。图中可见在燃烧器中心截面附近的氧气消耗较大，距离中心截面远处氧气消耗较小；一氧化碳、二氧化碳主要分布在燃烧器出口附近，且距离燃烧器中心截面远处浓度较低；对比可得，本文中模拟结果与文献中给出结果的燃烧器出口各截面上的组分浓度分布趋势一致，且对应的组分浓度峰值对应的位置同样保持一致。

表 5-18 对比了本文模拟结果与文献 [30] 中出口截面上的部分参数，出口截面上温度本文模拟值与实验值误差为 2.1%，与文献中模拟结果误差为 5.1%。出口截面氧气本文模拟值与实验值误差为 27.6%，与文献中模拟结果误差为 0.26%。出口截面一氧化碳值与实验值误差为 26.7%，文献中一氧化碳模拟值与实验误差较大，但与文献

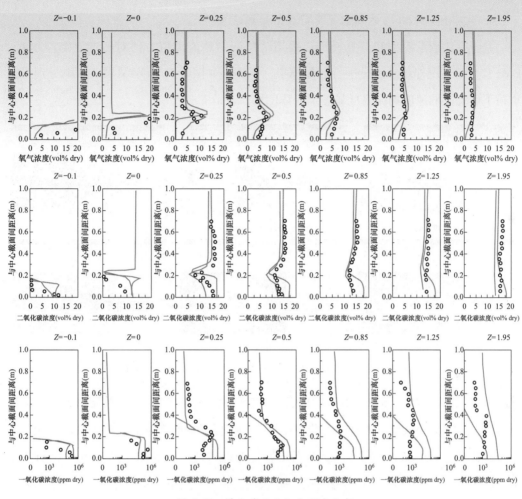

图 5-72　特定截面上组分浓度分布

中模拟值误差较小。出口截面二氧化碳值与实验值误差为 2.1%，与文献模拟值误差为 0.71%。出口截面水含量本文模拟值与实验模拟值误差为 1.45%。本文中模拟结果与文献中给出结果误差较小，因此可以证明本文中所选用数学模型、计算模型、所采用数值计算方法和设置的边界条件的准确性。

表 5-18　　　出口截面上部分参数模拟结果与文献结果 [30] 对比

参数	实验结果	文献模拟结果	本文模拟结果	单位
温度（K）	1353	1310	1381	K
O_2	3.0	3.82	3.83	vol% dry
CO	30	60	38	ppm dry
CO_2	15.6	15.38	15.27	vol% dry
H_2O	—	5.51	5.43	vol%

4. LNASB 低 NO_x 燃烧器降负荷数值模拟结果

基于上述数学模型和计算模型，采用已验证的数值模拟方法对所选燃烧器 100％ BMCR 负荷工况即基准工况进行数值模拟，得到了如图 5-73 所示结果，图中分别为该负荷下燃烧器的速度场、温度场、组分浓度场。

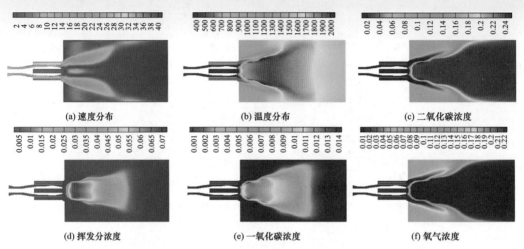

图 5-73 100％ BMCR 负荷下速度、温度、组分浓度云图

上述低 NO_x 燃烧器延迟混合的特点会造成燃烧效率的降低，并且当锅炉处于低负荷运行时，需要保证单支燃烧器的稳定燃烧，以确保锅炉的低负荷稳定运行，因此本文中分别计算了基于基准工况降低负荷后的燃烧器运行情况，如图 5-74 所示，当负荷逐渐降至 50％负荷时，炉膛中心温度逐步降低到与炉膛壁面相近，当负荷降低至 25％负荷时，炉膛中温度与炉膛壁面相同。

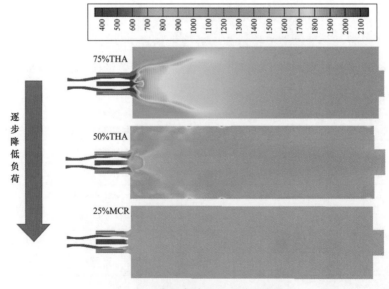

图 5-74 降低负荷运行结果温度场

75% THA 负荷下，各组分浓度如图 5-75 所示。由图可见，此工况下挥发分的析出、一氧化碳的生成集中在燃烧器出口附近，氧气消耗量及二氧化碳生成量较大。

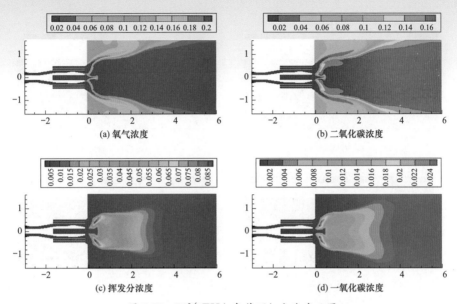

图 5-75　75% THA 负荷下组分浓度云图

继续降低负荷，在 50% THA 负荷下，氧气、二氧化碳、挥发分、一氧化碳各组分浓度如图 5-76 所示。此负荷下，挥发分的析出、一氧化碳的生成仍集中在燃烧器出口附近，但挥发分及一氧化碳浓度较高处对应横坐标相应于 75% THA 负荷时推迟，燃烧器出口附近氧气消耗量及二氧化碳生成量相较于 75% THA 负荷时呈降低的趋势。

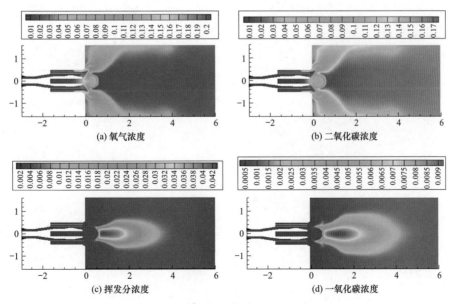

图 5-76　50% THA 负荷下组分浓度云图

继续降低负荷至 25％ MCR 负荷时，各组分浓度如图 5-77 所示。此负荷下，燃烧器出口附近挥发分的析出及一氧化碳的生成量较少，且氧气消耗量及二氧化碳生成量大大减少。

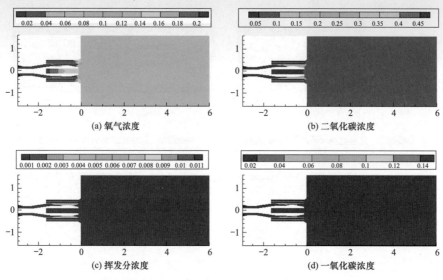

图 5-77　25％ MCR 负荷下组分浓度云图

基于上述结果可得出，燃烧器在降低负荷至 25％ MCR 负荷时，燃烧器发生了熄火，无法稳定燃烧。其原因是：在 75％ THA 和 50％ THA 下，燃烧器出口处产生速度回流，卷吸高温空气达到了稳燃的效果。随着负荷的降低，如图 5-78 所示，回流速

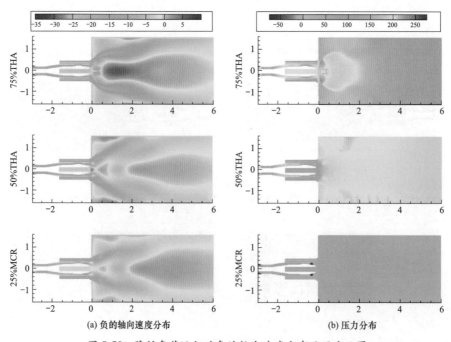

图 5-78　降低负荷运行时负的轴向速度分布及压力云图

度降低，燃烧器出口附近压力降低，对高温烟气的卷吸变小，导致燃烧器最终在 25% MCR 下熄火。

5. 燃烧器参数对煤粉低负荷稳燃的影响

（1）旋流角度的影响。在工程上，通常将燃烧器出口 1m 处温度小于 1000K 时作为燃烧器熄火的判定依据。图 5-79 为不同旋流角度下的温度云图，旋流角度为 30°时，距离燃烧器出口 1m 处温度为 400K，旋流角度为 35°时，距离燃烧器出口 $z=1m$ 处温度为 800K，两种工况下燃烧器出口 1m 处温度均小于 1000K，即燃烧器熄火，而旋流角度为 45°~60°间四种工况下，距离燃烧器出口 1m 处温度均大于 1000K，炉膛中高温区域集中分布在燃烧器出口附近，即燃烧器可以稳定燃烧。

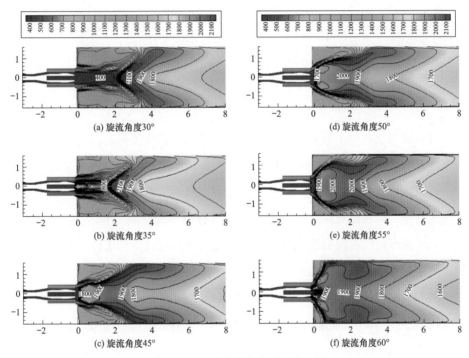

图 5-79　不同旋流角度下温度云图

图 5-80 所示为不同旋流角度下炉膛中心截面上的温度分布。旋流角度为 50°时燃烧器峰值温度对应点距离燃烧器出口距离为 0.25m，其他旋流角度下峰值温度对应点与燃烧器出口距离均大于 1m，即炉膛中高温区域距离燃烧器出口最近工况为旋流角度为 50°工况，从而得出最佳旋流角度工况为旋流角度为 50°工况。

调整旋流角度可实现燃烧器在低负荷下稳定燃烧，而不同旋流角度下稳燃效果差异的原因：当旋流角度减小时，内外二次风的轴向速度会随之增大，从而导致炉膛高温区域整体后移，从而无法改善燃烧特性，实现低负荷下稳定燃烧；当旋流角度适当增大

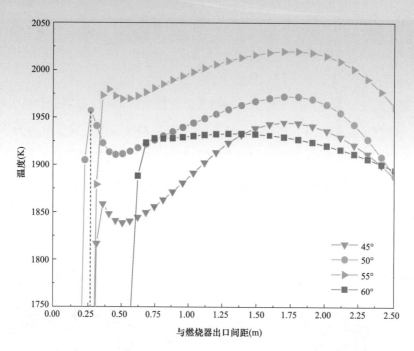

图 5-80　不同旋流角度下炉膛中心截面温度分布

时，燃烧器内外二次风轴向速度较为适当，炉膛中高温区域提前，同时还会加快一次风和二次风的混合，从而达到稳定燃烧的目的；当旋流角度过大时，内外二次风的径向速度过大，高温区域将向外扩散开，同时会导致一次风与二次风混合的效果较差，虽然可以改善燃烧特性，但稳燃效果相对较差。综上可得出，最佳旋流角度为 50°，且在一定范围内，减小旋流角度会使得稳燃效果更差，适当增加旋流角度可以提高稳燃效果，到最佳旋流角度后继续提高旋流角度又会使稳燃效果更差。

（2）浓缩环位置的影响。图 5-81 为不同浓缩环位置下的温度云图，浓缩环向左移动 300mm 工况中，距离燃烧器出口 1m 处温度为 400K，燃烧器熄火，浓缩环向左移动 200mm 工况中，虽然燃烧器出口 1m 处温度大于 1000K，可实现稳定燃烧，但炉膛高温区域整体后移，稳燃效果较差。其他浓缩环位置工况中，距离燃烧器出口 1m 处温度均大于 1000K，且炉膛中高温区域均集中分布在燃烧器出口中心附近，燃烧器可在 25% 负荷下稳定燃烧。

图 5-82 为不同浓缩环位置下炉膛中心截面上的温度分布图。浓缩环左移 100mm 时，炉膛中高温区域中心位置与燃烧器出口距离最近，在 0.5m 以内，而其他工况下，高温区域中心位置与燃烧器出口距离均大于 1m。因此可得出，最佳优化浓缩环位置工况为浓缩环右移 100mm 工况。

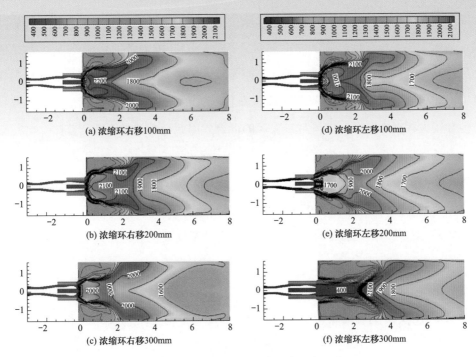

图 5-81　不同浓缩环位置下的温度云图

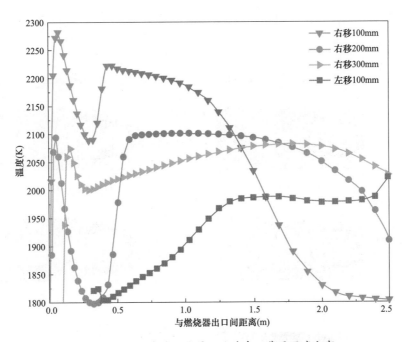

图 5-82　不同浓缩环位置下炉膛中心截面温度分布

　　优化浓缩环的位置得到了不同的稳燃效果，当浓缩环左移 100mm 时，可以实现低负荷下稳定燃烧，但稳燃效果较差，出现这样的原因：浓缩环左移 100mm 时一次风管整体左移了 100mm，加快了一次风与二次风的混合，但在此工况下，一次风所携带的煤粉经过浓缩环后煤粉浓度会降低,从而减小稳燃效果,继续将浓缩环左移,稳燃效果更差,从而无法实现在低负荷下稳定燃烧。相反,右移浓缩环时,一次风管会整体右移,虽然减缓了一次风与二次风的混合,但是较大地提高了一次风经过浓缩环后的煤粉浓度,因此稳燃效果较好,当浓缩环位置右移较大距离时,对煤粉浓度的提升效果减小,但会较大程度地减缓一次风与二次风的混合,因此稳燃效果逐渐变差。

综上可得出,最佳优化浓缩环位置工况为旋流角度右移 100mm 工况,并且当浓缩环位置左移时,一定范围内可以实现低负荷下稳定燃烧,但效果较差,继续左移浓缩环将无法实现低负荷稳定燃烧。一定范围内右移浓缩环,可实现低负荷下稳定燃烧,且稳燃效果较好,右移至最佳浓缩环位置后,继续右移浓缩环位置会导致稳燃效果变差。

6. 运行参数影响

(1) 煤粉平均粒径的影响。为探究煤粉平均粒径的影响效果,将燃烧器的旋流角度固定为 50°。图 5-83 为不同煤粉粒径下的温度云图,平均粒径为 180μm 和 90μm 时,燃烧器出口 1m 处温度大于 1000K,可实现低负荷下稳定燃烧,但是炉膛内高温区域均整体后移,稳燃效果较差,在煤粉平均粒径为 11.25、22.5、45μm 时炉膛内高温区域集中分布在燃烧器出口附近,且燃烧器出口 1m 处温度大于 1000K,燃烧器可在低负荷下稳定燃烧,且稳燃效果较好。

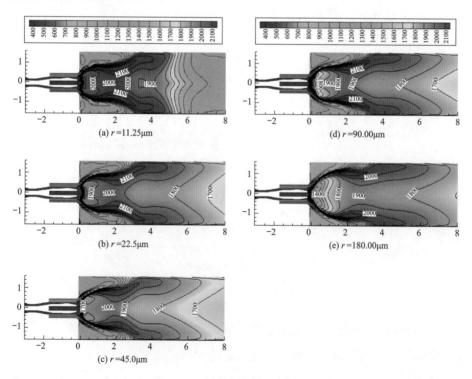

图 5-83 不同煤粉粒径下温度云图

　　图 5-84 为不同煤粉粒径下炉膛中心截面上的温度分布图。由图可见，炉膛中高温区域中心与燃烧器出口距离均在 0.25m 以内，稳燃效果均较好。改变煤粉的平均粒径可实现燃烧器在低负荷下稳定燃烧。当煤粉的平均粒径增大时，会导致煤粉与空气的平均接触面积较小，即煤粉的比表面积减小，因此不利于燃料燃烧，而煤粉的平均粒径过小又会增大磨煤机的磨煤负荷，增加成本。煤粉平均粒径为 22.5μm 和 45μm 时，炉膛中峰值温度较接近，且炉膛中心截面上高温区域中心位置与燃烧器出口的距离均小于0.5m，距离燃烧器出口较近，即稳燃效果较好，且差异较小。因此，在考虑成本的条件下选择煤粉平均粒径为 45μm 工况作为最佳工况。

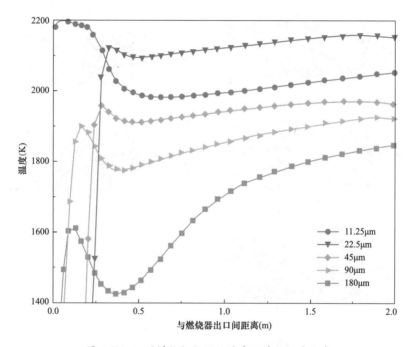

图 5-84　不同煤粉粒径下炉膛中心截面温度分布

　　（2）一次风配比的影响。改变一次风量配比后，内外二次风量会相应变化。表 5-19为改变一次风量配比后的一次风，内、外二次风质量流量。

表 5-19　　　　　　　　　改变一次风量配比后一次风，内、外二次风质量流量

工况	一次风质量流量（kg/s）	内二次风质量流量（kg/s）	外二次风质量流量（kg/s）
基准工况	2.587	10.028	7.441
一次风比例减少 25%	1.940	10.888	8.146
一次风比例减少 50%	1.293	11.747	8.848
一次风比例增大 25%	3.283	8.882	6.837
一次风比例增大 50%	3.880	8.022	6.234

图 5-85 为不同一次风配比下的温度云图。当一次风比例增大 25％和增大 50％时，燃烧器出口 1m 处温度均为 400K，且炉膛中高温区域距离燃烧器出口较远，燃烧器无法稳定燃烧。当一次风量减少 50％时，燃烧器出口 1m 处温度大于 1000K，炉膛中高温区域距离燃烧器出口较近，可实现低负荷下稳定燃烧，但此工况下炉膛中高温区域的温度明显降低，即稳燃效果较差。当一次风量减少 25％时，燃烧器出口 1m 处温度大于 1000K，且炉膛中高温区域集中在燃烧器出口附近，燃烧器在低负荷下稳定燃烧，且稳燃效果较好，即最佳的一次风配比工况为减小 25％一次风配比工况。

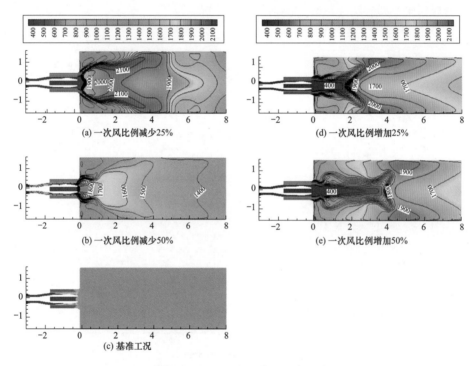

图 5-85　不同一次风量下温度云图

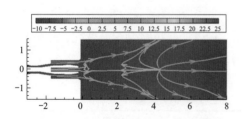

图 5-86　一次风比例减少 25％时流线图

图 5-86 为一次风比例减少 25％时的流线图，当一次风量比例减少 25％时，燃烧器出口附近产生回流速度。

在改变一次风量配比时，增大一次风比例，会导致燃烧器的着火位置推迟，且炉膛中的高温区域整体后移，同时还会使一次风与二次风的混合时间推迟，不利于燃烧器的稳定燃烧，且一次风配比越大效果越明显，因此增大一次风配比 25％工况及增大一次风配比 50％工况下燃烧器均熄火。适当减小一次风配比有助于燃料与一次风混合，使得燃料燃烧更充分，同时还会在燃烧器出口处产生回流速度，卷吸高温烟气，更有助于低负荷下稳定燃烧，稳燃效果较好。当一次风配比过小时，会导致燃烧器出口附近氧气量不足，燃烧不充分，不利于燃烧器的稳定燃烧，燃烧器的稳燃效果变差。

综上所述，最佳优化一次风配比工况为减小一次风配比 25％工况，即最佳的一次风比例为 17.25％。在一定范围内，增大一次风量配比无法实现燃烧器在低负荷下稳定燃烧，适当减小一次风量配比可实现低负荷下稳定燃烧，达到最佳一次风量配比后，继续减小一次风量配比时，稳燃效果变差。

7. 内外二次风配比的影响

改变内外二次风配比时，一次风速、旋流角度均保持不变，并且将内、外二次风旋流角度保持一致。表 5-20 为不同内外二次风配比下的内、外二次质量流量。

表 5-20 不同内外二次风配比下内外二次质量流量

内外二次风配比	内二次风质量流量（kg/s）	外二次风质量流量（kg/s）
32：40	9.169	8.044
34：38	9.742	7.642
35：37	10.028	7.441
36：36	10.315	7.240
38：34	10.888	6.837
40：32	11.461	6.435
42：30	12.034	6.033

图 5-87 为不同内外二次风量配比例下的温度云图。当内外二次风量配比增大至 42：38 时，燃烧器出口 1m 处温度为 400K，小于 1000K，且炉膛中燃烧器的高温区域后移，燃烧器无法在低负荷下稳定燃烧。其余各工况下炉膛的高温区域均集中在燃烧器出口附近，且燃烧器出口 1m 处温度均大于 1000K，燃烧器均可在低负荷下稳定燃烧。

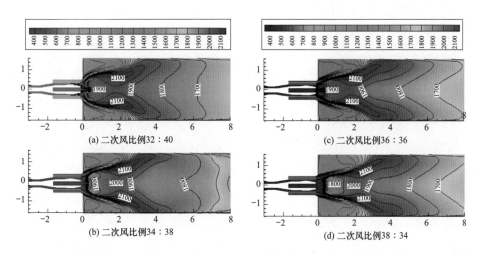

图 5-87 不同内外二次风量配比例下温度云图（一）

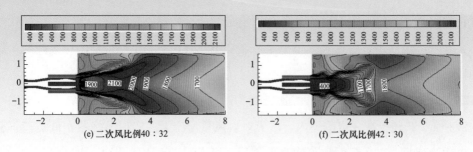

图 5-87　不同内外二次风量配比例下温度云图（二）

图 5-88 为不同内外二次风配比下炉膛中心截面上的温度分布，内外二次风量配比为 36∶36 时，炉膛内高温区域中心与燃烧器出口距离在 1m 以内，稳燃效果较好，其余内外二次风配比下炉膛内高温区域中心与燃烧器出口距离在 1m 以外，稳燃效果相对较差，即最佳二次风量配比为 36∶36。

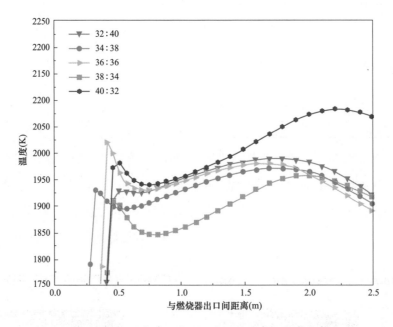

图 5-88　不同内外二次风配比下炉膛中心温度分布

图 5-89 为不同二次风比例下的流线图，图中内外二次风比例为 32∶40 和 42∶30 时，回流速度较小，内外二次风比例为 34∶38 至 40∶32 时，回流速度相较更大，且回流速度最大工况为内外二次风比例为 36∶36 时。

调整内外二次风配比可改善内外二次风的轴向及切向速度，从基准工况提高内外二次风配比至 36∶36 时，可以增大内二次风的轴向速度，从而加快一次风与二次风的混合，提升一、二次风的混合效果，从而实现低负荷下稳定燃烧，且稳燃效果较好。继续增大内外二次风配比时，内二次风的轴向速度变大，导致炉膛中高温区域整体后移，稳

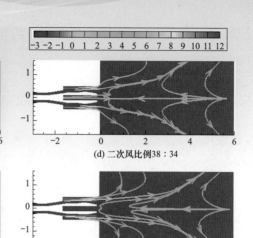
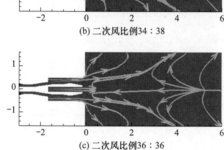
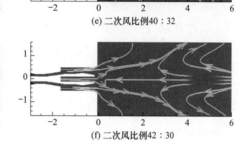

图 5-89　不同二次风比例下流线图

燃效果变差，内外二次风比例越大，效果越明显。而减小内外二次风配比时，又会导致外二次风的切向速度变大，炉膛中高温区域向周围扩散开，导致稳燃效果变差，同时还会使回流速度减小，对高温烟气的卷吸能力减弱，内外二次风配比越小，效果越明显。

综上所述，最佳的内外二次风配比为 36∶36，且在一定范围内增大或减小内外二次风配比均可实现低负荷下稳定燃烧，当达到最佳内外二次风配比后，增大或减小内外二次风配比均会使稳燃效果更差。

本部分内容基于 25% 负荷基础工况下无法稳定燃烧的结果进行了一系列优化，主要是从燃烧器的结构和操作参数两个方面进行。

在结构参数方面，旋流角度的变化会改变一、二次风的混合时间以及炉膛中高温区域的位置，最佳旋流角度为 50°；浓缩环的位置会影响一次风出口处煤粉的浓度，一、二次风的混合时间，最佳浓缩环位置为浓缩环右移 100mm 位置。

在操作参数方面，减小煤粉平均粒径对燃烧器的稳燃效果较好，但是会提高磨煤机的磨煤负荷，综合考虑成本问题和实际效果后得出，最佳旋流煤粉平均粒径为 45μm；增加一次风量将导致炉膛中高温区域后移，而适当减小一次风量可减小一次风风速，有助于一次风与燃料混合，以达到稳燃的效果，一次风量过小又将导致燃烧不充分，稳燃效果较差，最终得出最佳一次风占比为 17.25%；内外二次风量配比的影响效果与旋流角度类似，会影响一、二次风的混合时间以及炉膛中高温区域的位置，最佳内外二次风配比为 36∶36。

5.3.2　火力发电机组汽轮机轴系热应力疲劳研究

汽轮机转子寿命损耗主要由运行中金属温度变化导致的低周疲劳寿命损耗和材料高温蠕变寿命损耗构成，疲劳破坏是其主要的失效形式。温度变化引起的大幅交变热应力发生在机组启停和大负荷变化时，转子内、外表面受到一次交变循环应力的作用。传统火力发电中机组启停机次数较小，大负荷变化频率很低，因此这种循环应力称为低周疲劳应力，它是汽轮机寿命损耗的主要因素之一。对于风-光-火耦合发电系统，因为风力发电和太阳能发电具有波动性大、随机性强等特点，因此火电机组必须具备较强的调节能力以保障电网安全稳定，要求机组变负荷能力达到 3%PE。在风-光-火耦合发电系统中，火电机组长期处于低负荷、快速变负荷工况下运行，温度变化引起的交变热应力循环损耗由低周疲劳转变为高周疲劳，汽轮机转子寿命评估的理论体系将发生变化。

1. 寿命评估的方法及模型

当零部件及材料等在受到循环的作用力时，首先材料会产生微观损伤，在多次循环后，可能出现裂纹，每一次循环会加速裂纹的生长，当结构件的材料不能承受最大载荷时，会出现结构件裂纹处突然断裂，该现象被称为疲劳。根据结构件出现疲劳破坏所需的循环次数，以及在发生疲劳过程中结构件承受的应力水平，将疲劳的种类可以分为低周疲劳、高周疲劳两种。

疲劳破坏是指在某种条件下，材料中逐渐发生的局部永久性结构变化的过程，该过程会在某些点上产生波动的应力和应变，并且在足够的波动后可能最终导致裂纹或完全断裂，这被认为是造成大多数构件故障的原因。疲劳现象的变化过程复杂，主要是因为以下原因：渐进断裂至少包括裂纹萌生和裂纹扩展两个过程，可以通过两组不同的标准进行控制。此外，这些过程观察到的是相对位错运动，滑移带或空位等有关的现象，这些都可以预期微观尺寸上的变形是不稳定或间断的。

高周疲劳是指加载在结构件上的应力较低，该应力的大小低于材料本身的屈服强度，在这种低应力下结构件的循环次数一般高于 10^4 时会发生疲劳失效，这种疲劳方式也叫作应力疲劳。相反低周疲劳的循环应力水平较高，则出现疲劳失效的循环次数较大，破坏循环次数一般低于 $10^3 \sim 10^4$，由于低周疲劳过程中应力水平较高，其峰值应力一般高于材料的弹性极限，材料会产生明显的塑性变形，所以将这种疲劳失效又被叫作应变疲劳。

常用的机械疲劳分析方法包括名义应力法、局部应力应变法、能量法、场强法、断裂力学方法、可靠性设计方法、概率断裂力学七种。

名义应力法是以结构的名义应力为试验和寿命估算的基础,采用雨流法取出一个个相互独立、互不相关的应力循环,结合材料的 S-N 曲线,按线性累积损伤理论估算结构疲劳寿命的一种方法。名义应力法的描述参数有应力集中系数和应力水平两个,该方法同样是使用结构件的疲劳寿命曲线来描述其疲劳行为。根据结构件的两个参数,结合材料的 S-N 曲线,使用疲劳损伤累积理论进行疲劳寿命计算。累积损伤理论是疲劳研究中最广泛的方法,该方法是预测可变载荷下结构零件疲劳寿命的基础。Miner 线性累积损伤理论使用简单易用,在大多数情况下,其寿命计算与试验结果吻合良好。因此,它是当前最常用的疲劳寿命预测方法。

零件的损伤量是通过测量每一级别应力出现的频率,并与零件 S-N 曲线上的理论频次之比的累积值而得出。若试件受到 σ_1, σ_2, $\cdots$, σ_n 等 n 个不同应力水平的作用,试件在各级应力水平下的理论寿命分别是 N_1, N_2, $\cdots$, N_n,而各级应力水平下的实际循环次数为 n_1, n_2, $\cdots$, n_n,则试件的疲劳寿命为

$$N = \sum_{i=1}^{n} n_i \Big/ \sum_{i=1}^{n} \frac{n_i}{N_i}$$

局部应力应变法的基本思想是根据结构的名义应力历程,借助于局部应力应变法分析缺口处的局部应力,再根据缺口处的局部应力,结合构件的 S-N 曲线、材料的循环。适用于低循环的应变疲劳,疲劳性能曲线可以用 Manson-Coffin 公式来表示,并使用应力集中点处的局部应力来衡量结构件受载荷的大小,对低周疲劳有较好的寿命预测精度。总应变与失效循环的函数关系为

$$\varepsilon_t = \varepsilon_e + \varepsilon_p = \frac{\sigma_f}{E}(2N_t)^b + \varepsilon_f(2N_t)^c$$

式中:ε_t 为总应变;ε_e 为弹性应变;ε_p 为塑性应变;σ_f 为疲劳强度系数;b 为疲劳强度指数;ε_f 为疲劳塑性指数。

火电机组常规热应力疲劳计算常以低周疲劳方法为标准,但在风-光-火耦合发电系统中,火电机组长期处于低负荷、快速变负荷工况下运行,热应力变化频繁数值减小负荷高周疲劳的计算范畴,故此情况下使用名义应力法计算转子热应力疲劳更可靠。

2.耦合系统火电机组功率模型

风光-火耦合系统中风电机组和光电机组的负荷波动需要由火电机组来调节。所以要得到火电机组的负荷变化关系需要先建立风电与光电的功率模型。

在风能预测领域，风速与风功率有着很密切的关系，风电机组功率模型 P_W 为

$$P_W = \frac{1}{2} C \rho A v^3$$

式中：C 为叶片的风能转换效率系数；ρ 为空气密度；A 为风电机扇叶旋转时气流所形成的圆形面积；v 为风速。

光伏电站的输出功率受多种因素的影响，如太阳辐照强度、风速、相对湿度、温度、天气等，所述光电机组功率模型 P_V 为

$$P_V = \eta_V S I [1 - 0.005(t_0 + 25)]$$

式中：η_V 为光伏电池转化效率；S 为光伏阵列面积；I 为太阳辐照强度；t_0 为温度。

将所述风电机组功率模型、光电机组功率模型以及火电机组模型进行耦合获得功率追踪系统模型，根据所述功率追踪系统追踪模型获得火电机组功率。

风光火耦合系统对外输出的过程应满足能量平衡原则以及火电机组爬坡速率约束，则功率追踪系统模型 $L(t)$ 为

$$L(t) = P_W(t) + P_V(t) + P_T(t)$$

$$\begin{cases} P_i(t) - P_i(t-1) \leqslant R_{up}^i \\ P_i(t-1) - P_i(t) \leqslant R_{down}^i \end{cases}, \quad i = 1, 2, \cdots, M$$

式中：$P_W(t)$ 为 t 时段风电机组功率；$P_V(t)$ 为 t 时段光电机组功率；$P_T(t)$ 为 t 时刻待求的火电机组功率；$L(t)$ 为 t 时刻负荷随时间变化的预设输出功率；$P_i(t-1)$ 为第 $t-1$ 时段火电机组第 i 段轴的有功功率；$P_i(t)$ 为第 t 时段火电机组第 i 段轴的有功功率；R_{down}^i 为火电机组第 i 段轴系单个时刻的最大下降功率；R_{up}^i 为火电机组第 i 段轴系单个时刻的最大上升功率。

图 5-90 为火电机组正常运行时的功率变化示意图。

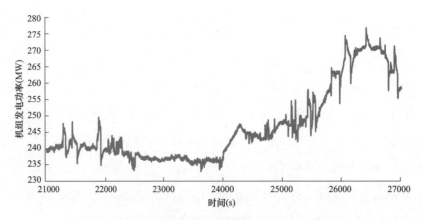

图 5-90 火电机组正常运行时的功率变化示意图

3. 应力计算模型

通过火电机组功率模型即可监测火电机组的负荷变化。热应力计算的边界条件就是由机组负荷变化得来的。

计算热应力首先需要对建立转子的几何模型，直接按照实际转子的模型，建模复杂而且计算量大，这里对需要对火电机组的轴系进行等效处理，具体为：将火电机组的多个段轴系的每个轴段均等效为集中质量块，各质量块之间等效为无质量的弹簧连接。火电机组的轴系方程为

$$\begin{cases} \Delta \dot{\delta}_i = \Delta \omega_i \\ 2H_i \Delta \dot{\omega}_i = -\Delta T_{ei} - D_{ii} \Delta \dot{\omega}_i - K_{i,i+1}(\Delta \delta_i - \Delta \delta_{i+1}) - K_{i,i-1}(\Delta \delta_i - \Delta \delta_{i-1}) \\ i = 1,2,3,4 \cdots \end{cases}$$

式中：$\Delta \delta_i$ 为第 i 段轴上转子的角位移；$\Delta \omega_i$ 为转子的角速度增量；ΔT_{ei} 为电磁转矩增量；H_i 为转子的惯性常数；D_{ii} 为转子自阻尼系数；$K_{i,i+1}$，$K_{i,i-1}$ 为各个相邻集中质量块之间的弹性系数，i 的最大值为轴段数。

使用简化后的模型计算，能在保证计算精度前提下得到可靠的计算结果。

一维解析法是将转子视为无限长圆柱体的一维模型，根据一维不稳定导热方程求得温度分布及内外表面的热应力。

设转子外径为 R_0，内径为 R_b，切断面上的温度分布对称于转子的轴线，此时转子温度的变化可近似看作是仅为时间和半径的函数。其一维非稳定热传导方程为

$$\frac{\partial^2 T}{\partial^2 R} + \frac{1}{R} \frac{\partial T}{\partial R} = \frac{1}{\alpha} \frac{\partial T}{\partial \tau}$$

式中：R 为转子半径；T 为转子温度；τ 为时间；α 为导温系数。

其中 $\alpha = \lambda / c\rho$。

将汽轮机视为有中心孔的无限圆柱体且初温均匀，则该问题就简化为无内热源空心圆柱一维非稳态导热问题，当转子初始温度处于均匀状态并与初始蒸汽温度相一致，如气温随时间呈线性变化，汽轮机转子任意半径处温度 T 随时间 τ 的变化关系为

$$T = T_0 + \eta \tau - \frac{\eta R_0^2}{4a}\left(1 - \frac{r^2}{R_0^2} + \frac{2}{B}\right) + \frac{2B\eta R_0^2}{a} \sum_{n=1}^{\infty} e^{-\beta_n^2 F_0} \frac{J_0(r\beta_n/R_0)}{\beta_n^2(B^2 + \beta_n^2)J_0(\beta_n)}$$

式中：η 为蒸气温升率；T_0 为转子的初始值；R_0 为转子外径；a 为热扩散率；r 为转子任一点的半径；B 为单元节点位移列阵系数；β 为转子材料线膨胀系数；n 为待求温度值的节点个数；J_0 为单元内进行变分计算的初始值；F_0 为集中力的等效节点力的初始值。

其中 $\eta = F(P_T,\ T_q)$，P_T 为火电机组功率；T_q 为蒸汽的温度。通过转子温度表达式可以得到汽轮机转子的热应力 σ_{th} 的表达式为

$$\sigma_{th} = \frac{E\beta}{1-\upsilon} \cdot \frac{c\rho_0}{\lambda} \cdot R^2 \cdot f \cdot \sum_{i=g}^{m} \{(\eta_g - \eta_{g-1}) \cdot [1 - e^{-K(\tau_g - \tau_{g-1})}]\}$$

$$R = R_b - R_0$$

式中：E 为转子材料的弹性模量；υ 为转子材料的泊桑比；c 为转子的材料比热；ρ_0 为转子材料密度；λ 为转子导热系数；R 为转子厚度；R_b 为转子内径；f 为形状因子；η_g 为第 g 次蒸汽温升率；η_{g-1} 为第 $g-1$ 次蒸汽温升率；K 为时间修正因子；τ_g 为第 g 次蒸汽温升变化的时间；τ_{g-1} 为第 $g-1$ 次蒸汽温升变化的时间。

4. $S\text{-}N$ 曲线

$S\text{-}N$ 曲线是以材料标准试件疲劳强度为纵坐标，以疲劳寿命的对数值 $\lg N$ 为横坐标，表示一定循环特征下标准试件的疲劳强度与疲劳寿命之间关系的曲线，也称应力—寿命曲线。$S\text{-}N$ 曲线分为材料的 $S\text{-}N$ 曲线和构件的 $S\text{-}N$ 曲线。其中材料的 $S\text{-}N$ 曲线是在比较严格的规范下进行实验所获得，用标准试样进行疲劳试验，得到应力或应变与循环数的关系曲线，这样的曲线称为 $S\text{-}N$ 曲线。对于高周疲劳强度设计中的 $S\text{-}N$ 曲线，S 为应力；对于低周疲劳强度设计的 $S\text{-}N$ 曲线，S 为应变。$S\text{-}N$ 的典型形式如图 5-91 所示。

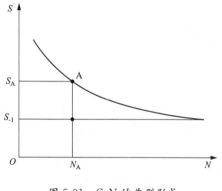

图 5-91　$S\text{-}N$ 的典型形式

在实际应用中需要时使用的是构件的 $S\text{-}N$ 曲线，所以需要从材料的 $S\text{-}N$ 曲线转换得到构件的 $S\text{-}N$ 曲线。

（1）材料 $S\text{-}N$ 曲线。特别值得指出的是，采用标准试样进行疲劳试验时一般有严格的规范（国标等）作为依据，因此所获得的曲线或数据具有较好的准确性和应用价值。试样的工作段一般选择较为平滑变化的部分，较少考虑应力集中对材料疲劳的影响；同时表面抛光，避免表面特性（如加工方法等）带来的分散性和误差。

基于上述因素，认为按照标准疲劳试验所获得的 $S\text{-}N$ 曲线数据可称之为材料的 $S\text{-}N$ 曲线，具有较好的准确度和广泛的应用价值。

实际零部件由于载荷形式、结构尺寸、加工工艺、工作环境等方面的影响，与标准件 $S\text{-}N$ 曲线有较大差别，因此在实际应用时还需要针对上述因素进行修正。

根据 AB 段进行的疲劳强度设计称为有限寿命设计，根据 BC 段进行的疲劳强度设

计称为无限寿命设计，即认为小于疲劳极限载荷以下的载荷具有无限的疲劳寿命或者认为实际部件在有限服役寿命期内一般难以达到或超过该循环周次。

当然，最新的研究表明，并无绝对的所谓疲劳极限，实际 B-C 曲线也有一定斜度，对曲线的应用有赖于工程实际对扭振疲劳精度的要求。

采用无限寿命设计理论对实际构件进行动强度设计与校核，显然主要是增强安全性的考虑。当然，对于按照无限寿命设计理论对实际构件进行动强度设计与校核时，疲劳极限也就成了一个极端重要的指标。各种材料的对称循环变应力的疲劳极限（弯曲试样疲劳极限可表示为 σ_{-1}，拉伸试样疲劳极限可表示为 σ_{-1l}，扭转试样疲劳极限可表示为 τ_{-1}），一般应来自疲劳试验，当材料的疲劳极限难以获得时，可用经验公式进行估算。

一般认为，$S\text{-}N$ 曲线在双对数坐标系中在 $10^3 \sim 10^6$ 范围内可用线性近似，即在 S 与 N 之间可用幂函数形式表达，即

$$S^m \times N = c$$

上式中存在两个未知数，需要两个数据点才能解得，其中一个即疲劳极限数据点，另一个可根据陈传尧的《疲劳与断裂》可用下述方法获得。

当寿命 $N=1$ 时，$S_1 = S_u$，即单调载荷作用下，试件在极限强度下破坏或屈服。

考虑到一般 $S\text{-}N$ 曲线描述的是长寿命疲劳，不宜用于 $N<10^3$ 以下，故通常假定 $N=10^3$ 时，有

$$S \times 10^3 = 0.9 S_u$$

对于金属材料，疲劳极限 S_f 所对应的循环次数一般 $N=10^7$ 次，考虑到为 S_f 估计时的误差，作如下偏于保守的假定。

对于 $N=10^6$ 时，有

$$S \times 10^6 = S_f = \mathrm{k} S_u$$

其中，系数可称作载荷系数，反映不同载荷作用形式对疲劳性能的影响。可按照前述公式选取。如弯曲时，$k=0.5$；拉压时，$k=0.35$；扭转时，取 $k=0.29$。

（2）构件 $S\text{-}N$ 曲线。与材料 $S\text{-}N$ 曲线对应的是工程界常用的构件 $S\text{-}N$ 曲线。如电厂评价扭振疲劳采用的 $S\text{-}N$ 曲线，该类 $S\text{-}N$ 与材料 $S\text{-}N$ 曲线的区别在于更多地考虑了实际部件的几何特征、加工工艺、尺寸范围，特别是应力集中等，因而在工程应用上比较方便。有些场合下，由于所关注位置点的应力水平和部件承担的功率有一定关系，因此还使用了 $P\text{-}N$ 曲线，即功率-寿命（周次）曲线。有时还将功率与额定功率进行折算，使用 Pu-N 曲线。

用光滑小试件试验方式获得的疲劳极限是标准试样本身的疲劳极限。由于实际构件

的外形结构、截面尺寸以及加工方式等形式各异，与光滑小试件存在较大差别，因此实际构件的疲劳极限也不同于材料的疲劳极限。与材料性质、构件的外形结构、截面尺寸以及加工方式等均有不同程度的关系。

1）应力集中对疲劳极限的影响。构件截面尺寸突变处（如切槽、圆孔、尖角等）存在应力集中。应力集中将促进裂纹形成与扩展，因而应力集中将使疲劳极限明显降低。应力集中的程度，可以用理论应力集中系数描述。工程中，应力集中对疲劳极限的影响程度用有效应力集中系数 K_f 表示，它是在材料、尺寸、加载条件相同的前提下，光滑小试件与有应力集中小试件疲劳极限的比值，即

$$K_f = \frac{S_{-1}}{(S_{-1})_K}$$

应力集中系数可由以下两种方法得到：

a. 图表法直接查有效应力集中系数。该方法是通过直接查工程手册获得有效应力集中系数 K_f。

b. 通过理论应力集中系数与相关公式估算有效应力集中系数。该方法是通过有效应力集中系数与理论应力集中系数关系的常用经验公式进行估算，即

$$K_f = 1 + q(K_t - 1)$$

上式对于正应力与切应力均成立，对于正应力，可写成

$$K_{f\sigma} = 1 + q(K_{t\sigma} - 1)$$

对于切应力，可写成

$$K_{fc} = 1 + q(K_{tc} - 1)$$

式中：q 为材料对切口的敏感系数。

研究认为，疲劳缺口敏感度 q 首先取决于材料性质。一般说来，材料的抗拉强度提高时 q 增大，而晶粒度和材料性质的不均匀度增大时 q 减小。不均匀度增大使 q 减小的原因，是因为材质的不均匀相当于内在的应力集中，在没有外加的应力集中时它已经在起作用，因此减小了对外加应力集中的敏感性。此外，疲劳缺口敏感度还与应力梯度或缺口半径等因素有关，因此 q 不是材料常数。许多学者对疲劳缺口敏感度进行了试验研究，给出了疲劳缺口敏感度 q 与缺口半径间的关系式或线图。

2）构件尺寸对疲劳极限的影响。弯曲与扭转试验表明，疲劳极限随试件横截面尺寸增大而减小，这是因为在相似的条件下，大试件处于高应力区的材料多于小试件。这样，大试件出现裂纹的可能性要大于小试件，疲劳极限就要低于小试件。

尺寸对疲劳极限的影响程度用尺寸系数 ε 来描述，即

$$\varepsilon_s = \frac{(S_{-1})_d}{S_{-1}}$$

式中：$(S_{-1})_d$ 为光滑大试件的疲劳极限。

对于正应力

$$\varepsilon_\sigma = \frac{(\sigma_{-1})_d}{\sigma_{-1}}$$

对于切应力

$$\varepsilon_\tau = \frac{(\tau_{-1})_d}{\tau_{-1}}$$

3）表面加工质量对疲劳极限的影响。机械加工会给构件表面留下刀痕、擦伤等各种微缺陷，由此造成应力集中；对构件作渗氮、渗碳、淬火等表面处理，会提高表面层材料的强度。一般情况下，最大应力出现在构件表面层，这样构件表面加工质量将影响疲劳极限。加工质量对疲劳极限影响程度用表面质量系数 β 表示，即

$$\beta = \frac{(S_{-1})_\beta}{S_{-1}}$$

式中：$(S_{-1})_\beta$ 为有别于光滑小试件加工（磨削加工）的疲劳极限。

表面质量系数可查有关手册得到。

（3）高低周负荷应力。风光火耦合系统中火电机组转子在工作状态下承受着复杂的高低周复合疲劳载荷历程，传统的常幅载荷高、低周疲劳设计方法不再适用于高低周复合疲劳载荷条件下材料与结构的耐久性分析与设计。高低周复合应力示意如 5-92 所示。

为了探究高低周复合应力对疲劳损伤的影响规律，现在设计标准试样来进行高低周复合应力加载实验，使用的应力试样如图 5-93 所示。

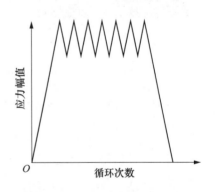

图 5-92　高低周复合应力示意图

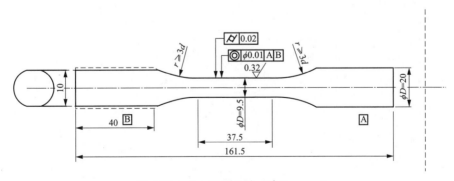

图 5-93　应力试验试样（单位：mm）

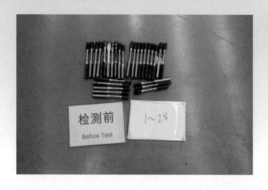

图 5-94　检测前试样

实验结果表明高低周复合应力相较于高周或者低周应力加剧了试样的损耗，并不是高周疲劳与低周疲劳的线性叠加。但是高低周疲劳循环频率比、高低周疲劳循环应力比这些因素对高低周疲劳交互作用的影响仍需更多试验数据进行分析。检测前、后试样如图 5-94 和图 5-95 所示。试验装置如图 5-96 所示。

图 5-95　检测后试样

图 5-96　试验装置

5. 计算实例

以此机组转子为例解释如何计算转子热应力疲劳。本文用于计算的汽轮机机组概况如下。

型号：CLN600-24.2/566/566 型。

型式：超临界、一次中间再热、单轴、三缸四排汽、双背压、凝汽式汽轮机。

额定功率：600MW。

最大功率：671MW。

转速：3000r/min。

旋转方向（从汽轮机向发电机看）：顺时针。

频率：50Hz。

额定工况参数如下：

主蒸汽流量：1659.05t/h。

主蒸汽压力：24.2MPa。

主蒸汽温度：566℃。

再热蒸汽压力：3.809MPa。

再热蒸汽温度：566℃。

背压（额定/夏季）：4.6/11.8kPa。

级数：1C＋9P＋6P＋2×7P（30级）。

加热器数：3GJ＋1CY＋4DJ。

给水温度：275℃。

净热耗率：7522.4kJ/kWh。

净汽耗率：2.765kg/kWh。

（1）建立几何模型。本文采用 ANSYS 计算转子的温度场和应力场。进行有限元计算，几何模型是决定计算结果是否精确的关键因素。根据电厂提供的转子整体图纸，截取高中压转子部分进行适当的简化，并对重点位置进行适当的细化，保证计算结果的精确。从以往转子应力计算结果可以得知，转子高压调节级附近是温度变化和应力变化最大的部位，需要对此处进行重点关注。在建立几何模型时遵循以下几点：

1）转子模型取自大连庄河发电厂的汽缸总图保证几何模型与实体相似。

2）为了减少计算量，在保证计算精确的情况下对高中压转子进行了整体建模。

3）汽封结构被简化为直线，在其表面直接添加换热系数以减少计算量。

4）转子可认为旋转对称模型，对叶片建模时可等效为圆环，同时转子建模采用 1/4 模型对称条件计算。

高中压转子平面如图 5-97 所示。

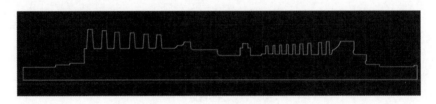

图 5-97　高中压转子平面图

（2）网格划分。对转子建模后需要对模型进行网格划分。为了保证计算结果的准确和合适的计算量，需要对不同位置的网格进行不同的处理。本文采用 8 节点 solid183 和 20 节点 solid186 单元混合划分。通过对转子截面进行面网格划分后，旋转得到 1/4 模型网格。对于调节级高中压前几级叶片根部、轴封等应力集中部位的网格加密细化。对其他复杂但不关键部位的网格进行简化，转子网格划分结果如图 5-98 所示。

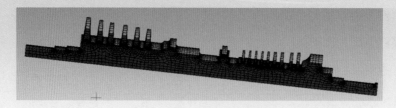

图 5-98　转子网格划分示意图

（3）换热系数计算。对于工作状态的汽轮机转子是无法通过直接实时测量得到转子各部位与蒸汽的换热情况。在计算时一般通过总结的经验公式计算各部位的换热系数。

1）汽封处

$$Re = \frac{V \cdot 2\delta}{v}$$

$$Nu = 0.043Re^{0.8}\left(\frac{\delta}{S}\right)^{0.3}\left(\frac{\delta}{H}\right)^{0.2}$$

$$\alpha = Nu \cdot \lambda / 2\delta$$

式中：Re 为雷诺数；Nu 为努塞尔数；V 为气流平均流速，m/s；v 为蒸汽运动粘度，m^2/s；S 为汽封两齿间的距离，m；H 为轴与齿底的距离，m；δ 为轴与齿间的距离，m；λ 为蒸汽导热系数，W/(m·K)；α 为换热系数，$\text{W}/(\text{m}^2 \cdot \text{K})$。

2）叶轮处

$$Re = \frac{ur}{v}$$

当 $Re < 2.4 \times 10^5$ 时

$$Nu = 0.675Re^{0.5}$$

$$\alpha = Nu \cdot \lambda / r$$

当 $Re > 2.4 \times 10^5$ 时

$$Nu = 0.0217Re^{0.8}$$

$$\alpha = Nu \cdot \lambda / r$$

式中：u 为轴颈处圆周速度，m/s；r 为轴的半径或叶轮轮缘处的等效半径，m；其余同上。

3）光轴处、轮缘处

$$Re = \frac{ur}{v}$$

$$Nu = 0.1Re^{0.68}$$

$$\alpha = Nu \cdot \lambda / r$$

4）转子材料特性。本文计算材料采用 30Cr1Mo1V，是国内外转子材料常用材料。根据文献可知该材料物性参数见表 5-21。

表 5-21　30Cr1Mo1V 物性参数

温度（℃）	100	200	300	400	500	600
线膨胀系数 α_1	11.99	12.81	13.25	13.66	13.92	14.15
导热系数 $\lambda[\mathrm{W/(m \cdot K)}]$		44.8	42.8	40.3	37.5	35.3
弹性模量 $E(\times10^3\mathrm{MPa})$	212	205	199	190	178	
切变模量 $G(\times10^3\mathrm{MPa})$	81.9	79.6	76.6	73.5	68.3	
比热容 $c[\mathrm{J/(kg \cdot K)}]$		599	624	666	720	804
泊松比 υ	0.282	0.287	0.299	0.294	0.305	

5）转子热应力疲劳计算。

a. 转子温度场初始条件。在对变负荷和启停工况进行瞬态过程分析时，首先要确定转子的初始条件，所以此处先对转子热启动工况下初始状态进行稳态分析，作为后续分析的初始条件，此处设置转子调节级中压级入口初始温度 420℃，轴端温度 200℃。图 5-99 为计算结果。

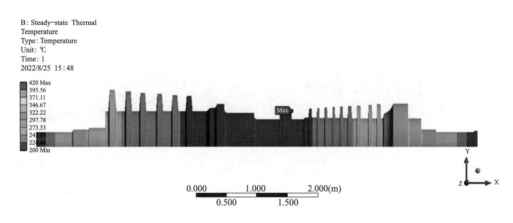

图 5-99　热启动转子初始温度场

b. 温度场计算。稳态计算结果转子热启动温度场初始条件，机组主蒸汽参数变化作为计算转子边界条件的依据。

以机组热态启动冲转时主蒸汽再热蒸汽参数为例。转子表面各部位的蒸汽温度和压力以额定工况为标准，按主蒸汽参数间比例求解。认为某一级的温度压力参数与主蒸汽温度、压力之比等于额定工况两者的比值。汽封处温度取相邻两级叶轮温度平均值。以蒸汽温度压力为依据求解蒸汽的其他参数。热态启动曲线如图 5-100 所示。

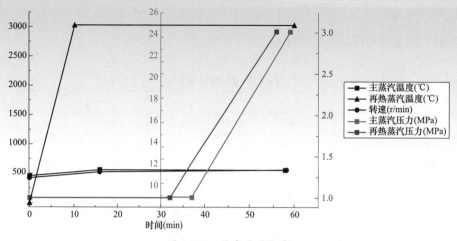

图 5-100　热态启动曲线

0～900s 为汽轮机冲转升速过程，低速检查后，转子直接以 300 r/min 的升速率升速至 3000 r/min 的额定转速，改时间段的温度分布如图 5-101～图 5-104 所示。从图中可以看出转子表面温度迅速升高，主要原因是高温、高压的主蒸汽进入高中压缸提升转子转速导致转子表面温度快速变化。

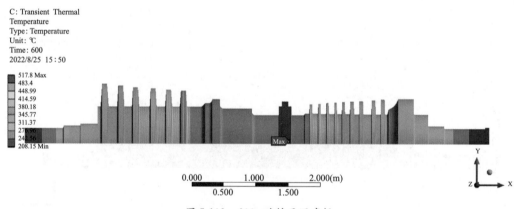

图 5-101　600s 时转子温度场

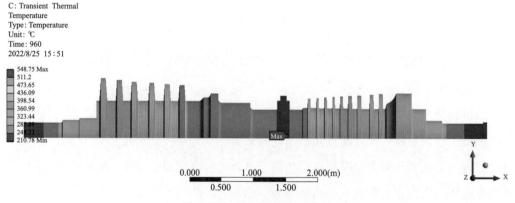

图 5-102　960s 时转子温度场

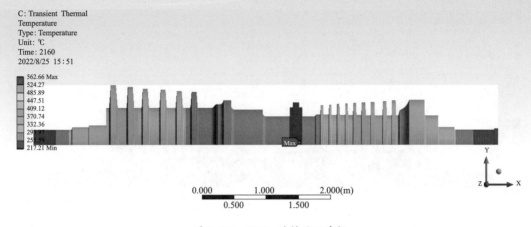

图 5-103　2160s 时转子温度场

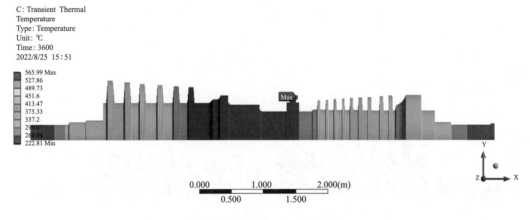

图 5-104　3600s 时转子温度场

从 960～3600s 机组并网并且开始提升负荷，960～2160s 机组以每分钟 1.5％的速率提升负荷，2160～3600s 机组以每分钟 2％的速率升负荷，这段时间主蒸汽压力和温度提升到额定数值。

从转子热启动整个过程的温度场变化可以看出，高中压转子调节级的温度最高，除此之外再热蒸汽入口处和高中压平衡环处的温度也较高，然后向着转子两端温度逐渐降低。调节级温度逐渐升高至 566℃后保持恒定。

c.转子应力场。汽轮机转子在工作状况中受到多种力同时作用。其中有：温度变化引起的热应力、转子旋转产生的离心力、传递扭矩引起的剪应力和蒸汽产生的压应力。转子正常工作状态下剪应力产生的压应力数值较小，对转子疲劳影响可以忽略不计，故此处计算转子应力场主要考虑热应力。本文使用瞬态动力学分析以瞬态温度场计算结果为初始条件计算热应力共同构成转子应力场计算。600s 时转子应力场如图 5-105 所示，960s 时转子应力场如图 5-106 所示，2160s 时转子应力场如图 5-107 所示，3600s

时转子应力场如图 5-108 所示。

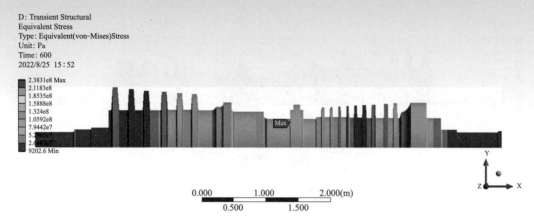

图 5-105　600s 时转子应力场

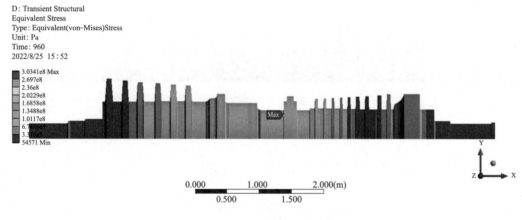

图 5-106　960s 时转子应力场

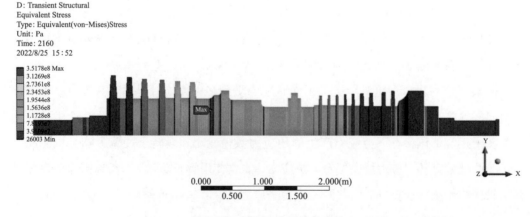

图 5-107　2160s 时转子应力场

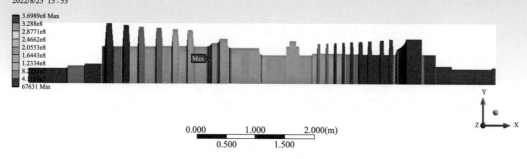

D: Transient Structural
Equivalent Stress
Type: Equivalent(von-Mises)Stress
Unit: Pa
Time: 3600
2022/8/25 15：53

3.6989e8 Max
3.288e8
2.8771e8
2.4662e8
2.0553e8
1.6443e8
1.2334e8
8.2251e7
4.1159e7
67631 Min

0.000   1.000   2.000(m)
    0.500   1.500

图 5-108　3600s 时转子应力场

从转子热启动应力云图可以看出，在整个热启动过程中转子的最大应力出现在中压级进汽处为 369.89MPa，主要原因是此处为再热蒸汽进口处，高温、高压的再热蒸汽使进汽处迅速升温，导致该处温度变化剧烈热应力变化大。整个热启动过程中中压级进汽处的热应力一直处于上升水平，在启动完成时达到最大值。除此之外高中压平衡环与根部热应力水平也较高，形成这种结果的原因与中压级进汽处相同。

d. 转子寿命损耗估算。从转子运行过程的应力云图可以得到该过程中转子最大等效应力，即该处是应力危险部位，最容易发生疲劳断裂。以 30Cr1Mo1V 钢 500℃的材料参数来计算疲劳寿命。（$E=1.78\mathrm{e}5\mathrm{MPa}$，$\sigma_\mathrm{s}=490\mathrm{MPa}$）

热应力集中系数为

$$K_\mathrm{th}=\frac{\sigma_\mathrm{max}}{\sigma_\mathrm{eq}}$$

式中：σ_max 为热应力集中部位的最大等效应力；σ_eq 为无应力集中部位的公称应力。

从应力云图可以看出调节级处的最大等效应力为 369.89MPa，公称应力为 255.55MPa，带入公式可得此处的热应力集中系数为 1.45。

塑性应变集中系数由图 5-109 可查。

$\dfrac{\Delta\bar{\varepsilon}}{2\varepsilon y}=\dfrac{\sigma_\mathrm{eq}}{\sigma_\mathrm{s}}=\dfrac{255.55}{490}=0.52$，热应力集中系数为 1.45，由图 5-109 可查得塑性应变集中系数为 $K_\mathrm{s}=1$。

应变求解公式为

$$\varepsilon_\mathrm{t}=K_\mathrm{s}\cdot\frac{2\sigma_\mathrm{eq}}{E}$$

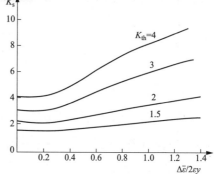

图 5-109　塑性应变集中系数图

计算得到应变值为 0.0028。

由 Manson-Coffin 公式，总应变与失效循环的函数关系为

$$\varepsilon_t = \varepsilon_e + \varepsilon_p = \frac{\sigma_f}{E}(2N_t)^b + \varepsilon_f(2N_t)^c$$

式中：ε_t 为总应变；ε_e 为弹性应变；ε_p 为塑性应变；σ_f 为疲劳强度系数；b 为疲劳强度指数；ε_f 为疲劳塑性指数。

由总应变与失效循环函数关系式求得转子失效循环次数 $N = 4600$ 故热态启动一次的寿命损耗为

$$\phi_f = \frac{1}{2} \times \frac{1}{4600} \times 100\% = 0.0108\%$$

通过查阅资料可以得到，机组设计时热启动一次规定疲劳寿命损耗为 0.05%，所以计算结果满足机组热启动疲劳寿命损耗要求，这说明此高中压转子模型是可靠的，能够进行接下来的快速变负荷过程的热应力疲劳损耗计算。

6）转子 3% 变负荷热应力疲劳计算。

a. 初始条件。在分析转子 3% 变负荷温度场变化前需要先确定初始条件。此处以转子正常工作时温度场作为转子温度变化前的初始条件。转子表面取各级表面正常工作时温度作为初始温度计算稳态温度场。转子 3% 变负荷初始温度场结果如图 5-110 所示。

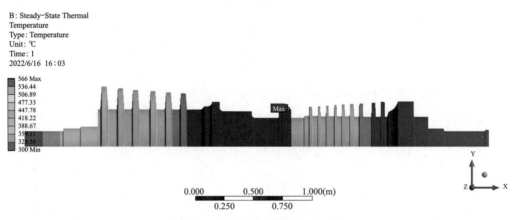

图 5-110　转子 3% 变负荷初始温度场

b. 转子 3% 变负荷温度场。转子 3% 变负荷温度场计算的边界条件以图 5-111 所示 3% 变负荷汽轮机主蒸汽再热蒸汽温度、压力变化为依据。

转子表面各部位的蒸汽温度和压力以额定工况为标准，按主蒸汽参数间比例求解。认为某一级的温度、压力参数与主蒸汽温度、压力之比等于额定工况两者的比值。汽封处温度取相邻两级叶轮温度平均值。以蒸汽温度、压力为依据求解蒸汽的其他参数。按

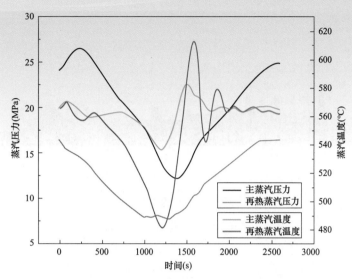

图 5-111　3%变负荷转子蒸汽压力、温度曲线

比例计算转子各表面的换热系数作为转子的边界条件。图 5-112～图 5-116 为转子 3%变负荷温度场计算结果。

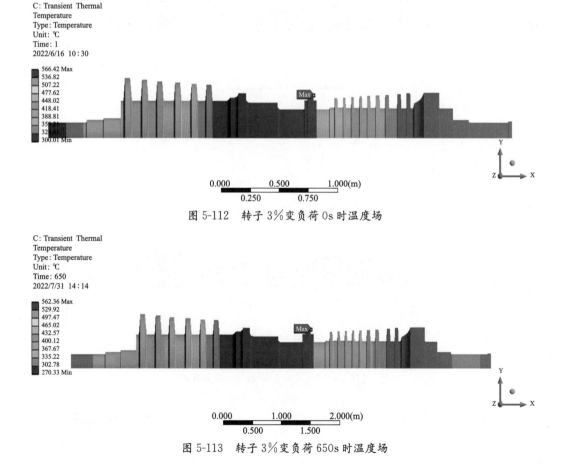

图 5-112　转子 3%变负荷 0s 时温度场

图 5-113　转子 3%变负荷 650s 时温度场

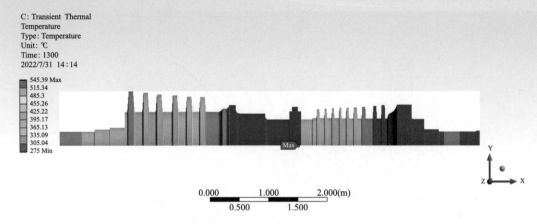

图 5-114 转子 3‰变负荷 1300s 时温度场

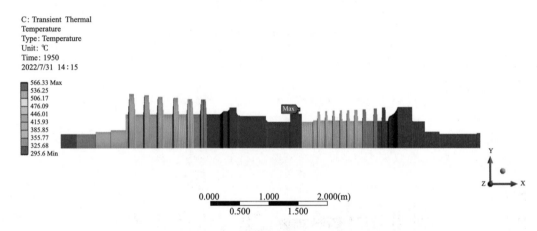

图 5-115 转子 3‰变负荷 1950s 时温度场

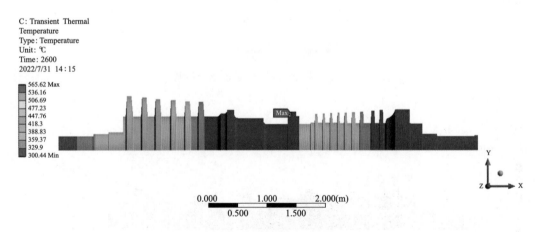

图 5-116 转子 3‰变负荷 2600s 时温度场

整个变负荷过程中转子温度场变化幅度不大，温度变化主要集中在调节级和中压第一级附近。

从 0～1300s 是转子以 3％速率降负荷阶段，转子表面最高温度由调节级处变为转子轴心处，这是由于主蒸汽参数的降低直接导致转子表面的温度降低，而轴心温度只受热传导影响变化较慢仍然保持在较高水平。

从 1300～2600s 转子以 3％速率升负荷回到正常工作状态，转子表面最高温度出现在调节级处并且与 3％变负荷之前温度基本持平，这是由于调节级最先与主蒸汽接触对主蒸汽参数的变化最敏感。

从整个 3％变负荷过程看转子温度场变化不大，最高温度主要出现在调节级处。

c. 转子 3％变负荷应力场。根据以求得转子 3％变负荷温度场，将其作为边界条件计算转子在 3％负荷下的应力场。通过有限元软件计算，求出的转子应力场如图 5-117 所示。

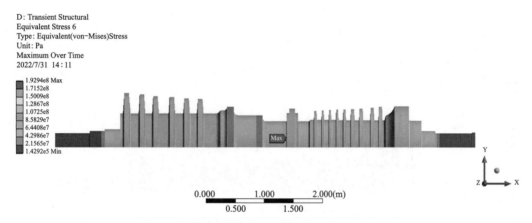

图 5-117　转子 3％变负荷全过程最大应力分布云图

从图 5-117 可以看出在整个转子 3％变负荷过程中整体应力值不大。最大应力点出现在调节级叶根处，除此之外高压级第一级叶根处应力值也较大。图 5-118～图 5-121 为各个时刻的转子应力云图。

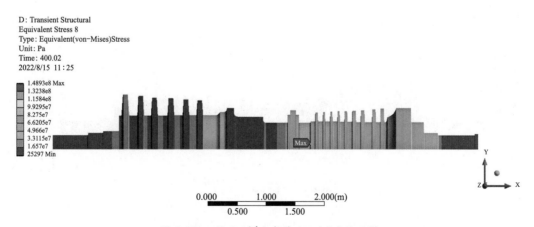

图 5-118　转子 3％变负荷 400s 时应力云图

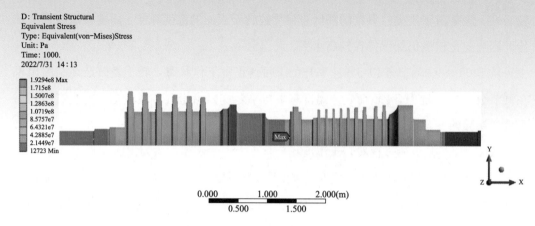

图 5-119 转子 3‰变负荷 1000s 时应力云图

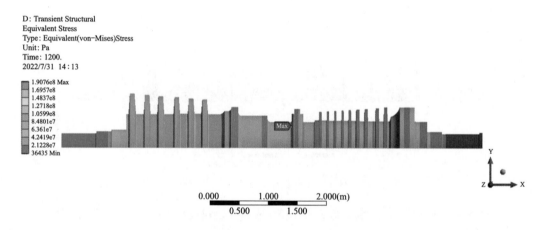

图 5-120 转子 3‰变负荷 1200s 时应力云图

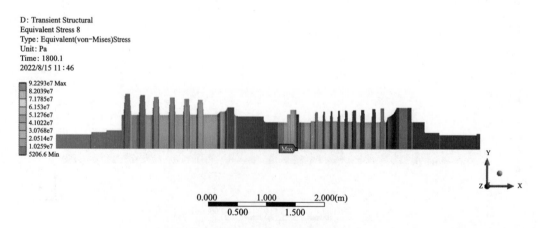

图 5-121 转子 3‰变负荷 1800s 时应力云图

从整体看高应力区域主要集中在调节级附近和中亚第一级附近。

在 1000s 时转子调节级根部出现最大应力点，其值为 192.94MPa，如图 5-122 所示。出现最大值的原因是转子以 3％速率降负荷阶段蒸汽参数降低导致调节级处表面温度下降，与转子内部温差增大使得热应力增大。

最大应力出现在转子负荷下降阶段，这是因为转子轴内温度变化与表面相比较慢，只在负荷下降阶段与表面出现较大温差，而在负荷上升阶段温差较小。

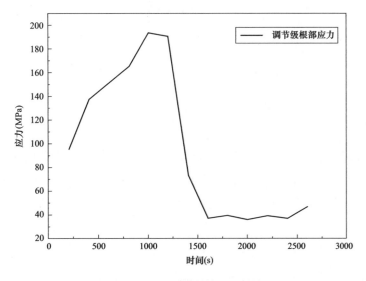

图 5-122　转子调节级根部应力变化曲线

d. 转子 3％变负荷寿命损耗估算。由转子应力云图可以得知整个变负荷过程最大应力为 192.94MPa，出现在调节级叶根处，此处为最容易出现疲劳破坏的位置。在轴系应力变化过程中，当一次加载循环的应力幅值很大但应力均值很小或者幅值很小均值很大时，这样的载荷循环是不会引起疲劳损耗的。这时就需要用到 goodman 准则对得到的应力循环进行修正。

$$\frac{\sigma_a}{\sigma_{N(R=-1)}} + \frac{\sigma_m}{\sigma_u} = 1$$

式中：σ_a 为应力幅，MPa；$\sigma_{N(R=-1)}$ 为疲劳强度，MPa；σ_m 为平均应力，MPa；σ_u 为材料极限强度，MPa。

计算得到平均应力为 114.45 MPa，与计算转子热启动疲劳损耗步骤相同。转子调节级处 S-N 曲线如图 5-123 所示。

求得 $N = 2000000$。

$$\phi_f = \frac{1}{2} \times \frac{1}{2000000} \times 100\% = 0.000025\%$$

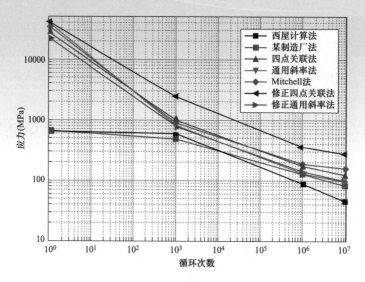

图 5-123　转子调节级处 *S-N* 曲线

如果汽轮机参与调峰运行按汽轮机转子服役寿命 30 年为例，其中变负荷工况疲劳寿命消耗分配为 5%。根据文献统计可得风光火耦合系统中每日负荷变化越限次数为 10 次，设机组每年工作时间为 300 天，则计算 30 年汽轮机机组 3% 变负荷热应力疲劳寿命损耗为 0.0225%。

5.3.3　耦合系统中汽轮机轴系扭振问题

为了响应"双碳"目标的号召，可再生能源的开发和利用成了现在能源领域重要的研究方向。在可再生能源中，风能和太阳能是我国资源最丰富并且发电技术较成熟的清洁能源，然而风光资源丰富的地区多位于远离负荷中心的偏远地区，这些地区的弃风弃光问题十分严重。因此必须把风能和光能远距离输送到负荷中心。因为风能太阳能自身的波动性和不稳定性，现在在远距离输送时采用风光火并网的方式用火电机组来适应风电和光电的变化。

然而风光并网带来的次同步振荡问题会引起火电机组的轴振，这对火电机组轴系的安全性产生了严重的影响。

在这种情况下如何评估风光火耦合系统中火电机组轴系的扭振对我国大规模新能源消纳和外送模式的研究有着十分重要的意义。

1. 风光火耦合系统中轴系扭振原因

次同步振荡是电力系统平衡状态受影响后出现的一种异常工作状态。在整个机电系统设备互相进行能量转换的过程中，系统中的电压、电流、转矩、转速或者有功、无功会出现振荡产生谐波，最终导致系统失衡，机械系统的轴系设备出现安全隐患，这种现象在电力系统中被称为次同步振荡，在机械轴系系统中被表现为轴系扭振。

在理想的情况下，电网系统提供应该提供良好正弦波形的电压。但在实际中供电电压的波形会由于某些原因而产生畸变，即产生谐波。在供电系统中，谐波产生的根本原因是电力系统中某些设备和负荷的非线性特性，导致所加的电压和所产生的电流波形不相似而不呈线性关系。

电力系统中发电装置、电网变压器、输电线在正常运行时，一般是不会产生显著的谐波电流的，当然这是排除在发电机与变压器饱和运行下铁磁发生磁滞情况下，因此它们本身不会造成电网中供电电压的多大的畸变。电网中主要的负载谐波产生源可分为电弧型、铁磁非线性型、含有半导体非线性元件型三大类。

电弧型设备：交流电弧炉、交流电焊机、炼钢设备等，如在电弧炉中在工作加热原料时三相的电极难以同时接触到不规则原料使得燃烧不稳定引起三相负荷不平衡产生谐波电流注入电网。

铁磁非线性型设备：各种铁芯设备，如电抗器、电动机、变压器等，其铁磁饱和特性为非线性，在饱和区里磁通密度 B 随着磁场强度 H 的增大变化不再明显，电流开始畸变，电压波形中也产生谐波分量。

含有半导体非线性元件型设备：主要是交直流、直流交流等换流装置（整流器、逆变器）和双向晶闸管可控开关装置等，它们在 LED 照明、通信电源、UPS、电气铁道等设备中广泛使用晶闸管，IGBT 等整流元件采用移相控制方法，从电网吸收的是不完整的正弦波，给电网留下另一部分也是不完整的正弦波，显然在留下部分中造成谐波的生成。

（1）光伏发电系统中的谐波分析。光伏发电是利用半导体界面的光生伏特效应而将光能直接转变为电能的一种技术，其中的逆变装置产生的谐波是微电网中主要的谐波来源，虽然 SPWM 逆变电路可以使光伏发电系统输出正弦电压，但是由于载波信号的调制作用，会产生和载波信号有关的高次谐波，现在大多逆变器控制使用异步调制方式，同步调制可以看为异步调制的特殊情况，因此可以从异步调制的方式出发来分析谐波产生的问题。

除了逆变装置产生谐波外，由于光伏电池的输出特性与天气状况有着密切的关系，随着光照强度以及光伏电池角度的改变，会造成电压不对称和导致电压谐波发生畸变。

1）光伏电池的输出特性。光伏发电输出电压总畸变率随时间变化的波形如图 5-124 所示。

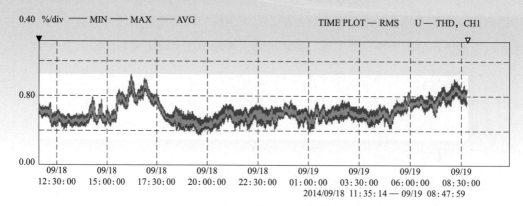

图 5-124　光伏发电电压畸变率图

　　检测截取时间为当天中午到第二天早晨。分析检测的结果得到，随着时间的变化，不仅光伏系统的输出功率不同，输出电压的畸变程度也不相同。当天 15 时 30 分之前，太阳辐射能量充足，光伏系统输出的功率大，电压畸变率较小；此后随着光照强度逐渐减弱，输出的功率也随之减小，电压畸变程度变大。

　　通过对光伏电站的建模仿真，分析得出在温度和不同光照强度的辐射下，光伏电站中的谐波电流的畸变率的程度也不同。其中温度越高，电压畸变率越大；光照强度越大，电压畸变率越小。

　　2）逆变器的谐波特性。三相逆变器由三个基本的半桥组成，结构如图 5-125 所示，三相桥式逆变电路既可以每相有一个载波信号，又可以三相共用一个载波信号，此处只分析应用较多的共用载波信号的情况，由于在异步调制模式下的正弦信号波的一个周期内，所包含的开关脉冲没有重复性，不能以信号波角频率 ω_0 为基准进行傅里叶分解，所以可以载波角频率 ω_s 为中心进行傅里叶级数分解，然后经主电路后输出 SPWM 波形。

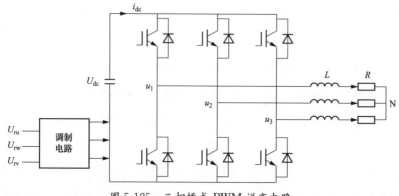

图 5-125　三相桥式 PWM 逆变电路

　　根据谐波特性分析可以先求出一个半桥的傅里叶级数展开式，再使用谐波叠加原理求出线电压傅里叶级数谐波展开式，以 u_{ab} 为例。

异步调制模式下傅里叶级数展开式的系数为

$$
\begin{cases}
a_0 = 2m\sin(\omega_0 t + \phi) \\
a_n = \dfrac{4}{n\pi}\sin\left\{\dfrac{n\pi}{2}\left[m\sin(\omega_0 t + \phi) - 1\right]\right\} \\
b_n = 0
\end{cases}
$$

基波的值为

$$
\frac{u_{ab}}{u_{d/2}} = \sqrt{3}\,m\sin\left(\omega_0 t + \phi + \frac{\pi}{3}\right)
$$

在异步调制模式下，傅里叶级数展开后具体谐波的特性如下。

$n = 1,\ 3,\ 5\cdots\cdots,\ k = 2,\ 4,\ 6\cdots\cdots$ 时

$$
\frac{u_{ab}}{u_{d/2}} = \sum_{\infty}^{n=1}(-1)^{\frac{n-1}{2}}\frac{4}{n\pi}\sum_{\infty}^{k=2}J_k\left(\frac{n\pi m}{2}\right)\left\{\begin{array}{l}\sin\left[(k\omega_0 + n\omega_s) + k\left(\phi - \dfrac{\pi}{3}\right)\right] + \\[2mm] \sin\left[(k\omega_0 - n\omega_s) + k\left(\phi - \dfrac{\pi}{3}\right)\right]\end{array}\right\}2\sin\frac{k\pi}{3}
$$

$n = 2,\ 4,\ 6\cdots\cdots,\ k = 1,\ 3,\ 5\cdots\cdots$ 时

$$
\frac{u_{ab}}{u_{d/2}} = \sum_{\infty}^{n=1}(-1)^{\frac{n-1}{2}}\frac{4}{n\pi}\sum_{\infty}^{k=2}J_k\left(\frac{n\pi m}{2}\right)\left\{\begin{array}{l}\cos\left[(k\omega_0 + n\omega_s) + k\left(\phi - \dfrac{\pi}{3}\right)\right] + \\[2mm] \cos\left[(k\omega_0 - n\omega_s) + k\left(\phi - \dfrac{\pi}{3}\right)\right]\end{array}\right\}2\sin\frac{k\pi}{3}
$$

（2）风力发电系统中谐波分析。风力发电系统是一种将风能转化为电能的能量转换系统。首先是通过风力发电机的叶轮旋转将吸收的风能转化成机械能，扇叶轮的齿轮箱带动具有很大的转动惯量的风力发电机运转，由交流发电机把将机械能转换为电能后并入电网的。风速具有随机性与波动性的特点，从而其输出的功率也是变化的，因此会影响微电网的电能质量，风力发电对微电网系统的电能质量的不良影响主要体现在谐波上，对于风电并网系统来说，由于其采用了大功率变流装置，变流装置中电力电子器件是风电装置中最重要的谐波源。在风电系统中，由于异步机、变压器、电容器等设备均为三相，且采用三角形或星形连接方式，故不存在偶次或 3 的倍数次谐波，即风电系统中存在的谐波次数为 5、7、11、13、17 次等。风机本身配备的电力电子装置，可能带来谐波问题，且风力大小随机性的波动会加剧这种影响。

变速恒频风力发电机组是未来风力发电的发展热点。现代风力发电系统大都采用双馈异步发电机，目前主要从定子绕组与转子绕组分析风力发电机。一般定子绕组直接馈入电网，而转子侧绕组则通过转子侧变流器和网侧逆变器后接入电网。其谐波的来源可分为两大类：一类是发电机本身的结构所决定的固有谐波，但是可以通过改善磁场的结

构来减少谐波的产生，一般情况下可以不予考虑；另一类来自转子侧变换器，转子侧交流励磁系统产生的高次谐波耦合到定子端部，然后进入电网，其是风电系统并网运行时主要的谐波来源。双馈式发电机变换器拓扑结构如图 5-126 所示。

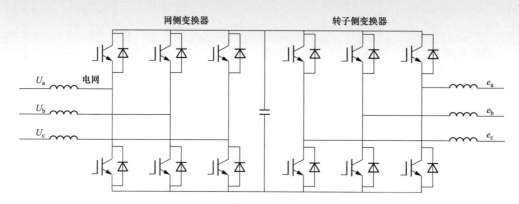

图 5-126　双馈发电机变流器拓扑结构

风电机组的变流器由风力发电系统转子侧的整流装置与定子侧的逆变装置组合而成，经过整流装置与逆变装置之间的电容以后，直流侧的谐波含量比较低，可以忽略。经过 PWM 输出的电压波形是由基波电压和高次谐波电压组成，对其输出电压波形进行傅里叶分析，即

$$U = \sqrt{2}\left[U_1\sin\omega_1 t + U_5\sin(5\omega_5\cos t + \theta_5) + \cdots + U_k\sin(k\omega_k t + \theta_k) + \cdots\right]$$

可见其谐波次数为 $6n+1(n=1、2、3\cdots\cdots)$，当 $k=6n+1$ 时表示各次正序谐波电压分量，当 $k=6n-1$ 时表示各次负序谐波电压分量，假如直流侧电压发生脉冲式的变化，这种变化会通过逆变装置给微电网系统带来非基频整数倍谐波。

根据国际电工委员会制定的风电系统的谐波的评价标准，假设在公共连接点处有 n 台风力发电机组，根据经验公式可以求得公共连接点谐波的电流和的公式，即

$$I_{h\Sigma} = \beta\sqrt{\sum_{N}^{i=1}\left(\frac{I_{hi}}{n_i}\right)^\beta}$$

式中：n_i 为第 i 个风力发电机组的变压器变比；I_{hi} 为第 i 个风电机组的 h 次谐波电流；β 为不同次数谐波的指数，见表 5-22；N 为公共连接点所接的风电机组的数目。

表 5-22　　　　　　　　　　不同次数谐波的指数

谐波	β
$h<5$	1.0
$5\leqslant h\leqslant 10$	1.4
$h>10$	2.0

根据国际标准，如果将任意两个同次谐波电流在相同矢量方向上叠加，已知谐波电流的相位时，按下式计算

$$I_h = \sqrt{I_{h1}^2 + I_{h1}^2 + 2I_{h1}I_{h2}\cos\theta_h}$$

式中：I_{h1} 为谐波源 1 的第 h 次谐波电流；I_{h2} 为谐波源 2 的第 h 次谐波电流；θ_h 为谐波源 1 和谐波源 2 的第 h 次谐波电流之间的相位角。

当出现两个以上同次谐波电流时，首先求出两个谐波电流和之后，再与其他谐波电流在同一相上进行叠加，以此类推。当谐波电流的相位角不确定时，虽然算法具有一定的难度，但是按照实际的经验公式可得到

$$I_h = \sqrt{I_{h1}^2 + I_{h1}^2 + KI_{h1}I_{h2}}$$

其中，系数 K 按表 5-23 选取。

表 5-23 K 的 选 值

h	K
3.0	1.62
5.0	1.28
7.0	0.72
11.0	0.18
13.0	0.08
9，>13 偶次	0

某风电站某时刻 220kV 侧故障录波曲线如图 5-127、图 5-128 所示，对电流曲线进行傅里叶分析结果如图 5-129 所示。由图 5-129 可知，此系统发生次同步振荡时，220kV 侧电流出现了明显的波动，振荡频率约为 8Hz，而电压侧波动不明显。在这种情况下，风电机组产生的次同步振荡就会引起到耦合系统中火电轴系扭振。

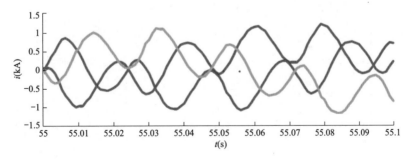

图 5-127　电流曲线

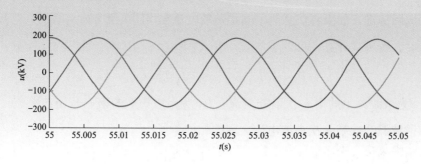

图 5-128　电压曲线

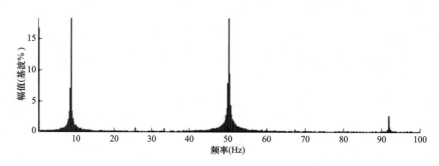

图 5-129　电流傅里叶分析结果

2. 风光火耦合系统中谐波的影响

风光火耦合系统中传统火电机组在与风电机组和光伏电站耦合后再输入电网。在这个过程中，风电机组和光伏电站在与串补或者弱交流外送系统相互作用都会产生次同步振荡，产生的次同步间谐波沿输电线路传递到火电机组引起次同步振荡造成火电机组的轴系扭振。图 5-130 为风光火耦合系统示意图。

图 5-130　风光火耦合系统示意图

同时火电机组作为调峰机组在耦合系统中会产生频繁的负荷变化，这也会引起轴系的扭振问题。

　　火电机组轴系的扭振会导致轴系的疲劳损伤加剧，甚至当扭振问题严重时会导致轴系断裂造成严重的安全事故。

　　3. 耦合系统轴系扭振疲劳计算

　　以汽轮机转子有限元模态分析结果为基础，并结合发电机扭矩获得危险部位的载荷谱，通过对危险部位载荷谱进行分析得到转子危险部位疲劳损耗来分析耦合系统对火电机组安全性的影响。

　　（1）转子模型的建立。计算轴系扭振首先需要建立转子模型。常用的模型有多段集中质量模型、简单集中质量模型和连续质量模型（分布质量模型）。本方法使用将使用分布质量模型对转子扭振进行计算。

　　分布质量模型将轴系分为许多单元体，通过求解每个单元体的扭转角位移来表征整个轴系的扭振，即用有限元的方法来进行连续性分析。

　　根据实际电站气缸图纸建立转子有限元模型，高中压转子整体建模如图 5-131 所示。

图 5-131　高中压转子整体建模

　　（2）轴系扭振固有特性。根据转子有限元模型对转子进行模态分析可得出轴系各阶固有频率和响应的扭振振型，将模拟结果与实际结果对比以保证计算准确。

　　（3）扭振应力以及危险截面的确定。得到转子各阶振型后，取振动幅度最大值点计算转子应力分布。通过分析各阶转子应力分布即可确定扭振的危险截面以及危险截面扭角分布。

　　（4）转子危险截面扭角历程计算。在风光火耦合系统中，为了保证系统输出的稳定，火电机组会作为调峰机组以适应风电机组和光伏电站的功率变化。火电机组功率变化引起的扭振和耦合系统中风电机组和光伏电站产生的次同步振荡都会引起转子扭振。通过监测输电线路频率波动即可得到次同步振荡所引起的转子扭振的扭角历程。

　　为了保证转子绝对安全，将功率变化和次同步振荡引起的扭振问题直接叠加考虑，得到转子的扭角历程计算最危险情况下转子的疲劳寿命问题。

　　（5）轴系扭振疲劳寿命计算。在完成转子扭角历程计算后就可以根据模拟得到的模态以及危险截面计算出危险截面的扭角历程，进而得到危险截面应力谱接着再进行危险截面扭振疲劳寿命的计算。

计算步骤如下：

1）根据已经得到的危险截面结合火电机组功率变化曲线可以得到各危险截面的局部应力-时间历程。

2）使用雨流计数法统计局部应力-时间历程载荷循环得到各载荷循环的应力幅值和均值。

3）使用 Goodman 曲线对应力幅值和均值进行修正以便后续的疲劳计算。

4）根据转子危险截面实际情况对材料 S-N 进行修正。

5）根据 Miner 公式估算转子的疲劳寿命损耗。

a. 轴系局部应力计算。在实际测量得到轴系的扭矩随时间变化的曲线后，可由此计算得到轴系各节点的扭转应力，即

$$\begin{cases} \tau_{\max} = \dfrac{M}{W_p} \\ W_p = \dfrac{\pi D^3 \left[1 - (d/D^4)\right]}{16} \end{cases}$$

式中：M 为扭矩，$N \cdot m$；W_p 为抗扭截面系数，m^3；D 为轴端的外径，m；d 为轴端的内径，m。

对于各转子之间联轴器螺栓的应力计算式为

$$\begin{cases} F = \dfrac{M}{n \cdot R} \\ F = \tau_b \dfrac{\pi d^2}{4} \end{cases}$$

式中：F 为每个螺栓所受的力，N；M 为联轴器传递的力矩，$N \cdot m$；n 为联轴器螺栓数；R 为螺栓节圆半径，m；d 为螺栓直径，m。

由上式可得联轴器每个螺栓的应力为

$$\tau_b = \frac{4M}{nR\pi d^2}$$

b. 雨流法统计载荷循环。因为火电机组轴系的受力过程十分复杂，想要通过 Miner 线性损伤累积理论估算疲劳寿命，需要先对轴系的扭转应力——时间历程进行统计，常用的方法就是雨流计数法。通过雨流计数法统计轴系载荷谱中的应力循环，结合 S-N 曲线和 Miner 公式估算轴系疲劳。

c. 修正应力幅值和均值。在轴系扭振过程中，当一次加载循环的应力幅值很大但

应力均值很小或者幅值很小均值很大时，这样的载荷循环是不会引起疲劳损耗的，这时就需要用到 goodman 准则对得到的应力循环进行修正。

$$\frac{\sigma_a}{\sigma_{N(R=-1)}} + \frac{\sigma_m}{\sigma_u} = 1$$

式中：σ_a 为应力幅，MPa；$\sigma_{N(R=-1)}$ 为疲劳强度，MPa；σ_m 为平均应力，MPa；σ_u 为材料极限强度，MPa。

疲劳极限曲线如图 5-132 所示。当数据点落在直线上方时表示会引起疲劳损耗，落在下方则不会，这样的应力循环就需要舍去。

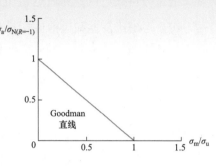

图 5-132　疲劳极限曲线

d. Miner 线性损伤累计理论估算疲劳寿命。

计算轴系疲劳寿命一般使用 Miner 线性损伤累积理论，即

$$D = \sum_{i=1}^{k} \frac{n_i}{N_i}$$

式中：k 为不同幅值应力应变循环的个数；N_i 为特定载荷的循环次数；n 为对应的应力应变的循环次数。

根据计算得出的危险截面载荷谱即可得到轴系扭振疲劳损耗分析。

5.4　耦合系统火力发电机组灵活性运行综合评价方法

运行灵活性是火电机组频繁大范围深度调峰需求下的重要特征，与安全性、可靠性、经济性均密切相关。然而，耦合系统的灵活性评价指标和评价方法大多是从电力系统调度运行的角度出发，所提指标对于火电机组灵活性的考虑不足；即使少数从系统运行成本出发，针对火电机组灵活性改造方案建立评价模型，但仍未充分考虑可再生能源功率的随机性，因此无法较为全面准确地反映火电机组灵活性运行状况。因此，建立一种能兼顾灵活性和经济性的综合评价模型对火电机组灵活性改造方案的选取至关重要。而合理的火电机组灵活性改造方案也能够进一步降低成本、优化火电机组运行、保证灵活性供需匹配、促进可再生能源消纳。

基于此，为兼顾灵活性和经济性，优化火电机组灵活性运行，解决现有灵活性运行评价上存在的上述不足，设计一种规模化可再生能源并网条件下的火电机组运行灵活性综合评价方法。

　　首先，从灵活性资源在能源供需系统中的存在形式出发，考虑灵活性资源为火电机组的灵活性衡量指标。其次，以风电并网为例，将电力系统所能承受的风电场功率的最大变化率设为目标，添加通用约束和灵活性资源约束，构造系统灵活性指标模型。接着，通过分析火电机组和风电机组的灵活性运行成本，构造系统灵活性成本模型；随后，综合考虑经济性和灵活性指标构建以最小化年综合费用为优化目标的综合评价体系，其中年综合成本主要由火电机组灵活性改造费用、年灵活性运行成本、年灵活性不足风险成本、年弃风费用构成。最后，在系统功率平衡约束和火电机组常规约束之外，添加灵活性裕度约束条件，构建火电机组灵活性运行综合评价模型。具体可分为如下几个步骤。

　　（1）步骤 1：考虑灵活性资源为火电机组构建灵活性裕度指标。

　　广义的电力系统灵活性资源在能源供需系统的"源""网""荷""储"四个侧面均以不同的形式存在，"源"即电源侧，"网"即电力传输侧，"荷"即电力需求侧，"储"即电力储存侧，主要由电源侧可调机组、传输侧协调调度、需求侧可控负荷、储存侧储能装置等组成，如图 5-133 所示。

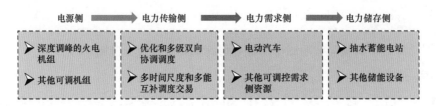

图 5-133　灵活性资源的存在形式

　　考虑到灵活性的方向性，由于国内火电的主导地位以及需求侧响应技术、大规模储能技术的推广尚未达到要求，为此着重考虑由可调火电机组提供上、下调灵活性应对负荷功率的随机变化，保证电力系统的安全稳定运行。

　　以上调灵活性为例，系统 t 时刻的灵活性需求 $N(t)$ 由 t 到 $t+1$ 时刻预测负荷功率爬升、t 时刻和 $t+1$ 时刻实际与预测功率误差三部分构成，即

$$N(t)=[P^c(t+1)-P^c(t)]+[P^{cs}(t)-P^c(t)]+[P^{cs}(t+1)-P^c(t+1)]$$

　　当 $N(t)>0$ 时，系统产生上调灵活性需求，$N(t)<0$ 时，系统产生下调灵活性需求；$P^{cs}(t)$ 为 t 时刻的负荷实际值；$P^c(t)$ 为 t 时刻的净负荷预测值。

　　基于以上分析，用系统灵活性供给与需求之差构建系统上、下调灵活性裕度指标来表征系统灵活性供需匹配情况，即

$$
\begin{cases}
Y^{up}(t) = S^{up}(t) - N(t) \\
Y^{down}(t) = S^{down}(t) + N(t)
\end{cases}
$$

$$
\begin{cases}
\Delta Y^{up}(t) = N(t) - S^{up}(t) \\
\Delta Y^{down}(t) = -S^{down}(t) - N(t)
\end{cases}
$$

当 $Y^{up}(t) \geqslant 0$、$Y^{down}(t) \geqslant 0$ 时，系统灵活性充裕；若小于 0 则代表灵活性不足。$S^{up}(t)$ 为 t 时刻的上灵活性供给；$S^{down}(t)$ 为 t 时刻的下灵活性供给；用 $\Delta Y^{up}(t)$、$\Delta Y^{down}(t)$ 表示上、下调灵活性不足指标；$\Delta T^{down}(t) > 0$ 表示系统存在弃风风险。

（2）步骤 2：以风电并网为例，构造系统灵活性指标模型。

灵活性指标旨在衡量电力系统应对不确定性因素的能力，因此可将系统能够承受的可再生能源最大突变容量作为灵活性评价指标。以风电并网为例，需分别评价风电场功率突然减小和突然增大两个方向，即上调灵活性和下调灵活性。其目标函数为 $\max \sum_{i=1}^{n} |\Delta P_{wi}|$。

其中，ΔP_{wi} 为区域内风电场 i 的功率变化，n 为区域内风电场个数。所定义的目标即为电力系统所能承受的风电场功率的最大变化，因此最大化目标函数，说明系统灵活性越好。

灵活性指标模型的约束条件分为通用约束和灵活性资源约束：第一类约束即指标计算中必须考虑的传统约束；第二类约束为选择性约束，根据负荷响应需求的灵活性资源选择相应约束。

1）通用约束。

a. 节点功率平衡约束。对于非风电节点，功率平衡方程为

$$
\begin{cases}
P_l - P_{nl} - V_l \sum V_j (G_{lj}\cos\theta_{lj} + B_{lj}\sin\theta_{lj}) = 0 \\
Q_l - Q_{nl} - V_l \sum V_j (G_{lj}\sin\theta_{lj} - B_{lj}\cos\theta_{lj}) = 0
\end{cases}
$$

式中：P_l、P_{nl} 分别为节点 l 的有功功率和有功负荷；Q_l、Q_{nl} 分别为节点 l 的无功功率和无功负荷；V_l 为节点 l 的电压；G_{lj}、B_{lj}、θ_{lj} 分别为节点 l 和 j 之间的电导、电纳和相角差。

对于风电节点，功率平衡方程为

$$
\begin{cases}
P_k - P_{nk} - \Delta P_{wk} - V_k \sum V_j (G_{kj}\cos\theta_{kj} + B_{kj}\sin\theta_{kj}) = 0 \\
Q_k - Q_{nk} - \Delta Q_{wk} - V_k \sum V_j (G_{kj}\sin\theta_{kj} - B_{kj}\cos\theta_{kj}) = 0
\end{cases}
$$

式中：ΔP_{wk}、ΔQ_{wk} 分别为节点 k 的风电有功变化和无功变化。

b. 风电场功率变化约束。风电并网需要满足国家标准，因此风电场的最大功率变

化限制在国家准以内，式中 ΔP_{GB} 为国家标准规定中风电最大功率变化值。

$$|\Delta P_{wi}| \leqslant |\Delta P_{GB}|$$

2）灵活性资源约束。

a. 时间尺度。考虑到不确定因素持续时间通常较短，时间尺度不宜过大，为了便于灵活性研究，将时间尺度设定为固定值，即

$$\Delta t = \{1\mathrm{min}, 10\mathrm{min}, 15\mathrm{min}, 30\mathrm{min}\}$$

b. 火电机组。在选用火电机组作为灵活性资源的条件下，综合时间尺度、功率上下限约束与机组爬坡速率约束，火电机组的有功功率约束为

$$\max\{P_{TG,\min}, P_{TG,t} - r_{Tdown} \times \Delta t\} \leqslant P_{TG} \leqslant \min\{P_{TG,\max}, P_{TG,t} + r_{Tup} \times \Delta t\}$$

式中：P_{TG} 为火电机组的功率；$P_{TG,t}$、$P_{TG,\max}$、$P_{TG,\min}$ 分别为火电机组的当前功率及其功率的上、下限；r_{Tup}、r_{Tdown} 分别为火电机组的向上、向下爬坡速率。

因此，结合目标函数和约束条件，将系统灵活性指标模型的数学模型建立如下

$$obj: \max \sum_{i=1}^{n} |\Delta P_{wi}|$$

$$s.t. \begin{cases} P_l - P_{nl} - V_l \sum V_j (G_{lj}\cos\theta_{lj} + B_{lj}\sin\theta_{lj}) = 0 \\ Q_l - Q_{nl} - V_l \sum V_j (G_{lj}\sin\theta_{lj} - B_{lj}\cos\theta_{lj}) = 0 \\ P_k - P_{nk} - \Delta P_{wk} - V_k \sum V_j (G_{kj}\cos\theta_{kj} + B_{kj}\sin\theta_{kj}) = 0 \\ Q_k - Q_{nk} - \Delta Q_{wk} - V_k \sum V_j (G_{kj}\sin\theta_{kj} - B_{kj}\cos\theta_{kj}) = 0 \\ |\Delta P_{wi}| \leqslant |\Delta P_{GB}| \\ \max\{P_{TG,\min}, P_{TG,t} - r_{Tdown} \times \Delta t\} \leqslant P_{TG} \leqslant \min\{P_{TG,\max}, P_{TG,t} + r_{Tup} \times \Delta t\} \\ \Delta t = \{1\mathrm{min},\ 10\mathrm{min},\ 15\mathrm{min},\ 30\mathrm{min}\} \end{cases}$$

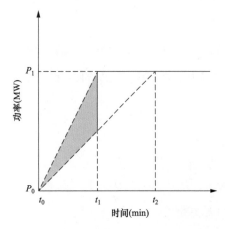

图 5-134　火电机组快速响应示意图

（3）步骤 3：以风电并网为例，构造系统灵活性成本模型。

火电机组灵活性成本。火电机组响应灵活性需求的过程分为响应阶段和运行阶段两个阶段，其中响应阶段是指功率调整变化的阶段，直至功率达到稳定状态，运行阶段则是指功率稳定后直至灵活性需求结束。

a. 响应成本。机组快速响应灵活性需求如图 5-134 所示，图中阴影部分面积表示火电机组调

整功率时多做的功 ΔW，功与单位成本相乘即可得到机组的快速响应成本 C_F。图中，t_1、t_2 为机组在最大和最小爬坡速率下的调节时间。

$$C_F = \Delta W \times e = \frac{\Delta P_{TG}}{r_n}\left(\Delta P_{TG} - \frac{\Delta P_{TG}}{r_n}r\right) \times e = \frac{\Delta P_{TG}^2 (r_n - r) \times e}{r_n^2}$$

式中：e 为单位成本；$\Delta P_{TG} = P_1 - P_0$ 为机组功率增量；r_n 为灵活性需求下所期望的爬坡速率，$r_n \leqslant r_{max}$；r 为机组适合的爬坡速率，$r \geqslant r_{min}$。

b. 运行成本。火电机组稳定功率时所产生的运行成本所占比重较大，通常以机组有功功率二次曲线表示；式中，t_V 为运行阶段时间，a、b、c 为发电成本系数。

$$C_V = (aP_1^2 + bP_1 + c) \times t_V = [a(P_0 + \Delta P_{TG})^2 + b(P_0 + \Delta P_{TG}) + c] \times t_V$$

c. 风电机组灵活性成本。风电机组的功率调整在数秒内完成，故风电机组灵活性主要考虑运行成本，响应成本则可计入运行成本惩罚项中。风电的运行成本可分为两个部分：一部分是维持风电功率的支付成本，C_{WP}；另一部分则为调用风电的惩罚成本，C_{WF}。

因此，风电在灵活性需求下的资源调用总成本可以表示为

$$C_W = C_{WP} + C_{WF} = \Delta P_W \times e_2 \times t_W + C_{WF}$$

式中：t_W 为风电运行阶段时间；e_2 为发电成本系数。

风电功率变化受国标限制：$|\Delta P_W| \leqslant |\Delta P_{GB}|$。

因此，结合目标函数和约束条件，将系统灵活性成本模型的数学模型建立如下

$$obj: \min\sum_{i=1}^{n}(C_{Fi} + C_{Vi} + C_{Wi})$$

$$s.t.\begin{cases} P_l - P_{nl} - V_l\sum V_j(G_{lj}\cos\theta_{lj} + B_{lj}\sin\theta_{lj}) = 0 \\ Q_l - Q_{nl} - V_l\sum V_j(G_{lj}\sin\theta_{lj} - B_{lj}\cos\theta_{lj}) = 0 \\ P_k - P_{nk} - \Delta P_{wk} - V_k\sum V_j(G_{kj}\cos\theta_{kj} + B_{kj}\sin\theta_{kj}) = 0 \\ Q_k - Q_{nk} - \Delta Q_{wk} - V_k\sum V_j(G_{kj}\sin\theta_{kj} - B_{kj}\cos\theta_{kj}) = 0 \\ |\Delta P_{wi}| \leqslant |\Delta P_{GB}| \\ \max\{P_{TG,min}, P_{TG,t} - r_{Tdown}\times\Delta t\} \leqslant P_{TG} \leqslant \min\{P_{TG,max}, P_{TG,t} + r_{Tup}\times\Delta t\} \\ \Delta t = \{1min, 10min, 15min, 30min\} \end{cases}$$

（4）步骤 4：结合步骤 2 和 3，构造火电机组灵活性运行综合评价的目标函数。

在综合评价体系中，以最小化年综合费用 C_{all} 为优化目标。而年综合成本主要由火电机组灵活性改造费用 C_g、年灵活性运行成本 C_y、年灵活性不足风险成本 C_{risk}、年弃

风费用 C_q 构成，即

$$\min C_{all} = G_g + C_y + C_{risk} + C_q$$

$$C_g = \sum_{j \in \Omega} I_j x_j$$

$$C_y = D_y \sum_{i=1}^{n} (C_{Fi} + C_{Vi} + C_{Wi})$$

$$C_{risk} = D \sum_{m \in M} P_r(m) \sum_{t=1}^{T} \left[c^{up} \Delta Y_m^{up}(t) + c^{down} \Delta Y_m^{down}(t) \right]$$

$$C_q = D \sum_{m \in M} P_r(m) \sum_{t=1}^{T} c^{w,q} P_m^{w,q}(t)$$

式中：I_j 为火电机组 j 进行灵活性改造的年投资成本；x_j 为 $0 \sim 1$ 变量，当且仅当火电机组 j 进行灵活性改造时为 1，否则为 0；Ω 为火电机组集合；D_y 为年运行成本系数；D 为年包含天数；M 为模型所考虑的风电集合；T 为运行时间段；$P_r(m)$ 为事件概率；$P_m^{w,q}(t)$ 为时刻 t 的弃风功率；$c^{w,q}$ 为单位弃风成本；c^{up}、c^{down} 为上下调灵活性不足的成本系数。

（5）步骤 5：构造综合评价约束条件，整合成火电机组灵活性运行综合评价模型。

步骤 2、3 中提到的系统功率平衡约束和火电机组常规约束：

1）系统功率平衡约束。系统功率平衡约束保证各个场景各个时段的发电功率满足负荷需求。

2）火电机组常规约束。火电机组约束包括机组最大功率约束、最小功率约束、爬坡约束。

3）火电机组功率约束。该约束保证火电机组的功率在最小功率和额定功率区间内。

4）火电机组爬坡约束。该约束保证机组前后时刻的功率差不超过机组的最大爬坡功率。

除此之外，考虑添加如下灵活性裕度约束条件：

系统灵活性裕度约束保证各场景各时刻的灵活性供需匹配满足置信度要求，即

$$\begin{cases} P_r\{S_m^{up}(t) - N_m(t) + \Delta Y_m^{up}(t) \geqslant 0\} \geqslant \beta^{up}(t) \\ P_r\{S_m^{down}(t) + N_m(t) + \Delta Y_m^{down}(t) \geqslant 0\} \geqslant \beta^{down}(t) \\ \Delta Y_m^{up}(t) \geqslant 0, \ \Delta Y_m^{down}(t) \geqslant 0 \end{cases}$$

式中：$\beta^{up}(t)$、$\beta^{down}(t)$ 为给定的置信水平。

通过目标函数和约束条件，火电机组灵活性运行综合评价模型可描述为

$$obj : \min C_{all} = C_g + C_y + C_{risk} + C_q$$

$$s.t. \begin{cases} P_l - P_{nl} - V_l \sum V_j (G_{lj}\cos\theta_{lj} + B_{lj}\sin\theta_{lj}) = 0 \\ Q_l - Q_{nl} - V_l \sum V_j (G_{lj}\sin\theta_{lj} - B_{lj}\cos\theta_{lj}) = 0 \\ P_k - P_{nk} - \Delta P_{wk} - V_k \sum V_j (G_{kj}\cos\theta_{kj} + B_{kj}\sin\theta_{kj}) = 0 \\ Q_k - Q_{nk} - \Delta Q_{wk} - V_k \sum V_j (G_{kj}\sin\theta_{kj} - B_{kj}\cos\theta_{kj}) = 0 \\ |\Delta P_{wi}| \leqslant |\Delta P_{GB}| \\ \max\{P_{TG,\min}, P_{TG,t} - r_{Tdown} - \Delta t\} \leqslant P_{TG} \leqslant \min\{P_{TG,\max}, P_{TG,t} + r_{Tup}\Delta t\} \\ \Delta t = \{1\min, 10\min, 15\min, 30\min\} \\ R_r\{S_m^{up}(t) - N_m(t) + \Delta Y_m^{up}(t) \geqslant 0\} \geqslant \beta^{up}(t) \\ P_r\{S_m^{down}(t) + N_m(t) + \Delta Y_m^{down}(t) \geqslant 0\} \geqslant \beta^{down}(t) \\ \Delta Y_m^{up}(t) \geqslant 0, \Delta Y_m^{down}(t) \geqslant 0 \end{cases}$$

综合评价模型的综合经济最优组成如图 5-135 所示，综合评价模型的约束条件组成如图 5-136 所示。

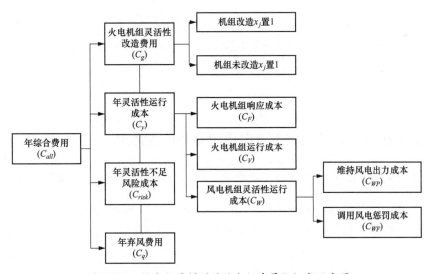

图 5-135　综合评价模型的综合经济最优组成示意图

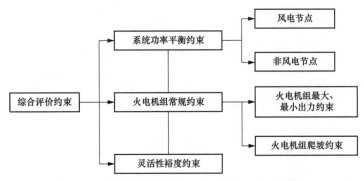

图 5-136　综合评价模型的约束条件组成示意图

综上所述，从大规模可再生能源并网现状出发，从长远的角度考虑火电机组作为灵活性资源对可再生能源消纳的重要作用。以高比例新能源电力系统为背景，以灵活性现有研究为基础，综合考虑了火电机组灵活性运行中的综合成本以及灵活性指标问题，对各部分成本进行综合考虑并对各个指标进行详细的解释说明和有机结合，极大地增强了火电机组灵活性运行综合评价过程的合理性和准确性，对推进灵活性改造进而促进可再生能源消纳提供了良好的支撑条件。

5.5　耦合系统火力发电机组灵活性控制

风能、太阳能等新能源对气象等环境变化敏感，具有一定的间歇性和不确定性。因此，新能源电力耦合下的电力系统难以避免存在不稳定性，从而导致极大的安全隐患。火力发电作为最为稳定且发展最为成熟的发电机组之一，需依托其灵活性运行平抑新能源耦合下的电网波动，实现其安全稳定运行。相较于成本较高的工艺流程改造，通过控制优化技术提高火电机组的灵活性是一种较为经济高效的方式。考虑到当前多数控制策略设计过程与被控对象的动态特性息息相关，对于火电机组这一具有强耦合、非线性和大迟延的复杂系统，建模方法和控制优化策略的合理构建是其灵活性运行控制中不可或缺的重要环节。

5.5.1　计及灵活性需求的火力发电机组动态特性建模

超临界火电机组因其高效率成为火电领域广泛使用的机组类型。超临界机组指锅炉内的工质（一般为水）超过其临界点（水的临界压力是 22.115MPa，临界温度是 374.15℃）的机组。相比于传统基于汽包炉的亚临界机组，超临界机组中的直流炉蓄热能力弱，难以充分发挥锅炉的缓冲作用，因此具有更为复杂的动态特性且更难以稳定控制。

工业过程建模分为机理建模和数据驱动建模两大类，为避免复杂系统繁杂的质量、能量守恒分析，数据驱动辨识成为如今各界广泛关注的建模方法。在当今数字化时代，数据驱动建模具有极大发展潜力，此类方法原理简单，模型辨识精度高，可扩展性强，为系统后续控制策略的设计提供了极大便利。因此，数据驱动建模在超临界机组此类火电机组的模型辨识中具有极大适用性。

以图 5-137 所示超临界机组为例，其主要由直流锅炉、汽轮机、汽水系统和发电机等主辅机组成。煤粉在锅炉中燃烧加热给水经汽水分离器产生高温、高压蒸汽，然后经过热器进入汽轮机推动叶片旋转做功并进一步驱动发电机产生电能。最后，汽轮机中的乏汽进入冷凝器汽化为水，经给水泵进入省煤器，并且在进入锅炉炉膛前通过省煤器进行预热。

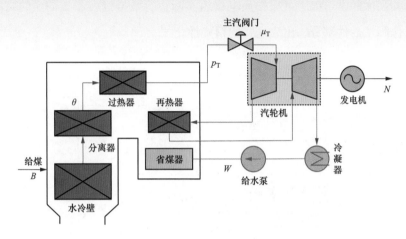

图 5-137　超临界机组运行原理图

　　数据驱动建模中需要基于必要的假设和简化，根据被控系统运行原理对其模型结构进行预设，因此需先对超临界机组进行必要的模型简化。因为超临界机组输出功率 N 是评判其运行能力和发电效率的基本标准，并且主蒸汽压力 p_T 和分离器出口温度 θ 也是其动态特性和运行状态的重要参考，因此可将上述三个变量作为超临界机组简化模型的输出变量。与此同时，主汽阀门开度 μ_T、给煤量 B 和给水流量 W 直接影响了机组输出功率、主蒸汽压力和分离器出口温度（中间点温度）的变化，可将此三个变量作为超临界机组建模模型的输入变量。基于以上分析，在建模过程中将超临界机组简化为如图 5-138 所示的三输入三输出模型，各变量之间均具有强耦合特性。

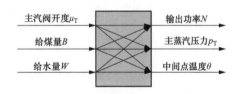

图 5-138　超临界机组简化模型结构图

　　立足于超临界机组运行原理及相应简化模型，设计一种新型数据驱动模糊神经网络算法进行其动态特性研究。该算法结合了模糊建模技术和神经网络技术二者的优点，可有效克服机组多变量间的不确定性和非线性，提高建模结果的精确性。如图 5-139 所示，所构建的模糊神经网络分为前件网络和后件网络两部分。其中，前件网络参数辨识包括规则层节点数的获得及隶属度函数中心和半径的求取。这一部分主要通过聚类算法实现，而在模糊 C 均值和 k 均值等传统聚类算法中需预先手动选择聚类个数，这将导致计算量的极大增加和最后计算结果的主观性，因此本节将谢尔贝尼（XB）指数引入 k

均值＋＋算法构建了一种改进型的聚类算法实现前件网络参数的自动获取。后件网络参数训练则直接服务于模型输出的计算。考虑到该研究所立足的超临界机组特性的复杂性和所用建模数据的丰富性，将监督自适应梯度下降法（SAGD）用于模糊神经网络的参数训练，其强大的学习能力可根据火电机组实际运行数据进行参数的实时自适应修正，从而有效保障了后件部分输出表达式的精确性。

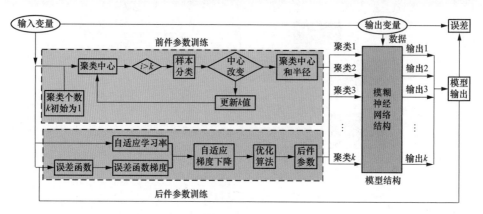

图 5-139 基于模糊神经网络的模型辨识原理图

所设计的新型模糊神经网络辨识算法首先将原始非线性系统划分为若干局部线性系统，然后对这些局部线性系统进行线性化建模，最后集总成全局非线性模型。随后，对模糊神经网络的结论部分网络进行改进。如图 5-140 所示，改进后的模糊神经网络包括如下五层结构：输入层、模糊化层、规则层、局部输出层和全局输出层。

（1）输入层。确定模型的输入向量。所选定的广义输入向量包括超临界机组所有的输入量和输出量。对于一个非线性系统，输入和输出增量 Δu 和 Δy 中线性关系更强。因此，将增量形式的输入应用于此：

$$X(k) = \left[\Delta u_1(k), \cdots, \Delta u_1(k-n), \cdots, \Delta u_i(k-n), \Delta y(k), \cdots, \Delta y(k-m)\right]^{\mathrm{T}}$$

$$\Delta u_i(k) = u_i(k) - us_i$$

$$\Delta y(k) = y(k) - ys_i$$

式中：$\Delta u_i(k)$ 为第 i 个输入向量的增量形式；us_i 为从聚类中心得到的输入稳态值；$\Delta y(k)$ 为输出量的增量形式；ys_i 为输出的稳态值。

（2）模糊化层。每个神经元的输出是输入向量的特征对应于特定糊规规则的隶属度。考虑到高斯隶属度函数的应用广泛性，在模糊化层中使用高斯隶属度函数，即

$$\mu_{ij} = \mathrm{e}^{-\frac{(x_i - c_{ij})^2}{r_j^2}}$$

式中：μ_{ij} 表示输入向量 i 对应于模糊规则 j 的隶属度值；x_i 为输入向量的第 i 个特征；c_{ij} 表示第 j 条模糊规则的中心中第 i 个特征 i 的值；r_j 表示第 j 条模糊规则的半径。

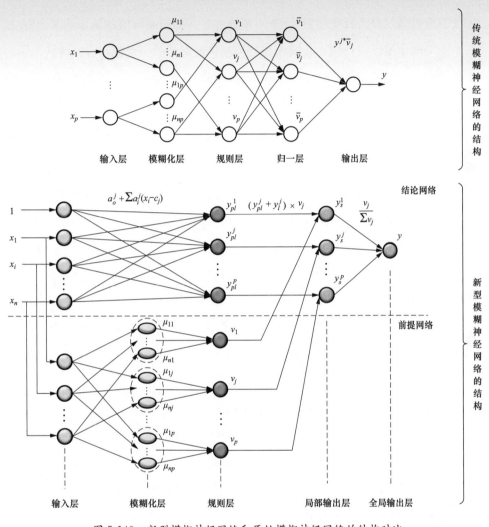

图 5-140　新型模糊神经网络和原始模糊神经网络的结构对比

（3）规则层。该层节点的输入包含了所有输入特征对相应模糊规则的隶属度。通过对属于同一规则的隶属度值进行累乘，得到该规则的触发强度。

$$v_j = \prod_{i=1}^{P} \mu_{ij}$$

式中：P 为规则个数；v_j 为模糊规则 j 的触发强度。

（4）局部输出层。每个神经元的输出代表一个局部模型的输出。由于模型结构采用增量形式，本层神经元输出的计算根据 T-S 模糊模型中结论部分的一般形式，得到局部增量模型的输出：

$$y^j_{pl} = a^i_0 + a^i_1 x_1 +, \cdots, + a^i_i x_i = a^i_0 + \sum_{i=1}^{12} a^i_i x_i$$

式中：y^j_{pl} 为局部增量模型 j 的输出；x_i 为第 i 个输入特征，a^j_i 是第 i 个输入特征的权重。本文在此处通过设置权重偏置 a^j_0 来平衡方程，并抑制离群值的输出到某个方向。

（5）全局输出层。进行归一化操作得到模糊神经网络的全局输出 y，即

$$y = \sum_{j=1}^{P} \frac{y^j \cdot v_j}{\sum_{j=1}^{P} v_j}$$

式中：y 为全局输出；y^j 为第 j 个局部模型的非线性输出；v_j 为第 j 个局部模型的触发强度。

接下来基于前述步骤所得模糊神经网络从结构上分别对前提部分网络和结论部分网络进行分析。其中前件网络参数主要包括规则层的节点数以及隶属度函数的中心和半径，一般依托聚类算法进行辨识。在本节的研究中将谢尔贝尼（XB）指数和 k-means＋＋算法相结合以减少人为因素的影响，并以核空间距离代替原欧式距离，不仅可以自动选取最优规则节点数，还降低了聚类过程复杂度。具体过程如下：

（1）首先将 k-means＋＋算法中的欧式距离替换为核空间距离。根据核函数的原理，可将目标向量映射到其他特征空间，利用 Mercer 核函数将核空间中的点积表示为

$$K(x_i, x_j) = \phi(x_i)^T \phi(x_j)$$

式中：x_i 为原始空间中的数据；$\phi(x_i)$ 为高维空间中的数据。

（2）通过非线性变换 ϕ 将数据映射到高维空间后，核空间中的距离可表示为

$$\| \phi(x_i) - \phi(x_j) \|^2 = \| \phi(x_i) - \phi(x_j) \|^T \| \phi(x_i) - \phi(x_j) \|$$

$$\| \phi(x_i) - \phi(x_j) \|^2 = \phi(x_i)^T \phi(x_j) + \phi(x_i)\phi(x_j)^T - 2\phi(x_i)\phi(x_j)$$

将核空间中的点积公式带入上式得

$$\| \phi(x_i) - \phi(x_j) \|^2 = K(x_i, x_i) + K(x_j, x_j) - 2K(x_i, x_j)$$

（3）使用 XB 指数进行规则数的初始优化。基于此，无须提前随机选取规则数，算法即可自适应地获取最佳规则数。

$$XB = \frac{\sum_{i=1}^{P} \sum_{k=1}^{N} (u_{ik})^m \| x_k - c_i \|^2}{N \cdot \min_{i \neq j} \| c_j - c_i \|^2}$$

式中：P 为聚类数；N 为样本总数；$m \in (1, \infty)$ 为模糊权重因子；u_{ik} 为第 k 个样本对应于第 i 条规则的隶属度；c_j 为第 j 条规则的中心。

随后，采用有监督自适应梯度下降法对结论部分网络参数进行训练。考虑到所用训

练数据是火电机组实际运行数据，因此需根据数据特征使学习率进行自适应变化。具体步骤如下：（1）采用了下式所示通用误差函数作为算法的性能指标，即

$$E = \frac{1}{2}(y_r - y)^2$$

式中：y_r 为机组实际输出；y 为模糊神经网络模型的输出。

（2）基于误差函数的公式，通过下式计算其梯度，即

$$\nabla w = \frac{\partial E}{\partial w} = (y_r - y) \cdot (-x)$$

（3）引入学习率自适应修正公式以避免少量损坏或无效数据对训练效果的影响。

$$lr = \frac{2 - e^{-i}}{\sum x_i}$$

式中：lr 为学习率；i 为当前迭代时刻；x_i 为当前样本的特征 i。

（4）进而得到结论参数 $w(k)$ 的修正公式，即

$$w(k) = w(k-1) - lr \cdot \nabla w + \alpha \cdot \Delta w$$
$$= w(k-1) - \frac{lr_0}{\sum x_i} \cdot (y_r - y)(-x) + \alpha \cdot [w(k-1) - w(k-2)]$$

式中：$w(k)$ 为当前时刻的结论参数；$w(k-1)$ 为上一时刻的结论参数；α 为额外引入的动量因子。

多数情况下采用单一的迭代算法无法十分精确的训练模型参数，因此需引入其他优化算法基于现有参数进行进一步优化。考虑到仿生算法的飞速发展及其原理简单、搜索和开发能力强等突出优势，以人工免疫粒子群算法为例进行后件网络参数的继续优化。

粒子群算法（PSO）作为发展最早的群智能优化算法之一，以其原理简单、操作方便、设置参数少等显著优势在许多领域获取了成功的尝试及应用。虽然作为一种发展成熟的优化算法，其存在的劣势也日益凸显，如在训练时间较长时，容易陷入局部最优，泛化能力减弱。因此，针对上述局限性，将人工免疫算法（AI）引入原始的 PSO 算法中形成人工免疫粒子群（AI_PSO）算法，借助 AI 算法的免疫选择、克隆和变异等操作优化 PSO 中的粒子更新过程，使粒子加快收敛并开拓了搜索范围，使所得结果更加精确，具有较强的泛化能力。

AI_PSO 中两种算法的组合原理为：先通过 PSO 算法进行参数优化，并且每经历 5 次迭代寻优，便对全局最优解进行一次分析，如果全局最优解和局部最优解没有明显变化，则引入 AI 算法，通过免疫过程来对个体位置进行进一步的修正和优化。以上述 SAGD 算法得到的后件网络参数为初始参数，通过 AI_PSO 算法进行参数修正的过程见表 5-24。

表 5-24 　　　　　　　　　　　 **AI_PSO 智能优化算法的计算流程**

算法： AI_PSO

输入： 超临界机组现场运行数据集 $X(k)$

输出： 后件网络参数 w^*

计算过程：

初始化粒子群，根据各粒子适应度值得到个体最优 p_i 和全局最优 g_j

迭代：

  for $i=1$：n do

    1. 更新粒子的位置向量 x 和速度向量 xv

    2. 重新计算适应度值并更新个体最优 p_i 和全局最优 g_j

  end for

  if $iteration/ds=0$ & $(P_{best}(iteration\text{-}ds+1)-P_{best}(t))<P_0$ do

  for $j=1$：m do

    1. 计算种群亲和度并根据亲和度对个体进行排序

    2. 对群体进行免疫操作，包括克隆、突变和克隆抑制

    3. 更新种群

  end for

  end if

直到 迭代次数至最大值，或者模型输出误差降到足够小的期望值。

为验证上述建模方法的可行性和有效性，依托我国北方某电厂 1000MW 机组的实际历史运行数据进行模型训练和通用性验证。首先采样得到负荷范围从 500MW 到 1000MW 的 4000 组数据进行模型训练，所用的输入变量数据如图 5-141 所示。

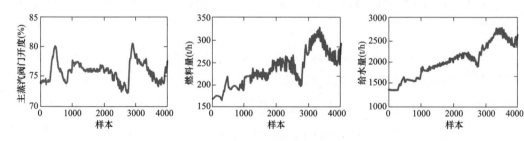

图 5-141　超临界机组模型训练输入变量数据

经模型训练首先通过前件网络辨识得到三个规则，然后通过后件网络参数优化分别得到各规则对应的子模型参数，具体情况见表 5-25～表 5-27。

表 5-25 　　　　　　　　　　　 **输出子模型的参数训练结果**

规则	参数类型	参数值
规则 1	聚类中心	(75.76， 75.76， 75.76， 232.84， 232.81， 232.78， 2035.48， 2035.23， 2034.95，721.68， 721.61， 721.54)
	聚类半径	458.07
	结论参数	$(-0.0727, 0.0947, -0.0248, 0.0717, -0.1456, 0.0849, -0.0962, 0.1492,$ $-0.0440, 0.5325, 0.1225, 0.3303)^{\mathrm{T}}$

规则	参数类型	参数值
规则2	聚类中心	(75.82, 75.82, 75.81, 188.72, 188.68, 188.63, 1558.16, 1557.75, 1557.38, 563.49, 563.38, 563.28)
	聚类半径	417.69
	结论参数	(−0.0010, 0.0094, −0.0082, 0.0118, −0.0231, 0.0180, −0.0046, 0.0008, 0.0282, 0.3270, 0.3408, 0.3055)^T
规则3	聚类中心	(76.39, 76.39, 76.39, 286.07, 286.06, 286.04, 2530.45, 2530.16, 2529.86, 882.43, 882.34, 882.25)
	聚类半径	459.84
	结论参数	(−0.0801, 0.0174, 0.0544, 0.0474, −0.0515, 0.0233, −0.0092, −0.0943, 0.1249, 0.3886, 0.3563, 0.2258)^T

表 5-26　　　　主蒸汽压力子模型的参数训练结果

规则	参数类型	参数值
规则1	聚类中心	(75.82, 75.82, 75.81, 188.72, 188.68, 188.63, 1558.16, 1557.75, 1557.38, 13.90, 13.90, 13.90)
	聚类半径	406.92
	结论参数	(0.0052, −0.0204, 0.0139, −0.0040, −0.0008, 0.0095, −0.0592, −0.0015, 0.0172, 0.3395, 0.3219, 0.3271)^T
规则2	聚类中心	(75.75, 75.75, 75.75, 232.78, 232.75, 232.72, 2035.07, 2034.82, 2034.55, 17.90, 17.90, 17.90)
	聚类半径	427.43
	结论参数	(−0.0456, 0.0647, −0.0219, 0.0061, −0.0328, 0.0342, −0.0245, 0.0027, 0.0286, 0.3616, 0.3170, 0.3102)^T
规则3	聚类中心	(76.40, 76.40, 76.40, 286.04, 286.02, 286.01, 2529.82, 2529.52, 2529.21, 21.83, 21.83, 21.83)^T
	聚类半径	423.59
	结论参数	(−0.0047, −0.0357, 0.0382, −0.0145, −0.0036, 0.0257, −0.0205, −0.0159, 0.0531, 0.3070, 0.3255, 0.3479)^T

表 5-27　　　　分离器出口温度子模型的参数训练结果

规则	参数类型	参数值
规则1	聚类中心	(76.40, 76.40, 76.40, 286.04, 286.02, 286.01, 2529.82, 2529.52, 2529.21, 408.25, 408.23, 408.22)
	聚类半径	426.06
	结论参数	(−0.1529, 0.0813, 0.0710, −0.0428, 0.1087, −0.0557, 0.0190, 0.0171, −0.0403, 0.4707, 0.2241, 0.3037)^T
规则2	聚类中心	(75.82, 75.82, 75.81, 188.72, 188.68, 188.63, 1558.16, 1557.75, 1557.38, 364.30, 364.28, 364.27)
	聚类半径	407.35
	结论参数	(−0.0394, 0.0028, 0.0356, −0.0163, −0.0081, 0.0407, 0.1132, −0.0256, −0.0981, 0.37730.3128, 0.3141)^T

规则	参数类型	参数值
规则 3	聚类中心	(75.75, 75.75, 75.75, 232.78, 232.75, 232.72, 2035.07, 2034.82, 2034.55, 388.62, 388.62, 388.62)
	聚类半径	427.60
	结论参数	$(0.0966, -0.0962, -0.0071, -0.0572, 0.0672, 0.0092, 0.0004, -0.0588, 0.0439, 0.4546, 0.3829, 0.1641)^{\mathrm{T}}$

　　然后通过各子模型的模糊加权得到最终建模输出，所得模型输出和机组实际运行数据间的拟合效果如图 5-142 所示。

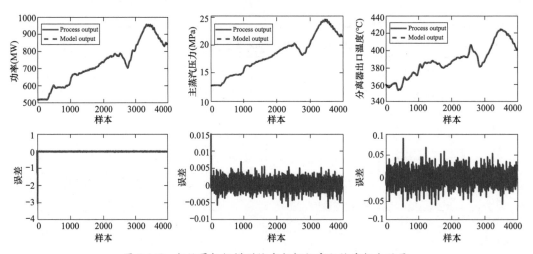

图 5-142　超临界机组模型输出与机组实际输出拟合效果

　　然后选取 600～680MW 范围内的 4800 组数据进行模型通用性测试，得到如图 5-143 所示的结果。

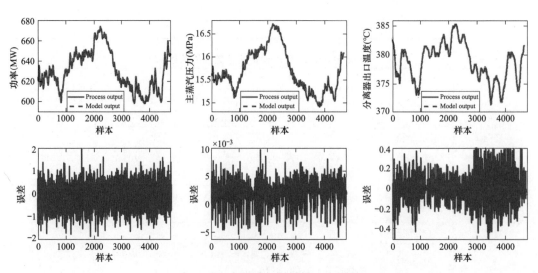

图 5-143　超临界机组模型验证结果

此处所得训练模型的输出和实际机组输出间的均方根误差分别为 9.89×10^{-3} MW、1.21×10^{-4} MPa 和 2.28×10^{-3} ℃。因此，以上模型训练和验证结果表明所提出建模算法的有效性，且所建立的高精度模型为后续火电机组灵活性运行控制器的设计奠定了基础。

5.5.2 基于分层递阶结构的火力发电机组灵活性运行预测控制

预测控制算法源于工业生产过程，通过预测模型、滚动优化和反馈校正三者的结合实现复杂系统的控制，该算法对被控对象模型形式没有特定的要求，可以有效处理带约束的优化问题。考虑到超临界机组动态特性的复杂性以及火电机组灵活性运行中伴随的机组爬坡率、调峰深度和负荷变化率等约束，预测控制在火电机组灵活性运行中具有极大适用性。

广义预测控制（GPC）算法是预测控制算法中的一大典型分支，GPC 算法基于被控对象的受控自回归积分滑动平均模型（CARIMA），可通过滚动优化和反馈校正利用控制系统历史输入、输出变量值和当前输入变量值实现未来一定时间序列中控制变量的预测。然而传统基于单级控制的 GPC 在处理复杂多工况系统的控制问题时，其精度和快速性将受到影响。因此，本节立足于章节 5.5.1 建立的模糊神经网络模型，采用分层递阶结构对控制器进行优化配置以实现超临界机组在较大范围运行工况下的深度调峰以及快速地升降负荷，从而提高其运行灵活性。接下来将从控制算法结构、算法详细步骤、控制器关键参数分析和整定以及算法仿真验证几方面对所设计的分级控制器进行介绍。

本节所提出的分级控制器主要由基于 GPC 算法的上位控制级和基于 L1 自适应控制算法的下位控制级组成，简要结构原理如图 5-144 所示。

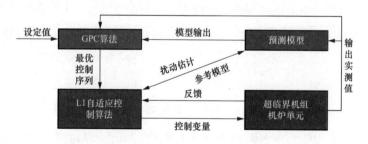

图 5-144 分级控制器简要结构图

中上位控制级采用无静差非线性约束 GPC 算法，并且该算法将章节 5.5.1 中模糊神经网络模型转化而来的 CARIMA 模型作为预测模型，主要完成最优控制序列轨迹的获取。进一步地，下位控制级中的 L1 自适应控制器将 CARIMA 变形得到的状态空间模型作为参考模型，负责对上一级所得到的最优轨迹进行精确跟踪，此种分级控制结构实现了优化问题和跟踪问题的分级自治和有机结合，既保证了跟踪性能，也有效降低了求解过程的复杂度。其内部结构和工作原理的详情如图 5-145 所示。

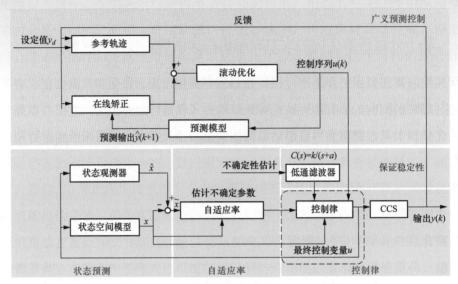

图 5-145　分级控制器内部结构和工作原理图

1. 基于无静差非线性约束广义预测控制算法的上位控制级

GPC 是预测控制算法多个分支中的重要一类，该算法可以显式地处理约束，并且其特有的 CARIMA 模型可直接处理非最小相位系统。GPC 主要由预测模型、滚动优化和反馈校正三部分组成。以下将从这三部分分别对所用无静差非线性约束 GPC 算法进行详细介绍。

（1）预测模型。预测模型用于在已知系统过去时刻的输入、输出量，并对未来时刻输入进行假设后以预测对象未来时刻的动态行为。本节在章节 5.5.1 所得模糊神经网络模型的基础上进行模型转化得到如下具有 p 个输入变量和 q 个输出变量的 CARIMA 模型。

$$\boldsymbol{A}(z^{-1})\boldsymbol{y}(k) = \boldsymbol{B}(z^{-1})\boldsymbol{u}(k) + \frac{\boldsymbol{C}(z^{-1})e(k)}{\Delta}$$

$$\boldsymbol{A}(z^{-1}) = \boldsymbol{I}_{q \times q} + \boldsymbol{A}_1 z^{-1} + \boldsymbol{A}_2 z^{-2} + \cdots + \boldsymbol{A}_{na} z^{-na}$$

$$\boldsymbol{B}(z^{-1}) = \boldsymbol{B}_0 + \boldsymbol{B}_1 z^{-1} + \boldsymbol{B}_2 z^{-2} + \cdots + \boldsymbol{B}_{nb} z^{-nb}$$

$$\boldsymbol{C}(z^{-1}) = \boldsymbol{I}_{q \times q} + \boldsymbol{C}_1 z^{-1} + \boldsymbol{C}_2 z^{-2} + \cdots + \boldsymbol{C}_{nc} z^{-nc}$$

式中：$\boldsymbol{u}(k)$ 和 $\boldsymbol{y}(k)$ 分别为 k 时刻的系统输入向量和输出向量；$e(k)$ 为白噪声。$\Delta = 1 - z^{-1}$ 是差分算子。

借助如下丢番图方程进行未来时刻的输出预测。

$$\boldsymbol{I}_{q \times q} = \boldsymbol{E}_j(z^{-1})\overline{\boldsymbol{A}}(z^{-1}) + z^{-j}\boldsymbol{F}_j(z^{-1})$$

其中

$$\overline{A}(z^{-1}) = A(z^{-1})\Delta$$

$$E_j(z^{-1}) = E_{j,0} + E_{j,1}z^{-1} + E_{j,2}z^{-2} + \cdots + E_{j,j-1}z^{-(j-1)}$$

$$F_j(z^{-1}) = F_{j,0} + F_{j,1}z^{-1} + F_{j,2}z^{-2} + \cdots + F_{j,na}z^{-na}$$

将 $\overline{A}(z^{-1}) = A(z^{-1})\Delta$ 带入可得

$$\overline{A}(z^{-1}) = I_{q \times q} + (A_1 - I_{q \times q})z^{-1} + (A_2 - A_1)z^{-2} + \cdots + (A_{na} - A_{na-1})z^{-na} - A_{na}z^{-(na+1)}$$

将 $A(z^{-1})y(k) = B(z^{-1})u(k) + \dfrac{C(z^{-1})e(k)}{\Delta}$ 两边同时乘以 $\Delta E_j(z^{-1})z^j$ 得

$$E_j(z^{-1})\overline{A}(z^{-1})y(k+j) = E_j(z^{-1})B(z^{-1})\Delta u(k+j-1) + E_j(z^{-1})e(k+j)$$

则丢番图方程可转化为以下形式，即

$$E_j(z^{-1})\overline{A}(z^{-1}) = I_{q \times q} - z^{-j}F_j(z^{-1})$$

将 $E_j(z^{-1})\overline{A}(z^{-1}) = I_{q \times q} - z^{-j}F_j(z^{-1})$ 两边同乘 $y(k+j)$ 可得

$$E_j(z^{-1})\overline{A}(z^{-1})y(k+j) = y(k+j) - y(k)F_j(z^{-1})$$

进一步可得未来 j 个时刻的预测输出，即

$$y(k+j) = F_j(z^{-1})y(k) + E_j(z^{-1})B(z^{-1})\Delta u(k+j-1) + E_j(z^{-1})e(k+j)$$

考虑到未来时刻噪声 $e(k+j)$ 的不可预测性，从当前时刻开始未来 j 时刻的预测输出为

$$y(k+j \mid k) = F_j(z^{-1})y(k) + G_j(z^{-1})\Delta u(k+j-1)$$

其中

$$G_j(z^{-1}) = E_j(z^{-1})B(z^{-1})$$

$G_j(z^{-1})$ 的具体多项式表达形式为

$$G_j(z^{-1}) = G_{j,0} + G_{j,1}z^{-1} + \cdots + G_{j,nb+j-1}z^{-(nb+j-1)}$$

然后对上述丢番图方程进行递推求解。丢番图方程在 $j+1$ 时刻的表达式为

$$I_{q \times q} = E_{j+1}(z^{-1})\overline{A}(z^{-1}) + z^{-(j+1)}F_{j+1}(z^{-1})$$

式（5-52）与式（5-46）的差值为

$$0 = [E_{j+1}(z^{-1}) - E_j(z^{-1})]\overline{A}(z^{-1}) + z^{-j}[z^{-1}F_{j+1}(z^{-1}) - F_j(z^{-1})]$$

进一步推导可得上式的如下递推解，即

$$E_{j+1}(z^{-1}) = E_j(z^{-1}) + E_{j+1,j}z^{-j}$$

将此式带入 $0 = [E_{j+1}(z^{-1}) - E_j(z^{-1})]\overline{A}(z^{-1}) + z^{-j}[z^{-1}F_{j+1}(z^{-1}) - F_j(z^{-1})]$ 可得

$$F_{j+1}(z^{-1}) = z[F_j(z^{-1}) - E_{j+1,j}\bar{A}(z^{-1})]$$

将 $F_{j+1}(z^{-1}) = z[F_j(z^{-1}) - E_{j+1,j}\bar{A}(z^{-1})]$ 逐项展开并根据对应项系数相等的原则，得到如下递推解，即

$$F_{j,0} = E_{j+1,j}$$

$$F_{j+1,i} = F_{j,j+1} - F_{j,0}\bar{A}_{i+1} \quad (0 \leqslant i \leqslant na)$$

$$F_{j+1,na} = -F_{j,0}\bar{A}_{na+1} \quad (i = na)$$

考虑到 $j=1$ 时丢番图方程的表达式，得

$$E_1 = I$$

$$F_1 = -\bar{A}_1 - \bar{A}_2 z^{-1} - \cdots - \bar{A}_{na}z^{-(na+1)} - \bar{A}_{na+1}z^{-na}$$

然后对 $G_j(z^{-1})$ 进行求解，由 $G_j(z^{-1}) = E_j(z^{-1})B(z^{-1})$ 可得

$$G_{j+1}(z^{-1}) = [E_j(z^{-1}) + F_{j,0}z^{-j}]B(z^{-1})$$

$$G_{j+1}(z^{-1}) = G_j(z^{-1}) + F_{j,0}z^{-j}B(z^{-1})$$

将 $G_{j+1}(z^{-1}) = G_j(z^{-1}) + F_{j,0}z^{-j}B(z^{-1})$ 逐项展开并根据对应项系数相等的原则，得到如下递推解，即

$$G_{j+1,j+i} = G_{j,j+i} + F_{j,0}B_i \quad (i = 0, \cdots, nb)$$

且当 $j=1$ 时 $G_1(z^{-1}) = B_0$。

（2）滚动优化。GPC算法控制量的获得本质上是优化问题的设计和最优解的求取。基于火电机组灵活性运行相关需求和指标构建带约束的目标函数，然后在每个采样周期中进行滚动优化力求该目标函数取得最小值，求解出未来有限时域内的控制序列并将此控制序列中的首项作用于系统。在下一采样周期，再次通过上述过程进行控制量求解直到达到理想的效果。

结合考虑火电机组灵活性运行对负荷响应快速性和跟踪精确性以及深度调峰的需求构建目标函数。因为前述神经网络建模过程已考虑了超临界机组的大范围运行工况，所以在调峰中以负荷跟踪精度为关注的重点。基于此，构建如下目标函数方程，即

$$J = \sum_{j=1}^{P} \|\hat{y}(k+j|k) - w(k+j)\|_R^2 + \sum_{i=1}^{M} \|\Delta u(k+i-1)\|_Q^2$$

式中：$w(k+j)$ 为参考序列；R 和 Q 分别为误差加权和控制加权系数；P 和 M 分别为预测步长和控制步长。

由于此处控制过程包含控制量幅值和变化率等约束，鉴于二次规划问题在求解约束优化问题中的有效性，需将 $J = \sum_{j=1}^{P} \|\hat{y}(k+j|k) - w(k+j)\|_R^2 + \sum_{i=1}^{M} \|\Delta u(k+i-1)\|_Q^2$

所示优化问题化为标准的二次规划形式进行求解。

预测输出的表达式为

$$\hat{\boldsymbol{y}}(k+1|k) = \boldsymbol{G}_{1,0}\Delta\boldsymbol{u}(k) + \boldsymbol{G}_{1,1}\Delta\boldsymbol{u}(k-1) + \cdots + \boldsymbol{G}_{1,nb}\Delta\boldsymbol{u}(k-nb) + \boldsymbol{F}_1(z^{-1})\boldsymbol{y}(k)$$

$$\hat{\boldsymbol{y}}(k+2|k) = \boldsymbol{G}_{2,0}\Delta\boldsymbol{u}(k+1) + \boldsymbol{G}_{2,1}\Delta\boldsymbol{u}(k) + \cdots + \boldsymbol{G}_{2,nb+1}\Delta\boldsymbol{u}(k-nb) + \boldsymbol{F}_2(z^{-1})\boldsymbol{y}(k)$$

$$\vdots$$

$$\hat{\boldsymbol{y}}(k+P|k) = \boldsymbol{G}_{P,P-M+1}\Delta\boldsymbol{u}(k+M-1) + \boldsymbol{G}_{P,P-M+2}\Delta\boldsymbol{u}(k+M-2) + \cdots + \boldsymbol{G}_{P,P-1}\Delta\boldsymbol{u}(k)$$
$$+ \boldsymbol{G}_{P,P}\Delta\boldsymbol{u}(k-1) + \cdots + \boldsymbol{G}_{P,P+nb-1}\Delta\boldsymbol{u}(k-nb) + \boldsymbol{F}_P(z^{-1})\boldsymbol{y}(k)$$

基于 $\boldsymbol{G}_{P,0} = \cdots = \boldsymbol{G}_{2,0} = \boldsymbol{G}_{1,0}$，$\boldsymbol{G}_{P,1} = \cdots = \boldsymbol{G}_{3,1} = \boldsymbol{G}_{2,1}$ 将上式进行转化并表达为如下形式，即

$$\begin{bmatrix} \hat{\boldsymbol{y}}(k+1/k) \\ \hat{\boldsymbol{y}}(k+2/k) \\ \vdots \\ \hat{\boldsymbol{y}}(k+P/k) \end{bmatrix} = \begin{bmatrix} \boldsymbol{G}_{1,0} & & & \\ \boldsymbol{G}_{2,1} & \boldsymbol{G}_{1,0} & & \\ \vdots & \vdots & \ddots & \\ \boldsymbol{G}_{P,P-1} & \boldsymbol{G}_{P-1,P-2} & \cdots & \boldsymbol{G}_{P,P-M+1} \end{bmatrix} \begin{bmatrix} \Delta\boldsymbol{u}(k) \\ \Delta\boldsymbol{u}(k+1) \\ \vdots \\ \Delta\boldsymbol{u}(k+M-1) \end{bmatrix}$$

$$+ \begin{bmatrix} \boldsymbol{G}_{1,nb} & \boldsymbol{G}_{1,nb-1} & \cdots & \boldsymbol{G}_{1,2} & \boldsymbol{G}_{1,1} \\ \boldsymbol{G}_{2,nb+1} & \boldsymbol{G}_{2,nb} & \cdots & \boldsymbol{G}_{2,3} & \boldsymbol{G}_{2,2} \\ \vdots & \vdots & & \vdots & \vdots \\ \boldsymbol{G}_{P,nb+P-1} & \boldsymbol{G}_{P,nb+P-2} & \cdots & \boldsymbol{G}_{P,P+1} & \boldsymbol{G}_{P,P} \end{bmatrix} \begin{bmatrix} \Delta\boldsymbol{u}(k-nb) \\ \Delta\boldsymbol{u}(k-nb+1) \\ \vdots \\ \Delta\boldsymbol{u}(k-1) \end{bmatrix} + \begin{bmatrix} \boldsymbol{F}_1(z^{-1}) \\ \boldsymbol{F}_2(z^{-1}) \\ \vdots \\ \boldsymbol{F}_P(z^{-1}) \end{bmatrix} \boldsymbol{y}(k)$$

将上式进行简化得

$$\boldsymbol{Y} = \boldsymbol{G}_1\Delta\boldsymbol{U}(k) + \boldsymbol{f}$$

$$\boldsymbol{f} = \boldsymbol{H}\Delta\boldsymbol{U}(k-1) + \boldsymbol{F}(z^{-1})\boldsymbol{y}(k)$$

其中：$\Delta\boldsymbol{U}(k)$ 表示未来时刻的控制变量；函数 $\boldsymbol{f}$ 只和过去时刻的输入、输出变量相关。基于上式，可将 $J = \sum\limits_{j=1}^{P} \|\hat{\boldsymbol{y}}(k+j|k) - \boldsymbol{w}(k+j)\|_{\boldsymbol{R}}^2 + \sum\limits_{i=1}^{M} \|\Delta\boldsymbol{u}(k+i-1)\|_{\boldsymbol{Q}}^2$ 化为

$$J = [\boldsymbol{G}_1\Delta\boldsymbol{U}(k) + \boldsymbol{f} - \boldsymbol{w}]^{\mathrm{T}}\boldsymbol{R}[\boldsymbol{G}_1\Delta\boldsymbol{U}(k) + \boldsymbol{f} - \boldsymbol{w}] + \Delta\boldsymbol{U}(k)^{\mathrm{T}}\boldsymbol{Q}\Delta\boldsymbol{U}(k)$$

为便于将本节带有约束的优化问题转化为二次规划形式，将上式做如下转化

$$J = [\boldsymbol{w}(k) - \boldsymbol{G}_1\Delta\boldsymbol{U}(k) - \boldsymbol{f}]^{\mathrm{T}}\boldsymbol{R}[\boldsymbol{w}(k) - \boldsymbol{G}_1\Delta\boldsymbol{U}(k) - \boldsymbol{f}] + \Delta\boldsymbol{U}^{\mathrm{T}}(k)\boldsymbol{Q}\Delta\boldsymbol{U}(k)$$

$$= \Delta\boldsymbol{U}^{\mathrm{T}}(k)(\boldsymbol{G}_1^{\mathrm{T}}\boldsymbol{R}\boldsymbol{G}_1 + \boldsymbol{Q})\Delta\boldsymbol{U}(k) - 2[\boldsymbol{w}(k) - \boldsymbol{f}]^{\mathrm{T}}\boldsymbol{R}\boldsymbol{G}_1\Delta\boldsymbol{U}(k) + [\boldsymbol{w}(k) - \boldsymbol{f}]^{\mathrm{T}}\boldsymbol{R}[\boldsymbol{w}(k) - \boldsymbol{f}]$$

考虑到上式中的 $[\boldsymbol{w}(k) - \boldsymbol{f}]^{\mathrm{T}}\boldsymbol{R}[\boldsymbol{w}(k) - \boldsymbol{f}]$ 与待优化的控制变量 $\Delta\boldsymbol{U}(k)$ 不直接相关，故可将其视为常数项。基于此，得到如下的标准二次规划形式，即

$$J = \frac{1}{2}\Delta\boldsymbol{U}^{\mathrm{T}}(k)\boldsymbol{H}\Delta\boldsymbol{U}(k) + \boldsymbol{c}^{\mathrm{T}}\Delta\boldsymbol{U}(k)$$

其中

$$H = 2(\mathbf{G}_1^\mathrm{T}\mathbf{R}\mathbf{G}_1 + \mathbf{Q})$$

$$\mathbf{c}^\mathrm{T} = 2[\mathbf{f} - \mathbf{w}(k)]\mathbf{R}\mathbf{G}_1$$

进一步地,将控制变量的幅值约束和速率约束作为约束条件,即

$$\Delta\mathbf{u}_{\min} \leqslant \Delta\mathbf{u}(k) \leqslant \Delta\mathbf{u}_{\max}$$

$$\mathbf{u}_{\min} \leqslant \mathbf{u}(k) \leqslant \mathbf{u}_{\max}$$

鉴于控制变量幅值和变化速率间的联系,可将二者进行相互转化,即

$$\mathbf{u}_{\min} - \mathbf{u}(k-1) \leqslant \Delta\mathbf{u}(k) \leqslant \mathbf{u}_{\max} - \mathbf{u}(k-1)$$

由于预测控制中一般考虑 M 步控制时域,此时 M 步的控制变量的约束可通过下式表示

$$\mathbf{L}_u\Delta\mathbf{U}(k) \leqslant \mathbf{L}$$

其中

$$\mathbf{L}_u = \begin{bmatrix} \mathbf{I}_1 \\ -\mathbf{I}_1 \\ \mathbf{\Gamma} \\ -\mathbf{\Gamma} \end{bmatrix}, \mathbf{L} = \begin{Bmatrix} \mathbf{\Gamma}_L\Delta\mathbf{u}_{\max} \\ -\mathbf{\Gamma}_L\Delta\mathbf{u}_{\min} \\ \mathbf{\Gamma}_L[\mathbf{u}_{\max} - \mathbf{u}(k-1)] \\ -\mathbf{\Gamma}_L[\mathbf{u}_{\min} - \mathbf{u}(k-1)] \end{Bmatrix}, \mathbf{\Gamma} = \begin{bmatrix} \mathbf{I}_2 & & & \\ \mathbf{I}_2 & \mathbf{I}_2 & & \\ \vdots & & \ddots & \\ \mathbf{I}_2 & \mathbf{I}_2 & \cdots & \mathbf{I}_2 \end{bmatrix}_{(M\times p)\times(M\times p)}$$

$$\mathbf{I}_1 = \mathbf{I}_{(M\times p)\times(M\times p)} \qquad \mathbf{I}_2 = \mathbf{I}_{p\times p} \qquad \mathbf{\Gamma}_L = [\underbrace{\mathbf{I}_2, \mathbf{I}_2, \cdots, \mathbf{I}_2}_{M}]^\mathrm{T}$$

在每个采样周期求解上述标准二次规划问题可得到未来 M 步的最优控制序列,然后通过下式取其中的第 1 个元素作用于被控对象。

$$\Delta\mathbf{u}(k) = \begin{bmatrix} \mathbf{I}_{p\times p} & 0 & \cdots & 0 \end{bmatrix}\Delta\mathbf{U}(k)$$

考虑到可能存在的模型失配问题对系统设定值跟踪精度的影响,在控制过程中加入误差积分环节形成积分模态以消除该稳态误差,具体数学表达式如下

$$\Delta\mathbf{u}_i(k) = \Delta\mathbf{u}(k) + K_i\sum_{n=1}^{k}[y^*(n) - y(n)]$$

式中:K_i 为积分补偿系数。

(3)反馈校正。鉴于在复杂系统实际控制过程出现的模型失配、未知扰动等问题出现将极大影响预测输出和实际输出间的拟合度,通过反馈校正环节为滚动优化提供实时参考和引导。将采样周期的系统输出实际测量值作为反馈信号用于预测输出的修正。

2. 基于 L1 自适应控制算法的下位控制级

L1 自适应控制结构分为状态预测器、自适应率和控制率三部分。该控制器主要通过控制通道中的低通滤波器来消除估计回路和控制回路中的扰动。若估计回路中的增益

取足够大的值，则可在不影响系统稳定裕度的同时实现快速自适应控制。设计合理的低通滤波器可将控制信号的带宽限定在执行器可接受的范围内。考虑到超临界机组的实际特性和应用场景，本节采用较易实现的离散分段常数自适应律。

为便于 L1 自适应控制器的设计，先将前述模糊神经网络模型转化为标准控制问题的数学描述，即

$$\dot{\hat{x}}(t) = A_m \hat{x}(t) + B_m [u(t) + \hat{\sigma}(t)], \hat{x}(0) = x_0$$

其中：$\hat{\sigma}(t) \in R^n$ 是系统中所有不确定性的总和估计。

设 $\tilde{x}(t) = \hat{x}(t) - x(t)$，$T_s$ 为控制过程的样本时间，分段自适应律 $\hat{\sigma}(t)$ 在采样点 $t = kT_s$ 的更新公式为

$$\hat{\sigma}(kT_s) = -\Phi^{-1}(T_s) \mu(kT_s)$$

其中

$$\Phi(T_s) = A_m^{-1}(e^{A_m T_s} - I_n)$$

$$\mu(kT_s) = e^{A_m T_s} \tilde{x}(kT_s)$$

式中：I_n 为 n 维单位阵。

当 $t \in [kT_s, (k+1)T_s]$ 时，令 $\hat{\sigma}(t) = \hat{\sigma}(kT_s)$，则可通过下式来计算控制律，即

$$u(s) = -C(s)\hat{\sigma}(s) + u^*(s)$$

式中：$u(s)$、$\hat{\sigma}(s)$ 和 $u^*(s)$ 分别为变量 $u(t)$、$\sigma(t)$ 和 $u^*(t)$ 的拉普拉斯变换；$u^*(t)$ 为来自上级无静差 GPC 控制器的控制信号；$C(s)$ 为用来确定控制信号带宽的低通滤波器。

3. 超临界机组灵活性运行分层递阶预测控制算法的仿真验证

首先将所建立的模糊神经网络模型转化为 CARIMA 模型用于基于无静差多变量 GPC 的上位控制级，然后再将 CARIMA 转化为如下状态空间模型形式用于基于 L1 自适应控制的下位控制级。

$$\begin{bmatrix} \dot{x}_1 \\ \dot{x}_2 \\ \dot{x}_3 \end{bmatrix} = \begin{bmatrix} 0.0018 & 0 & 0 \\ 0 & -0.0055 & 0.0930 \\ 0 & -0.0139 & -0.4529 \end{bmatrix} \begin{bmatrix} x_1 \\ x_2 \\ x_3 \end{bmatrix} + \begin{bmatrix} 0 & 0 & -0.0113 \\ -0.0491 & 0.0749 & 0.0075 \\ 0.6789 & -0.0560 & 0.0035 \end{bmatrix} \begin{bmatrix} u_1 \\ u_2 \\ u_3 \end{bmatrix}$$

$$\begin{bmatrix} y_1 \\ y_2 \\ y_3 \end{bmatrix} = \begin{bmatrix} 0 & 0.0896 & -0.6812 \\ 0 & 0.0033 & -0.0008 \\ 0.0249 & 0.0032 & -0.0007 \end{bmatrix} \begin{bmatrix} x_1 \\ x_2 \\ x_3 \end{bmatrix}$$

（1）控制器参数设定。上述分级控制算法中的主要参数包括控制时域 M、预测时

域 N、误差权重系数 R、控制权重系数 Q、采样间隔以及低通滤波器时间常数。根据经验法进行参数设定，最终结果见表 5-28。

表 5-28 所设计的分级控制器参数设定结果

无静差多变量 GPC 算法	L1 自适应控制算法
$M=3$	$T_s=1$
$N=9$	$C(s)=2/(s+2)$
$R=\text{diag}(1,\ 15,\ 1)$	—
$Q=\text{diag}(8,\ 8,\ 8)$	—
$\Delta u_{min}=[-0.1,\ -2,\ -30]$	—
$\Delta u_{max}=[0.1,\ 2,\ 30]$	—
$u_{min}=[1,\ 160,\ 2900]$	—
$u_{max}=[100,\ 400,\ 4000]$	—
$K=\text{diag}(-10,\ 1,\ 1)$	—

（2）灵活性运行跟踪性能测试。为测试所提出分级 GPC 控制算法的负荷跟踪性能，在第 150s 以 6% 的负荷爬坡速率将超临界机组输出变量的设定值从（1020，25，420）变化为（720，17.77，382.27），在 1800s 又以相同变化速率回到（1020，25，420），并将传统的单级 GPC 选为对比算法，得到如图 5-146 所示仿真结果。

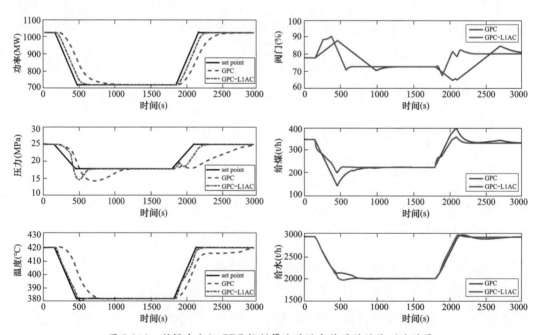

图 5-146 所提出分级 GPC 控制算法的设定值跟踪性能测试结果

如图 5-146 所示，机组基于 GPC-L1AC 控制器的负荷跟踪精度和稳定性均优于传统 GPC，同时还可将控制变量的波动控制在一定范围以保证机组的稳定性运行。机组结合所提出的 GPC-L1AC 算法在 6% P_e/min 爬坡率下仍能保持对负荷设定值的高精度跟踪，该算法控制下的超临界机组表现出一定的灵活性运行能力。

（3）算法抗扰动能力测试。火电机组实际运行过程中外部环境复杂，往往具有不可避免的扰动存在。此类扰动的存在往往会对控制效果造成不利影响。因此，抗干扰性能也是评估机组灵活性运行能力的重要指标。在本节的算法抗扰动性能测试中，基于机组（1000，25，418.5）的稳定运行工况，在第150s给负荷输出通道施加−5MW的扰动，然后在第1000s给过程通道施加−0.1%～0.1%之间的随机干扰，得到如图5-147所示的输入、输出变量变化曲线。

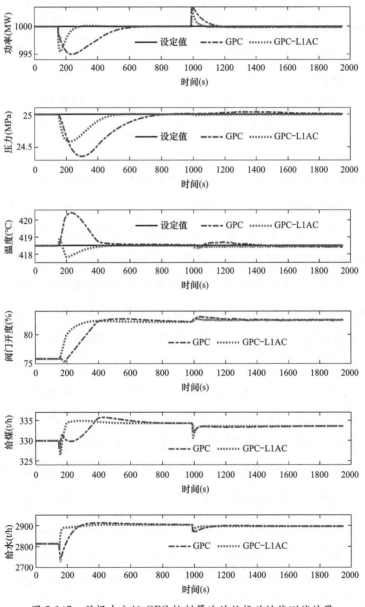

图 5-147　所提出分级 GPC 控制算法的抗扰动性能测试结果

从图 5-147 所示结果可得，在扰动作用下，相较于传统的 GPC 算法，机组结合所构建 GPC-L1AC 分级预测控制策略能在保持变化稳定性的情况下以更快的速度使输出变量恢复到原设定值，进而表现出更好的抗干扰能力。

5.5.3   结合自抗扰控制的火力发电机组快速负荷调控

超超临界机组是一种具有高热效率、低排放、少污染的先进发电技术，改善其协调控制系统（CCS）的控制性能将有助于提高机组的运行灵活性，进而接纳更多的可再生能源电力并入电网。然而，频繁且宽负荷的调峰需求对机组机炉协调控制性能提出了更高要求。为提高超超临界机组的运行灵活性，急需为其寻找具有卓越控制性能的控制策略。

1. 自抗扰控制算法

为克服工业上普遍存在的 PID 控制器在"快速性"和"超调"之间的矛盾，我国学者韩京清等人提出了自抗扰控制（ADRC）算法。ADRC 控制算法基于 PID 控制"基于误差消除误差"的思想精髓，并融合了韩京清先生研发的跟踪微分器，有效平衡了控制器的响应速度与超调性。由跟踪微分器、非线性误差反馈控制律及扩张状态观测器这三大组件构成的 ADRC 控制器在目标跟踪及扰动处理上彰显了卓越的性能。ADRC 把作用于工业控制过程的所有不确定因素归结为"未知扰动"，通过扩张观测器主动观测被控对象的输入、输出信号，得到系统内部状态变量的估计值，并通过非线性误差反馈控制律予以补偿。此外，ADRC 可基于工业上现成的分散控制系统模块实现且不依赖于被控对象精确数学模型的突出优势，使其在工业上具有很强的实用性。然而 ADRC 的组件含有非线性环节，跟踪微分器中非线性函数的引入给控制器参数整定带来了较大困难大大降低了它的工业便利性。

针对以上问题，我国学者高志强等人提出了线性自抗扰控制（LADRC）算法。LADRC 不考虑携带非线性函数的跟踪微分器，根据带宽思想重新配置线性扩张状态观测器和控制器的极点，将整个控制器的参数整定问题归结为线性观测器带宽和控制器带宽的整定，大大提高了其工业便利性。LADRC 与 ADRC 相比，其待整定参数更少、控制器结构简单且固定，易于工业实现，因此在示范项目中采用线性自抗扰控制（LADRC）技术对所提控制策略进行了进一步优化。

2. 基于 LADRC 算法的火力发电机组快速负荷调控

（1）超超临界机组协调控制系统模型建立。基于泰州电厂 1000MW 机组的实际历史运行数据，采样子空间辨识法得到具有三个输入、三个输出的 CCS 数学模型如下：

$$\begin{bmatrix} N(s) \\ P(s) \\ T(s) \end{bmatrix} = \begin{bmatrix} \dfrac{-0.8324s^2-0.7134s-0.0668}{s^2+1.2536s+0.4138} & \dfrac{0.0786s^2+0.0125s+0.0343}{s^2+1.2536s+0.4138} & \dfrac{-0.0031s^2-0.0455s+0.0043}{s^2+1.2536s+0.4138} \\ \dfrac{0.00022s^2-0.0027s-0.0048}{s^2+1.1029s+0.1217} & \dfrac{0.00018s^2-0.0002s-0.0004}{s^2+1.1029s+0.1217} & \dfrac{-0.00002s^2+0.00003s+0.00008}{s^2+1.1029s+0.1217} \\ \dfrac{0.0698s^2-0.2224s-0.7254}{s^2+3.2693s+2.2386} & \dfrac{0.0215s^2+0.0348s-0.0099}{s^2+3.2693s+2.2386} & \dfrac{0.0002s^2+0.0002s-0.0016}{s^2+3.2693s+2.2386} \end{bmatrix} \times$$

$$\begin{bmatrix} B(s) \\ W(s) \\ U(s) \end{bmatrix}$$

式中：N、P、T 分别为机组的有功功率、主蒸汽压力、分离器出口温度；B、W、U 分别为其燃料量、给水量、汽轮机阀门开度。

（2）LADRC 设计原理。

1）考虑如下二阶系统：

$$\ddot{y} = -a\dot{y} - by + w + bu$$

式中：y 为系统输出；u 为系统的输入；w 为外部干扰；参数 a，b 均为机组未知的动态特性。

$b_0 \approx b$，因此 $\ddot{y} = -a\dot{y} - by + w + bu$ 可改写为

$$\ddot{y} = -a\dot{y} - by + w + (b-b_0)u + b_0u = f + b_0u$$

其中：$f = -a\dot{y} - by + w + (b-b_0)u$ 为系统总扰动（包含外扰和内扰）。

LADRC 是基于误差补偿误差的思想而提出的，因此需要获得 f 的估计值 $\hat{f}$，用于控制律 $u = (-\hat{f} + u_0)/b_0$，将被控对象简化为单位增益的双积分控制问题：$\ddot{y} = (f - \hat{f}) + u_0$，$(f - \hat{f})$ 为扰动。

2）将系统表示为状态空间形式：

$$\dot{x} = Ax + Bu + Eh$$
$$y = \dot{C}z$$

其中：$A = \begin{bmatrix} 0 & 1 & 0 \\ 0 & 0 & 1 \\ 0 & 0 & 0 \end{bmatrix}$，$B = \begin{bmatrix} 0 \\ b_0 \\ 0 \end{bmatrix}$，$C = \begin{bmatrix} 1 & 0 & 0 \end{bmatrix}$，$E = \begin{bmatrix} 0 \\ 0 \\ 1 \end{bmatrix}$。

由此得到被控对象的状态空间形式，即

$$\begin{cases} \dot{x}_1 = x_2 \\ \dot{x}_2 = x_3 + b_0u \\ \dot{x}_3 = h \\ y = x_1 \end{cases}$$

其中：增加 $x_3 = f$ 为扩张状态，$h = \dot{f}$ 为未知扰动。因此，f 可用基于状态空间模型的状态观测器去观测。

3）将状态空间观测器表示为线性扩张状态观测器（LESO），即

$$\dot{z} = Az + Bu + L(y - \hat{y})$$

$$\hat{y} = Cz$$

其中：$L = \begin{pmatrix} \beta_1 \\ \beta_2 \\ \beta_3 \end{pmatrix}$ 为状态观测器的增益矩阵，可通过极点配置法获得。定义 ω_0 为观测器带宽，将增益矩阵的极点均配置在 $-\omega_0$ 处，得到

$$|sI - (A - LC)| = (s + \omega_0)^3$$

$$\begin{vmatrix} s + \beta_1 & -1 & 0 \\ \beta_2 & s & -1 \\ \beta_3 & 0 & s \end{vmatrix} = s^3 + 3\omega_0 s^2 + 3\omega_0^2 s + \omega_0^3$$

$$L = [3\omega_0, \ 3\omega_0^2, \ \omega_0^3]^{\mathrm{T}}$$

状态反馈控制律可设计为

$$u = \frac{-z_3 + u_0}{b_0}$$

忽略 z_3 估计误差，被控对象就可以简化单位增益双积分器，即

$$\ddot{y} = (f - z_3) + u_0 \approx u_0$$

因此可用 PD 反馈控制律去补偿系统总扰动，即

$$u_0 = k_p(r - z_1) - k_d z_2$$

其中：r 为设定值，$k_p = \omega_c^2$，$k_d = 2\omega_c$。确定了控制器的结构后，其关键参数的选取将对整个控制器的性能发挥着至关重要的作用，进而影响机组的负荷调控效果。因此，为二阶 LADRC 选择合适的控制器参数 b_0、ω_0、ω_c 即可完成火电机组协调控制方案的设计。LADRC 结构如图 5-148 所示。

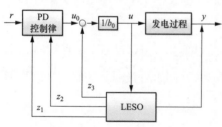

图 5-148 LADRC 基本结构

为克服手动调参的繁琐，结合改进的交叉量子鸽群算法（CQPIO）对 LADRC 的参数进行快速获取。

（3）结合 CQPIO 算法整定 LADRC 参数。鸽群算法（PIO）启发于鸽子的归巢行为，具有较好的探索和开发性能。然而由于经典的 PIO 算法极易陷入局部最优，因此

本文所提出的 CQPIO 简化了经典 PIO 的寻优过程，并引入量子思想完成鸽群中个体位置的更新，以及遗传算法的二项交叉与全局最优值进行结合，提高了寻优过程中种群的多样性、算法的收敛速度和寻优精度，避免算法过早陷入局部最优解。在 LADRC 的参数优化问题中，将每个待优化参数的最优值视为 CQPIO 算法中鸽巢所在地。

鸽子在归巢的初始阶段，鸽巢位置未知，所以假设当前最优候选解（适应度值最小的个体）为鸽巢。将机组负荷模型输出的误差积分作为适应度函数，即

$$F = \alpha_1 \cdot \left\{ \int_0^{t_s} [\eta_1 \cdot t \, | e(t) | + \eta_2 \cdot | u(t) |] \mathrm{d}t \right\} + \alpha_2 \cdot M_p$$

式中：α_1、α_2 分别为积分型目标函数和指标型目标函数的权重系数；η_1、η_2 分别为误差积分和控制量积分的权重系数；t_s 为系统响应的稳态调节时间；M_p 为系统响应的超调量。

进入地图和指南针算子导航阶段。选定当前最优解 $Xgbest$ 后，引入量子波函数 $\ln(1/u)$，其余鸽子个体根据 $\begin{vmatrix} s+\beta_1 & -1 & 0 \\ \beta_2 & s & -1 \\ \beta_3 & 0 & s \end{vmatrix} = s^3 + 3\omega_o s^2 + 3\omega_o^2 s + \omega_o^3$ 更新自身位置，

向局部最优粒子靠拢，即

$$X_i^t = P \pm \alpha \cdot | X_{mbest}^{t-1} - X_i^{t-1} | \cdot \ln\left(\frac{1}{u}\right)$$

$$\alpha = \frac{(1-0.5) \times (t - T_1)}{T_1} + 0.5$$

$$p = \frac{\gamma \times X_{pbesti}^{t-1} + \eta \times X_{gbest}^{t-1}}{(\gamma + \eta)}$$

其中：γ，η，$u \in (0, 1)$；t 为指南针算子的当前迭代次数；T_1 为指南针算子导航的总迭代次数；X_i 为第 i 个粒子的位置向量，X_{mbest} 为所有粒子的位置平均值；X_{pbesti} 为粒子 i 的最优位置；X_{gbest} 为当前全局最优解。将 X_{gbest} 与二项交叉进行结合

$$\mathrm{sol}_i^t = \begin{cases} X_{gbest} + \beta \cdot (rand - 0.5)(X_{gbest} - X_i^t), & rand < Cross \\ X_i^t, & \text{others} \end{cases}$$

其中：$Cross \in (0, 1)$，$\beta \in (-1, 1)$。

进入地标算子导航阶段。基于个体的适应度值根据冒泡法将个体从小到大排序，保留前半部分个体，适应度值较大的后半部分个体将被视为不具备导航能力被舍弃。根据被保留的个体位置信息计算出剩余群体的中心位置，并将其视为鸽巢位置的最大可能（即地标），所有鸽子个体根据下式更新位置信息

$$x_i = x_i^{Nc-1} + rand(x_{center}^{Nc-1} - x_i^{Nc-1})$$

$$x_{center}^{Nc-1} = \frac{\sum_{i=1}^{N^{Nc-1}} x_i^{Nc-1} F(x_i^{Nc-1})}{N^{Nc-1} \sum_{i=1}^{N^{Nc-1}} F(x_i^{Nc-1})}$$

其中：$N^{Nc} = \dfrac{N^{Nc-1}}{2}$，$F(x_i^{Nc-1}) > 0$，为适应度函数。

$$F(x_i^{Nc-1}) = \frac{1}{\text{fitness}(x_i^{Nc-1}) + \varepsilon}$$

$$X_{new_i} = X_i^{t-1} + rand \cdot (X_{gbest}^{t-1} - \beta \cdot X_{mbest}^{t-1})$$

$$\beta = round(1 + rand)$$

将 $X_{new_i} = X_i^{t-1} + rand \cdot (X_{gbest}^{t-1} - \beta \cdot X_{mbest}^{t-1})$ 产生新粒子并将其与原来的粒子进行比较，根据贪婪选择进行舍去。

$$X_i^t = \begin{cases} X_{new_i}, & f(X_{new_i}) < f(X_i^{t-1}) \\ X_i^{t-1}, & f(X_{new_i}) > f(X_i^{t-1}) \end{cases}$$

其中：$t \in [T_1+1, T_2]$；X_{new_i} 为新产生的第 i 个粒子，根据新生产个体 X_{new_i} 的适应度值大小判断是否替代原来的粒子 X_i。若 X_{new_i} 的适应度值小于当前粒子的适应度值，则用该新的位置向量替换原有当前粒子位置向量，否则保持不变。

将每次迭代的全局最优个体 X_{gbest} 与二项交叉结合，择优保留。达到最大迭代次数后，结束寻优，得到全局最优个体 X_{gbest} 即为控制器的超参数。

（4）基于 LADRC+CQPIO 的超超临界机组协调控制策略。综上，基于 LADRC+CQPIO 的超超临界机组协调控制策略如图 5-149 所示。

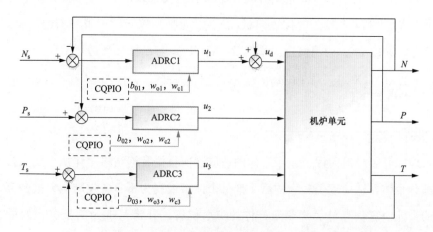

图 5-149　基于 LADRC+CQPIO 的超超临界机组协调控制策略

由图 5-96 可知，机炉单元的有功功率、主蒸汽压力、分离器出口温度输出回路分别由 $ADRC_1$、$ADRC_2$、$ADRC_3$ 控制。同时，每个 ADRC 的最优参数均由 CQPIO 自动获取。N_s、P_s、T_s 分别代表机组有功功率、主蒸汽压力、分离器出口温度的设定值。考虑到负荷调节在超超界机组灵活性运行中的重要性，以下主要探讨机组 CCS 的负荷跟踪问题。

CQPIO 算法的参数设置如下：维数 $D=2$；采样时间 $h=0.1$；地图和指南针算子导航最大迭代数 $T_1=20$，地标算子导航最大迭代数 $T_2=10$。CQPIO 算法的优化结果为：$b_0=0.1471$，$\omega_c=0.25$。CQPIO 与经典 PIO 算法寻优过程对比如图 5-150 所示。

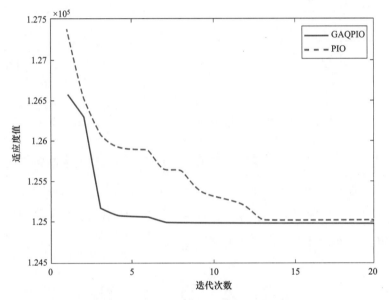

图 5-150　CQPIO 与经典 PIO 算法的寻优过程对比

图 5-151 中的红色实线为 CQPIO 算法的寻优过程曲线，蓝色虚线为标准 PIO 算法的寻优过程曲线。可以看出，无论是寻优精度还是收敛速度，CQPIO 算法的寻优效果均优于经典的 PIO。

（5）基于 LADRC+CQPIO 的超超临界机组协调系统性能测试。基于 Mtalab2019b 环境对结合所提 LADRC+CQPIO 算法的机组负荷跟踪性能进行测试。在机组的有功功率输出回路加入幅值为 1 的正向阶跃信号，使机组输出负荷从 650MW 上升到 651MW，其他回路的信号保持不变，CCS 的负荷响应效果如图 5-151 所示。

图 5-151 中实线为 CQPIO+LADRC 策略下的超超临界机组 CCS 负荷响应曲线。虚线为 PIO+LADRC 策略下的超超临界机组 CCS 负荷响应曲线。显而易见，基于 CQ-PIO+LADRC 策略下的超超临界机组 CCS 负荷响应效果较好，超调量和调节时间分别

约为 PIO+LADRC 策略的 31%、47%。

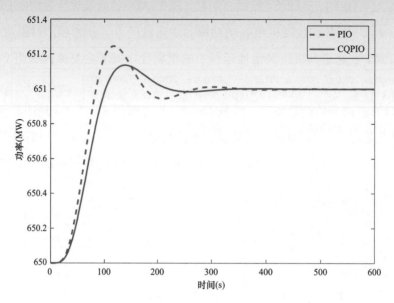

图 5-151 单位正阶跃信号加入下的 CCS 的负荷响应曲线

综上所述，结合线性系自抗扰控制技术的超超临界机组协调控制系统在自动发电控制指令到来时，能快速调节锅炉与汽轮机的能量供需使机组快准稳地响应负荷指令。因此，采用 LADRC+CQPIO 控制策略可提高火电机组的快速负荷控制能力和灵活性，为接纳更大规模的可再生能源电力并网提供保障。

5.6 本 章 小 结

本章构建了耦合系统火力发电机组灵活性运行综合评价体系，并针对机组灵活性运行控制技术进行了充分研究，主要内容如下：

（1）为全面评估高比例新能源电力系统中火力发电机组的灵活性运行能力，综合考虑了各电源经济性和灵活性指标建立以耦合系统最小化年综合费用为目标的多约束综合评价体系，进而为优化机组的灵活性运行能力奠定基础。

（2）有效融合了 k-means++聚类算法、模糊规则、神经网络和人工免疫 PSO 算法提出了一种新型模糊神经网络建模算法，并结合机组实际运行数据获取了满足灵活性需求的火力发电机组高精度动态模型，为高性能控制策略的设计提供支撑。

（3）采用无静差非线性约束 GPC 和 L1 自适应算法构建了分层递阶控制器将火力发电机组负荷响应过程的优化问题和跟踪问题分级治之，既保证了跟踪性能，又有效降低了求解过程的复杂度，实现了超临界机组在较大范围运行工况下的深度调峰以及快速升降负荷。

（4）将具有较高工业适用性的线性自抗扰控制技术与较好寻优能力的混沌量子鸽群优化算法相结合，得到能够在火力发电机组 DCS 上直接实现的先进控制策略，并结合泰州电厂实际运行数据进行仿真，提高了灵活性背景下超超临界机组负荷调控的快速性及准确性。

参 考 文 献

［1］林卫星，文劲宇，艾小猛，等. 风电功率波动特性的概率分布研究［J］. 中国电机工程学报，2012，32（1）：38-46.

［2］艾小猛，韩杏宁，文劲宇，等. 考虑风电爬坡事件的鲁棒机组组合［J］. 电工技术学报，2015，30（24）：188-195.

［3］李文泽. 基于深度学习的风电爬坡识别及短期功率预测技术研究［D］. 华中科技大学电气工程，2021.

［4］吴桐. 风电功率的特性分析及其时间序列生成方法研究［D］. 华中科技大学电力系统及其自动化，2013.

［5］邹斌，李冬. 基于有效容量分布的含风电场电力系统随机生产模拟［J］. 中国电机工程学报，2012，32（7）：23-31+187.

［6］邹金，赖旭，汪宁渤. 风电随机出力的时间序列模型［J］. 电网技术，2014，38（9）：2416-2421.

［7］刘纯，吕振华，黄越辉，等. 长时间尺度风电出力时间序列建模新方法研究［J］. 电力系统保护与控制，2013，41（1）：7-13.

［8］朱晨曦，张焰，严正，等. 采用改进马尔科夫链蒙特卡洛法的风电功率序列建模［J］. 电工技术学报，2020，35（3）：577-589.

［9］Fabbri A, Roman T, Abbad J, et al. Assessment of the cost associated with wind generation prediction errors in a liberalized electricity market［J］. IEEE Transactions on Power Systems, 2005, 20（3）：1440-1446.

［10］Bludszuweit H, Dominguez-Navarro J, Llombart A. Statistical analysis of wind power forecast error［J］. IEEE Transactions on Power Systems, 2008, 23（3）：983-991.

［11］Bludszuweit H, Dominguez-Navarro J. A probabilistic method forenergy storage sizing［J］. IEEE Transactions on Power Systems, 2011, 26（3）：1651-1658.

［12］丁华杰，宋永华，胡泽春，等. 基于风电场功率特性的日前风电预测误差概率分布研究［J］. 中国电机工程学报，2013，33（34）：136-144+22.

［13］魏绍凯，谢明，郑叔芳. 叶型曲线的自适应分段回归［J］. 中国电机工程学报，1993（4）：54-58.

［14］郭照庄，霍东升，孙月芳. 密度核估计中窗宽选择的一种新方法［J］. 佳木斯大学学报（自然科学版），2008（3）：401-403.

［15］王飞，米增强，甄钊，等. 基于天气状态模式识别的光伏电站发电功率分类预测方法［J］.

中国电机工程学报，2013，33（34）：75-82+14.

［16］孙翰墨，申烛，郭宗军，等. 不同天气类型对光伏电站理论发电量影响的研究［J］. 太阳能，2017（6）：38-42.

［17］张鸿皓. 基于相似日聚类和多模型融合的短期光伏输出功率预测研究［D］. 宁夏大学，2021.

［18］王开艳，杜浩东，贾嵘，等. 基于相似日聚类和QR-CNN-BiLSTM模型的光伏功率短期区间概率预测［J］. 高电压技术，2022，48（11）：4372-4388.

［19］张华彬，杨明玉. 基于天气类型聚类和LS-SVM的光伏出力预测［J］. 电力科学与工程，2014，30（10）：42-47.

［20］赵舵. 基于天气类型聚类和LS-SVM的光伏出力预测方法［J］. 光源与照明，2022（6）：82-84.

［21］李正明，高赵亮，梁彩霞. 基于FCM和CG-DBN的光伏功率短期预测［J］. 现代电力，2019，36（5）：62-67.

［22］吴振威，蒋小平，马会萌，等. 基于非参数核密度估计法的光伏出力随机分布模型［J］. 中国电力，2013，46（9）：126-130.

［23］赵铁军，孙玲玲，牛益国，等. 基于改进非参数核密度估计的光伏出力概率分布建模方法［J］. 燕山大学学报，2021，45（5）：430-437+448.

［24］王群，董文略，杨莉. 基于Wasserstein距离和改进K-medoids聚类的风电/光伏经典场景集生成算法［J］. 中国电机工程学报，2015，35（11）：2654-2661.

［25］段偲默，苗世洪，李力行，等. 基于Copula理论的风光联合出力典型场景生成方法［J］. 供用电，2018，35（7）：13-19.

［26］汤向华，李秋实，侯丽钢，等. 基于Copula函数的风电时序联合出力典型场景生成［J］. 电力工程技术，2020，39（5）：152-161+168.

［27］徐箭，洪敏，孙元章，等. 基于经验Copula函数的多风电场出力动态场景生成方法及其在机组组合中的应用［J］. 电力自动化设备，2017，37（8）：81-89.

［28］陈碧云，闭晚霞，李欣桐，等. 考虑风-光-荷联合时序场景的分布式电源接入容量规划策略［J］. 电网技术，2018，42（3）：755-761.

［29］ANSYS Inc. ANSYS Fluent Theory Guide［J］. 2013.

［30］A. A. F. Peters, R. Weber. Mathematical Modeling of a 2.4 MW Swirling Pulverized Coal Flame［J］. Combustion Science and Technology, 2007, 122（1-6）：131-182.

［31］聂欣. 基于中频感应加热原理煤粉直接点火的试验研究［D］. 浙江：浙江大学，2007.

［32］杨新华，陈传尧. 疲劳与断裂［M］. 武汉：华中科技大学出版社，2018.

［33］傅质馨，孙宁新，朱俊澎，等. 基于输出功率预测的风电机组运行风险度评估［J］. 电力

信息与通信技术，2021，19（5）：14-22.

[34] 杨如意. 基于光伏功率预测的多能源互补系统的设计研究 [J]. 仪器仪表用户，2021，28（7）：98-100+97.

[35] 贾力，方肇洪，钱兴华. 高等传热学 [M]. 北京：高等教育出版社，2003.

[36] 李维特. 热应力理论分析及应用 [M]. 北京：中国电力出版社，2004.

[37] John Wiley, Sons. Lalanne Christian. Fatigue Damage [M]. 2014.

[38] 张涛然，晁晓洁，郭丽红，等. 材料力学 [M]. 重庆：重庆大学出版社，2018.

[39] Xiao Tong Zhao, Qing He, Dong Mei Du. Thermal Stress Analysis of Rotor of Ultra Supercritical Steam Turbine [J]. Applied Mechanics and Materials, 2014, 2963（494-495）.

[40] 张保衡. 大容量火电机组寿命管理与调峰运行 [M]. 北京：水利水电出版社，1988.

[41] 黄树红，孙奉仲. 汽轮机原理 [M]. 北京：中国电力出版社，2008.

[42] 《中国能源发展报告 2022》：我国能源绿色低碳转型加快推进 [J]. 经济导刊，2022（7）：6.

[43] 肖湘宁，郭春林，高本锋，等. 电力系统次同步振荡及其抑制方法 [M]. 北京：机械工业出版社：，201401. 274.

[44] Arrillaga Jos, Watson Neville R. . Power System Harmonics [M]. John Wiley & Sons, Ltd: 2003-09-26.

[45] G. K. Singh. Solar power generation by PV（photovoltaic）technology: A review [J]. Energy, 2013, 53.

[46] 张莹. 分析大规模光伏发电对电力系统影响 [J]. 农村电气化，2021（7）：55-56+72. DOI: 10. 13882/j. cnki. ncdqh.

[47] 姚兴佳. 风力发电机组理论与设计 [M]. 北京：机械工业出版社，2012.

[48] 赵俊华，王健. 论述风力发电引起的电压波动和闪变 [J]. 科学技术创新，2021（21）：7-8.

[49] 王兆安. 谐波抑制和无功功率补偿 [M]. 北京：机械工业出版社，2016.

[50] 李辉，陈耀君，赵斌，等. 双馈风电场抑制系统次同步振荡分析及控制策略 [J]. 中国电机工程学报，2015，35（7）：1613-1620. DOI: 10. 13334/j. 0258-8013. pcsee. 2015. 07. 008.

[51] 翁建明，徐云柯，赵鹏程，等. 汽轮发电机组扭振引起疲劳损伤评价 [J]. 热力发电，2020，49（01）：91-97. DOI: 10. 19666/j. rlfd. 201907164.

[52] 刘教民，郭通，徐姗姗，等. 计及离散出力特征的火电机群固有运行灵活性评价方法 [J]. 电力建设，2019，40：65-73.

[53] Sinha R, Bak-Jensen B, Radhakrishna P, Zareipour H. Flexibility from Electric Boiler and Thermal Storage for Multi Energy System Interaction [J]. Energies, 2020, 13: 98.

[54] Wang YC, Lou SH, Wu YW, Wang SR. Flexible Operation of Retrofitted Coal-Fired Power Plants to Reduce Wind Curtailment Considering Thermal Energy Storage [J]. IEEE Transactions on Power Systems, 2020, 35: 1178-1187.

[55] Wang W, Liu JZ, Gan ZY, Niu YG, Zeng DL. Flexible control of combined heat and power units based on heat-power estimation and coordination [J]. International Journal of Electrical Power & Energy Systems, 2020, 123: 106261.

[56] 徐浩, 李华强. 火电机组灵活性改造规划及运行综合随机优化模型 [J]. 电网技术, 2020, 44: 4626-4638.

[57] Feng ZK, Niu WJ, Wang WC, Zhou JZ, Cheng, CT. A mixed integer linear programming model for unit commitment of thermal plants with peak shaving operation aspect in regional power grid lack of flexible hydropower energy [J]. Energy, 2019, 175: 618-629.

[58] 周光东, 周明, 孙黎滢, 等. 含波动性电源的电力系统运行灵活性评价方法研究 [J]. 电网技术, 2019, 43: 2139-2146.

[59] Lu ZX, Li HB, Qiao Y. Probabilistic flexibility evaluation for power system planning considering its association with renewable power curtailment [J]. IEEE Transactions on Power Systems, 2018, 33: 3285-3295.

[60] Zhao YL, Liu M, Wang CY, Li X, Chong DT, Yan JJ. Increasing operational flexibility of supercritical coal-fired power plants by regulating thermal system configuration during transient processes [J]. Applied Energy, 2018, 228: 2375-2386.

[61] 吴耀武, 张苏, 范越, 等. 一种评估各类灵活性资源对电力系统灵活性贡献度的方法 [P]. 湖北省: CN110443509A, 2019-11-12.

[62] Zhao YX, Liu SY, Lin ZZ, Wen FS, Ding Y. Coordinated scheduling strategy for an integrated system with concentrating solar power plants and solar prosumers considering thermal interactions and demand flexibilities [J]. Applied Energy, 2021, 304: 117646.

[63] Stevanovic V D, Petrovic M M, Milivojevic S, Ilic M. Upgrade of the thermal power plant flexibility by the steam accumulator [J]. Energy Conversion and Management, 2020, 223: 113271.

[64] Wang Z, Liu M, Zhao YL, Wang CY, Chong DT, Yan JJ. Flexibility and efficiency enhancement for double-reheat coal-fired power plants by control optimization considering boiler heat storage [J]. Energy, 2020, 201: 117594.

[65] Zhang F, Wu X, Shen J. Extended state observer based fuzzy model predictive control for ultra-supercritical boiler-turbine unit [J]. Applied Thermal Engineering, 2017, 118: 90-100.

[66] Tian Z, Yuan JQ, Xu L, Zhang X, Wang JC. Model-based adaptive sliding mode con-

trol of the subcritical boiler-turbine system with uncertainties [J]. ISA Transactions, 2018, 79: 161-171.

[67] Lin XL, Song HC, Wang LK, Guo YF, Liu YH. Cold-end integration of thermal system in a 1000 MW ultra-supercritical double reheat power plant [J]. Applied Thermal Engineering, 2021, 193: 116982.

[68] Taler J, Zima W, Oc on P, Gradziel S, Taler D, Cebula A, Jaremkiewicz M, Korzen A, Cisek P, Kaczmarski K, Majewski K. Mathematical model of a supercritical power boiler for simulating rapid changes in boiler thermal loading [J]. Energy, 2019, 175: 580-592.

[69] Hou GL, Gong LJ, Su HL, Huang T, Huang CZ, Fan W, Zhao YZ. Application of fast adaptive moth-flame optimization in flexible operation modeling for supercritical unit [J]. Energy, 2021, 239: 121843.

[70] Zhu XB, Pedrycz W, Li ZW. A design of granular Takagi-Sugeno fuzzy model through the synergy of fuzzy subspace clustering and optimal allocation of information granularity [J]. IEEE Transactions on Fuzzy Systems, 2018, 26 (5): 2499-2509.

[71] Niu YG, Du M, Ge WC, Luo HH, Zhou GP. A dynamic nonlinear model for a once-through boiler-turbine unit in low load [J]. Applied Thermal Engineering, 2019, 161: 1-13.

[72] Huang CZ, Sheng XX. Data-driven model identification of boiler-turbine coupled process in1000 MW ultra-supercritical unit by improved bird swarm algorithm [J]. Energy, 2020, 205: 118009.

[73] Wang YH, Cao LH, Hu PF, Li B, Li Y. Model establishment and performance evaluation of a modified regenerative system for a 660 MW supercritical unit running at the IPT-setting mode [J]. Energy, 2019, 179: 890-915.

[74] 董长军, 赵鹤鸣. 基于梯度下降法和自适应参数相结合的姿态解算方法 [J]. 传感技术学报, 2020, 33 (07): 997-1002.

[75] Zhang Y, Lin H, Yang XY, Long WR. Combining expert weights for online portfolio selection based on the gradient descent algorithm [J]. Knowledge-Based Systems, 2021, 234: 107533.

[76] Hou GL, Gong LJ, Huang CZ, Zhang JH. Fuzzy modeling and fast model predictive control of gas turbine system [J]. Energy, 2020, 200: 117465.

[77] 赵书强, 要金铭, 李志伟. 基于改进 K-means 聚类和 SBR 算法的风电场景缩减方法研究 [J]. 电网技术, 2021, 45 (10): 3947-3954.

[78] 韩璞, 袁世通. 基于大数据和双量子粒子群算法的多变量系统辨识 [J]. 中国电机工程学报, 2014, 34 (32): 5779-5787.

［79］Pal RS, Mukherjee V. Metaheuristic based comparative MPPT methods for photovoltaic technology under partial shading condition［J］. Energy, 2020, 212: 118592.

［80］Cheng TL, Jiang JH, Wu XD, Li X, Xu MX, Deng ZH, Li J. Application oriented multiple-objective optimization, analysis and comparison of solid oxide fuel cell systems with different configurations［J］. Applied Energy, 2019, 235: 914-929.

［81］董文娜, 王增平, 赵乔, 等. 基于人工免疫聚类算法的配电网故障状态相似性分析方法［J］. 电力系统及其自动化学报, 2021, 33（06）: 60-66.

［82］Tang C, Todo Y, Ji JK, Lin QZ, Tang Z. Artificial immune system training algorithm for a dendritic neuron model［J］. Knowledge-Based Systemss, 2021, 233: 107509.

［83］席裕庚. 预测控制. 2版［M］. 北京: 国防工业出版社, 2013.

［84］Kong L, Yuan JQ. Disturbance-observer-based fuzzy model predictive control for nonlinear processes with disturbances and input constraints［J］. ISA Transactions, 2019, 90: 74-88.

［85］Wu X, Shen J, Wang MH, Lee KY. Intelligent predictive control of large-scale solvent-based CO2 capture plant using artificial neural network and particle swarm optimization［J］. Energy, 2020, 196: 117070.

［86］Clarke DW, Mohtadi C, Tuffs PS. Generalized predictive control-Part I: The basic algorithm［J］. Automatica, 1987, 23（2）: 137-148.

［87］Han SW, Shen J, Pan L, Sun L, Cao CY. A L1-LEMPC hierarchical control structure for economic load-tracking of super-critical power plants［J］. ISA Transactions, 2020, 96: 415-428.

［88］Lin XL, Song HC, Wang LK, Guo YF, Liu YH. Cold-end integration of thermal system in a 1000 MW ultra-supercritical double reheat power plant［J］. Applied Thermal Engineering, 2021, 193: 116982.

［89］Hou GL, Du H, Yang Y, Huang CZ, Zhang JH. Coordinated control system modelling of ultra-supercritical unit based on a new T-S fuzzy structure［J］. ISA Transactions, 2018, 74: 120-133.

［90］Hou GL, Xiong J, Zhou GP, Gong LJ, Huang CZ, Wang SJ. Coordinated Control System Modeling of Ultra Supercritical Unit based on a New Fuzzy Neural Network［J］. Energy, 2021, 234: 121231.

［91］Qu JH, Xia YQ, Shi YP, Cao JJ, Wang HW, Meng YX. Modified ADRC for inertial stabilized platform with corrected disturbance compensation and improved speed observer［J］. IEEE Access, 2020, 8: 157703-157716.

［92］Sun L, Zhang YQ, Li DH, Lee, KY. Tuning of Active Disturbance Rejection Control with application to power plant furnace regulation [J]. Control Engineering Practice, 2019, 92: 104122.

[93] Zhong S, Huang Y, Guo L. New Tuning Methods of Both PID and ADRC for MIMO Coupled Nonlinear Uncertain Systems [J]. IFAC, 2020, 53: 1325–1330.

[94] Gao ZQ. Scaling and bandwidth-parameterization based controller tuning [C] Proceedings of the 2003 American Control Conference, June. 2003.

[95] 张曦, 李东海, 孙立. 基于增量式方法的自抗扰控制无扰切换技术 [J]. 工业控制计算机, 2014, 27: 127–131.

[96] Hou GL, Gong LJ, Huang CZ, Zhang JH. Novel fuzzy modeling and energy-saving predictive control of coordinated control system in 1000 MW ultra-supercritical unit [J]. ISA Transactions, 2019, 86: 48–61.

[97] Duan HB, Qiao PX. Pigeon-inspired optimization: a new swarm intelligence optimizer for air robot path planning [J]. International Journal of Intelligent Computing and Cybernetics, 2014, 7: 23–37.

第 6 章

可再生能源与火力发电耦合
系统状态感知与趋势预测

不同于现有可再生能源与火电各自接受电网调度指令的独立控制模式，将可再生能源与火电进行整体耦合后，耦合系统对外将作为一个发电主体接受电网调控，现有控制体系中将增加耦合系统层级的控制。耦合系统内部多电源的控制，具有多控制对象、多时间尺度、强不确定性的特点；而对于电网调度而言，耦合系统是一个具有全新特性的整体电源、更是一个全新的控制对象。为了使耦合系统更好融入现有电网调度体系，实现对耦合系统运行态势的感知与预测是基础。

对于电网调度而言，耦合系统的功率及控制特性既有别于常规电源又不同于可再生能源电源；且从本质而言，耦合系统是一个局部的多电源耦合输电网。因此，现有态势感知方法并不完全适用于耦合系统的研究。需要针对耦合系统的全新特性并结合电网调度实际需求，研究耦合系统的运行状态感知及趋势预测方法。

6.1 耦合系统多层级状态关联建模

6.1.1 耦合系统仿真模型及多层级控制架构

可再生能源与火力发电的耦合形式多种多样，根据耦合系统内部各类电源接线方式的不同，可将耦合系统的拓扑结构大致分为三类，如图 6-1 所示。

（1）各类电源接入同一座变电站，这一类别又可进一步细分为接入同一座变电站的不同电压等级母线、接入同一电压等级的不同分段母线和接入同一母线不分段等几类情况，如图 6-1 （a）所示。

（2）各类电源接入不同变电站，再经过同一并网点送出，如图 6-1 （b）所示。

（3）各类电源接入不同变电站并通过不同并网点送出，如图 6-1 （c）所示。

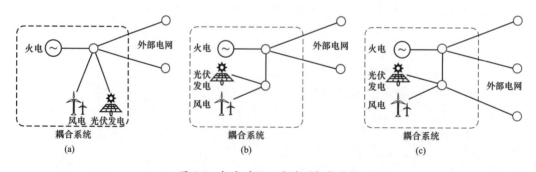

图 6-1 耦合系统几类典型拓扑结构

本章主要研究各类电源接入同一座变电站的耦合系统，包括风电、光伏在内的可再生能源与火电在同一并网点集成耦合。这种场景下可再生能源和火电物理距离近、电气联系紧密，可以耦合集成为统一的调控对象和运营主体，具有更大的协调调度潜力，并且在北方电网中普遍存在，具有重要的推广应用价值。

耦合系统包含了多类型电源，在耦合系统的建模过程中需考虑"机组-电站-耦合系统"多层级模型的关联性。在机组层级，建立能有效反映风电机组、光伏逆变器、火电机组功率及控制特性的模型；在电站层级，基于机组模型，进一步考虑电站层级控制系统，建立可再生能源电站以及火电厂模型；在耦合系统层级，基于耦合系统线路拓扑，建立包含多类型电站的耦合系统模型。搭建包含火电、风电、光伏的耦合系统仿真模型，其拓扑如图6-2所示。

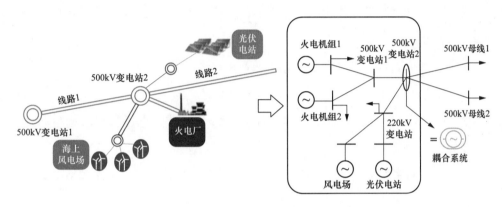

图 6-2　耦合系统仿真模型拓扑

耦合系统的"机组-电站-耦合系统"多层级控制模型架构如图6-3所示。耦合系统协同控制平台包含协同控制主站与子站：主站部署在耦合系统并网点，包含态势感知功能，有功/频率协同控制功能和无功/电压协同控制功能。子站部署在可再生能源电站及火电厂，负责协同控制指令的响应和执行。主站的耦合系统协同控制平台接受电网调度控制指令，态势感知模块实现耦合系统的状态感知与趋势预测，并给耦合系统的有功、无功控制提供可行运行域。

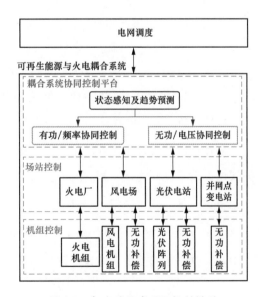

图 6-3　耦合系统多层级控制模型

6.1.2 耦合系统运行状态关联模型

首先根据耦合系统网络拓扑及线路参数，建立耦合系统潮流模型，如式（6-1）所示。基于耦合系统潮流模型，进一步考虑耦合系统内电源功率变化对于节点电压和支路功率的影响，建立耦合系统状态关联模型。

$$\begin{cases} P_i = U_i \sum_{j \in i} U_j (G_{ij} \cos\theta_{ij} + B_{ij} \sin\theta_{ij}) \\ Q_i = U_i \sum_{j \in i} U_j (G_{ij} \sin\theta_{ij} - B_{ij} \cos\theta_{ij}) \end{cases}, \ i \in \Omega_N \tag{6-1}$$

式中：G_{ij}、B_{ij} 分别为 ij 支路电导、电纳；θ_{ij} 为节点 i、j 之间的电压相角差；Ω_N 为耦合系统节点集合。

对于耦合系统的某一运行状态，式（6-1）可以表示为

$$\boldsymbol{W}_0 = f(\boldsymbol{X}_0, \boldsymbol{Y}_0) \tag{6-2}$$

式中：$\boldsymbol{W}_0$ 为各节点有功、无功注入功率向量；$\boldsymbol{X}_0$ 为各节点电压幅值、相角向量；$\boldsymbol{Y}_0$ 为耦合系统网络参数。

当节点注入功率发生变化时，各状态变量也会发生变化，当不考虑网络参数的变化时，由式（6-2）可得

$$\boldsymbol{W}_0 + \Delta\boldsymbol{W} = f(\boldsymbol{X}_0 + \Delta\boldsymbol{X}, \boldsymbol{Y}_0) = f(\boldsymbol{X}_0, \boldsymbol{Y}_0) + f'_x(\boldsymbol{X}_0, \boldsymbol{Y}_0)\Delta\boldsymbol{X} \tag{6-3}$$

由式（6-3）可推导得

$$\Delta\boldsymbol{X} = \left[\frac{\partial f(\boldsymbol{X}, \boldsymbol{Y})}{\partial\boldsymbol{X}}\bigg|_{X=X_0, Y=Y_0}\right]^{-1}\Delta\boldsymbol{W} = \boldsymbol{J}_0^{-1}\Delta\boldsymbol{W} = \boldsymbol{S}_0\Delta\boldsymbol{W} \tag{6-4}$$

式中：$\boldsymbol{J}_0$ 为潮流计算迭代结束的 Jacobian 矩阵；$\boldsymbol{S}_0$ 为各节点电压对节点注入功率变化的灵敏度矩阵。

耦合系统的支路功率如式（6-5）所示，可以通过求解支路功率与节点电压幅值间的线性关系，进而间接求解其与节点注入功率的线性关系，如式（6-6）所示。

$$\begin{cases} P_{ij} = h_1(U_i, U_j) = U_i U_j (G_{ij} \cos\theta_{ij} + B_{ij} \sin\theta_{ij}) - t_{ij} G_{ij} U_i^2 \\ Q_{ij} = h_2(U_i, U_j) = U_i U_j (G_{ij} \sin\theta_{ij} - B_{ij} \cos\theta_{ij}) + (t_{ij} B_{ij} - b_{ij0}) U_i^2 \end{cases} \tag{6-5}$$

式中：t_{ij} 为支路变比；b_{ij0} 为支路容纳的一半。

$$\begin{bmatrix} \Delta P_{ij} \\ \Delta Q_{ij} \end{bmatrix} = \begin{bmatrix} \dfrac{\partial h_1(U_i, U_j)}{\partial U_i} & \dfrac{\partial h_1(U_i, U_j)}{\partial U_j} \\ \dfrac{\partial h_2(U_i, U_j)}{\partial U_i} & \dfrac{\partial h_2(U_i, U_j)}{\partial U_j} \end{bmatrix} \Delta\boldsymbol{U} = \boldsymbol{S}_u \Delta\boldsymbol{U} \tag{6-6}$$

式中：S_u 为各支路功率对节点电压变化的灵敏度矩阵。

建立耦合系统状态关联模型：原运行状态下耦合系统各节点的电压幅值记为 U_0，各支路功率记为 $P_{ij0}+jQ_{ij0}$。在考虑注入功率变化之后，设功率变化为 ΔW，可以得到新运行状态下的节点电压、支路功率如式（6-7）所示。

$$\begin{cases} U = U_0 + \Delta U = U_0 + S_0 \Delta W \\ \begin{bmatrix} P_{ij} \\ Q_{ij} \end{bmatrix} = \begin{bmatrix} P_{ij0} \\ Q_{ij0} \end{bmatrix} + S_u \Delta U = \begin{bmatrix} P_{ij0} \\ Q_{ij0} \end{bmatrix} + S_u S_0 \Delta W = \begin{bmatrix} P_{ij0} \\ Q_{ij0} \end{bmatrix} + S_1 \Delta W \end{cases} \tag{6-7}$$

式中：S_1 为支路功率对节点注入功率变化的灵敏度矩阵。

耦合系统内电源的功率变化可细分 3 种情况：功率变化给定确定数值、功率变化给定区间以及功率变化基于概率密度函数描述。当功率变化是确定数值时，基于式（6-7）的耦合系统状态关联模型即可计算某一运行状态的具体数值。而当耦合系统的功率变化量是一个给定区间时，如式（6-8）所示，则需要建立耦合系统状态变化区间模型来求解运行状态的变化区间。

$$\Delta W_{\min} = \begin{bmatrix} \Delta P_{\min} \\ \Delta Q_{\min} \end{bmatrix} \leqslant \Delta W = \begin{bmatrix} \Delta P \\ \Delta Q \end{bmatrix} \leqslant \Delta W_{\max} = \begin{bmatrix} \Delta P_{\max} \\ \Delta Q_{\max} \end{bmatrix} \tag{6-8}$$

耦合系统状态变化区间可通过分别求取上、下边界获得，耦合系统状态变化区间下边界模型以状态量最小为目标，上边界模型以状态量最大为目标，如式（6-9）所示。模型目标函数由已建立的耦合系统状态关联模型计算，模型约束由功率变化量给定区间确定。

$$\begin{cases} \min_{\Delta W} U, P_{ij}, Q_{ij} \\ \text{s. t. } \Delta W_{\min} \leqslant \Delta W \leqslant \Delta W_{\max} \\ \max_{\Delta W} U, P_{ij}, Q_{ij} \\ \text{s. t. } \Delta W_{\min} \leqslant \Delta W \leqslant \Delta W_{\max} \end{cases} \tag{6-9}$$

而当耦合系统的功率变化量以概率密度函数形式考虑时，基于已建立的耦合系统状态关联模型，可通过半不变量及 Gram-Charlier 级数[11] 建立耦合系统状态变化概率模型，具体步骤如下：

（1）基于功率变化量的概率密度函数，计算功率变化量的半不变量；

（2）基于功率变化量的半不变量及已建立的耦合系统状态关联模型，基于半不变量的线性性质，计算耦合系统状态的半不变量；

（3）基于耦合系统状态的半不变量，求解各阶中心矩，并使用 Gram-Charlier 级数展开方法计算耦合系统状态概率分布的近似表达式,如式(6-10)所示,进行逆变换后,可得到耦合系统状态变化的概率密度函数及累积概率分布函数。

$$f(x)=\varphi(x)+\frac{C_1\varphi^{(1)}(x)}{1!}+\cdots\cdots\frac{C_k\varphi^{(k)}(x)}{k!} \tag{6-10}$$

式中:$\varphi(x)$ 为标准正态分布概率密度函数;$\varphi^{(k)}(x)$ 为对 $\varphi(x)$ 求 k 阶导数;系数 C_k 由各阶中心矩计算得到。

6.1.3　耦合系统运行特性分析

基于 6.1.1 节中建立的仿真模型,研究可再生能源与火力发电不同占比对耦合系统运行特性的影响。考虑耦合系统仿真模型运行在不同可再生能源功率占比的工况,分别对耦合系统的小干扰电压稳定性以及暂态稳定性进行仿真分析:

(1)运行方式 1(可再生能源功率占比 27%):火电功率 1100MW,光伏功率 200MW,风电功率 200MW;

(2)运行方式 2(可再生能源功率占比 35%):火电功率 1100MW,光伏功率 300MW,风电功率 300MW;

(3)运行方式 3(可再生能源功率占比 42%):火电功率 1100MW,光伏功率 400MW,风电功率 400MW。

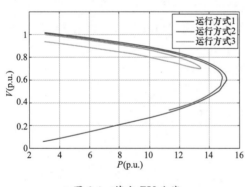

图 6-4　节点 PV 曲线

电力系统电压稳定性是指系统在某一稳态运行工况下,经受一定扰动后,节点维持原有电压水平的能力。通过计算节点的 PV 曲线,可以得到节点的临界电压和极限功率,用以指示系统的电压稳定裕度。在 3 种不同运行方式下 500kV 母线 2 的 PV 曲线如图 6-4 所示。由仿真结果可知,随着耦合系统中可再生能源功率占比的增大,节点的电压稳定裕度逐渐减小。

系统暂态稳定一般指系统遭受大干扰时,各同步发电机保持同步运行并过渡到新的或恢复到原来运行状态的能力。仿真模型的故障设置为:仿真时间 3s 时,在输电线路 1 中段位置设置三相接地短路故障,故障持续时间 100ms。3 种不同运行方式下,耦合系统并网点电压波形如图 6-5 所示,2 台火电机组的功角如图 6-6 所示。由仿真结果可知,随着耦合系统中可再生能源发电功率占比的增大,耦合系统并网点电压的波动越大、恢复到正常值的时间越久，发电机功角摇摆的幅度越大、衰减速率越慢。

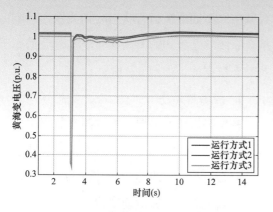

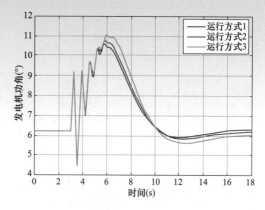

图 6-5 短路故障下耦合系统并网点电压波形   图 6-6 短路故障下火电机组功角

通过对耦合系统在可再生能源与火力发电不同占比下运行特性的仿真分析，可知可再生能源的功率波动将影响到耦合系统运行的稳定性。为了确保耦合系统的安全可靠运行及提升耦合系统整体控制性能，需进一步针对耦合系统的状态感知及趋势预测技术展开研究。

6.2 耦合系统的状态感知技术

为了使耦合系统更好融入现有电网调度体系，实现对耦合系统运行态势的感知是基础。

针对电力系统领域，国内外学者已开展大量有关态势感知技术的研究，以实现电网运行状态感知及运行趋势预测，从而保障电网运行的安全。目前关于电网运行状态感知的研究内容主要包含 2 类：一类聚焦于电网运行中事件的实时监测与辨识，另一类关注电网运行状态的实时评估方法[1]-[6]。在电网运行趋势预测技术的研究中，现有研究主要考虑可再生能源的不确定性以及电网故障发生的概率，从而进行电网风险预测评估和电网连锁故障分析[7]-[9]。从现有研究可以看出，对于不同应用对象，态势感知技术的具体应用方法及侧重点都有所不同。

本小节针对耦合系统的运行特性，从"多层级运行状态感知要素获取-运行状态评价指标建立-运行状态实时分析"3 个步骤提出耦合系统的状态感知方法。

6.2.1 耦合系统多层级运行状态感知要素获取

耦合系统协同控制平台与电网调度、耦合系统并网点变电站、可再生能源电站以及

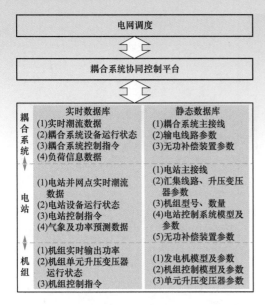

图 6-7　耦合系统状态感知数据获取

火电厂进行通信，需要考虑"机组-电站-耦合系统"不同层级运行状态的相关性，获取耦合系统状态感知的要素并建立实时数据库及静态数据库，如图 6-7 所示。

1. 静态数据库

在机组层级，需要获取的静态数据主要包括发电机参数及机组的控制模型及其参数。耦合系统中机组类型主要包括火电机组、风电机组以及光伏逆变器三类。火电机组需获取同步发电机参数以及机组调压器、调速器、电力系统稳定器（Power System Stabilizer，PSS）的相关模型和参数。风电机组需获得风力机及机械轴系参数、发电机参数、变流器控制模型及相关参数。光伏逆变器需获取光伏电池相关参数、变流器控制模型及相关参数。此外，还需获取各发电单元升压变压器的参数。

在电站层级，通过获取电站的接线拓扑、线路参数、各类设备参数以及电站控制系统策略及参数。结合机组的静态数据，详细考虑各发电单元的馈线及箱变，并将外部网络等值为电站升压变压器的连接电源，可以由此建立电站内部的详细静态模型。

在耦合系统层级，获取耦合系统输电线路及变电站的数据后，将各电站简化为单个等值电源，进一步可搭建耦合系统的静态模型，用于后续在线潮流分析。

2. 实时数据库

基于 PMU 以及 SCADA 系统，获得耦合系统在运行中的实时数据。耦合系统的协同控制平台接受电网调度指令，需重点监测的数据包括：①耦合系统内各节点的实时潮流情况，包括节点电压、电流、线路传输功率，耦合系统并网点频率等；②设备运行情况；③实时负荷信息，并从调度处获取负荷预测信息。

对于各电站，功率指令值以及电压控制指令值由耦合系统协同控制平台下发，状态感知的重要数据包括：①电站并网点的电压、电流、有功功率、无功功率、频率；②电站内各个发电机组的实时运行状况；③变压器、无功补偿装置、线路开关等设备的运行状态；④可再生能源电站的气象及功率预测信息也是耦合系统状态感知的重要元素。对于单个发电机组，机组的功率控制指令值由电站的控制系统下发，需实时获取机组的有功功率及无功功率值。

6.2.2 耦合系统运行状态评价指标

建立耦合系统运行状态评价指标实质是对获取的状态感知数据进一步处理和分析的过程。而评价指标需要针对耦合系统的特点以及进行运行状态评价的目的来建立。对于电网调度而言，耦合系统整体是一个电源也是一种新型控制对象，所提指标应能向调度反映耦合系统的整体功率情况、调节能力、可再生能源的有效消纳情况以及整体控制性能；而就耦合系统的本质而言，耦合系统是一个局部的多电源耦合输电网，因而需要评估耦合系统的运行安全性及稳定裕度。综合以上考虑，提出 3 类耦合系统运行状态评价指标：控制性指标、统计性指标、约束性指标。各类指标的具体计算方法如下。

1. 耦合系统控制性指标

（1）有功功率控制偏差指标 I_1。耦合系统实时有功功率输出为耦合系统各电源输出的有功功率之和

$$P_{sys}(t) = \sum_{n}^{N_G} P_{Gn}(t) + \sum_{m}^{N_{wind}} P_{windm}(t) + \sum_{k}^{N_{pv}} P_{pvk}(t) \tag{6-11}$$

式中：P_{Gn}、P_{windm}、P_{pvk} 分别为火电机组 n、风电场 m、光伏电站 k 的有功功率；N_G、N_{wind}、N_{pv} 分别为耦合系统内火电机组、风电场、光伏电站的数量。

有功功率控制偏差指标表征了电网调度下达的有功功率指令值与实际有功功率输出稳态值的偏差大小

$$I_1(t) = \frac{|P_{sys}(t) - P_{ord}(t)|}{P_N} \times 100\% \tag{6-12}$$

式中：P_{ord} 为电网调度下发给耦合系统的总有功功率指令值；P_N 为耦合系统内电源的额定装机容量。

（2）并网点电压控制偏差指标 I_2。并网点电压控制偏差指标表征了电网调度下达的耦合系统并网点电压控制目标值与并网点实际电压稳态值的偏差大小

$$I_2(t) = \left| \frac{U_{sys}(t) - U_{sysord}(t)}{U_N} \times 100\% \right| \tag{6-13}$$

式中：U_{sysord} 为电网调度下发给耦合系统的并网点电压控制目标值；U_{sys} 为耦合系统并网点实际电压；U_N 为节点额定电压。

（3）有功调节裕量指标 I_3。当考虑的时间尺度为 Δt 时，耦合系统内火电的有功功率上/下调裕量计算方法为

$$\begin{cases} \Delta P_{\text{G}}^{+}(t) = \sum_{n}^{N_{\text{G}}} \min\{P_{\text{Gnmax}} - P_{\text{Gn}}(t), K_{1n}^{+}(t)\Delta t\} \\ \\ \Delta P_{\text{G}}^{-}(t) = \sum_{n}^{N_{\text{G}}} \min\{P_{\text{Gn}}(t) - P_{\text{Gnmin}}, K_{1n}^{-}(t)\Delta t\} \end{cases} \tag{6-14}$$

式中：P_{Gnmax}、P_{Gnmin} 分别为火电机组 n 的最大、最小有功功率；K_{1n}^{+} 为火电机组 n 的向上爬坡率；K_{1n}^{-} 为火电机组 n 的向下爬坡率。

基于风电场及光伏电站的功率预测数据，当可再生能源功率向上爬坡时，可计算得到耦合系统内风电与光伏的有功功率上调裕量为

$$\begin{cases} \Delta P_{\text{wind}}^{+}(t) = \sum_{m}^{N_{\text{wind}}} \min\{P_{\text{windm,yc}}(t + \Delta t) - P_{\text{windm}}(t), K_{2m}^{+}(t)\Delta t\} \\ \\ \Delta P_{\text{pv}}^{+}(t) = \sum_{k}^{N_{\text{pv}}} \min\{P_{\text{pvk,yc}}(t + \Delta t) - P_{\text{pvk}}(t), K_{3k}^{+}(t)\Delta t\} \end{cases} \tag{6-15}$$

式中：$P_{\text{windm,yc}}$、$P_{\text{pvk,yc}}$ 分别为风电场 m、光伏电站 k 的功率预测值；K_{2m}^{+}、K_{3k}^{+} 分别为风电场 m、光伏电站 k 的有功功率上调变化率限值。

在这种情况下，若风电场实时功率大于 20％场站额定功率以及光伏电站实时功率大于 10％场站额定功率，可将可再生能源视为灵活性资源，具备功率下调能力，即下调裕量为

$$\begin{cases} \Delta P_{\text{wind}}^{-}(t) = \sum_{m}^{N_{\text{wind}}} \min\{P_{\text{windm}}(t) - 20\% P_{\text{windmN}}, K_{2m}^{-}(t)\Delta t\} \\ \\ \Delta P_{\text{pv}}^{-}(t) = \sum_{k}^{N_{\text{pv}}} \min\{P_{\text{pvk}}(t) - 10\% P_{\text{pvkN}}, K_{3k}^{-}(t)\Delta t\} \end{cases} \tag{6-16}$$

式中：K_{2m}^{-}、K_{3k}^{-} 分别为风电场 m、光伏电站 k 的有功功率下调变化率限值。

当功率预测数据表明可再生能源场站的功率向下爬坡时，则不具备上调裕量，下调裕量的计算方法为

$$\begin{cases} \Delta P_{\text{wind}}^{-}(t) = \sum_{m}^{N_{\text{wind}}} \max \begin{cases} P_{\text{windm}}(t) - P_{\text{windm,yc}}(t + \Delta t), \\ \min\{P_{\text{windm}}(t) - 20\% P_{\text{windmN}}, K_{2m}^{-}(t)\Delta t\} \end{cases} \\ \\ \Delta P_{\text{pv}}^{-}(t) = \sum_{k}^{N_{\text{pv}}} \max \begin{cases} P_{\text{pvk}}(t) - P_{\text{pvk,yc}}(t + \Delta t), \\ \min\{P_{\text{pvk}}(t) - 10\% P_{\text{pvkN}}, K_{3k}^{-}(t)\Delta t\} \end{cases} \end{cases} \tag{6-17}$$

则耦合系统整体的有功功率上/下调裕量为

$$\begin{cases} \Delta P^+(t)=\Delta P_{\mathrm{G}}^+(t)+\Delta P_{\mathrm{wind}}^+(t)+\Delta P_{\mathrm{pv}}^+(t) \\ \Delta P^-(t)=\Delta P_{\mathrm{G}}^-(t)+\Delta P_{\mathrm{wind}}^-(t)+\Delta P_{\mathrm{pv}}^-(t) \end{cases} \tag{6-18}$$

由式（6-18）可知，耦合系统所能提供的有功功率调节裕量与火电及可再生能源的实时功率情况有关，需分场景讨论。

若不考虑火电机组停机的情况，则 ΔP_{G}^+ 和 ΔP_{G}^- 存在 3 种可能性：①火电处于最大技术功率水平时，$\Delta P_{\mathrm{G}}^+=0$；②火电处于最小技术功率水平时，$\Delta P_{\mathrm{G}}^-=0$；③火电处于功率可调节功率区间时，同时具备上调及下调裕量。

可再生能源的有功功率调节裕量存在 4 种可能性：①可再生能源同时具备上调及下调裕量；②可再生能源只具备上调裕量；③可再生能源只具备下调裕量；④极端情况下（例如无风无光时），可再生能源既不具备上调裕量又不具备下调裕量。

将以上讨论进行排列组合，将会得到 12 种场景，可进一步定义有功上调调节裕量指标 I_{3+} 及有功下调调节裕量指标 I_{3-} 来区分耦合系统有功调节裕量的来源：

1）$I_{3+}=1$ 时，ΔP^+ 由火电及可再生能源共同提供；$I_{3+}=2$ 时，ΔP^+ 仅由火电提供；$I_{3+}=3$ 时，ΔP^+ 仅由可再生能源提供；$I_{3+}=4$ 时，耦合系统不具备有功上调裕量。

2）$I_{3-}=1$ 时，ΔP^- 由火电及可再生能源共同提供；$I_{3+}=2$ 时，ΔP^- 仅由火电提供；$I_{3-}=3$ 时，ΔP^- 仅由可再生能源提供；$I_{3-}=4$ 时，耦合系统不具备有功下调裕量。

那么根据 I_{3+} 和 I_{3-} 的取值，可将耦合系统划分为 3 种运行状态：

a. 只具备有功上调裕量：$I_{3+}=\{1,2,3\}$ 且 $I_{3-}=4$；

b. 只具备有功下调裕量：$I_{3+}=4$ 且 $I_{3+}=\{1,2,3\}$；

c. 同时具备上/下调裕量：$I_{3+}=\{1,2,3\}$ 且 $I_{3+}=\{1,2,3\}$。

由以上讨论可以看出，与独立运行的火电厂或可再生能源电站相比，进行耦合系统有功功率裕量的评估更为复杂。

（4）有功灵活性指标 I_4。基于有功调节裕量，根据调度指令的爬坡率需求，可以定义耦合系统有功灵活性指标

$$I_4(t)=\begin{cases} \dfrac{[P_{\mathrm{ord}}(t)-P_{\mathrm{ord}}(t-1)]/\Delta t}{\Delta P^+(t)/\Delta t}, & P_{\mathrm{ord}}(t)>P_{\mathrm{ord}}(t-1) \\ \dfrac{[P_{\mathrm{ord}}(t-1)-P_{\mathrm{ord}}(t)]/\Delta t}{\Delta P^-(t)/\Delta t}, & P_{\mathrm{ord}}(t)<P_{\mathrm{ord}}(t-1) \end{cases} \tag{6-19}$$

（5）频率支撑能力指标 I_5。耦合系统需要具备一次调频的能力。针对系统频率升

高及系统频率降低 2 种情况，分别定义耦合系统频率支撑能力指标以 I_{5+} 及 I_{5-}。耦合系统一次调频功率理论最大值由耦合系统各电源一次调频控制策略中的功率限幅值决定，例如火电一般取额定功率的 6%，可再生能源场站取装机容量的 10%。而耦合系统实际能提供的参与系统一次调频的有功功率与各电源实时运行状态有关，系统频率升高时耦合系统参与一次调频的可下调功率 ΔP_{f+}、系统频率降低时耦合系统参与一次调频的可上调功率 ΔP_{f-} 的计算方法如下：

$$
\begin{cases}
\Delta P_{f+}(t) = \sum_{n}^{N_G} \min\{P_{Gn}(t) - P_{Gnmin}, P_{Gnf+max}\} + \\
\sum_{m}^{N_{wind}} \min\{P_{windm}(t) - 20\% P_{windmN}, P_{windmf+max}\} + \sum_{k}^{N_{pv}} \min\{P_{pvk}(t) - 10\% P_{pvkN}, P_{pvkf+max}\} \\
\Delta P_{f-}(t) = \sum_{n}^{N_G} \min\{P_{Gnmax} - P_{Gn}(t), P_{Gnf-max}\} + \\
\sum_{m}^{N_{wind}} \min\{P_{windm,yc}(t) - P_{windm}(t), P_{windmf-max}\} + \sum_{k}^{N_{pv}} \min\{P_{pvk,yc}(t) - P_{pvk}(t), P_{pvkf-max}\}
\end{cases}
$$

$$(6\text{-}20)$$

式中：$P_{Gnf+max}$、$P_{Gnf-max}$、$P_{windmf+max}$、$P_{windmf-max}$、$P_{pvkf+max}$、$P_{pvkf-max}$ 分别为火电机组、风电场、光伏电站参与调频功率降低、功率升高时的限幅功率。

由此可以计算 I_{5+} 及 I_5

$$
\begin{cases}
I_{5+}(t) = \dfrac{\Delta P_{f+}(t)}{\sum_{n}^{N_G} P_{Gnf+max} + \sum_{m}^{N_{wind}} P_{windmf+max} + \sum_{k}^{N_{pv}} P_{pvkf+max}} \\
I_{5-}(t) = \dfrac{\Delta P_{f-}(t)}{\sum_{n}^{N_G} P_{Gnf-max} + \sum_{m}^{N_{wind}} P_{windmf-max} + \sum_{k}^{N_{pv}} P_{pvkf-max}}
\end{cases}
$$

$$(6\text{-}21)$$

2. 耦合系统统计性指标

（1）可再生能源功率占比指标 I_6。耦合系统内可再生能源的实时功率占比为

$$
I_6(t) = \frac{\sum_{m}^{N_{wind}} P_{windm}(t) + \sum_{k}^{N_{pv}} P_{pvk}(t)}{P_{sys}(t)} \times 100\%
$$

$$(6\text{-}22)$$

（2）可再生能源电量占比指标 I_7。在一定时间周期内（起始计算时刻记为 t_{start}，当前时刻记为 t_0），耦合系统的输出电量以及可再生能源电站的输出电量分别为

$$\begin{cases} E_{sys}(t) = \int_{t_{start}}^{t_0} P_{sys}(t)\mathrm{d}t \\ E_{re}(t) = \int_{t_{start}}^{t_0} \Big[\sum_{m}^{N_{wind}} P_{windm}(t) + \sum_{k}^{N_{pv}} P_{pvk}(t) \Big] \mathrm{d}t \end{cases} \tag{6-23}$$

可再生能源电量占比指标计算方法为

$$I_7(t) = \frac{E_{re}(t)}{E_{sys}(t)} \times 100\% \tag{6-24}$$

（3）可再生能源消纳指标 I_8。耦合系统中可再生能源电站的理论最大可输出电量为：

$$E_{re,max}(t) = \int_{t_{start}}^{t_0} \Big[\sum_{m}^{N_{wind}} P_{windm,yc}(t) + \sum_{k}^{N_{pv}} P_{pvk,yc}(t) \Big] \mathrm{d}t \tag{6-25}$$

可再生能源消纳指标计算方法为

$$I_8(t) = \frac{E_{re,max}(t) - E_{re}(t)}{E_{re,max}(t)} \times 100\% \tag{6-26}$$

（4）可再生能源功率预测性能指标 I_9。为了评估可再生能源电站的功率预测准确性，定义可再生能源功率预测性能指标为

$$I_8(t) = \sqrt{\frac{1}{N_{data}} \Big\{ \sum \big[P_{windm}(t) - P_{windm,yc}(t) \big]^2 + \sum \big[P_{pvk}(t) - P_{pvk,yc}(t) \big]^2 \Big\}} \tag{6-27}$$

式中：N_{data} 为统计时段内的样本总数。

根据式（6-27），也可对耦合系统内单个场站的功率预测性能进行计算。

3. 耦合系统约束性指标

（1）节点电压越限指标 I_{10}。耦合系统内各节点电压幅值偏移为

$$\Delta U_i(t) = U_i(t) - U_N, \quad i \in \Omega_N \tag{6-28}$$

式中：U_i 为节点 i 的电压幅值。

由此可定义节点电压越限指标

$$I_{10}(t) = \max\left\{ \frac{\Delta U_i(t_0)}{\Delta U_{i,limit}} \right\} \tag{6-29}$$

式中：$\Delta U_{i,limit}$ 为节点电压偏差限值。

（2）静态电压稳定指标 I_{11}。适用于电压稳定分析的电压评估指标总体上可分为两大类，一类是给出实时运行点至临界电压点裕度信息的裕度指标，另一类是仅反映当前

系统运行状态的状态指标。静态电压稳定裕度指标一般指有功/无功裕度指标，由节点的 PV 曲线和 VQ 曲线得到。静态电压稳定状态指标则可由 Jacobian 矩阵的最小特征值表征，当最小模特征值接近于零时代表系统接近电压失稳

$$\lambda_{\min} = \min[\lambda_i(\boldsymbol{J}_0)] \tag{6-30}$$

式中：$\boldsymbol{J}_0$ 为潮流计算时的 Jacobian 矩阵；λ_i 为 $\boldsymbol{J}_0$ 的特征值。

为了保证约束性指标值预警趋势的一致性，取静态电压稳定指标为 $\lambda_{\min}$ 的倒数：

$$I_{11}(t) = \frac{1}{\lambda_{\min}} \tag{6-31}$$

（3）线路负载率指标 I_{12}。耦合系统线路负载率指标可定义为

$$I_{12}(t) = \max\left\{\frac{P_{\mathrm{L}}(t)}{P_{\mathrm{Lmax}}}\right\}, \quad L \in \Omega_{\mathrm{branch}} \tag{6-32}$$

式中：P_{L} 为支路 L 传输的有功功率；P_{Lmax} 为支路 L 有功功率传输极限值；Ω_{branch} 为耦合系统中所有支路的集合。

6.2.3　耦合系统运行状态实时感知

基于获取的耦合系统实时运行数据，通过计算耦合系统的评价指标值，对耦合系统运行状态做出综合判断。

控制性指标中：

1）指标 I_1 和 I_2 分别表征了耦合系统协的有功以及电压控制性能，指标值越小则表明耦合系统的协同控制性能越好；

2）I_3 用于评估耦合系统一段时间内的有功功率调节裕量，为调度提供有功可调范围，耦合系统总体而言存在只具备上调裕量、只具备下调裕量以及同时具备上/下调裕量 3 种情况；

3）I_4 用于评价有功灵活性，当 I_4 指标值大于 1 时，表明耦合系统存在不满足调度指令所需爬坡率的风险；

4）I_5 用于评价耦合系统的频率支撑能力，I_5 的取值范围为 0～1，I_5 指标值越大表明频率支撑能力越强。

统计性指标 $I_6 \sim I_9$ 主要为电网调度提供了耦合系统内可再生能源的消纳情况及场站功率预测性能的相关信息。

约束性指标中：①当 I_{10} 或 I_{12} 指标值大于 1 时，分别表明耦合系统存在节点电压越限及线路潮流越限问题，需要及时进行调控；②I_{11} 表征了系统的整体静态电压稳定

性，I_{11} 指标值越大表明耦合系统实时工作点的静态电压稳定裕度越小。

根据指标计算得到的数值所处范围，可对耦合系统的实时运行状态做出进一步评价与划分，见表 6-1。表中的数值主要针对东北某地区实际耦合系统运行情况进行设置，在应于不同耦合系统时，可根据实际情况进行数值的调整。

表 6-1 耦合系统评价指标及运行状态划分

指标		运行状态		
控制性指标		优	良	差
	有功功率控制偏差指标 I_1	$<1\%$	1%-2%	$>2\%$
	并网点电压控制偏差指标 I_2	$<0.3\%$	0.3%-0.5%	$>0.5\%$
	有功灵活性指标 I_4	<0.9	0.9-1	>1
	频率支撑能力指标 I_5	>0.8	0.5-0.8	<0.5
指标		运行状态		
		只具备有功上调裕量	只具备有功下调裕量	同时具备上/下调裕量
	有功调节裕量指标 I_3	$I_{3+}=\{1,2,3\}$ 且 $I_{3-}=4$	$I_{3+}=4$ 且 $I_{3-}=\{1,2,3\}$	$I_{3+}=\{1,2,3\}$ 且 $I_{3-}=\{1,2,3\}$
统计性指标	指标	运行状态		
		占比高	占比中等	占比低
	可再生能源功率占比指标 I_6	$>50\%$	20%-50%	$<20\%$
	可再生能源电量占比指标 I_7	$>50\%$	20%-50%	$<20\%$
	指标	运行状态		
		优	良	差
	可再生能源消纳指标 I_8	$<1\%$	1%-5%	$>5\%$
	可再生能源功率预测性能指标 I_9	$<5\%$	5%-15%	$>15\%$
约束性指标	指标	运行状态		
		安全	预警	危险
	节点电压越限指标 I_{10}	<0.8	0.8-1	>1
	静态电压稳定指标 I_{11}	<1	1-1.25	>1.25
	线路负载率指标 I_{12}	<0.9	0.9-1	>1

6.3 耦合系统的趋势预测技术

6.3.1 可再生能源运行状态预测

可再生能源机组区别于火电机组的一个重要特性就是需要对其未来最大功率进行功率预测。可再生能源机组的运行状态受限于气象因素，因此而具有随机性、间歇性及波动性。功率预测技术是耦合系统趋势预测技术的基础，对于电网调度以及耦合系统的运行与控制具有重要意义。从时间尺度上划分，可再生能源的功率预测分为短期功率预测和超短期功率预测，在耦合系统的研究中，主要以超短期功率预测为主。超短期功率预测的预测尺度为 0～4h，可再生能源电站以 15min 为分辨率实现未来 4h 发电功率的滚动预测。

可再生能源的超短期功率预测方法按建模的不同可分为物理方法、统计学方法、人工智能方法：

（1）物理方法通过直接构建物理环境信息与可再生能源输出功率之间关系的模型，实现可再生能源运行状态的预测。影响风电机组输出有功功率的主要因素为风速及风向，而影响光伏逆变器输出有功功率的主要因素为太阳辐照度，可以通过引入数值天气预报（numerical weather prediction，NWP）的数据，进一步挖掘气象因素与输出功率之间的内在关联，从而建立可靠的功率预测物理模型。

（2）统计学方法通过对历史数据的分析和处理，实现可再生能源输出功率的预测。常用的统计学方法包括自回归（autoregressive，AR）、移动平均（moving average，MA）、自回归移动平均（auto-regressive moving average，ARMA）等时间序列模型，还包括马尔可夫链模型、指数平滑方法等。统计学方法对数据质量要求较高，易于实现。

（3）以人工神经网络为代表的人工智能方法近年来在可再生能源的功率预测中得到了广泛使用。神经网络的类型多样，包括 BP 神经网络、贝叶斯神经网络、极限学习机，能有效处理非线性映射问题，有助于提高预测模型的精度。

可再生能源电站超短期功率预测的输出形式主要包含概率密度预测、区间预测以及确定性预测 3 类。概率密度预测得到的是可再生能源电站未来时段输出有功功率的概率密度函数（probability density function，PDF）及累积分布函数（cumulative distribution function，CDF），包含的信息量较大。区间预测给出可再生能源电站未来时段输出有功功率的波动区间范围。确定性预测则输出的是未来某时刻可再生能源电站单点的期望值或区间中位数值，是一个确定的有功功率值。将 t 时刻的可再生能源电站功率预测的 PDF 记为 $f_t(P)$，置信水平 95% 时的功率预测区间记为 $[P_{t\_min}, P_{t\_max}]$，功率预测确定值记为 P_t，3 种功率预测结果的示意图如图 6-8 所示。

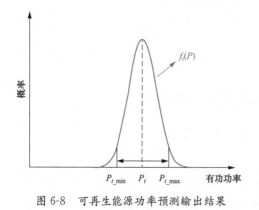

图 6-8 可再生能源功率预测输出结果

6.3.2 火电机组运行状态预测

基于调度下发的有功功率目标值以及可再生能源电站的超短期功率预测数据，考虑火电机组的运行约束，建立火电功率预测模型，实现火电机组运行状态的预测。若预测时段为 Δt，则预测时刻 $t_1 = t_0 + \Delta t$，调度下发的有功功率目标值为 $P_{\mathrm{ord}}(t_1)$。可再生能源场站的超短期功率预测以区间形式表示：风电场 t_1 时刻的功率预测区间为 $\left[P_{\mathrm{windm}}^{\min}(t_1), P_{\mathrm{windm}}^{\max}(t_1)\right]$，光伏电站 t_1 时刻的功率预测区间为 $\left[P_{\mathrm{pvk}}^{\min}(t_1), P_{\mathrm{pvk}}^{\max}(t_1)\right]$。

火电功率预测模型包含目标函数和模型约束，目标函数的建立步骤如下：

（1）定义耦合系统运行风险指标 Y。首先根据调度指令值以及可再生能源超短期功率预测数据计算所需要的火电功率区间 $\left[P_1^{\min}(t_1), P_1^{\max}(t_1)\right]$：

$$\begin{cases} P_1^{\max}(t_1) = P_{\mathrm{ord}}(t_1) - \sum_{m}^{N_{\mathrm{wind}}} P_{\mathrm{windm}}^{\min}(t_1) - \sum_{k}^{N_{\mathrm{pv}}} P_{\mathrm{pvk}}^{\min}(t_1) \\ P_1^{\min}(t_1) = P_{\mathrm{ord}}(t_1) - \sum_{m}^{N_{\mathrm{wind}}} P_{\mathrm{windm}}^{\max}(t_1) - \sum_{k}^{N_{\mathrm{pv}}} P_{\mathrm{pvk}}^{\max}(t_1) \end{cases} \tag{6-33}$$

然后根据火电的实时功率以及火电机组的运行约束求解火电可行运行区间 $\left[P_2^{\min}(t_1), P_2^{\max}(t_1)\right]$：

$$\begin{cases} P_2^{\max}(t_1) = \sum_{n}^{N_{\mathrm{G}}} \left\{ P_{\mathrm{Gn}}(t_0) + \min\left[P_{\mathrm{Gnmax}} - P_{\mathrm{Gn}}(t_0), K_{1n}^+(t_0)\Delta t\right] \right\} \\ P_2^{\min}(t_1) = \sum_{n}^{N_{\mathrm{G}}} \left\{ P_{\mathrm{Gn}}(t_0) - \min\left[P_{\mathrm{Gn}}(t_0) - P_{\mathrm{Gnmin}}, K_{1n}^-(t_0)\Delta t\right] \right\} \end{cases} \tag{6-34}$$

根据 2 类区间的关系，定义耦合系统运行风险指标 Y 值。若 $P_1^{\min}(t_1) \geqslant P_2^{\min}(t_1)$ 且 $P_1^{\max}(t_1) \leqslant P_2^{\max}(t_1)$，则取 Y 值为 0；若 $P_1^{\min}(t_1) < P_2^{\min}(t_1)$ 且 $P_1^{\max}(t_1) < P_2^{\max}(t_1)$，则取 Y 值为 1；若 $P_1^{\min}(t_1) > P_2^{\min}(t_1)$ 且 $P_1^{\max}(t_1) > P_2^{\max}(t_1)$，则取 Y 值为 -1。

（2）当 $Y=0$ 时，代表耦合系统中火电具有足够的有功调节灵活性，可以有效平抑可再生能源功率的波动性及不确定性以满足耦合系统功率目标值；当 $Y=1$ 时，代表火电有功调节灵活性不足，耦合系统存在弃风/弃光风险。当 $Y=-1$ 时，代表火电有功调节灵活性不足，耦合系统存在失负荷风险。模型的决策值为 t_1 时刻耦合系统内各电源的有功功率值，即 $P_{\mathrm{Gn}}(t_1)$，$P_{\mathrm{windm}}(t_1)$，$P_{\mathrm{pvk}}(t_1)$。模型目标函数为最小化火电发电成本，同时在需要弃风/弃光时减小耦合系统的弃风/弃光量

$$\begin{cases} \min \sum_{n}^{N_{\mathrm{G}}} \left[a_{1n}P_{\mathrm{Gn}}^2(t_1) + a_{2n}P_{\mathrm{Gn}}(t_1) + a_{0n}\right], Y=0, -1 \\ \min \left\{ \sum_{n}^{N_{\mathrm{G}}} \left[a_{1n}P_{\mathrm{Gn}}^2(t_1) + a_{2n}P_{\mathrm{Gn}}(t_1) + a_{0n}\right] + \sum_{m}^{N_{\mathrm{wind}}} \Phi_{\mathrm{windm}}(t_1) + \sum_{k}^{N_{\mathrm{pv}}} \Phi_{\mathrm{pvk}}(t_1) \right\}, Y \end{cases} \tag{6-35}$$

式中：a_{1n}、a_{2n}、a_{0n} 分别为火电机组的耗量特性曲线参数；$\Phi_{windm}(t_1)$ 为风电场的弃风惩罚函数，$\Phi_{windm}(t_1)=X_{windm}[P_{windm}^{max}(t_1)-P_{windm}(t_1)]^2$；$X_{windm}$ 为风电场的弃风惩罚函数系数；$\Phi_{pvk}(t_1)$ 为光伏电站的弃光惩罚函数，$\Phi_{pvk}(t_1)=X_{pvk}[P_{pvk}^{max}(t_1)-P_{pvk}(t_1)]^2$；$X_{pvk}$ 为光伏电站的弃光惩罚函数系数。

模型约束包括内容如下。

（1）节点功率平衡约束：

$$\begin{cases} P_i(t_1)=U_i(t_1)\sum_{j\in i}U_j(t_1)[G_{ij}\cos\theta_{ij}(t_1)+B_{ij}\sin\theta_{ij}(t_1)] \\ Q_i(t_1)=U_i(t_1)\sum_{j\in i}U_j(t_1)[G_{ij}\sin\theta_{ij}(t_1)-B_{ij}\cos\theta_{ij}(t_1)] \end{cases},i=1,\cdots,N \quad (6\text{-}36)$$

（2）节点电压上下限约束：

$$U_{imin}\leqslant U_i(t_1)\leqslant U_{imax},i=1,\cdots,N \quad (6\text{-}37)$$

式中：U_{imax}、U_{imin} 分别为节点电压上、下限。

（3）耦合系统有功调控约束：

$$\begin{cases} \sum_n^{N_G}P_{Gn}(t_1)=P_2^{max}(t_1),Y=-1 \\ \sum_n^{N_G}P_{Gn}(t_1)=P_{ord}(t_1)-\sum_m^{N_{wind}}P_{windm}(t_1)-\sum_k^{N_{pv}}P_{pvk}(t_1),Y=0,1 \end{cases} \quad (6\text{-}38)$$

（4）火电机组功率约束：

$$P_{Gnmin}\leqslant P_{Gn}(t_0)-K_{1n}^-(t_0)\Delta t\leqslant P_{Gn}(t_1)\leqslant P_{Gn}(t_0)+K_{1n}^+(t_0)\Delta t\leqslant P_{Gnmax} \quad (6\text{-}39)$$

（5）风电场功率约束：

$$\begin{cases} P_{windm}(t_1)=\dfrac{P_{windm}^{min}(t_1)+P_{windm}^{max}(t_1)}{2},Y=0,-1 \\ P_{wind0}(t_0)-K_{2m}^-(t_0)\Delta t\leqslant P_{windm}(t_1)\leqslant P_{windm}^{max}(t_1),Y=1 \end{cases} \quad (6\text{-}40)$$

（6）光伏电站功率约束：

$$\begin{cases} P_{pvk}(t_1)=\dfrac{P_{pvk}^{min}(t_1)+P_{pvk}^{max}(t_1)}{2},Y=0,-1 \\ P_{pvk}(t_0)-K_{3k}^-(t_0)\Delta t\leqslant P_{pvk}(t_1)\leqslant P_{pvk}^{max}(t_1),Y=1 \end{cases} \quad (6\text{-}41)$$

（7）线路负载率约束：

$$P_L(t_1)<P_{Lmax} \quad (6\text{-}42)$$

对火电功率预测模型进行求解：首先求解 Y 值，当 $Y=0$ 时，对式（6-35）至式

（6-42）进行求解，得到火电机组的有功功率预测值 $P_{Gn}(t_1)$；当 $Y=1$ 时，对式（6-35）至式（6-42）进行求解，得到耦合系统内各电源的有功功率预测值 $P_{Gn}(t_1)$、$P_{windm}(t_1)$、$P_{pvk}(t_1)$；当 $Y=-1$ 时，各火电机组的有功功率预测值取机组运行条件约束下的最大值，如式（6-38）中所示。

6.3.3 耦合系统运行状态预测

为了使得耦合系统更好地融入现有电网调度体系，提高耦合系统的可控性，需要针对耦合系统的趋势预测技术展开研究。对于电网调度而言，主要关注耦合系统的整体功率预测情况，以便于电网调度决策；而针对耦合系统内部多电源的协同控制，则需要在预测点建立多电源的可行运行域，为控制提供决策信息及可行运行范围，并对预测点耦合系统的整体运行趋势进行预测及评估，这部分内容将在 6.4 节中讨论。

根据时间尺度划分，现有电网调度主要分为日前调度、小时前滚动调度、分钟级实时调度、秒级自动发电控制。本章所提的耦合系统趋势预测技术主要为电网的分钟级实时调度提供信息：结合可再生能源的超短期功率预测信息，实现耦合系统未来 1h 内的功率预测，为电网调度提供决策信息。

考虑火电机组的运行约束以及风电、光伏发电的不确定性，以 5min 为周期，进行未来 1h 耦合系统的整体功率范围预测。耦合系统内火电功率最大值及最小值的预测方法如下：

$$\begin{cases} P_{1max}(t_i) = \sum_{n}^{N_G} \min[P_{Gnmax}, P_{Gn}(t_0) + K_{1n}^+(t_0)\Delta t_i] \\ P_{1min}(t_i) = \sum_{n}^{N_G} \max[P_{Gnmin}, P_{Gn}(t_0) - K_{1n}^-(t_0)\Delta t_i] \end{cases} \quad (6\text{-}43)$$

式中：$i=1, 2, \cdots, 12$；$\Delta t_i = i \cdot 5min$；$t_i = t_0 + \Delta t_i$。

可再生能源超短期功率预测数据的时间分辨率为 15min，根据功率预测值并考虑功率预测的置信区间，使用三次样条插值函数可得到时间间隔为 5min 的可再生能源场站功率预测区间。将所得到的耦合系统内风电场功率预测区间记为 $[P_{wm1}(t_i), P_{wm2}(t_i)]$，光伏电站功率预测区间记为 $[P_{pvk1}(t_i), P_{pvk2}(t_i)]$。进一步考虑可再生能源场站是否具备有功功率下调能力，可再生能源场站功率最小值计算方法如式（6-44）所示。若可再生能源场站不具备有功功率下调能力，则将式（6-44）中相应场站的功率改为功率预测区间下限值。

$$P_{2\min}(t_i) = \sum_{k}^{N_{pv}} \min\{10\% P_{pvkN}, \ P_{pvk}(t_0) - K_{3k}^-(t_0)\Delta t_i\}$$

$$+ \sum_{m}^{N_{wind}} \min\{20\% P_{windmN}, \ P_{windm}(t_0) - K_{2m}^-(t_0)\Delta t_i\} \qquad (6\text{-}44)$$

则耦合系统功率最大值与最小值的预测结果为：

$$\begin{cases} P_{\max}(t_i) = P_{1\max}(t_i) + \sum_{k}^{N_{pv}} P_{pvk2}(t_i) + \sum_{m}^{N_{wind}} P_{wm2}(t_i) \\ P_{\min}(t_i) = P_{1\min}(t_i) + P_{2\min}(t_i) \end{cases} \qquad (6\text{-}45)$$

而根据耦合系统内可再生能源电源与常规电源的具体运行工况，可将式（6-45）中求得的耦合系统功率预测范围进一步划分为 3 个区间。

（1）区间 1：$[P_a, \ P_{\max}]$。P_a 的计算方式如下：

$$P_a(t_i) = P_{1\max}(t_i) + \sum_{k}^{N_{pv}} P_{pvk1}(t_i) + \sum_{m}^{N_{wind}} P_{wm1}(t_i) \qquad (6\text{-}46)$$

区间 1 为考虑可再生能源的不确定性区间，此区间内火电已达到可调最大功率，考虑到可再生能源功率预测的误差，若电网调度下达的指令值位于区间 1 内，则耦合系统功率有可能低于调度指令值。

（2）区间 2：$[P_b, \ P_a]$。P_b 的计算方式如下：

$$P_b(t_i) = P_{1\min}(t_i) + \sum_{k}^{N_{pv}} P_{pvk1}(t_i) + \sum_{m}^{N_{wind}} P_{wm1}(t_i) \qquad (6\text{-}47)$$

区间 2 为耦合系统内可再生能源全额消纳、火电提供灵活性的运行区间，耦合系统功率可以满足位于此区间内的调度指令值。

（3）区间 3：$[P_{\min}, \ P_b]$。区间 3 内火电为可调最小功率，耦合系统灵活性由可再生能源提供，耦合系统功率可以满足位于此区间内的调度指令值。若耦合系统内所有可再生能源场站均不具备有功功率下调能力，则 $P_{\min} = P_b$。

6.4 耦合系统多电源协同可行运行域

6.4.1 耦合系统多电源协同可行运行域建模

根据预测点调度指令值，针对耦合系统内多电源的控制，需要结合 6.2.2 节的约束性指标、6.3.3 节的功率范围预测结果，建立多电源的可行运行域，给控制提供各电源功率的运行范围。

将耦合系统的多电源可行运行域定义在耦合系统发电功率注入空间上，类似于电力系统有功/无功静态安全域的概念[14]-[17]，考虑运行风险约束，可得到耦合系统多电源协同可行运行域的数学描述如下：

$$\Omega_S = \left\{ S = (P,\ Q) \left| \begin{array}{l} f(x) = y \\ g_{1min} \leqslant g_1(u) \leqslant g_{1max}, \\ g_2(P_L) \leqslant g_{2max}, \\ g_{3min} \leqslant g_3(S) \leqslant g_{3max} \end{array} \right. \right\} \tag{6-48}$$

式中：S 为耦合系统内各电源的发电功率注入向量；P、Q 分别为发电有功、无功功率注入向量；x 为节点电压幅值及相角向量；y 为节点注入功率向量；$f(x) = y$ 为电网潮流方程；u 为节点电压幅值向量；$g_{1min} \leqslant g_1(u) \leqslant g_{1max}$ 为节点电压幅值安全约束；P_L 为支路传输功率向量；$g_2(P_L) \leqslant g_{2max}$ 为线路传输功率约束；$g_{3min} \leqslant g_3(S) \leqslant g_{3max}$ 为各电源的功率约束。

式（6-48）描述的可行运行域是一个高维的域，存在可视化难及求解复杂的问题。现有研究中主要使用 2 类方法建立运行域：一类是基于电压失稳临界点应用最小二乘法进行超平面拟合，从而建立高维运行域，但此类运行域不能体现电压幅值以及支路传输功率的约束；另一类是考虑电压幅值及支路传输功率的约束，应用潮流仿真法拟合二维运行域，这种方法求解过程耗时较长。提出一种运行域边界线性化方法，建立耦合系统多电源协同可行运行域的具体步骤如下：

（1）根据未来预测时段（记为 t_1 时刻）各电源功率及负荷预测值，建立耦合系统的潮流感知模型，并计算耦合系统内各电源的节点电压灵敏度及支路功率灵敏度。

（2）根据节点电压灵敏度计算结果，对式（6-48）中的节点电压幅值安全约束进行线性化处理：

$$U_{min} \leqslant U_i(t_1) + S_{pu}[P - P(t_1)] + S_{qu}[Q - Q(t_1)] \leqslant U_{max} \tag{6-49}$$

式中：S_{pu} 和 S_{qu} 分别为节点电压幅值对各电源有功功率、无功功率的灵敏度矩阵；U_{max}、U_{min} 分别为节点电压幅值上、下限向量。

（3）根据支路功率灵敏度计算结果，对式（6-48）中的节点电压幅值安全约束进行线性化处理：

$$P_L(t_1) + S_p[P - P(t_1)] \leqslant P_{Lmax} \tag{6-50}$$

式中：S_p 为支路传输功率对电源有功功率的灵敏度矩阵。

（4）式（6-48）中的电源功率约束，火电机组需要考虑机组的功率运行限额约束，可再生能源电站需要考虑超短期功率预测功率约束以及无功容量约束，并进行线性化处理。

（5）通过上述步骤，得到线性化后的耦合系统多电源协同可行运行域：

$$\begin{cases} \boldsymbol{U}_{\min} \leqslant \boldsymbol{U}_{\mathrm{i}}(t_1) + \boldsymbol{S}_{\mathrm{pu}}[\boldsymbol{P} - \boldsymbol{P}(t_1)] + \boldsymbol{S}_{\mathrm{qu}}[\boldsymbol{Q} - \boldsymbol{Q}(t_1)] \leqslant \boldsymbol{U}_{\max} \\ \boldsymbol{P}_{\mathrm{L}}(t_1) + \boldsymbol{S}_{\mathrm{p}}[\boldsymbol{P} - \boldsymbol{P}(t_1)] \leqslant \boldsymbol{P}_{\mathrm{Lmax}} \\ \boldsymbol{P}_{\min} \leqslant \boldsymbol{P} \leqslant \boldsymbol{P}_{\max} \\ \boldsymbol{Q}_{\min} \leqslant \boldsymbol{Q} \leqslant \boldsymbol{Q}_{\max} \end{cases} \tag{6-51}$$

式中：$\boldsymbol{P}_{\max}$、$\boldsymbol{P}_{\min}$ 分别为耦合系统内各电源的有功功率上、下限向量；$\boldsymbol{Q}_{\max}$、$\boldsymbol{Q}_{\min}$ 分别为耦合系统内各电源的无功功率上、下限向量。

输入耦合系统内电源任意运行点的有功及无功功率数据（$\boldsymbol{P}$，$\boldsymbol{Q}$）至式（6-51），若所有约束都满足，则表明此运行点下耦合系统是安全运行的。可以通过选取（$\boldsymbol{P}$，$\boldsymbol{Q}$）中的关键功率，将运行域进行降维，从而实现运行域的可视化。

6.4.2　火电机组可行运行域

当式（6-51）中的（$\boldsymbol{P}$，$\boldsymbol{Q}$）选取为火电的有功功率及无功功率时，可以建立耦合系统内火电的可行运行域。具体步骤与 6.4.1 节中的一致，但在步骤（4）的电源功率约束中，需要针对火电机组的运行特性进行考虑：

1. 火电有功功率约束

耦合系统内火电有功功率的最大可调范围由式（6-43）计算得到。考虑可再生能源的不确定性，火电实现调度指令值的有功功率可调范围如式（6-52）所示，综合以上可得到火电的有功功率约束范围。

$$\begin{cases} P'_{1\max}(t_1) = P_{\mathrm{ord}}(t_1) - \sum_{k}^{N_{\mathrm{pv}}} P_{\mathrm{pvk1}}(t_1) - \sum_{m}^{N_{\mathrm{wind}}} P_{\mathrm{wm1}}(t_1) \\ P'_{1\min}(t_1) = P_{\mathrm{ord}}(t_1) - \sum_{k}^{N_{\mathrm{pv}}} P_{\mathrm{pvk2}}(t_1) - \sum_{m}^{N_{\mathrm{wind}}} P_{\mathrm{wm2}}(t_1) \end{cases} \tag{6-52}$$

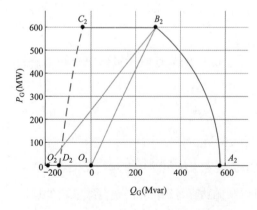

图 6-9　600MW 火电机组运行极限图

2. 火电无功功率约束

火电无功功率的范围由火电机组自身的功率运行限额确定，以 600MW 的火电机组运行极限图为例，如图 6-9 所示。图 6-9 中线 O_1B_2 的长度为机组额定容量 666.7MVA，线 O_2B_2 的长度由机组额定电压、同步电抗计算；以 O_2 为圆点，O_2B_2 为半径作弧线 A_2B_2，体现了励磁绕组温升约束；线 B_2C_2

为原动机功率约束；虚线 C_2D_2 为定子端部温升约束。综合以上可以得到火电的无功功率约束范围。

6.4.3 可再生能源电站可行运行域

当式（6-51）中的 $(\boldsymbol{P}, \boldsymbol{Q})$ 选取为可再生能源的有功功率及无功功率时，可以建立耦合系统内可再生能源的可行运行域。具体步骤与 6.4.1 中一致，但在步骤（4）的电源功率约束中，需要针对可再生能源的运行特性进行考虑：可再生能源场站有功功率的最大可调范围由式（6-44）及功率预测区间得到。可再生能源场站无功功率的最大可调范围一般考虑其允许的最小功率因数，例如在考虑可再生能源场站应满足功率因数在超前 0.95～滞后 0.95 的范围内动态可调时，可再生能源场站无功功率可调范围为 $[-0.31S_N,\ 0.31S_N]$，S_N 为场站额定容量。

6.5 算 例 分 析

以某地区的实际耦合系统为例，说明本章所提方法的适用性，该耦合系统的主接线如图 6-10 所示，包含了 2 台 600MW 的火电机组、装机容量为 300MW 的风电场，以及装机容量分别为 300MW 和 100MW 的光伏电站。

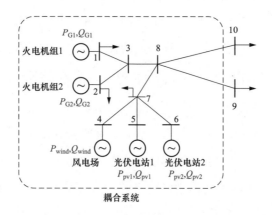

图 6-10 耦合系统算例主接线拓扑

6.5.1 耦合系统状态感知方法算例分析

根据该耦合系统冬季某天的实际运行数据，并结合耦合系统的潮流仿真信息，得到耦合系统午间时刻（13:00）的实时指标计算结果，详见表 6-2。

表 6-2 耦合系统实时评价指标计算结果及运行状态划分

	指标	实时指标计算值	实时运行状态
控制性指标	有功功率控制偏差指标 I_1	0.1263%	优
	并网点电压控制偏差指标 I_2	0.1031%	优
	有功灵活性指标 I_4	0.0195（$\Delta t=5\text{min}$） 0.0014（$\Delta t=15\text{min}$） 0.0088（$\Delta t=30\text{min}$）	优
	频率支撑能力指标 I_5	$I_{5+}=1$	优
		$I_{5-}=0.507$	良
	指标	实时指标计算值	实时运行状态
	有功调节裕量指标 I_3	$I_{3+}=1$ $I_{3-}=1$	同时具备上/下调裕量
统计性指标	指标	实时指标计算值	实时运行状态
	可再生能源功率占比指标 I_6	49.72%	占比中等
	可再生能源电量占比指标 I_7	37.79%	占比中等
	指标	实时指标计算值	实时运行状态
	可再生能源消纳指标 I_8	1.49%	良
	可再生能源功率预测性能指标 I_9	10.85%	良
约束性指标	指标	实时指标计算值	实时运行状态
	节点电压越限指标 I_{10}	0.4652	安全
	静态电压稳定指标 I_{11}	0.8104	安全
	线路负载率指标 I_{12}	0.6329	安全

表 6-2 从多个方面直观呈现了耦合系统午间时刻的实时运行状态，为调度人员提供了充足的信息。由控制性指标可知：耦合系统实时的有功及电压控制性能较好，能够满足电网调度控制要求；在有功裕量及有功灵活性方面，在电网调度关注的 5/15/30min 时间尺度下，I_3 及 I_4 的计算结果表明耦合系统此时的灵活性充足，耦合系统同时具备有功上/下调裕量；指标值 I_5 显示此时耦合系统对电网频率升高问题的支撑能力更好，这是由于此时可再生能源电源没有备用功率，在系统频率下降时不具备增发功率的能力。由统计性指标可知：实时可再生能源的功率占比接近 50%，该天可再生能源的电量占比接近 40%，可再生能源的消纳情况良好，仅有 1.49% 的弃电。总体而言，可再生能源该天的功率预测性能较好。由约束性指标可知耦合系统的实时运行安全性较好，不存在节点电压以及线路负载越限的风险，电压稳定性较好。

通过观察各指标的变化趋势，可以了解耦合系统在某一段时间的状态变化情况。在该天零点至午间时段（0:00—13:00），耦合系统整体功率及耦合系统内可再生能源功率情况如图 6-11 所示，不同时间尺度下（5/15/30min）的 I_4 变化情况如图 6-12 所示。整体而言，耦合系统能够很好地满足调度指令所需的爬坡率，具有良好的有功灵活性；时间尺度为 5min 的 I_4 指标值于 1:28 时略超 1，主要原因是此时火电机组处于深度调峰运行状态导致爬坡率减小且风电场功率存在快速爬坡的情况；同时对比图 6-12（a）～图 6-12（c）可知，三种时间尺度下 I_4 指标值的总体变化趋势基本一致，但时间尺度为 5min 的 I_4 指标值可以更准确地表征耦合系统的短期爬坡事件。

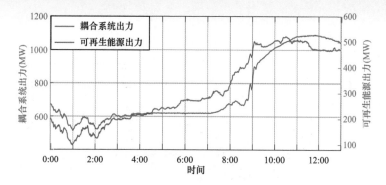

图 6-11　耦合系统功率情况

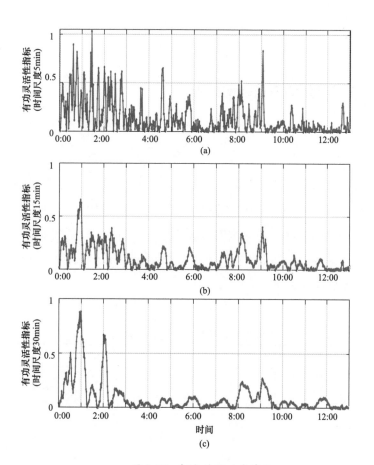

图 6-12　耦合系统功率情况

耦合系统频率支撑能力指标的变化趋势如图 6-13 所示，在 0:42—5:43 时段 I_{5+} 指标值较小，这是由于有一台火电机组处于投油深度调峰阶段，能够调减的有功功率有限；在 9:00 之后，随着光伏功率的增大并具备功率下调能力，I_{5+} 指标值达到 1；在 5:19—11:50 时段，由于风电场具有一定的备用功率，导致 I_{5-} 指标值小幅增加。

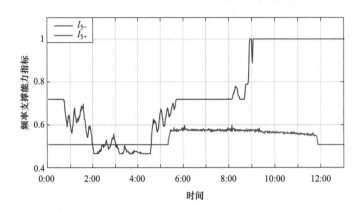

图 6-13　耦合系统频率支撑能力指标变化情况

6.5.2　耦合系统趋势预测方法算例分析

1. 耦合系统运行状态预测

未来 1h 耦合系统内各可再生能源场站的功率预测区间见表 6-3。使用三次样条插值函数对可再生能源场站的功率预测数据进行处理，根据式（6-43）～式（6-47），可得到未来 1h 耦合系统的整体功率范围预测结果如图 6-14 所示。图中，区间 1 为耦合系统考虑可再生能源预测误差的不确定功率范围，区间 2、3 是耦合系统的确定功率范围，其中区间 3 考虑了可再生能源的功率下调能力。电网调度指令位于区间 2 和区间 3 时，耦合系统功率可以满足调度指令值。

表 6-3　　　　　　　　　　可再生能源场站功率预测数据　　　　　　　　　　MW

时间	15min 后	30min 后	45min 后	1h 后
风电场	[220，228]	[218，226]	[219，227]	[215，223]
光伏电站 1	[185，197]	[173.5，185.5]	[164.7，176.7]	[151，163]
光伏电站 2	[73，79]	[67，73]	[64，70]	[58，64]

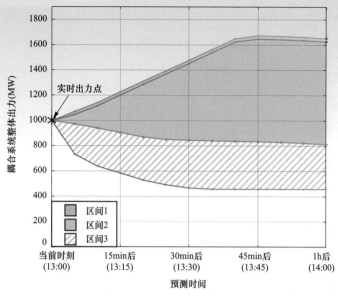

图 6-14 耦合系统频率支撑能力指标变化情况

接下来进行某一预测时刻的耦合系统功率及耦合系统内各电源功率预测：预测时刻为 15min 后，电网调度指令值 $P_{ord}=1100MW$，由图 6-14 的结果可知 P_{ord} 位于耦合系统内可再生能源全额消纳、火电提供灵活性的运行区间。考虑耦合系统内可再生能源的不确定性，得到耦合系统内火电的整体运行区间为 [596，622] MW。根据 6.3.2 节，建立火电功率预测模型，可进一步求解得各台火电机组的有功功率预测值。火电机组 1 的耗量特性曲线参数为 $[a_{11}，a_{21}，a_{01}]=[0.00148，1.213，82]$，火电机组 2 的耗量特性曲线参数为 $[a_{12}，a_{22}，a_{02}]=[0.00127，1.1954，105]$，考虑机组的爬坡率约束，求解模型可得预测时刻的耦合系统有功功率见表 6-4。

表 6-4	耦合系统实时功率与预测时刻功率对比	MW
功率	实时	预测时刻
耦合系统	1000.8	1100
火电机组 1	260.88	278.05
火电机组 2	242.35	330.95
风电场	219.67	224
光伏电站 1	197.7	191
光伏电站 2	80.2	76

2. 耦合系统整体运行趋势预测

对 15min 后的耦合系统整体运行趋势进行预测，计算耦合系统预测点的运行状态评价指标值，其与 6.5.1 节中实时状态的对比见表 6-5。由表 6-5 的结果对比可知，与实时状态相比，预测时刻耦合系统的整体运行状态不会发生较大变化；在有功灵活性方面，预计耦合系统在预测运行点的功率将会有较大爬坡，有功灵活性下降；结合 I_3 和

I_6 指标值的变化可知，预测时刻的耦合系统火电功率会上升、可再生能源功率会下降。

表 6-5　　　　　　　　　　　耦合系统实时状态与预测点状态对比

	指标	指标计算值		运行状态	
		实时	预测	实时	预测
控制性指标	有功灵活性指标 I_4	0.0195($\Delta t=5$min) 0.0014($\Delta t=15$min) 0.0088($\Delta t=30$min)	0.6543($\Delta t=5$min) 0.3801($\Delta t=15$min) 0.1874($\Delta t=30$min)	优	优
	频率支撑能力指标 I_5	$I_{5+}=1$	$I_{5+}=1$	优	优
		$I_{5-}=0.507$	$I_{5-}=0.507$	良	良
	指标	指标计算值		运行状态	
		实时	预测	实时	预测
	有功调节裕量指标 I_3	$I_{3+}=1$ $I_{3-}=1$	$I_{3+}=2$ $I_{3-}=1$	同时具备上/下调裕量	同时具备上/下调裕量
统计性指标	指标	指标计算值		运行状态	
		实时	预测	实时	预测
	可再生能源功率占比指标 I_6	49.72%	44.64%	占比中等	占比中等
	可再生能源电量占比指标 I_7	37.79%	38.04%	占比中等	占比中等
	指标	指标计算值		运行状态	
		实时	预测	实时	预测
	可再生能源消纳指标 I_8	1.49%	1.45%	良	良
约束性指标	指标	指标计算值		运行状态	
		实时	预测	实时	预测
	节点电压越限指标 I_{10}	0.4652	0.4827	安全	安全
	静态电压稳定指标 I_{11}	0.8104	0.7998	安全	安全
	线路负载率指标 I_{12}	0.6329	0.6667	安全	安全

6.5.3　耦合系统多电源可行运行域算例分析

将耦合系统多电源协同可行运行域定义在发电功率注入空间（P_{G1}，P_{G2}，P_{wind}，P_{pv1}，P_{pv2}，Q_{G1}，Q_{G2}，Q_{wind}，Q_{pv1}，Q_{pv2}）上，为 15min 后的耦合系统内多电源控制进行可行运行域建模。

根据耦合系统功率预测结果，可以求解得火电并网点电压为 1.014，火电有功、无功功率对并网点电压幅值的灵敏度分别为 -0.001、0.017168，设节点电压幅值上限为 1.05、下限为 0.95。在建立耦合系统内火电可行运行域时，选取火电整体的有功及无功功率 P_G、Q_G 为决策空间，根据可行域的建立步骤，得到火电的可行域如图 6-15 所示；火电并网点节点电压幅值取上、下限时得到的运行域边界如蓝线及红线所示；火电无功功率约束如绿线所示；考虑火电机组的爬坡率约束，灰色虚线确定了火电的最大有功功率调节范围；考虑可再生能源的不确定性，使得耦合系统功率满足电网调度指令值（$P_{ord}=1100$MW）的火电有功功率范围为 [596，622] MW；最终可行运行域由以上约束的交集获得。若运行在火电运行域 1 内，耦合系统可以实现可再生能源的全额消纳并且功率满足调度指令值 P_{ord}；而火电运行域 2 则是考虑了火电的灵活性，刻画了火电的最大可调节运行域。

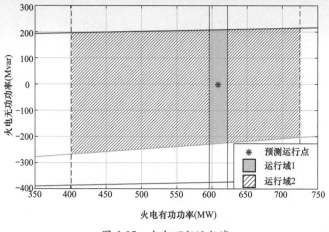

图 6-15　火电可行运行域

根据耦合系统功率预测结果，可以求解得风电并网点电压为 1.008，风电有功、无功功率对并网点电压幅值的灵敏度分别为 −0.0113、0.05951，设节点电压幅值上限为 1.05、下限为 0.95。选择风电场的有功功率、无功功率为决策空间，得到风电的可行运行域如图 6-16 所示：风电场并网点节点电压幅值取上、下限时得到的运行域边界如蓝线及红线所示；风电场无功功率限额如绿线所示；考虑风电场的功率下调灵活性，所得风电场的最大有功功率调节范围如灰色虚线所示。所得风电可行运行域中，运行域 1 为考虑置信区间的风电场功率预测范围，运行域 2 为考虑功率下调灵活性的风电场最大可调节运行域。

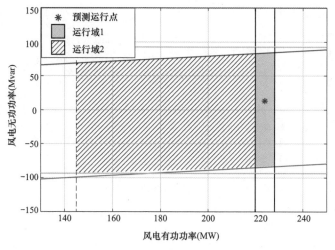

图 6-16　风电可行运行域

　　根据耦合系统功率预测结果，可以求解得光伏电站 1 并网点电压为 1.007，光伏电站 2 并网点电压为 0.998，光伏电站 1 有功、无功功率对并网点电压幅值的灵敏度分别为 −0.00847、0.057904，光伏电站 2 有功、无功功率对并网点电压幅值的灵敏度分别为 −0.02758、0.062438，设节点电压幅值上限为 1.05、下限为 0.95。分别以 2 个光伏电站的有功、无功功率为决策空间，得到 2 个光伏电站的可行运行域，分别如图 6-17 和图 6-18 所示。图中各边界约束与风电可行运行域一致，运行域 1 为考虑置信区间的光伏电站功率预测范围，运行域 2 为考虑功率下调灵活性的光伏电站最大可调节运行域。

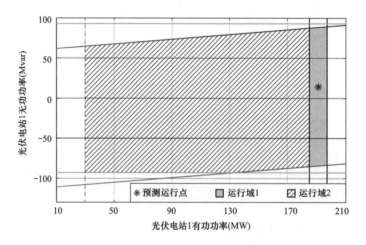

图 6-17　光伏电站 1 可行运行域

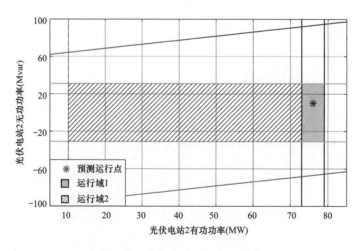

图 6-18　光伏电站 2 可行运行域

6.6 本 章 小 结

本章针对耦合系统的状态感知与趋势预测技术展开研究，主要包含以下几点内容：

首先，研究了耦合系统多层级状态关联建模技术：考虑耦合系统的多层级控制模型架构，在仿真软件中搭建了风-光-火耦合系统模型，通过对耦合系统运行特性的仿真，研究了可再生能源与火力发电不同占比对耦合系统运行特性的影响；分别考虑节点注入功率变化对节点电压及支路功率的影响，建立了耦合系统运行状态关联模型。

其次，研究了耦合系统的状态感知技术及趋势预测技术：针对耦合系统的运行特性，从"多层级运行状态感知要素获取-运行状态评价指标建立-运行状态实时分析"3个步骤提出耦合系统的状态感知方法；结合风电、光伏功率的超短期功率预测数据，考虑火电机组的运行约束，建立了耦合系统电源功率预测模型，实现耦合系统下一阶段各电源功率的预测；考虑可再生能源功率预测的置信区间，提出耦合系统运行状态预测方法，为电网调度提供决策信息。

最后，提出了耦合系统多电源协同可行运行域的建模方法：考虑运行安全约束，在耦合系统发电功率注入空间上建立了耦合系统多电源协同可行运行域；基于建立的耦合系统运行状态关联模型，提出可行域的边界线性化方法，实现多电源协同可行运行域的降维及可视化。

参 考 文 献

[1] 刘晟源，林振智，李金城，等. 电力系统态势感知技术研究综述与展望 [J]. 电力系统自动化，2020，44（3）：229-239.

[2] M Panteli, D S Kirschen. Situation awareness in power systems: Theory, challenges and applications [J]. Electric Power Systems Research, 2015, 122: 140-151.

[3] 田书欣，李昆鹏，魏书荣，等. 基于同步相量测量装置的配电网安全态势感知方法 [J]. 中国电机工程学报，2021，41（2）：617-632.

[4] 刘鑫蕊，李欣，孙秋野，等. 考虑冰灾环境的配电网态势感知和薄弱环节辨识方法 [J]. 电网技术，2019，43（7）：2243-2252.

[5] 许鹏，孙毅，石墨，等. 负荷态势感知：概念、架构及关键技术 [J]. 中国电机工程学报，2018，38（10）：2918-2926.

[6] 姚良忠，徐箭，赵大伟，等.《高比例可再生能源电力系统优化运行》[M]. 北京：科学出版社，2021.

[7] S. E. Haupt, M. G. Casado, M. Davidson, et al. The use of probabilistic forecasts: Applying them in theory and practice [J]. IEEE Power and Energy Magazine, 2019, 17（6）: 46-57.

[8] J D Lara, O Dowson, K Doubleday, et al. A multi-stage stochastic risk assessment with Markovian representation of renewable power [J]. IEEE Transactions on Sustainable Energy, 2022, 13（1）: 414-426.

[9] Weisi Deng, Hongfa Ding, Buhan Zhang, et al. Multi-period probabilistic-scenario risk assessment of power system in wind power uncertain environment [J]. IET Generation Transmission & Distribution, 2016, 10（2）: 359-365.

[10] 王锡凡，方万良，杜正春.《现代电力系统分析》[M]. 北京：科学出版社，2003.

[11] 刘宇，高山，杨胜春，等. 电力系统概率潮流算法综述 [J]. 电力系统自动化，2014，38（23）：127-135.

[12] 万灿，宋永华. 可再生能源电力系统概率预测理论与方法及其应用 [J]. 电力系统自动化，2021，45（1）：2-16.

[13] 王彬，孙勇，吴文传，等. 协同电网安全性与经济性的新能源优先实时调度方法及应用 [J]. 电力系统自动化，2020，44（16）：105-113.

[14] 余贻鑫，冯飞. 电力系统有功静态安全域 [J]. 中国科学，1990，33（6）：664-672.

[15] 王浩. 电力系统静态电压安全域的研究 [D]. 天津：天津大学，2014.

[16] Yanqi Liu, Zhigang Li, Q. H. Wu, et al. Real-time dispatchable region of renewable generation constrained by reactive power and voltage profiles in AC power networks [J]. CSEE Journal of Power and Energy Systems, 2020, 6（3）: 528-536.

[17] 王博, 肖峻, 周济, 等. 主动配电网中分布式电源和微网的运行域 [J]. 电网技术, 2017, 41（2）: 363-370.

可再生能源与火力发电耦合系统多源有功协同控制

本章主要从耦合系统多电源有功协同运行建模，耦合系统多电源有功协同能力评估和耦合系统多电源有功协同控制技术三个方面，来对可再生能源与火力发电耦合系统多源有功协同控制进行介绍。以使读者对耦合系统内多电源的有功模型，有功协同能力评估方法及协同控制技术有一个全面的了解。

7.1　耦合系统多电源有功协同运行建模

耦合系统多电源主要包括火电机组及可再生能源。本节将首先对火电机组和可再生能源的有功功率模型进行详细介绍，然后在此基础上，再对耦合系统多电源有功协同运行模型进行详细介绍。

7.1.1　火电机组有功运行模型

火电机组有功运行模型主要由火电机组的各个运行约束构成，主要包括火电机组的爬坡约束，最大功率约束，旋转备用约束和启停约束。随着可再生能源渗透率的提高，电力系统灵活性显著增加。实施火电灵活性改造是提升电力系统灵活性的方法之一。火电机组经过灵活性改造后，可以降低火电机组最低功率和提高火电机组爬坡速率，以容纳更多的太阳能、风能及生物能发电。但现有对机组性能的研究表明，当火电机组在低负荷运行时，受机组自身性能影响，其调节能力可能会受到制约，并不能保持高负荷运行时的调节能力。因此，火电机组经过灵活性改造后，其爬坡约束将会不同于传统的机组爬坡约束。下面将对火电机组的有功运行模型进行详细介绍。

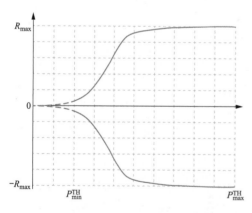

图 7-1　火电机组最大爬坡率与机组负荷
间的关系趋势示意图

1. 火电机组阶梯式爬坡约束

已有研究表明，火电机组的最大爬坡速率，会随着机组负荷的降低而减小。通过试验或仿真，可得到火电机组最大爬坡率与机组负荷间的关系趋势，如图 7-1 所示。

图 7-1 中，$P_{\min}^{TH}$ 和 $P_{\max}^{TH}$ 分别为火电机组的最小和最大功率；$R_{\max}$ 为机组的最大爬坡率上限。

为了找到实际运行时，机组负荷与其最大爬坡速率间的准确关系，对中国广东某发电有限公司经过灵活性改造后的 1 号机组进行了测试分析。

该公司1号机组为西门子公司研发生产的N660-25/600/600汽轮机，DCS系统为西门子公司开发设计的SPPA-T3000控制系统。试验使用DCS数据库，对机组负荷指令、机组实际负荷、主蒸汽压力设定、主蒸汽压力、过热蒸汽温度、过热度等参数进行记录。

根据当地的《南方区域发电厂并网运行管理实施细则》和《火力发电厂模拟量控制系统验收测试规程》，要求该电厂发电机组经过灵活性改造后，在300MW以上达到12MW/min变负荷速率，在240~300MW负荷段达到9MW/min变负荷速率。因此，本测试按照机组负荷分为了3个阶段，测试内容及结果如下。

（1）300MW负荷以上高速变负荷试验。对1号机组进行了300MW负荷以上高速变负荷试验，试验时条件为：单元机组协调控制系统（coordinated control system，CCS）方式运行、主蒸汽压力滑压投入、BCDE四台磨运行、AGC手动模式。其中C磨维持在手动控制方式，其余三台磨维持在自动控制方式。

试验工况为：投入AGC运行，并将机组负荷速率由9MW/min逐步提升至12MW/min。

部分试验结果见表7-1。

表 7-1   300MW负荷以上高速变负荷试验结果

试验项目	工况 I	工况 II
负荷指令变化速率（MW/min）	11	12
实际负荷变化速率（MW/min）	10.3	11.1
负荷相应纯延迟时间（s）	12	12
负荷偏差（MW）	±5	±3
主蒸汽压力偏差（MPa）	±0.93	±0.43
主蒸汽温度偏差（℃）	±3	±3
再热蒸汽温度偏差（℃）	±3	±3
中间点温度（℃）	±11	±9
磨组振动统计	无振动	无振动
小机再循环开启统计	开启	开启
磨组最高温度（℃）	控制稳定	控制稳定

可以看出，当机组在300MW以上时，自动控制系统部分能够满足按12MW/min变负荷速率的AGC调度要求。虽然根据测试结果，12MW/min并不是该机组在300MW负荷以上的爬坡速率极限，但由于机组参与电网调度时，仅需满足电网AGC和机组深度调峰运行的要求，以保证机组的安全稳定运行。而根据《东北区域发电厂并网运行管理实施细则》和《火力发电厂模拟量控制系统验收测试规程》，要求该电厂发电机组在300MW以上达到12MW/min变负荷速率。因此，可以将该机组在300MW以

上正常运行时的最大爬坡速率视为 12MW/min。

（2）低负荷下高速变负荷试验。对 1 号机组进行了低负荷下高速变负荷试验，试验时条件为：CCS 方式运行、主蒸汽压力滑压投入、BCDE 四台磨运行、AGC 手动模式。其中 C 磨维持在手动控制方式，其余三台磨维持在自动控制方式。

部分试验工况为：将机组负荷设定值由 240MW 连续变化到 300MW，然后再下降至 240MW，变负荷速率为：①6MW/min；②9MW/min。

部分试验结果见表 7-2。

表 7-2 低负荷下高速变负荷试验结果

试验项目	工况 I	工况 II
负荷指令变化速率（MW/min）	6	9
实际负荷变化速率（MW/min）	5.6	8.2
负荷相应纯延迟时间（s）	10	23
负荷偏差（MW）	±1.5	±4.3
主蒸汽压力偏差（MPa）	±0.73	±0.74
主蒸汽温度偏差（℃）	±6.2	±5
再热蒸汽温度偏差（℃）	±2	±3
中间点温度（℃）	±10.3	±11
磨组振动统计	无振动	D、E 振动
小机再循环开启统计	开启较小	水量突掉开启
磨组最高温度（℃）	81	81

当负荷指令变化速率为 6MW/min，从测试结果可以看出，此时机组运行较为平稳。

当负荷变化速率提升至 9MW/min 时，此时煤量最低下降至 88T/H，接近四台磨在最小煤量下的功率极限，且当机组负荷维持在 240MW 左右时，D、E 磨振动较大，给水流量也出现类似突掉，突掉幅度为 60T/H。机组运行开始出现不稳定状态。

可以看出，机组在 240～300MW 区间能以 9MW/min 保持正常运行，但是在 240MW 左右时，运行开始不稳定，此时若再增加机组的负荷变化速率，或进一步减小机组负荷，都可能导致磨煤机停运，造成机组断煤，灭火，从而停机。而根据《东北区域发电厂并网运行管理实施细则》和《火力发电厂模拟量控制系统验收测试规程》，要求该电厂发电机组在 240～300MW 负荷段达到 9MW/min 变负荷速率即可。因此，可以认为 9MW/min 是该机组在 240～300MW 区间内正常运行时的最大变负荷速率。

（3）低负荷稳燃试验。对 1 号机组进行锅炉最低不投油负荷稳燃试验，试验开始前，将各磨分离器挡板开度由 40% 左右调整至 30%，同时，对一次风压和磨入口风量进行调节，维持合理的一次风速。降负荷过程中，运行人员根据负荷调整主蒸汽压力（手动滑压运行），开始时机组负荷为 290MW，主蒸汽压力 9.9MPa，西安热工研究院有限公司（以下简称西安热工研究院）和电厂参加试验人员对炉内燃烧情况进行了认真观察，发现炉内燃烧稳定、火焰明亮。试验结果见表 7-3。

表 7-3 低负荷稳燃试验

试验时间	负荷变化（MW）	锅炉燃烧情况
22:30—22:45	290→255	稳定 15min，燃烧稳定，火检指示正常
23:00—23:15	255→218	稳定 15min，燃烧稳定，火检指示正常
23:35—23:50	218→200	稳定 15min，燃烧稳定，火检指示正常
00:05—00:15	200→180	燃烧稳定，火检指示正常
00:20—01:50	180	稳定 1.5h，燃烧稳定，火检指示正常

为锅炉安全考虑，不再降低锅炉负荷，以 180MW 作为锅炉的最低不投油稳燃负荷。目前一般认为机组负荷达到额定负荷的 40% 以下就进入了低负荷稳燃运行区间。当机组稳燃运行时，由于锅炉工作在较极限的情况，较大的负荷变化可能造成锅炉燃烧不稳定，导致锅炉灭火，机组停机，故此时机组的最大变负荷速率会进一步降低。根据西安热工研究院和电厂提供的数据显示，该 1 号机组在稳燃运行时，最大变负荷速率不超过 3MW/min。

此外，虽然目前已有投油稳燃技术，但是在实际运行中，投油稳燃十分不稳定，很容易导致机组熄火停机，因此，机组实际运行时几乎不会进入投油深度调峰区间，本书不考虑机组在投油深度调峰区间内运行的情况。

（4）阶梯式爬坡率。根据以上测试结果，可得实际运行中，该台火电机组的最大爬坡速率与机组负荷的关系，如图 7-2 所示。

图 7-2 中，RPR、$DPR_{w/o}^O$ 和 DPR_w^O 分别为火电机组的常规调峰阶段，不投油深度调峰阶段和投油深度调峰阶段。

从图 7-2 可以看出，受当地调度政策及机组自身性能影响，不同机组负荷下，机组实际运行时的最大爬坡率不同，且随着机组负荷的减小，机组爬坡率呈阶梯式下降。本

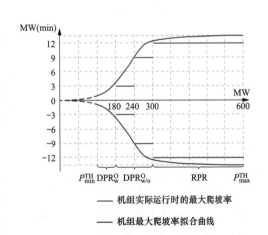

图 7-2 1 号机组最大爬坡率与机组负荷关系图

书将这种机组实际运行中的爬坡现象称为机组的阶梯式爬坡。

　　需要注意的是，受不同地区政策、机组自身容量和性能、锅炉工况和煤质优劣等因素影响，不同机组的调峰阶段划分以及每个阶段对应的最大爬坡速率不完全相同。根据目前已有的相关研究，以及部分测试数据及结果，推测可能存在的几种阶梯式爬坡情形，如图 7-3 所示。

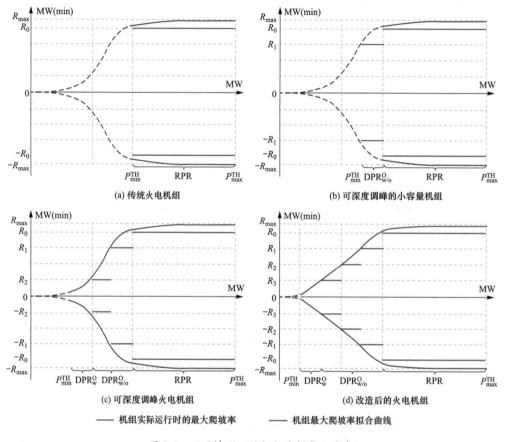

(a) 传统火电机组　　(b) 可深度调峰的小容量机组

(c) 可深度调峰火电机组　　(d) 改造后的火电机组

—— 机组实际运行时的最大爬坡率　　—— 机组最大爬坡率拟合曲线

图 7-3　不同情形下的机组阶梯式爬坡率

　　图 7-3 中，R_0、R_1、R_2 和 R_3 分别表示机组在各自对应调峰阶段内的最大爬坡率。图 7-3（a）代表传统火电机组，该类机组不可进行深度调峰，仅存在一个调峰阶段；图 7-3（b）表示可深度调峰的小容量机组，如 300MW 机组，该类机组由于容量较小，虽然可进行一定的深度调峰，但可深调的范围较小，一般存在两个调峰阶段；图 7-3（c）表示目前最常见的一类可深度调峰火电机组，如本文介绍的 600MW 火电机组，该类机组可进行范围较大的深度调峰，且通常至少存在三个调峰阶段；图 7-3（d）表示目前及未来通过最先进灵活性改造技术改造后的火电机组，如德国的 Weisweiler 和 Bexbach

发电厂。该类机组可实现更低的机组功率和更快的爬坡速率，深度调峰范围更大，通常可存在四个及以上的调峰阶段。

2. 不同调度时间尺度下火电机组爬坡约束

由第 1 部分结论可知，可深度调峰火电机组在不同调峰阶段，其最大爬坡率不同。且受到机组性能、煤质等因素影响，机组各调峰阶段的范围也不一样，最终得到的机组有功可行域及阶梯式爬坡约束表达式可能会完全不同。因此，为了更好地揭示机组阶梯式爬坡约束的特点，本文选取图 7-3 中最复杂的图，即图 7-3（d）为例进行说明。

首先，按照现有研究的思路，不考虑机组爬坡率随机组负荷变化而改变，则该情形下，假设机组阶梯式爬坡率和机组负荷的关系如图 7-4 所示。

图 7-4 中，PR_0 表示图 7-3（d）中的 RPR 阶段，PR_1，PR_2 和 PR_3 表示图 7-3（d）中 $DPR_{w/o}^O$ 阶段内的不同调峰阶段，P_{min}^{TH} 到 P_3^{PR} 表示图 7-3（d）中的 DPR_w^O 阶段，因为不考虑机组在投油深度调峰区间内运行的情况，因此该阶段内机组功率为 0。P_0^{PR}、P_1^{PR}、P_2^{PR} 和 P_3^{PR} 分别表示机组在调峰阶段 PR_0，PR_1，PR_2 和 PR_3 内的最小功率，且 $P_0^{PR} = 0.5P_{max}^{TH}$，$P_1^{PR} = 0.4P_{max}^{TH}$，$P_2^{PR} = 0.35P_{max}^{TH}$，$P_3^{PR} = 0.3P_{max}^{TH}$，$R_0 = 2.0\% P_{max}^{TH}/min$。

根据图 7-4，可以得到不同 ΔT 下该火电机组在传统爬坡约束下的相邻时刻有功可行域，如图 7-5 所示。

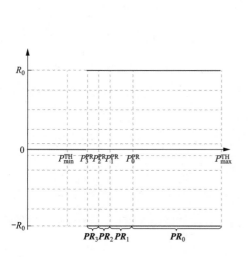

图 7-4 机组传统爬坡率和机组负荷的关系图

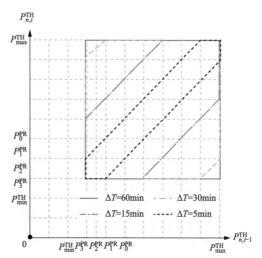

图 7-5 传统爬坡约束下火电机组
在不同 ΔT 的有功可行域

根据图 7-5 中传统火电机组负荷与爬坡率的关系，可以得到传统火电机组的爬坡约束为：

$$P_{t-1}^{\mathrm{TH}} \in \left[P_3^{\mathrm{PR}}, P_{\max}^{\mathrm{TH}}\right],$$

$$\begin{cases} P_t^{\mathrm{TH}} - P_{t-1}^{\mathrm{TH}} \leqslant R_0 \Delta T \\ P_{t-1}^{\mathrm{TH}} - P_t^{\mathrm{TH}} \leqslant R_0 \Delta T \end{cases} \tag{7-1}$$

式中：P_t^{TH} 为火电机组在 t 时刻的有功功率，MW。

其次，按照本文研究的思路，考虑机组爬坡率随机组负荷变化而改变，则该情形下，假设机组阶梯式爬坡率和机组负荷的关系，如图 7-6 所示。

图 7-6 中，$R_1 = 1.5\% P_{\max}^{\mathrm{TH}}/\min$，$R_2 = 1.0\% P_{\max}^{\mathrm{TH}}/\min$，$R_3 = 0.5\% P_{\max}^{\mathrm{TH}}/\min$。

根据图 7-6，可以得到不同 ΔT 下该火电机组在阶梯式爬坡约束下的有功可行域，如图 7-7 所示。

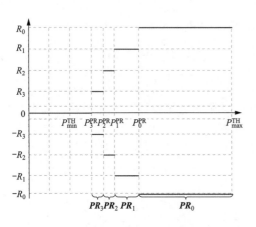

图 7-6　机组阶梯式爬坡率和机组负荷的关系图

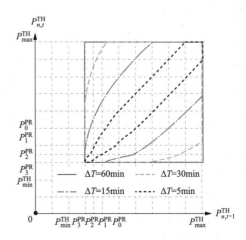

图 7-7　阶梯式爬坡约束下火电机组
在不同 ΔT 的有功可行域

通过对比图 7-5 和图 7-7 可以看出，随着 ΔT 的减小，两者有功可行域的差别越变越大，尤其是深度调峰的部分。此外，由于不同调峰阶段机组爬坡速率不同，因此，图 7-7 中不同 ΔT 的有功可行域没法像图 7-5 中的可行域那样，能用一个简单的公式进行统一表达。下面将针对 4 种常用的 ΔT，分别对图 7-7 中的火电机组的阶梯式爬坡约束进行讨论。

需要注意的是，该参数下对机组阶梯式爬坡约束的推导思路及结论同样适用于其他类型的火电机组，不同的只是所得到的火电机组有功可行域及其对应的阶梯式爬坡约束表达式。

（1）$\Delta T = 60\text{min}$ 的火电机组爬坡约束。当 $\Delta T = 60\text{min}$ 时，考虑机组 P_{t-1}^{TH} 和 P_t^{TH} 处于不同调峰阶段时的相互关系，可以得到如下爬坡约束。

① $P_{t-1}^{\text{TH}} \in [P_3^{\text{PR}}, P_2^{\text{PR}}]$,

$$\begin{cases} P_t^{\text{TH}} - \dfrac{R_0}{R_3} P_{t-1}^{\text{TH}} \leqslant R_0 \Delta T - \left(\dfrac{R_0}{R_3} - \dfrac{R_0}{R_2}\right) P_2^{\text{PR}} - \left(\dfrac{R_0}{R_2} - \dfrac{R_0}{R_1}\right) P_1^{\text{PR}} - \left(\dfrac{R_0}{R_1} - 1\right) P_0^{\text{PR}} \\ P_{t-1}^{\text{TH}} - P_t^{\text{TH}} \leqslant R_3 \Delta T \end{cases}$$

② $P_{t-1}^{\text{TH}} \in [P_2^{\text{PR}}, P_1^{\text{PR}}]$,

$$\begin{cases} P_t^{\text{TH}} - \dfrac{R_0}{R_2} P_{t-1}^{\text{TH}} \leqslant R_0 \Delta T - \left(\dfrac{R_0}{R_2} - \dfrac{R_0}{R_1}\right) P_1^{\text{PR}} - \left(\dfrac{R_0}{R_1} - 1\right) P_0^{\text{PR}} \\ \dfrac{R_3}{R_2} P_{t-1}^{\text{TH}} - P_t^{\text{TH}} \leqslant R_3 \Delta T - \left(1 - \dfrac{R_3}{R_2}\right) P_2^{\text{PR}} \end{cases}$$

③ $P_{t-1}^{\text{TH}} \in [P_1^{\text{PR}}, P_0^{\text{PR}}]$,

$$\begin{cases} P_t^{\text{TH}} - \dfrac{R_0}{R_1} P_{t-1}^{\text{TH}} \leqslant R_0 \Delta T - \left(\dfrac{R_0}{R_1} - 1\right) P_0^{\text{PR}} \\ \dfrac{R_3}{R_1} P_{t-1}^{\text{TH}} - P_t^{\text{TH}} \leqslant R_3 \Delta T - \left(1 - \dfrac{R_3}{R_2}\right) P_2^{\text{PR}} - \left(\dfrac{R_3}{R_2} - \dfrac{R_3}{R_1}\right) P_1^{\text{PR}} \end{cases}$$

④ $P_{t-1}^{\text{TH}} \in [P_0^{\text{PR}}, P_{\max}^{\text{TH}}]$,

$$\begin{cases} P_t^{\text{TH}} - P_{t-1}^{\text{TH}} \leqslant R_0 \Delta T \\ \dfrac{R_3}{R_0} P_{t-1}^{\text{TH}} - P_t^{\text{TH}} \leqslant R_3 \Delta T - \left(1 - \dfrac{R_3}{R_2}\right) P_2^{\text{PR}} - \left(\dfrac{R_3}{R_2} - \dfrac{R_3}{R_1}\right) P_1^{\text{PR}} - \left(\dfrac{R_3}{R_1} - \dfrac{R_3}{R_0}\right) P_0^{\text{PR}} \end{cases}$$

$$(7\text{-}2)$$

对比式（7-1）和式（7-2），以及图 7-5 和图 7-7 中 $\Delta T = 60\text{min}$ 的可行域可以看出，考虑阶梯式爬坡后，虽然式（7-2）和式（7-1）差别很大，但由于 ΔT 同样很大，火电机组可以在该 ΔT 内从最小功率增加到最大功率，导致在该 ΔT 下，两种爬坡约束得到的机组可行域并没有任何差别。

因此，在 $\Delta T = 60\text{min}$ 时应用传统机组爬坡约束来研究可深度调峰的火电机组，对仿真结果并没有影响，但传统约束并不符合机组实际运行情况。

（2）$\Delta T = 30\text{min}$ 的火电机组爬坡约束。当 $\Delta T = 30\text{min}$ 时，考虑机组 P_{t-1}^{TH} 和 P_t^{TH} 处于不同调峰阶段时的相互关系，可以得到如下爬坡约束。

① $P_{t-1}^{\text{TH}} \in [P_3^{\text{PR}}, P_2^{\text{PR}}]$,

$$\begin{cases} P_t^{\text{TH}} - \dfrac{R_0}{R_3} P_{t-1}^{\text{TH}} \leqslant R_0 \Delta T - \left(\dfrac{R_0}{R_3} - \dfrac{R_0}{R_2}\right) P_2^{\text{PR}} - \left(\dfrac{R_0}{R_2} - \dfrac{R_0}{R_1}\right) P_1^{\text{PR}} - \left(\dfrac{R_0}{R_1} - 1\right) P_0^{\text{PR}} \\ P_{t-1}^{\text{TH}} - P_t^{\text{TH}} \leqslant R_3 \Delta T \end{cases}$$

② $P_{t-1}^{\text{TH}} \in [P_2^{\text{PR}}, P_1^{\text{PR}}]$,

$$\begin{cases} P_t^{\text{TH}} - \dfrac{R_0}{R_2} P_{t-1}^{\text{TH}} \leqslant R_0 \Delta T - \left(\dfrac{R_0}{R_2} - \dfrac{R_0}{R_1}\right) P_1^{\text{PR}} - \left(\dfrac{R_0}{R_1} - 1\right) P_0^{\text{PR}} \\ \dfrac{R_3}{R_2} P_{t-1}^{\text{TH}} - P_t^{\text{TH}} \leqslant R_3 \Delta T - \left(1 - \dfrac{R_3}{R_2}\right) P_2^{\text{PR}} \end{cases}$$

③ $P_{t-1}^{\text{TH}} \in [P_1^{\text{PR}}, P_0^{\text{PR}}]$,

$$\begin{cases} P_t^{\text{TH}} - \dfrac{R_0}{R_1} P_{t-1}^{\text{TH}} \leqslant R_0 \Delta T - \left(\dfrac{R_0}{R_1} - 1\right) P_0^{\text{PR}} \\ \dfrac{R_3}{R_1} P_{t-1}^{\text{TH}} - P_t^{\text{TH}} \leqslant R_3 \Delta T - \left(1 - \dfrac{R_3}{R_2}\right) P_2^{\text{PR}} - \left(\dfrac{R_3}{R_2} - \dfrac{R_3}{R_1}\right) P_1^{\text{PR}} \end{cases}$$

④ $P_{t-1}^{\text{TH}} \in \left[P_0^{\text{PR}}, R_0 \Delta T - \left(\dfrac{R_0}{R_1} - 1\right) P_0^{\text{PR}} - \left(\dfrac{R_0}{R_2} - \dfrac{R_0}{R_1}\right) P_1^{\text{PR}} + \dfrac{R_0}{R_2} P_2^{\text{PR}} \right]$,

$$\begin{cases} P_t^{\text{TH}} - P_{t-1}^{\text{TH}} \leqslant R_0 \Delta T \\ \dfrac{R_3}{R_0} P_{t-1}^{\text{TH}} - P_t^{\text{TH}} \leqslant R_3 \Delta T - \left(1 - \dfrac{R_3}{R_2}\right) P_2^{\text{PR}} - \left(\dfrac{R_3}{R_2} - \dfrac{R_3}{R_1}\right) P_1^{\text{PR}} - \left(\dfrac{R_3}{R_1} - \dfrac{R_3}{R_0}\right) P_0^{\text{PR}} \end{cases}$$

⑤ $P_{t-1}^{\text{TH}} \in \left[R_0 \Delta T - \left(\dfrac{R_0}{R_1} - 1\right) P_0^{\text{PR}} - \left(\dfrac{R_0}{R_2} - \dfrac{R_0}{R_1}\right) P_1^{\text{PR}} + \dfrac{R_0}{R_2} P_2^{\text{PR}}, \right.$

$\left. R_0 \Delta T - \left(\dfrac{R_0}{R_1} - 1\right) P_0^{\text{PR}} + \dfrac{R_0}{R_1} P_1^{\text{PR}} \right]$,

$$\begin{cases} P_t^{\text{TH}} - P_{t-1}^{\text{TH}} \leqslant R_0 \Delta T \\ \dfrac{R_2}{R_0} P_{t-1}^{\text{TH}} - P_t^{\text{TH}} \leqslant R_2 \Delta T - \left(1 - \dfrac{R_2}{R_1}\right) P_1^{\text{PR}} - \left(\dfrac{R_2}{R_1} - \dfrac{R_2}{R_0}\right) P_0^{\text{PR}} \end{cases}$$

⑥ $P_{t-1}^{\text{TH}} \in \left[R_0 \Delta T - \left(\dfrac{R_0}{R_1} - 1\right) P_0^{\text{PR}} + \dfrac{R_0}{R_1} P_1^{\text{PR}}, P_{\max}^{\text{TH}} \right]$,

$$\begin{cases} P_t^{\text{TH}} - P_{t-1}^{\text{TH}} \leqslant R_0 \Delta T \\ \dfrac{R_1}{R_0} P_{t-1}^{\text{TH}} - P_t^{\text{TH}} \leqslant R_1 \Delta T - \left(1 - \dfrac{R_1}{R_0}\right) P_0^{\text{PR}} \end{cases}$$

$$(7\text{-}3)$$

对比式（7-2）和式（7-3）可以看出，当 $\Delta T = 30\text{min}$ 时，在 $P_{t-1}^{\text{TH}} \in [P_{\min}^{\text{DPRO3w/O}},$
$P_{\min}^{\text{RPR}}]$ 时，两者的机组爬坡约束没有区别，但是当 $P_{t-1}^{\text{TH}} \in [P_{\min}^{\text{RPR}}, P_{\max}^{\text{TH}}]$ 时，不同的
P_{t-1}^{TH} 会导致其对应的 P_t^{TH} 最大取值 $P_{t,\max}^{\text{TH}}$ 落入不同的调峰区间中，需要分开讨论。因
此，式（7-3）相对于式（7-2）会出现更多的分段讨论情形。

此外，对比式（7-1）和式（7-3），以及图 7-5 和图 7-7 中 $\Delta T = 30\text{min}$ 的可行域可
以看出，$\Delta T = 30\text{min}$ 时，机组功率在 ΔT 内不再能从最小增加到最大值，两者的可行
域开始出现差别，此时传统机组爬坡约束不再能够较好的反映机组的实际运行情况，会
对仿真结果造成一定影响。

（3）$\Delta T = 15\text{min}$ 的火电机组爬坡约束。当 $\Delta T = 15\text{min}$ 时，仍然考虑机组 P_{t-1}^{TH} 和
P_t^{TH} 处于不同调峰阶段时的相互关系，可以得到如下爬坡约束。

① $P_{t-1}^{\text{TH}} \in \left[P_3^{\text{PR}}, -R_3\Delta T + \dfrac{R_3}{R_1}P_0^{\text{PR}} + \left(\dfrac{R_3}{R_2} - \dfrac{R_3}{R_1} \right) P_1^{\text{PR}} + \left(1 - \dfrac{R_3}{R_2} \right) P_2^{\text{PR}} \right]$,

$$\begin{cases} P_t^{\text{TH}} - \dfrac{R_1}{R_3}P_{t-1}^{\text{TH}} \leqslant R_1\Delta T - \left(\dfrac{R_1}{R_3} - \dfrac{R_1}{R_2} \right) P_2^{\text{PR}} - \left(\dfrac{R_1}{R_2} - 1 \right) P_1^{\text{PR}} \\ P_{t-1}^{\text{TH}} - P_t^{\text{TH}} \leqslant R_3\Delta T \end{cases}$$

② $P_{t-1}^{\text{TH}} \in \left[-R_3\Delta T + \dfrac{R_3}{R_1}P_0^{\text{PR}} + \left(\dfrac{R_3}{R_2} - \dfrac{R_3}{R_1} \right) P_1^{\text{PR}} + \left(1 - \dfrac{R_3}{R_2} \right) P_2^{\text{PR}}, P_2^{\text{PR}} \right]$,

$$\begin{cases} P_t^{\text{TH}} - \dfrac{R_0}{R_3}P_{t-1}^{\text{TH}} \leqslant R_0\Delta T - \left(\dfrac{R_0}{R_3} - \dfrac{R_0}{R_2} \right) P_2^{\text{PR}} - \left(\dfrac{R_0}{R_2} - \dfrac{R_0}{R_1} \right) P_1^{\text{PR}} - \left(\dfrac{R_0}{R_1} - 1 \right) P_0^{\text{PR}} \\ P_{t-1}^{\text{TH}} - P_t^{\text{TH}} \leqslant R_3\Delta T \end{cases}$$

③ $P_{t-1}^{\text{TH}} \in [P_2^{\text{PR}}, P_1^{\text{PR}}]$,

$$\begin{cases} P_t^{\text{TH}} - \dfrac{R_0}{R_2}P_{t-1}^{\text{TH}} \leqslant R_0\Delta T - \left(\dfrac{R_0}{R_2} - \dfrac{R_0}{R_1} \right) P_1^{\text{PR}} - \left(\dfrac{R_0}{R_1} - 1 \right) P_0^{\text{PR}} \\ \dfrac{R_3}{R_2}P_{t-1}^{\text{TH}} - P_t^{\text{TH}} \leqslant R_3\Delta T - \left(1 - \dfrac{R_3}{R_2} \right) P_2^{\text{PR}} \end{cases}$$

④ $P_{t-1}^{\text{TH}} \in [P_1^{\text{PR}}, P_0^{\text{PR}}]$,

$$\begin{cases} P_t^{\text{TH}} - \dfrac{R_0}{R_1}P_{t-1}^{\text{TH}} \leqslant R_0\Delta T - \left(\dfrac{R_0}{R_1} - 1 \right) P_0^{\text{PR}} \\ \dfrac{R_3}{R_1}P_{t-1}^{\text{TH}} - P_t^{\text{TH}} \leqslant R_3\Delta T - \left(1 - \dfrac{R_3}{R_2} \right) P_2^{\text{PR}} - \left(\dfrac{R_3}{R_2} - \dfrac{R_3}{R_1} \right) P_1^{\text{PR}} \end{cases}$$

⑤ $P_{t-1}^{\text{TH}} \in \left[P_{\min}^{\text{RPR}}, R_0\Delta T + \dfrac{R_0}{R_2}P_2^{\text{PR}} - \left(\dfrac{R_0}{R_2} - \dfrac{R_0}{R_1} \right) P_1^{\text{PR}} - \left(\dfrac{R_0}{R_1} - 1 \right) P_0^{\text{PR}} \right]$,

$$\begin{cases} P_t^{\mathrm{TH}} - P_{t-1}^{\mathrm{TH}} \leqslant R_0 \Delta T \\ \dfrac{R_3}{R_0} P_{t-1}^{\mathrm{TH}} - P_t^{\mathrm{TH}} \leqslant R_3 \Delta T - \left(1 - \dfrac{R_3}{R_2}\right) P_2^{\mathrm{PR}} - \left(\dfrac{R_3}{R_2} - \dfrac{R_3}{R_1}\right) P_1^{\mathrm{PR}} - \left(\dfrac{R_3}{R_1} - \dfrac{R_3}{R_0}\right) P_0^{\mathrm{PR}} \end{cases}$$

⑥ $P_{t-1}^{\mathrm{TH}} \in \left[R_0 \Delta T + \dfrac{R_0}{R_2} P_2^{\mathrm{PR}} - \left(\dfrac{R_0}{R_2} - \dfrac{R_0}{R_1}\right) P_1^{\mathrm{PR}} - \left(\dfrac{R_0}{R_1} - 1\right) P_0^{\mathrm{PR}}, \right.$

$$R_0 \Delta T + \dfrac{R_0}{R_1} P_1^{\mathrm{PR}} - \left(\dfrac{R_0}{R_1} - 1\right) P_0^{\mathrm{PR}} \bigg],$$

$$\begin{cases} P_t^{\mathrm{TH}} - P_{t-1}^{\mathrm{TH}} \leqslant R_0 \Delta T \\ \dfrac{R_2}{R_0} P_{t-1}^{\mathrm{TH}} - P_t^{\mathrm{TH}} \leqslant R_2 \Delta T - \left(1 - \dfrac{R_2}{R_1}\right) P_1^{\mathrm{PR}} - \left(\dfrac{R_2}{R_1} - \dfrac{R_2}{R_0}\right) P_0^{\mathrm{PR}} \end{cases}$$

⑦ $P_{t-1}^{\mathrm{TH}} \in \left[R_0 \Delta T + \dfrac{R_0}{R_1} P_1^{\mathrm{PR}} - \left(\dfrac{R_0}{R_1} - 1\right) P_0^{\mathrm{PR}}, P_0^{\mathrm{PR}} + R_0 \Delta T \right],$

$$\begin{cases} P_t^{\mathrm{TH}} - P_{t-1}^{\mathrm{TH}} \leqslant R_0 \Delta T \\ \dfrac{R_1}{R_0} P_{t-1}^{\mathrm{TH}} - P_t^{\mathrm{TH}} \leqslant R_1 \Delta T - \left(1 - \dfrac{R_1}{R_0}\right) P_0^{\mathrm{PR}} \end{cases}$$

⑧ $P_{t-1}^{\mathrm{TH}} \in [P_0^{\mathrm{PR}} + R_0 \Delta T, P_{\max}^{\mathrm{TH}}],$

$$\begin{cases} P_t^{\mathrm{TH}} - P_{t-1}^{\mathrm{TH}} \leqslant R_0 \Delta T \\ P_{t-1}^{\mathrm{TH}} - P_t^{\mathrm{TH}} \leqslant R_0 \Delta T \end{cases}$$

$$(7\text{-}4)$$

从图 7-7 和式（7-4）可以看出，当 $\Delta T = 15\mathrm{min}$ 时，相比于 $\Delta T = 30\mathrm{min}$ 的情形，其机组有功可行域开始从凸集向非凸集转变。出现的爬坡情形也越多，需要分段讨论的情形也越多。

此外，当 $\Delta T = 15\mathrm{min}$ 时，机组在深度调峰时的可行域边界相较于 $\Delta T > 15\mathrm{min}$ 时变得更加复杂，与传统爬坡约束下的机组可行域的差别也越发明显。

（4）$\Delta T = 5\mathrm{min}$ 的火电机组爬坡约束。当 $\Delta T = 5\mathrm{min}$ 时，仍考虑机组 P_{t-1}^{TH} 和 P_t^{TH} 处于不同调峰阶段时的相互关系，可以得到如下爬坡约束。

① $P_{t-1}^{\mathrm{TH}} \in [P_3^{\mathrm{PR}}, P_2^{\mathrm{PR}} - R_3 \Delta T],$

$$\begin{cases} P_t^{\mathrm{TH}} - P_{t-1}^{\mathrm{TH}} \leqslant R_3 \Delta T \\ P_{t-1}^{\mathrm{TH}} - P_t^{\mathrm{TH}} \leqslant R_3 \Delta T \end{cases}$$

② $P_{t-1}^{\mathrm{TH}} \in [P_2^{\mathrm{PR}} - R_3 \Delta T, P_2^{\mathrm{PR}}],$

$$\begin{cases} P_t^{\mathrm{TH}} - \dfrac{R_2}{R_3} P_{t-1}^{\mathrm{TH}} \leqslant R_2 \Delta T - \left(\dfrac{R_2}{R_3} - 1\right) P_2^{\mathrm{PR}} \\ P_{t-1}^{\mathrm{TH}} - P_t^{\mathrm{TH}} \leqslant R_3 \Delta T \end{cases}$$

③ $P_{t-1}^{\mathrm{TH}} \in \left[P_2^{\mathrm{PR}}, P_1^{\mathrm{PR}}\right]$,

$$\begin{cases} P_t^{\mathrm{TH}} - \dfrac{R_1}{R_2} P_{t-1}^{\mathrm{TH}} \leqslant R_1 \Delta T - \left(\dfrac{R_1}{R_2} - 1\right) P_1^{\mathrm{PR}} \\ \dfrac{R_3}{R_2} P_{t-1}^{\mathrm{TH}} - P_t^{\mathrm{TH}} \leqslant R_3 \Delta T - \left(1 - \dfrac{R_3}{R_2}\right) P_2^{\mathrm{PR}} \end{cases}$$

④ $P_{t-1}^{\mathrm{TH}} \in \left[P_1^{\mathrm{PR}}, P_0^{\mathrm{PR}} - R_1 \Delta T\right]$,

$$\begin{cases} P_t^{\mathrm{TH}} - P_{t-1}^{\mathrm{TH}} \leqslant R_1 \Delta T \\ \dfrac{R_2}{R_1} P_{t-1}^{\mathrm{TH}} - P_t^{\mathrm{TH}} \leqslant R_2 \Delta T - \left(1 - \dfrac{R_2}{R_1}\right) P_1^{\mathrm{PR}} \end{cases}$$

⑤ $P_{t-1}^{\mathrm{TH}} \in \left[P_{\min}^{\mathrm{RPR}} - R_1 \Delta T, P_1^{\mathrm{PR}} + R_1 \Delta T\right]$,

$$\begin{cases} P_t^{\mathrm{TH}} - \dfrac{R_0}{R_1} P_{t-1}^{\mathrm{TH}} \leqslant R_0 \Delta T - \left(\dfrac{R_0}{R_1} - 1\right) P_0^{\mathrm{PR}} \\ \dfrac{R_2}{R_1} P_{t-1}^{\mathrm{TH}} - P_t^{\mathrm{TH}} \leqslant R_2 \Delta T - \left(1 - \dfrac{R_2}{R_1}\right) P_1^{\mathrm{PR}} \end{cases} \qquad (7\text{-}5)$$

⑥ $P_{t-1}^{\mathrm{TH}} \in \left[P_1^{\mathrm{PR}} + R_1 \Delta T, P_0^{\mathrm{PR}}\right]$,

$$\begin{cases} P_t^{\mathrm{TH}} - \dfrac{R_0}{R_1} P_{t-1}^{\mathrm{TH}} \leqslant R_0 \Delta T - \left(\dfrac{R_0}{R_1} - 1\right) P_0^{\mathrm{PR}} \\ P_{t-1}^{\mathrm{TH}} - P_t^{\mathrm{TH}} \leqslant R_1 \Delta T \end{cases}$$

⑦ $P_{t-1}^{\mathrm{TH}} \in \left[P_0^{\mathrm{PR}}, P_0^{\mathrm{PR}} + R_0 \Delta T\right]$,

$$\begin{cases} P_t^{\mathrm{TH}} - P_{t-1}^{\mathrm{TH}} \leqslant R_0 \Delta T \\ \dfrac{R_1}{R_0} P_{t-1}^{\mathrm{TH}} - P_t^{\mathrm{TH}} \leqslant R_1 \Delta T - \left(1 - \dfrac{R_1}{R_0}\right) P_0^{\mathrm{PR}} \end{cases}$$

⑧ $P_{t-1}^{\mathrm{TH}} \in \left[P_{\min}^{\mathrm{RPR}} + R_0 \Delta T, P_{\max}^{\mathrm{TH}}\right]$,

$$\begin{cases} P_t^{\mathrm{TH}} - P_{t-1}^{\mathrm{TH}} \leqslant R_0 \Delta T \\ P_{t-1}^{\mathrm{TH}} - P_t^{\mathrm{TH}} \leqslant R_0 \Delta T \end{cases}$$

对比式（7-4）和式（7-5）可以看出，虽然式（7-5）和式（7-4）需要讨论的情形一样多，但是由于式（7-5）中考虑的 ΔT 更短，P_{t-1}^{TH} 和 P_t^{TH} 仅存在属于同一调峰区间和属于相邻调峰区间 2 种情形，因此，式（7-5）中 P_{t-1}^{TH} 和 P_t^{TH} 的关系相对于式（7-4）

更简单。

此外，从图 7-7 也能看出，随着 ΔT 的减小，火电机组的可行域进一步缩小，且呈现明显的非凸集。机组的阶梯式爬坡率对机组可行域的影响越发明显。

3. 火电机组阶梯式爬坡约束通式推导

仔细分析式（7-2）到式（7-5）可以看出，虽然不同 ΔT 时的机组爬坡约束不同，需要讨论的情形也不一样，但是每个情形下的爬坡约束具有一定的共性。

为了更好地说明，假设用 $\overline{P}_t^{\text{TH}}$ 和 $\underline{P}_t^{\text{TH}}$ 分别表示 P_t^{TH} 在当前时刻所能达到的最大值和最小值，则通过对式（7-2）到式（7-5）的总结和归纳，可以分别得到以下不同情形下的约束表达式。

$$
\left\{
\begin{aligned}
& P_t^{\text{TH}} - \frac{R_0}{R_0} P_{t-1}^{\text{TH}} \leqslant R_0 \Delta T, \forall P_{t-1}^{\text{TH}} \in \boldsymbol{PR}_0, \overline{P}_t^{\text{TH}} \in \boldsymbol{PR}_0 \\[2mm]
& P_t^{\text{TH}} - \frac{R_0}{R_1} P_{t-1}^{\text{TH}} \leqslant R_0 \Delta T - \left(\frac{R_0}{R_1} - \frac{R_0}{R_0}\right) P_0^{\text{PR}}, \forall P_{t-1}^{\text{TH}} \in \boldsymbol{PR}_1, \overline{P}_t^{\text{TH}} \in \boldsymbol{PR}_0 \\[2mm]
& P_t^{\text{TH}} - \frac{R_0}{R_2} P_{t-1}^{\text{TH}} \leqslant R_0 \Delta T - \left(\frac{R_0}{R_1} - \frac{R_0}{R_0}\right) P_0^{\text{PR}} - \left(\frac{R_0}{R_2} - \frac{R_0}{R_1}\right) P_1^{\text{PR}}, \forall P_{t-1}^{\text{TH}} \in \boldsymbol{PR}_2, \overline{P}_t^{\text{TH}} \in \boldsymbol{PR}_0 \\[2mm]
& P_t^{\text{TH}} - \frac{R_0}{R_3} P_{t-1}^{\text{TH}} \leqslant R_0 \Delta T - \left(\frac{R_0}{R_1} - \frac{R_0}{R_0}\right) P_0^{\text{PR}} - \left(\frac{R_0}{R_2} - \frac{R_0}{R_1}\right) P_1^{\text{PR}} - \left(\frac{R_0}{R_3} - \frac{R_0}{R_2}\right) P_2^{\text{PR}}, \\[2mm]
& \qquad \forall \begin{cases} P_{t-1}^{\text{TH}} \in \boldsymbol{PR}_3 \\ \overline{P}_t^{\text{TH}} \in \boldsymbol{PR}_0 \end{cases} \\[2mm]
& P_t^{\text{TH}} - \frac{R_1}{R_1} P_{t-1}^{\text{TH}} \leqslant R_1 \Delta T, \forall P_{t-1}^{\text{TH}} \in \boldsymbol{PR}_1, \overline{P}_t^{\text{TH}} \in \boldsymbol{PR}_1 \\[2mm]
& P_t^{\text{TH}} - \frac{R_1}{R_2} P_{t-1}^{\text{TH}} \leqslant R_1 \Delta T - \left(\frac{R_1}{R_2} - \frac{R_1}{R_1}\right) P_1^{\text{PR}}, \forall P_{t-1}^{\text{TH}} \in \boldsymbol{PR}_2, \overline{P}_t^{\text{TH}} \in \boldsymbol{PR}_1 \\[2mm]
& P_t^{\text{TH}} - \frac{R_1}{R_3} P_{t-1}^{\text{TH}} \leqslant R_1 \Delta T - \left(\frac{R_1}{R_2} - \frac{R_1}{R_1}\right) P_1^{\text{PR}} - \left(\frac{R_1}{R_3} - \frac{R_1}{R_2}\right) P_2^{\text{PR}}, \forall P_{t-1}^{\text{TH}} \in \boldsymbol{PR}_3, \overline{P}_t^{\text{TH}} \in \boldsymbol{PR}_1 \\[2mm]
& P_t^{\text{TH}} - \frac{R_2}{R_2} P_{t-1}^{\text{TH}} \leqslant R_2 \Delta T, \forall P_{t-1}^{\text{TH}} \in \boldsymbol{PR}_2, \overline{P}_t^{\text{TH}} \in \boldsymbol{PR}_2 \\[2mm]
& P_t^{\text{TH}} - \frac{R_2}{R_3} P_{t-1}^{\text{TH}} \leqslant R_2 \Delta T - \left(\frac{R_2}{R_3} - \frac{R_2}{R_2}\right) P_2^{\text{PR}}, \forall P_{t-1}^{\text{TH}} \in \boldsymbol{PR}_3, \overline{P}_t^{\text{TH}} \in \boldsymbol{PR}_2 \\[2mm]
& P_t^{\text{TH}} - \frac{R_3}{R_3} P_{t-1}^{\text{TH}} \leqslant R_3 \Delta T, \forall P_{t-1}^{\text{TH}} \in \boldsymbol{PR}_3, \overline{P}_t^{\text{TH}} \in \boldsymbol{PR}_3
\end{aligned}
\right.
\tag{7-6}
$$

$$
\begin{cases}
\dfrac{R_0}{R_0}P_{t-1}^{\mathrm{TH}} - P_t^{\mathrm{TH}} \leqslant R_0 \Delta T, \forall P_{t-1}^{\mathrm{TH}} \in \boldsymbol{PR}_0, \underline{P}_t^{\mathrm{TH}} \in \boldsymbol{PR}_0 \\[3mm]
\dfrac{R_1}{R_0}P_{t-1}^{\mathrm{TH}} - P_t^{\mathrm{TH}} \leqslant R_1 \Delta T - \left(\dfrac{R_1}{R_1} - \dfrac{R_1}{R_0}\right)P_0^{\mathrm{PR}}, \forall P_{t-1}^{\mathrm{TH}} \in \boldsymbol{PR}_0, \underline{P}_t^{\mathrm{TH}} \in \boldsymbol{PR}_1 \\[3mm]
\dfrac{R_2}{R_0}P_{t-1}^{\mathrm{TH}} - P_t^{\mathrm{TH}} \leqslant R_2 \Delta T - \left(\dfrac{R_2}{R_2} - \dfrac{R_2}{R_1}\right)P_1^{\mathrm{PR}} - \left(\dfrac{R_2}{R_1} - \dfrac{R_2}{R_0}\right)P_0^{\mathrm{PR}}, \forall P_{t-1}^{\mathrm{TH}} \in \boldsymbol{PR}_0, \underline{P}_t^{\mathrm{TH}} \in \boldsymbol{PR}_2 \\[3mm]
\dfrac{R_3}{R_0}P_{t-1}^{\mathrm{TH}} - P_t^{\mathrm{TH}} \leqslant R_3 \Delta T - \left(\dfrac{R_3}{R_3} - \dfrac{R_3}{R_2}\right)P_2^{\mathrm{PR}} - \left(\dfrac{R_3}{R_2} - \dfrac{R_3}{R_1}\right)P_1^{\mathrm{PR}} - \left(\dfrac{R_3}{R_1} - \dfrac{R_3}{R_0}\right)P_0^{\mathrm{PR}}, \\[3mm]
\qquad \forall \begin{cases} P_{t-1}^{\mathrm{TH}} \in \boldsymbol{PR}_0 \\[2mm] \underline{P}_t^{\mathrm{TH}} \in \boldsymbol{PR}_3 \end{cases} \\[6mm]
\dfrac{R_1}{R_1}P_{t-1}^{\mathrm{TH}} - P_t^{\mathrm{TH}} \leqslant R_1 \Delta T, \forall P_{t-1}^{\mathrm{TH}} \in \boldsymbol{PR}_1, \underline{P}_t^{\mathrm{TH}} \in \boldsymbol{PR}_1 \\[3mm]
\dfrac{R_2}{R_1}P_{t-1}^{\mathrm{TH}} - P_t^{\mathrm{TH}} \leqslant R_2 \Delta T - \left(\dfrac{R_2}{R_2} - \dfrac{R_2}{R_1}\right)P_1^{\mathrm{PR}}, \forall P_{t-1}^{\mathrm{TH}} \in \boldsymbol{PR}_1, \underline{P}_t^{\mathrm{TH}} \in \boldsymbol{PR}_2 \\[3mm]
\dfrac{R_3}{R_1}P_{t-1}^{\mathrm{TH}} - P_t^{\mathrm{TH}} \leqslant R_3 \Delta T - \left(\dfrac{R_3}{R_3} - \dfrac{R_3}{R_2}\right)P_2^{\mathrm{PR}} - \left(\dfrac{R_3}{R_2} - \dfrac{R_3}{R_1}\right)P_1^{\mathrm{PR}}, \forall P_{t-1}^{\mathrm{TH}} \in \boldsymbol{PR}_1, \underline{P}_t^{\mathrm{TH}} \in \boldsymbol{PR}_3 \\[3mm]
\dfrac{R_2}{R_2}P_{t-1}^{\mathrm{TH}} - P_t^{\mathrm{TH}} \leqslant R_2 \Delta T, \forall P_{t-1}^{\mathrm{TH}} \in \boldsymbol{PR}_2, \underline{P}_t^{\mathrm{TH}} \in \boldsymbol{PR}_2 \\[3mm]
\dfrac{R_3}{R_2}P_{t-1}^{\mathrm{TH}} - P_t^{\mathrm{TH}} \leqslant R_3 \Delta T - \left(\dfrac{R_3}{R_3} - \dfrac{R_3}{R_2}\right)P_2^{\mathrm{PR}}, \forall P_{t-1}^{\mathrm{TH}} \in \boldsymbol{PR}_2, \underline{P}_t^{\mathrm{TH}} \in \boldsymbol{PR}_3 \\[3mm]
\dfrac{R_3}{R_3}P_{t-1}^{\mathrm{TH}} - P_t^{\mathrm{TH}} \leqslant R_3 \Delta T, \forall P_{t-1}^{\mathrm{TH}} \in \boldsymbol{PR}_3, \underline{P}_t^{\mathrm{TH}} \in \boldsymbol{PR}_3
\end{cases}
$$

$$(7\text{-}7)$$

其中，式（7-6）表示所有不同情形下，机组功率增加时的约束上界，式（7-7）表示所有不同情形下，机组功率减小时的约束下界。

从式（7-6）和式（7-7）可以看出，机组的爬坡约束，与 P_{t-1}^{TH}、$\overline{P}_t^{\mathrm{TH}}$ 和 $\underline{P}_t^{\mathrm{TH}}$ 所处调峰阶段强相关。只要确定了 P_{t-1}^{TH}、$\overline{P}_t^{\mathrm{TH}}$ 和 $\underline{P}_t^{\mathrm{TH}}$ 所处的调峰阶段，我们就能确定当前情形下机组的爬坡约束。因此，我们可以进一步将式（7-6）和式（7-7）化简为以下形式。

$$\forall P_{t-1}^{\mathrm{TH}} \in \boldsymbol{PR}_i, \underline{P}_t^{\mathrm{TH}} \in \boldsymbol{PR}_j, \overline{P}_t^{\mathrm{TH}} \in \boldsymbol{PR}_k$$

$$
\begin{cases}
P_t^{\mathrm{TH}} - \dfrac{R_k}{R_i}P_{t-1}^{\mathrm{TH}} \leqslant R_k \Delta T - \displaystyle\sum_{x=k}^{i-1}\left(\dfrac{R_k}{R_{x+1}} - \dfrac{R_k}{R_x}\right)P_{x,\min}^{\mathrm{PR}} \\[5mm]
\dfrac{R_j}{R_i}P_{t-1}^{\mathrm{TH}} - P_t^{\mathrm{TH}} \leqslant R_j \Delta T - \displaystyle\sum_{y=i}^{j-1}\left(\dfrac{R_j}{R_{y+1}} - \dfrac{R_j}{R_y}\right)P_{y,\min}^{\mathrm{PR}}
\end{cases}
$$

$$(7\text{-}8)$$

其中，$0 \leqslant k \leqslant i \leqslant j \leqslant 3$，且 i，j，k，x，$y \in \mathbf{Z}$。特别的，当 $i=j$ 或 $i=k$ 时，有：

$$
\begin{cases}
\sum\limits_{x=k}^{i-1}\left(\dfrac{R_k}{R_{x+1}}-\dfrac{R_k}{R_x}\right)P_{x,\min}^{\mathrm{PR}}=0, & \forall\, i=k \\[3mm]
\sum\limits_{y=i}^{j-1}\left(\dfrac{R_j}{R_{y+1}}-\dfrac{R_j}{R_y}\right)P_{y,\min}^{\mathrm{PR}}=0, & \forall\, i=j
\end{cases}
\tag{7-9}
$$

进一步，针对第 1 部分中提到的，不同的火电机组，其爬坡阶段的数量和范围可能不同，且对应阶段的爬坡率也不同，在式（7-8）基础上建立更通用的机组阶梯式爬坡约束。

假设对任意一火电机组，其调峰阶段从机组负荷从大到小依次为 $\boldsymbol{PR}_0$，$\boldsymbol{PR}_1$，…，$\boldsymbol{PR}_{N-1}$，$\boldsymbol{PR}_N$，（其中 $\boldsymbol{PR}_0$ 表示常规调峰阶段，$\boldsymbol{PR}_N$ 表示深度不投油调峰阶段中的爬坡率最小的调峰阶段）P_0^{PR}，P_1^{PR}，…，P_{N-1}^{PR}，P_N^{PR} 分别表示 $\boldsymbol{PR}_0$，$\boldsymbol{PR}_1$，…，$\boldsymbol{PR}_{N-1}$，$\boldsymbol{PR}_N$ 的下限，每个调峰阶段对应的爬坡速率依次为 R_0，R_1，…，R_{N-1}，R_N，且根据第二节的结论，有 $R_0 \geqslant R_1 \geqslant \cdots \geqslant R_{N-1} \geqslant R_N$。则火电机组的阶梯式爬坡约束通式为：

$$
\forall\, P_{t-1}^{\mathrm{TH}} \in \boldsymbol{PR}_i,\ \underline{P}_t^{\mathrm{TH}} \in \boldsymbol{PR}_j,\ \overline{P}_t^{\mathrm{TH}} \in \boldsymbol{PR}_k
$$

$$
\begin{cases}
P_t^{\mathrm{TH}}-\dfrac{R_k}{R_i}P_{t-1}^{\mathrm{TH}} \leqslant R_k\Delta T-\sum\limits_{x=k}^{i-1}\left(\dfrac{R_k}{R_{x+1}}-\dfrac{R_k}{R_x}\right)P_{x,\min}^{\mathrm{PR}} \\[3mm]
\dfrac{R_j}{R_i}P_{t-1}^{\mathrm{TH}}-P_t^{\mathrm{TH}} \leqslant R_j\Delta T-\sum\limits_{y=i}^{j-1}\left(\dfrac{R_j}{R_{y+1}}-\dfrac{R_j}{R_y}\right)P_{y,\min}^{\mathrm{PR}}
\end{cases}
\tag{7-10}
$$

其中，$0 \leqslant k \leqslant i \leqslant j \leqslant n$，且 i，j，k，x，$y \in \mathbf{Z}$。特别的，当 $i=j$ 或 $i=k$ 时，有：

$$
\begin{cases}
\sum\limits_{x=k}^{i-1}\left(\dfrac{R_k}{R_{x+1}}-\dfrac{R_k}{R_x}\right)P_{x,\min}^{\mathrm{PR}}=0, & \forall\, i=k \\[3mm]
\sum\limits_{y=i}^{j-1}\left(\dfrac{R_j}{R_{y+1}}-\dfrac{R_j}{R_y}\right)P_{y,\min}^{\mathrm{PR}}=0, & \forall\, i=j
\end{cases}
\tag{7-11}
$$

可以看出，式（7-10）和式（7-8）的表达式一样，只是改变了其适用的范围条件，从前述的 4 个调峰阶段变成了任意 n 个调峰阶段。因此，所有不同性能的火电机组均可用式（7-10）表达其机组爬坡约束。例如，对于像图 7-3（a）不能深调的传统火电机组，此时代入式（7-10），可以得到如下表达式：

$$
\forall\, P_{t-1}^{\mathrm{TH}} \in \boldsymbol{PR}_0,\ \underline{P}_t^{\mathrm{TH}} \in \boldsymbol{PR}_0,\ \overline{P}_t^{\mathrm{TH}} \in \boldsymbol{PR}_0
$$

$$
\begin{cases}
P_t^{\mathrm{TH}}-P_{t-1}^{\mathrm{TH}} \leqslant R_0\Delta T \\[2mm]
P_{t-1}^{\mathrm{TH}}-P_t^{\mathrm{TH}} \leqslant R_0\Delta T
\end{cases}
\tag{7-12}
$$

可以看出，式（7-12）与式（7-1）是一样的，及本文提出的阶梯式爬坡约束通式，不仅能够表达不同性能下的可深度调峰机组的爬坡约束，同样能够表达传统的不可深度调峰机组的爬坡约束，对于今后进行机组深度调峰的相关研究具有重要意义。

4. 火电机组旋转备用约束

在耦合系统中，因为可再生能源功率和并网点负荷的波动主要由火电机组来平抑，故在每个调度时段，火电机组都需要预留一定的旋转备用。假设某一调度时段内火电机组在 RPR 状态下的预测功率如图 7-8 所示，其中 A_0、B_0 和 C_0 分别表示火电机组在 $t-1$、t 和 $t+1$ 时刻的预测功率，$\overline{A_1A_2}$、$\overline{B_1B_2}$ 和 $\overline{C_1C_2}$ 分别表示火电机组在 $t-1$、t 和 $t+1$ 时刻至少需要提供的旋转备用功率，红色线段表示该机组的最大爬坡功率。

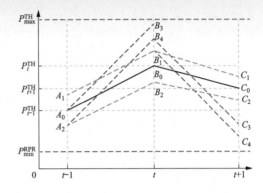

图 7-8　某一调度时段火电机组的预测功率示意图

由图 7-8 可知，当不考虑 $t-1$ 时段内火电机组预留的旋转备用时，火电机组在 ΔT 时段内发电功率可以从 A_0 点最多增加至 B_3 点，但是由于 $t-1$ 时段火电机组至少需预留 $\overline{A_0A_2}$ 的向下灵活性备用，故实际上火电机组在 ΔT 时段内发电功率只能从 A_0 点最多增加至 B_4 点。同理，当 t 时段火电机组预留 $\overline{B_0B_1}$ 的向上灵活性备用时，火电机组在 ΔT 时段内发电功率可以从 B_0 点最多减少至 C_4 点，但是若 t 时段火电机组预留 $\overline{B_0B_4}$ 的向上灵活性备用时，火电机组在 ΔT 时段内发电功率只能从 B_0 点最多减少至 C_3 点。可以看出，火电机组每个时段可预留的灵活性备用，不仅与火电机组爬坡率和功率范围有关，还与前一个时段预留的灵活性备用有关。因此，在 RPR 状态下，火电机组每个调度时段可预留的灵活性备用可表示为

$$\begin{cases} f_t^{\mathrm{U}} \geqslant 0 \\ f_t^{\mathrm{U}} \leqslant P_{\max}^{\mathrm{TH}} - P_t^{\mathrm{TH}} \\ f_t^{\mathrm{U}} \leqslant R_1\Delta T - (P_t^{\mathrm{TH}} - P_{t-1}^{\mathrm{TH}}) - f_{t-1}^{\mathrm{D}} \\ f_t^{\mathrm{D}} \geqslant 0 \\ f_t^{\mathrm{D}} \leqslant P_t^{\mathrm{TH}} - P_0^{\mathrm{PR}} \\ f_t^{\mathrm{D}} \leqslant R_1\Delta T + (P_t^{\mathrm{TH}} - P_{t-1}^{\mathrm{TH}}) - f_{t-1}^{\mathrm{U}} \end{cases} \tag{7-13}$$

式中：f_t^{U} 和 f_t^{D} 分别表示第 n 台火电机组在第 t 个调度时段内预留的正、负旋转备用。

根据第 4 部分可知，在一个调度时段内，火电机组除了在某一种调峰状态下运行外，还可能从一种调峰运行状态变成另一种调峰运行状态。因此，假设机组为图 7-3（c）的情

形，且机组启停时无法提供旋转备用，可得到计及阶梯式爬坡率的火电机组在每个调度时段可预留的旋转备用约束为

$$
\begin{cases}
f_t^{\mathrm{U}} \geqslant 0 \\
f_t^{\mathrm{U}} \leqslant P_{\max}^{\mathrm{TH}} - P_t^{\mathrm{TH}} \\
f_t^{\mathrm{U}} \leqslant 0 & \forall \alpha_t \alpha_{t-1} \neq 1 \\
f_t^{\mathrm{U}} \leqslant R_1 \Delta T - (P_t^{\mathrm{TH}} - P_{t-1}^{\mathrm{TH}}) - f_{t-1}^{\mathrm{D}} & \forall \alpha_t \alpha_{t-1} = 1 \\
f_t^{\mathrm{U}} \leqslant R_1 \Delta T - \left(P_t^{\mathrm{TH}} - \dfrac{R_1}{R_2} P_{t-1}^{\mathrm{TH}}\right) + \left(1 - \dfrac{R_1}{R_2}\right) P_0^{\mathrm{PR}} - f_{t-1}^{\mathrm{D}} & \forall \alpha_t \alpha_{t-1} = 1 \\
f_t^{\mathrm{U}} \leqslant R_1 \Delta T - \left(P_t^{\mathrm{TH}} - \dfrac{R_1}{R_3} P_{t-1}^{\mathrm{TH}}\right) + \left(1 - \dfrac{R_1}{R_2}\right) P_0^{\mathrm{PR}} + \left(\dfrac{R_1}{R_2} - \dfrac{R_1}{R_3}\right) P_1^{\mathrm{PR}} - f_{t-1}^{\mathrm{D}} & \forall \alpha_t \alpha_{t-1} = 1
\end{cases}
\tag{7-14}
$$

$$
\begin{cases}
f_t^{\mathrm{D}} \geqslant 0 \\
f_t^{\mathrm{D}} \leqslant P_t^{\mathrm{TH}} - P_2^{\mathrm{PR}} & \forall \alpha_t = 1 \\
f_t^{\mathrm{D}} \leqslant 0 & \forall \alpha_t \alpha_{t-1} \neq 1 \\
f_t^{\mathrm{D}} \leqslant R_1 \Delta T + (P_t^{\mathrm{TH}} - P_{t-1}^{\mathrm{TH}}) - f_{n,t-1}^{\mathrm{U}} & \forall \alpha_t \alpha_{t-1} = 1 \\
f_t^{\mathrm{D}} \leqslant R_2 \Delta T + \left(P_t^{\mathrm{TH}} - \dfrac{R_2}{R_1} P_{t-1}^{\mathrm{TH}}\right) - \left(1 - \dfrac{R_2}{R_1}\right) P_0^{\mathrm{PR}} - f_{t-1}^{\mathrm{U}} & \forall \alpha_t \alpha_{t-1} = 1 \\
f_t^{\mathrm{D}} \leqslant R_3 \Delta T + \left(P_t^{\mathrm{TH}} - \dfrac{R_3}{R_1} P_{t-1}^{\mathrm{TH}}\right) + \left(\dfrac{R_3}{R_1} - \dfrac{R_3}{R_2}\right) P_0^{\mathrm{PR}} - \left(1 - \dfrac{R_3}{R_2}\right) P_1^{\mathrm{PR}} - f_{t-1}^{\mathrm{U}} & \forall \alpha_t \alpha_{t-1} = 1
\end{cases}
\tag{7-15}
$$

式中：α_t 为 0~1 变量，表示第 t 个调度时段内火电机组的启停状态；$\alpha_t = 1$ 表示处于启动状态；$\alpha_t = 0$ 表示处于停机状态。

其余情形的火电机组可根据此思路推得对应的机组旋转备用约束。

5. 火电机组其他运行约束

（1）火电机组功率约束。火电机组在每个调度时段的功率应在其允许的功率范围内，即：

$$
\alpha_t P_{\min}^{\mathrm{TH}} \leqslant P_t^{\mathrm{TH}} \leqslant \alpha_t P_{\max}^{\mathrm{TH}}
\tag{7-16}
$$

（2）火电机组最小启停时间约束。火电机组最小启停时间约束包括机组最小停机时间和机组最小连续运行时间：

$$
\begin{cases}
(\alpha_{t-1} - \alpha_t)(T_{t-1}^{\mathrm{on}} - T^{\mathrm{ON}}) \geqslant 0 \\
(\alpha_t - \alpha_{t-1})(T_{t-1}^{\mathrm{off}} - T^{\mathrm{OFF}}) \geqslant 0
\end{cases}
\tag{7-17}
$$

式中：T_t^{on} 和 T_t^{off} 分别为火电机组在第 t 个调度时段时已经连续运行和停机的时间；T^{ON} 和 T^{OFF} 分别为火电机组的最小连续运行和停机时间。

7.1.2 可再生能源有功运行模型

耦合系统中的可再生能源主要包括风电和光伏。由于可再生能源的实际有功功率和其预测有功功率间存在误差，需要耦合系统内的火电机组或上级电网提供可调功率来满足风、光等可再生能源并网的间歇性和负荷波动性导致的功率不平衡，从而保证系统中功率实时平衡。因此，我们需要对可再生能源进行建模，以准确刻画可再生能源的有功功率状态及其波动情况。

1. 风力发电有功运行模型

风能是一种分布广泛的清洁能源，随着风力发电技术的愈发成熟和风机价格的不断下探，风力发电越来越受到人们的重视。风机（wind turbine，WT）是利用风力带动风车叶片旋转，然后在增速机的作用下将转速提高推动发电机发电，实现风能到机械能再到电能的转换。风机设备发电功率主要受风机地理分布及实时风速影响，其输出功率 P_t^{WT} 的数学模型可近似用分段函数表示为

$$P_t^{\text{WT}} = \begin{cases} 0 & (v_t < v_t^{\text{ci}} \text{ or } v_t \geqslant v_t^{\text{co}}) \\ \left(\dfrac{a^3}{a^3 - b^3} - \dfrac{b^3}{c^3 - b^3}\right) P_{\text{max}}^{\text{WT}} & (v_t^{\text{ci}} \leqslant v_t < v_t^{\text{N}}) \\ P_{\text{max}}^{\text{WT}} & (v_t^{\text{N}} \leqslant v_t < v_t^{\text{co}}) \end{cases} \tag{7-18}$$

式中：$a = v_t$、$b = v_t^{\text{ci}}$、$c = v_t^{\text{N}}$；v_t、v_t^{ci}、v_t^{co}、v_t^{N} 分别表示 t 时刻风机的实时风速、切入风速、切出风速和额定风速；$P_{\text{max}}^{\text{WT}}$ 表示风机的额定输出功率。

已有的研究数据表明，风电功率误差服从 β 分布，但是在风机数目多、地域分布比较分散的情况下，风电预测误差近似服从正态分布。因此风机设备在 t 时刻发电功率预测误差 $\varepsilon_t^{\text{WT}}$ 服从 $N[0, (\sigma_t^{\text{WT}})^2]$ 正态分布，其概率密度函数可表示为

$$f(\varepsilon_t^{\text{WT}}) = \frac{1}{\sqrt{2\pi}\sigma_t^{\text{WT}}} \exp\left[\frac{-(\varepsilon_t^{\text{WT}})^2}{2(\sigma_t^{\text{WT}})^2}\right] \tag{7-19}$$

式中：σ_t^{WT} 表示 t 时刻风电功率预测误差的标准差。其计算式可表示为

$$\sigma_t^{\text{WT}} = 0.2P_t^{\text{WT.F}} + 0.02S^{\text{WT}} \tag{7-20}$$

式中：S^{WT} 表示风机设备的装机容量；$P_t^{\text{WT.F}}$ 表示 t 时刻风电功率的预测值。

因此 t 时刻风电功率的预测值 $P_t^{\text{WT.F}}$ 可表示为 t 时刻风电功率的实际值 $P_t^{\text{WT.A}}$ 与其 t 时刻的预测误差 $\varepsilon_t^{\text{WT}}$ 之和，$P_t^{\text{WT.F}}$ 计算公式为

$$P_t^{\text{WT. F}} = P_t^{\text{WT. A}} + \varepsilon_t^{\text{WT}} \tag{7-21}$$

2. 光伏发电有功运行模型

太阳能具有资源丰富、分布广泛、环境友好和没有地域限制等优点，成为最具有发展潜力和利用价值的清洁能源之一。光伏（photovoltaic，PV）发电基于光伏电池板的光生伏特效应，通过控制器和逆变器等器件来实现光电转化。光伏发电主要受环境温度、照射光照强度等因素影响，其输出特性的数学模型为

$$P_t^{\text{PV}} = \alpha^{\text{PV}} P_{\max}^{\text{PV}} \left(\frac{G_{\text{T}}}{G_{\text{T. N}}} \right) \left[1 + k(T_{\text{s}} - T_{\text{s. N}}) \right] \tag{7-22}$$

式中：P_t^{PV} 表示 t 时刻光伏发电的输出功率；α^{PV} 表示光伏设备的功率降额因素，一般取值 0.9；$P_{\max}^{\text{PV}}$ 表示光伏发电的额定功率；G_{T} 表示实际光照强度；$G_{\text{T. N}}$ 表示标准条件下的光照强度，一般取值 1kW/m^2；k 表示功率温度系数，一般取值 $-0.47\%/\text{℃}$；T_{s} 表示光伏设备实际的表面温度；$T_{\text{s. N}}$ 表示标准条件下的参考温度，一般取 25℃。

由式（7-22）可以看出，光伏设备在 t 时刻的实际功率与诸多因素有关，由相关文献研究可知，光伏设备在 t 时刻的发电功率预测误差 $\varepsilon_t^{\text{PV}}$ 服从 $N[0,(\sigma_t^{\text{PV}})^2]$ 正态分布，其概率密度函数可表示为

$$f(\varepsilon_t^{\text{PV}}) = \frac{1}{\sqrt{2\pi}\sigma_t^{\text{PV}}} \exp\left[\frac{-(\varepsilon_t^{\text{PV}})^2}{2(\sigma_t^{\text{PV}})^2} \right] \tag{7-23}$$

式中：σ_t^{PV} 表示 t 时刻光伏功率预测误差的标准差。其计算式可表示为

$$\sigma_t^{\text{PV}} = 0.2 P_t^{\text{PV. F}} + 0.02 S^{\text{PV}} \tag{7-24}$$

式中：S^{PV} 表示光伏设备的装机容量；$P_t^{\text{PV. F}}$ 表示 t 时刻光伏功率的预测值。

因此，t 时刻光伏功率的预测值 $P_t^{\text{PV. F}}$ 可表示为 t 时刻光伏功率的实际值 $P_t^{\text{PV. A}}$ 与其 t 时刻的预测误差 $\varepsilon_t^{\text{PV}}$ 之和，$P_t^{\text{PV. F}}$ 计算公式为

$$P_t^{\text{PV. F}} = P_t^{\text{PV. A}} + \varepsilon_t^{\text{PV}} \tag{7-25}$$

3. 可再生能源有功运行模型

可再生能源的有功运行功率，为风电、光伏功率的叠加，考虑多能源耦合系统的可再生能源预测值为风电、光伏功率预测值的叠加。可再生能源的净负荷预测值 $P_t^{\text{RE. F}}$ 为可再生能源实际值 $P_t^{\text{RE. A}}$ 与可再生能源预测误差 $\varepsilon_t^{\text{RE}}$ 之和，$P_t^{\text{RE. F}}$ 计算公式为

$$P_t^{\text{RE. F}} = P_t^{\text{RE. A}} + \varepsilon_t^{\text{RE}} \tag{7-26}$$

假设风电功率预测误差 $\varepsilon_t^{\text{WT}}$ 和光伏功率预测误差 $\varepsilon_t^{\text{PV}}$ 互不相关，且均服从正态分布。则多能源耦合系统的可再生能源预测误差 $\varepsilon_t^{\text{RE}}$ 也应该服从期望为 0，标准差为 σ_t^{RE} 的正态分布，故 t 时刻的净负荷预测误差的标准差 σ_t^{RE} 可表示为

$$\sigma_t^{\mathrm{RE}} = \sqrt{(\sigma_t^{\mathrm{WT}})^2 + (\sigma_t^{\mathrm{PV}})^2} \tag{7-27}$$

故可再生能源在 t 时刻的发电功率预测误差 $\varepsilon_t^{\mathrm{RE}}$ 服从 $N[0,(\sigma_t^{\mathrm{RE}})^2]$ 正态分布，其概率密度函数可表示为

$$f(\varepsilon_t^{\mathrm{RE}}) = \frac{1}{\sqrt{2\pi}\,\sigma_t^{\mathrm{RE}}} \exp\left[\frac{-(\varepsilon_t^{\mathrm{RE}})^2}{2(\sigma_t^{\mathrm{RE}})^2}\right] \tag{7-28}$$

7.1.3　耦合系统多电源有功协同运行模型

本节以可再生能源和火电在同一并网点形成的耦合系统作为研究对象，以一天内耦合系统参与调峰辅助服务的综合运行收益最大为目标，建立耦合系统多电源有功协同运行模型。其中，火电机组为图 7-3（c）所示情形。

1. 目标函数

耦合系统一天内的综合运行效益 F^{OB}，主要由发电效益和运行成本两部分组成。其表达式为

$$F^{\mathrm{OB}} = \max\sum_{t=1}^{T}\left[\sum_{k=1}^{K} F_{k,t}^{\mathrm{RB}} + \sum_{n=1}^{N}(F_{n,t}^{\mathrm{GB}} - F_{n,t}^{\mathrm{OC}} - F_{n,t}^{\mathrm{SC}} - F_{n,t}^{\mathrm{EC}} - F_{n,t}^{\mathrm{RC}}) - F_t^{\mathrm{PC}}\right] \tag{7-29}$$

（1）可再生能源发电收益。耦合系统内可再生能源发电上网可获取收益，其计算公式为

$$F_{k,t}^{\mathrm{RB}} = C_k^{\mathrm{RB}} P_{k,t}^{\mathrm{RE.\,A}} \Delta T \tag{7-30}$$

式中：C_k^{RB} 为第 k 类可再生能源发电的上网电价；$P_{k,t}^{\mathrm{RE.\,A}}$ 为第 t 个调度时段内第 k 类可再生能源的实际发电功率。

（2）火电机组发电收益。耦合系统内火电机组发电收益与其能够提供的实时深度调峰服务有关。根据调峰辅助服务市场运营规则，当火电厂单位统计周期内开机机组的平均负荷率小于或等于有偿调峰补偿基准时，可获得辅助服务补偿。因此，耦合系统内火电机组发电收益计算公式为

$$F_{n,t}^{\mathrm{GB}} = \begin{cases} C_0^{\mathrm{TH}} P_{n,t}^{\mathrm{TH}} \Delta T, & \mu_1^{\mathrm{TH}} < \mu_t^{\mathrm{TH}} \leqslant 1 \\ C_0^{\mathrm{TH}} P_{n,t}^{\mathrm{TH}} \Delta T + C_1^{\mathrm{TH}}(\mu_1^{\mathrm{TH}}\alpha_{n,t}P_{n,\max}^{\mathrm{TH}} - P_{n,t}^{\mathrm{TH}})\Delta T, & \mu_2^{\mathrm{TH}} < \mu_t^{\mathrm{TH}} \leqslant \mu_1^{\mathrm{TH}} \\ C_0^{\mathrm{TH}} P_{n,t}^{\mathrm{TH}} \Delta T + C_2^{\mathrm{TH}}(\mu_1^{\mathrm{TH}}\alpha_{n,t}P_{n,\max}^{\mathrm{TH}} - P_{n,t}^{\mathrm{TH}})\Delta T, & 0 \leqslant \mu_t^{\mathrm{TH}} \leqslant \mu_2^{\mathrm{TH}} \end{cases} \tag{7-31}$$

式中：C_0^{TH} 为火电机组发电电价；C_1^{TH} 和 C_2^{TH} 分别为耦合系统单位统计周期内开机火电机组的平均负荷率处于有偿调峰补偿第一档和有偿调峰补偿第二档时的补偿价格；μ_1^{TH} 和 μ_2^{TH} 分别为有偿调峰补偿第一档和有偿调峰补偿第二档规定区间内的平均负荷率上限值。μ_t^{TH} 为耦合系统在第 t 个调度时段内开机火电机组的平均负荷率，其计算方式为

$$\mu_t^{TH} = \sum_{n=1}^{N} P_{n,t}^{TH} \Big/ \sum_{n=1}^{N} \alpha_{n,t} P_{n,\max}^{TH} \tag{7-32}$$

（3）火电机组运行成本。当火电机组在常规调峰状态，其运行成本主要为运行煤耗成本；当火电机组处于深度调峰状态，其运行成本除运行煤耗成本外，会产生机组损耗成本，且机组负荷越低，机组损耗成本越高。因此，火电机组运行成本为

$$F_{n,t}^{OC} = \begin{cases} (a_n P_{n,t}^{TH^2} + b_n P_{n,t}^{TH} + c_n)C^{coal}\Delta T & P_{n,t}^{TH} \in \boldsymbol{P}_n^{RPR} \\ [(a_n P_{n,t}^{TH^2} + b_n P_{n,t}^{TH} + c_n)C^{coal} + \omega_n^{DPR}C_n^{THP}/(2L_{n,t})]\Delta T & P_{n,t}^{TH} \in \boldsymbol{P}_n^{DPR} \\ 0 & P_{n,t}^{TH} = 0 \end{cases} \tag{7-33}$$

式中：a_n、b_n 和 c_n 分别为第 n 台火电机组耗量特性函数的系数；ω_n^{DPR} 为第 n 台火电机组在深度调峰状态下的运行损耗系数，且机组负荷越低，ω_n^{DPR} 越大；$L_{n,t}$ 为第 t 个调度时段内第 n 台火电机组的转子致裂循环周次；C^{coal} 为煤炭价格；C_n^{THP} 为第 n 台火电机组的购机成本；$\boldsymbol{P}_n^{RPR}$ 和 $\boldsymbol{P}_n^{DPR}$ 分别为第 n 台火电机组在常规调峰和深度调峰状态的机组功率区间。

（4）火电机组启动成本。火电机组在启动时会产生启动成本，其启动成本为

$$F^{SC} = \sum_{t=1}^{T} \sum_{n=1}^{N} \alpha_{n,t}(1-\alpha_{n,t-1})C_n^{SC} \tag{7-34}$$

式中：C_n^{SC} 为第 n 台火电机组的启动成本。

（5）环境成本。火电机组排放的废气中，包含的应税污染物主要有烟尘、二氧化硫和氮氧化物。因此，火电机组的环境成本为

$$F_{n,t}^{EC} = \sum_{j=1}^{J} S_j^{EC} P_{n,t}^{TH} C_j^{EC} \Delta T / G_j^{EC} \tag{7-35}$$

式中：J 为应税污染物种类；S_j^{EC}、C_j^{EC} 和 G_j^{EC} 分别为第 j 种污染物的排放系数、单位应税税额和污染当量值。

（6）备用成本。耦合系统中，火电机组需预留一定的旋转备用，来应对系统内可再生能源和并网点负荷可能发生的波动，此时会产生备用成本。由于火电机组的调峰深度越大，机组的运行损耗越大，故其旋转备用的价格越高。因此，火电机组的备用成本为

$$F_{n,t}^{RC} = F_{n,t}^{RCU} + F_{n,t}^{RCD} \tag{7-36}$$

式中：$F_{n,t}^{RCU}$、$F_{n,t}^{RCD}$ 分别表示机组的正、负旋转备用成本，其计算方式如下：

$$F_{n,t}^{\mathrm{RCU}}=\begin{cases} C_1^{\mathrm{FRU}}f_{n,t}^{\mathrm{U}}\Delta T & \forall f_{n,t}^{\mathrm{U}}+P_{n,t}^{\mathrm{TH}}\in \boldsymbol{PR}_0, P_{n,t}^{\mathrm{TH}}\in \boldsymbol{PR}_0 \\ [C_2^{\mathrm{FRU}}(P_{0,n}^{\mathrm{PR}}-P_{n,t}^{\mathrm{TH}}) \\ \quad +C_1^{\mathrm{FRU}}(f_{n,t}^{\mathrm{U}}+P_{n,t}^{\mathrm{TH}}-P_{0,n}^{\mathrm{PR}})]\Delta T & \forall f_{n,t}^{\mathrm{U}}+P_{n,t}^{\mathrm{TH}}\in \boldsymbol{PR}_0, P_{n,t}^{\mathrm{TH}}\in \boldsymbol{PR}_1 \\ C_2^{\mathrm{FRU}}f_{n,t}^{\mathrm{U}}\Delta T & \forall f_{n,t}^{\mathrm{U}}+P_{n,t}^{\mathrm{TH}}\in \boldsymbol{PR}_1, P_{n,t}^{\mathrm{TH}}\in \boldsymbol{PR}_1 \\ [C_3^{\mathrm{FRU}}(P_{1,n}^{\mathrm{PR}}-P_{n,t}^{\mathrm{TH}})+C_2^{\mathrm{FRU}}(P_{0,n}^{\mathrm{PR}}-P_{1,n}^{\mathrm{PR}}) \\ \quad +C_1^{\mathrm{FRU}}(f_{n,t}^{\mathrm{U}}+P_{n,t}^{\mathrm{TH}}-P_{0,n}^{\mathrm{PR}})]\Delta T & \forall f_{n,t}^{\mathrm{U}}+P_{n,t}^{\mathrm{TH}}\in \boldsymbol{PR}_0, P_{n,t}^{\mathrm{TH}}\in \boldsymbol{PR}_2 \\ [C_3^{\mathrm{FRU}}(P_{1,n}^{\mathrm{PR}}-P_{n,t}^{\mathrm{TH}}) \\ \quad +C_2^{\mathrm{FRU}}(f_{n,t}^{\mathrm{U}}+P_{n,t}^{\mathrm{TH}}-P_{1,n}^{\mathrm{PR}})]\Delta T & \forall f_{n,t}^{\mathrm{U}}+P_{n,t}^{\mathrm{TH}}\in \boldsymbol{PR}_1, P_{n,t}^{\mathrm{TH}}\in \boldsymbol{PR}_2 \\ C_3^{\mathrm{FRU}}f_{n,t}^{\mathrm{U}}\Delta T & \forall f_{n,t}^{\mathrm{U}}+P_{n,t}^{\mathrm{TH}}\in \boldsymbol{PR}_2, P_{n,t}^{\mathrm{TH}}\in \boldsymbol{PR}_2 \\ 0 & \text{others} \end{cases}$$

(7-37)

$$F_{n,t}^{\mathrm{RCD}}=\begin{cases} C_1^{\mathrm{FRD}}f_{n,t}^{\mathrm{D}}\Delta T & \forall P_{n,t}^{\mathrm{TH}}-f_{n,t}^{\mathrm{D}}\in \boldsymbol{PR}_0, P_{n,t}^{\mathrm{TH}}\in \boldsymbol{PR}_0 \\ [C_1^{\mathrm{FRD}}(P_{n,t}^{\mathrm{TH}}-P_{0,n}^{\mathrm{PR}}) \\ \quad +C_2^{\mathrm{FRD}}(f_{n,t}^{\mathrm{D}}-P_{n,t}^{\mathrm{TH}}+P_{0,n}^{\mathrm{PR}})]\Delta T & \forall P_{n,t}^{\mathrm{TH}}-f_{n,t}^{\mathrm{D}}\in \boldsymbol{PR}_1, P_{n,t}^{\mathrm{TH}}\in \boldsymbol{PR}_0 \\ [C_1^{\mathrm{FRD}}(P_{n,t}^{\mathrm{TH}}-P_{0,n}^{\mathrm{PR}})+C_2^{\mathrm{FRD}}(P_{0,n}^{\mathrm{PR}}-P_{1,n}^{\mathrm{PR}}) \\ \quad +C_3^{\mathrm{FRD}}(f_{n,t}^{\mathrm{D}}-P_{n,t}^{\mathrm{TH}}+P_{1,n}^{\mathrm{PR}})]\Delta T & \forall P_{n,t}^{\mathrm{TH}}-f_{n,t}^{\mathrm{D}}\in \boldsymbol{PR}_2, P_{n,t}^{\mathrm{TH}}\in \boldsymbol{PR}_0 \\ C_2^{\mathrm{FRD}}f_{n,t}^{\mathrm{D}}\Delta T & \forall P_{n,t}^{\mathrm{TH}}-f_{n,t}^{\mathrm{D}}\in \boldsymbol{PR}_1, P_{n,t}^{\mathrm{TH}}\in \boldsymbol{PR}_1 \\ [C_2^{\mathrm{FRD}}(P_{n,t}^{\mathrm{TH}}-P_{1,n}^{\mathrm{PR}}) \\ \quad +C_3^{\mathrm{FRD}}(f_{n,t}^{\mathrm{D}}-P_{n,t}^{\mathrm{TH}}+P_{1,n}^{\mathrm{PR}})]\Delta T & \forall P_{n,t}^{\mathrm{TH}}-f_{n,t}^{\mathrm{D}}\in \boldsymbol{PR}_2, P_{n,t}^{\mathrm{TH}}\in \boldsymbol{PR}_1 \\ C_3^{\mathrm{FRD}}f_{n,t}^{\mathrm{D}}\Delta T & \forall P_{n,t}^{\mathrm{TH}}-f_{n,t}^{\mathrm{D}}\in \boldsymbol{PR}_2, P_{n,t}^{\mathrm{TH}}\in \boldsymbol{PR}_2 \\ 0 & \text{others} \end{cases}$$

(7-38)

式中：C_1^{FRU}、C_2^{FRU} 和 C_3^{FRU} 分别为火电机组在 $\boldsymbol{PR}_0$、$\boldsymbol{PR}_1$ 和 $\boldsymbol{PR}_2$ 阶段的正旋转备用价格；C_1^{FRD}、C_2^{FRD} 和 C_3^{FRD} 分别为火电机组在 $\boldsymbol{PR}_0$、$\boldsymbol{PR}_1$ 和 $\boldsymbol{PR}_2$ 阶段的负旋转备用价格。

（7）向大电网购买备用成本。当耦合系统内火电机组无法提供足够的灵活性备用时，需要向大电网购买额外的备用功率，此时会产生购买备用的成本。因此，耦合系统向大电网购买备用的成本计算公式为

$$F_t^{\mathrm{PC}}=C^{\mathrm{PRSU}}P_t^{\mathrm{PRSU}}\Delta T+C^{\mathrm{PRSD}}P_t^{\mathrm{PRSD}}\Delta T \tag{7-39}$$

式中：C^{PRSU} 和 C^{PRSD} 分别为耦合系统向大电网购买的向上灵活性备用和向下灵活性备

用的价格；P_t^{PRSU} 和 P_t^{PRSD} 分别为第 t 个调度时段内耦合系统因备用不足而向大电网购买的向上灵活性备用功率和向下灵活性备用功率。

2. 约束条件

耦合系统多电源有功协同运行约束条件包括耦合系统功率平衡约束，可再生能源发电约束和火电机组发电约束。其中，火电机组发电约束见第 7.1.1 节的内容。

（1）功率平衡约束。耦合系统内火电机组与可再生能源的发电功率之和应满足大电网对耦合系统的功率需求，即

$$\sum_{n=1}^{N} P_{n,t}^{\mathrm{TH}} + \sum_{k=1}^{K} P_{k,t}^{\mathrm{RE.A}} = P_t^{\mathrm{G}} \tag{7-40}$$

式中：P_t^{G} 为第 t 个调度时段内大电网对耦合系统的功率需求。

（2）可再生能源发电约束。耦合系统内的可再生能源发电时，有时可通过主动削减部分可再生能源的发电功率，来提高耦合系统的功率平稳性及运行经济性。但可再生能源在每个时段可减少的可再生能源发电功率以及一天内可减少的可再生能源发电功率不能超过规定值。因此，可再生能源的发电约束为

$$\begin{cases} P_{k,t}^{\mathrm{RE.A}} \geqslant (1-\lambda^{k,t}) P_{k,t}^{\mathrm{RE.F}} \\ \sum_{t=1}^{T} P_{k,t}^{\mathrm{RE.A}} \geqslant (1-\lambda_k') \sum_{t=1}^{T} P_{k,t}^{\mathrm{RE.F}} \end{cases} \tag{7-41}$$

式中：$\lambda_{k,t}$ 为第 k 类可再生能源在第 t 个调度时段内可减少的发电功率占其预测发电功率的比例；λ_k' 为第 k 类可再生能源一天内可减少的发电功率占其预测发电功率的比例。

（3）耦合系统备用约束。耦合系统内火电机组可提供旋转备用，以满足可再生能源和并网点可能发生的功率波动。当火电机组提供的旋转备用充足时，系统在运行中不会产生功率缺额；当火电机组所提供的旋转备用不足时，可能会导致系统在运行中产生功率缺额，此时需要向大电网购买备用功率。故耦合系统的备用约束为

$$\begin{cases} \sum_{n=1}^{N} f_{n,t}^{\mathrm{U}} + P_t^{\mathrm{PRSD}} \geqslant P_t^{\mathrm{SFD}} \\ \sum_{n=1}^{N} f_{n,t}^{\mathrm{D}} + P_t^{\mathrm{PRSU}} \geqslant P_t^{\mathrm{SFU}} \end{cases} \tag{7-42}$$

式中：P_t^{SFU} 和 P_t^{SFD} 分别为耦合系统在第 t 个调度时段内的向上功率需求和向下功率需求。

（4）功率潮流约束。耦合系统中每条线路的传输功率，不能超过该条线路的最大传输功率，即

$$-P_l^{\mathrm{br.max}} \leqslant P_{l,t}^{\mathrm{br}} \leqslant P_l^{\mathrm{br.max}} \tag{7-43}$$

式中：$P_l^{\text{br.max}}$ 为耦合系统中第 l 条线路的最大传输功率。

7.2 耦合系统多电源有功协同能力评估

本节首先对耦合系统多电源有功协同需求进行了详细介绍，然后根据灵活性的定义，提出了一种耦合系统多电源功率波动区间控制指标，最后介绍了一种耦合系统多电源有功协同能力评估方法。

7.2.1 耦合系统多电源有功协同需求

耦合系统多电源有功协同需求定义为应对耦合系统实时运行净负荷发生的波动及系统可能发生的不确定性，保证功率实时平衡而预留的各类灵活性资源可调功率的需求。耦合系统多电源有功协同需求主要是由系统净负荷波动以及风、光和负荷的预测误差产生的。系统内供能设备提供可调功率来满足风、光等可再生能源并网的间歇性和负荷波动性导致的功率不平衡，从而保证系统中功率实时平衡。其中，风电、光伏发电预测在7.1.2 节中已经进行了详细介绍，这里不再重复进行说明。

1. 负荷预测

负荷的波动性来自并网点所接入的用电负荷的不确定性，因此负荷的预测主要通过足够的负荷历史数据而求得。通常考虑负荷预测服从正态分布，因此，负荷预测误差 ε_t^{L} 的概率密度函数可表示为

$$f(\varepsilon_t^{\text{L}}) = \frac{1}{\sqrt{2\pi}\sigma_t^{\text{L}}} \exp\left[\frac{-(\varepsilon_t^{\text{L}})^2}{2(\sigma_t^{\text{L}})^2}\right] \tag{7-44}$$

式中：σ_t^{L} 表示 t 时刻负荷预测误差的标准差。其计算式可表示为：

$$\sigma_t^{\text{L}} = 0.2P_t^{\text{L.F}} \tag{7-45}$$

式中：$P_t^{\text{L.F}}$ 表示 t 时刻负荷预测值。t 时刻负荷预测值 $P_t^{\text{L.F}}$ 可表示为 t 时刻负荷实际值 $P_t^{\text{L.A}}$ 与其 t 时刻的预测误差 ε_t^{L} 之和，$P_t^{\text{L.F}}$ 计算公式为

$$P_t^{\text{L.F}} = P_t^{\text{L.A}} + \varepsilon_t^{\text{L}} \tag{7-46}$$

2. 净负荷预测

净负荷功率为负荷功率与风、光功率的叠加，考虑耦合系统的净负荷预测值为负荷与风、光功率预测值的叠加。耦合系统的净负荷预测值 $P_t^{\text{NL.F}}$ 为净负荷实际值 $P_t^{\text{NL.A}}$ 与净负荷预测误差 $\varepsilon_t^{\text{NL}}$ 之和，$P_t^{\text{NL.F}}$ 计算公式为

$$P_t^{\text{NL.F}} = P_t^{\text{NL.A}} + \varepsilon_t^{\text{NL}} \tag{7-47}$$

假设风电功率预测误差 $\varepsilon_t^{\text{WT}}$、光伏功率预测误差 $\varepsilon_t^{\text{PV}}$ 和负荷预测误差 ε_t^{L} 互不相关，

且均服从正态分布。其中，t 时刻净负荷预测值为负荷预测值与风、光功率预测值的叠加，t 时刻净负荷实际值为负荷实际值与风、光功率实际值的叠加，其计算公式为

$$P_t^{\mathrm{NL.F}} = P_t^{\mathrm{L.F}} - (P_t^{\mathrm{WT.F}} + P_t^{\mathrm{PV.F}}) \tag{7-48}$$

$$P_t^{\mathrm{NL.A}} = P_t^{\mathrm{L.A}} - (P_t^{\mathrm{WT.A}} + P_t^{\mathrm{PV.A}}) \tag{7-49}$$

因此，耦合系统的净负荷预测误差 $\varepsilon_t^{\mathrm{NL}}$ 也应该服从期望为 0，标准差为 σ_t^{NL} 的正态分布，故 t 时刻的净负荷预测误差的标准差 σ_t^{NL} 可表示为

$$\sigma_t^{\mathrm{NL}} = \sqrt{(\sigma_t^{\mathrm{WT}})^2 + (\sigma_t^{\mathrm{PV}})^2 + (\sigma_t^{\mathrm{L}})^2} \tag{7-50}$$

3. 耦合系统多电源有功协同需求预测

耦合系统多电源有功协同需求主要来自可再生能源输入和负荷不可预测带来的不确定性所引起系统内功率的变化。假设 $P_t^{\mathrm{CS.U}}$ 和 $P_t^{\mathrm{CS.D}}$ 分别表示 t 时刻耦合系统中因净负荷的不确定性而产生的向上多电源需求和向下多电源需求。考虑置信水平为 $1-\alpha$，则 $P_t^{\mathrm{CS.U}}$ 和 $P_t^{\mathrm{CS.D}}$ 可表示为

$$\begin{cases} P_t^{\mathrm{CS.U}} = \mu_{(1-\alpha/2)} \cdot \sigma_t^{\mathrm{NL}} \\ P_t^{\mathrm{CS.D}} = -\mu_{(\alpha/2)} \cdot \sigma_t^{\mathrm{NL}} \end{cases} \tag{7-51}$$

式中：$\mu_{(\alpha/2)}$ 表示置信度。

7.2.2 耦合系统多电源功率波动区间控制指标

基于耦合系统多电源有功协同需求（后文用多电源需求指代）与供给，分别得到向上、向下的多电源需求边界和向上、向下的多电源供给边界，其上、下的边界范围内形成了一个闭合包络面。如图 7-9 所示，黑色面积块表示耦合系统的多电源需求，绿色面积块表示耦合系统的多电源供给。

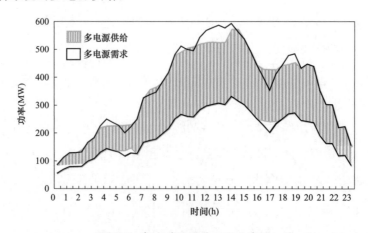

图 7-9 耦合系统供需匹配示意图

当多电源供给能够完全覆盖多电源需求时，耦合系统的灵活性充足；当向上的多电源供给不足以完全覆盖多电源需求时，耦合系统需配置更多的灵活性资源供给设备以满足向上的多电源需求，当向下的多电源供给不足以完全覆盖多电源需求时，耦合系统需弃风、弃光来满足系统向下的多电源需求，以保证系统内部的供需平衡。

因此，可根据耦合系统多电源有功协同总供给覆盖总需求的比例，建立耦合系统多电源功率波动区间控制指标。其中，灵活性总供给和灵活性总需求可根据图 7-9 通过积分求得各自的覆盖面积。为了简化计算，可将多电源总供给和总需求以一定的时间尺度划分为若干区间，每个区间可视为以上、下多电源供给（需求）之和为底，时间尺度为高的曲边梯形，通过计算所有曲边梯形面积之和，可近似得到多电源总供给和总需求的覆盖面积。通过两者覆盖面积之比，可得耦合系统多电源功率波动区间控制系数为

$$FSD = \frac{\sum\limits_{t=1}^{T} \left(\dfrac{f_{t-1}^{S} + f_{t}^{S}}{2} \Delta t \right)}{\sum\limits_{t=1}^{T} \left(\dfrac{P_{t-1}^{D} + P_{t}^{D}}{2} \Delta t \right)} \tag{7-52}$$

式中：f_{t}^{S}、P_{t}^{D} 分别表示 t 时刻系统内各供能设备可提供的多电源总供给和耦合系统内的多电源总需求，其计算公式分别为

$$\begin{cases} f_{t}^{S} = \sum\limits_{m=1}^{M} \sum\limits_{i=1}^{I} f_{i,m,t}^{U} + \sum\limits_{m=1}^{M} \sum\limits_{i=1}^{I} f_{i,m,t}^{D} \\ P_{t}^{D} = P_{t}^{NL.U} + P_{t}^{NL.D} \end{cases} \tag{7-53}$$

式中：$P_{t}^{NL.U}$、$P_{t}^{NL.D}$ 分别表示耦合系统内 t 时刻净负荷向上和向下的多电源需求。

由式（7-52）对图 7-10（a）、7.10（b）进行计算，可得图 7-10（a）、7.10（b）耦合系统多电源功率波动区间控制系数均为 1.15。但图 7-10（a）中多电源供给完全满足多电源需求，而图 7-10（b）中多电源供给无法完全满足多电源需求。由此可见，当多电源功率波动区间控制系数越大时，不能代表耦合系统多电源供给越充足。

为了使式（7-52）中的指标更加准确直观地描述耦合系统内供给与需求的匹配情况，引入变量 W_{t}^{SD}，将该指标的取值范围限定为 $[0, 1]$。因此，多电源功率波动区间控制系数修正为

$$FSD = \frac{\sum\limits_{t=1}^{T} \left(\dfrac{W_{t-1}^{SD} + W_{t}^{SD}}{2} \Delta t \right)}{\sum\limits_{t=1}^{T} \left(\dfrac{P_{t-1}^{D} + P_{t}^{D}}{2} \Delta t \right)} \tag{7-54}$$

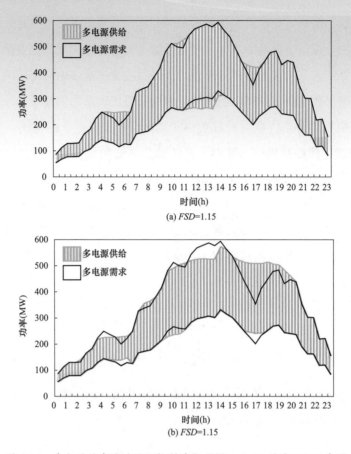

图 7-10　多电源功率波动区间控制系数 $FSD=1.15$ 供需匹配示意图

其中，W_t^{SD} 的表达式为

$$W_t^{\mathrm{SD}}=\min(f_t^{\mathrm{S}},P_t^{\mathrm{D}}) \tag{7-55}$$

用式（7-54）重新计算图 7-10（a）、7.10（b）的多电源功率波动区间控制系数 FSD，优化后的多电源供给与多电源需求匹配示意图如图 7-11（a）、图 7-11（b）所示。

从图 7-11（a）可以看出，绿色面积块的多电源供给 1 为系统的实际多电源供给，而浅绿色面积块的多电源供给 2 为优化后的有效多电源供给，对指标计算方法进行优化后，FSD 取值为 1，表示该系统的多电源供给完全满足多电源需求。同理可得，在图 7-11（b）中，优化多电源功率波动区间控制指标计算方法后，FSD 取值为 0.86，表示该耦合系统的多电源供给不能够完全满足多电源需求。因此，该指标可直观通过耦合系统内总供给和总需求曲线两者覆盖区域匹配程度准确反映供需匹配程度。

由此可见，耦合系统多电源功率波动区间控制指标能够直观判断系统内的多电源供给和需求的匹配程度，可直观得出供给不足的时段并采取相应措施，该指标具有可视化和整体评估系统灵活性的特点。FSD 的取值越接近于 1，表征系统的供需匹配程度越

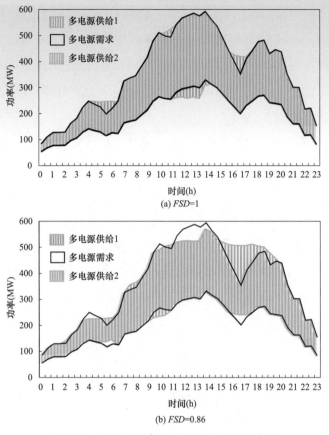

(a) *FSD*=1

(b) *FSD*=0.86

图 7-11　优化后的耦合系统供需匹配示意图

高，波动区间控制能力越强。通过合理设置该指标的取值，可以有效控制耦合系统多电源功率的波动区间。

7.2.3　耦合系统多电源有功协同能力评估方法

耦合系统是一个复杂的系统，其运行时的有功耦合效果受成本、经济和环境的影响。这三个方面相互作用、相互影响，它们之间的相互作用对决策者的均衡决策提出了挑战。因此，本节以成本、性能和环境三个子系统相互作用来表示耦合系统内电源之间的有功耦合关系，建立了一个有功耦合协同度指标体系来评估可再生能源与火力发电耦合系统的有功协同能力，其指标水平如图 7-12 所示。

有功耦合协同度评价可以根据三个子

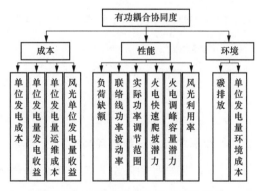

图 7-12　可再生能源与火力发电耦合

系统有功耦合协同度指标体系

系统的相应指标来分析它们之间的耦合关系。因此，本节选取了三个子系统中 12 个具体指标，如图 7-12 所示。指标的选取以各电源运行成本、可再生能源利用、可再生能源不确定性引起的电力波动、火电运行性能、可再生能源技术的经济环保性为依据，从电源到整个系统，建立了综合定量评价可再生能源与火力发电耦合系统有功耦合效果的有功耦合协同度评价模型。

为了对不同的指标进行比较，需要对各类评价指标进行标准化，在这里将指标分为正特性指标和负特性指标，正特性指标指的是该项评价指标的值越大，则评分越高，负特性指标反之，正特性指标标准化计算方法为

$$\alpha_{ij} = \frac{U_{ij} - \min U_{ij}}{\max U_{ij} - \min U_{ij}} \tag{7-56}$$

式中：U_{ij} 代表第 i 个子系统的第 j 项指标值；$\max U_{ij}$ 和 $\min U_{ij}$ 表示指标值 U_{ij} 可能取值的最大值和最小值；α_{ij} 代表 U_{ij} 标准化之后的指标值。

对于负特性指标，计算方法为

$$\alpha_{ij} = \frac{\max U_{ij} - U_{ij}}{\max U_{ij} - \min U_{ij}} \tag{7-57}$$

评分标准化后，计算子系统综合得分为

$$\beta_i = \sum_{j=1}^{J} \lambda_j \alpha_{ij} \tag{7-58}$$

式中：β_i 为第 i 个子系统的综合得分；λ_j 为第 j 个指标的权重，该权重可通过犹豫模糊决策（HFPR）决定。HFPR 方法可以在模糊评价中寻求更为综合的判断以提升决策结果的精准性，它提供了一种直观且简单的方式来表达决策信息，既能包括单个决策者对事物偏好在多个评价值之间犹豫的情况，也能反映群决策情形下多个决策者给出的不同的偏好意见。

借鉴物理学中的容量耦合概念及容量耦合系数模型来计算耦合系统的有功耦合度 C，C 的计算公式为

$$C = I \left[\prod_{i=1}^{I} \beta_i / \left(\sum_{i=1}^{I} \beta_i \right)^I \right]^{1/I} \tag{7-59}$$

显然 $0 \leqslant C \leqslant 1$。当 $C = 1$ 时，有功耦合度最大，系统之间或系统内部要素之间达到良性共振耦合，系统将趋向新的有序结构；当 $C = 0$ 时，有功耦合度最小，各子系统之间，或系统内部要素之间，或系统内部要素之间处于无关状态，各子系统将向无序发展。当 $0 < C \leqslant 0.3$ 时，2 个子系统发展处于较低水平的耦合阶段；当 $0.3 < C \leqslant 0.5$ 时，处于颉颃阶段，各子系统已经越过了它的发展拐点，开始提高；当 $0.5 < C \leqslant 0.8$ 时，

进入磨合时期，各子系统越过另一个拐点，开始良性耦合。当 $0.8 < C \leqslant 1$ 时，各子系统处于高水平耦合阶段。

单纯依靠有功耦合度判别各子系统之间相互作用机理，会出现较低水平的两个序参量取值形成耦合度较高的评价结果。为有效排除这一干扰因素，构建了有功耦合协调度模型，以便综合、有效评判火电和可再生能源耦合系统中成本、性能、环境三个子系统，真实反映不同子系统指标体系交互耦合的协调程度，子系统之间的协同度计算公式为

$$T = \sum_{i=1}^{I} (q_i \beta_i) \tag{7-60}$$

$$D = \sqrt{CT} \tag{7-61}$$

式中：T 为子系统之间的协同度，q_i 为重要程度系数，不同子系统同等重要 $q_1 = q_2 = q_3 = 0.33$。D 为耦合协调度，一般认为 $0 < D \leqslant 0.4$ 时，为低度协调的有功耦合；$0.4 < D \leqslant 0.5$ 时，为中度协调的有功耦合；$0.5 < D \leqslant 0.8$ 时，为高度协调的有功耦合；$0.8 < D < 1$ 时，为极度协调的有功耦合。

7.3　耦合系统多电源有功协同控制技术

本节主要从耦合系统潮流优化控制方法和耦合系统多电源有功协同控制策略两个方面，对耦合系统多电源有功协同控制技术进行了详细介绍。

7.3.1　耦合系统潮流优化控制方法

下面将主要分为耦合系统并网点下配电网的类别、电压约束重构优化、两阶段电压约束重构凸优化三点对耦合系统潮流优化控制方法进行介绍。

1. 耦合系统并网点下配电网的类别

耦合系统与输电网连接的并网点下，会接入配电网。通过对该配电网的重构，可以改变耦合系统的输出功率，从而控制耦合系统潮流，起到一定的功率调节作用。其结构图如图 7-13 所示。

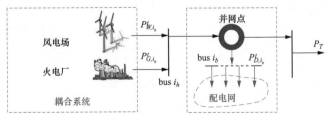

图 7-13　可再生能源与火力发电耦合系统有功耦合协同度指标体系

从图 7-13 中可以看出，对于任意 $t \in T$，耦合系统及配电网都需要满足功率平衡方程式（7-62），其中传输功率 $P_T \in [(1-\delta\%)P_{base}, (1+\delta\%)P_{base}]$。考虑到风机功率的间歇性波动，本文提出一个确切范围 $\pm\delta\% P_{base}$ 来适应耦合系统中风能功率波动，并用不等式约束（7-63）表示。其中，配电网中可调度负荷 P_{D,i_b} 在母线 i_b 的公共连接点处是灵活的，并且火电输出功率 P_{G,i_h} 是预先固定的。

$$P_{W,i_h}^t + P_{G,i_h}^t - P_{D,i_b}^t = P_T \tag{7-62}$$

$$\begin{cases} P_{D,i_b}^t \geqslant P_{W,i_h}^t + P_{G,i_h}^t - (1+\delta\%)P_{base} \\ P_{D,i_b}^t \leqslant P_{W,i_h}^t + P_{G,i_h}^t - (1-\delta\%)P_{base} \end{cases} \tag{7-63}$$

一般来说，配电网可以根据其电源或负载的径向结构分为两类。第一类是指具有可切换电源（DN-SPS）的配电网，而另一类是具有可切换负载（DN-SL）的配电网。在这两种类型中，径向网络由许多拓扑单元组成，其中一个拓扑单元是指为一个特定负载母线或一组邻近负载母线供电的一整套电源。对于 DN-SPS 拓扑单元，一个特定负载母线只对应一个主供电和一个备用电源，而 DN-SL 拓扑单元通常具有多个供电单元，用于供给由邻近负载母线组成的特定网络。根据 IEEE 中的导则，在西方国家，110kV 高压电网是输电系统。然而 110kV 高压电网虽然被建造为环网结构，但在工作时以辐射形结构运行，因此在中国也叫作高压配电系统（MVDN）。DN-SPS 拓扑结构被广泛应用于 110kV 高压配电网或 35kV 中压配电网，DN-SL 则广泛应用于我国 10kV 低压配电网。风能-火力联合发电的配电网中的 DN-SPS 和 DN-SL 拓扑单元如图 7-14 所示，其中 S 表示源母线，L 表示负载母线。

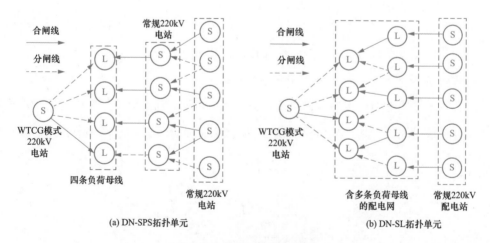

图 7-14　两类配电网示意图

图 7-14（a）含有四个 DN-SPS 拓扑单元，每个负载母线 L 有两条供电源可选择，

每个供电源 S 有多个负载可选择，供电源只选择其中一个负载，通过 110kV 线路上断路器的合闸或分闸操作，即可连接 220kV 电站。也就是说，负载母线 L 有多种供电路径的切换策略。为了保证配电网运行的径向条件，负载母线 L 只有一条主电源线作为合闸线，一条备用电源线作为分闸线。此外，DN-SPS 拓扑单元中的所有断路器都可以表示为 $I_k^T \alpha^t = n_L/2$，$\forall k \in \Omega(i_b)$，其中 I_k 是第 k 个单位向量，其维数与 α^t 相同。图 7-14 (b) 仅显示了一组负载总线 L 的一个 DN-SL 拓扑单元，该负载总线 L 具有许多组合选项，可通过网络重构来实现网状拓扑供给。这意味着通过网络重构，一组负载母线 L 的主电源可以在许多可用路径中变化。这种结构与 DN-SPS 拓扑单元完全不同，DN-SPS 拓扑单元具有固定的方向功率流，在这种情况下，不管配电网如何改变，平衡节点都是不变的；而 DN-SL 拓扑单元的平衡节点在网络重构改变时无法预先固定。这也说明了 DN-SPS 是 DN-SL 的特例，而且 DN-SPS 比 DN-SL 更简单。在实际应用中，由于 DN-SPS 网络结构更为简单，因此它是我国实际高压配电网中最常见的拓扑单元。基于以上分析，本文主要讨论 DN-SPS 结构配电网。

2. 电压约束重构优化

根据日前计划火力发电方案和实时风电功率波动，提出了电压约束重构优化，以保持耦合系统输出功率的稳定性。该电压约束重构优化的目标是在实时调节中，使配电网在受电压约束的运行条件下实现运行成本最小。其中，运行成本包括可调负载成本以及切换运行成本。可调负载成本可通过采购价格 P_B 与可调度负荷 P_{D,i_b} 进行计算，切换运行成本可通过切换服务价格 P_H 和切换次数 $H(\alpha^t)$ 进行表示。如果能使断路器的总开关运行成本降到最低，就能延长断路器的开关使用寿命。假设两个目标具有相同的优先级，选择加权系数为 $(\omega_1 = \omega_2 = 1/2)$，则最小运行成本可表示为

$$\min \quad F_o = \omega_1 P_B P_{D,i_b}^t + \omega_2 P_H H(\alpha^t) \tag{7-64}$$

式中：P_{D,i_b}^t 可通过支路潮流模型对并网点总线 i_b 进行计算；用等式 $\|\alpha^t\|_2^2 = I^T \alpha^t$ 对 $H(\alpha^t)$ 进行展开，可得 $H(\alpha^t) = \|\alpha^t - \alpha^{t-1}\|_2^2 = (I - 2\alpha^{t-1})^T \alpha^t + \alpha^{t-1}$。

除了传统的边界约束和潮流平衡外，电压约束重构优化还包括了有关 α^t 的变压器容量约束。为消除高峰时段变压器过载问题，将变压器容量约束作为 α^t 组合求解的严格条件，表示为

$$\begin{cases} \sum_{k \in \Omega(i_b)} \alpha_k^t P_{i_b}^{PCC,\,t} \leqslant TC_{i_b,\,\max} & i_b \in D_{S_r} \bigcup D_{S_w} \\ P_{D,i_b}^t \leqslant \sum_{k \in \Omega(i_b)} (\alpha_k^t P_{i_b}^{PCC,\,t}) & i_b \in D_{S_w} \end{cases} \tag{7-65}$$

总之，传统的电压约束重构优化涉及目标式（7-64）以及约束式（7-63）、式（7-65）和分支潮流模型中的配电网络潮流方程 $f(\boldsymbol{x}^t)=0$，在 t 时刻可表示为

$$\min_{\boldsymbol{x}^t\in\boldsymbol{R},\boldsymbol{\alpha}^t\in\boldsymbol{N}} F_o\,\text{s.t.}\,(2\text{-}33),(2\text{-}35),f(\boldsymbol{x}^t)=0,\boldsymbol{a}^t\underline{\boldsymbol{x}}\leqslant\boldsymbol{x}^t\leqslant\boldsymbol{a}^t\overline{\boldsymbol{x}},\boldsymbol{I}^T\boldsymbol{\alpha}^t=n_L/2 \quad (7\text{-}66)$$

式中：$\boldsymbol{a}^t\underline{\boldsymbol{x}}\leqslant\boldsymbol{x}^t\leqslant\boldsymbol{a}^t\overline{\boldsymbol{x}}$ 是决策变量 $\boldsymbol{x}^t$ 的常规边界不等式。

通过式（7-66）可以看出，传统的电压约束重构优化是一个混合整数二次约束二次规划问题，是一个非凸、NP困难且计算复杂程度高的问题。对于大规模电压约束重构优化问题，寻找合适的建模重构或求解方法并不是一件容易的事情。如上一节所述，DN-SPS拓扑单元具有方向性的功率流，通过将整个配电网拆分为断路器边缘的单个子配电网，有助于构建电压约束重构优化。该想法考虑在电压约束的网络重构下找到一个完整的"路径"，以最小注入的实际功率连接这些子配电网。简化图如图7-15所示。

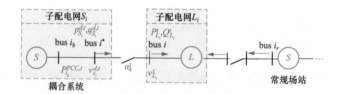

图7-15　DN-SPS拓扑单元结构示意图

从图7-15可以看出，DN-SPS通过断路器 $\alpha_k^t[k\in\Omega(i_b)]$ 被分成了两个子配电网 S_i 和 L_i，给子配电网 S_i 增加了一个虚拟边界总线 i^*。前面提到的子配电网 S_i 和 L_i 间的匹配过程，旨在通过虚拟边界总线 i^* 引入重复的边界变量 $[v_{S_i}^t\quad p_{S_i}^{d,t}\quad q_{S_i}^{d,t}]$ 来优化配电网的网络拓扑结构。当虚拟边界总线 i^* 处的 $p_{S_i}^{d,t}$ 和 $q_{S_i}^{d,t}$ 分别等于 $P_{L_i}^t$ 和 $Q_{L_i}^t$ 时，计算最优无功优化时仅需考虑子配电网 S_i 的最小实际注入功率。类似地，对于子配电网 L_i，在边界母线 i 为松弛母线的情况下，可以得到无功最优解。因此，可得子配电网 S_i 和 L_i 间的功率平衡方程为

$$\boldsymbol{A}_k\boldsymbol{x}=\begin{bmatrix}0 & \boldsymbol{A}_{S_P,k} & 0 & \boldsymbol{A}_{L_P,k}\\ 0 & \boldsymbol{A}_{S_Q,k} & 0 & \boldsymbol{A}_{L_Q,k}\end{bmatrix}\begin{bmatrix}\boldsymbol{x}_{S_i}^t\\ \boldsymbol{x}_{L_i}^t\end{bmatrix}=0,\forall k\in\Omega \quad (7\text{-}67)$$

式中：$\boldsymbol{A}_{S_P,k}=[0,\ 1,\ 0]$，$\boldsymbol{A}_{L_P,k}=[-1,\ 0]$，$\boldsymbol{A}_{S_Q,k}=[0,\ 0,\ 1]$，$\boldsymbol{A}_{L_Q,k}=[0,\ -1]$，$(\boldsymbol{x}_{S_i}^t)^T=[P_{S_i}^t\ Q_{S_i}^t\ I_{S_i}^t\ v_{S_i}^t\ q_{S_i}^{shtc,t}\ q_{S_i}^{g,t}\ v_{S_i}^t\ p_{S_i}^{d,t}\ q_{S_i}^{d,t}]$，$(\boldsymbol{x}_{L_i}^t)^T=[P_{L_i}^t\ Q_{L_i}^t\ I_{L_i}^t\ v_{L_i}^t\ q_{L_i}^{shtc,t}\ q_{L_i}^{g,t}\ P_{L_i}^t\ Q_{L_i}^t]$。

同样的，式（7-67）对于子配电网 S_i 和 S_j 间的功率平衡方程同样成立。但是，但是，边界母线 i 和重复母线 i 的电压分布可能不同，例如，当式（7-67）中 $\exists v_{L_i}^t$，

$v_{S_i}^{d,t}$ 且 $v_{L_i}^t = (v_{L_i}^t)_{\min} > (v_{S_i}^{d,t})_{\max}$ 时。这种情况意味着 $(v_{S_i}^{d,t})_{\max}$ 的最大电压分布不能满足 $v_{L_i}^t$ 的最小要求，从而检测到 α_k^t 的不可行"路径"。该结果为 α^t 的可行域提供了参考。

命题 1：如果 $\exists v_{L_i}^t$ 和 $v_{S_i}^{d,t}$ 满足式（2-37），则对于 DN-SPS 拓扑单元，$v_{L_i}^t = v_{S_i}^{d,t}$ 是子配电网 S_i 和 L_i 连接的充要条件。然而，对于 DN-SL 拓扑单元来说，这是一个必要不充分条件。

从命题 1 可以看出，如果 $v_{L_i}^t = v_{S_i}^{d,t}$ 被强制满足，这将使 DN-SPS 拓扑单元的无功优化计算成为一个无法求解的问题。因此，用下面的松弛约束来松弛 $v_{L_i}^t = v_{S_i}^{d,t}$，可表示为

$$\begin{bmatrix} \boldsymbol{I}_k & -\boldsymbol{I}_k \end{bmatrix} \begin{bmatrix} \boldsymbol{v}_{S_i}^t \\ \boldsymbol{v}_{L_i}^t \end{bmatrix} = \Delta_k^t \quad \forall k \in \Omega \tag{7-68}$$

因此，第一阶段最小化了所有子配电网的实际注入功率，同时保持了 $\|\Delta^t\|_2^2$ 在式（7-69）中同样最小。使用大 M 法可得

$$\min_{x \in \boldsymbol{R}} F_s = P_B \Big(\sum_{i_b \in D_{S_w}} P_{i_b}^{\mathrm{PCC},t} + \sum_{L_i \in D_L} P_{L_i}^{\mathrm{PCC},t} + \sum_{i_r \in D_{S_r}} P_{i_r}^{\mathrm{PCC},t} \Big) + K\|\Delta^t\|_2^2 \tag{7-69}$$

s. t. $(2-37)$, $(2-38)$, $f(x^t) = 0$, $\underline{x} \leqslant x^t \leqslant \overline{x}$, $x^t = [x_S^t; x_L^t]$

如果保证了第一阶段的全局约束最小值的存在，那么当其中违反惩罚约束最小值能保证子配电网 S_i 和 L_i 之间电压相等时，电压约束重构优化可以实现全可行解。如果第一阶段有一个全局解 x^{t*}，那么电压约束重构优化的整个可行二进制变量 α^t 的集合可表示为

$$\begin{cases} \alpha_k^t = \{0, 1\} & if \quad \Delta_k^t = 0 \quad \forall k \in \Omega \\ \alpha_k^t = 0 & if \quad \Delta_k^t > 0 \quad \forall k \in \Omega \end{cases} \tag{7-70}$$

当检测到所有的可行空间后，将以 F_m 的最小成本匹配所有的子配电网，F_m 可被重新修订为网络匹配阶段通过开关断路器寻求最佳"路径"。这个匹配阶段是一个混合整数线性规划问题，因此取代式（7-70）中的 $P_{i_b}^{\mathrm{PCC},t}$ 可得

$$\min_{\alpha^t \in \boldsymbol{N}, P_{D,i_b}^t \in \boldsymbol{R}} F_m = \omega_1 P_B \sum_{i_b \in D_{S_w}, k \in \Omega(i_b)} (\alpha_k^t P_{i_b}^{PCC,t}) \tag{7-71}$$

$$+ \omega_2 P_H H(\alpha^t) \quad \text{s. t. } (7\text{-}63),(7\text{-}65),(7\text{-}70)$$

其中忽略了 $\boldsymbol{I}^T \alpha^t = n_L/2$，因为式（7-77）可保证每个 DN-SPS 拓扑单元具有固定的方向潮流，其径向结构自然保持。

命题 2：两阶段电压约束重构优化模型的最优解 $\boldsymbol{\alpha}^{t*}$ 与传统电压约束重构优化模型的最优解相同，也可得到 $(F_m)_{\min} = (F_o)_{\min}$。

我们证明了原电压约束重构优化问题可以通过分离两个阶段重新表述，第一个阶段是连续变量，第二个阶段是二进制变量。这种情况降低了计算复杂度，加速了电压约束重构优化的完成。

3. 两阶段电压约束重构凸优化

第一阶段无功优化问题有多个非凸二次支流方程，除目标约束外，其余约束与最优潮流公式相同。由于基于二阶锥规划的最优潮流在径向网络的条件下是精确的，因此，随着目标函数（7-64）相对于注入有功功率 P_{D,i_b} 的增加，基于二阶锥规划的无功优化结果与原无功优化解匹配。对于潮流等式来说，尽管树形拓扑和分支潮流模型针对径向网络都有等效的解集，但树形拓扑在计算上更为简单。因此我们在电压约束重构优化中采用分支潮流模型，分支潮流模型的二次等式为 $I_{ij}^l v_i = (P_{ij}^l)^2 + (Q_{ij}^l)^2$，$\forall l \in \Phi$，可以被写为

$$F(\boldsymbol{Z}^l) = (\boldsymbol{Z}^l)^T \boldsymbol{\Lambda} \boldsymbol{Z}^l = 0 \tag{7-72}$$

式中：$\boldsymbol{Z}^l = [v_i \quad I_{ij}^l \quad P_{ij}^l \quad Q_{ij}^l]^T$，$\boldsymbol{\Lambda} = \mathrm{Diag}([0；0；-1；-1]) + [1, 0, 0, 0]^T[0, 1, 0, 0]$。

因此，$F(\boldsymbol{Z}^l)$ 可以划分为两部分：$F(\boldsymbol{Z}^l) \geqslant 0$ 和 $F(\boldsymbol{Z}^l) \leqslant 0$。如上分析，$F(\boldsymbol{Z}^l) \leqslant 0$ 时具有非凸集而 $F(\boldsymbol{Z}^l) \leqslant 0$ 时具有凸集。若 $F(\boldsymbol{Z}^l) \geqslant 0$，则

$$(\boldsymbol{Z}^l)^T \boldsymbol{\Lambda} \boldsymbol{Z}^l \geqslant 0 \Leftrightarrow (\boldsymbol{Z}^l)^T \boldsymbol{\Lambda}_x \boldsymbol{Z}^l \geqslant (\boldsymbol{Z}^l)^T \boldsymbol{\Lambda}_y \boldsymbol{Z}^l + (\boldsymbol{Z}^l)^T \boldsymbol{\Lambda}_z \boldsymbol{Z}^l \tag{7-73}$$

式中：$\boldsymbol{\Lambda}_x = \boldsymbol{\xi}_x^T \boldsymbol{\xi}_x = [1, 1, 0, 0]^T[1, 1, 0, 0]$；$\boldsymbol{\Lambda}_z = \boldsymbol{\xi}_z^T \boldsymbol{\xi}_z = [1, -1, 0, 0]^T[1, -1, 0, 0]$；$\boldsymbol{\Lambda}_y = \boldsymbol{\Lambda}_{y1} + \boldsymbol{\Lambda}_{y2} = \boldsymbol{\xi}_{y1}^T \boldsymbol{\xi}_{y1} + \boldsymbol{\xi}_{y2}^T \boldsymbol{\xi}_{y2} = [0, 0, 0, 2]^T[0, 0, 0, 2] + [0, 0, 2, 0]^T[0, 0, 2, 0]$。将式（7-73）重新排列为二阶锥形式，表示为

$$\boldsymbol{\xi}_x \boldsymbol{Z}^l \geqslant \left\| \begin{matrix} (\boldsymbol{\xi}_{y1} \boldsymbol{Z}^l) \\ (\boldsymbol{\xi}_{y2} \boldsymbol{Z}^l) \\ (\boldsymbol{\xi}_z \boldsymbol{Z}^l) \end{matrix} \right\|_2 \tag{7-74}$$

当其解位于二阶锥表面时，基于二阶锥规划的无功优化的最优性和可行性等同于原非凸模型。然而，一些不在二阶锥表面的解是不可解的，因为只有在 $F(\boldsymbol{Z}^l) \geqslant 0$ 时 $F(\boldsymbol{Z}^l) = 0$ 是松散的。为了收紧松弛空间，提出了一个加强的凸包松弛 $F(\boldsymbol{Z}^l) \leqslant 0$。对于一个 DN-SPS 拓扑单元，可在分支 l 的火电和容量允许范围内保持 $(S_{\min}^l)^2 < (S^l)^2$，从

而加入一个二阶锥边界。

理论1：Ψ_0 指原非凸集合，Ψ_0 的强化凸包可以进一步公式化为 Ψ_1。

$$\Psi_1 = CH(\Psi_0) = \left\{ (\boldsymbol{Z}^l,\ u,\ w,\ M) \middle| \begin{array}{l} (c^l)^T \boldsymbol{Z}^l - d^l \leqslant 0,\ \boldsymbol{Z}^l \in (A1) \\ \left\| \begin{array}{c} M \\ w \end{array} \right\|_2 \leqslant u,\ (u,\ w) \in (A3),\ M = 2S_{\min}^l \end{array} \right\}$$

(7-75)

相应地，Ψ_0 加强的凸包如图 7-16 所示。图 7-16（a）表示约束 $F(\boldsymbol{Z}^l) \leqslant 0$ 的可行集投影：可行集在由黑色线段和两条黑色粗曲线围成的区域内；加强凸包区域被一个二阶锥约束包围，即在 A 和 B 之间的直线切割和三段黑色线段。图 7-16（b）表示在（P_{ij}，I_{ij}，v_i）空间中投影的 $F(\boldsymbol{Z}^l) \leqslant 0$ 的 3D 可行解集合。二阶锥曲线下方的非可行域被截断了。

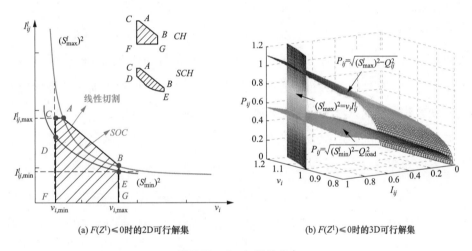

(a) $F(Z^l) \leqslant 0$时的2D可行解集　　(b) $F(Z^l) \leqslant 0$时的3D可行解集

图 7-16 Ψ_0 加强的凸包

此外，第一阶段的目标是凸二次函数，而我们混合了单个变量 θ^t 和 μ^t，形成了式（7-76）所示的二阶锥约束和线性平衡，即

$$\|\Delta^t\|_2^2 \leqslant \theta^t, P_B\Big(\sum_{i_b \in D_{S_w}} P_{i_b}^{PCC,t} + \sum_{L_i \in D_L} P_{L_i}^{PCC,t} + \sum_{i_r \in D_{S_r}} P_{i_r}^{PCC,t} \Big) = \mu^t \qquad (7\text{-}76)$$

因此，第一阶段可改写为加强的二阶锥规划形式，可表示为

$$\min_{x^t,\theta^t,\mu^t \in \mathbf{R}, \theta^t \geqslant 0} \mu^t + K\theta^t \quad \text{s. t.} \quad (4\text{-}102)\ \text{and}\ (4\text{-}95) \qquad (7\text{-}77)$$

其中式（7-69）中基于分支潮流模型的二次等式的形式（7-72）被凸化为二阶锥约束（7-74）和具有加强凸松弛的线性不等式（7-75）。

总之，文章提出的具有 DN-SPS 拓扑单元的配电网两阶段电压约束重构优化方法，

可用于多时间尺度 T，其代码如下：

对 $\forall t \in T$，两阶段电压约束重构优化方法
1：**For** $t=1，2，\cdots，t_{max}$ **do**
2： $x^{t*} \leftarrow x^t$ by **solving** (7-77)
3： **If** $\Delta^t > 0$ **then**
7： **return** $0 \leftarrow \boldsymbol{\alpha}^t$
10： **end**
12： **Solve** (7-71) and **return** $\boldsymbol{\alpha}^{t*} \leftarrow \boldsymbol{\alpha}^t$
11：**end**

7.3.2 耦合系统多电源有功协同控制策略

耦合系统在任意时刻可输出的最大有功功率是指该时刻系统内所有发电机组可发出的有功功率总和。已有研究表明，发电机组当前时刻所能达到的最大或最小输出功率，不仅受机组本身参数和调度时间尺度影响，还与上一时刻的输出功率密切相关。因此，有必要将系统上一时刻的有功功率纳入当前时刻系统的有功功率边界计算中。本文将基于系统上一时刻有功功率对当前时刻有功功率边界约束关系得到的包含当前时刻该系统所有有功功率情况的集合称为该耦合系统的相邻时刻有功可行域。

将系统上一时刻的有功功率对当前时刻功率边界的约束关系体现在平面直角坐标系中，可得系统相邻时刻有功可行域坐标图。以某简单系统为例，设系统的容量为 P_{max}，系统允许的最小有功功率为 P_{min}，系统当前时刻有功功率为 P_t，系统上一时刻的有功功率为 P_{t-1}，系统爬坡率与系统容量 P_{max} 的比值为 R_n，调度时间尺度为 Δt，则该系统的功率满足爬坡率约束，即

$$P_{t-1} - R_n P_{max} \Delta t \leqslant P_t \leqslant P_{t-1} + R_n P_{max} \Delta t \tag{7-78}$$

系统任意时刻有功功率满足系统功率约束，即

$$P_{min} \leqslant P_t \leqslant P_{max} \tag{7-79}$$

该系统的相邻时刻有功可行域为

$$\Omega = \left\{ (P_{t-1}，P_t) \left| \begin{array}{l} ① \ P_{min} \leqslant P_t \leqslant P_{max} \\ ② \ P_{t-1} - R_n P_{max} \Delta t \leqslant P_t \leqslant P_{t-1} + R_n P_{max} \Delta t \end{array} \right. \right\} \tag{7-80}$$

相邻时刻有功可行域示意图如图 7-17 所示，图中红色线段对应公式 (7-78)，表示系统爬坡率约束；绿色线段对应公式 (7-79)，表示机组功率约束；绿色和红色线

段围成的区域对应公式（7-80），包含了给定条件下当前时刻系统有功功率所有可能的取值，即表示该系统的相邻时刻有功可行域。

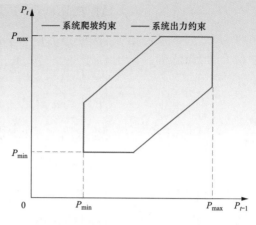

图 7-17　相邻时刻有功可行域示意图

1. 单台火电机组相邻时刻有功可行域分析

火电机组的运行状态可分为基本调峰（RPR）、不投油深度调峰（DPR）和投油深度调峰（DPRO）三种。已有研究证明：火电机组在不同时段所能提供的最大爬坡率和旋转备用与其当前的调峰状态密切相关，当火电机组进行深度调峰时，随着机组负荷的降低，为保证机组稳定运行，爬坡率将小于其在 RPR 状态的爬坡率，且机组负荷越低，爬坡率越小。

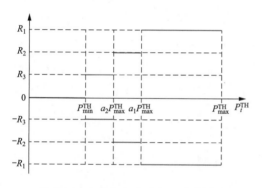

图 7-18　火电机组负荷与爬坡率关系

设火电机组在 RPR、DPR、DPRO 三种状态下对应的爬坡率依次为 R_1、R_2 和 R_3，计及火电机组阶梯式爬坡约束，则机组负荷与爬坡率的关系如图 7-18 所示。其中，P_t^{TH} 和 P_{t-1}^{TH} 分别为火电机组当前时刻与上一时刻的有功功率，a_1、a_2 和 a_3 分别为火电机组 RPR、DPR 和 DPRO 状态下机组负荷最小值与 $P_{\max}^{\mathrm{TH}}$ 的比值，机组最小功率 $P_{\min}^{\mathrm{TH}}$ 可以用 $a_3 P_{\max}^{\mathrm{TH}}$ 表示。

本节采用改进后的火电机组阶梯式爬坡约束，对单台火电机组的相邻时刻有功可行域展开研究。选取具有代表性的火电机组参数模型：机组在 RPR、DPR 和 DPRO 状态下的爬坡速率分别是 $1.5\% P_{\max}^{\mathrm{TH}}/\min$，$1\% P_{\max}^{\mathrm{TH}}/\min$ 和 $0.5 P_{\max}^{\mathrm{TH}}/\min$，三种状态的功率区间范围分别是：$[0.5 P_{\max}^{\mathrm{TH}}, P_{\max}^{\mathrm{TH}}]$、$[0.4 P_{\max}^{\mathrm{TH}}, 0.5 P_{\max}^{\mathrm{TH}}]$ 和 $[0.3 P_{\max}^{\mathrm{TH}}, 0.4 P_{\max}^{\mathrm{TH}}]$。即火电机组在三种状态下对应的爬坡率 R_1、R_2 和 R_3 分别为 1.5%、1% 和 0.5%，a_1、a_2 和 a_3 分别为 0.5、0.4 和 0.3。

火电机组在任意时刻的功率应在其允许的功率范围内，即有 $\forall P_t^{\mathrm{TH}} \in \partial_{\mathrm{th}}$，$\partial_{\mathrm{th}} = [a_3 P_{\max}^{\mathrm{TH}}, P_{\max}^{\mathrm{TH}}]$。此时，计及火电机组功率约束和阶梯式爬坡的向上爬坡约束为

$$
\begin{cases}
① \ P_{t-1}^{\mathrm{TH}} \in [a_3 P_{\max}^{\mathrm{TH}}, a_2 P_{\max}^{\mathrm{TH}}], \\
P_t^{\mathrm{TH}} \leqslant a_1 P_{\max}^{\mathrm{TH}} + R_1 P_{\max}^{\mathrm{TH}} [\Delta t - \Delta_1 - \Delta_2] \\
② \ P_{t-1}^{\mathrm{TH}} \in [a_2 P_{\max}^{\mathrm{TH}}, a_1 P_{\max}^{\mathrm{TH}}], \\
P_t^{\mathrm{TH}} \leqslant a_1 P_{\max}^{\mathrm{TH}} + R_1 P_{\max}^{\mathrm{TH}} [\Delta t - \Delta_3] \\
③ \ P_{t-1}^{\mathrm{TH}} \in [a_1 P_{\max}^{\mathrm{TH}}, P_{\max}^{\mathrm{TH}} - R_1 \Delta t], \\
P_t^{\mathrm{TH}} \leqslant P_{t-1}^{\mathrm{TH}} + R_1 P_{\max}^{\mathrm{TH}} \Delta t \\
④ \ P_{t-1}^{\mathrm{TH}} \in [P_{\max}^{\mathrm{TH}} - R_1 P_{\max}^{\mathrm{TH}} \Delta t, P_{\max}^{\mathrm{TH}}], \\
P_t^{\mathrm{TH}} \leqslant P_{\max}^{\mathrm{TH}}
\end{cases}
\tag{7-81}
$$

向下爬坡约束为

$$
\begin{cases}
① \ P_{t-1}^{\mathrm{TH}} \in [a_3 P_{\max}^{\mathrm{TH}}, a_1 P_{\max}^{\mathrm{TH}}], \\
P_t^{\mathrm{TH}} \geqslant a_3 P_{\max}^{\mathrm{TH}} \\
② \ P_{t-1}^{\mathrm{TH}} \in [a_1 P_{\max}^{\mathrm{TH}}, a_1 P_{\max}^{\mathrm{TH}} + R_1 P_{\max}^{\mathrm{TH}} (\Delta t - \Delta_1)], \\
P_t^{\mathrm{TH}} \geqslant a_2 P_{\max}^{\mathrm{TH}} - R_3 P_{\max}^{\mathrm{TH}} (\Delta t - \Delta_1 - \Delta_4) \\
③ \ P_{t-1}^{\mathrm{TH}} \in [a_1 P_{\max}^{\mathrm{TH}} + R_1 P_{\max}^{\mathrm{TH}} (\Delta t - \Delta_1), \\
a_1 P_{\max}^{\mathrm{TH}} + R_1 P_{\max}^{\mathrm{TH}} \Delta t], \\
P_t^{\mathrm{TH}} \geqslant a_1 P_{\max}^{\mathrm{TH}} - R_2 P_{\max}^{\mathrm{TH}} (\Delta t - \Delta_4) \\
④ \ P_{t-1}^{\mathrm{TH}} \in [a_1 P_{\max}^{\mathrm{TH}} + R_1 P_{\max}^{\mathrm{TH}} \Delta t, P_{\max}^{\mathrm{TH}}], \\
P_t^{\mathrm{TH}} \geqslant P_{t-1}^{\mathrm{TH}} - R_1 P_{\max}^{\mathrm{TH}} \Delta t
\end{cases}
\tag{7-82}
$$

其中

$$
\begin{cases}
\Delta_1 = \dfrac{(a_1 - a_2) P_{\max}^{\mathrm{TH}}}{R_2 P_{\max}^{\mathrm{TH}}} \\[2mm]
\Delta_2 = \dfrac{a_2 P_{\max}^{\mathrm{TH}} - P_{t-1}^{\mathrm{TH}}}{R_3 P_{\max}^{\mathrm{TH}}} \\[2mm]
\Delta_3 = \dfrac{a_1 P_{\max}^{\mathrm{TH}} - P_{t-1}^{\mathrm{TH}}}{R_2 P_{\max}^{\mathrm{TH}}} \\[2mm]
\Delta_4 = \dfrac{P_{t-1}^{\mathrm{TH}} - a_1 P_{\max}^{\mathrm{TH}}}{R_1 P_{\max}^{\mathrm{TH}}}
\end{cases}
\tag{7-83}
$$

将约束写成可行域形式，有

$$\Omega^{TH}(P_{t-1}^{TH}, P_t^{TH}, P_{\max}^{TH}) = (P_{t-1}^{TH}, P_t^{TH}) \begin{cases} ① \ P_t^{TH} \leqslant a_1 P_{\max}^{TH} + R_1 P_{\max}^{TH}[\Delta t - \Delta_1 - \Delta_2], \\ \forall P_{t-1}^{TH} \in [a_3 P_{\max}^{TH}, a_2 P_{\max}^{TH}] \\ ② \ P_t^{TH} \leqslant a_1 P_{\max}^{TH} + R_1 P_{\max}^{TH}[\Delta t - \Delta_3], \\ \forall P_{t-1}^{TH} \in [a_2 P_{\max}^{TH}, a_1 P_{\max}^{TH}] \\ ③ \ P_t^{TH} \leqslant P_{t-1}^{TH} + R_1 P_{\max}^{TH}\Delta t, \\ \forall P_{t-1}^{TH} \in [a_1 P_{\max}^{TH}, P_{\max}^{TH} - R_1 \Delta t] \\ ④ \ P_t^{TH} \leqslant P_{\max}^{TH}, \\ \forall P_{t-1}^{TH} \in [P_{\max}^{TH} - R_1 P_{\max}^{TH}\Delta t, P_{\max}^{TH}] \\ ⑤ \ P_t^{TH} \geqslant a_3 P_{\max}^{TH}, \forall P_{t-1}^{TH} \in [a_3 P_{\max}^{TH}, a_1 P_{\max}^{TH}] \\ ⑥ \ P_t^{TH} \geqslant a_2 P_{\max}^{TH} - R_3 P_{\max}^{TH}(\Delta t - \Delta_1 - \Delta_4), \\ \forall P_{t-1}^{TH} \in [a_1 P_{\max}^{TH}, a_1 P_{\max}^{TH} + R_1 P_{\max}^{TH}(\Delta t - \Delta_1)] \\ ⑦ \ P_t^{TH} \geqslant a_1 P_{\max}^{TH} - R_2 P_{\max}^{TH}(\Delta t - \Delta_4), \\ \forall P_{t-1}^{TH} \in [a_1 P_{\max}^{TH} + R_1 P_{\max}^{TH}(\Delta t - \Delta_1), \\ \qquad a_1 P_{\max}^{TH} + R_1 P_{\max}^{TH}\Delta t] \\ ⑧ \ P_t^{TH} \geqslant P_{t-1}^{TH} - R_1 P_{\max}^{TH}\Delta t, \\ \forall P_{t-1}^{TH} \in [a_1 P_{\max}^{TH} + R_1 P_{\max}^{TH}\Delta t, P_{\max}^{TH}] \end{cases}$$

$$(7-84)$$

由公式（7-84）和图 7-19 可知，该可行域的上边界斜率随负荷从低到高递减，下边界斜率随负荷从低到高递增，为凸集，因此可以简化式（7-84）中①～⑧的定义域，得到

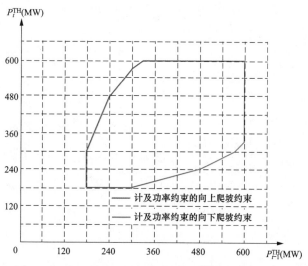

图 7-19 单台火电机组相邻时刻有功可行域

$$\Omega^{\text{TH}}(P_{t-1}^{\text{TH}},P_t^{\text{TH}},P_{\max}^{\text{TH}})=\left\{(P_{t-1}^{\text{TH}},P_t^{\text{TH}})\left|\begin{array}{l}① P_t^{\text{TH}} \leqslant a_1 P_{\max}^{\text{TH}}+R_1 P_{\max}^{\text{TH}}[\Delta t-\Delta_1-\Delta_2]\\ ② P_t^{\text{TH}} \leqslant a_1 P_{\max}^{\text{TH}}+R_1 P_{\max}^{\text{TH}}[\Delta t-\Delta_3]\\ ③ P_t^{\text{TH}} \leqslant P_{t-1}^{\text{TH}}+R_1 P_{\max}^{\text{TH}}\Delta t\\ ④ P_t^{\text{TH}} \leqslant P_{\max}^{\text{TH}}\\ ⑤ P_t^{\text{TH}} \geqslant a_3 P_{\max}^{\text{TH}}\\ ⑥ P_t^{\text{TH}} \geqslant a_2 P_{\max}^{\text{TH}}-R_3 P_{\max}^{\text{TH}}(\Delta t-\Delta_1-\Delta_4)\\ ⑦ P_t^{\text{TH}} \geqslant a_1 P_{\max}^{\text{TH}}-R_2 P_{\max}^{\text{TH}}(\Delta t-\Delta_4)\\ ⑧ P_t^{\text{TH}} \geqslant P_{t-1}^{\text{TH}}-R_1 P_{\max}^{\text{TH}}\Delta t\end{array}\right.\right\}$$
$$\forall P_{t-1}\in\partial_{\text{th}},\partial_{\text{th}}=[a_3 P_{\max}^{\text{TH}},P_{\max}^{\text{TH}}]$$

$$(7\text{-}85)$$

式（7-85）即计及火电阶梯式爬坡率约束和机组功率约束的单台火电机组相邻时刻有功可行域，其中①～④和⑤～⑧分别是结合功率上下限约束的火电机组向上与向下爬坡约束。为配合后文的研究，此处将单台火电机组相邻时刻有功可行域拆分为向上爬坡集合和向下爬坡集合。

定义单台火电机组向上爬坡集合为

$$\Omega_{\text{up}}^{\text{TH}}(P_{t-1}^{\text{TH}},P_t^{\text{TH}},P_{\max}^{\text{TH}})=\left\{(P_{t-1}^{\text{TH}},P_t^{\text{TH}})\left|\begin{array}{l}① P_t^{\text{TH}} \leqslant a_1 P_{\max}^{\text{TH}}+R_1 P_{\max}^{\text{TH}}[\Delta t-\Delta_1-\Delta_2]\\ ② P_t^{\text{TH}} \leqslant a_1 P_{\max}^{\text{TH}}+R_1 P_{\max}^{\text{TH}}[\Delta t-\Delta_3]\\ ③ P_t^{\text{TH}} \leqslant P_{t-1}+R_1 P_{\max}^{\text{TH}}\Delta t\\ ④ P_t^{\text{TH}} \leqslant P_{\max}^{\text{TH}}\end{array}\right.\right\}$$
$$\forall P_{t-1}^{\text{TH}}\in\partial_{\text{th}},\partial_{\text{th}}=[a_3 P_{\max}^{\text{TH}},P_{\max}^{\text{TH}}]$$

$$(7\text{-}86)$$

单台火电机组向下爬坡集合为

$$\Omega_{\text{down}}^{\text{TH}}(P_{t-1}^{\text{TH}},P_t^{\text{TH}},P_{\max}^{\text{TH}})=\left\{(P_{t-1}^{\text{TH}},P_t^{\text{TH}})\left|\begin{array}{l}① P_t^{\text{TH}} \geqslant a_3 P_{\max}^{\text{TH}}\\ ② P_t^{\text{TH}} \geqslant a_2 P_{\max}^{\text{TH}}-R_3 P_{\max}^{\text{TH}}(\Delta t-\Delta_1-\Delta_4)\\ ③ P_t^{\text{TH}}{}_t \geqslant a_1 P_{\max}^{\text{TH}}-R_2 P_{\max}^{\text{TH}}(\Delta t-\Delta_4)\\ ④ P_t^{\text{TH}} \geqslant P_{t-1}^{\text{TH}}-R_1 P_{\max}^{\text{TH}}\Delta t\end{array}\right.\right\}$$
$$\forall P_{t-1}^{\text{TH}}\in\partial_{\text{th}},\partial_{\text{th}}=[a_3 P_{\max}^{\text{TH}},P_{\max}^{\text{TH}}]$$

$$(7\text{-}87)$$

单台火电机组向上爬坡集合与单台火电机组向下爬坡集合的交集即单台火电机组相

邻时刻有功可行域，表示为

$$\Omega^{\text{TH}}(P_{t-1}^{\text{TH}},P_t^{\text{TH}},P_{\max}^{\text{TH}})=\Omega_{\text{up}}^{\text{TH}}(P_{t-1}^{\text{TH}},P_t^{\text{TH}},P_{\max}^{\text{TH}})\bigcap\Omega_{\text{down}}^{\text{TH}}(P_{t-1}^{\text{TH}},P_t^{\text{TH}},P_{\max}^{\text{TH}}) \quad (7\text{-}88)$$

如图 7-20 所示，以一台额定容量为 600MW 的火电机组为例，其在 RPR、DPR 和 DPRO 状态下的爬坡率分别为 9MW/min，6MW/min 和 3MW/min，区间范围分别为 ［300MW，600MW］、［240MW，300MW］和 ［180MW，240MW］，图 7-20 中绿色和红色线段围成的区域即是单台 600MW 火电机组的相邻时刻有功可行域，表示了该机组在给定条件下当前时刻有功功率 Pt 所有可能的取值范围，即。其中，绿色线段即对应式（7-85）中①~④和式（7-86）表示的边界，代表计及功率上限与阶梯式爬坡特性的火电机组向上爬坡约束，红色线段对应式（7-85）中⑤~⑧和式（7-87）表示的边界，代表计及火电机组功率下限与阶梯式爬坡特性的火电机组向下爬坡约束。

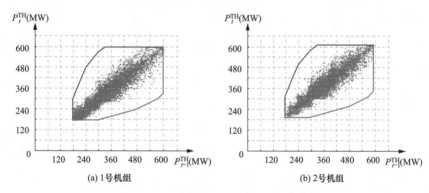

图 7-20 单台火电机组相邻时刻有功可行域

本文通过辽宁省某电厂两台可进行深度调峰 600MW 火电机组的运行数据对本节推导结果进行验证。分别将两台火电机组 2020 年全年相邻时刻有功功率散点图与本文推导的单台 600MW 火电机组相邻时刻有功可行域进行对比，结果如图 7-19 所示。从图 7-19 可以看出，本文推导的单台火电机组有功可行域基本符合火电实际运行情况。

2. 相邻时刻有功可行域的集合运算

为配合后文对耦合系统可行域的深入研究，本节定义了两种可行域集合基础运算规则，本文称其为缩放运算和平移运算。其中，缩放运算作用在可行域坐标平面上的效果，可以对应火电机组扩容或减容为原容量 k 倍的情况；平移运算可用于推导新能源与火电耦合及火电机组发生启停的相邻时刻有功可行域。

（1）缩放运算。定义缩放运算的符号为⊗，缩放运算作用在可行域 $\Omega(P_{t-1},P_t,P_{\max})$ 括号内的 $P_{\max}$ 位置，设常数 k 为缩放系数，运算规则为：

$$k\bigotimes\Omega^{\text{TH}}(P_{t-1},P_t,P_{\max})=\Omega^{\text{TH}}(P_{t-1},P_t,kP_{\max}) \quad (7\text{-}89)$$

缩放运算的规则适用于单台火电机组相邻时刻有功可行域集合、向上爬坡集合和向

下爬坡集合，并符合交换律与分配率，表示为

$$
\begin{cases}
① \ k \otimes \Omega^{\mathrm{TH}}(P_{t-1}^{\mathrm{TH}}, P_t^{\mathrm{TH}}, P_{\max}^{\mathrm{TH}}) = \Omega^{\mathrm{TH}}(P_{t-1}^{\mathrm{TH}}, P_t^{\mathrm{TH}}, kP_{\max}^{\mathrm{TH}}) \\[4pt]
② \ k \otimes \Omega_{\mathrm{up}}^{\mathrm{TH}}(P_{t-1}^{\mathrm{TH}}, P_t^{\mathrm{TH}}, P_{\max}^{\mathrm{TH}}) = \Omega_{\mathrm{up}}^{\mathrm{TH}}(P_{t-1}^{\mathrm{TH}}, P_t^{\mathrm{TH}}, kP_{\max}^{\mathrm{TH}}) \\[4pt]
③ \ k \otimes \Omega_{\mathrm{down}}^{\mathrm{TH}}(P_{t-1}^{\mathrm{TH}}, P_t^{\mathrm{TH}}, P_{\max}^{\mathrm{TH}}) = \Omega_{\mathrm{down}}^{\mathrm{TH}}(P_{t-1}^{\mathrm{TH}}, P_t^{\mathrm{TH}}, kP_{\max}^{\mathrm{TH}}) \\[4pt]
④ \ k \otimes \Omega = \Omega \otimes k \\[4pt]
⑤ \ k \otimes \Omega^{\mathrm{TH}}(P_{t-1}^{\mathrm{TH}}, P_t^{\mathrm{TH}}, P_{\max}^{\mathrm{TH}}) = \Omega^{\mathrm{TH}}(P_{t-1}^{\mathrm{TH}}, P_t^{\mathrm{TH}}, kP_{\max}^{\mathrm{TH}}) \\[4pt]
\quad = \Omega_{\mathrm{up}}^{\mathrm{TH}}(P_{t-1}^{\mathrm{TH}}, P_t^{\mathrm{TH}}, kP_{\max}^{\mathrm{TH}}) \bigcap \Omega_{\mathrm{down}}^{\mathrm{TH}}(P_{t-1}^{\mathrm{TH}}, P_t^{\mathrm{TH}}, kP_{\max}^{\mathrm{TH}}) \\[4pt]
\quad = \left[k \otimes \Omega_{\mathrm{up}}^{\mathrm{TH}}(P_{t-1}^{\mathrm{TH}}, P_t^{\mathrm{TH}}, P_{\max}^{\mathrm{TH}})\right] \bigcap \left[k \otimes \Omega_{\mathrm{down}}^{\mathrm{TH}}(P_{t-1}^{\mathrm{TH}}, P_t^{\mathrm{TH}}, kP_{\max}^{\mathrm{TH}})\right]
\end{cases}
\tag{7-90}
$$

（2）平移运算。定义平移运算的符号为⊕，并将平移运算分为左移与右移运算，设 P_x 为平移功率量，定义平移运算符号⊕在集合左边为左移运算，左移运算作用在集合 $\Omega(P_{t-1}, P_t, P_{\max})$ 的 P_t 位置，运算规则为

$$
P_x \bigoplus \Omega(P_{t-1}, P_t, P_{\max}) = \Omega(P_{t-1}, P_t - P_x, P_{\max})
\tag{7-91}
$$

定义平移运算符号⊕在集合右边为右移运算，右移运算作用在集合 $\Omega(P_{t-1}, P_t, P_{\max})$ 的 P_{t-1} 位置，运算规则为

$$
\Omega(P_{t-1}, P_t, P_{\max}) \bigoplus P_x = \Omega(P_{t-1} - P_x, P_t, P_{\max})
\tag{7-92}
$$

两种平移运算对单台火电机组相邻时刻有功可行域、向上爬坡集合和向下爬坡集合均适用。

平移运算作用于坐标平面，左移运算即是使原可行域区域在坐标平面中上移 P_x，右移运算即是使区域在坐标平面向右移 P_x。

平移运算规则示意图如图 7-21 所示，若原集合对应红色线段围成的区域，平移功率量为 P_x，则左移运算即是将原区域向上平移 P_x，左移运算后的集合对应图 7-21 中绿色线段包络的区域，右移运算即将原区域向右平移 P_x，右移运算后的集合对应图 7-21 中蓝色线段包络的区域。平移运算主要用于后文对新能源与火电耦合场景相邻时刻有功可行域的推导。

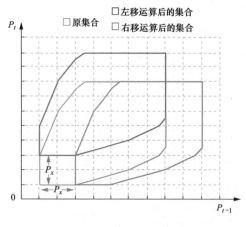

图 7-21 平移运算规则示意图

3. 耦合系统的相邻时刻有功可行域分析

（1）火电机组扩容后的可行域。针对火电机组扩容的情况，设一台火电机组原容量

为 $P_{\max}^{\mathrm{TH}}$，扩容 k 倍后机组容量变为 $kP_{\max}^{\mathrm{TH}}$，此时机组允许的功率范围随扩容发生了变化，有 $\forall P_t \in \partial_{\mathrm{th}}^k$，$\partial_{\mathrm{th}}^k = [a_3 kP_{\max}^{\mathrm{TH}}, kP_{\max}^{\mathrm{TH}}]$。

扩容后机组的相邻时刻有功可行域为

$$\Omega_{\mathrm{up}}^{\mathrm{TH}}(P_{t-1}^{\mathrm{TH}}, P_t^{\mathrm{TH}}, kP_{\max}^{\mathrm{TH}}) = \left\{ (P_{t-1}^{\mathrm{TH}}, P_t^{\mathrm{TH}}) \left| \begin{array}{l} ① \ P_t^{\mathrm{TH}} \leqslant a_1 kP_{\max}^{\mathrm{TH}} + kR_1 [\Delta t - \Delta_1 - \Delta_2^k] \\[4pt] ② \ P_t^{\mathrm{TH}} \leqslant a_1 kP_{\max}^{\mathrm{TH}} + kR_1 P_{\max}^{\mathrm{TH}} [\Delta t - \Delta_3^k] \\[4pt] ③ \ P_t^{\mathrm{TH}} \leqslant P_{t-1}^{\mathrm{TH}} + kR_1 P_{\max}^{\mathrm{TH}} \Delta t \\[4pt] ④ \ P_t^{\mathrm{TH}} \leqslant kP_{\max}^{\mathrm{TH}} \\[4pt] ⑤ \ P_t^{\mathrm{TH}} \geqslant a_3 kP_{\max}^{\mathrm{TH}} \\[4pt] ⑥ \ P_t^{\mathrm{TH}} \geqslant a_2 kP_{\max}^{\mathrm{TH}} - kR_3 P_{\max}^{\mathrm{TH}} (\Delta t - \Delta_1 - \Delta_4^k) \\[4pt] ⑦ \ P_t^{\mathrm{TH}} \geqslant a_1 kP_{\max}^{\mathrm{TH}} - kR_2 P_{\max}^{\mathrm{TH}} (\Delta t - \Delta_4^k) \\[4pt] ⑧ \ P_t^{\mathrm{TH}} \geqslant P_{t-1}^{\mathrm{TH}} - R_1 kP_{\max}^{\mathrm{TH}} \Delta t \end{array} \right. \right\}$$
$$\forall P_{t-1}^{\mathrm{TH}} \in \partial_{\mathrm{th}}^k, \partial_{\mathrm{th}}^k = [a_3 kP_{\max}^{\mathrm{TH}}, kP_{\max}^{\mathrm{TH}}]$$

$$(7\text{-}93)$$

其中

$$\begin{cases} \Delta_1 = \dfrac{(a_1 - a_2) P_{\max}^{\mathrm{TH}}}{R_2 P_{\max}^{\mathrm{TH}}} \\[12pt] \Delta_2^k = \dfrac{a_2 kP_{\max}^{\mathrm{TH}} - P_{t-1}^{\mathrm{TH}}}{kR_3 P_{\max}^{\mathrm{TH}}} \\[12pt] \Delta_3^k = \dfrac{a_1 kP_{\max}^{\mathrm{TH}} - P_{t-1}^{\mathrm{TH}}}{kR_2 P_{\max}^{\mathrm{TH}}} \\[12pt] \Delta_4^k = \dfrac{P_{t-1}^{\mathrm{TH}} - a_1 kP_{\max}^{\mathrm{TH}}}{kR_1 P_{\max}^{\mathrm{TH}}} \end{cases} \qquad (7\text{-}94)$$

写成向上爬坡集合和向下爬坡集合的形式，有

$$\Omega_{\mathrm{up}}^{\mathrm{TH}}(P_{t-1}^{\mathrm{TH}}, P_t^{\mathrm{TH}}, kP_{\max}^{\mathrm{TH}}) = \left\{ (P_{t-1}^{\mathrm{TH}}, P_t^{\mathrm{TH}}) \left| \begin{array}{l} ① \ P_t^{\mathrm{TH}} \leqslant a_1 kP_{\max}^{\mathrm{TH}} + kR_1 P_{\max}^{\mathrm{TH}} [\Delta t - \Delta_1 - \Delta_2^k] \\[4pt] ② \ P_t^{\mathrm{TH}} \leqslant a_1 kP_{\max}^{\mathrm{TH}} + kR_1 P_{\max}^{\mathrm{TH}} [\Delta t - \Delta_3^k] \\[4pt] ③ \ P_t^{\mathrm{TH}} \leqslant P_{t-1}^{\mathrm{TH}} + kR_1 P_{\max}^{\mathrm{TH}} \Delta t \\[4pt] ④ \ P_t^{\mathrm{TH}} \leqslant kP_{\max}^{\mathrm{TH}} \end{array} \right. \right\}$$
$$\forall P_{t-1}^{\mathrm{TH}} \in \partial_{\mathrm{th}}^k, \partial_{\mathrm{th}}^k = [a_3 kP_{\max}^{\mathrm{TH}}, kP_{\max}^{\mathrm{TH}}]$$

$$\Omega_{\text{down}}^{\text{TH}}(P_{t-1}^{\text{TH}}, P_t^{\text{TH}}, kP_{\text{max}}^{\text{TH}}) = \begin{cases} (P_{t-1}^{\text{TH}}, P_t^{\text{TH}}) & \begin{vmatrix} ① \ P_t^{\text{TH}} \geqslant a_3 kP_{\text{max}}^{\text{TH}} \\ ② \ P_t^{\text{TH}} \geqslant a_2 kP_{\text{max}}^{\text{TH}} - kR_3 P_{\text{max}}^{\text{TH}}(\Delta t - \Delta_1 - \Delta_4^k) \\ ③ \ P_t^{\text{TH}} \geqslant a_1 kP_{\text{max}}^{\text{TH}} - kR_2 P_{\text{max}}^{\text{TH}}(\Delta t - \Delta_4^k) \\ ④ \ P_t^{\text{TH}} \geqslant P_{t-1}^{\text{TH}} - R_1 P_{\text{max}}^{\text{TH}} \Delta t \end{vmatrix} \\ \forall P_{t-1}^{\text{TH}} \in \partial_{\text{th}}^k, \partial_{\text{th}}^k = [a_3 kP_{\text{max}}^{\text{TH}}, kP_{\text{max}}^{\text{TH}}] \end{cases}$$

(7-95)

600MW 火电机组扩容前后相邻时刻有功可行域如图 7-22 所示，绿色和红色线包络的区域分别表示 600MW 火电机组扩容到 800MW 前后的相邻时刻有功可行域。

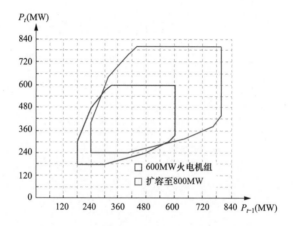

图 7-22 600MW 火电机组扩容前后相邻时刻有功可行域

上文中定义已经定义了缩放运算的规则，扩容后机组的可行域可以由原单台机组可行域经过缩放运算得到，即

$$k \otimes \Omega^{\text{TH}}(P_{t-1}^{\text{TH}}, P_t^{\text{TH}}, P_{\text{max}}^{\text{TH}}) = \Omega^{\text{TH}}(P_{t-1}^{\text{TH}}, P_t^{\text{TH}}, kP_{\text{max}}^{\text{TH}})$$
$$= \Omega_{\text{up}}^{\text{TH}}(P_{t-1}^{\text{TH}}, P_t^{\text{TH}}, kP_{\text{max}}^{\text{TH}}) \bigcap \Omega_{\text{down}}^{\text{TH}}(P_{t-1}^{\text{TH}}, P_t^{\text{TH}}, kP_{\text{max}}^{\text{TH}})$$

(7-96)

$$= [k \otimes \Omega_{\text{up}}^{\text{TH}}(P_{t-1}^{\text{TH}}, P_t^{\text{TH}}, P_{\text{max}}^{\text{TH}})] \bigcap [k \otimes \Omega_{\text{down}}^{\text{TH}}(P_{t-1}^{\text{TH}}, P_t^{\text{TH}}, P_{\text{max}}^{\text{TH}})]$$

（2）火电机组与新能源发电耦合的可行域。除火电机组之外，耦合系统还需要考虑新能源功率。当前大多数研究中将风光视为不可优化变量，难以为电网提供有功调节裕度，本研究中将新能源视为灵活性资源，其可通过弃风弃光为系统提供下调裕度[9,10]，或预先降功率运行为系统提供上调裕度，设 $P_{t-1,\text{max}}^r$ 为耦合系统中新能源 $t-1$ 时刻的最大输出功率，$P_{t,\text{max}}^r$ 为耦合系统中新能源在 t 时刻的最大输出功率，P_t^r 为新能源当前时刻发电功率。由于新能源具有快速功率调节能力，与调度时间尺度相比，可忽略其功率调节时间。因此，考虑新能源有功功率时，有

$$\begin{cases} P_{t-1}^r \in [0,\ P_{t-1,\ \max}^r] \\ P_t^r \in [0,\ P_{t,\ \max}^r] \end{cases} \tag{7-97}$$

其相邻时刻有功可行域为

$$\Omega^r = \{(P_{t-1}^r, P_t^r) \mid 0 \leqslant P_t^r \leqslant P_{t,\max}^r, \forall P_{t-1}^r \in [0, P_{t-1,\max}^r]\} \tag{7-98}$$

根据式（7-98），新能源的相邻时刻有功可行域在坐标平面中是一个长宽分别为 $P_{t-1,\max}^r$ 和 $P_{t,\max}^r$ 的矩形区域，如图 7-23 所示。需要注意的是，对于给定的新能源场站，$P_{t-1,\max}^r$ 和 $P_{t,\max}^r$ 由对应时刻一次能源大小直接决定，不同时刻的一次能源波动变化将改变图 8 中矩形的边长。

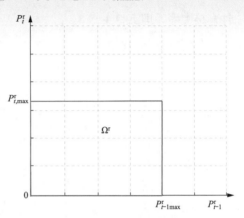

图 7-23 新能源相邻时刻有功可行域

若只是将新能源与火电相邻时刻有功可行域简单叠加，则结果只对应两者独立运行的场景，没有从火电与新能源耦合系统整体的角度考虑。要构建新能源与火电耦合系统相邻时刻有功可行域，不仅要计及火电和新能源单独运行的情况，还需要考虑两者同时运行以及耦合系统运行过程中启停状态发生变化的情况。

新能源有功功率控制可以分为场站和机组两个层级，新能源与火电耦合系统主要针对新能源场站层级进行调控。对于场站内部机组层级的功率控制，目前已有大量文献进行了研究。已有研究表明，在新能源场站内部功率控制中，新能源机组的启停是以新能源场站功率满足调节指令为目标的，其启停和有功功率调节速度远快于火电机组，新能源场站的功率调节时间明显小于电网调度周期，这使得新能源场站在调度时间尺度内可实现有功功率的连续灵活调节。因此，在电网调度周期内，新能源机组启停状态对应的场站功率调节能力，已考虑在式（7-98）对应的可行域范围之内。而耦合系统中火电机组因启停需要的时间较长，功率调节速度较慢，且启动与停机时的功率有最小与最大功率限制，无法像新能源一样在调度周期内实现有功功率连续调节。因此，本文根据火电机组的启停状态，分为以下四种情况分析：

1) 火电机组始终不投入运行。

2) $t-1$ 时刻火电机组处于停机状态，但在 t 时刻火电机组完成启动。

3) $t-1$ 时刻火电处于运行状态，但在 t 时刻火电机组完成停机。

4) 火电机组始终保持运行状态。

分别定义前三种情况下的可行域为 Ω^{r_1}、Ω^{r_2} 和 Ω^{r_3}，取三种情况的可行域的并集，记为 Ω^r。设火电机组允许启动的有功功率的上限、下限与机组容量的比值分别为 $K_{\max}^{\mathrm{on}}$、$K_{\min}^{\mathrm{on}}$，停机允许的最大、最小功率与机组容量的比值分别为 $K_{\max}^{\mathrm{off}}$、$K_{\min}^{\mathrm{off}}$，通过查阅火电机组运行资料，得到 $K_{\max}^{\mathrm{on}} \approx K_{\max}^{\mathrm{off}} \approx 0.6$，$K_{\min}^{\mathrm{on}} \approx 0.5$，火电机组可以在 DPRO 最小功率时直接关停，即 $K_{\min}^{\mathrm{off}} = 0.3$。

分别对三种情况进行分析计算，得到

$$\Omega^{r_1} = \{(P_{t-1}, P_t) \mid 0 \leqslant P_t \leqslant P_{t,\max}^r, \forall P_{t-1} \in [0, P_{t-1,\max}^r]\}$$

$$\Omega^{r_2} = \left\{ (P_{t-1}, P_t) \left| \begin{array}{l} K_{\min}^{\mathrm{on}} P_{\max}^{\mathrm{TH}} \leqslant P_t \leqslant P_{t,\max}^r + K_{\max}^{\mathrm{on}} P_{\max}^{\mathrm{TH}} \\ \forall P_{t-1} \in [0, P_{t-1,\max}^r] \end{array} \right. \right\}$$

$$\Omega^{r_3} = \left\{ (P_{t-1}, P_t) \left| \begin{array}{l} 0 \leqslant P_t \leqslant P_{t,\max}^r \\ \forall P_{t-1} \in [K_{\min}^{\mathrm{off}} P_{\max}^{\mathrm{TH}}, K_{\max}^{\mathrm{off}} P_{\max}^{\mathrm{TH}}] \end{array} \right. \right\}$$

$$\Omega^r = \Omega^{r_1} \bigcup \Omega^{r_2} \bigcup \Omega^{r_3}$$

(7-99)

单台火电机组与新能源发电耦合场景的相邻时刻有功可行域（前三种情况）如图 7-24 所示，红色线段围成的区域对应 Ω^{r_1}，蓝色对应 Ω^{r_2}，橙色对应 Ω^{r_3}，三个可行域的并集对应 Ω^r。

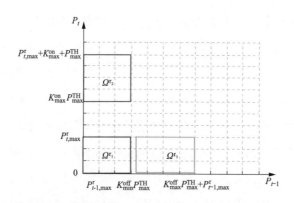

图 7-24　单台火电机组与新能源发电耦合场景的相邻时刻有功可行域（前三种情况）

接着分析第四种火电机组保持运行状态的情况，将该情况下的有功可行域记为 $\Omega^{\mathrm{CS'}}$。需要注意的是，此时耦合系统允许的有功功率范围会因新能源的加入而改变，此时有 $\forall P_{t-1} \in \partial_{\mathrm{cs'}}$，$\partial_{\mathrm{cs'}} = [a_3 P_{\max}^{\mathrm{TH}}, P_{\max}^{\mathrm{TH}} + P_{t-1,\max}^r]$。计算得到该情况下单台火电机组与新能源耦合情况下的向上爬坡约束为

$$\begin{cases} ① \; P_{t-1} \in \left[a_3 P_{\max}^{\mathrm{TH}}, a_2 P_{\max}^{\mathrm{TH}}\right] \\[6pt] P_t \leqslant a_1 P_{\max}^{\mathrm{TH}} + R_1 P_{\max}^{\mathrm{TH}}\left[\Delta t - \Delta_1 - \Delta_2\right] + P_{t,\max}^{\mathrm{r}} \\[6pt] ② \; P_{t-1} \in \left[a_2 P_{\max}^{\mathrm{TH}}, a_1 P_{\max}^{\mathrm{TH}}\right] \\[6pt] P_t \leqslant a_1 P_{\max}^{\mathrm{TH}} + R_1 P_{\max}^{\mathrm{TH}}\left[\Delta t - \Delta_3\right] + P_{t,\max}^{\mathrm{r}} \\[6pt] ③ \; P_{t-1} \in \left[a_1 P_{\max}^{\mathrm{TH}}, P_{\max}^{\mathrm{TH}} - R_1 \Delta t\right] \\[6pt] P_t \leqslant P_{t-1} + R_1 P_{\max}^{\mathrm{TH}} \Delta t + P_{t,\max}^{\mathrm{r}} \\[6pt] ④ \; P_{t-1} \in \left[P_{\max}^{\mathrm{TH}} - R_1 P_{\max}^{\mathrm{TH}} \Delta t, P_{\max}^{\mathrm{TH}} + P_{t-1,\max}^{\mathrm{r}}\right] \\[6pt] P_t \leqslant P_{\max}^{\mathrm{TH}} + P_{t,\max}^{\mathrm{r}} \end{cases} \tag{7-100}$$

向下爬坡约束为

$$\begin{cases} ① \; P_{t-1} \in \left[a_3 P_{\max}^{\mathrm{TH}}, a_1 P_{\max}^{\mathrm{TH}} + P_{t-1,\max}^{\mathrm{r}}\right] \\[6pt] P_t \geqslant a_3 P_{\max}^{\mathrm{TH}} \\[6pt] ② \; P_{t-1} \in \left[a_1 P_{\max}^{\mathrm{TH}} + P_{\mathrm{r}}, a_1 P_{\max}^{\mathrm{TH}} + R_1 P_{\max}^{\mathrm{TH}}(\Delta t - \Delta_1) + P_{t-1,\max}^{\mathrm{r}}\right] \\[6pt] P_t \geqslant a_2 P_{\max}^{\mathrm{TH}} - R_3 P_{\max}^{\mathrm{TH}}(\Delta t - \Delta_1 - \Delta_4^{\mathrm{r}}) \\[6pt] ③ \; P_{t-1} \in \left[a_1 P_{\max}^{\mathrm{TH}} + R_1 P_{\max}^{\mathrm{TH}}(\Delta t - \Delta_1 + P_{t-1,\max}^{\mathrm{r}}), a_1 P_{\max}^{\mathrm{TH}} + R_1 P_{\max}^{\mathrm{TH}} \Delta t + P_{t-1,\max}^{\mathrm{r}}\right] \\[6pt] P_t \geqslant a_1 P_{\max}^{\mathrm{TH}} - R_2 P_{\max}^{\mathrm{TH}}(\Delta t - \Delta_4^{\mathrm{r}}) \\[6pt] ④ \; P_{t-1} \in \left[a_1 P_{\max}^{\mathrm{TH}} + R_1 P_{\max}^{\mathrm{TH}} \Delta t + P_{\mathrm{r}}, P_{\max}^{\mathrm{TH}} + P_{t-1,\max}^{\mathrm{r}}\right] \\[6pt] P_t \geqslant P_{t-1} - R_1 P_{\max}^{\mathrm{TH}} \Delta t - P_{t-1,\max}^{\mathrm{r}} \end{cases}$$

$$\tag{7-101}$$

其中

$$\begin{cases} \Delta_1 = \dfrac{(a_1 - a_2) P_{\max}^{\mathrm{TH}}}{R_2 P_{\max}^{\mathrm{TH}}} \\[14pt] \Delta_2 = \dfrac{a_2 P_{\max}^{\mathrm{TH}} - P_{t-1}}{R_3 P_{\max}^{\mathrm{TH}}} \\[14pt] \Delta_3 = \dfrac{a_1 P_{\max}^{\mathrm{TH}} - P_{t-1}}{R_2 P_{\max}^{\mathrm{TH}}} \\[14pt] \Delta_4^{\mathrm{r}} = \dfrac{P_{t-1} - a_1 P_{\max}^{\mathrm{TH}} - P_{t-1,\max}^{\mathrm{r}}}{R_1 P_{\max}^{\mathrm{TH}}} \end{cases} \tag{7-102}$$

同样地，将约束写为集合形式，得到情况 4）的可行域，即

$$\Omega^{\mathrm{CS'}}(P_{t-1},P_t,P_{\max}^{\mathrm{TH}})=\left\{(P_{t-1},P_t)\left|\begin{array}{l}① \ P_t\leqslant a_1P_{\max}^{\mathrm{TH}}+R_1P_{\max}^{\mathrm{TH}}[\Delta t-\Delta_1-\Delta_2]+P_{t,\max}^{\mathrm{r}}\\[4pt]② \ P_t\leqslant a_1P_{\max}^{\mathrm{TH}}+R_1P_{\max}^{\mathrm{TH}}[\Delta t-\Delta_3]+P_{t,\max}^{\mathrm{r}}\\[4pt]③ \ P_t\leqslant P_{t-1}+R_1P_{\max}^{\mathrm{TH}}\Delta t+P_{t,\max}^{\mathrm{r}}\\[4pt]④ \ P_t\leqslant P_{\max}^{\mathrm{TH}}+P_{t,\max}^{\mathrm{r}}\\[4pt]⑤ \ P_t\geqslant a_3P_{\max}^{\mathrm{TH}}\\[4pt]⑥ \ P_t\geqslant a_2P_{\max}^{\mathrm{TH}}-R_3P_{\max}^{\mathrm{TH}}(\Delta t-\Delta_1-\Delta_4^{\mathrm{r}})\\[4pt]⑦ \ P_t\geqslant a_1P_{\max}^{\mathrm{TH}}-R_2P_{\max}^{\mathrm{TH}}(\Delta t-\Delta_4^{\mathrm{r}})\\[4pt]⑧ \ P_t\geqslant P_{t-1}-R_1P_{\max}^{\mathrm{TH}}\Delta t-P_{t-1,\max}^{\mathrm{r}}\end{array}\right.\right.$$
$$\forall P_{t-1}\in\partial_{\mathrm{cs'}},\partial_{\mathrm{cs'}}=[a_3P_{\max}^{\mathrm{TH}},P_{\max}^{\mathrm{TH}}+P_{t-1,\max}^{\mathrm{r}}]$$

$$(7\text{-}103)$$

此时对应的向上爬坡集合和向下爬坡集合分别为

$$\Omega_{\mathrm{up}}^{\mathrm{CS'}}(P_{t-1},P_t,P_{\max}^{\mathrm{TH}})=\left\{(P_{t-1},P_t)\left|\begin{array}{l}① \ P_t\leqslant a_1P_{\max}^{\mathrm{TH}}+R_1P_{\max}^{\mathrm{TH}}[\Delta t-\Delta_1-\Delta_2]+P_{t,\max}^{\mathrm{r}}\\[4pt]② \ P_t\leqslant a_1P_{\max}^{\mathrm{TH}}+R_1P_{\max}^{\mathrm{TH}}[\Delta t-\Delta_3]+P_{t,\max}^{\mathrm{r}}\\[4pt]③ \ P_t\leqslant P_{t-1}+R_1P_{\max}^{\mathrm{TH}}\Delta t+P_{t,\max}^{\mathrm{r}}\\[4pt]④ \ P_t\leqslant P_{\max}^{\mathrm{TH}}+P_{\mathrm{r}},\partial_{\mathrm{cs}}=[a_3P_{\max}^{\mathrm{TH}},P_{\max}^{\mathrm{TH}}+P_{t,\max}^{\mathrm{r}}]\end{array}\right.\right.$$
$$\forall P_{t-1}\in\partial_{\mathrm{cs'}},\partial_{\mathrm{cs'}}=[a_3P_{\max}^{\mathrm{TH}},P_{\max}^{\mathrm{TH}}+P_{t-1,\max}^{\mathrm{r}}]$$

$$\Omega_{\mathrm{down}}^{\mathrm{CS'}}(P_{t-1},P_t,P_{\max}^{\mathrm{TH}})=\left\{(P_{t-1},P_t)\left|\begin{array}{l}① \ P_t\geqslant a_3P_{\max}^{\mathrm{TH}}\\[4pt]② \ P_t\geqslant a_2P_{\max}^{\mathrm{TH}}-R_3P_{\max}^{\mathrm{TH}}(\Delta t-\Delta_1-\Delta_4^{\mathrm{r}})\\[4pt]③ \ P_t\geqslant a_1P_{\max}^{\mathrm{TH}}-R_2P_{\max}^{\mathrm{TH}}(\Delta t-\Delta_4^{\mathrm{r}})\\[4pt]④ \ P_t\geqslant P_{t-1}-R_1P_{\max}^{\mathrm{TH}}\Delta t-P_{t-1,\max}^{\mathrm{r}}\end{array}\right.\right.$$
$$\forall P_{t-1}\in\partial_{\mathrm{cs'}},\partial_{\mathrm{cs'}}=[a_3P_{\max}^{\mathrm{TH}},P_{\max}^{\mathrm{TH}}+P_{t-1,\max}^{\mathrm{r}}]$$

$$(7\text{-}104)$$

单台火电机组与新能源发电耦合场景的相邻时刻有功可行域（第四种情况）如图 7-25 所示，红色线段包络的区域是单台 600MW 火电机组相邻时刻有功可行域；绿色线段包络的区域是容量为 600MW 的火电机组与 $P_{t-1,\max}^{\mathrm{r}}$ 为 200MW 的新能源耦合后，在保持火电运行情况（第四种情况）下的有功可行域。

上文中已经定义过可行域集合平移运

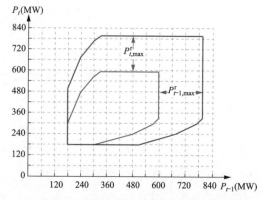

图 7-25 单台火电机组与新能源发电
耦合场景的相邻时刻有功可行域（第四种情况）

算的规则，在保持火电机组处于运行状态的情况（第四种情况）下，火电机组与新能源耦合的相邻时刻有功可行域可以由第四种情况下分析的向上爬坡集合 $\Omega_{\mathrm{up}}^{\mathrm{CS}'}(P_{t-1},\,P_t,\,P_{\mathrm{max}}^{\mathrm{TH}})$ 和向下爬坡集合 $\Omega_{\mathrm{down}}^{\mathrm{CS}'}(P_{t-1},\,P_t,\,P_{\mathrm{max}}^{\mathrm{TH}})$ 取交集得到，同时该情况下系统的向上、向下爬坡集合可以由原单台机火电组向上、向下爬可行域集合经过平移运算得到

$$
\begin{cases}
\Omega_{\mathrm{up}}^{\mathrm{CS}'}(P_{t-1},P_t,P_{\mathrm{max}}^{\mathrm{TH}}) = \Omega_{\mathrm{up}}^{\mathrm{TH}}(P_{t-1},P_t - P_{t,\mathrm{max}}^{\mathrm{r}},P_{\mathrm{max}}^{\mathrm{TH}}) \\
\qquad\qquad\qquad\quad = P_{t,\mathrm{max}}^{\mathrm{r}} \oplus \Omega_{\mathrm{up}}^{\mathrm{TH}}(P_{t-1},P_t,P_{\mathrm{max}}^{\mathrm{TH}}) \\
\Omega_{\mathrm{down}}^{\mathrm{CS}'}(P_{t-1},P_t,P_{\mathrm{max}}^{\mathrm{TH}}) = \Omega_{\mathrm{down}}^{\mathrm{TH}}(P_{t-1} - P_{t-1,\mathrm{max}}^{\mathrm{r}},P_t,P_{\mathrm{max}}^{\mathrm{TH}}) \\
\qquad\qquad\qquad\quad = \Omega_{\mathrm{down}}^{\mathrm{TH}}(P_{t-1},P_t,P_{\mathrm{max}}^{\mathrm{TH}}) \oplus P_{t-1,\mathrm{max}}^{\mathrm{r}}
\end{cases}
$$

$$
\begin{aligned}
&\Omega^{\mathrm{CS}'}(P_{t-1},P_t,P_{\mathrm{max}}^{\mathrm{TH}}) \\
&= \Omega_{\mathrm{up}}^{\mathrm{CS}'}(P_{t-1},P_t,P_{\mathrm{max}}^{\mathrm{TH}}) \bigcap \Omega_{\mathrm{down}}^{\mathrm{CS}'}(P_{t-1},P_t,P_{\mathrm{max}}^{\mathrm{TH}}) \\
&= \left[P_{t,\mathrm{max}}^{\mathrm{r}} \oplus \Omega_{\mathrm{up}}^{\mathrm{TH}}(P_{t-1},P_t,P_{\mathrm{max}}^{\mathrm{TH}})\right] \bigcup \left[\Omega_{\mathrm{down}}^{\mathrm{TH}}(P_{t-1},P_t,P_{\mathrm{max}}^{\mathrm{TH}}) \oplus P_{t-1,\mathrm{max}}^{\mathrm{r}}\right]
\end{aligned}
$$

$$(7\text{-}105)$$

同时，为了建立耦合新能源前后相邻时刻有功可行域的联系，本文定义了一种新能源耦合运算，运算符号为 $\odot$，其分别作用于单台火电机组可行域集合和向上、向下爬坡集合时的运算规则不同，运算规则如式（7-105）所示，其本质是对式（7-104）的补充说明，表示为

$$
\begin{cases}
\boldsymbol{P}_{\mathrm{r}} = (P_{t-1,\mathrm{max}}^{\mathrm{r}},P_{t,\mathrm{max}}^{\mathrm{r}}) \\
\boldsymbol{P}_{\mathrm{r}} \odot \Omega = \Omega \odot \boldsymbol{P}_{\mathrm{r}} \\
\Omega_{\mathrm{up}}^{\mathrm{CS}'}(P_{t-1},P_t,P_{\mathrm{max}}^{\mathrm{TH}}) = \boldsymbol{P}_{\mathrm{r}} \odot \Omega_{\mathrm{up}}^{\mathrm{TH}}(P_{t-1}^{\mathrm{TH}},P_t^{\mathrm{TH}},P_{\mathrm{max}}^{\mathrm{TH}}) \\
\qquad\qquad\qquad\quad = P_{t,\mathrm{max}}^{\mathrm{r}} \oplus \Omega_{\mathrm{up}}^{\mathrm{TH}}(P_{t-1}^{\mathrm{TH}},P_t^{\mathrm{TH}},P_{\mathrm{max}}^{\mathrm{TH}}) \\
\Omega_{\mathrm{down}}^{\mathrm{CS}'}(P_{t-1},P_t,P_{\mathrm{max}}^{\mathrm{TH}}) = \boldsymbol{P}_{\mathrm{r}} \odot \Omega_{\mathrm{down}}^{\mathrm{TH}}(P_{t-1}^{\mathrm{TH}},P_t^{\mathrm{TH}},P_{\mathrm{max}}^{\mathrm{TH}}) \\
\qquad\qquad\qquad\quad = \Omega_{\mathrm{down}}^{\mathrm{TH}}(P_{t-1}^{\mathrm{TH}},P_t^{\mathrm{TH}},P_{\mathrm{max}}^{\mathrm{TH}}) \oplus P_{t-1,\mathrm{max}}^{\mathrm{r}}
\end{cases}
$$

$$
\begin{aligned}
&\Omega^{\mathrm{CS}'}(P_{t-1},P_t,P_{\mathrm{max}}^{\mathrm{TH}}) \\
&= P_{\mathrm{r}} \odot \Omega^{\mathrm{TH}}(P_{t-1}^{\mathrm{TH}},P_t^{\mathrm{TH}},P_{\mathrm{max}}^{\mathrm{TH}}) = \Omega_{\mathrm{up}}^{\mathrm{CS}'}(P_{t-1},P_t,P_{\mathrm{max}}^{\mathrm{TH}}) \bigcap \Omega_{\mathrm{down}}^{\mathrm{CS}'}(P_{t-1},P_t,P_{\mathrm{max}}^{\mathrm{TH}}) \\
&= \left[P_{t,\mathrm{max}}^{\mathrm{r}} \oplus \Omega_{\mathrm{up}}^{\mathrm{TH}}(P_{t-1}^{\mathrm{TH}},P_t^{\mathrm{TH}},P_{\mathrm{max}}^{\mathrm{TH}})\right] \bigcup \left[\Omega_{\mathrm{down}}^{\mathrm{TH}}(P_{t-1}^{\mathrm{TH}},P_t^{\mathrm{TH}},P_{\mathrm{max}}^{\mathrm{TH}}) \oplus P_{t-1,\mathrm{max}}^{\mathrm{r}}\right]
\end{aligned}
$$

$$(7\text{-}106)$$

将四种运行情况分别对应的相邻时刻有功可行域叠加，即可得到单台火电与新能源耦合系统的有功可行域，表示为

$$
\Omega^{\mathrm{CS}'}(P_{t-1},P_t,P_{\mathrm{max}}^{\mathrm{TH}}) = \Omega^{\mathrm{CS}'}(P_{t-1},P_t,P_{\mathrm{max}}^{\mathrm{TH}}) \bigcup \Omega^{\mathrm{r}}
$$

$$=\Omega^{\mathrm{CS'}}(P_{t-1},P_t,P_{\max}^{\mathrm{TH}})\bigcup\Omega^{\mathrm{r_1}}\bigcup\Omega^{\mathrm{r_2}}\bigcup\Omega^{\mathrm{r_3}} \tag{7-107}$$

简写为

$$\Omega^{\mathrm{CS}}=\Omega^{\mathrm{CS'}}\bigcup\Omega^{\mathrm{r}}=\Omega^{\mathrm{CS'}}\bigcup\Omega^{\mathrm{r_1}}\bigcup\Omega^{\mathrm{r_2}}\bigcup\Omega^{\mathrm{r_3}} \tag{7-108}$$

式（7-108）即为单台火电机组与新能源耦合的有功可行域。如图 7-26 所示，图中所有颜色线段围成区域的并集即 $P_{\max}^{\mathrm{TH}}=600\mathrm{MW}$ 火电机组与 $P_{t-1,\max}^{\mathrm{r}}=200\mathrm{MW}$ 的新能源耦合的相邻时刻有功可行域。

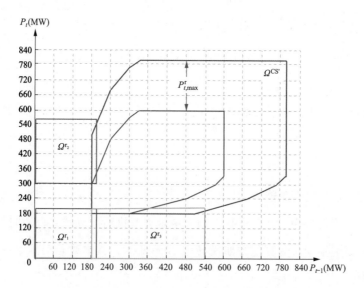

图 7-26　火电与新能源耦合的相邻时刻有功可行域

（3）多火电机组耦合的可行域。对于耦合系统中的火电机组，单台火电机组相邻时刻有功可行域能反映各火电机组自身的有功调节能力，但无法反映多台机组耦合后的整体有功调节能力。研究多火电耦合场景是耦合系统整体有功可行域刻画的关键。要确定多台火电机组耦合场景的相邻时刻有功可行域，须考虑以下因素对其的影响。

1）容量组合：多火电机组耦合场景下，每台火电机组因其机组容量配置的不同，各自对应不同的可行域，需要逐台分析并有序叠加。

2）功率分配：该场景下不仅各火电机组容量配置不同，其负荷情况也不同，即使系统总的有功功率相同，各台机组的有功功率也存在多种可能。此时需要考虑机组间的有功功率分配，只有确定每一台机组上一时刻的有功功率，才能确定当前时刻耦合系统的有功功率边界。

3）机组启停：在满足火电机组启停功率约束的前提下，随着负荷需求的改变，耦合系统接收到上级电网的调度指令，系统内火电机组可能会启动或停机，完整的耦合系统相邻时刻有功可行域必须考虑火电机组的启停。需要注意的是，由于火电机组启停需要的时间较长，本文中火电机组启停可行域的分析针对的是火电启停指令提前下发且在 t 时刻完成启停的场景。

为了准确描述多火电耦合场景的相邻时刻有功可行域，本文考虑了系统内各机组间容量组合、功率分配和机组启停对其有功可行域的影响。本节针对两台火电机组耦合的情况，首先在不考虑调度时间尺度 Δt 内火电机组启停的情况下对两台火电机组耦合的有功可行域进行分析：设两台火电机组 P_1，P_2 的容量分别为 $P_{1,\max}^{TH}$ 和 $P_{2,\max}^{TH}$，$\boldsymbol{P}_{\max}^{TH}=(P_{1,\max}^{TH}，P_{2,\max}^{TH})$，将不考虑机组启停的相邻时刻有功可行域称为相邻时刻有功基础可行域，记为 $\Omega^{TH'}(P_{t-1}，P_t，\boldsymbol{P}_{\max}^{TH})$，两台火电机组耦合场景的相邻时刻有功基础可行域可表示成容量分别为 $P_{1,\max}^{TH}P_{2,\max}^{TH}$ 和 $P_{1,\max}^{TH}+P_{2,\max}^{TH}$ 的三个单台火电机组有功可行域的并集，即

$$\Omega^{TH'}(P_{t-1},P_t,\boldsymbol{P}_{\max}^{TH})=\Omega^{TH'}(P_{t-1},P_t,P_{1,\max}^{TH},P_{2,\max}^{TH})=\Omega^{TH}(P_{t-1},P_t,P_{1,\max}^{TH})$$
$$\bigcup \Omega^{TH}(P_{t-1},P_t,P_{2,\max}^{TH})\bigcup \Omega^{TH}(P_{t-1},P_t,P_{1,\max}^{TH}+P_{2,\max}^{TH})$$

$$(7\text{-}109)$$

如图 7-27 所示，两台 600MW 火电机组耦合场景的相邻时刻有功基础可行域可等同为单台 600MW 和单台 1200MW 火电机组相邻时刻有功可行域的并集；两台容量分别为 200MW 和 600MW 的火电机组耦合后，其相邻时刻有功基础可行域等同于单台 200、600MW 和 800MW 火电机组相邻时刻有功可行域的并集。

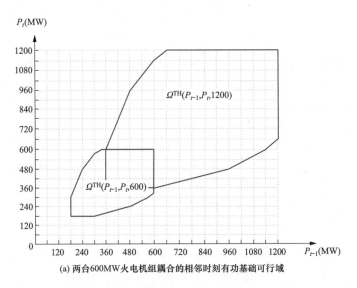

(a) 两台600MW火电机组耦合的相邻时刻有功基础可行域

图 7-27 火电与新能源耦合的相邻时刻有功可行域（一）

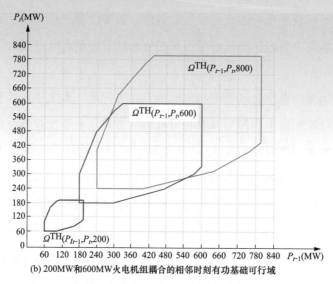

(b) 200MW和600MW火电机组耦合的相邻时刻有功基础可行域

图 7-27　火电与新能源耦合的相邻时刻有功可行域（二）

　　然而，在实际运行中，根据上级电网预先下发的调度指令，调度时间尺度内火电机组可能会发生启停，此时系统的有功功率会落在基础可行域之外。为了得到完整两台火电机组耦合场景下的相邻时刻有功可行域，必须分析机组启停对有功可行域的影响。需要注意的是，耦合系统作为统一的运营主体，系统内各机组启停是以系统整体功率满足调节指令为目标的，通常不会同时对系统内的不同机组分别下达启动和停机指令，因此本文构建的可行域没有对此类场景进行分析。

　　分析两台火电机组耦合场景下的启停，设 P_1，P_2 两台火电机组的容量分别为 $P_{1,\max}^{\text{TH}}$ 和 $P_{2,\max}^{\text{TH}}$，在仅 P_1 机组运行的情况下启动 P_2 机组，有

$$\begin{cases} \boldsymbol{P}_{\max}^{\text{TH}} = (P_{1,\,\max}^{\text{TH}}, \ P_{2,\,\max}^{\text{TH}}) \\ P_{t-1} \in \left[a_3 P_{1,\,\max}^{\text{TH}}, \ P_{1,\,\max}^{\text{TH}} \right] \end{cases} \tag{7-110}$$

　　这种情况对应了一个额外的启动可行域，将仅运行 P_1 机组时启动 P_2 机组的启动可行域记为 $\Omega_{P_2}^{\text{on}}(P_{t-1}, \ P_t, \ P_{1,\max}^{\text{TH}})$，通过计算可以得到

$$\Omega_{P_2}^{\text{on}}(P_{t-1}, P_t, P_{1,\max}^{\text{TH}}) =$$

$$\left\{ (P_{t-1}, P_t) \middle| \begin{array}{l} ① \ P_t \leqslant a_1 P_{1\max}^{\text{TH}} + R_1 P_{1,\max}^{\text{TH}} [\Delta t - \Delta_1^{\text{on}} - \Delta_2^{\text{on}}] + K_{\max}^{\text{on}} P_{2,\max}^{\text{TH}} \\ ② \ P_t \leqslant a_1 P_{1\max}^{\text{TH}} + R_1 P_{1,\max}^{\text{TH}} [\Delta t - \Delta_3^{\text{on}}] + K_{\max}^{\text{on}} P_{2,\max}^{\text{TH}} \\ ③ \ P_t \leqslant P_{t-1} + R_1 P_{1,\max}^{\text{TH}} \Delta t + K_{\max}^{\text{on}} P_{2,\max}^{\text{TH}} \\ ④ \ P_t \leqslant P_{1,\max}^{\text{TH}} + K_{\max}^{\text{on}} P_{2,\max}^{\text{TH}} \\ ⑤ \ P_t \geqslant a_3 P_{1,\max}^{\text{TH}} + K_{\min}^{\text{on}} P_{2,\max}^{\text{TH}} \\ ⑥ \ P_t \geqslant a_2 P_{1,\max}^{\text{TH}} - R_3 P_{1,\max}^{\text{TH}} (\Delta t - \Delta_1^{\text{on}} - \Delta_4^{\text{on}}) + K_{\min}^{\text{on}} P_{2,\max}^{\text{TH}} \\ ⑦ \ P_t \geqslant a_1 P_{1,\max}^{\text{TH}} - R_2 P_{1,\max}^{\text{TH}} (\Delta t - \Delta_4^{\text{on}}) + K_{\min}^{\text{on}} P_{2,\max}^{\text{TH}} \\ ⑧ \ P_t \geqslant P_{t-1} - R_1 P_{1,\max}^{\text{TH}} \Delta t + K_{\min}^{\text{on}} P_{2,\max}^{\text{TH}}, \forall P_{t-1} \in \left[a_3 P_{1,\max}^{\text{TH}}, P_{1,\max}^{\text{TH}} \right] \end{array} \right\}$$

$$\tag{7-111}$$

其中

$$\begin{cases} \Delta_1^{\mathrm{on}} = \dfrac{(a_1 - a_2)P_{1,\max}^{\mathrm{TH}}}{R_2 P_{1,\max}^{\mathrm{TH}}} \\[3mm] \Delta_2^{\mathrm{on}} = \dfrac{a_2 P_{1,\max}^{\mathrm{TH}} - P_{t-1}}{R_3 P_{1,\max}^{\mathrm{TH}}} \\[3mm] \Delta_3^{\mathrm{on}} = \dfrac{a_1 P_{1,\max}^{\mathrm{TH}} - P_{t-1}}{R_2 P_{1,\max}^{\mathrm{TH}}} \\[3mm] \Delta_4^{\mathrm{on}} = \dfrac{P_{t-1} - a_1 P_{1,\max}^{\mathrm{TH}}}{R_1 P_{1,\max}^{\mathrm{TH}}} \end{cases} \tag{7-112}$$

将两台机组都处于运行时停机 P_2 机组的停机可行域记为，通过计算得到

$$\Omega_{P_2}^{\mathrm{off}}(P_{t-1}, P_t, P_{1,\max}^{\mathrm{TH}}) =$$

$$(P_{t-1}, P_t) \begin{cases} ① \ P_t \leqslant a_1 P_{1,\max}^{\mathrm{TH}} + R_1 P_{1,\max}^{\mathrm{TH}}[\Delta t - \Delta_1^{\mathrm{off}} - \Delta_2^{\mathrm{off}}] \\ ② \ P_t \leqslant a_1 P_{1,\max}^{\mathrm{TH}} + R_1 P_{1,\max}^{\mathrm{TH}}[\Delta t - \Delta_3^{\mathrm{off}}] \\ ③ \ P_t \leqslant P_{t-1} - K_{\min}^{\mathrm{off}} P_{2,\max}^{\mathrm{TH}} + R_1 P_{1,\max}^{\mathrm{TH}} \Delta t \\ ④ \ P_t \leqslant P_{1,\max}^{\mathrm{TH}} \\ ⑤ \ P_t \geqslant a_3 P_{1,\max}^{\mathrm{TH}} \\ ⑥ \ P_t \geqslant a_2 P_{1,\max}^{\mathrm{TH}} - R_3 P_{1,\max}^{\mathrm{TH}}(\Delta t - \Delta_1^{\mathrm{off}} - \Delta_4^{\mathrm{off}}) \\ ⑦ \ P_t \geqslant a_1 P_{1,\max}^{\mathrm{TH}} - R_2 P_{1,\max}^{\mathrm{TH}}(\Delta t - \Delta_4^{\mathrm{off}}) \\ ⑧ \ P_t \geqslant P_{t-1} - K_{\max}^{\mathrm{off}} P_{2,\max}^{\mathrm{TH}} - R_1 P_{1,\max}^{\mathrm{TH}} \Delta t \\ \forall P_{t-1} \in [a_3 P_{1,\max}^{\mathrm{TH}} + K_{\min}^{\mathrm{off}} P_{2,\max}^{\mathrm{TH}}, P_{1,\max}^{\mathrm{TH}} + K_{\max}^{\mathrm{off}} P_{2,\max}^{\mathrm{TH}}] \end{cases} \tag{7-113}$$

其中

$$\begin{cases} \Delta_1^{\mathrm{off}} = \dfrac{(a_1 - a_2)P_{1,\max}^{\mathrm{TH}}}{R_2 P_{1,\max}^{\mathrm{TH}}} \\[3mm] \Delta_2^{\mathrm{off}} = \dfrac{a_2 P_{1,\max}^{\mathrm{TH}} - P_{t-1} + K_{\min}^{\mathrm{off}} P_{2,\max}^{\mathrm{TH}}}{R_3 P_{1,\max}^{\mathrm{TH}}} \\[3mm] \Delta_3^{\mathrm{off}} = \dfrac{a_1 P_{1,\max}^{\mathrm{TH}} - P_{t-1} + K_{\min}^{\mathrm{off}} P_{2,\max}^{\mathrm{TH}}}{R_2 P_{1,\max}^{\mathrm{TH}}} \\[3mm] \Delta_4^{\mathrm{off}} = \dfrac{P_{t-1} - K_{\max}^{\mathrm{off}} P_{2,\max}^{\mathrm{TH}} - a_1 P_{1,\max}^{\mathrm{TH}}}{R_1 P_{1,\max}^{\mathrm{TH}}} \end{cases} \tag{7-114}$$

同理，仅 P_2 机组运行的情况下启动 P_1 机组的可行域、两台机组同时运行时停机 P_1 的可行域分别为 $\Omega_{P_1}^{\mathrm{on}}(P_{t-1}, P_t, P_{2,\max}^{\mathrm{TH}})$ 和 $\Omega_{P_1}^{\mathrm{off}}(P_{t-1}, P_t, P_{2,\max}^{\mathrm{TH}})$。

如图 7-28 所示，四种颜色线段围成区域的并集即为两台 600MW 火电机组耦合场景的相邻时刻有功可行域，紫色线段围成的区域即为一台 600MW 机组的启动可行域，绿色线围成的区域为一台 600MW 机组的停机可行域。图 7-27（b）中的蓝色阴影区域对应一台 200MW 和一台 600MW 火电机组耦合的相邻时刻有功可行域。从式（7-111）、式（7-113）中可以看出：启动 P_2 可行域 $\Omega_{P_2}^{on}(P_{t-1}, P_t, P_{1,max}^{TH})$ 可以通过原单台机组 P_1 向上爬坡集合上移 $K_{max}^{on}P_{2,max}^{TH}$ 后，与原单台机组 P_1 向下爬坡集合上移 $K_{min}^{on}P_{2,max}^{TH}$ 后取交集得到；停机 P_2 可行域 $\Omega_{P_2}^{off}(P_{t-1}, P_t, P_{1,max}^{TH})$ 可以通过原单台机组 P_1 向上爬坡集合右移 $K_{min}^{off}P_{2,max}^{TH}$ 后，与原单台机组 P_1 向下爬坡集合右移 $K_{max}^{off}P_{2,max}^{TH}$ 后取交集得

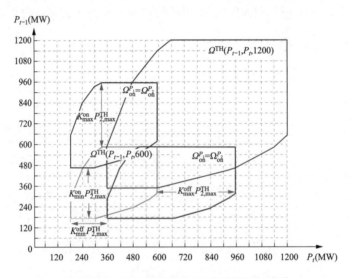

(a) 两台600MW火电机组耦合的相邻时刻有功可行域

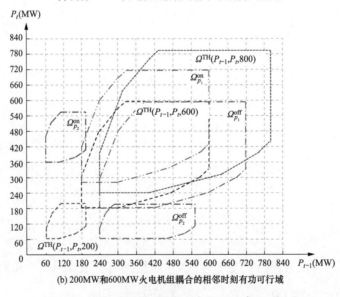

(b) 200MW和600MW火电机组耦合的相邻时刻有功可行域

图 7-28　两台火电机组耦合的相邻时刻有功可行域

到交集，即启动可行域和停机可行域可以通过单台火电机组向上和向下爬坡集合分别经过对应平移量的基础平移运算后取交集得到

$$
\begin{cases}
K_{\max}^{on} P_{2,\max}^{TH} \oplus \Omega_{up}^{TH}(P_{t-1}, P_t, P_{1,\max}^{TH}) = \Omega_{up}^{TH}(P_{t-1}, P_t - K_{\max}^{on} P_{2,\max}^{TH}, P_{1,\max}^{TH}) \\
K_{\min}^{on} P_{2,\max}^{TH} \oplus \Omega_{down}^{TH}(P_{t-1}, P_t, P_{1,\max}^{TH}) = \Omega_{down}^{TH}(P_{t-1}, P_t - K_{\min}^{on} P_{2,\max}^{TH}, P_{1,\max}^{TH})
\end{cases}
$$

$$
\begin{cases}
\Omega_{up}^{TH}(P_{t-1}, P_t, P_{1,\max}^{TH}) \oplus K_{\min}^{off} P_{2,\max}^{TH} = \Omega_{up}^{TH}(P_{t-1} - K_{\min}^{off} P_{2,\max}^{TH}, P_t, P_{1,\max}^{TH}) \\
\Omega_{down}^{TH}(P_{t-1}, P_t, P_{1,\max}^{TH}) \oplus K_{\max}^{off} P_{2,\max}^{TH} = \Omega_{down}^{TH}(P_{t-1} - K_{\max}^{off} P_{2,\max}^{TH}, P_t, P_{1,\max}^{TH})
\end{cases}
$$

$$(7\text{-}115)$$

$$
\begin{cases}
\Omega_{P_2}^{on}(P_{t-1}, P_t, P_{1,\max}^{TH}) = \Omega_{up}^{TH}(P_{t-1}, P_t - K_{\max}^{on} P_{2,\max}^{TH}, P_{1,\max}^{TH}) \\
\bigcap \Omega_{down}^{TH}(P_{t-1}, P_t - K_{\min}^{on} P_{2,\max}^{TH}, P_{1,\max}^{TH}) \\
\Omega_{P_2}^{off}(P_{t-1}, P_t, P_{1,\max}^{TH}) = \Omega_{up}^{TH}(P_{t-1} - K_{\min}^{off} P_{2,\max}^{TH}, P_t, P_{1,\max}^{TH}) \\
\bigcap \Omega_{down}^{TH}(P_{t-1} - K_{\max}^{off} P_{2,\max}^{TH}, P_t, P_{1,\max}^{TH})
\end{cases}
$$

$$(7\text{-}116)$$

该方法同样适用于启停 P_1 机组可行域的推导。

将两台火电系统耦合的可行域记为 Ω^{TH}，将系统所有启动可行域的并集记为 Ω^{on}，所有停机可行域的并集记为 Ω^{off}，计及启停可行域 Ω^{on}、Ω^{off} 和基础可行域 $\Omega^{TH'}(P_{t-1}, P_t, \boldsymbol{P}_{\max}^{TH})$，最终得到两台火电机组耦合的有功可行域，即

$$
\begin{cases}
\Omega^{TH'}(P_{t-1}, P_t, \boldsymbol{P}_{\max}^{TH}) = \Omega^{TH}(P_{t-1}, P_t, P_{1,\max}^{TH}) \\
\bigcup \Omega^{TH}(P_{t-1}, P_t, P_{2,\max}^{TH}) \bigcup \Omega^{TH}(P_{t-1}, P_t, P_{1,\max}^{TH} + P_{2,\max}^{TH}) \\
\Omega^{on} = \Omega_{P_1}^{on}(P_{t-1}, P_t, P_{2,\max}^{TH}) \bigcup \Omega_{P_2}^{on}(P_{t-1}, P_t, P_{1,\max}^{TH}) \\
\Omega^{off} = \Omega_{P_1}^{off}(P_{t-1}, P_t, P_{2,\max}^{TH}) \bigcup \Omega_{P_2}^{off}(P_{t-1}, P_t, P_{1,\max}^{TH})
\end{cases}
$$

$$(7\text{-}117)$$

$$
\Omega^{TH} = \Omega^{TH'} \bigcup \Omega^{on} \bigcup \Omega^{off}
$$

基于对两台火电机组耦合相邻时刻有功可行域的分析，可构建出含任意多台火电机组的耦合系统相邻时刻有功可行域通式。

首先从最简单的情况开始分析，n 台容量相同的火电机组耦合的相邻时刻有功基础可行域可表示为

$$
\begin{aligned}
\Omega_{nP}^{TH} = &\Omega^{TH}(P_{t-1}, P_t, P_{\max}^{TH}) \bigcup \Omega^{TH}(P_{t-1}, P_t, 2P_{\max}^{TH}) \\
&\bigcup \Omega^{TH}(P_{t-1}, P_t, 3P_{\max}^{TH}) \cdots \bigcup \Omega^{TH}(P_{t-1}, P_t, nP_{\max}^{TH})
\end{aligned}
$$

$$(7\text{-}118)$$

当机组容量不尽相同时，设 n 台火电机组的容量分别为 $P_{1,\max}$，$P_{2,\max}$，$P_{3,\max}$，$\cdots$ $P_{n,\max}$，变量 i_1，i_2，$\cdots$，i_n 均为不大于 n 的正整数，$\boldsymbol{P}_{\max}^{TH} = (P_{1,\max}^{TH}$，$P_{2,\max}^{TH}$，$P_{3,\max}^{TH}$，$\cdots$ $P_{n,\max}^{TH})$，可得到多火电机组耦合的相邻时刻有功基础可行域表达式，即

$$\Omega^{\mathrm{TH}'}(P_{t-1}, P_t, P_{\max}^{\mathrm{TH}}) = \Omega^{\mathrm{TH}'}(P_{t-1}, P_t, P_{1,\max}^{\mathrm{TH}}, P_{2,\max}^{\mathrm{TH}}, \cdots, P_{n,\max}^{\mathrm{TH}})$$

$$= \sum_{i_1=1}^{n} \Omega^{\mathrm{TH}}(P_{t-1}, P_t, P_{i,\max}^{\mathrm{TH}})$$

$$\cup \sum_{i_2=i_1+1}^{n} \sum_{i_1=1}^{n} \Omega^{\mathrm{TH}}(P_{t-1}, P_t, P_{i_1,\max}^{\mathrm{TH}} + P_{i_2,\max}^{\mathrm{TH}})$$

$$\cup \sum_{i_3=i_2+1}^{n} \sum_{i_2=i_1+1}^{n} \sum_{i_1=1}^{n} \Omega^{\mathrm{TH}}(P_{t-1}, P_t, P_{i_1,\max}^{\mathrm{TH}} + P_{i_2,\max}^{\mathrm{TH}})$$

$$\vdots$$

$$\cup \sum_{i_n=i_{n-1}+1}^{n} \cdots \sum_{i_3=i_2+1}^{n} \sum_{i_2=i_1+1}^{n} \sum_{i_1=1}^{n} \Omega^{\mathrm{TH}}(P_{t-1}, P_t, P_{i_1,\max}^{\mathrm{TH}} + \cdots + P_{i_n,\max}^{\mathrm{TH}})$$

$$(7\text{-}119)$$

取多火电机组系统的基础可行域与系统启停可行域的并集，即可得到多火电耦合的相邻时刻有功可行域。需要注意的是，在含多台火电机组的系统中，一个调度周期内可能会有多台机组发生启动或停机。

设 x 为系统在调度时间尺度 Δt 内启动的机组数量，y 为系统中已经在运行的机组数量，则 $\Omega_{x,y}^{\mathrm{on}}$ 表示已有运行 y 台火电机组的情况下启动另外 x 台的总启动可行域。

x，y 为正整数且满足有机组数量约束，即

$$x + y \leqslant n \tag{7-120}$$

关于 $\Omega_{x,y}^{\mathrm{on}}$ 的推导为

$x=1, y=1$ 时：$\Omega_{1,1}^{\mathrm{on}} = \sum\limits_{i=1}^{n} \sum\limits_{j=1}^{n} \Omega_{P_i}^{\mathrm{on}}(P_{t-1}, P_t, P_{j,\max}^{\mathrm{TH}}), (i \neq j)$

$x=1, y=2$ 时：$\Omega_{1,2}^{\mathrm{on}} = \sum\limits_{i=1}^{n} \sum\limits_{j_1=j_2+1}^{n} \sum\limits_{j_1=1}^{n} \Omega_{P_i}^{\mathrm{on}}(P_{t-1}, P_t, P_{j_1,\max}^{\mathrm{TH}} + P_{j_2,\max}^{\mathrm{TH}})(i \neq j_1 \neq j_2)$

$x=1, y=3$ 时：$\Omega_{1,3}^{\mathrm{on}} = \sum\limits_{i=1}^{n} \sum\limits_{j_3=j_2+1}^{n} \sum\limits_{j_1=j_2+1}^{n} \sum\limits_{j_1=1}^{n} \Omega_{P_i}^{\mathrm{on}}(P_{t-1}, P_t, P_{j_1,\max}^{\mathrm{TH}} + P_{j_2,\max}^{\mathrm{TH}} + P_{j_3,\max}^{\mathrm{TH}})$

$(i \neq j_1 \neq j_2 \neq j_3)$

$$\vdots$$

$x=1, y=n-1$ 时：$\Omega_{1,n}^{\mathrm{on}} = \sum\limits_{i=1}^{n} \sum\limits_{j_{n-1}=j_{n-2}+1}^{n} \cdots \sum\limits_{j_3=j_2+1}^{n} \sum\limits_{j_1=j_2+1}^{n} \sum\limits_{j_1=1}^{n} \Omega_{P_{i_1}}^{\mathrm{on}}\left(P_{t-1}, P_t, \sum\limits_{k=1}^{n-1} P_{j_k,\max}^{\mathrm{TH}}\right)$

$(i \neq j_1 \neq j_2 \neq j_3 \cdots \neq j_{n-1})$

$x=1, y=1$ 时：$\Omega_{1,1}^{\mathrm{on}} = \sum\limits_{i=1}^{n} \sum\limits_{j=1}^{n} \Omega_{P_i}^{\mathrm{on}}(P_{t-1}, P_t, P_{j,\max}^{\mathrm{TH}}), (i \neq j)$

$x=2,y=1$ 时：$\Omega_{2,1}^{\mathrm{on}}=\sum\limits_{i_2=i_1+1}^{n}\sum\limits_{i_1=1}^{n}\sum\limits_{j=1}^{n}\Omega_{P_{i_1}+P_{i_2}}^{\mathrm{on}}(P_{t-1},P_t,P_{j,\max}^{\mathrm{TH}})(i_1\neq i_2\neq j)$

$x=3,y=1$ 时：$\Omega_{3,1}^{\mathrm{on}}=\sum\limits_{i_3=i_2+1}^{n}\sum\limits_{i_2=i_1+1}^{n}\sum\limits_{i_1=1}^{n}\sum\limits_{j=1}^{n}\Omega_{P_{i_1}+P_{i_2}+P_{i_3}}^{\mathrm{on}}(P_{t-1},P_t,P_{j,\max}^{\mathrm{TH}})$,

$(i\neq j_1\neq j_2\neq j_3)$

$$\vdots$$

$x=n-1,y=1$ 时：$\Omega_{1,n}^{\mathrm{on}}=\sum\limits_{i_{n-1}=i_{n-2}+1}^{n}\cdots\sum\limits_{i_2=i_1+1}^{n}\sum\limits_{i_1=1}^{n}\sum\limits_{j=1}^{n}\Omega_{P_{i_1}+P_{i_2}+\cdots P_{i_{n-1}}}^{\mathrm{on}}(P_{t-1},P_t,P_{j,\max}^{\mathrm{TH}})$

$(i_1\neq i_2\neq\cdots\neq i_{n-1}\neq j)$

$$\Omega_{x,y}^{\mathrm{on}}=\sum_{i_x=i_{x-1}+1}^{n}\cdots\sum_{i_2=i_1+1}^{n}\sum_{i_1=1}^{n}\sum_{j_y=j_{y-1}+1}^{n}\cdots\sum_{j_2=1}^{n}\sum_{j_1=1}^{n}\Omega_{P_{i_1}+P_{i_2}+\cdots P_{i_x}}^{\mathrm{on}}\left(P_{t-1},P_t,\sum_{k=1}^{y}P_{j_k,\max}^{\mathrm{TH}}\right)$$

$(i_1\neq i_2\cdots\neq i_x\neq j_1\neq j_2\neq\cdots j_y)$　　　　　　　　　　　　　　(7-121)

多台火电机组耦合的整体启动可行域考虑了所有情况的启动可行域 $\Omega_{x,y}^{\mathrm{on}}$，即

$$\Omega^{\mathrm{on}}=\sum_{x=1}^{n-1}\sum_{y=1}^{n-1}\Omega_{x,y}^{\mathrm{on}}\tag{7-122}$$

停机可行域的推导与启动可行域类似，x 为系统在调度时间尺度 Δt 内发生停机的机组数量，y 为系统中已经在运行的机组数量，x 和 y 为不大于 n 的正整数且 $x<y$，$\Omega_{x,y}^{\mathrm{off}}$ 表示已有运行 y 台火电机组的情况下停机其中 x 台的总停机可行域，即

$x=1,y=2$ 时：$\Omega_{1,2}^{\mathrm{off}}=\sum\limits_{i=1}^{n}\sum\limits_{j=1}^{n}\Omega_{P_i}^{\mathrm{on}}(P_{t-1},P_t,P_{j,\max}^{\mathrm{TH}})$,$(i\neq j)$

$x=1,y=3$ 时：$\Omega_{1,3}^{\mathrm{off}}=\sum\limits_{i=1}^{n}\sum\limits_{j_2=j_1+1}^{n}\sum\limits_{j_1=1}^{n}\Omega_{P_i}^{\mathrm{on}}(P_{t-1},P_t,P_{j_1,\max}^{\mathrm{TH}}+P_{j_2,\max}^{\mathrm{TH}})(i\neq j_1\neq j_2)$

$$\vdots$$

$x=1,y=n$ 时：

$\Omega_{1,n}^{\mathrm{off}}=\sum\limits_{i=1}^{n}\sum\limits_{j_{n-1}=j_{n-2}+1}^{n}\cdots\sum\limits_{j_2=j_1+1}^{n}\sum\limits_{j_1=1}^{n}\Omega_{P_i}^{\mathrm{on}}(P_{t-1},P_t,P_{j_1,\max}^{\mathrm{TH}}+P_{j_2,\max}^{\mathrm{TH}}+\cdots P_{j_{n-1},\max}^{\mathrm{TH}})$

$(i\neq j_1\neq j_2\neq j_3\cdots\neq j_{n-1})$

$x=1,y=2$ 时：$\Omega_{1,2}^{\mathrm{off}}=\sum\limits_{i=1}^{n}\sum\limits_{j=1}^{n}\Omega_{P_i}^{\mathrm{on}}(P_{t-1},P_t,P_{j,\max}^{\mathrm{TH}})$,$(i\neq j)$

$x=2,y=3$ 时：$\Omega_{1,2}^{\mathrm{off}}=\sum\limits_{i_2=i_1+1}^{n}\sum\limits_{i_1=1}^{n}\sum\limits_{j=1}^{n}\Omega_{P_{i_1}+P_{i_2}}^{\mathrm{on}}(P_{t-1},P_t,P_{j,\max}^{\mathrm{TH}})$,$(i\neq j)$

$$\vdots$$

$$\Omega_{x,y}^{\mathrm{off}} = \sum_{i_x=i_{x-1}+1}^{n} \cdots \sum_{i_2=i_1+1}^{n} \sum_{i_1=1}^{n} \sum_{j_{y-x}=j_{y-x-1}+1}^{n} \cdots \sum_{j_2=1}^{n} \sum_{j_1=1}^{n} \Omega_{P_{i_1}+P_{i_2}+\cdots P_{i_x}}^{\mathrm{off}} (P_{t-1}, P_t, P_{j_1,\max}^{\mathrm{TH}} +$$

$$P_{j_2,\max}^{\mathrm{TH}} + \cdots P_{j_{y-x},\max}^{\mathrm{TH}})(i_1 \neq i_2 \cdots \neq i_x \neq j_1 \neq j_2 \neq \cdots j_{y-x}) \tag{7-123}$$

$$\Omega^{\mathrm{off}} = \sum_{x=1}^{n-1} \sum_{y=1}^{n-1} \Omega_{x,y}^{\mathrm{off}} \tag{7-124}$$

最终得到 n 台火电机组耦合的相邻时刻有功可行域为

$$\Omega^{\mathrm{TH}} = \Omega^{\mathrm{TH}'} \bigcup \Omega^{\mathrm{on}} \bigcup \Omega^{\mathrm{off}} \tag{7-125}$$

至此已经分析了任意多台火电机组耦合的相邻时刻有功可行域，本文最终的目标是构建含任意多台火电机组的耦合系统相邻时刻有功可行域，即还要考虑多台火电机组与新能源耦合的场景。

将耦合系统的运行状态分为四种情况，分别定义前三种情况下的可行域为 Ω^{r_1}、Ω^{r_2} 和 Ω^{r_3}，取三个可行域的并集，记为 Ω^{r}。

1）火电机组始终不投入运行；

2）$t-1$ 时刻没有火电机组处于运行状态，但在 t 时刻有至少一台火电机组完成启动；

3）$t-1$ 时刻有若干台火电机组处于运行状态，但在 t 时刻所有火电机组完成停机；

4）存在一台火电机组始终保持运行状态。

对于情况 1），其相邻时刻有功可行域与新能源相邻时刻有功可行域相同，即

$$\Omega^{\mathrm{r}_1} = \{(P_{t-1}^{\mathrm{r}}, P_t^{\mathrm{r}}) \,|\, 0 \leqslant P_t^{\mathrm{r}} \leqslant P_{t,\max}^{\mathrm{r}}, \quad \forall P_{t-1}^{\mathrm{r}} \in [0, P_{t-1,\max}^{\mathrm{r}}]\} \tag{7-126}$$

对于情况 2），设调度时间尺度 Δt 内启动 x 台机组所对应的可行域为 $\Omega_x^{\mathrm{r}_2}$，x 为不大于 n 的正整数。

$$x = 1 \text{ 时}, \Omega_1^{\mathrm{r}_2} = \sum_{i=1}^{n} \left\{ (P_{t-1}, P_t) \,\middle|\, \begin{array}{l} K_{\min}^{\mathrm{on}} P_{i,\max}^{\mathrm{TH}} \leqslant P_t \leqslant P_{t,\max}^{\mathrm{r}} + K_{\max}^{\mathrm{on}} P_{i,\max}^{\mathrm{TH}}, \\ \forall P_{t-1} \in [0, P_{t-1,\max}^{\mathrm{r}}] \end{array} \right\}$$

$$x = 2 \text{ 时}, \Omega_2^{\mathrm{r}_2} = \sum_{i_2=i_1+1}^{n} \sum_{i_1=1}^{n} \left\{ (P_{t-1}, P_t) \,\middle|\, \begin{array}{l} K_{\min}^{\mathrm{on}}(P_{i_2,\max}^{\mathrm{TH}} + P_{i_1,\max}^{\mathrm{TH}}) \leqslant P_t \leqslant P_{t,\max}^{\mathrm{r}} + \\ K_{\max}^{\mathrm{on}}(P_{i_2,\max}^{\mathrm{TH}} + P_{i_1,\max}^{\mathrm{TH}}), \\ \forall P_{t-1} \in [0, P_{t-1,\max}^{\mathrm{r}}] \end{array} \right\}$$

$$\vdots$$

$x = n$ 时，

$$\Omega_n^{r_2} = \sum_{i_n=i_{n-1}+1}^{n} \cdots \sum_{i_2=i_1+1}^{n} \sum_{i_1=1}^{n} \left\{ (P_{t-1},P_t) \left| \begin{array}{l} K_{\min}^{on}(P_{i_n,\max}^{TH}+\cdots P_{i_2,\max}^{TH}+P_{i_1,\max}^{TH}) \\ \leqslant P_t \leqslant P_{t,\max}^{r}+K_{\max}^{on} \\ (P_{i_n,\max}^{TH}+\cdots P_{i_2,\max}^{TH}+P_{i_1,\max}^{TH}) \\ \forall P_{t-1} \in [0,P_{t-1,\max}^{r}] \end{array} \right. \right\}$$

$$\Omega_x^{r_2} = \sum_{i_x=i_{x-1}+1}^{n} \cdots \sum_{i_2=i_1+1}^{n} \sum_{i_1=1}^{n} \left\{ (P_{t-1},P_t) \left| \begin{array}{l} K_{\min}^{on}(P_{i_x,\max}^{TH}+\cdots P_{i_2,\max}^{TH}+P_{i_1,\max}^{TH}) \leqslant P_t \\ \leqslant P_{t,\max}^{r}+K_{\max}^{on}(P_{i_x,\max}^{TH}+\cdots P_{i_2,\max}^{TH}+P_{i_1,\max}^{TH}) \\ \forall P_{t-1} \in [0,P_{t-1,\max}^{r}] \end{array} \right. \right\}$$

$$(7\text{-}127)$$

对于情况 3），若 $t-1$ 时刻 x 台火电与新能源都处于运行状态，在一个调度时间尺度内 x 台火电机组全部停机，该情况对应的可行域为 $\Omega_x^{r_3}$，x 为不大于 n 的正整数。

$x=1$ 时，

$$\Omega_1^{r_3} = \sum_{i=1}^{n} \{(P_{t-1},P_t) \,|\, P_t \in [0,P_{t,\max}^{r}], \forall K_{\min}^{off}P_{i,\max}^{TH} \leqslant P_{t-1} \leqslant P_{t-1,\max}^{r}+K_{\max}^{off}P_{i,\max}^{TH}\}$$

$x=2$ 时，

$$\Omega_2^{r_3} = \sum_{i_2=i_1+1}^{n} \sum_{i_1=1}^{n} \left\{ (P_{t-1},P_t) \left| \begin{array}{l} P_t \in [0,P_{t,\max}^{r}], \forall K_{\min}^{off}(P_{i_2,\max}^{TH}+P_{i_1,\max}^{TH}) \leqslant P_{t-1} \\ \leqslant P_{t-1,\max}^{r}+K_{\max}^{off}(P_{i_2,\max}^{TH}+P_{i_1,\max}^{TH}) \end{array} \right. \right\}$$

$$\vdots$$

$x=n$ 时，

$$\Omega_n^{r_3} = \sum_{i_n=i_{n-1}+1}^{n} \cdots$$

$$\sum_{i_2=i_1+1}^{n} \sum_{i_1=1}^{n} \left\{ (P_{t-1},P_t) \left| \begin{array}{l} P_t \in [0,P_{t,\max}^{r}], \forall K_{\min}^{off}(P_{i_n,\max}^{TH}+\cdots P_{i_2,\max}^{TH}+P_{i_1,\max}^{TH}) \\ \leqslant P_{t-1} \leqslant P_{t-1,\max}^{r}+K_{\max}^{off}(P_{i_n,\max}^{TH}+\cdots P_{i_2,\max}^{TH}+P_{i_1,\max}^{TH}) \end{array} \right. \right\}$$

$$\Omega_x^{r_3} = \sum_{i_x=i_{x-1}+1}^{n} \cdots \sum_{i_2=i_1+1}^{n} \sum_{i_1=1}^{n} \left\{ (P_{t-1},P_t) \left| \begin{array}{l} P_t \in [0,P_{t,\max}^{r}], \forall K_{\min}^{off}\sum_{k=1}^{x}P_{i_k,\max}^{TH} \\ \leqslant P_{t-1} \leqslant P_{t-1,\max}^{r}+K_{\max}^{off}\sum_{k=1}^{x}P_{i_k,\max}^{TH} \end{array} \right. \right\}$$ $(7\text{-}128)$

综合考虑上述所有情况，可得到完整的 Ω^{r_2} 和 Ω^{r_3}，即

$$\Omega^{r_2} = \sum_{x=1}^{n} \Omega_x^{r_2}$$

(7-129)

$$\Omega^{r_3} = \sum_{x=1}^{n} \Omega_x^{r_3}$$

对于情况 4)，直接对多台火电机组耦合的相邻时刻有功可行域进行耦合运算，即可得到该情况对应的相邻时刻有功可行域，分别对过程中每一步的每一个火电机组可行域进行耦合运算后取并集也能得到相同的结果，即

$$\Omega^{CS'} = P_r \odot \Omega^{TH} = (P_r \odot \Omega^{TH'}) \bigcup (P_r \odot \Omega^{on}) \bigcup (P_r \odot \Omega^{off})$$ (7-130)

综合考虑以上四种情况，最终可构建出含多台火电机组的耦合系统相邻时刻有功可行域，即

$$\begin{aligned}\Omega^{CS} &= \Omega^{CS'} \bigcup \Omega^{r} \\ &= \Omega^{CS'} \bigcup \Omega^{r_1} \bigcup \Omega^{r_2} \bigcup \Omega^{r_3}\end{aligned}$$

(7-131)

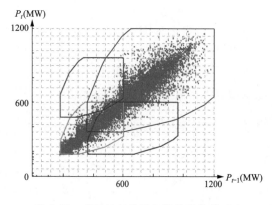

图 7-29　实际运行数据与推导结果的对比

通过某电厂两台可进行深度调峰 600MW 火电机组的运行数据，验证推导结果正确性。将两台火电机组 2020 年全年相邻时刻有功功率散点图与本文推导的两台 600MW 火电机组相邻时刻有功可行域进行对比，结果如图 7-29 所示。从图 7-29 可以看出，两台机组的相邻时刻有功功率运行点覆盖了所推导的 4 个可行区域，可见本文的可行域基本符合火电实际运行情况。需注意的是，图 7-29 中落在紫色与绿色线段围成的启停可行域中的点较少，主要是因为火电实际发生启停的次数较少。

7.4　本　章　小　结

本章主要从耦合系统多电源有功协同运行建模，耦合系统多电源有功协同能力评估和耦合系统多电源有功协同控制技术 3 个方面，来对可再生能源与火力发电耦合系统多源有功协同控制进行介绍。

首先，根据火电机组深度调峰的运行特性，提出了计及阶梯式爬坡率的火电机组有功运行模型，并在此基础上结合可再生能源有功运行模型，建立了耦合系统多电源有功

协同运行模型；

其次，探究了耦合系统多电源有功协同需求，分析了耦合系统内风、光及负荷源的功率不确定性，并在此基础上建立耦合系统多电源功率波动区间控制指标，以控制风电、光伏发电耦合有功功率及负荷的波动区间；接着，还提出了一种耦合系统多电源有功协同能力评估方法，以评价火电与可再生能源间交互耦合的协调程度；

最后，对火电、风电和配电网经同一并网点构成的耦合系统进行了研究，分析了配电网重构优化对耦合系统的功率影响，并提出了一种接入耦合系统并网点的配电网潮流优化方法；此外，根据多电源系统有功功率调节能力的时序状态依赖性构建了耦合系统相邻时刻有功可行域，提出了一种耦合系统多电源有功协同控制策略。

参 考 文 献

［1］L. Yang, N. Zhou, G. Zhou et al. An Accurate Ladder-type Ramp Rate Constraint Derived from Field Test Data for Thermal Power Unit with Deep Peak Regulation［J/OL］. IEEE Transactions on Power Systems, doi: 10.1109/TPWRS.2023.3241208.

［2］南方能源监管局. 南方区域发电厂并网运行管理实施细则［Z］.

［3］火力发电厂模拟量控制系统验收测试规程: DL/T 657—2015, ［S］. 北京: 中国电力出版社, 2016: 6.

［4］Bouffard F, Galiana F D. Stochastic security for operations planning with significant wind power generation［J］. IEEE Transactions on Power Systems, 2008, 23（2）: 306-316.

［5］任建文, 渠卫东. 基于机会约束规划的孤岛模式下微电网动态经济调度［J］. 电力自动化设备, 2016, 36（03）: 73-78.

［6］Billinton R, Huang D. Effects of load forecast uncertainty on bulk electric system reliability evaluation［J］. IEEE Transactions on Power Systems, 2008, 23（2）: 418-425.

［7］程光, 徐飞, 胡博, 等. 可再生能源与火电集成耦合的协同性能及组合设计研究［J］. 电网技术, 2021, 45（6）: 2178-2191.

［8］王强钢, 林天皓, 吕旭明, 等 计及火电阶梯式爬坡率的耦合系统相邻时刻有功可行域确定方法［J/OL］. 中国电机工程学报. https://doi.org/10.13334/j.0258-8013.pcsee.221367.

［9］黄鹏翔, 周云海, 徐飞, 等. 基于灵活性裕度的含风电电力系统源荷储协调滚动调度［J］. 中国电力, 2020, 53（11）: 78-88.

［10］周光东, 周明, 孙黎滢, 等. 含波动性电源的电力系统运行灵活性评价方法研究［J］. 电网技术, 2019, 43（6）: 2139-2146.

［11］张振宇, 孙骁强, 万筱钟, 等. 基于统计学特征的新能源纳入西北电网备用研究［J］. 电网技术, 2018, 42（7）: 2047-2054.

［12］杨正清, 汪震, 展肖娜, 等. 考虑风电有功主动控制的两阶段系统备用双层优化模型［J］. 电力系统自动化, 2016, 40（10）: 31-37.

［13］Dvorkin Y, Ortega-Vazuqez M A, Kirschen D S. Wind generation as reserve provider［J］. Iet Generation Transmission & Distribution, 2015, 9（8）: 779-787.

［14］刘军, 张彬彬, 赵晨聪. 基于数据驱动的风电场有功功率分配算法［J］. 电力系统自动化, 2019, 43（17）: 125-136.

［15］严伟, 王淑超, 刘翔, 等. 光伏系统快速功率控制和应用（英文）［J］. 中国电机工程学报, 2019, 39（S1）: 213-224.

［16］乔颖，鲁宗相. 考虑电网约束的风电场自动有功控制［J］. 电力系统自动化，2009，33（22）：88-93.

［17］叶林，任成，李智，等. 风电场有功功率多目标分层递阶预测控制策略［J］. 中国电机工程学报，2016，36（23）：6327-6336.

［18］李立成，叶林. 采用虚拟调节算法的风电场有功功率控制策略［J］. 电力系统自动化，2013，37（10）：41-47.

第 8 章

可再生能源与火力发电耦合系统无功/电压分层协同控制

8.1 耦合系统电压安全运行分析

8.1.1 耦合系统电压演变过程

以两节点系统为例，分析功率多象限模式下电压的演变趋势。两节点系统如图 8-1 所示。节点 A 为无穷大系统母线，$\dot{U}_A=1.0\angle 0$，节点 B 表示电网义节点，可以是新能源汇入节点、负荷节点、新能源与负荷的综合接入节点，$\dot{U}_B=U_B\angle\delta$。下面分析 A、B 两点电压运行状态。

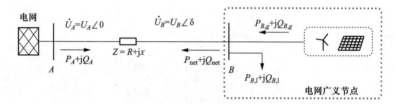

图 8-1 两节点系统系统

以节点注入功率方向为正方向，则节点 B 的综合功率为：

$$\begin{cases} P_{\text{net}}=P_{B,g}-P_{B,1} \\ Q_{\text{net}}=Q_{B,g}-Q_{B,1} \end{cases} \tag{8-1}$$

式（8-1）中，P_{net}、Q_{net} 分别为节点 B 的综合有功和无功功率；$P_{B,g}$、$Q_{B,g}$、$P_{B,1}$、$Q_{B,1}$ 分别为新能源汇入的有功、无功功率和负荷的有功、无功功率；P_A，Q_A 分别为节点 A 有功和无功功率。假设 P_{net}、Q_{net} 的功率因数角为 φ，P_{net}、$Q_{\text{net}}(P_{\text{net}}\tan\varphi)$ 存在功率四象限模式，即：①$P_{\text{net}}>0$，$\tan\varphi>0$ 为象限 1 模式；②$P_{\text{net}}<0$，$\tan\varphi<0$ 为象限 2 模式；③$P_{\text{net}}<0$，$\tan\varphi>0$ 为象限 3 模式；④$P_{\text{net}}>0$，$\tan\varphi<0$ 为象限 4 模式。

线路阻抗 $Z=R+jX$，节点 A 和 B 间的电压关系可表示为

$$\dot{U}_A+\frac{P_{\text{net}}-jP_{\text{net}}\tan\varphi}{\dot{U}_B^*}(R+jX)=\dot{U}_B \tag{8-2}$$

进一步，建立关于 U_B^2 的表达式为

$$(U_B^2)^2-U_B^2[2P_{\text{net}}(R+X\tan\varphi)+U_A^2]+P_{\text{net}}(R+X\tan\varphi)^2+P_{\text{net}}(X-R\tan\varphi)^2=0 \tag{8-3}$$

求解 U_B^2，可得

$$U_B^2=f(P_{\text{net}},\tan\varphi,R,X)=\frac{U_A^2}{2}+P_{\text{net}}(R+X\tan\varphi)$$

$$\pm \sqrt{\left[\frac{U_A^2}{2} + P_{net}(R + X\tan\varphi)\right]^2 - P_{net}^2(R^2 + X^2)(1 + \tan^2\varphi)} \qquad (8\text{-}4)$$

由式（8-4）可知，U_B 是关于 P_{net}、$\tan\varphi$、R 和 X 的函数。在不同 $\tan\varphi$ 和 R/X 的阻抗比值下，U_B 随 P_{net} 功率（标幺值，以 100MVA 为基准）变化得到不同的 PV 曲线，如图 8-2、图 8-3 所示。

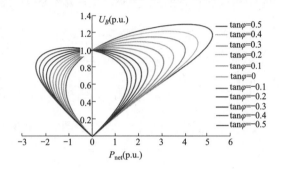

图 8-2　不同系统功率因数下 PV 曲线

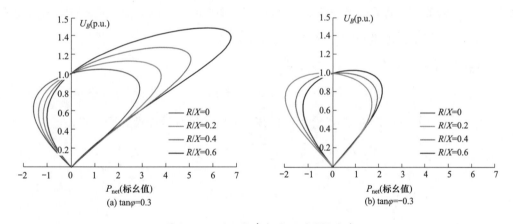

图 8-3　不同阻抗参数比下的 PV 曲线

图 8-2 表示同一阻抗参数（$R = 0.054$、$X = 0.233$），不同 $\tan\varphi$ 下的 PV 曲线。曲线上半部分为式（8-4）的高压解，下半部分为式（8-4）的低压解，其中上半部分为电压有效解，PV 曲线的"鼻形点"定义为系统的极限功率 P_{max}，对应鞍结分岔的电压崩溃点。

从图 8-2 看出：U_B 特性为 $P_{net} > 0$，$\tan\varphi > -0.2$，电压有效解先升后降；P_{net} 大于零且 $\tan\varphi$ 小于某一数值时（图中为 -0.2），电压有效解随着 P_{net} 增长呈现持续下降的变化过程；P_{net} 小于零且 $\tan\varphi$ 大于某一数值时（图中为 -0.2），电压有效解随着 P_{net} 绝对值增长呈现持续下降的变化过程，该过程包含传统负荷节点功率增长场景；P_{net} 小于零且 $\tan\varphi$ 小于某一数值时（图中为 -0.2），电压有效解随着 P_{net} 绝对值增长呈现先抬升后下降的变化过程。图 8-3 描绘了在 $\tan\varphi=-0.3$ 和 0.3 时，不同 R/X 比值下的 PV 曲线，R/X 比值不同反映了不同电压等级输配线路属性。分析过程与上述类似。

为分析图 8-2、图 8-3 中电压变化趋势，对式（8-4）进行 U_B 对 P_{net} 的灵敏度进行解析表达，通过 $\partial U_B/\partial P_{net}$ 正负可反映出 U_B 随 P_{net} 变化的演变过程。表达为

$$\frac{\partial U_B}{\partial P_{net}}=\frac{[\chi(R+X\tan\varphi)-P_{net}(1+\tan^2\varphi)Z^4]}{2U_B\sqrt{\chi^2-Z^4P_{net}^2(1+\tan^2\varphi)}}+\frac{(R+X\tan\varphi)}{2U_B} \tag{8-5}$$

式（8-5）中，$\chi=\frac{1}{2}U_A^2+P_{net}R+P_{net}X\tan\varphi$。$\partial U_B/\partial P_{net}>0$ 表示当下状态电压抬升；反之，电压下降。其中，$\partial U_B/\partial P_{net}=0$，对应电压极大值状态，$\partial U_B/\partial P_{net}=\infty$；表示功率极限状态。

在不同功率变化形式下首末端电压 U_A 和 U_B（有效解）表征出不同的大小关系，在功率变化至功率极限时，存在着始终 $U_B<U_A$，始终 $U_B>U_A$，和 $U_B>U_A\rightarrow U_B=U_A\rightarrow U_B<U_A$ 的场景。为揭示上述场景变化机理，针对图 8-1 系统，以电压差的数学表达式为基础，引入极坐标图进行电压偏移几何特性描述。

节点 A 和 B 间的电压关系可表示为

$$\dot{U}_B=\dot{U}_A-(\Delta U_{Re}+j\Delta U_{Im}) \tag{8-6}$$

式（8-6）中，ΔU_{Re} 和 ΔU_{Im} 分别为电压差 $\Delta\dot{U}$ 的纵分量和横分量，其表达式为

$$\Delta U_{Re}=\frac{P_AR+Q_AX}{U_A} \tag{8-7}$$

$$\Delta U=\frac{P_AR+Q_AX}{U_A} \tag{8-8}$$

根据式（8-6）至式（8-8），绘制电压极坐标图以表示节点 A 和 B 间的电压大小关系，如图 8-4 所示。图 8-4 中，黑色曲线表示以 O 为圆心，OA 为半径的圆弧 AA'，其中 $OA=|U_A|=1$，任意点与 A 点连线表示极径，极径对应电压差的幅值 $|\Delta U|$。极径在极角为 $0°$ 和 $90°$ 轴方向投影分量分别为 $-\Delta U_{Re}$ 和 $-\Delta U_{Im}$ 弧线 AB'，AB'' 和 AB''' 分别表示在不同功率象限下，不同 $\tan\varphi$ 时随着功率持续变化至电压崩溃点时电压差 $|\Delta U|$ 的变化轨迹，O 点与 $\Delta\dot{U}$ 轨迹上任意点连线表示为 $\dot{U}_B$。通过图 8-4 可直观看出 U_A 与 U_B 的大小关系，当弧线 AB'（或 AB''、AB'''）上点位于圆弧 AA' 之外时，表示 $U_B>U_A$；当弧线 AB'（或 AB''、AB'''）上点位于圆弧 AA' 之内，表示 $U_B<U_A$；二者弧线相交时，表示 $U_B=U_A$。

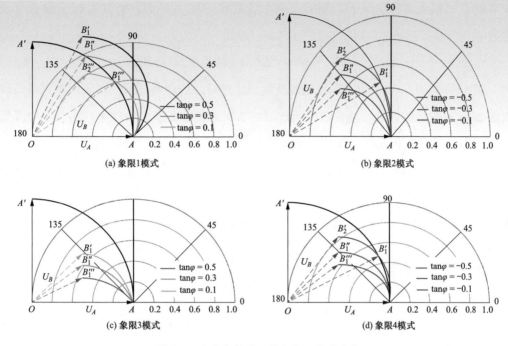

图 8-4　功率多象限下节点电压偏移曲线

8.1.2　耦合系统电压安全综合评估

由于系统存在电压越限安全性问题和电压稳定性问题，因此需要制定一系列指标对电压安全进行全面评估。为此，本文构建了电压抬升能力评估指标 I_{VRI}、电压下降能力评价指标 I_{VDI}、电压稳定指标 I_{VSI}。定义电压抬升能力评价指标 I_{VRI} 和电压下降能力评价指标 I_{VDI}，表达式为

$$\begin{cases} I_{\mathrm{VRI}} = \dfrac{\gamma}{1+\gamma} & \gamma \geqslant 0 \\[3mm] I_{\mathrm{VDI}} = \dfrac{\gamma}{1-\gamma} & \gamma \leqslant 0 \end{cases} \tag{8-9}$$

式中：$\gamma = \mathrm{d}U_B/\mathrm{d}P_{\mathrm{net}}$ 表示电压对功率的灵敏度。

式（8-9）中 I_{VRI} 的变化范围为 0~1。I_{VRI} 的数值越大，表明节点电压在当前功率变化下的抬升能力越强，反之，表明电压抬升能力就越弱，当 $I_{\mathrm{VRI}}=0$ 时，表明电压处于极大值状态，无抬升效应。I_{VDI} 的变化范围为 -1~0，I_{VDI} 的绝对值越大，表明节点电压在当前功率变化下的下降能力越强，反之，表明电压的下降能力就越弱。

（1）简单系统。由图 8-2、图 8-3 中不同功率象限下 PV 曲线变化性质，根据电压崩溃点处功率和电压特征，建立适用于功率多象限模式下的静态电压稳定评估指标。

在节点 B 处引入虚拟电纳 B，则 Q_{net} 和 U_B 满足：$Q_{net}=U_B^2B$，对其进行全微分可表达为

$$\Delta Q_{net} = (U_B + \Delta U_B)^2 \Delta B + (2U_B + \Delta U_B)B\Delta U_B \tag{8-10}$$

式（8-10）中，第一项表示电纳改变量 ΔB 对 Q_{net} 的影响，第二项表示节点电压改变量 ΔU_B 对 Q_{net} 的影响。第一项中通过增加 ΔB 来获得更多无功功率，第二项中降低 ΔU_B 会引起无功功率减小，当系统达到电压崩溃状态时，二者互相作用恰好抵消，Q_{net} 达到极限状态。因此，可以根据两项的比值大小建立电压稳定指标 I_{VSI}，考虑改变量 $\Delta B\rightarrow0$，$\Delta U_B\rightarrow0$，

$$I_{VSI} = -\frac{2B}{U_B}\frac{dU_B}{dB} \tag{8-11}$$

其中，dU_B/dB 可表示为

$$\frac{dU_B}{dB} = \frac{dU_B}{dQ_{net}}\frac{dQ_{net}}{dB} \tag{8-12}$$

根据，$Q_{net}=U_B^2B$，dQ_{net}/dB 表达为

$$\frac{dQ_{net}}{dB} = U_B^2 + 2U_BB\frac{dU_B}{dB} \tag{8-13}$$

联立式（8-12）和式（8-13），dU_B/dB 可表示为

$$\frac{dU_B}{dB} = \frac{\frac{dU_B}{dQ_{net}}U_B^2}{1-2\frac{dU_B}{dQ_{net}}U_B^2} \tag{8-14}$$

将式（8-14）和 $Q_{net}=U_B^2B$ 带入式（8-11），进行整理可得

$$I_{VSI} = \frac{-2\frac{Q_{net}}{U_B}\frac{dU_B}{dQ_{net}}}{1-2\frac{Q_{net}}{U_B}\frac{dU_B}{dQ_{net}}} \tag{8-15}$$

根据 $Q_{net}=P_{net}\tan\varphi$，式（8-15）可转换为

$$I_{VSI} = \frac{-2\frac{P_{net}\tan\varphi}{U_B}\frac{dU_B}{\tan\varphi dP_{net}}}{1-2\frac{P_{net}\tan\varphi}{U_B}\frac{dU_B}{\tan\varphi dP_{net}}} = \frac{-2\frac{P_{net}}{U_B}\frac{dU_B}{dP_{net}}}{1-2\frac{P_{net}}{U_B}\frac{dU_B}{dP_{net}}} = \frac{-2\mu\gamma}{1-2\mu\gamma} \tag{8-16}$$

由式（8-16）可知，电压稳定指标 I_{VSI} 数值越小，表明节点电压稳定性水平越高，反之，电压稳定性水平越低，当电压位于崩溃点时，I_{VSI} 达到最大值1。

（2）复杂系统。进一步，将上述中所提出的 I_{VRI}、I_{VDI}、I_{VSI} 推广至多节点复杂系

统。式（8-9）、式（8-16）在计算相关指标时均需节点的电压-功率灵敏度信息，对于多节点系统灵敏度信息可在潮流修正方程基础上进行推导获取。

考虑系统在当前运行状态基础上，系统节点有功和无功功率按当前状态同比微小增量为 ΔP 和 ΔQ，则根据潮流修正方程有如下表达式，即

$$\begin{bmatrix} \Delta \boldsymbol{P} \\ \Delta \boldsymbol{Q} \end{bmatrix} = \begin{bmatrix} \boldsymbol{J}_{P\theta} & \boldsymbol{J}_{PU} \\ \boldsymbol{J}_{Q\theta} & \boldsymbol{J}_{QU} \end{bmatrix} \begin{bmatrix} \Delta \boldsymbol{\theta} \\ \Delta \boldsymbol{U} \end{bmatrix} \tag{8-17}$$

式（8-17）中，$\Delta\theta$ 和 ΔU 分别表示系统节点相位和电压的修正量，$J_{P\theta}$，J_{PU}，$J_{Q\theta}$ 和 J_{QU} 表示系统雅克比矩阵 $\boldsymbol{J}$ 的相应子矩阵。

$$\begin{cases} \Delta \boldsymbol{P} = \boldsymbol{J}_{P\theta} \Delta \boldsymbol{\theta} + \boldsymbol{J}_{PU} \Delta \boldsymbol{U} \\ \Delta \boldsymbol{Q} = \boldsymbol{J}_{Q\theta} \Delta \boldsymbol{\theta} + \boldsymbol{J}_{QU} \Delta \boldsymbol{U} \end{cases} \tag{8-18}$$

通过整理式（8-18），得到 ΔU 与 ΔP 之间的关系表达式为：

$$\Delta \boldsymbol{P} = \boldsymbol{J}_{P\theta} \boldsymbol{J}_{Q\theta}^{-1} \Delta \boldsymbol{Q} + (\boldsymbol{J}_{PU} - \boldsymbol{J}_{P\theta} \boldsymbol{J}_{Q\theta}^{-1} \boldsymbol{J}_{QU}) \Delta \boldsymbol{U} \tag{8-19}$$

$$\Delta \boldsymbol{U} = \boldsymbol{J}_{UP}' \Delta \boldsymbol{P} + \boldsymbol{J}_{UQ}' \Delta \boldsymbol{Q} \tag{8-20}$$

式中：$\boldsymbol{J}_{UP}' = (\boldsymbol{J}_{PU} - \boldsymbol{J}_{P\theta} \boldsymbol{J}_{Q\theta}^{-1} \boldsymbol{J}_{QU})^{-1}$，$\boldsymbol{J}_{UQ}' = -\boldsymbol{J}_{UP}' \boldsymbol{J}_{P\theta} \boldsymbol{J}_{Q\theta}^{-1}$。

通过式（8-20），节点 i 的电压修正量可表示为

$$\Delta U_i = \sum_{j=1}^{NP} \boldsymbol{J}_{UP}'(i,j) \Delta P_j + \sum_{j=1}^{NQ} \boldsymbol{J}_{UQ}'(i,j) \Delta Q_j \tag{8-21}$$

式 $\Delta U_i = \sum_{j=1}^{NP} \boldsymbol{J}_{UP}'(i,j) \Delta P_j + \sum_{j=1}^{NQ} \boldsymbol{J}_{UQ}'(i,j) \Delta Q_j$ 中，NP 表示系统 PQ 节点和 PV 节点的总数，NQ 表示系统 PQ 节点的总数。

上式两侧除以 ΔP_i，并考虑 $\Delta U_i / \Delta P_i \rightarrow dU_i / dP_i$，则可表示为

$$\gamma_i = \frac{dU_i}{dP_i} = \sum_{j=1}^{NP} \boldsymbol{J}_{UP}'(i,j) \rho_{ij} + \sum_{j=1}^{NQ} \boldsymbol{J}_{UQ}'(i,j) \rho_{ij} \tan\varphi_j \tag{8-22}$$

式（8-22）中，$\rho_{ij} = \Delta P_j / \Delta P_i$，$\rho_{ij} \tan\varphi_j = P_j / P_i \cdot Q_j / P_j = Q_j / P_i = \Delta Q_j / \Delta P_i$，也即系统功率按当前状态同比微小增量的比值可表示为当前相对应功率的比值。

通过式（8-22），结合式（8-9）、式（8-16），可构建多节点系统下的电压抬升、下降能力评价指标和静态电压稳定评估指标，对于其中节点 i 的指标可表示为

$$\begin{cases} I_{\mathrm{VRI}_i} = \dfrac{\gamma_i}{1+\gamma_i} & \gamma_i \geqslant 0 \\[3mm] I_{\mathrm{VDI}_i} = \dfrac{\gamma_i}{1-\gamma_i} & \gamma_i \leqslant 0 \end{cases} \tag{8-23}$$

$$I_{\mathrm{VSI}_i} = \frac{-2\mu_i \gamma_i}{1 - 2\mu_i \gamma_i} \tag{8-24}$$

其中，$\mu_i = P_i/U_i$。

依据式（8-23）、式（8-24）可用于评估复杂多节点系统电压安全运行状态，其中 I_{VRI} 或 I_{VDI} 绝对值越大的相关节点，表明该些节点的电压抬升或下降能力越强，I_{VSI} 数值较大的相关节点，越容易出现电压逼近崩溃点而发生电压失稳问题，通过 I_{VRI}、I_{VDI} 和 I_{VSI} 相关指标计算，可确定出影响系统电压安全的关键节点集，为进行电压调控提供重要基础。

8.1.3 仿真测试结果

为验证所提出的电压抬升、下降能力评价指标和静态电压稳定评估指标的有效性，本节在 IEEE 14 节点系统和辽宁省某区域新能源与传统电源耦合并网系统进行测试。

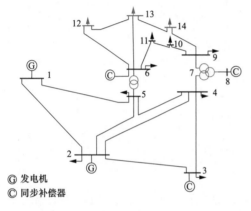

图 8-5　IEEE 14 节点系统网络拓扑

IEEE 14 节点输电网的系统拓扑结构如图 8-5 所示。本文针对原负荷节点 12、13 和 14 的有功和无功功率，在其原始数值 $[P_0, Q_0]$ 基础上进行设置得到 $[-P_0, -Q_0]$，$[P_0, -Q_0]$，$[P_0, Q_0]$，$[-P_0, Q_0]$ 的四象限功率模式，以分析在不同象限下功率持续变化节点的电压安全运行水平。在不同功率象限下，节点 12、13 和 14 按照初始功率同步增长时，节点 PV 曲线、电压抬升、

下降能力指标和静态电压稳定指标如图 8-6~图 8-8 所示。其中，k 表示功率变化率，即当前功率与初始功率的差与初始功率的比值。

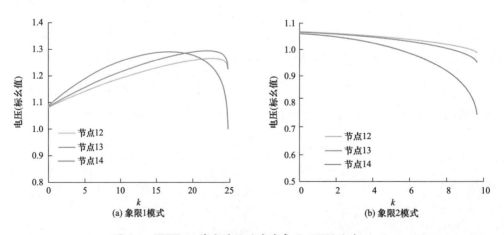

图 8-6　IEEE 14 节点系统功率多象限下 PV 曲线（一）

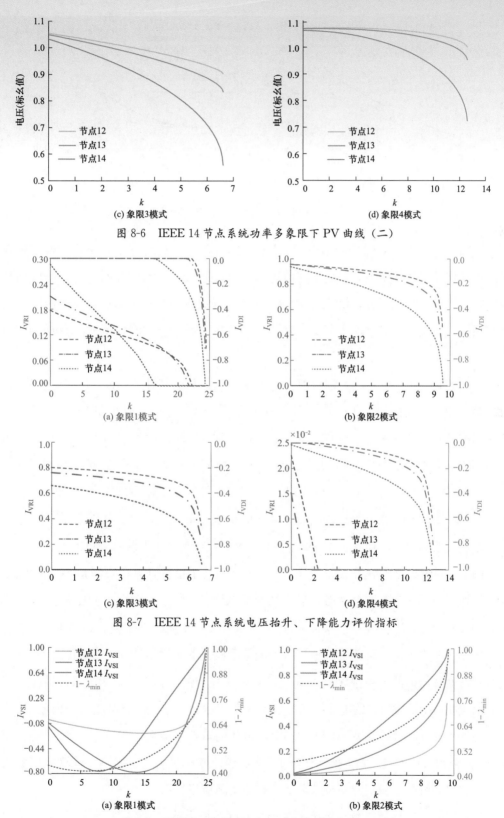

图 8-6　IEEE 14 节点系统功率多象限下 PV 曲线（二）

图 8-7　IEEE 14 节点系统电压抬升、下降能力评价指标

图 8-8　IEEE 14 节点系统电压稳定性评估指标（一）

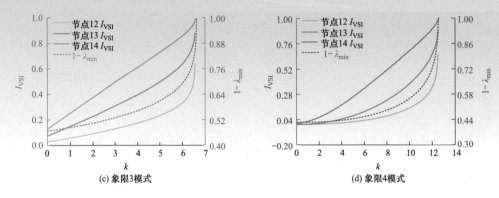

图 8-8 IEEE 14 节点系统电压稳定性评估指标（二）

由图 8-6 可见，在不同象限模式下功率持续变化时节点的电压演变状态各不相同，对应电压崩溃点的功率极限和电压幅值均具有较大的差别。总体来说，节点呈现电源属性时，在 k 持续增大过程，电压具有较明显的抬升效应，电压崩溃点对应的电压较大，功率极限也较大；节点呈现负荷属性时，电压保持下降趋势，电压崩溃点对应的电压幅值较小，功率极限也较小。

由图 8-7 可见，在 k 增大过程中 I_{VRI} 和 I_{VDI} 指标均能刻画图 8-6 中相应象限状态下电压抬升和下降过程，并且相应指标大小反映了不同节点电压抬升和下降能力强弱关系。以图 8-7（a）为例，结合图 8-6（a），对于节点 14、13 和 12 在分别在 $k=16.2$、22.1 和 22.3 之前均具有电压抬升能力，即 $I_{VRI}>0$，且在 $k=9.34$ 前节点 14 的 I_{VRI} 大于节点 13 和 12 的 I_{VRI}，在 $k=11.09$ 时，节点 13 和 12 的 I_{VRI} 大于节点 14 的 I_{VRI}；对于节点 14、13 和 12 在 $k=16.70$、22.05 和 22.67 之后 $I_{VRI}=0$，电压呈现下降趋势，I_{VDI} 绝对值逐渐增大，且节点 14 的 I_{VDI} 绝对值更大，其电压下跌趋势更突出。

图 8-8 同时给出了节点 12、13 和 14 的 I_{VSI} 和基于系统雅克比矩阵最小特征值 λ_{min} 的电压稳定指标。为与 I_{VSI} 比较，后者指标定义为 $1-\lambda_{min}$，当系统电压稳定时，表明电压存在有效解，$\lambda_{min}>0$，$1-\lambda_{min}<1$；当系统处于电压崩溃点时 $\lambda_{min}=0$，$1-\lambda_{min}=1$。由图可见，所提 I_{VSI} 指标能准确地反映不同象限模式下 k 增长过程中节点的静态电压稳定水平，通过指标的大小排序可以确定影响电压稳定的关键节点，其中 I_{VSI} 数值为负时，对应相应 PV 曲线中的电压抬升阶段。当系统达到电压崩溃点时（对于四象限模式依次为 $k=24.71$、9.62、6.62 和 12.62），最薄弱节点（节点 14）的 I_{VSI} 和 $1-\lambda_{min}$ 均达到 1。值得说明的是，I_{VSI} 指标相较 $1-\lambda_{min}$ 在计算规模上显著减小，计算效率更高，方便确定出系统电压稳定薄弱节点，适应在线实际应用场景。

以辽宁省某区域新能源与传统电源耦合并网系统为例进一步验证所提 I_{VRI}、I_{VDI} 和

I_{VSI} 的有效性。该区域电网具备 20kV 火电机组 1200MW、0.7kV 风电 300MW 和 0.4kV 光伏发电 300MW，包括电压等级有 35、220kV 和 500kV，且在同一并网点耦合成耦合系统，同时包含了输配电网的电压层级。电网结构如图 8-9 所示，其中节点 1、10 和 11 分别是耦合系统并网点、风电场并网点和光伏电站并网点，节点 21 和 74 是风电场和光伏电站内部末端节点。

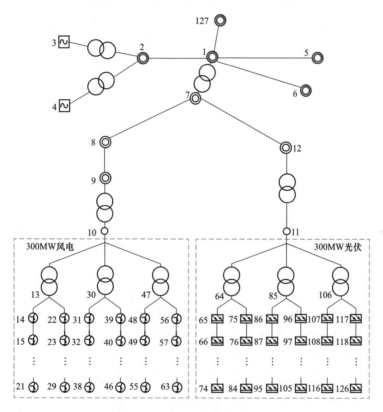

图 8-9　辽宁省某区域耦合系统

分析耦合系统中新能源功率同比增长情况下系统的电压安全运行水平，考虑新能源场站内节点功率增长，由此确定在电压稳定约束下耦合系统对新能源的功率承载量。相较于高电压等级，低电压等级的新能源场站内部节点电压抬升问题更加突出。耦合系统关键节点电压 PV 曲线如图 8-10 所示，不同节点随着功率变化过程呈现显著的电压差异，节点 21 和 74 电压具有显著的电压抬升过程，而节点 1、10 和 11 的电压抬升过程不明显，最终在电压下降阶段至发生电压崩溃时各节点电压水平也具有较大差异。其中，电压崩溃时节点 11 电压为 0.63（标幺值），节点 21 电压为 0.97（标幺值）。图 8-11 和图 8-12 给出了上述节点的 I_{VRI}、I_{VDI} 和 I_{VSI}，从图中可以看出，所提的 I_{VRI}、I_{VDI} 能够准确反映出不同节点的电压抬升和下降能力；所提的 I_{VSI} 指标反映了不同节点的电压稳定水平，随着功率持续变化各节点 I_{VSI} 大小关系发生变化，在系统达到电压崩溃时，节点 21 和 74 的 I_{VSI} 达到 1，该节点是引发系统电压失稳的关键节点。

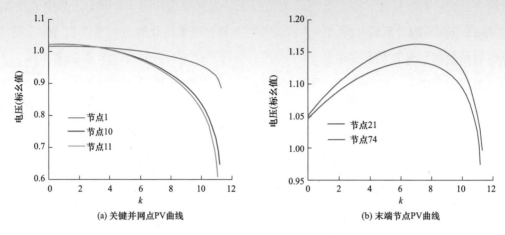

图 8-10　耦合系统关键节点 PV 曲线

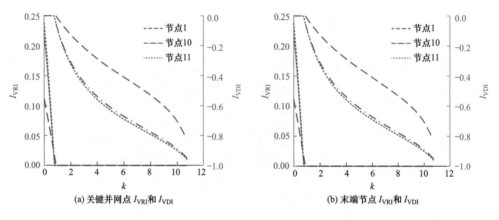

图 8-11　耦合系统电压抬升、下降能力评价指标

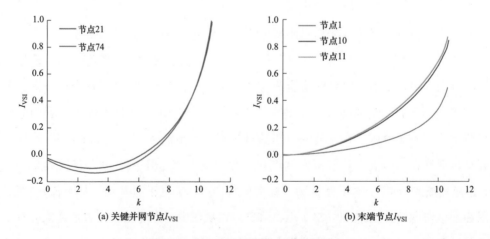

图 8-12　耦合系统电压稳定性评估指标

8.2 耦合系统无功/电压分层协同控制

8.2.1 耦合系统分层时序协同结构

可再生能源与火力发电耦合系统如图 8-13 所示，风、光可再生能源与火电机组经对应场站并网点联结成为耦合系统，在物理结构上的界限却十分清晰，为一种具有单元-场站-系统天然层级的物理结构。大规模可再生能源与传统火电耦合接入电网在解决能源危机的同时，也给系统的运行带来了严峻挑战，比如随着新能源功率波动所带来的电压波动问题等。

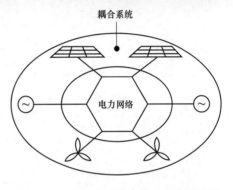

图 8-13 可再生能源与火力发电耦合系统

对耦合并网系统而言，系统功率外送并网点、场站并网点及单元并网点均需满足不同安全标准电压要求，以达到减少对外部电网的影响和保证系统内部节点电压安全性的目的。这给耦合并网系统无功电压协同控制提出了更高要求。因此，亟须提出适用于耦合系统的无功电压控制方法，合理、有效协调系统内部各类无功设备，使耦合系统的单元-场站-系统并网点电压满足安全要求，并提高耦合系统的运行经济性。分布式控制结构融合了集中式控制和分散式控制的优势，在电压控制中得到了一定发展。根据分布式控制原理，结合耦合系统的单元-场站-系统天然结构特性，提出了耦合系统分层时序协同结构。

图 8-14 给出了耦合并网系统分层电压协同控制框架。分层协同控制系统由上层 MPC 集中控制器（high-level model predictive control，HMPC）和下层 MPC 控制器（lower-level model predictive control，LMPC）构成。灵敏度计算模块用于计算每个 MPC 控制问题所需灵敏度系数，并下发至火电机组、风、光场站对应的 HMPC 和 LMPC 控制器。HMPC 控制器在接收上级控制中心下达的耦合系统并网点参考电压指令后，通过协调火电机组、无功补偿装置等上层系统控制资源，求解 HMPC 控制问题，将所得新能源场站并网点电压作为下层系统场站并网点电压参考指令，下发至场站 LMPC 控制器。下层场站 MPC 控制器在接受上层系统传达场站并网点电压参考指令后，调节场站内部单元机组、SVC 等控制资源，求解下层 LMPC 控制器问题。而 LMPC 控制器将求解完毕新能源场站剩余可调无功范围上传至 HMPC 控制器，如此反复迭代收敛至全局最优解，这样大大减小了计算规模，提高了计算效率。

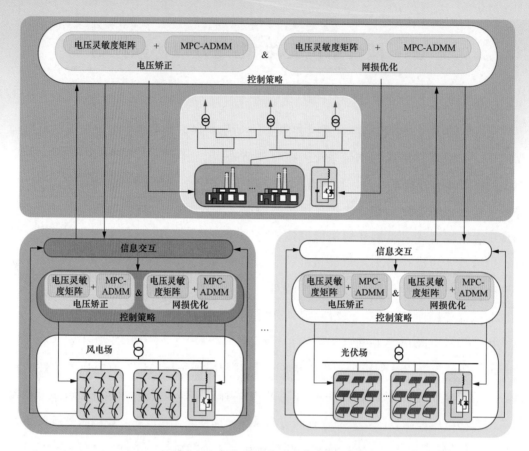

图 8-14 耦合系统分层时序协同结构

又根据耦合系统的上、下层关键节点电压运行状态，设计了两种控制模式：正常网损控制和校正电压控制，通过判断节点电压的运行状态，实现两种控制模式的切换。MPC 控制器控制状态切换逻辑规则如下：

（1）当节点 i 电压处于预设安全范围内时，即 $\|U_i - U_{ref}^i\| \leqslant U_{th}^i$，MPC 控制器处于正常网损控制模式，在保证电压安全约束条件下，使系统网损最小；

（2）节点 i 电压处于设定安全运行范围外，即 $\|U_i - U_{ref}^i\| > U_{th}^i$，MPC 控制器转向校正电压控制模式，使节点电压偏差最小。

8.2.2 耦合系统上层（系统级）电压预测控制

1. 正常网损控制

若上层系统关键节点电压（系统、场站并网点）均在预设范围内，即：$\|U_i^H - U_{ref}^H\| \leqslant U_{th}^H$，HMPC 控制器切换正常网损控制模式。该控制模式下，系统有功网损和控制代价被作为优化目标。基于 ADMM 优化算法，目标函数表示为

$$J_{\text{Loss}}^{\text{H}} = \sum_{k=1}^{N} \left[C_1 \| P_{\text{Loss}}^{\text{H}}(k) \|_2^2 + C_2 \| \Delta \boldsymbol{\mu}^{\text{H}}(k) \|_2^2 \right] \tag{8-25}$$

系统有功网损受发电机机端电压 U_g、输出功率 P_g 和风、光场站向上层系统提供无功 Q_{sta} 的影响。因此关于系统有功网损的线性化预测模型为

$$P_{\text{Loss}}^{\text{H}}(k) = P_{\text{Loss}}^{\text{H}}(k-1) + \frac{\partial P_{\text{Loss}}^{\text{H}}}{\partial \boldsymbol{\mu}^{\text{H}}} \Delta \boldsymbol{\mu}^{\text{H}}(k), k \in [1, \cdots, N] \tag{8-26}$$

新能源场站可提供无功可表示为

$$Q_{sta} = \pm \sum_{N}^{m=1} \sqrt{S_{N,}^2 - P_{\text{m},}^2} \pm \Delta Q_{\text{SVC}} \tag{8-27}$$

$Q_{sta} = \pm \sum_{N}^{m=1} \sqrt{S_{N,}^2 - P_{\text{m},}^2} \pm \Delta Q_{\text{SVC}}$ 中 ΔQ_{SVC} 表示为

$$\Delta Q_{\text{SVC}} = Q_{N,\text{SVC}} - Q_{\text{SVC}} \tag{8-28}$$

式（8-26）中，$P_{\text{Loss}}^{\text{H}}(k-1)$ 为系统有功网损在当前时刻的测量值，$\Delta u_H(k) = [\Delta U_g(k), \Delta P_g(k), \Delta Q_{sta}(k)]^T$ 为未来 k 时刻控制变量组成的列向量。$\omega_{P_{\text{loss}}} > 0$、$\omega_{\text{cost}} > 0$ 分别代表系统网损和上层系统控制代价的权重系数。$\partial P_{\text{loss}}^{H}/\partial u_H$ 为系统有功网损对上层控制变量的灵敏度矩阵。N_C 表示模型预测控制算法中控制步长，其中预测步长 $N_P = N_C = 3$。式（8-27）中，S_N 为风机、光伏单元额定容量，P_m 为当前时刻场站内第 m 台单元机组功率大小。N 对应场站单元机组数量。式（8-28）中，$Q_{N,\text{svc}}$ 为 SVC 额定容量；Q_{svc} 表示下层场站消耗无功。

2. 校正电压控制

当上层系统关键节点电压超出电压预设范围，即：$\| U_i^H - U_{i,ref}^H \| \geq U_{i,th}^H$，HMPC 控制器转为校正电压控制模式。该运行模式下，考虑节点电压与对应参考电压偏移和控制代价，其控制器目标函数为

$$J_V^{\text{H}} = \sum_{k=1}^{N} \left[C_1 \sum_{i=[\text{s,p,w}]} \| U_i^{\text{H}}(k) - U_{i.ref}^{\text{H}} \|_2^2 + C_2 \| \Delta \boldsymbol{\mu}^{\text{H}}(k) \|_2^2 \right] \tag{8-29}$$

式（8-29）中，$U_i^H(k)$ 为上层系统关键节点 i 电压预测值。同样受发电机参考电压、功率和新能源场站可提供无功功率的影响。关于上层关键节点 i 电压的预测模型为

$$U^{\text{H}}(k) = U^{\text{H}}(k-1) + \frac{\partial U^{\text{H}}}{\partial \boldsymbol{\mu}^{\text{H}}} \Delta \boldsymbol{\mu}^{\text{H}}(k), k \in [1, \cdots, N] \tag{8-30}$$

其中，$U^H(k-1)$ 为上层系统节点 i 电压在当前时刻测量值。$\partial U^H/\partial u_H$ 为上层节点 i 电压对控制变量的灵敏度矩阵。

上层目标函数式（8-25）、式（8-29）满足的约束条件为

$$\begin{cases} u_H^{\min} \leqslant u_H(k) \leqslant u_H^{\max} \\ U_i^{\min} \leqslant U_i(k) \leqslant U_i^{\max} \end{cases} \tag{8-31}$$

上层目标函数除了满足上述关于电压、控制变量范围不等式约束外，还需满足式（8-26）、式（8-30）中关于系统网损、上层关键节点电压等式约束。

8.2.3 耦合系统下层（场站级）电压预测控制

由第 2 节中分层电压协同控制框架描述可知，下层新能源场站设置集中 MPC 控制器。仿照上层优化控制模型目标函数的设置，风、光新能源场站控制目标函数也设置两种控制模式：校正电压控制、正常网损控制。

1. 正常网损控制

如果系统下层风、光新能源场站关键节点电压（场站、单元并网点）均在预设范围内，即：$\|U_i^L - U_{i,ref}^L\| \geqslant U_{i,th}^L$，下层 MPC 控制器运行在正常控制模式，以保证新能源场站运行经济性为目标，考虑场站有功网损及控制代价最小。其中，下层节点电压参考值 $U_{i,ref}^L$ 为上层 MPC 控制器输出。

$$J_{\text{Loss}}^L = \sum_{k=1}^{N} \left[C_1 \| P_{\text{Loss}}^L(k) \|_2^2 + C_2 \| \Delta \boldsymbol{\mu}^L(k) \|_2^2 \right] \tag{8-32}$$

下层场站网损受到新能源单元和静止无功补偿装置无功 $Q_{WFGU}(Q_{PVGU})$、(Q_{PVGU})、Q_{SVC} 的影响，关于风、光场站有功网损的线性化预测模型为

$$P_{\text{Loss}}^L(k) = P_{\text{Loss}}^L(k-1) + \frac{\partial P_{\text{Loss}}^L}{\partial \boldsymbol{\mu}^L} \Delta \boldsymbol{\mu}^L(k), \quad k \in [1, \cdots, N] \tag{8-33}$$

式（8-33）中，$P_{\text{Loss}}^L(k-1)$ 对应风、光场站有功网损在当前时刻的测量值，$\Delta u_{sta}(k) = [\Delta Q_{WFGU}(k), \Delta Q_{PVGU}(k), \Delta Q_{SVC}(k)]^T$，分别对应未来 k 时刻风、光场站由控制变量组成的列向量。$\partial P_{loss}^{sta} / \partial u_{sta}$ 对应风、光场站有功网损对各控制变量的灵敏度矩阵。

2. 校正电压控制

当下层新能源场站关键节点电压超出预设范围即：$\|U_i^L - U_{i,ref}^L\| \geqslant U_{i,th}^L$，下层 MPC 控制器转为校正控制模式。以电压安全性为目标，考虑节点 i 电压与对应参考电压偏移和控制代价最小，其控制器目标函数为

$$J_V^L = \sum_{k=1}^{N} \left[C_1 \| \boldsymbol{U}^L(k) - \boldsymbol{U}_{ref}^L \|_2^2 + C_2 \| \Delta \boldsymbol{\mu}^L(k) \|_2^2 \right] \tag{8-34}$$

式（8-34）中，$U_i^{sta}(k)$ 对应 k 时刻风、光场站内关键节点 i 电压预测值，同样受新能源单元和静止无功补偿装置无功的影响。关于下层关键节点 i 电压的预测模型表示为

$$U^{\mathrm{L}}(k)=U^{\mathrm{L}}(k-1)+\frac{\partial U^{\mathrm{L}}}{\partial \boldsymbol{\mu}^{\mathrm{L}}}\Delta\boldsymbol{\mu}^{\mathrm{L}}(k),k\in[1,\cdots,\mathrm{N}] \qquad (8\text{-}35)$$

其中，$U^{\mathrm{L}}(k-1)$ 为风、光场站节点 i 电压在当前时刻的测量值。$\partial U^{sta}/\partial u_{sta}$ 为下层风、光场站节点电压对控制变量的灵敏度矩阵。下层新能源场站目标函数（8-32）、式（8-34）满足以下关于电压、控制变量不等式约束，即

$$\begin{cases} u_{\mathrm{sta}}^{\min}\leqslant u_{\mathrm{sta}}(k)\leqslant u_{\mathrm{sta}}^{\max} \\ U_{i,\mathrm{sta}}^{\min}\leqslant U_{i,\mathrm{sta}}(k)\leqslant U_{i,\mathrm{sta}}^{\max} \end{cases} \qquad (8\text{-}36)$$

下层新能源场站目标函数除了满足不等式约束之外，还需满足式（8-33）、式（8-35）和式中关于下层场站网损、节点电压等式约束。

8.2.4 仿真测试结果

以辽宁省某区域新能源与传统电源耦合并网系统为例进一步验证所提本文所提分层电压协同控制策略的实用性。该区域电网具备 20kV 火电机组 1200MW、0.7kV 风电 300MW 和 0.4kV 光伏 300MW，包括电压等级有 35、220kV 和 500kV，且在同一并网点耦合构成耦合系统，同时包含了输、配电网的电压层级，新能源场站并网点处装设 SVC 作为无功补偿装置。电网结构如图 8-9 所示，其中节点 1 为

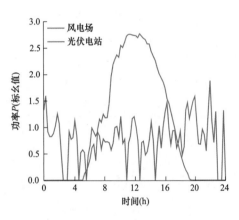

图 8-15 辽宁省某局域电网新能源波动

耦合系统并网点。本仿真以日功率随机波动为例，新能源波动情况如图 8-15 所示。

控制前后系统关键节点电压波动情况如图 8-16、图 8-17 所示。

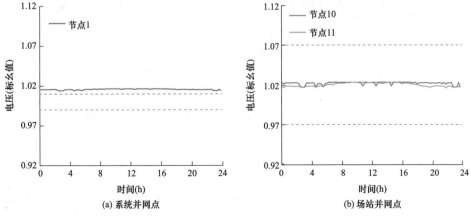

(a) 系统并网点 　　　　　　　　　　(b) 场站并网点

图 8-16 辽宁省某局域电网关键节点电压波动（一）

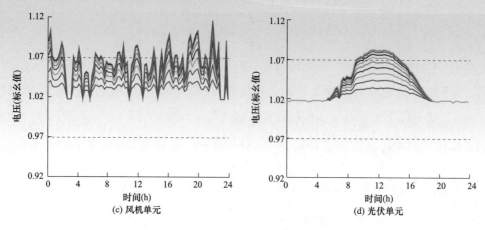

图 8-16 辽宁省某局域电网关键节点电压波动（二）

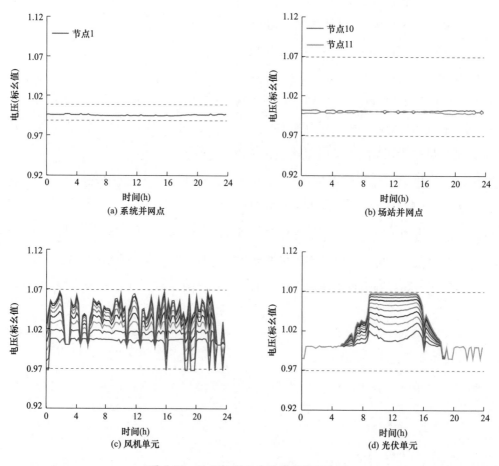

图 8-17 施加控制后关键节点电压波动

由图 8-16 可知，在新能源日功率波动场景下，耦合系统并网点电压 24h 内均出现越上限场景；风电、光伏场站并网点电压尽管满足新能源并网电压要求，但内部风机、光伏单元并网点电压分别在 21:00—22:00、7:00—16:00 时段内出现电压越上限场景，影响了系统运行的电压安全性。

针对辽宁省地区耦合系统新能源功率波动场景下的电压越限问题，施加本文提出无功电压分层协同控制策略。根据新能源并网电压要求和耦合系统并网电压要求可知，系统并网点和新能源并网安全电压范围分别设置为 $[0.995, 1.005]$（标幺值）、$[0.97, 1.07]$（标幺值）。辽宁省地区耦合系统内部控制资源限值设置为：$U_g = [0.95, 1.05]$（标幺值）、$P_g = [0.0, 2.0]$（标幺值）、$Q_{SVC} = [-1.50, 1.50]$（标幺值）。

由图 8-17 可知，功率波动场景下，控制后，系统并网点、场站并网点电压及单元并网点电压有效控制在预设安全范围以内。

由图 8-18 对比可知，由于控制后并网点电压水平低于控制前电压水平，导致系统网损和各场站网损高于优化前网损情况。根据系统运行过程首先满足电压安全性要求可知，该场景符合电压控制要求。

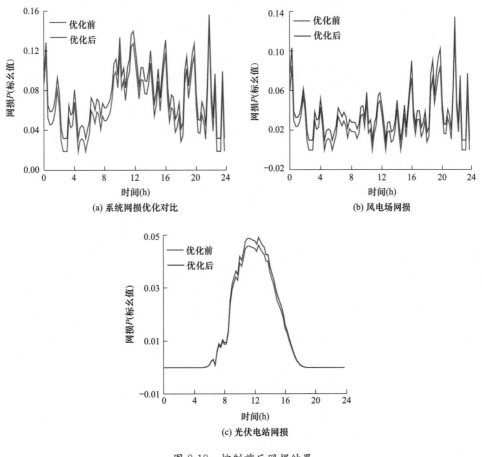

图 8-18　控制前后网损结果

8.3 耦合系统无功/电压紧急协同控制

8.3.1 新能源高低电压穿越标准与评估指标

1. 新能源高低电压穿越标准

国家对新能源并网提出了相关的考核标准，在《风电场接入电力系统技术规定 第1部分：陆上风电》（GB/T 19963.1）和《光伏电站接入电网技术规范》（Q/GDW 1617）分别描述了风电场站和光伏场站持续并网的高/低电压穿越要求。光伏场站高/低电压穿越标准要求如图 8-19 所示。

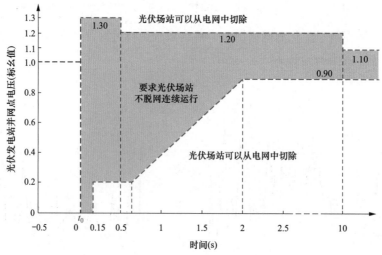

图 8-19 光伏场站高/低电压穿越标准

风电场站高/低电压穿越标准要求如图 8-20 所示。

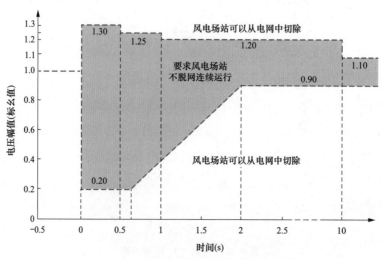

图 8-20 风电场站高/低电压穿越标准

2. 新能源电压安全评估指标

以光伏场站并网规范要求为例，建立高/低电压安全区域表达式，风电场站也同理，此处不作赘述。

$$v = \begin{cases} V_{\min}^1 \leqslant V(t) \leqslant V_{\max}^1, & t_0 \leqslant t < t_1 \\ V_{\min}^2 \leqslant V(t) \leqslant V_{\max}^1, & t_1 \leqslant t < t_2 \\ V_{\min}^2 \leqslant V(t) \leqslant V_{\max}^2, & t_2 \leqslant t < t_3 \\ V_{\min}^3 \leqslant V(t) \leqslant V_{\max}^2, & t_3 \leqslant t < t_4 \\ V_{\min}^4 \leqslant V(t) \leqslant V_{\max}^2, & t_4 \leqslant t < t_5 \end{cases} \tag{8-37}$$

式中：t_0 为故障发生时间；t_1 为故障后 0.15s；t_2 为故障后 0.5s；t_3 为故障后 0.625s；t_4 为故障后 2.0s；t_5 为故障后 10s；$V_{\min}^1$、$V_{\min}^2$、$V_{\min}^3$、$V_{\min}^4$ 分别对应各时间段内电压的下限；$V_{\max}^1$、$V_{\max}^2$ 分别对应各时间段内电压的上限。

基于新能源机组的高/低电压穿越标准，量化暂态时域过程电压轨迹偏移程度，建立基于电压轨迹的暂态电压安全评估指标，如式（8-38）所示。

$$T_{\text{VSI}} = \frac{1}{HL} \sum_{i=1}^{H} \sum_{j=1}^{L} \Delta V_{ij} \tag{8-38}$$

$$\Delta v_{ij} = \begin{cases} \max[V_{\min}^1 - V_{ij}, V_{ij} - V_{\max}^1, 0], & t_0 \leqslant t(V_{ij}) < t_1 \\ \max[V_{\min}^2 - V_{ij}, V_{ij} - V_{\max}^1, 0], & t_1 \leqslant t(V_{ij}) < t_2 \\ \max[V_{\min}^2 - V_{ij}, V_{ij} - V_{\max}^2, 0], & t_2 \leqslant t(V_{ij}) < t_3 \\ \max[V_{\min}^3 - V_{ij}, V_{ij} - V_{\max}^2, 0], & t_3 \leqslant t(V_{ij}) < t_4 \\ \max[V_{\min}^4 - V_{ij}, V_{ij} - V_{\max}^2, 0], & t_4 \leqslant t(V_{ij}) < t_5 \end{cases} \tag{8-39}$$

式中：Δv_{ij} 为新能源节点 i 在时刻 j 的电压偏移量；L 为暂态关注时间尺度；H 为新能源节点总数；$V_{\max}$、$V_{\min}$ 为高/低电压穿越边界。

评估指标 T_{VSI} 量化了新能源场站的整体暂态电压安全水平，当新能源站点电压满足安全穿越标准要求时，$T_{\text{VSI}} = 0$；不满足高/低电压穿越的上边界或下边界时 T_{VSI} 大于 0，数值越大表明暂态电压失稳程度越严重。

8.3.2 耦合系统可再生能源穿越控制及电压协调控制

为减少紧急工况下耦合系统中新能源机组因电压穿越能力不足而导致脱网事故，本节提出了以新能源高/低电压穿越标准为导向的新能源无功自适应模糊控制策略。首先基于高/低电压穿越标准提取表征实时电压轨迹演化特征的二维特征量——电压偏差和恢复距离作为控制器的反馈量，其次建立了面向高/低电压穿越标准需求的反馈量到无功控制量的逻辑推理规则，并引入计及变换器过流限制约束的无功控制量限幅环节，所设计的模糊控制器能够根据实时电压演变轨迹自适应调控无功输出以提升新能源机组电压穿越能力，满足高/低电压安全穿越标准要求。本节以光伏机组为例进行模糊控制器设计，风电机组亦同理。具体设计过程如下：

1. 模糊控制器反馈信号提取

设计模糊控制器的首要问题是反馈信号和控制信号的选取，在嵌入高/低电压安全标准基础上，定义并选取电压轨迹的二维向量特性：电压偏差（Δv）和恢复距离（Δd）偏差作为反馈信号，Δv 和 Δd 分别反映出电压跌落程度和电压恢复能力。对于控制信号，选取与电压密切相关的无功功率（Δq）作为控制变量，可根据实时电压演变轨迹自适应调控逆变器无功输出。

图 8-21 为反馈信号提取示意图，故障后电压恢复曲线由绿线、紫线和暗红线绘制的典型轨迹描述；可接受电压恢复范围显示为浅蓝色区域，即由表示电压穿越边界的蓝色虚线围成；t_0 是故障清除时间；Δv 是电压偏差；Δd 是恢复距离；黑色虚线箭头是某时刻电压轨迹斜率 k_0。Δv 和 Δd 的计算过程如下。

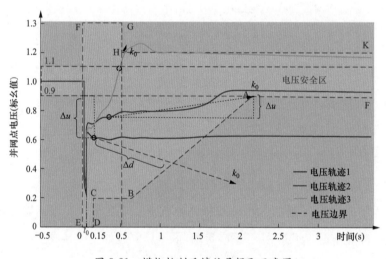

图 8-21　模糊控制反馈信号提取示意图

（1）低电压穿越期间反馈信号提取。设电压采样间隔为 $0.01s$，当前电压斜率为 k_0，当前电压坐标 $U_0(t_0, v_0)$ 所在直线方程表达式为

$$v - v_0 = k_0(t - t_0) \tag{8-40}$$

由图 8-21 所示，下边界分段函数表达式为

$$v=\begin{cases}0, & 0\leqslant t<0.15\\0.2, & 0.15\leqslant t<0.625\\0.51t-0.12, & 0.625\leqslant t<2.0\\0.9, & 2.0\leqslant t<t_{\text{end}}\end{cases}\qquad(8\text{-}41)$$

电压偏差（Δv）作为模糊控制器输入信号，表示为

$$\Delta v=v_n-v_0\qquad(8\text{-}42)$$

式中：$v_n=0.90$（标幺值）为电压标准值；v_0 为当前电压标幺值；t_{end} 为仿真结束时间；Δv 为当前电压与标准值之差。此时，Δv 为正值。

联立式（8-40）和式（8-41）可得 U_0 与下边界对应的距离表达式为

$$D_i=\begin{cases}D_1=\sqrt{\left(t_0-\dfrac{k_0t_0-v_0}{k_0}\right)^2+(v_0)^2}\\[2mm]D_3=\sqrt{\left(t_0-\dfrac{0.2+k_0t_0-v_0}{k_0}\right)^2+(v_0-0.2)^2}\\[2mm]D_3=\sqrt{\left(t_0-\dfrac{v_0-k_0t_0+0.12}{0.51-k_0}\right)^2+\left[y_0+0.12-\dfrac{0.51(v_0-k_0t_0+0.12)}{0.51-k_0}\right]^2}\\[2mm]D_4=\sqrt{\left(t_0-\dfrac{0.9+k_0t_0-v_0}{k_0}\right)^2+v_0-0.9)^2}\end{cases}$$

$$(8\text{-}43)$$

式中：$D_i(i=1、2、3、4)$ 为当前电压坐标与下边界各段距离，其值作为模糊控制的输入信号 Δd，此时 Δd 作为正值输入；$U_0(t_0，v_0)$ 为当前电压坐标；k_0 为电压轨迹斜率，反映电压是否具有恢复能力。

（2）高电压穿越期间反馈信号提取。高电压穿越与低电压穿越原理相同，当前电压 $U_0(t_0，v_0)$ 所在直线方程表达式为

$$v-v_0=k_0(t-t_0)\qquad(8\text{-}44)$$

由图 8-21 可知上边界分段函数表达式为

$$v=\begin{cases}1.30, & 0\leqslant t<0.50\\1.20, & 0.50\leqslant t<t_{\text{end}}\end{cases}\qquad(8\text{-}45)$$

电压偏差作为模糊控制器输入信号，可表示为

$$\Delta v=v_n-v_0\qquad(8\text{-}46)$$

式中：$v_n=1.10$（标幺值）；v_0 为当前电压标幺值；t_{end} 为仿真结束时间；Δv 为当前电压与标准值之差，此时 Δv 为负值。

联立式（8-44）和式（8-45）可得 U_0 与上边界对应距离的表达式为

$$D_i = \begin{cases} D_5 = -\sqrt{\left(t_0 - \dfrac{1.30 + k_0 t_0 - v_0}{k_0}\right)^2 + (v_0 - 1.3)^2} \\[4mm] D_6 = -\sqrt{\left(t_0 - \dfrac{1.20 + k_0 t_0 - v_0}{k_0}\right)^2 + (v_0 - 1.20)^2} \end{cases} \tag{8-47}$$

式中：$D_i(i=5、6)$ 为当前电压与上边界各段距离，其值作为模糊控制的输入信号 Δd，此时 Δd 作为负值输入；$U_0(t_0，v_0)$ 为当前电压坐标；k_0 为电压轨迹斜率，反映电压是否具有恢复能力。

2. 模糊控制器设计

图 8-22 描述了模糊控制器的结构，其中有两个输入端口和一个输出端口，以及两个主要模块：触发器和模糊逻辑系统。

触发器用来判断模糊控制何时动作，当电压轨迹小于 0.9（标幺值）或大于 1.10（标幺值）是模糊控制器动作的必要条件，而在 0.9（标幺值）～1.1（标幺值）安全范围内，模糊控制器可以保持静默状态。

模糊控制器的输出量（Δq）和系统无功功率（Q）求和即可得反馈到电网的无功注入量（Q_{ref}），表达式如（8-48）所示。

$$Q_{ref} = Q + \Delta q \tag{8-48}$$

在无功限制模块中，需满足逆变器过流限制要求，表达式如（8-49）所示。

$$\sqrt{I_d^2 + I_q^2} \leqslant I_{max} \tag{8-49}$$

根据光伏电站并网标准要求，光伏逆变器应满足在额定有功功率输出情况下，功率因数在超前 0.95～滞后 0.95 范围内可动态调节，如图 8-23 所示。

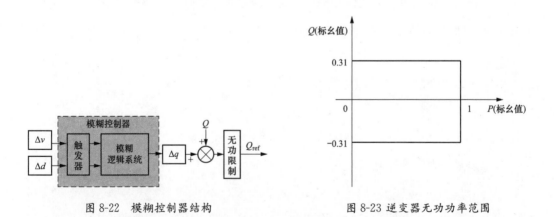

图 8-22　模糊控制器结构　　　　　　图 8-23 逆变器无功功率范围

模糊逻辑系统模块是控制器的核心，其主要有三个方面：模糊化、模糊推理规则和去模糊化。在模糊化过程中，选用简单且被广泛使用的对称三角形隶属函数作为输入和输出变量，图 8-24 定义了隶属度函数：负大（NB）、负中（NM）、负小（NS）、零（Z）、正小（PS）、正中（PM）、正大（PB），对于输入输出 Δv、Δd 和 Δq 的范围分别为 $[v_{\min}, v_{\max}]$、$[-d_{\mathrm{mi}}, d_{\max}]$ 和 $[-q_{\min}, q_{\max}]$。

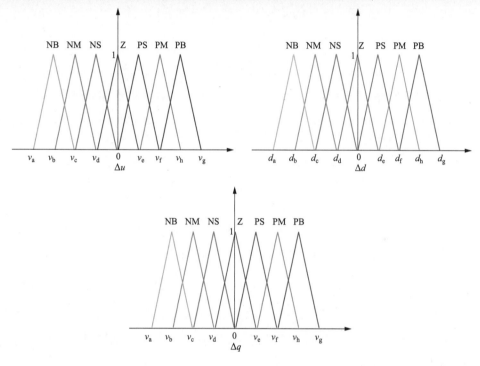

图 8-24　输入和输出隶属度函数

模糊推理规则见表 8-1，由以下五个原则生成：①当发生电压跌落，电压轨迹斜率与下边界相交且距离下边界越近时，意味着电压危险状态越严重，应调控无功功率变量；②当发生电压跌落且电压轨迹斜率与下边界不相交，只需调控少量无功功率变量甚至不需要调控也能维持电压安全；③当电压升高电压轨迹斜率与上边界相交距离上边界越近时，意味着电压危险状态越严重，应调控无功功率变量；④当电压升高且电压轨迹斜率与上边界不相交，只需少量调控甚至不需要调控无功功率变量；⑤当电压轨迹在 0.9（标幺值）～1.1（标幺值）允许范围内，模糊控制器可以不动作。典型模糊规则描述如下：①Δv 是 NB，Δd 是 NS，则 Δq 是 NB，表示电压轨迹将触及高电压穿越边界，需要最大范围减小无功功率变量；②Δv 是 PB，Δd 是 PS，则 Δq 是 PB，表示电压轨迹将触及低电压穿越边界，需要最大范围增加无功功率变量。

表 8-1 基 本 模 糊 规 则

Δq		Δd						
		NB	NM	NS	Z	PS	PM	PB
	NB	NM	NM	NB	NB	NS	NS	NS
	NM	NS	NM	NM	NB	Z	Z	Z
	NS	NS	NS	NM	NM	Z	Z	Z
Δv	Z	Z	Z	Z	PM	Z	Z	Z
	PS	Z	Z	Z	PM	PM	PS	PS
	PN	Z	Z	Z	PB	PM	PM	PS
	PB	PS	PS	PS	PB	PB	PM	PM

对于模糊控制器的去模糊化过程，可采用 Mamdani 算法将模糊量转化为精确值作用到被控对象。根据模糊规则的隶属度 (W_h)，利用重心法去模糊化确定 Δq 的精确值，如式 (8-50) 所示。

$$Y = \frac{\sum_{h=1}^{H} W_h \cdot Out_h}{\sum_{h=1}^{H} W_h} \tag{8-50}$$

式中：H 为模糊规则个数；Out_h 是第 h 条模糊规则的输出，Y 是 Δq 的清晰值。

3. 基于粒子群优化的新能源机组自适应无功模糊控制策略

以 v_a、$v_b \cdots v_i$，d_a、$d_b \cdots d_i$，q_a、$q_b \cdots q_i$ 作为优化变量，采用粒子群算法整定模糊隶属度函数中的参数以获得更优的无功功率输出性能。以电网受扰动后电压轨迹恢复满足高/低电压穿越标准为基本要求，以实现系统提供的无功功率最小为目标，构建模糊控制器参数的优化模型，数学模型为

$$J = \min \sum_{s=1}^{S} (\Delta Q_s + \rho_s) \tag{8-51}$$

$$\rho_s = \begin{cases} 0, & \text{满足暂态电压安全约束} \\ M, & \text{不满足暂态电压安全约束} \end{cases} \tag{8-52}$$

$$\begin{cases} v_{min} < v_a < v_b < \cdots < v_i < v_{max} \\ d_{min} < d_a < d_b < \cdots < d_i < d_{max} \\ q_{min} < q_a < q_b < \cdots < q_i < q_{max} \end{cases} \tag{8-53}$$

式中：J 为优化目标；S 为系统节点数；ΔQ_s 为系统 s 的无功功率；ρ_s 为用于满足电压穿越的惩罚函数；M 为取值为正大数的惩罚参数。

PSO 算法的数学描述如下：假设第 i 个粒子包含一个 N 维位置向量 $x_i = (x_{i,1}, x_{i,2}, \cdots, x_{i,N})$ 和速度向量 $v_i = (v_{i,1}, v_{i,2}, \cdots, v_{i,N})$，其中 $i = (1, 2, \cdots, NP)$，NP 代表种群规模。第 i 个粒子在解空间中搜索时，将会记住个体的最佳经验位置 $P_i = (P_{i1}, P_{i2}, \cdots, P_{iN})$。在每次迭代开始时，粒子会根据惯性和种群的最佳经验位置

$P_g = (P_{g1}, P_{g2}, \cdots, P_{iN})$ 调节速度矢量。粒子的速度和位置更新过程，表示为

$$v_i^{k+1} = \omega \cdot v_i^k + c_1 \cdot r_1(P_i^k - x_i^k) + c_2 \cdot r_2 + (P_g^k - x_i^k) \tag{8-54}$$

$$v_i^{k+1} = x_i^k + v_i^{k+1} \tag{8-55}$$

式中：x_i^k 是第 k 次迭代时第 i 个粒子的位置；v_i^k 是第 k 次迭代时第 i 个粒子的速度；P_i^k 是第 k 次迭代时第 i 个粒子的历史最优位置；P_g^k 是第 k 次迭代时种群的历史最优位置。c_1 代表了个体倾向自身历史最好方位的比重；c_2 表示个体倾向整体历史最好方位的比重；r_1、r_2 为随机数；ω 表示惯性权重，增大 ω 会使搜索空间范围变广；c_1、c_2 和 r_1、r_2 是在范围 $[0，1]$ 中的随机值。其中速度因子 $v_i \in [v_{i,\min}, v_{i,\max}]$，最大值和最小值通过用户设置。

算法步骤如下：

（1）选取求解区域，设置种群初始化。设定种群规模为 20，最大迭代次数为 120，目标个数为 2；粒子 i 的位置为 $x_i = (x_{i1}, x_{i2}, \cdots, x_{iN})$；粒子 i 的速度为 $v_i = (v_{i1}, v_{i2}, \cdots, v_{iN})$。

（2）以设定的多目标问题为评估准则，根据粒子的位置确定适应度。将 x_i 代入环境筛选函数 $F(x_i) = [f_1(x_i), f_2(x_i), \cdots, f_M(x_i)]$ 中求得适应度值。

（3）根据（2），获得近似非劣解个体并将其添加至外部卓越集。具体的筛选过程为：比较 x_i 和 x_j 计算的多个目标，如果按照环境适值函数 x_i 计算的所有适值都小于 x_j，那么 x_j 由 x_i 支配，x_i 进入外部卓越集中，x_j 将被淘汰。否则，两者都不互相支配，同时筛选进入非劣解中，等待下一次迭代比较。

（4）在个体搜索过程中找到最佳方位，将每个粒子当前环境的评价适应度值与其历史最佳适应度值进行比较，如果当前值高，则改变为当前的方位坐标。单个粒子 i 经历的最佳方位为 $P_{best i} = (P_{i1}, P_{i2}, \cdots, P_{iN})$。

（5）粒子方位变动的公式如式（8-54）和式（8-55）所示。

（6）判断条件：如果不满足结束条件，返回到步骤（2），一般通过设定迭代次数来判断是否满足条件。

粒子群算法优化流程图如图 8-25 所示。

将模糊隶属度函数中的参数作为种群中

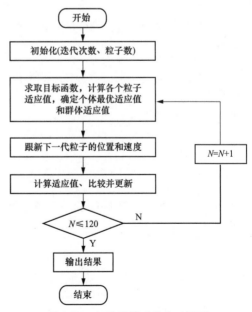

图 8-25　粒子群算法优化流程图

的粒子进行初始化处理，给每个粒子一个随机的初始位置并计算出适应度，将粒子在当前位置的适应值与历史最优位置和全局最优位置的适应度进行比较，根据式（8-54）和式（8-55）更新粒子的位置和速度，判断此时的迭代次数是否满足最大迭代次数，如果不满足，则重新优化；否则输出最终结果，结束运行。

4. 基于模糊控制策略下的一致性电压协调控制

耦合系统中可再生能源的接入改变了电力系统的动态特性，电网安全稳定运行所面临的问题更加复杂、形势更加严峻，发生故障的概率也将与日俱增，因此加强各新能源之间的联系变得尤为突出。基于上文阐述的无功模糊控制策略，本节引入一致性智能算法，在故障工况下验证多机组之间的电压协调控制，以提高电网整体的电压稳定水平。

"一致性"的含义是系统中所有智能体的某种状态跟随时间逐渐变化最终达到相同状态。图论和矩阵理论是研究分布式一致性问题的基础。

一般情况下，图常用组合 $G = (V, E, A)$ 表示个体之间的通信关系，$V = \{v_1, v_2, \cdots, v_n\}$ 表示图中顶点的集合，顶点 v_i 表示第 i 个智能体，$E \subseteq \{(v_j, v_i): v_j, v_i \in V, i \neq j\}$ 表示节点间边的集合，(v_j, v_i) 表示智能体 v_i 可以接收 v_j 的信息，故 v_j 定义为 v_i 的邻居节点。节点 i 的邻居集合定义为 $N_i = \{j \in V: (v_j, v_i) \in E\}$。$A = [a]$ 表示图 G 的加权邻接矩阵，若节点 i 与节点 j 之间存在通信关系，则 $a_{ij} \neq 0$；反之，表示两者之间无信息交互。

邻接矩阵 $A = [a_{ij}] \in R^{n*n}$ 其元素定义为

$$a_{ij} = \begin{cases} 1, & (j, i) \in E \\ 0, & (j, i) \notin E \end{cases} \tag{8-56}$$

若对图 G 中的某条边赋予权重，则该矩阵为加权邻接矩阵，加权邻接矩阵清晰地反映了点与边之间的关系。

度矩阵 $D = \text{diag}\{d_i, i \in V\}$ 是对角矩阵，节点 i 的入度和出度可表示为

$$d_{in}(i) = \sum_{j=1}^{n} a_{ij}$$
$$d_{out}(i) = \sum_{j=1}^{n} a_{ji} \tag{8-57}$$

矩阵 $L = D - A$ 是图 G 的拉普拉斯矩阵，其描述的是某个节点所有相邻节点对该节点产生的总影响，其中 L 的元素 l_{ij} 定义为

$$l_{ij} = \begin{cases} -a_{ij}, & j \neq i \\ \sum_{j=1}^{N} a_{ij}, & j = i \end{cases} \tag{8-58}$$

对于一阶一致性算法，节点 x_i 表示节点 i 的状态，其可以是明确的物理量，比如电压、功率等。如果网络中的所有节点都能满足 $x_1 = x_2 \cdots = x_n$，则说明通信网络的所有节点达到相同状态。假设节点都具有一阶动态特性，那么连续时间状态的一致性算法为

$$\dot{x}_i = -\sum_{j}^{n} a_{ij}(x_i - x_j) \tag{8-59}$$

式中：a_{ij} 为邻居矩阵 $\boldsymbol{A}$ 的第 i 行第 j 列元素。一致性算法的矩阵描述形式为

$$\dot{x} = -L_n x \tag{8-60}$$

式中：L_n 表示为 n 阶拉普拉斯矩阵。

当测量信息是即时获得的，一个连续时间模型可以用来描述一致性网络的动态特性。当信息的获取是以固定的时间间隔时，离散时间动态系统被用来描述一致性网络的动态特性。离散时间的一致性算法表示为

$$x_i[k+1] = \sum_{j=1}^{n} d_{ij} x_j[k], \quad i = 1, \cdots, n \tag{8-61}$$

其中 k 是离散的时间序列，d_{ij} 是度矩阵 $\boldsymbol{D}$ 的第 i 行第 j 列元素，d_{ij} 表示为

$$d_{ij} = \frac{|l_{ij}|}{\sum_{j=1}^{n} |l_{ij}|}, \quad i = 1, \cdots, n \tag{8-62}$$

根据以上所提的自适应无功模糊控制和一致性智能算法的研究内容，以电压量作为一致性变量，将一致性算法更新后的电压信号嵌入到模糊控制器中。在本节提出基于模糊控制策略下的一致性电压控制策略，具体如下：

（1）低电压穿越期间反馈信号提取。对于当前电压坐标 $U_0(t_0, v_0)$ 所在直线方程表达式和下边界分段函数表达式可参考（一）模糊控制器反馈信号提取的内容，此处不作赘述。

以光伏机组为例，经一致性算法更新后的电压状态量表示为

$$\overline{U}_i(t) = U_i(t) + \sum_{j=1}^{n} a_{ij}[U_j(k) - U_i(k)] \tag{8-63}$$

将更新后的电压状态量嵌入至模糊控制中，所得新的电压偏差为

$$\Delta'v = v_n - v_0 = v_n - \overline{U} \tag{8-64}$$

式中：$v_n = 0.90$（标幺值）；v_0 为当前电压标幺值；$\Delta'v$ 为一致性计算后当前电压与标准值之差，作为模糊控制输入信号之一，此时 $\Delta'v$ 为正值。

联立电压坐标 $U_0(t_0, v_0)$ 所在直线方程表达式和下边界分段函数表达式得到 U_0 与下边界对应的距离表达为

$$D_i = \begin{cases} D_1 = \sqrt{\left(t_0 - \dfrac{k_0 t_0 - v_0}{k_0}\right)^2 + (v_0)^2} \\[2ex] D_3 = \sqrt{\left(t_0 - \dfrac{0.2 + k_0 t_0 - v_0}{k_0}\right)^2 + (v_0 - 0.2)^2} \\[2ex] D_3 = \sqrt{\left(t_0 - \dfrac{v_0 - k_0 t_0 + 0.12}{0.51 - k_0}\right)^2 + \left[y_0 + 0.12 - \dfrac{0.51(v_0 - k_0 t_0 + 0.12)}{0.51 - k_0}\right]^2} \\[2ex] D_4 = \sqrt{\left(t_0 - \dfrac{0.9 + k_0 t_0 - v_0}{k_0}\right)^2 + (v_0 - 0.9)^2} \end{cases} \tag{8-65}$$

（2）高电压穿越期间反馈信号提取。高电压穿越与低电压穿越原理相同，对于当前电压坐标 $U_0(t_0, v_0)$ 所在直线方程表达式和下边界分段函数表达式可参考"1. 模糊控制器反馈信号提取"中的内容，此处不作赘述。

以光伏机组为例，经一致性算法更新后的电压状态量为

$$\overline{U}_i(t) = U_i(t) + \sum_{j=1}^{n} a_{ij}\left[U_j(k) - U_i(k)\right] \tag{8-66}$$

将更新后的电压状态量嵌入到模糊控制中，所得新的电压偏差为

$$\Delta'v = v_n - v_0 = v_n - \overline{U} \tag{8-67}$$

式中：$v_n = 1.10$（标幺值）；v_0 为当前电压标幺值；$\Delta'v$ 为当前电压与标准值之差，作为模糊控制输入信号之一，此时，$\Delta'v$ 为负值。

因此，联立电压坐标 $U_0(t_0 v_0)$ 所在直线方程表达式和下边界分段函数表达式可得 U_0 与上边界对应距离的表达式为

$$D_i = \begin{cases} D_5 = -\sqrt{\left(t_0 - \dfrac{1.30 + k_0 t_0 - v_0}{k_0}\right)^2 + (v_0 - 1.3)^2} \\[2ex] D_6 = -\sqrt{\left(t_0 - \dfrac{1.20 + k_0 t_0 - v_0}{k_0}\right)^2 + (v_0 - 1.20)^2} \end{cases} \tag{8-68}$$

8.3.3　仿真测试结果

耦合系统结构如图 8-26 所示，该局域电网包括 1200MW 的火电厂、300MW 的风电厂和 300MW 的光伏厂，且在同一并网节点 1 处形成耦合系统。风机单元间用电缆连接、光伏单元间用架空线路连接，在光伏电站并网点和风电场并网点均设置无功补偿装置。风电送端由子风电场经 3 台 0.7kV/35kV 变压器并网，并网点母线编号为 Bus10。光伏送端由子光伏电站经 3 台 0.4kV/35kV 变压器并网，并网点母线编号为 Bus11。

Bus3、Bus4、Bus5、Bus6、Bus7 均接有负荷。设置系统基准容量为 100MVA，采样步长为 10ms，仿真总时长为 5s，仿真中考虑同步发电机 5 阶动态模型、自动电压调节器、电力系统稳压器、调速器和综合负荷模型（80%感应电动机负荷＋20%恒阻抗负荷）。设 $t＝0.2s$ 时 Bus7 发生三相短路接地故障，$t＝0.32s$ 时切除故障。在故障运行及动态恢复期间内不考虑耦合系统风电/光伏集群内部变化。在 Matlab/PSAT 环境下，通过实际系统仿真验证所提控制策略的有效性。

图 8-26（a）为耦合系统部分新能源场站未施加控制时的电压轨迹曲线，当系统受到故障扰动后，耦合送端电网易出现暂态电压过高的失稳场景。由图 8-26（b）可知，在所提自适应无功模糊控制策略下，有效地避免了暂态电压失稳事故，提高了可再生能源故障穿越能力。由图 8-26（c）可知，基于 PSO 优化后的自适应无功模糊控制下依然能够满足高/低电压穿越标准要求，且优化后电压稳态值相比优化前的电压稳态值略高，这间接地说明了优化自适应无功模糊控制策略能够避免控制器参数无可靠经验的设计问题，同时有效减小了新能源机组发出或吸收无功功率的大小。由图 8-26（d）可知，经一致性协调控制后的电压联系更为紧密，实现对耦合系统新能源机组无功功率的协调控制。

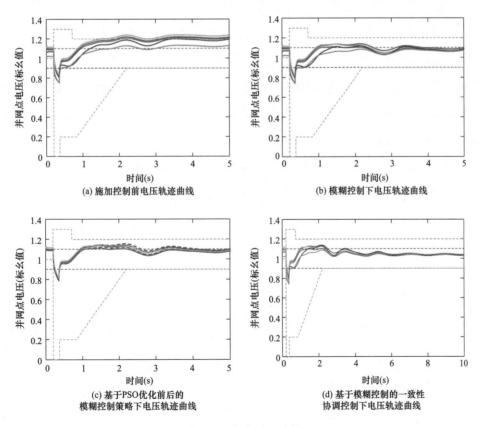

图 8-26 耦合系统结构

8.4 本 章 小 结

本章针对耦合系统无功/电压分层协同控制技术，主要包含以下几点内容：

首先研究了耦合系统多电源情况下电压演变机理特性：高比例新能源电力系统中节点功率（有功和无功）可呈现出多象限模式，根据电压解析表达式和电压偏移几何特性揭示了不同功率象限下电压演变特性，为电压调控提供重要基础。功率多象限模式下电压幅值在不同功率变化区间可呈现出不同的电压抬升或下降趋势，为此，提出了灵敏度归一化的电压抬升与下降的性能评价指标并构建基于电压崩溃点电压-功率变化特征的电压稳定评估指标，该指标可有效甄别出系统电压静态薄弱关键节点。

其次研究了耦合系统无功/电压分层时序协同优化控制策略：耦合系统具有单元-场站-系统的物理层级特征，在各层级内兼顾运行网损优化和电压控制要求，协调可再生能源、火力发电与动态无功补偿装置在内的无功资源，建立综合模型预测控制和交替方向乘子算法的网损优化控制与电压校正控制的双模式自适应切换控制策略，实现系统层与场站层间的无功/电压分层时序协同优化控制。

最后研究了耦合系统无功/电压分层时序协同优化控制策略：基于新能源高低电压穿越标准建立电压安全评估指标；针对模糊控制器设计问题，提取表征电压轨迹特征的二维特征量——电压偏差和恢复距离，建立面向高/低电压穿越标准需求的反馈量到无功控制量的模糊逻辑推理规则并计及过流约束的无功控制量限幅环节；针对模糊控制器参数优化问题，为得到较好的无功功率输出性能，采用粒子群优化算法整定模糊隶属度函数中的参数，避免了经验启发式的参数选取；引入一致性智能算法实现耦合系统新能源机组之间的协调控制，增强对系统无功功率的充分调用。

参 考 文 献

［1］周孝信，陈树勇，鲁宗相. 电网和电网技术发展的回顾与展望——试论三代电网［J］. 中国电机工程学报，2013，33（22）：1-11.

［2］梁有伟，胡志坚，陈允平. 分布式发电及其在电力系统中的应用研究综述［J］. 电网技术，2003（12）：71-75，88.

［3］杨龙杰，周念成，胡博，等. 计及火电阶梯式爬坡率的耦合系统优化调度方法［J］. 中国电机工程学报，2022，42（01）：153-164.

［4］黎博，陈民铀，钟海旺，等. 高比例可再生能源新型电力系统长期规划综述［J/OL］. 中国电机工程学报：1-27［2022-06-14］.

［5］贺恒，李勇，曹一家，等. 考虑分布式储能参与的直流配电网电压柔性控制策略［J］. 电工技术学报，2017，32（10）：101-110.

［6］罗剑波，陈永华，刘强. 大规模间歇性新能源并网控制技术综述［J］. 电力系统保护与控制，2014，42（22）：140-146.

［7］赵晋泉，张振伟，姚建国，等. 基于广义主从分裂的输配电网一体化分布式无功优化方法［J］. 电力系统自动化，2019，43（03）：108-115.

［8］Tran-Quoc T, Le T, Kieny C, et al. Local voltage control of PVS in distribution networks［C］//20th International Conference and Exhibition on Electricity Distribution-Part 1. Prague, Czech Republic: IET, 2009: 1-4.

［9］Zhao Y, Chai J, Sun X. Relative Voltage Control of the Wind Farms Based on the Local Reactive Power Regulation［J］. Energies, 2017, 10（3）: 281.

［10］Yang H, Zhang W, Chen J, et al. Optimal coordinated voltage control of AC/DC power systems for voltage stability enhancement［J］. International Journal of Electrical Power & Energy Systems, 2019, 108: 252-262.

［11］Su X, Masoum M A S Wolfs P J. Optimal PV Inverter Reactive Power Control and Real Power Curtailment to Improve Performance of Unbalanced Four-Wire LV Distribution Networks［J］. IEEE Transactions on Sustainable Energy, 2014, 5（3）: 967-977.

［12］Dzafic I, Jabr R A, Halilovic E, et al. A Sensitivity Approach to Model Local Voltage Controllers in Distribution Networks［J］. IEEE Transactions on Power Systems, 2014, 29（3）: 1419-1428.

［13］Feng G. A survey on analysis and design of model-based fuzzy control systems［J］. IEEE Transactions on Fuzzy systems, 2006, 14（5）: 676-697.

［14］Nguyen A T, Taniguchi T, Eciolaza L, et al. Fuzzy control systems: Past, present and future ［J］. IEEE Computational Intelligence Magazine, 2019, 14（1）: 56-68.

［15］Q/GDW 1617-2015 光伏电站接入电网技术规范 ［S］. 北京: 国家电网公司 2015.

［16］Driankov D, Hellendoorn H, Reinfrank M. An introduction to fuzzy control ［M］. Springer Science & Business Media, 2013.

［17］周雨桦. 基于模型预测控制和一致性算法的光储直流微电网研究 ［D］. 华中科技大学, 2020.

第 9 章

可再生能源与火力发电耦合系统优化运营策略

9.1　耦合系统参与年度双边交易收益建模、分析与评估

本节主要分析了耦合系统参与年度双边交易的研究价值，基于主从博弈理论对耦合系统参与的年度双边交易进行分析建模，并以辽宁省某地区为例构建耦合系统并对其市场效益进行分析评估。

9.1.1　耦合系统参与年度双边交易研究价值分析

作为中长期交易的重要一环，年度双边交易具有合同签订时间长、成交电价低、交易形式灵活简便等特点，目前已在东北地区广泛开展。年度双边交易流程如图 9-1 所示。

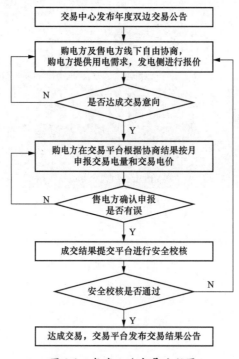

图 9-1　年度双边交易流程图

随着未来电力市场交易规模的逐步扩大，年度双边交易扮演的角色将越来越重要。但目前各类型电源参与年度双边交易仍存在着诸多问题，现有问题总结见表 9-1。

表 9-1　　　　　　　　　　　东北地区年度双边交易存在问题

电源类型	现有问题
火电机组	火电机组煤耗成本、环境成本难以下降，在成交电价较低的年度双边交易中，火电机组面临着向大用户让利过多甚至亏损发电的局面

电源类型	现有问题
风电场站	风电的功率特性决定其参与年度双边交易难以独立为用户提供长期稳定的电量。为占据市场份额，目前风电以风火打捆形式参与年度双边交易较为普遍，但实际运行中仍需承担大量电量偏差考核费用
光伏电站	光伏电站目前尚未纳入直接交易，目前电量主要消纳方式仍为电网进行统一收购，市场化渗透率不高

根据表 9-1 所示，目前年度双边交易主要面临着新能源交易电量占比低、电量偏差考核费用高，以及火电边际运行成本难以进一步下降的问题。而随着市场交易电量的逐渐扩大以及新能源发电量的快速攀升，新能源电量大规模参与市场交易势在必行，但与此同时新能源功率特性与长期电量交易不相适应的矛盾也将会逐步凸显。面对这些实际问题，结合耦合系统特性可以发现，构建新能源与火电耦合系统、提升两者互补互济水平是上述问题行之有效的解决方案。在国家积极推动"多能互补"建设、进一步深化电力市场化改革的背景下，研究年度双边市场中耦合系统的效益情况具有重要的现实意义。

9.1.2 年度双边交易博弈场景分析

耦合系统和各竞争发电企业在年度双边交易中需要与大用户进行电价与电量的敲定。在这一过程中，各家发电企业（含耦合系统）首先向大用户提出报价，以期在市场中签订更多的电量，因此发电企业两两之间存在着非合作博弈关系；大用户在接受发电企业报价后以自身购电成本最低为目标决定购电策略分配，因此发电企业与大用户之间存在主从博弈关系。其中发电企业作为领导者处于博弈上层，大用户作为跟随者处于博弈下层。本文模型中设定耦合系统参与的年度双边交易市场中包含 J 家发电企业（耦合系统设定为 $j=1$）及一家大用户，各市场参与方在划分为 T 个交易时段的典型日内展开交易模拟。在交易过程中，本文假设发电企业对大用户均有独立的报价曲线，购售双方均遵从式（9-1）中的报价曲线模型来形成最终的成交电价。单位时段 t 内发电企业 j 与大用户之间合同电价 p_j^t 表示为

$$p_j^t = a_j^t + b_j q_j^t \tag{9-1}$$

式中：a_j^t 为 t（$t=1, 2, \cdots, T$）时段发电企业 j 初始报价；b_j 为发电企业 j 电价增长参数；q_j^t 为 t 时段发电企业 j 与大用户成交电量。式（9-1）组成分为初始报价部分 a_j^t 与电价增长部分 $b_j q_j^t$，两部分共同决定了最终的成交电价。初始报价需要通过市场模型进行求取，模拟的是交易过程初期发电企业的报价。电价增长部分则利用固定参数 b_j（报价曲线斜率）将成交电价结果与大用户电量分配情况联系起来。其具体取值由发电

企业本身的边际成本增长斜率与其历史报价策略共同决定，其中历史报价策略与各个发电企业所掌握的市场信息与报价习惯有关，因此电价增长参数 b_j 是每个发电企业成本特性及其运营特性的集中体现。为兼顾模型的客观性与简洁性，这里做出几点预设与说明：

（1）模型中所有参与方均为完全理性，交易过程中各市场主体均无足够的市场力控制市场电价，且无市场私下合谋行为，保证了交易模型的可行性与普适性。

（2）在年度双边交易市场中火电机组为主要参与方，因此在本文模型中竞争发电企业均设置为火电机组。

（3）本文设定新能源电量全额参与电力市场。目前新能源发电存在最低保障收购小时数，这是我国处于电力市场建设以及新能源发展利用初期所制定的一项重要举措。随着我国电力市场建设的不断加快，新能源成本逐渐降低，以"双碳目标"为指导的适应新能源大规模市场化消纳的市场体系与交易机制将会逐步建立，电力市场环境将会成为配置与消纳新能源电量的决定性力量，未来新能源全电量参与电力市场交易符合发展趋势。

（4）由于新能源优先提供耦合系统合约电量，并且边际成本近似为零，耦合系统整体的度电煤耗量小于传统火电机组。因此其电价增长参数为内部火电电价增长参数按照火电与耦合系统单位时段发电量之比进行缩减。本文为简化模型，电价增长参数设定均以火电与耦合系统装机容量之比进行缩减。

（5）本文将大用户签订的年度合约电量视为大用户各月份典型日时段内用电需求的累加。在交易的初始，大用户需提供各月份典型日（工作日、双休日、节假日）分时段电量需求，供发电企业参考报价。

（6）本文站在电力市场全局角度针对耦合系统综合效益情况进行评估对比，市场信息可以视为公开透明，即完全信息环境。购电侧大用户之间不存在市场竞争，且目标均为购电成本最小，文中将大用户设置为一家，视作多家大用户决策的代表与用电需求的累加。

综上，耦合系统参与年度双边交易博弈场景如图 9-2 所示。

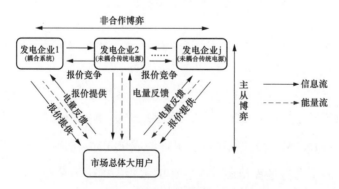

图 9-2　耦合系统参与年度双边交易博弈场景

9.1.3 新能源功率典型场景集的生成

刻画全年各交易时段内新能源提供合约电量情况，对耦合系统的整体效益计算具有重要指导意义。耦合系统内新能源功率具有波动性与不确定性，难以进行中长期预测，但观测其全年历史功率特性可以发现，在较长时间尺度内其功率具有一定的季节周期性。如若对新能源全年功率场景历史数据进行聚类分析，得到反映耦合系统内新能源全年功率特性的典型场景集作为功率场景的等效替代，则可以在保证较高计算精度的同时有效提升计算效率。

目前常用的聚类算法为 k-means 聚类算法，凭借实现过程简单、计算效率高的优势得到了广泛应用。但是 k-means 聚类算法主要缺陷在于聚类数目需要提前给出，无法了解最佳聚类数目。对此，本文通过引入适用于 k-means 聚类的轮廓系数（silhouette coefficient SC）作为有效性指标来确定最佳聚类数目。该指标定义为

$$I_{\mathrm{SC}} = \frac{l_2(X_i) - l_1(X_i)}{\max\{l_1(X_i), l_2(X_i)\}} \tag{9-2}$$

式中：X_i 为数据集中某一数据点；$l_1(X_i)$ 为 X_i 到同一簇内其他数据点的平均距离，其值越小，簇内越紧凑；$l_2(X_i)$ 为 X_i 到其他簇的平均最小距离，其值越大，簇间分离度越高。通过选取 SC 有效性指标较大值所对应的较小的聚类数目，可以得到最佳聚类数目。将最佳聚类数输入到 k-means 算法中，便可对新能源全年的功率场景进行有效聚类，根据聚类结果得到新能源的全年功率典型场景集。改进的 k-means 聚类算法计算步骤如下：

（1）设置聚类数 k 的搜索范围为 $[2, \sqrt{N}]$；其中 N 为数据集中的样本总数。

（2）遍历搜索范围，针对各个数据集计算出 k 值下的 SC 指标值。

（3）比较不同 k 值下 SC 指标值的大小，选取最佳聚类数目。

（4）利用 k-means 算法计算 k 为最佳聚类数目时的聚类结果，形成耦合系统内新能源功率典型场景集。

生成的新能源功率典型场景集在兼顾计算精度与效率的同时可以有效地反映出新能源全年的功率特征，为下文研究中交易时段内耦合系统新能源电量供给情况提供了参考。

9.1.4 年度双边交易碳排放量计算方法

目前我国以基准线法为主，碳强度下降法为辅的分配方式开始建立碳市场配额分配方法。基准线法碳配额分配方式表示为

$$O = O_e + O_h \tag{9-3}$$

式中：O 为机组 CO_2 配额总量，O_e 为机组供电 CO_2 配额量，O_h 为机组供热 CO_2 配额量，单位为 tCO_2。其中机组供电 CO_2 配额计算方法为

$$O_e = Q_e \times B_e \times F_l \times F_r \times F_f \tag{9-4}$$

式中：Q_e 为机组供电量，单位为 MWh；B_e 为机组所属类型的供电基准值，单位为 tCO_2/MWh；F_l 为机组冷却方式修正系数，如冷却方式为水冷，其修正系数为 1，如冷却方式为空冷，则修正系数为 1.05，本文选取机组的冷却方式为水冷。F_r 为机组供热量修正系数，由于本文选取的机组为纯凝火电机组，则修正系数为 1。F_f 为机组负荷系数修正系数，该负荷系数见表 9-2。

表 9-2　　　　　　　　　　常规燃煤纯凝发电机组负荷修正系数

统计期机组负荷系数	修正系数
$F \geqslant 85\%$	1.0
$80\% \leqslant F < 85\%$	$1 + 0.0014 \times (85 - 100F)$
$75\% \leqslant F < 80\%$	$1.007 + 0.0016 \times (80 - 100F)$
$F < 75\%$	$1.015^{(16-20F)}$

企业在煤炭固定燃烧是火电项目完成发电和供热的最重要生产过程，也是火电项目最主要的排放源。针对这一过程，可通过固定碳含量等工业分析数据来计算火电碳排放量。年度双边交易碳排放计算框架为

$$W_{gr} = W_{coal} \times Q_{net.ar} C_{heat} \times R \times \frac{44}{12} \div 1000 \tag{9-5}$$

式中：W_{gr} 煤炭固定燃烧 CO_2 排放量，t；W_{coal} 为原煤消耗量，t；$Q_{net.ar}$ 为收到基低位发热量，MJ/kg；C_{heat} 为《省级温室气体清单编制指南》提供的单位热值含碳量，tC/TJ；R 为碳氧化率，取平均值为 98%。

9.1.5　年度双边交易主从博弈模型

发电企业在市场模型中需要敲定年度成交电量，进而计算年度收益。根据上文预设场景，本文模型中将年度收益视为各个交易时段 t 的收益累加。大用户的用电需求与新能源电量提供情况则以日为单位进行场景组合，为每一交易时段 t 的模拟仿真提供场景数据支撑。耦合系统及竞争发电企业年度利润表示为

$$Prof_j = \sum_{t=1}^{m} Prof_j^t \tag{9-6}$$

式中：$Prof_j^t$ 为 t 时段内发电企业 j 所获得的利润；$Prof_j$ 为发电企业 j 年度利润；m

为全年划分时段总数。

在主从博弈模型中，耦合系统及竞争发电企业处于博弈上层。均以自身的利润最大为目标向大用户报价，在每一个交易时段 t 中，发电企业利润收益表示为

$$Prof_j^t = I_j^t - F_j^t \tag{9-7}$$

式中：I_j^t，F_j^t 为 t 时段内发电企业 j 的总收入与总成本。总收入 I_j^t 可表示为

$$I_j^t = \begin{cases} [(a_1^t + b_1 q_1^t)q_1^t + (p_w q_w^t + p_p q_p^t)] & j=1 \\ (a_j^t + b_j q_j^t)q_j^t & j \in (2,\cdots,J) \end{cases} \tag{9-8}$$

式中：p_w、p_p 为耦合系统内风电与光伏的补贴电价；q_w^t，q_p^t 为 t 时段内风电与光伏提供电量。

针对总成本 F_j^t，耦合系统与竞争发电企业也不尽相同，二者成本分类见表 9-3。

表 9-3　耦合系统与竞争发电企业成本分类

耦合系统	竞争发电企业（火电）
耦合系统内部火电煤耗成本 耦合系统内部火电环境成本 耦合系统内部火电固定成本分摊 耦合系统内部新能源固定成本分摊	火电煤耗成本 火电环境成本 火电固定成本分摊

下面针对各类成本进行具体分析：

（1）火电机组煤耗成本。对于火电机组煤耗成本，广泛利用二次函数的形式进行表达。t 时段煤耗成本表示为

$$f_{1,j}^t = \begin{cases} A_1 q_g^t + B_1 (q_g^t)^2 & j=1 \\ A_j q_j^t + B_j (q_j^t)^2 & j \in (2,\cdots,J) \end{cases} \tag{9-9}$$

式中：A_j、B_j 为发电企业 j 煤耗成本系数；q_g^t 为 t 时段耦合系统成交电量中火电机组发电量。q_g^t 的具体取值需要根据新能源电量提供情况确定，并以分段函数表示，即

$$q_g^t = \begin{cases} q_1^t - q_k^t & q_1^t \geqslant q_k^t \\ 0 & q_1^t \leqslant q_k^t \end{cases} \tag{9-10}$$

式中：q_1^t 为耦合系统在 t 时段内成交电量；q_k^t 为新能源在 t 时段内提供的电量。

（2）火电机组环境成本。火电机组在实际运行中，排放的污染物主要为二氧化硫与氮氧化合物。相关部门会根据具体排放情况对火电机组进行考核。为减少有害气体的排放，减少考核费用，火电机组均配置脱硫脱硝装置。本文参考脱硫脱硝成本数据库，利用单位电量脱硫脱硝成本进行环境成本测算，在 t 时段内环境成本公式为

$$f_{2,j}^t = \begin{cases} (S+N) \times q_g^t & j=1 \\ (S+N) \times q_j^t & j \in (2,\cdots,J) \end{cases} \tag{9-11}$$

式中：S、N 为单位电量脱硫、脱硝成本。

（3）火电机组固定成本。在火电机组成本中，固定成本所占比例较高，在大电量交易的成本核算中不可忽视。固定成本是与电量生产无直接关系的支出，一般在年初即可基本确定下一年固定成本分摊，因此可视作定值。其中包含了折旧费、运行维护费（工资、福利费、材料费、修理费、其他费用）。在 t 时段内火电固定成本分摊表达式为

$$f_3^t = \frac{f_{gz} + f_{gy}}{Y \times T} \tag{9-12}$$

式中：f_{gz}、f_{gy} 为火电机组合同年的固定成本折旧费、运行维护费；Y 为合同年天数。

（4）新能源固定成本。新能源场站在功率的过程中几乎不产生成本，但初始投资较大，因此固定成本为新能源场站主要成本，其中包含设备购置费、建安工程费、基本预备费、建设期利息、运维成本、其他费用，均可视为定值，固定成本视为各项成本累加。本文所研究的耦合系统内新能源为风电场站与光伏电站。因此 t 时段新能源固定成本为二者固定成本的累加分摊，即

$$f_4^t = \frac{f_w + f_p}{Y \times T} \tag{9-13}$$

式中：f_w、f_p 分别为耦合系统内风电场站与光伏电站合同年固定成本预算。

根据以上成本分析，以耦合系统与竞争发电企业利润最大为目标，可求得耦合系统在 t 时段参与市场交易的目标函数为

$$\max \quad Prof_1^t = [(a_1^t + b_1 q_1^t)q_1^t + (p_w q_w^t + p_p q_p^t) - (f_{1,1}^t + f_{2,1}^t + f_3^t + f_4^t)] \tag{9-14}$$

竞争发电企业内部不存在新能源，其目标函数可表示为

$$\max \quad Prof_j^t = [(a_j^t + b_j q_j^t)q_j^t - (f_{1,j}^t + f_{2,j}^t + f_3^t)] \quad j \in (2,\cdots,J) \tag{9-15}$$

耦合系统及竞争发电企业均追求自身利润最大化，因此耦合系统与竞争发电企业二者之间存在着非合作博弈关系。

9.1.6 大用户成本优化模型

大用户参与交易成本中主要含有购电成本以及过网费。在主从博弈模型中，大用户被动接受发电企业的报价从而做出购电决策，反过来又会影响发电企业的最终利润，因此其处于博弈下层。t 时段大用户的成本优化模型为

$$\min \quad C = \sum_{j=1}^{J} (a_j^t + b_J q_j^t) q_J^t + \lambda q_J^t \tag{9-16}$$

式中：λ 二单位电量的输配电价；a_J^t、b_J、q_J^t 分别为 t 时段初始报价集合，电价增长参数集合以及大用户电量分配集合。

大用户以自身成本最小为目标，对每一时段 t 的电量进行分配，并将分配结果反馈给发电企业。最终的成本优化策略可以看成各时段策略的集合。

1. 约束条件

（1）发电企业初始报价约束。年度双边交易中耦合系统及竞争发电企业需在一定报价范围内进行初始报价。约束条件表示为

$$a_j^t \in (\underline{A}, \overline{A}) \tag{9-17}$$

式中：$\underline{A}$、$\overline{A}$ 为初始报价上下限。

（2）发电企业提供电量约束。发电企业在 t 时段内的电量提供存在上限，由于新能源功率不确定因素较大，耦合系统的电量上限由火电机组的装机容量来确定。约束条件表示为

$$0 \leqslant q_j^t \leqslant \overline{q_j^t} \tag{9-18}$$

式中：$\overline{q_j^t}$ 为发电企业 j 的 t 时段电量提供上限。

（3）大用户电量需求约束。t 时段内大用户与各发电企业成交电量之和应满足大用户该时段用电需求，即

$$q_1^t + q_2^t + \cdots + q_J^t = D^t \tag{9-19}$$

式中：D^t 为时段 t 内大用户需求电量。

2. 主从博弈模型求解

根据上述分析，主从博弈过程中耦合系统及竞争发电企业在 t 时段首先进行报价，大用户接收初始报价集合 $a_j^t = [a_1^t, a_2^t, \cdots, a_j^t]$，并根据其成本优化模型进行该时段的成交电量分配。本文构建的主从博弈模型中各参与方的收益优化均为含不等式约束的非线性规划问题。通过求解 KKT 条件并引入非线性互补函数，可以求出大用户购电策略 $Q^t = [q_1^t, q_2^t, \cdots, q_j^t]$ 关于报价 $a_j^t = [a_1^t, a_2^t, \cdots, a_j^t]$ 的最优解。

求得的以报价 a_j^t 表示的大用户购电策略 Q^t 带入到发电企业利润函数中，耦合系统及竞争发电企业目标函数中仅剩报价集合 a_j^t 未知，此时主从博弈关系转化为耦合系统与竞争发电企业之间的非合作博弈关系[4]。针对非合作博弈问题，本文运用粒子群算法，在初始报价范围内优化求取非合作博弈纳什均衡解。

综上所述，本文博弈模型求解步骤如下：

（1）设定天数 $y=1$，输入该日内大用户用电需求及新能源功率典型场景集作为数据支撑；

（2）当时段 $t=1$ 时，假定各发电企业报价集合为 $a_j^t = [a_1^t, a_2^t, \cdots, a_j^t]$；

（3）求取最优化问题式（13）的 KKT 条件，引入非线性互补函数计算出报价确定下的大用户最优购电策略 Q^t；

（4）将与报价集合 a_j^t 相关的大用户购电策略 $Q^t Q^t$ 分别输入到耦合系统及竞争发电企业目标函数中，此时发电侧目标函数未知变量仅为 a_j^t，主从博弈转化为发电企业间的非合作博弈；

（5）对粒子群算法中迭代次数、粒子数目、初始速度等参数进行设定；

（6）在报价上下限范围内，以各发电企业利润函数为适应度函数，计算个体最优与群体最优；

（7）对报价进行更新，进入下一层的迭代；

（8）当迭代适应度值不再进一步变化或者迭代达到最大次数时，循环结束，得到该时段非合作博弈均衡解；$t=t+1$，返回（2）求取下一时段成交电量及收益；

（9）当 $t=\text{T}$ 时，循环结束，将各时段成交电量及收益加和即为该天耦合系统收益情况；$y=y+1$ 返回（1），并输入相应数据支撑求解下一天收益情况；

（10）当 $y=\text{Y}$ 时，循环结束，将耦合系统各日内收益累加即为耦合系统全年效益情况。

9.1.7　耦合系统参与年度双边市场收益分析

本文算例中选取辽宁省某地区含 1200MW 火电、300MW 海上风电、400MW 光伏电站的 500kV 并网点（海上风电 2017 年投运、光伏 200MW2016 年投运、200MW2017 年投运），并在该并网点下构成耦合系统。本文模型中发电侧设定 3 家发电企业（含耦合系统）参与年度双边交易，其中两家竞争发电企业为火电厂，购电侧设定为一家总体大用户。购售双方在划分为 24 个时段的典型日内针对每一时段的大用户用电需求开展交易。设定风电电价为 850 元/MWh，其中补贴为 475.1 元/MWh，光伏电价为 815 元/MWh，其中补贴为 440.14 元/MWh，大用户输配电价为 80.7 元/MWh。

这里需要说明的是，未来新能源平价上网政策并不会对本文算例有效性产生影响。事实上，为保证新能源项目的平稳发展，我国新能源补贴水平与其项目投资成本之间存在着很强的关系。发改委相关负责人在关于 2021 年新能源上网电价政策答记者问中提到，新能源项目成本的不断下降，是推动我国新能源平价上网的关键因素。因此反映到本文模型中，新能源补贴的取消也将伴随着其固定成本分摊的降低。所以真实数据支撑下的算例分析在有无补贴情况下均具备有效性。

考虑到大用户用电负荷具有季节特性，本文算例中给出了大用户各季度的工作日、节假日、双休日的典型用电负荷。发电侧发电企业成本参数及大用户各季度典型日用电需求详见附录A。

1. 数据处理

在进行模型模拟仿真前需要对耦合系统内新能源功率历史场景数据进行处理。通过对全年功率数据初步分析可发现，风电功率的波动性相较于光伏更为剧烈，受季节影响更大。因此根据各月份新能源的利用小时数可将全年功率场景划分为大、平、小风期。具体见表9-4。

表 9-4 新能源全年功率划分

划分场景	对应月份
大风期	3、4、5、10、11月
平风期	1、2、12月
小风期	6、7、8、9月

根据第2章所给出的改进型k-means算法对三类风期求取SC有效性指标值。求解情况如下：

从图9-3可以看出，三类风期的SC评价指标均在聚类数$k=2$时达到最大，即场景划分效果最好，因此，$k=2$为最佳聚类数。再利用k-means算法聚类出全年各风期内新能源功率典型场景集如图9-4～图9-6所示。

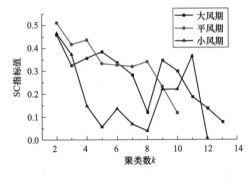

图 9-3 各聚类数目下 SC 评价指标变化图

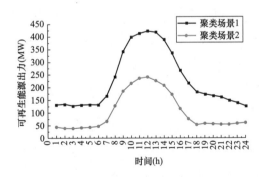

图 9-4 大风期新能源功率典型场景集

利用构建的典型功率场景集与给出的各季度大用户典型日用电负荷进行组合，形成全年各典型日内用电负荷对应的新能源功率，并以此作为初始条件进行模型求解。

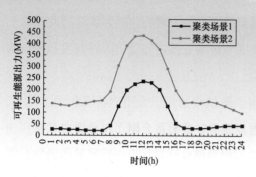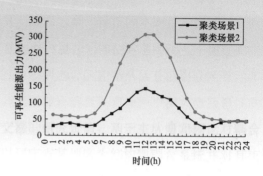

图 9-5　平风期新能源功率典型场景集　　　　图 9-6　小风期新能源功率典型场景集

2. 耦合系统仿真对比分析

（1）耦合系统仿真参照组选定。为凸显耦合系统效益优势，本文设定火电机组与风光火打捆形式作为参照组，二者作为市场中最普遍的电源类型与新能源参与市场的典型方式，具有较强的可对比性。

针对火电机组参照组，本文设定相同成本及性能参数的火电机组作为参照，并在相同的年度双边交易市场中计算收益。该参照组旨在对比耦合系统与目前市场中参与程度最高电源类型的效益情况。需要说明的是，年度双边交易的市场需求电量并不能完全满足发电企业的发电能力。在本文模型中，当火电机组装机容量超过市场需求时，装机容量大小并不会影响成交电价与电量，而机组的成本及性能参数则是影响交易结果的关键。因此设定相同成本及性能参数的火电机组作为参照，体现了耦合系统与火电这一市场参与形式的对比意义。

针对风光火打捆参照组，本文设定其内部各电源同耦合系统一致，并在相同的市场环境下进行效益分析对比。为消纳新能源，风光火打捆形式同样需要新能源优先发电、火电机组让出发电空间，因此在博弈过程中风光火打捆与耦合系统的优势并无区别。但是从实际运营的角度上看，风光火打捆只是一种类似于发电"联盟"的形式，并未形成真正的统一独立运营主体参与市场，各参与方依旧为独立发电个体。因此在交易执行过程中风光火打捆内火电机组并不会提供内部功率调节服务，新能源仍需要承担偏差电量考核费用。针对风光火打捆偏差考核费用，本文采用同电网整体负荷变化一致、拥有相同发电量的替代电源进行等效功率，从而计算偏差电量。等电量替代电源功率曲线如图 9-7 所示。

图 9-7 中等电量替代电源功率曲线的变化趋势与该典型日内电网负荷曲线趋势一致，与新能源功率曲线提供电量相同（曲线下面积相同）。该曲线可理解为在该典型日内新能源无须承担偏差考核时的等效功率场景。因此与新能源实际功率曲线之间的面积

差值可视为新能源在该日的偏差电量。为了维持全网负荷平衡，偏差电量需要系统内灵活性电源进行调节，当新能源实际功率低于计划功率曲线时，参与调节的灵活性电源功率需要提高至计划功率曲线之上，由于此时调节电源得到了额外的电量收益，此部分新能源无须承担偏差考核费用；当新能源大发时，需要灵活性电源进行减功率操作为新能源让出上网空间，此部分电

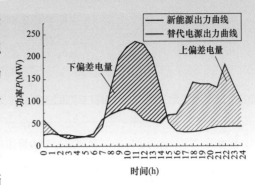

图 9-7　某典型日内新能源与替代电源功率曲线对比

量则需要对新能源进行偏差考核。反映到图 9-7 中下偏差电量即为考核电量。因此考虑偏差电量考核时风光火打捆目标函数为

$$\max \quad Prof_b = \left[(a_b^t + b_b q_b^t)q_b^t + (p_w q_{wb}^t + p_p q_{pb}^t) - (f_{1b}^t + f_{2b}^t + f_{3b}^t + f_{4b}^t) - \eta q_{pr}^t\right]$$

$$(9\text{-}20)$$

式中：a_b^t，b_b，q_b^t 表示风光火打捆的初始报价参数、电价增长参数、成交电量；q_{wb}^t，q_{pb}^t 分别为风光火打捆的 t 时段风光提供电量；f_{1b}^t，f_{2b}^t，f_{3b}^t，f_{4b}^t 分别代表风光火打捆内部电源的煤耗成本、环境成本、火电固定成本、新能源固定成本；η 表示偏差考核电价，取 200 元/MWh；q_{pr}^t 表示 t 时段内的下偏差考核电量。需要说明的是，本文是对未来一年内耦合系统的年度双边市场收益进行模拟仿真，应用场景的时间尺度较长，无法在合约签订阶段预测执行时的实际运行指标，因此在应用场景内并未引入现货市场对偏差电量的影响。

本文中等电量替代电源曲线根据东北地区负荷趋势特性划分为供热期曲线与非供热期曲线，等电量替代电源功率曲线。

（2）耦合系统与参照组仿真对比分析。基于上文预设条件，对耦合系统及各参照组参与年度双边交易模型进行算例仿真，得到结果见表 9-5～表 9-8。

表 9-5　　　　　　　　　　耦合系统市场仿真运行结果

发电企业	平均成交电价 （元/MWh）	全年成交电量 （万 MWh）	总利润 （万元）
耦合系统	360.60	444.3	16797.0
竞争发电企业 1	365.61	296.2	−10839.4
竞争发电企业 2	361.43	323.1	−12253.3

表 9-6　　　　　　　　　　　　火电参照组市场仿真运行结果

发电企业	平均成交电价 （元/MWh）	全年成交电量 （万 MWh）	总利润 （万元）
火电机组	361.97	367.0	−7457.0
竞争发电企业 1	364.26	320.7	−6884.8
竞争发电企业 2	362.13	376.0	−5204.7

表 9-7　　　　　　　　　风光火打捆参照组市场仿真运行结果

发电企业	平均成交电价 （元/MWh）	全年成交电量 （万 MWh）	总利润 （万元）
风光火打捆	362.47	441.0	10064.1
竞争发电企业 1	366.00	297.1	−10765.0
竞争发电企业 2	360.93	325.5	−12063.2

表 9-8　　　　　　　　耦合系统与参照组的仿真运行结果对比

发电企业	平均成交电价 （元/MWh）	全年成交电量 （万 MWh）	碳配额 （万 t）	实际碳排放量 （万 t）	碳市场收益 （万元）	总收益（未包 含碳收益） （万元）	总收益 （包含碳收益） （万元）
耦合系统	360.60	444.3	308.9	283.8	1004	16797.0	17801.0
火电机组	361.97	367.0	341.5	313.7	1112	−7457.0	−6345
风光火打捆	362.47	441.0	305.9	281.1	992	10064.1	11056.1

　　从表 9-5 可以看出，耦合系统这一形式有效的将新能源发电量囊括进年度双边交易市场之中，市场成交电量达到了 446.8 万 MWh，并且平均成交电价维持在较低水平。这是因为耦合系统中新能源的加入有效地拉低了其整体边际成本，使之在市场交易中可以用较低的电价来取得更多的市场收益。同时也可以发现，面对市场中耦合系统的加入，竞争发电企业均面临较大的亏损，这与耦合系统参与市场竞争存在一定的关系。但从表 9-6 可以看出，当相同参数的火电机组作为参照组替代耦合系统参与市场仿真时，火电机组收益依旧是亏损状态，这说明了耦合系统的竞争只是火电亏损的表象因素，其最根本因素在于为鼓励大用户参与市场，火电企业在参与年度双边交易市场时往往低于标杆电价进行报价，而火电自身成本却难以下降，这就导致了火电企业对大用户让利过多甚至面临亏损。而耦合系统则可以利用自身边际成本低的优势扭亏为盈，大大提升了发电侧的市场参与积极性。

　　表 9-7 展示了风光火打捆形式的市场仿真收益结果，作为目前新能源参与年度双边交易市场的主要方式，风光火打捆遵循了新能源优先提供合约电量、火电让出发电空间的"多能互补"思想，从而将新能源电量纳入年度双边交易中，占据了较多的电量成交份额。但是从根本上讲，风光火打捆形式对外并未耦合成统一独立的运营主体，其内部电源本质上仍各自独立，因此风光火打捆在市场交易执行过程中面临较多的新能源偏差

考核成为其获得高收益的主要障碍。通过表 9-8 的对比可以看到，风光火打捆相较于火电企业在市场中成交电量与利润收益方面均有较大优势。同时，根据基准线碳核算法对耦合系统、风光火打捆及传统火电机组的碳配额及真实的碳排放量进行评估。从表 9-8 中可以得出目前的基准线法是可以覆盖不同场景的火电机组的实际碳排放量，由此火电机组可以通过出售自己多余的碳配额以获取额外的碳收益。通过数据得出在不考虑碳市场收益的情况下耦合系统相较风光火打捆在利润上高出 66.9%，相差 6732.9 万元，并且在成交电量上具有一定的优势。这说明偏差电量考核加重了风光火打捆的成本负担，影响了其市场收益。而耦合系统则可以通过内部火电提供的辅助服务免除考核，有效地将火电的灵活性优势与新能源的边际成本优势进行融合，获得了更多市场收益。在考虑碳市场收益的情况下，耦合系统相较于风光火打捆在利润上高出 6744.9 万元，进一步凸显出耦合系统的优势。并且从电网调度的角度出发，耦合系统是以统一主体参与市场，与多个独立主体构成的风光火打捆形式相比有效减少了电网的调度压力。

（3）耦合系统与各电源独立运行仿真分析。为了充分说明构建耦合系统的优越性，本小节重点对已并网资源耦合与未耦合情况进行对比，从另一角度分析耦合系统优势。

本文设定在未耦合情况下耦合系统内 1200MW 火电、300MW 风电、400MW 光伏均独立接受调控参与市场，相应的市场参与方式为火电独立参加、新能源选择风光火打捆形式参加。对于新能源的市场独立仿真收益，本文借鉴 Nash 谈判模型来对风光火打捆形式市场收益进行分配，得到的新能源分配结果视为其最终收益，运行结果见表 9-9。

表 9-9   耦合与独立运行仿真运行结果对比

市场参与形式	全年成交电量 （万 MWh）	总成交电量 （万 MWh）	独立运营收益 （万元）	总收益 （万元）
耦合系统	444.3	—	—	16797.0
1200MW 火电机组	367.0	479.3	−7457.0	−4973.8
700MW 新能源	112.3		2483.2	

从表 9-9 展现的结果来看，当新能源与火电独自参与市场时，成交电量之和高于耦合系统获得的电量 35MWh（479.3−444.3），形成这一结果的原因在于耦合系统的功率特性导致的。由于耦合系统内火电作为提供辅助服务的角色需要让出自身功率空间，为新能源提供实时灵活性服务，因此耦合系统内部火电发电量不能与火电独自参与市场时相比。在收益方面，尽管新能源凭借自身成本优势在风光火打捆形式中获得了 2483.2 万元的利润，但是火电在独立发电时依旧存在着亏损的问题，所以在总收益上并未实现盈利。而耦合系统由于边际成本较低以及免受偏差电量考核，在收益方面大大优于独立发电，两者总收益更是相差了 21770.8 万元。因此，通过耦合与未耦合之间的对比可以

发现，耦合系统的构建是解决现有市场问题、提升发电侧市场积极性、践行多能互补的有效方案。

9.2　耦合系统参与月度集中市场

本节主要从中长期月度市场角度建立适应耦合系统参与集中竞价的高低匹配出清模型，并以社会福利最大化出清电量-电价；其次，以耦合系统自身收益最大化为目标，建立耦合系统优化模型，对耦合系统收益情况进行分析，研究耦合系统参与月度集中交易的竞价策略。

9.2.1　耦合系统成本函数模型

对于月度集中市场交易报价策略的提出，需要对参与市场交易的发电主体成本函数进行分析。

在火力发电方面，火电机组的生产成本和发电量之间存在着函数关系[5]。考虑到发电机组的煤耗，机组发电量的变化会导致单位成本发生改变，所以成本函数为二次函数，即机组变动成本函数，可表示为

$$C_h = 0.5 a_h q_h^2 + b_h q_h + c_h \tag{9-21}$$

式中：C_h 为火电机组的成本函数；a_h、b_h、c_h 为火电机组成本系数；q_h 为火电机组月发电量。

现有风火联合竞价策略的研究往往忽略了可再生能源的固定成本，而实际的成本计算中，可再生能源场站的前期投资不可忽略不计。

$$C_s = m_s q_s \tag{9-22}$$

$$C_w = m_w q_w \tag{9-23}$$

式中：C_s、C_w 为光伏、风电场站的成本函数；m_s、m_w 为光伏、风电场站的度电成本；q_s、q_w 为光伏、风电场站的月度交易发电量。

$$m_s = \frac{C_{si} + OMC_s + C_{sfim} - C_{ss}}{Q_s} \tag{9-24}$$

$$m_w = \frac{C_{wi} + OMC_w + C_{wfim} - C_{ws}}{Q_w} \tag{9-25}$$

式中：C_{si}、C_{wi} 为光伏、风电机组的总投资成本；OMC_s、OMC_w 为光伏、风电机组的运行维护费用；C_{sfim}、C_{wfim} 为光伏、风电机组的财务利息费用；C_{ss}、C_{ws} 为光伏、风

电机组的政府补贴费用；Q_s、Q_w 为光伏、风电机组的全生命周期总发电量。

$$Q_s = \sum_{t=1}^{T_s} \frac{C_s \times H_s \times (1-PCR_s)}{(1+r_s)^t} \tag{9-26}$$

$$Q_w = \sum_{t=1}^{T_w} \frac{C_w \times H_w \times (1-PCR_w)}{(1+r_w)^t} \tag{9-27}$$

式中：C_s、C_w 为光伏、风电机组的装机容量；H_s、H_w 为光伏、风电机组的年平均发电小时数；PCR_s、PCR_w 为光伏、风电机组的用电率；r_s、r_w 为光伏、风电机组的折现率；T_s、T_w 为光伏、风电机组的寿命周期。

本课题将风电、光伏与火电机组在同一并网点下耦合集成为一个多电源系统，使其作为统一的运营主体和调控对象，从发电侧电源类型来看，耦合系统在集中竞价交易中的度电成本优势十分明显。耦合系统的综合成本函数有以下形式。

$$\widetilde{C}_{cs} = \frac{C_{csh}q_{csh} + C_{csw}q_{csw} + C_{css}q_{css}}{q_{csh} + q_{csw} + q_{css}} \tag{9-28}$$

根据耦合系统实际负荷特性数据，对耦合系统各类型机组成本函数进行拟合，将其拟合为可与其他传统火电机组共同参与市场的二次成本函数形式。

$$C_{cs} = 0.5a_{cs}q_{cs}^2 + b_{cs}q_{cs} + c_{cs} \tag{9-29}$$

式中：C_{cs} 为拟合后耦合系统二次成本函数；q_{cs} 为耦合系统的月度发电量，a_{cs}、b_{cs}、c_{cs} 为耦合系统成本系数。

9.2.2　月度集中竞价高低匹配出清模型

目前，我国已开始实施月度集中竞价交易的省份主要有两种出清方式：统一边际价格出清和高低匹配出清[6]，通常月度集中竞价市场中各发电企业相互之间没有默契报价等行为，因此高低匹配出清方式是月度集中竞价交易最广泛应用的出清方式。从月度需求电量空间出发，各发电单元基于边际成本进行报价，考虑机组月度市场总申报电量约束、分段电量最小值约束以及月度集中竞价市场用户需求空间约束，以社会福利最大化为目标，构建耦合系统在月度市场下参与竞价的出清模型。

低匹配出清过程示意图如图 9-8 所示，月度市场高低匹配出清规则为：电力用户

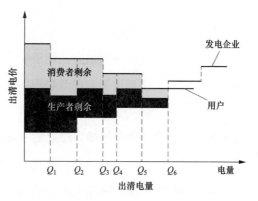

图 9-8　高低匹配出清过程示意图

（售电公司）按其分段申报电价从高到低排序，发电方按其分段申报电价从低到高排序，双方按照价差从大到小的顺序逐一匹配成交，直至价差为零，使生产者剩余和消费者剩余之和最大。成交价格＝（电力用户申报电价＋发电企业申报电价）/2，即出清电价＝ $\frac{1}{2}[C_i(Q_i)+U_j(Q_j)]$，出清电量为一一对应的 Q_{ij}。

（1）目标函数。目标函数为

$$\max \sum_{j=1}^{M} \sum_{i=1}^{N} (U_{j,t} - P_{i,t}) \cdot Q_{ij,t} \tag{9-30}$$

式中：目标函数表示发电侧和用户侧社会福利最大化；M 为参与月度市场的电力用户个数；N 为参与月度市场的发电企业个数；$U_{j,t}$ 为电力用户 j 在第 t 时段的市场报价；$P_{j,t}$ 为发电企业 i 在第 t 时段的市场报价；$Q_{ij,t}$ 为发电企业 i 和电力用户 j 在月度市场第 t 时段的成交电量；

（2）发用双方报价函数模型。从经济学的角度，在集中的电力竞价市场中，发电商的报价对应供给，用户的报价对应需求，边际成本函数反应机组实际变动成本，负荷逆需求函数反应用户愿意接受的用电价格与用电量关系。因此需要对耦合系统和传统火电机组的成本函数以及需求侧效用函数进行分析，进而求得发电侧竞价函数和用户侧逆需求函数，以实现集中竞价社会福利最大化，即生产者剩余与消费者剩余之和最大。发电企业报价函数为

$$P_i = 2a_iQ_i + l_ib_i \tag{9-31}$$

式中：P_i 为发电企业的报价函数曲线；l_i 为火电企业 i 的竞价决策变量；Q_i 为发电企业的竞标电量；a_i、b_i 为火电成本系数常数。

计算不同类型的机组发电成本，根据实际负荷特性数据非线性拟合耦合系统综合成本函数，耦合系统参与市场竞价的二次成本函数为

$$C_{cs} = 0.5a_{cs}q_{cs}^2 + b_{cs}q_{cs} + c_{cs} \tag{9-32}$$

式中：C_{cs} 为拟合后耦合系统综合成本函数；a_{cs}、b_{cs}、c_{cs} 为耦合系统综合成本函数系数。

耦合系统的报价函数模型为

$$MC_{cs} = a_{cs}q_{cs} + b_{cs} \tag{9-33}$$

式中：MC_{cs} 为耦合系统边际成本函数；a_{cs}、b_{cs}、为耦合系统综合成本函数系数。

在竞争比较充分的市场中，产品的市场价格由所有的生产者和消费者共同决定，每个消费者都是市场价格的接受者，因此最佳的报价策略是按照真实的需求特性报价：即考虑使用不同数量产品时可以产生的效益，据此进行报价。需求侧效用函数为

$$E_j = 0.5c_jQ_j^2 + d_jQ_j \tag{9-34}$$

式中：c_j、d_j 为效用系数；

用户侧报价函数为：

$$U_j = c_j Q_j + d_j \tag{9-35}$$

式中：用户侧基于用户逆需求函数进行报价，U_j 为参与竞价申报价格；Q_j 为参与竞价实际申报电量；c_j、d_j 为竞价系数。

（3）电量约束条件。对发电企业申报电量上下限约束条件为

$$\sum_{t=1}^{T} Q_{i,t}^{U} \leqslant Q_{i,\max} \tag{9-36}$$

$$\sum_{t=1}^{T} \sum_{i=1}^{N} Q_{i,t}^{U} \leqslant Q_{\max} \tag{9-37}$$

$$Q_{i,t}^{U} \geqslant Q_{\min} \tag{9-38}$$

式中：$Q_{i,t}^{U}$ 为发电企业 i 在月度市场第 t 时段申报的电量；$Q_{i,\max}$ 为发电企业 i 的月度集中交易申报电量上限；$Q_{\max}$ 为月度市场交易规模；$Q_{\min}$ 为分段申报电量最小限值；

对发电企业成交电量的约束条件为

$$\sum_{j=1}^{M} \sum_{t=1}^{T_N} Q_{ij,t} \leqslant Q_{i}^{U} \tag{9-39}$$

式中：Q_{i}^{U} 是发电企业 i 在月度集中竞价市场申报的电量。每个发电企业在月度市场成交的电量不能超过其总申报电量；

对发用双方交易电量平衡的约束条件为

$$\sum_{i=1}^{N} Q_{i}^{D} = \sum_{j=1}^{M} Q_{j}^{U} \tag{9-40}$$

式中：Q_{i}^{D} 为发电企业 i 在月度市场总成交的电量；Q_{j}^{U} 为用户 j 的申报电量。设定发电侧总申报电量大于用户侧总申报电量，用户侧均能成交；

对用户侧申报电量上下限的约束条件为

$$\sum_{t=1}^{T} \sum_{j=1}^{M} Q_{j,t}^{U} \leqslant Q'_{\max} \tag{9-41}$$

$$Q_{j,t}^{U} \geqslant Q_{\min} \tag{9-42}$$

式中：$Q'_{\max}$ 为用户侧空间电量约束；$Q_{\min}$ 为分段申报电量最小限值。

9.2.3 耦合系统参与月度集中竞价市场收益分析

实验设置以我国某省的月度集中竞价规则为基础，对耦合系统参与月度集中竞价市场进行场景模拟。设有耦合系统和其他五家火力发电企业共同参与某省月度集中竞价交易，各企业的参数设置见表 9-10 和表 9-11。

表 9-10　　　　　　　　　　　　　耦 合 系 统 参 数

综合能源系统	参数名		参数值
火电机组	成本系数	a_{csh}	0.0217 元/(MW² · h)
		b_{csh}	132.121 元/(MW · h)
	装机容量		1200MW
	标杆电价		374.9 元/(MW · h)
	年发电小时数		4065h
风电机组	装机容量		300MW
	年发电小时数		2500h
光伏机组	装机容量		400MW
	年发电小时数		1200h

表 9-11　　　　　　　　　　　其他交易单元竞价参数信息

交易单元	m [元/(MW²h)]	n (元/MWh)
G2	0.0195	127.789
G3	0.0217	132.121
G4	0.0222	148.961
G5	0.0244	146.199
G6	0.0303	136.453

　　根据不同发电企业成本函数和用户的申报信息,以社会福利最大化为目标,采用线性下降的粒子群算法[7]求解得到耦合系统的出清电量和电价,算法仿真参数设置:最大迭代次数 $K=4000$,粒子数目 $m=200$,进化代数 $t=1$,初始权重 $w_1=0.9$,终止权重 $w_2=0.4$,初始化学习因子 $C_1=C_2=1.4962$。月度集中竞价市场的出清模型是目标函数为二次、约束条件为线性的二次规划问题,但当月度集中竞价市场逐渐趋于成熟、参与成员较多时,采用经典数学方法所求解的方程组复杂程度就会较高,本发明采用线性下降权重粒子群算法(linear decreasing weight,PSO)搜索均衡解,规避了求解供给函数出清模型所构成的非线性方程组,在保证结果准确的前提下,通过智能算法简化计算模型。

　　对比模拟的六次月度集中竞价出清电量迭代过程,基于耦合系统中新能源的成本优势,使得耦合系统在竞价函数方面具有更大的竞价空间和能力,从而在有限需求中占据了更多的市场份额,最终在市场中获得了相比于传统火电机组独立竞价更多的出清电量。出清电量迭代过程如图 9-9 所示。

　　对比模拟 6 次月度集中竞价的竞价系数迭代过程,耦合系统为获得更多的出清电量选择在一定程度上降低竞价系数,但仍维持在合理的竞价范围内。竞价系数迭代过程如图 9-10 所示。

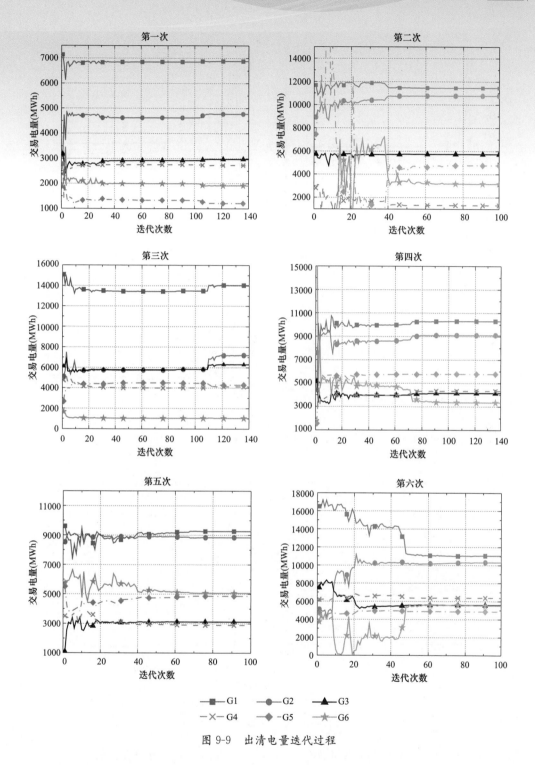

图 9-9　出清电量迭代过程

对耦合系统月度集中竞价收益进行分析，以耦合系统经济效益最大化的目标函数为

$$\max E_{\mathrm{ncs}} = \sum_i^n \left[E_{\mathrm{ics}} q_{\mathrm{ics}} - \left(C_{\mathrm{icsh}} q_{\mathrm{icsh}} + C_{\mathrm{icsw}} q_{\mathrm{icsw}} + C_{\mathrm{icspv}} q_{\mathrm{icspv}} \right) - E_{\mathrm{ipd}} \right] \qquad (9\text{-}43)$$

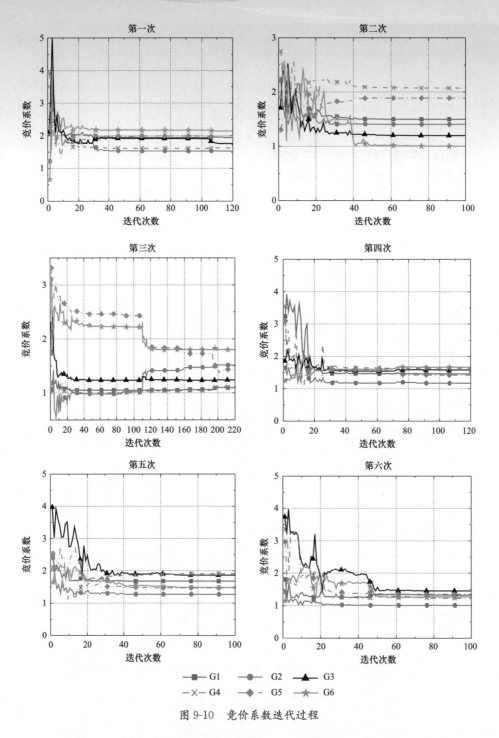

图 9-10　竞价系数迭代过程

式中：E_{ncs} 为耦合系统参与月度集中竞价市场的净收益；E_{ics} 为耦合系统第 i 次参与月度集中竞价市场的单位收入，即市场成交电价；q_{ics} 为耦合系统在第 i 次月度集中竞价中的成交电量；C_{icsh}、C_{icsw}、C_{icspv} 为耦合系统内火电、风电、光伏第 i 次的单位成本；q_{icsh}、q_{icsw}、q_{icspv} 为耦合系统内火电、风电、光伏第 i 次的发电量；E_{ipd} 耦合系统第 i 次参与月度集中竞价市场的偏差惩罚费用；n 为一年中月度集中竞价的次数。

（1）风光不确定性约束。建立风电、光伏电量的不确定集，表示为

$$U_{qw} = \{\tilde{q}_{w,t} = (\tilde{q}_{w,1}, \tilde{q}_{w,2}, \tilde{q}_{w,t}, \cdots \tilde{q}_{w,t}),$$

$$q_{w,t}^{\min} \leqslant \tilde{q}_{w,t} \leqslant q_{w,t}^{\max},$$

$$\sum_{t=1}^{T} \frac{|2\tilde{q}_{w,t} - (q_{w,t}^{\min} + q_{w,t}^{\max})|}{q_{w,t}^{\max} - q_{w,t}^{\min}} \leqslant \Phi, \tag{9-44}$$

$$\forall t = 1, 2, \cdots, T\}$$

$$U_{qpv} = \{\tilde{q}_{pv,t} = (\tilde{q}_{pv,1}, \tilde{q}_{pv,2}, \tilde{q}_{pv,t}, \cdots \tilde{q}_{pv,t}),$$

$$q_{pv,t}^{\min} \leqslant \tilde{q}_{pv,t} \leqslant q_{pv,t}^{\max},$$

$$\sum_{t=1}^{T} \frac{|2\tilde{q}_{pv,t} - (q_{pv,t}^{\min} + q_{pv,t}^{\max})|}{q_{pv,t}^{\max} - q_{pv,t}^{\min}} \leqslant \Gamma, \tag{9-45}$$

$$\forall t = 1, 2, \cdots, T\}$$

式中：U_{qw}、U_{qpv} 分别为耦合系统中风电和光伏发电量的不确定集；$\tilde{q}_{w,t}$、$\tilde{q}_{pv,t}$ 为 t 天风电和光伏的实际发电量；$q_{w,t}^{\max}$、$q_{w,t}^{\min}$、$q_{pv,t}^{\max}$、$q_{pv,t}^{\min}$ 为风电和光伏发电量的最大最小限值；T 为一个月划分的天数；Φ、Γ 为控制不确定集的鲁棒性因子。

（2）其他约束条件。火电机组发电量约束为

$$q_{\text{icsh}}^{\min} \leqslant q_{\text{icsh}} \leqslant q_{\text{icsh}}^{\max} \tag{9-46}$$

式中：q_{icsh} 为耦合系统内火电机组实际发电量；$q_{\text{icsh}}^{\min}$、$q_{\text{icsh}}^{\min}$ 为火电机组发电量约束上下限。

风电、光伏发电量约束为

$$q_{\text{icspv}}^{\min} \leqslant q_{\text{icspv}} \leqslant q_{\text{icspv}}^{\max}$$
$$q_{\text{icsw}}^{\min} \leqslant q_{\text{icsw}} \leqslant q_{\text{icsw}}^{\max} \tag{9-47}$$

式中：q_{icspv}、q_{icsw} 为耦合系统内风电、光伏机组实际发电量；$q_{\text{icsw}}^{\max}$、$q_{\text{icsw}}^{\min}$ 为风电机组发电量约束上下限；$q_{\text{icspv}}^{\max}$、$q_{\text{icspv}}^{\min}$ 为光伏机组发电量约束上下限。

基数电量和双边合同约束为

$$0 \leqslant \sum q_{\text{ics}} \leqslant q_{\text{t}} - q_{\text{bc}} - q_{\text{ab}} \tag{9-48}$$

式中：q_{t} 为耦合系统总发电量；q_{bc} 为耦合系统的基数电量；q_{ab} 为耦合系统年度双边合同电量。

耦合系统与风光火独立收益对比如图 9-11 所示，耦合系统竞价系数在 $1.65 \sim 1.95$ 区间时，出清电价和出清电量维持在均衡水平，而其他火电发电企业很难兼顾出清电量

和电价的平衡性，因此，从市场出清结果可以看出耦合系统作为新形式的交易主体具备明显的竞争优势。

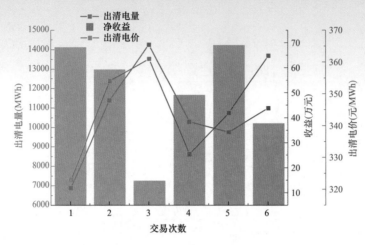

图 9-11　耦合系统净收益、成交电量和出清电价

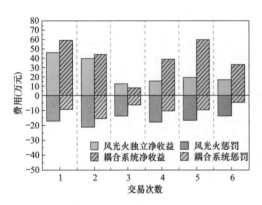

图 9-12　耦合系统与风光火独立收益对比

耦合系统与风光火独立收益对比如图 9-12 所示，耦合系统的各次月度集中交易的收益均高于风光火独立收益，耦合系统月度集中交易总收益相较于风光火独立运行收益提升约 42.3%。由此可见，耦合系统相比于传统火电机组有更大的报价空间，更灵活的交易策略，更低的惩罚费用，从而能在月度交易中获得了相比于风光火独立运行能获得更多的收益。

9.3　基于合作博弈的新能源与火电联合运行策略及收益分配设计

9.3.1　新能源与火电耦合参与市场模式

当前我国电力市场中多为各交易主体独立参与市场竞标的交易模式，以风电、光伏为代表的新能源企业和以火电为代表的传统能源企业之间存在着对立竞争关系，分别根据各自综合收益最优为目标进行竞价博弈，各企业之间互不相让。然而，新能源企业固有的功率随机性、波动性，使其实际功率与预测数据存在偏差，导致较大的实时平衡成本，将会降低新能源企业在现货市场中的竞争力，造成弃风弃光等资源浪费现象[8]。

基于此，本课题构建一个新的市场交易模式——新能源与火电耦合参与市场。旨在利用市场化手段调整参与者利益来推动新能源消纳，通过不同特性资源组成合作共赢的耦合系统参与市场交易，实现耦合系统利益最大化。其中，火电作为灵活性资源能够在实时平衡市场中提供灵活调节贡献以此来降低新能源企业由于其功率特点带来的不平衡成本。而新能源企业以较低的边际成本发出电量，获得更高的利润。

1. 新能源与火电联合运行分析

新能源与火电联合运行是一种集成融合技术，将风电、光电、火电各类电源组合起来，形成一个电源组，实现优势互补，为电网提供质优、价廉、清洁、可再生的电力。其中，火电运行平稳可靠、对地理环境要求低，但其运行成本高且污染环境严重；新能源发电如风电、光伏具有波动大、随机性、离散性等弱点，但其运行成本低廉、资源丰富可再生，新能源与火电在资源、运行和投资上都具有天然的互补性。

中长期看，"碳达峰""碳中和"目标明确风电、光伏等新能源未来在能源转型和碳减排中将发挥的重要作用[9]。如果新能源与火电合作，火电可利用其自身灵活调节能力提供灵活性服务弥补风电在地域、季节性的受限，光伏发电在昼夜和发电容量上的受限；新能源的安全性和经济效益也可成为火电在碳减排政策下寻求转型的动力源泉。

本课题基于合作博弈论，结合电力体制改革背景及新能源与火电的发电特性，设计新能源与火电联合运行模式如图 9-13 所示。

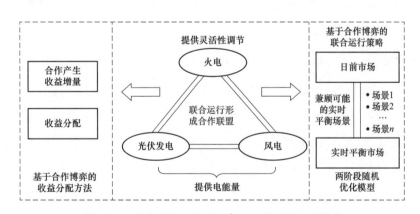

图 9-13 新能源与火电联合参与现货市场运行模式

新能源与火电联合运行是指多个新能源企业和多个火电企业以自愿互利为原则集成耦合形成一个电能生产主体，以耦合系统的形式参加电力市场交易。在合作过程中，考虑到新能源功率不确定性，火电企业需要在保证自身最小功率的基础上尽可能地发挥灵活性调节作用，将发电空间让给新能源企业，保证风电、光伏发电以更大份额参与市场调度。同时，新能源企业功率增加后，因其边际成本低于火电，将为耦合系统带来额外的经济利润，这部分收益应分一部分作为火电避让发电空间的补偿。新能源与火电联合参与市场下火电出让发电空间示意图如图 9-14 所示。

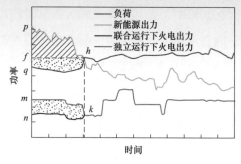

图 9-14　火电为新能源出让发电空间示意图

图 9-14 所示为在满足电网负荷需求的前提下，新能源消纳电量与火电灵活性调节能力之间的替代关系。其中，灰色曲线表示电力系统某日负荷曲线，黄色曲线表示新能源功率曲线，橙色曲线表示火电独立参与市场的功率曲线，蓝色曲线表示新能源与火电联合运行后火电的功率曲线（k 点后蓝色曲线与橙色曲线重合）；阴影部分 pqh 表示弃风弃光电量；阴影部分 mnk 表示火电避让给新能源的发电空间。图 9-14 中 pqh 的面积与 mnk 的面积相等，即火电机组潜在的灵活性调节能力等于避让给新能源企业的发电量。在联合运行的模式下，新能源实际弃风弃光电量为阴影 pfh 的面积。

2. 两阶段电力市场流程

本课题的研究兼顾了日前与实时平衡两市场，设计的新能源与火电耦合参与两市场模式如图 9-15 所示。日前市场能够确保市场参与方按日前价格结算日前市场交易电量，而对于实时功率和日前申报的差值部分则参与到实时市场中。在日前阶段耦合系统将依据风电、光伏发电功率预测和电价预测，结合火电机组的运行特点，在午间 12：00 之前报送次日功率曲线，这条申报曲线实际上是立于日前时间点，考虑了运行日可能存在的新能源实际功率情况和火电在相应工况下的灵活性调节能力，即将日前市场与实时平衡市场之间的相互作用机理考虑到日前市场的运行决策问题中，从而使得发电商能获得更大的利益。在运行日内，因预测误差，发电商的实际功率将偏离日前计划，耦合系统需在各个时间段的实时平衡市场启动后按实际风电、光伏发电功率和电价，调节耦合系统内火电机组运行方式并在事后完成不平衡电量结算。在实时平衡市场中，若实时功率低于日前出清值则为负偏差，发电商需要根据负不平衡电量结算价格为偏差电量支付惩罚费用；反之，若实时功率高于日前出清值则为正偏差，发电商将按照正不平衡电量结算价格得到额外补偿收入。此外，本课题考虑的相应不平衡电量定价机制是采用二价法，即存在正负不平衡电价的情况下，采用不同实时电价实现市场出清，这种方法没有套利空间，有利于提高市场参与方的积极性。

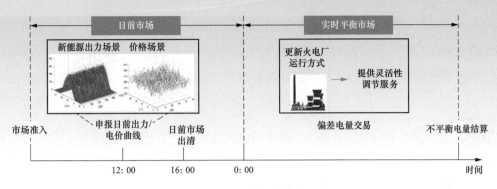

图 9-15　两市场交易流程

9.3.2　数学模型的构建

1. 新能源与火电联合运行模型

新能源与火电联合参与市场的运行策略以耦合系统综合收益最大为目标，目标函数包含日前市场中的收益、实时平衡市场中的预期收益以及用以评估新能源和电价预测偏差风险的条件风险价值 CVaR 指标三部分，表示为

$$\max U_{\text{D-W-S}}^{\text{t}} = (\rho_t^{\text{da}} \cdot P_{\text{D-W-S},t}^{\text{da}}) + \sum_{k=1}^{K} \gamma_{\text{k}}(\rho_{\text{k},t}^{\text{rt+}} \cdot P_{\text{D-W-S,k},t}^{\text{rt+}} - \rho_{\text{k},t}^{\text{rt-}} \cdot$$

$$P_{\text{D-W-S,k},t}^{\text{rt-}}) - \sum_{j=1}^{n} C_{\text{D-j},t}^{\text{da}} - \sum_{j=1}^{n} C_{\text{D-j},t}^{\text{rt}} + \beta \cdot \Gamma_{\text{CVaR}}$$

$(9-49)$

式中：$U_{\text{D-W-S}}^{\text{t}}$ 为新能源与火电耦合系统在 t 时刻的综合收益；ρ_t^{da} 为 t 时刻日前市场的出清电价；$\rho_{\text{k},t}^{\text{rt+}}$、$\rho_{\text{k},t}^{\text{rt-}}$ 分别为 k 场景下 t 时刻实时平衡市场的正、负不平衡电量结算价格；$P_{\text{D-W-S},t}^{\text{da}}$、$P_{\text{D-W-S,k},t}^{\text{rt+}}$、$P_{\text{D-W-S,k},t}^{\text{rt-}}$ 分别为耦合系统在日前市场的申报功率及实时平衡市场中的正、负不平衡功率；γ_{k} 为场景概率；$C_{\text{D-j},t}^{\text{da}}$、$C_{\text{D-j},t}^{\text{rt}}$ 分别为 t 时刻火电机组 j 在日前市场、实时平衡市场的运行成本；β（$\beta \geqslant 0$）为风险偏好系数，且 β 值越高，发电商对风险越厌恶，采取的策略越为保守。

实时平衡市场的正、负不平衡电量结算价格可表示为

$$\rho^{\text{rt+}} = \theta_{\text{up}} \cdot \rho^{\text{da}}$$

$(9-50)$

$$\rho^{\text{rt-}} = \theta_{\text{down}} \cdot \rho^{\text{da}}$$

$(9-51)$

式中：θ_{up}、θ_{down} 分别为正负不平衡电量对应的惩罚系数。

火电机组在日前市场、实时平衡市场的运行成本可表示为

$$C_{\text{D-j},t}^{\text{da}} = \rho_{\text{r}} \cdot u_{\text{j},t} \cdot (1 - u_{\text{j},t-1}) \cdot M_{\text{j}} + \rho_{\text{r}} \cdot F_{\text{j}}(P_{\text{D-j},t}^{\text{da}}) \cdot u_{\text{j},t}$$

$(9-52)$

$$C_{\text{D-j},t}^{\text{rt}} = \rho_{\text{r}} \cdot u_{\text{j},t} \cdot (1 - u_{\text{j},t-1}) \cdot M_{\text{j}} + \rho_{\text{r}} \cdot F_{\text{j}}(P_{\text{D-j},t}^{\text{rt}}) \cdot u_{\text{j},t}$$

$(9-53)$

$$F_{\text{j}}(P_{\text{D-j},t}) = a_{\text{j}} \cdot (P_{\text{D-j},t})^2 + b_{\text{j}} \cdot P_{\text{D-j},t} + c_{\text{j}}$$

$(9-54)$

式中：ρ_r 为燃煤价格；$u_{j,t}$ 为 t 时刻火电机组 j 启停状态的 0/1 变量；M_j 为机组启动的燃煤消耗量；a_j、b_j、c_j 为机组 j 的耗量特性参数。

耦合系统在日前市场的申报功率可表示为

$$P_{\text{D-W-S},t}^{\text{da}} = \sum P_{\text{D-j},t}^{\text{da}} + \sum P_{\text{W-i},t}^{\text{da}} + \sum P_{\text{S-m},t}^{\text{da}} \tag{9-55}$$

式中：$P_{\text{W-i},t}^{\text{da}}$、$P_{\text{S-m},t}^{\text{da}}$、$P_{\text{D-j},t}^{\text{da}}$ 分别为 t 时刻风电机组 i、光伏方阵 m、火电机组 j 在日前市场的申报功率。

（1）功率平衡约束为

$$\sum (P_{\text{D-j},t}^{\text{rt}} - P_{\text{D-j},t}^{\text{da}}) + \sum (P_{\text{W-i},t}^{\text{rt}} - P_{\text{W-i},t}^{\text{da}}) + \sum (P_{\text{S-m},t}^{\text{rt}} - P_{\text{S-m},t}^{\text{da}})$$
$$= P_{\text{D-W-S},t}^{\text{rt+}} - P_{\text{D-W-S},t}^{\text{rt-}} \tag{9-56}$$

$$0 \leqslant P_{\text{D-W-S},t}^{\text{rt+}} \leqslant M_1 \cdot (1 - v_{k,t}) \tag{9-57}$$

$$0 \leqslant P_{\text{D-W-S},t}^{\text{rt-}} \leqslant M_2 \cdot v_{k,t} \tag{9-58}$$

式中：$P_{\text{W-i},t}^{\text{rt}}$、$P_{\text{S-m},t}^{\text{rt}}$、$P_{\text{D-j},t}^{\text{rt}}$ 分别为 t 时刻风电机组 i、光伏方阵 m、火电机组 j 的实际功率；M_1、M_2 为极大的正数；$v_{k,t}$ 为表示不平衡功率状态的 0/1 变量。

（2）耦合系统整体功率约束为

$$0 \leqslant P_{\text{D-W-S},t}^{\text{da}} \leqslant \sum^n P_{\text{W-i}}^{\max} + \sum^n P_{\text{S-m}}^{\max} + \sum^n P_{\text{D-j}}^{\max} \tag{9-59}$$

$$0 \leqslant P_{\text{D-W-S},k,t}^{\text{rt+}} \leqslant \sum^n P_{\text{W-i}}^{\max} + \sum^n P_{\text{S-m}}^{\max} + \sum^n P_{\text{D-j}}^{\max} \tag{9-60}$$

$$0 \leqslant P_{\text{D-W-S},k,t}^{\text{rt-}} \leqslant \sum^n P_{\text{W-i}}^{\max} + \sum^n P_{\text{S-m}}^{\max} + \sum^n P_{\text{D-j}}^{\max} \tag{9-61}$$

式中：$P_{\text{W-i}}^{\max}$、$P_{\text{S-m}}^{\max}$、$P_{\text{D-j}}^{\max}$ 分别为风电机组 i、光伏方阵 m、火电机组 j 的最大功率能力。

（3）爬坡速率约束为

$$(P_{\text{D-j},t}^{\text{da}} + P_{\text{D-j},t}^{\text{rt+}}) - (P_{\text{D-j},t-1}^{\text{da}} + P_{\text{D-j},t-1}^{\text{rt-}}) \leqslant P_{\text{D-j}}^{\text{up}} \cdot \Delta T \tag{9-62}$$

$$(P_{\text{D-j},t-1}^{\text{da}} + P_{\text{D-j},t-1}^{\text{rt+}}) - (P_{\text{D-j},t}^{\text{da}} + P_{\text{D-j},t}^{\text{rt-}}) \leqslant P_{\text{D-j}}^{\text{down}} \cdot \Delta T \tag{9-63}$$

式中：$P_{\text{D-j},t}^{\text{rt+}}$、$P_{\text{D-j},t}^{\text{rt-}}$ 分别为 t 时刻火电机组 j 在实时平衡市场的正、负不平衡功率；$P_{\text{D-j}}^{\text{up}}$、$P_{\text{D-j}}^{\text{down}}$ 分别为火电机组 j 最大向上/下爬坡速率；ΔT 取 15min 作为统计周期。

（4）机组启停时间约束为

$$(T_{\text{D-j},t-1}^{\text{on}} - T_{\text{D-j}}^{\text{on}}) \cdot (u_{\text{D-j},t-1} - u_{\text{D-j},t}) \geqslant 0 \tag{9-64}$$

$$(T_{\text{D-j},t-1}^{\text{off}} - T_{\text{D-j}}^{\text{off}}) \cdot (u_{\text{D-j},t} - u_{\text{D-j},t-1}) \geqslant 0 \tag{9-65}$$

式中：$T_{\text{D-j},t-1}^{\text{on}}$、$T_{\text{D-j},t-1}^{\text{off}}$ 分别为火电机组 j 在 $(t-1)$ 时刻的运行、停机时间；$T_{\text{D-j}}^{\text{on}}$、$T_{\text{D-j}}^{\text{off}}$ 分别为火电机组 j 最短运行、停机时间。

（5）对于一个离散的收益分布来说，当置信水平为 α 时，CVaR 对应小概率（$1-\alpha$）场景集合的期望收益，CVaR 及其相关约束可表示为

$$\Gamma_{\text{CVaR}} = \zeta - \frac{1}{1-\alpha} \sum_{\omega} \delta_{\omega} \cdot \chi_{\omega} \tag{9-66}$$

$$-U_{\text{D-W-S}} + \zeta - \chi_{\omega} \leqslant 0 \tag{9-67}$$

$$\chi_{\omega} \geqslant 0 \tag{9-68}$$

式中：ζ 为风险价值；χ_{ω} 为场景 ω 下收益与风险价值的差额。

2. 新能源与火电独立运行模型

（1）风电独立运行模型。风电独立参与市场的运行策略以风电综合收益最大为目标，考虑日前市场、实时平衡市场建立两阶段随机优化模型，目标函数表示为

$$\max U_{\text{W}}^{\text{i},t} = (\rho_t^{\text{da}} \cdot P_{\text{W-i},t}^{\text{da}}) + \sum_{k=1}^{K} \gamma_{\text{k}} (\rho_{\text{k},t}^{\text{rt}+} \cdot P_{\text{W-i},\text{k},t}^{\text{rt}+} - \rho_{\text{k},t}^{\text{rt}-} \cdot P_{\text{W-i},\text{k},t}^{\text{rt}-}) + \beta \cdot \Gamma_{\text{CVaR}} \tag{9-69}$$

式中：$P_{\text{W-i},\text{k},t}^{\text{rt}+}$、$P_{\text{W-i},\text{k},t}^{\text{rt}-}$ 分别为 k 场景下 t 时刻风电机组 i 在实时平衡市场中的正、负不平衡功率。

功率平衡约束为

$$P_{\text{W-i},\text{k},t}^{\text{rt}} - P_{\text{W-i},t}^{\text{da}} = P_{\text{W-i},\text{k},t}^{\text{rt}+} - P_{\text{W-i},\text{k},t}^{\text{rt}-} \tag{9-70}$$

$$0 \leqslant P_{\text{W-i},\text{k},t}^{\text{rt}+} \leqslant M_1 \cdot (1 - v_{\text{k},t}) \tag{9-71}$$

$$0 \leqslant P_{\text{W-i},\text{k},t}^{\text{rt}-} \leqslant M_2 \cdot v_{\text{k},t} \tag{9-72}$$

风电功率约束为

$$0 \leqslant P_{\text{W-i},\text{k},t}^{\text{rt}+} \leqslant P_{\text{W-i}}^{\max} \tag{9-73}$$

$$0 \leqslant P_{\text{W-i},\text{k},t}^{\text{rt}-} \leqslant P_{\text{W-i}}^{\max} \tag{9-74}$$

$$0 \leqslant P_{\text{W-i},t}^{\text{da}} \leqslant P_{\text{W-i}}^{\max} \tag{9-75}$$

CVaR 约束如式（9-66）～式（9-68）所示。

（2）光伏发电独立运行模型。与风电类似，光伏发电独立参与市场的运行策略以光伏发电综合收益最大为目标，目标函数表示为

$$\max U_{\text{S}}^{\text{m},t} = (\rho_t^{\text{da}} \cdot P_{\text{S-m},t}^{\text{da}}) + \sum_{k=1}^{K} \gamma_{\text{k}} (\rho_{\text{k},t}^{\text{rt}+} \cdot P_{\text{S-m},\text{k},t}^{\text{rt}+} - \rho_{\text{k},t}^{\text{rt}-} \cdot P_{\text{S-m},\text{k},t}^{\text{rt}-}) + \beta \cdot \Gamma_{\text{CVaR}} \tag{9-76}$$

式中：$P_{\text{S-m},\text{k},t}^{\text{rt}+}$、$P_{\text{S-m},\text{k},t}^{\text{rt}-}$ 分别为 k 场景下 t 时刻光伏方阵 m 在实时平衡市场中的正、负不平衡功率。

功率平衡约束为

$$P_{\text{S-m},\text{k},t}^{\text{rt}} - P_{\text{S-m},t}^{\text{da}} = P_{\text{S-m},\text{k},t}^{\text{rt}+} - P_{\text{S-m},\text{k},t}^{\text{rt}-} \tag{9-77}$$

$$0 \leqslant P_{\text{S-m,k},t}^{\text{rt+}} \leqslant M_1 \cdot (1 - v_{\text{k},t}) \tag{9-78}$$

$$0 \leqslant P_{\text{S-m,k},t}^{\text{rt-}} \leqslant M_2 \cdot v_{\text{k},t} \tag{9-79}$$

光伏发电功率约束为

$$0 \leqslant P_{\text{S-m,k},t}^{\text{rt+}} \leqslant P_{\text{S-m}}^{\max} \tag{9-80}$$

$$0 \leqslant P_{\text{S-m,k},t}^{\text{rt-}} \leqslant P_{\text{S-m}}^{\max} \tag{9-81}$$

$$0 \leqslant P_{\text{S-m},t}^{\text{da}} \leqslant P_{\text{S-m}}^{\max} \tag{9-82}$$

（3）火电独立运行模型。如果仅考虑火电独立参与市场，构建以综合收益最大化为目标的运行优化模型，则相应的目标函数为

$$\max U_{\text{D}}^{\text{j},t} = (\rho_t^{\text{da}} \cdot P_{\text{D-j},t}^{\text{da}}) + (\rho_t^{\text{rt+}} \cdot P_{\text{D-j},t}^{\text{rt+}} - \rho_t^{\text{rt-}} \cdot P_{\text{D-j},t}^{\text{rt-}}) - C_{\text{D-j},t}^{\text{da}} - C_{\text{D-j},t}^{\text{rt}} + \beta \cdot \Gamma_{\text{CVaR}} \tag{9-83}$$

功率平衡约束为

$$P_{\text{D-j},t}^{\text{rt}} - P_{\text{D-j},t}^{\text{da}} = P_{\text{D-j},t}^{\text{rt+}} - P_{\text{D-j},t}^{\text{rt-}} \tag{9-84}$$

火电机组功率约束为

$$u_{\text{j},t} \cdot P_{\text{D-j}}^{\min} \leqslant P_{\text{D-j},t}^{\text{rt+}} \leqslant u_{\text{j},t} \cdot P_{\text{D-j}}^{\max} \tag{9-85}$$

$$u_{\text{j},t} \cdot P_{\text{D-j}}^{\min} \leqslant P_{\text{D-j},t}^{\text{rt-}} \leqslant u_{\text{j},t} \cdot P_{\text{D-j}}^{\max} \tag{9-86}$$

$$u_{\text{j},t} \cdot P_{\text{D-j}}^{\min} \leqslant P_{\text{D-j},t}^{\text{da}} \leqslant u_{\text{j},t} \cdot P_{\text{D-j}}^{\max} \tag{9-87}$$

式中：$P_{\text{D-j}}^{\min}$、$P_{\text{D-j}}^{\max}$ 分别火电机组 j 的最小、最大技术功率值。

爬坡速率约束、机组启停时间约束如式（9-85）~式（9-87）所示。

9.3.3　耦合系统参与电力现货市场收益分析

1. 算例简介

本课题以辽宁省某局域电网为例建立仿真对象。该局域电网内包含 1200MW 火电、300MW 海上风电、400MW 的光伏电站，且在同一并网点 A 耦合形成耦合系统。火电机组参数见表 9-12，最小启停时间 8h，启动成本 36 万元，机组锅炉燃料价格 685 元/t。对于新能源功率和电价不确定集合的构建，采用场景分析方法。以该局域电网某一天的风电/光伏功率预测曲线作为原始场景，基于该预测方法的统计误差通过蒙特卡洛抽样对各子耦合系统均生成 1000 个风电日前/光伏功率场景，之后通过聚类方法将场景缩减，最终各得到 5 个典型场景，如图 9-16~图 9-18 所示。各日前市场价格采自文献，同理生成 5 个价格场景如图 9-19 所示，场景概率情况如图 9-20 所示。平衡市场价格惩罚系数 θ_{up}、θ_{down} 取 1.2、0.8。CVaR 的置信水平 $\alpha = 0.95$，风险偏好系数取为 1。

表 9-12   火 电 机 组 参 数

最大功率（MW）	最小功率（MW）	机组爬坡（MW/min）	台数	耗量特性参数		
				a（t/MW^2）	b（t/MW）	c（t）
600	180	6	2	0.0000169	0.27601	11.46196

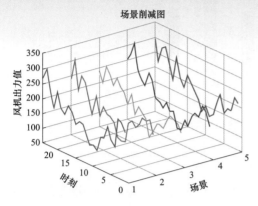

图 9-16　风电功率场景

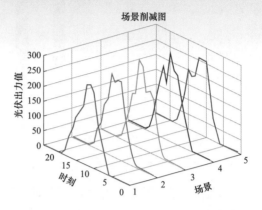

图 9-17　光伏发电 1（300MW）功率场景

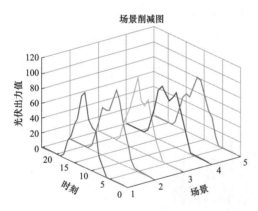

图 9-18　光伏发电 2（100MW）功率场景

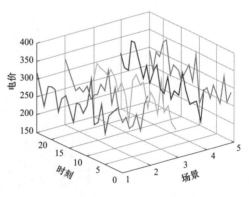

图 9-19　日前电价场景

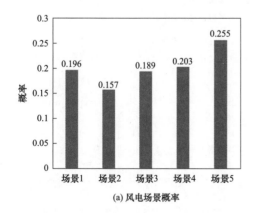

(a) 风电场景概率

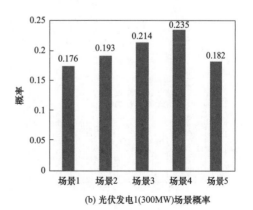

(b) 光伏发电1(300MW)场景概率

图 9-20　场景概率情况（一）

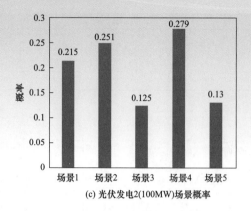

(c) 光伏发电2(100MW)场景概率

图 9-20　场景概率情况（二）

2. 联合运行前后市场主体申报策略及收益对比分析

为验证所提联合运行模型的优越性，对比分析了独立与联合运行下的申报功率曲线和预期的不平衡电量，如图 9-21 所示。其中独立运行下所对应的申报曲线和不平衡电量为各参与方申报曲线和不平衡电量加和所得。不同运行模式下申报功率如图 9-22 所示。

图 9-21 中对比不同运行方式下的预期不平衡电量可以发现，在大多数时段下联合运行对应的不平衡电量较低，这主要是因为新能源与火电组成耦合系统能最大限度发挥

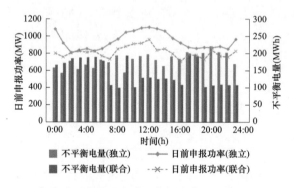

图 9-21　耦合系统合作运行前后申报功率及不平衡电量的对比

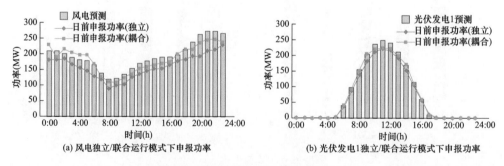

(a) 风电独立/联合运行模式下申报功率　　　(b) 光伏发电1独立/联合运行模式下申报功率

图 9-22　不同运行模式下申报功率（一）

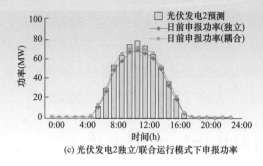

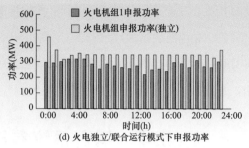

图 9-22 不同运行模式下申报功率（二）

火电机组的灵活性调节能力。火电所提供的灵活性服务能有效平抑新能源的不确定性，通过弥补新能源欠发时导致的负不平衡电量，缓解耦合系统整体的偏差程度的同时也意味着整体运行效率的提升。通过这样的方式，相比于独立运行，耦合系统整体收益得到提升，耦合系统中各市场成员预期收益的详细情况见表 9-13。

表 9-13 　　　　　　　新能源与火电独立/联合运行模式下参与方预期收益　　　　　　　元

市场成员		日前市场收益	实时平衡市场收益	总收益
独立运行模式	风电	1,073,966.91	−114,110.43	959,856.48
	光伏发电 1	471,370.04	−33,114.52	438,255.51
	光伏发电 2	158,020.57	−4,386.46	153,634.11
	火电 1	537,444.14	75,746.63	613,190.77
	火电 2	537,444.14	75,746.63	613,190.77
	合计	2,778,245.79	−118.16	2,778,127.63
耦合运行模式		2,755,189.95	90,433.13	2,845,623.08

由表 9-13 中结果可以看出，当风电、光伏发电单独参与市场时，由于其功率不确定性和波动性在实时平衡市场中产生的不平衡费用均为负数，使其整体收益降低。当火电单独参与市场时，由于其在运行成本方面较风电、光伏发电相比并不具有优势在日前市场中获得的利润不如新能源可观，但是在实时平衡市场中火电的不平衡结算费用均为正数，这一现象表明火电自身的灵活性调节能力较为充足，在经济激励作用下能够为电力系统稳定和平衡做出贡献。

相比于独立运行模式，联合运行模式下市场参与方能多获得收益 67495.45（2845623.08−2778127.63）元，这一部分就是新能源与火电合作后各参与方所获得的额外收益。其中，耦合系统在日前市场下少获益 23055.84（2778245.79−2755189.95）元，结合图 9-22 独立/联合运行模式下申报功率的对比可知这是由于风电、光伏发电经与火电合作联合运行后申报策略较为激进，火电为配合新能源企业不得不在日前发电计划中做出权衡以提供灵活性服务，因此耦合系统内部火电发电量不能与火电独自参与市场时相比，联合运行模式下日前市场中的整体申报功率小于独立运行模式（如图 9-21 中黄色、绿色曲线所示）；在实时平衡市场中，耦合系统将多获益 90551.29（90433.13＋118.16）元，这是因为火电能够平抑耦合系统内部的新能源波动进而避免不平衡惩罚费用，在此基础上还有余力面向整个系统提供灵活性服务来获得正不平衡电量收益。

9.4 耦合系统参与现货市场下的收益精细化分配方法

9.4.1 基于合作博弈的收益分配机制

得益于耦合系统运行后火电机组的协同运行，新能源不仅上网电量大幅增加，不平衡电量的惩罚费用也会降低，较独立运行而言整体收益水平上升。而火电机组则充当灵活性调节电源承担了较多调峰任务以保障新能源的高效利用，因此火电机组在与新能源耦合运行中其机组功率需要频繁调节继而偏离其最佳运行状态，机组经济效益不能切实保证。如果仅按发电量作为收益结算标准，缺乏火电机组为耦合系统提供灵活性价值的回报，那么火电将无法获得理想收益，可能连盈亏平衡都难以实现。因此，需要精准辨识新能源与火电对耦合系统的贡献度，以公平合理为原则构建收益分配机制将耦合系统介入现货市场后获得的收益分配给各参与方。站在各发电商的立场上，参与耦合系统合作后应较不合作时获得更高的利润，若不能满足这一条件，则可能导致参与方退出，合作失败。是以本文采用合作博弈理论对耦合系统收益分配进行研究。

不同于非合作博弈论，合作博弈论所探讨的是在一个耦合系统中包含了众多成员的情形，更多的是强调整体理性，强调公平和效率，这点恰恰是电力市场运行的目的所在。此外，合作博弈论还可在市场经济方面衡量各参与者对耦合系统整体的贡献水平，继而促进各个成员间的协作，对解决众多成员之间的收益分配难题给出了较好的研究方法。纳什议价理论作为合作博弈论的重要分支，是研究收益分配问题的有效手段，可同时兼顾个体和集体利益，使得纳什乘积最大化的解即为纳什议价博弈问题的均衡解，同时纳什议价解可使耦合系统中各参与方均达到帕累托效率。

1. 市场成员贡献度

新能源与火电联合运行后，各种电源属性可分解为电量价值和灵活性价值，具体表现为：①日前市场中的经济效益贡献，主要由上网电量决定；②实时平衡市场中的经济效益贡献，主要由灵活性服务决定。因此，本文引入市场成员贡献度概念，将这两方面统一起来进行考虑。

（1）日前市场中的电量贡献。日前市场中的电量贡献可由各时段所提供的电能与日前市场电价的乘积得到。但考虑到新能源与火电联合运行仅能得到耦合系统整体的申报曲线，为了辨识各市场成员在耦合系统中出售的电能，本文应用 VCG 机制理论，将某一市场成员的贡献表现为该成员对其他市场成员的替代效益。在本文所提运行模型中，某一市场成员单独申报曲线即为，该成员参与耦合系统前后，耦合系统整体申报曲线的变化量。

$$M_{\text{W-i},t}^{\text{da}} = \rho_t^{\text{da}} \cdot (P_{\text{D-W-S},t}^{\text{da}} - P_{\text{D-W-S},-i,t}^{\text{da}}) \tag{9-88}$$

$$M_{\text{S-m},t}^{\text{da}} = \rho_t^{\text{da}} \cdot (P_{\text{D-W-S},t}^{\text{da}} - P_{\text{D-W-S},-m,t}^{\text{da}}) \tag{9-89}$$

$$M_{\text{D-j},t}^{\text{da}} = \rho_t^{\text{da}} \cdot (P_{\text{D-W-S},t}^{\text{da}} - P_{\text{D-W-S},-j,t}^{\text{da}}) \tag{9-90}$$

式中：$M_{\text{W-i},t}^{\text{da}}$、$M_{\text{S-m},t}^{\text{da}}$、$M_{\text{D-j},t}^{\text{da}}$ 分别为风电机组 i、光伏方阵 m、火电机组 j 在日前市场中的电量贡献；$P_{\text{D-W-S},-i,t}^{\text{da}}$、$P_{\text{D-W-S},-m,t}^{\text{da}}$、$P_{\text{D-W-S},-j,t}^{\text{da}}$ 分别为去掉风电机组 i/光伏方阵 m/火电机组 j 后耦合系统在日前市场中的申报功率。

（2）实时平衡市场中的灵活性贡献。实时平衡市场中的贡献指的是市场参与方提供的灵活性价值所对应的收益，可由各时段对应的不平衡电量与相应结算价格的乘积得到。市场成员在实时平衡市场中的灵活性贡献同样应用 VCG 理论，通过对比各时段该成员加入耦合系统前后耦合系统整体不平衡电量变化情况来确定。若某时段耦合系统中各参与方自身的偏差方向与耦合系统整体偏差方向相反，则该参与方在实时平衡市场中的行为缓解了耦合系统的偏差程度，提升了整体收益，则其实际贡献为正，即降低了对系统的灵活性需求；相反，则加剧了耦合系统的偏差程度，会造成整体收益的损失，则此时在实时平衡市场的贡献为负，即增加了对系统灵活性的需求。

$$M_{\text{W-i},t}^{\text{rt}} = \sum_{k=1}^{K} \gamma_k [\rho_{k,t}^{\text{rt}+} \cdot (P_{\text{D-W-S},k,t}^{\text{rt}+} - P_{\text{D-W-S},-i,k,t}^{\text{rt}+}) + \rho_{k,t}^{\text{rt}-} \cdot (P_{\text{D-W-S},k,t}^{\text{rt}-} - P_{\text{D-W-S},-i,k,t}^{\text{rt}-})] \tag{9-91}$$

$$M_{\text{S-m},t}^{\text{rt}} = \sum_{k=1}^{K} \gamma_k [\rho_{k,t}^{\text{rt}+} \cdot (P_{\text{D-W-S},k,t}^{\text{rt}+} - P_{\text{D-W-S},-m,k,t}^{\text{rt}+}) + \rho_{k,t}^{\text{rt}-} \cdot (P_{\text{D-W-S},k,t}^{\text{rt}-} - P_{\text{D-W-S},-i,m,t}^{\text{rt}-})] \tag{9-92}$$

$$M_{\text{D-j},t}^{\text{rt}} = \sum_{k=1}^{K} \gamma_k [\rho_{k,t}^{\text{rt}+} \cdot (P_{\text{D-W-S},k,t}^{\text{rt}+} - P_{\text{D-W-S},-j,k,t}^{\text{rt}+}) + \rho_{k,t}^{\text{rt}-} \cdot (P_{\text{D-W-S},k,t}^{\text{rt}-} - P_{\text{D-W-S},-j,k,t}^{\text{rt}-})] \tag{9-93}$$

式中：$M_{\text{W-i},t}^{\text{rt}}$、$M_{\text{S-m},t}^{\text{rt}}$、$M_{\text{D-j},t}^{\text{rt}}$ 为风电机组 i、光伏方阵 m、火电机组 j 在实时平衡市场中的灵活性贡献；$P_{\text{D-W-S},-i,k,t}^{\text{rt}+}$、$P_{\text{D-W-S},-m,k,t}^{\text{rt}+}$、$P_{\text{D-W-S},-j,k,t}^{\text{rt}+}$、$P_{\text{D-W-S},k,t}^{\text{rt}-}$、$P_{\text{D-W-S},-i,m,t}^{\text{rt}-}$、$P_{\text{D-W-S},-j,k,t}^{\text{rt}-}$ 分别为去掉风电机组 i/光伏方阵 m/火电机组 j 后耦合系统在实时平衡市场中的正、负不

平衡功率。

（3）市场贡献度。基于上述分析，耦合系统中各参与方在联合运行中的市场贡献度为该参与方在日前和实时平衡市场的贡献之和与耦合系统所有成员贡献总和的比值。

$$\eta_{\text{W-i}} = \frac{\sum_{t=1}^{T}(M_{\text{W-i},t}^{\text{da}} + M_{\text{W-i},t}^{\text{rt}})}{\sum_{t=1}^{T}(M_{\text{W-i},t}^{\text{da}} + M_{\text{S-m},t}^{\text{da}} + M_{\text{D-j},t}^{\text{da}} + M_{\text{W-i},t}^{\text{rt}} + M_{\text{S-m},t}^{\text{rt}} + M_{\text{D-j},t}^{\text{rt}})} \tag{9-94}$$

$$\eta_{\text{S-m}} = \frac{\sum_{t=1}^{T}(M_{\text{S-m},t}^{\text{da}} + M_{\text{S-m},t}^{\text{rt}})}{\sum_{t=1}^{T}(M_{\text{W-i},t}^{\text{da}} + M_{\text{S-m},t}^{\text{da}} + M_{\text{D-j},t}^{\text{da}} + M_{\text{W-i},t}^{\text{rt}} + M_{\text{S-m},t}^{\text{rt}} + M_{\text{D-j},t}^{\text{rt}})} \tag{9-95}$$

$$\eta_{\text{D-j}} = \frac{\sum_{t=1}^{T}(M_{\text{D-j},t}^{\text{da}} + M_{\text{D-j},t}^{\text{rt}})}{\sum_{t=1}^{T}(M_{\text{W-i},t}^{\text{da}} + M_{\text{S-m},t}^{\text{da}} + M_{\text{D-j},t}^{\text{da}} + M_{\text{W-i},t}^{\text{rt}} + M_{\text{S-m},t}^{\text{rt}} + M_{\text{D-j},t}^{\text{rt}})} \tag{9-96}$$

式中：$\eta_{\text{W-i}}$、$\eta_{\text{S-m}}$、$\eta_{\text{D-j}}$ 分别为风电机组 i、光伏方阵 m、火电机组 j 的市场贡献度。

市场贡献度指标从电量贡献和灵活性贡献两个方面体现了耦合系统参与方在不同市场中对耦合系统做出的贡献，相比之下，当某参与方参与日前市场交易的电量较多时，其贡献较大；而在实时平衡市场中，对不平衡电量的灵活调节作用越强，其贡献越大。基于市场贡献度，下一节将根据各参与方的贡献程度对耦合系统所得收益进行收益分配。

2. 收益分配机制

本节基于纳什议价理论构建收益分配方法，然而，传统纳什议价模型将合作剩余在耦合系统成员平均分配，难以反映不同特性市场参与方在联合运行中所作贡献的差异性，无法起到有效的激励作用。为此，本节引入了市场贡献度指标用于合作剩余的分配，引用柯布—道格拉斯效用函数的思想，定义目标函数为最大化耦合系统中各参与方合作前后收益增幅的乘积，具体的分配方法可通过求解如下基于市场参与方贡献度的纳什议价模型获得

$$\max \Pi (U_{\text{W}}^{i,*} - U_{\text{W}}^{i})^{\eta_{\text{W-i}}} \cdot (U_{\text{S}}^{m,*} - U_{\text{S}}^{m})^{\eta_{\text{S-m}}} \cdot (U_{\text{D}}^{j,*} - U_{\text{D}}^{j})^{\eta_{\text{D-j}}} \tag{9-97}$$

$$U_{\text{W}}^{i,*} \geqslant U_{\text{W}}^{i} \tag{9-98}$$

$$U_{\text{S}}^{m,*} \geqslant U_{\text{S}}^{m} \tag{9-99}$$

$$U_{\text{D}}^{j,*} \geqslant U_{\text{D}}^{j} \tag{9-100}$$

$$\sum_{i=1}^{n} U_{\text{W}}^{i,*} + \sum_{m=1}^{n} U_{\text{S}}^{m,*} + \sum_{j=1}^{n} U_{\text{D}}^{j,*} = U_{\text{D-W-S}} \tag{9-101}$$

式中：$U_W^{i,*}$、$U_S^{m,*}$、$U_D^{j,*}$ 分别为风电机组 i、光伏方阵 m、火电机组 j 在耦合系统中分得的收益；U_W^i、U_S^m、U_D^j、分别为风电机组 i、光伏方阵 m、火电机组 j 独立运行时的收益，即纳什议价破裂点。

为便于进一步计算求解，提出了上述纳什议价模型的解析最优解，首先对目标函数取自然对数，原目标函数可表示为

$$\max\Big[\sum_{i=1}^n \eta_{W\text{-}i} \cdot \ln(U_W^{i,*} - U_W^i) + \sum_{m=1}^n \eta_{S\text{-}m} \cdot \ln(U_S^{m,*} - U_S^m) + \sum_{j=1}^n \eta_{D\text{-}j} \cdot \ln(U_D^{j,*} - U_D^j)\Big]$$

(9-102)

根据 KKT 条件，对上式替换后可得

$$\frac{\eta_{W\text{-}i}}{U_W^{i,*} - U_W^i} + \frac{\eta_{S\text{-}m}}{U_S^{m,*} - U_S^m} + \frac{\eta_{D\text{-}j}}{U_D^{j,*} - U_D^j} = 0$$

(9-103)

最终，结合参与方贡献度可得收益分配方法为

$$U_W^{i,*} = U_W^i + \eta_{W\text{-}i} \cdot \Delta U$$

(9-104)

$$U_S^{m,*} = U_S^m + \eta_{S\text{-}m} \cdot \Delta U$$

(9-105)

$$U_D^{j,*} = U_D^j + \eta_{D\text{-}j} \cdot \Delta U$$

(9-106)

收益分配结果实质可分为两部分，第一部分使耦合系统参与方的收益得到参与合作前的水平，即独立参与市场时的预期收益，第二部分为考虑市场参与方贡献度对合作剩余进行分配。

通过上述收益分配机制，最终的分配结果从日前市场和实时平衡市场两个维度，分别考虑了不同特性市场成员的电量贡献和灵活性贡献，最终实现合作剩余公平、合理的分配。

9.4.2 算例分析

9.1.1 联合运行前后市场主体申报策略及收益对比分析：

为验证所提联合运行模型的优越性，对比分析了独立与联合运行下的申报功率曲线和预期的不平衡电量，如图 9-23 所示。其中独立运行下所对应的申报曲线和不平衡电量为各参与方申报曲线和不平衡电量加和所得。

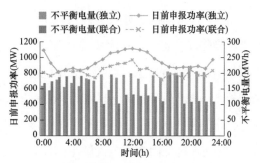

图 9-23 耦合系统合作运行前后申报功率及不平衡电量的对比

图 9-23 中对比不同运行方式下的预期不平衡电量可以发现，在大多数时段下联合运行对应的不平衡电量较低，这主要是因为新能源与火电组成耦合系统能最大限度发挥火电机组的灵活性调节能力。火电所提供的灵活性服务能有效平抑新能源的不确定性，通过弥补新能源欠发时导致的负不平衡电量，缓解耦合系统整体的偏差程度的同时也意味着整体运行效率的提升。通过这样的方式，相比于独立运行，耦合系统整体收益得到提升，耦合系统中各市场成员预期收益的详细情况见表 9-14。

表 9-14　　　　　　　新能源与火电独立/联合运行模式下参与方预期收益　　　　　　　元

市场成员		日前市场收益	实时平衡市场收益	总收益
独立运行模式	风电	1,073,966.91	−114,110.43	959,856.48
	光伏 1	471,370.04	−33,114.52	438,255.51
	光伏 2	158,020.57	−4,386.46	153,634.11
	火电 1	537,444.14	75,746.63	613,190.77
	火电 2	537,444.14	75,746.63	613,190.77
	合计	2,778,245.79	−118.16	2,778,127.63
耦合运行模式		2,755,189.95	90,433.13	2,845,623.08

由表 9-14 中结果可以看出，当风电、光伏发电单独参与市场时，由于其功率不确定性和波动性在实时平衡市场中产生的不平衡费用均为负数，使其整体收益降低。当火电单独参与市场时，由于其在运行成本方面较风电、光伏发电相比并不具有优势在日前市场中获得的利润不如新能源可观，但是在实时平衡市场中火电的不平衡结算费用均为正数，这一现象表明火电自身的灵活性调节能力较为充足，在经济激励作用下能够为电力系统稳定和平衡做出贡献。

相比于独立运行模式，联合运行模式下市场参与方能多获得收益 67495.45（2845623.08−2778127.63）元，这一部分就是新能源与火电合作后各参与方所获得的额外收益。其中，耦合系统在日前市场下少获益 23055.84（2778245.79−2755189.95）元，结合图 9-22 独立/联合运行模式下申报功率的对比可知这是由于风电、光伏发电经与火电合作联合运行后申报策略较为激进，火电为配合新能源企业不得不在日前发电计划中做出权衡以提供灵活性服务，因此耦合系统内部火电发电量不能与火电独自参与市场时相比，联合运行模式下日前市场中的整体申报功率小于独立运行模式（如图 9-23 中黄色、绿色曲线所示）；在实时平衡市场中，耦合系统将多获益 90551.29（90433.13＋118.16）元，这是因为火电能够平抑耦合系统内部的新能源波动进而避免不平衡惩罚费用，在此基础上还有余力面向整个系统提供灵活性服务来获得正不平衡电量收益。

9.4.3 耦合系统参与电力现货市场收益分配结果

如前述分析，传统纳什议价模型将耦合系统在市场中的总收益平均分配给各参与方，即不同特性的成员被认为具有相等的贡献度。然而，实际中，耦合系统各参与方在联合参与市场交易中的贡献是不同的，各新能源场站对灵活性的需求也是不同的，参与方间特性的差异性应当对应于不同的收益分配结果。而本文提出的收益分配机制从日前和平衡市场两个维度能够有效辨识不同参与方的价值和贡献，进而按照市场贡献度分配收益。图 9-24 给出了各参与方的市场贡献情况，其中横轴纵轴分别代表在日前和实时平衡市场的价值贡献，气泡的大小表示市场贡献度。

由图 9-24 可以看出，各参与方的市场贡献度与其在日前市场中提供的电能量价值以及实时平衡市场中提供的灵活性价值呈正相关关系，也就是说，参与方可以通过在日前市场中参与更多的电量交易，提升日前市场中的收益；或在实时平衡市场中提供更多的灵活性以降低耦合系统的不平衡费用，从而获得更高的市场贡献度。相比于传统对称

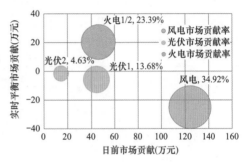

图 9-24 耦合系统各参与方的日前/实时平衡
市场贡献及市场贡献度

纳什议价模型中，所有耦合系统成员市场贡献度均为 0.2，本文所提的收益分配机制能很好地辨识不同参与方间贡献的差异性，可以看出耦合系统内市场贡献度由大到小分别为风电、火电 1 和 2（气泡重合）、光伏发电 1、光伏发电 2，以火电 1 和 2、光伏 1 为例，尽管火电装机容量大于光伏电站，二者却在日前市场的贡献相差不大，这是因为与新能源相比火电的燃料费用降低了其竞争优势，而在实时平衡市场中火电的灵活调节能力使其贡献明显高于光伏电站，最终使得两者的市场贡献度相差 9.71%。

基于上述分析，图 9-25 给出了基于传统对称纳什议价模型和本文所提基于市场贡献的纳什议价模型额外收益情况。对比两种模式下收益分配结果可以看出，在本文所提收益分配方法下，各成员参与联合运行后所获得的收益提升与其为耦合系统做出的贡献呈正比。各参与方按照本文所提分配方法得到的最终收益情况见表 9-15，新能源与火电联合参与现货市场后，风电所分得的收益相比于单独参与市场提升了 2.5%，光伏 1/2 收益分别提升了 2.1%/2.0%，火电收益提升了 2.6%，说明新能源与火电组成耦合系统作为接受电网统一调控的独立运营主体不仅可以为电网减轻调控负担，也具有多方共赢的特性，可以在实现整体效益最大化的同时通过市场化交易有效的消纳新能源。

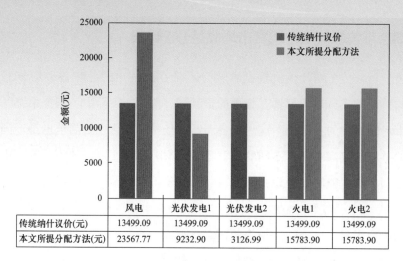

	风电	光伏发电1	光伏发电2	火电1	火电2
传统纳什议价(元)	13499.09	13499.09	13499.09	13499.09	13499.09
本文所提分配方法(元)	23567.77	9232.90	3126.99	15783.90	15783.90

图 9-25　不同分配方法下额外收益分配结果

表 9-15　　　　　　　　　　耦合系统各参与方最终收益分配结果　　　　　　　　　　元

运行模式	独立运行模式	联合运行模式
风电	959,856.48	983,424.25
光伏发电 1	438,255.51	447,488.41
光伏发电 2	153,634.11	156,761.10
火电 1	613,190.77	628,974.66
火电 2	613,190.77	628,974.66

9.5　大型燃煤供热机组调峰经济性分析与评估

9.5.1　调峰需求和现行调峰辅助服务市场机制

　　为促进能源清洁化发展，我国大力推进电能替代工作，优化终端能源消费结构，在"碳达峰"与"碳中和"目标下，电力系统面临低碳转型压力。我国提出构建以新能源为主体的新型电力系统，本节对风电、光伏发电大规模并网带来的调峰问题与目前东北地区调峰辅助服务市场机制进行论述。

　　东北调峰辅助服务分为基本义务调峰辅助服务和有偿调峰辅助服务，当火电机组调整功率至有偿调峰基准之上时，该机组提供基本义务调峰辅助服务。当火电机组调整功率至有偿调峰基准以下时，该机组提供有偿调峰辅助服务，火电厂有偿调峰基准见表 9-16。有偿调峰辅助服务包含实时深度调峰、可中断负荷调峰等交易品种，本文只对实时深度调峰进行相关研究。火电机组提供调峰辅助服务会造成火电机组上网电量减少，并产生大量的附加成本，给火电机组带来显性与隐形的收益损失。

表 9-16 火电机组有偿调峰基准

时期	火电厂类型	有偿调峰补偿基准
非供热期	纯凝火电机组	负荷率 50%
	热电机组	负荷率 48%
供热期	纯凝火电机组	负荷率 48%
	热电机组	负荷率 50%

9.5.2 火电机组调峰全过程运行成本模型

调峰辅助服务分基本义务调峰辅助服务和实时深度调峰，其中深度调峰可以分为两个阶段：火电机组功率在有偿调峰基准以下时，即为深度调峰第一阶段；火电深度调峰功率降低到一定程度时，火电机组处于深度调峰第二阶段，此时机组负荷过低，所产生的热量无法保证锅炉稳定燃烧，易出现灭火现象，需要采用低负荷稳燃技术保持自身安全稳定运行，经过灵活性改造的火电机组低负荷运行稳定性提升，不需要额外辅助燃烧，但在该阶段机组的寿命损耗成本会提升。

本文将火电机组调峰辅助服务分为三个阶段，对火电机组全工况运行成本进行分析。火电机组调峰示意图如图 9-26 所示，其中 $P_{\max}$ 为火电机组最大功率；$P_{\min}$ 为火电机组常规调峰阶段最小技术功率；P_a 为深度调峰第一阶段的最小功率；P_b 为火电机组深度调峰第二阶段最小功率。当火电机组功率 $P_{f,t}$ 在 P_a 与 $P_{\max}$ 之间时，为常规调峰；当火电机组功率在 P_b 与 P_a 之间时，为深度调峰第一阶段；当火电功率在 $P_{\min}$ 与 P_b 之间时，为深度调峰第二阶段。

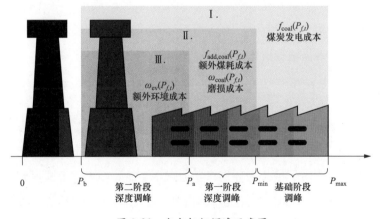

图 9-26 火电机组调峰示意图

在基本调峰阶段时，火电机组的调峰成本主要为发电煤耗成本，当火电机组处于深度调峰阶段时，由于机组负荷过低，会产生附加的煤耗损失、寿命损耗成本、环境成本。但同时由于火电机组功率减少，该时段总煤炭消耗量降低。

（1）发电煤耗成本与附加煤耗成本。火电运行过程中的煤耗成本分为两部分：①火电机组发电燃烧煤炭产生的煤耗成本，即发电煤耗成本，基本调峰与深度调峰阶段均存在发电煤耗成本；②火电机组在深度调峰过程中由于偏离设计工况运行会导致煤耗成本的增加，即附加煤耗成本。

发电煤耗成本可表示为

$$f_{\text{coal}}(P) = \sum_{t=1}^{T}(aP_{f,t}^2 + bP_{f,t} + c)s_{\text{coal}} \tag{9-107}$$

式中：$P_{f,t}$ 为火电机组在 t 时段的功率；a、b、c 分别为火电机组耗量特性函数的系数，该系数根据中国辽宁省大连市庄河火电厂在试验测试中获得（其中 $a=0.0000169$，$b=0.27601$，$c=11.46196$），s_{coal} 为当季单位煤炭价格。

附加煤耗成本可表示为

$$f_{\text{add,coal}}(P) = (b_{un} - b_{r,\min})\delta_i P_{f,t}\Delta T s_{\text{coal}} \tag{9-108}$$

式中：$b_{r,\min}$ 和 b_{un} 分别为火电机组在常规技术功率状态和在深度调峰状态下的煤耗率系数，$b_{r,\min}$ 取为 1.070，当深度调峰时火电机组功率在 P_b 与 P_a 之间时 b_{un} 取 1.11，火电机组功率在 P_c 与 P_b 之间时取 1.19；δ_i 为火电机组在额定功率下的煤耗率；该煤耗率系数与煤耗率根据中国辽宁省大连市庄河火电厂在试验测试中获得；ΔT 为 t-1 到 t 时段的时间区间，本文取 $\Delta T = \dfrac{1}{4}h$。

（2）机组寿命损耗成本。转子是汽轮机最核心、最脆弱的部件，在高温、高压、高速的极端恶劣运行工况下会产生损伤，并且无法以较低的成本，实现对其寿命的延长，通常用转子寿命衡量整个机组寿命。在深度调峰时，机组频繁变负荷运行机组转子所受交变应力过大，产生寿命损耗成本，表达式为

$$\omega_{\text{cost}}(P_{f,t}) = \frac{1}{2N_t(P_{f,t})}\tau s_{\text{unit}} \tag{9-109}$$

式中：τ 为火电厂实际运行损耗系数，火电机组功率在 40%～50%P_N 时为 τ_1，在 30%～40%P_N 之间时为 τ_2，且 $\tau_2 > \tau_1$；该参数根据中国辽宁省大连市庄河火电厂在试验测试中获得；$N_t(P_{f,t})$ 为转子致裂循环周次，通过 Manson-Coffin 公式得到。

（3）环境附加成本。燃煤机组在运行过程中会产生大量污染物，主要有二氧化硫、烟尘、氮氧化物等。当火电机组功率降低到一定程度时，脱硫脱硝装置和除尘设备工作效率低，会产生额外的环境成本，其表达式为

$$\omega_{ev}(P_{f,t}) = \sum_{k=1}^{N_e}\lambda_{e,k}\frac{G_k P_{f,t}\Delta T}{G_{s,k}} \tag{9-110}$$

式中：$\lambda_{e,k}$ 为第 k 种污染物的单位应税税额；G_k 为第 k 种污染物的排放量；$G_{s,k}$ 为第 k 种污染物的污染当量值。本文考虑的大气污染物包括 3 种，分别为 SO_2、NO_x 和烟尘，它们的污染物排放量计算公式可表示为

$$G_{SO_2} = M_{f,T} S_J K_{SO_2} \lambda_{SO_2}(1 - \eta_S) \tag{9-111}$$

式中：$M_{f,T}$ 为火电机组在该运行期间的煤炭消耗量；G_{SO_2} 为 SO_2 排放量；S_J 为燃煤应用基含硫率；K_{SO_2} 为燃煤硫向烟气硫转化率；λ_{SO_2} 为 SO_2 和 S 的摩尔质量比，为 $32/16$；η_S 为脱硫效率。

$$G_{NO_x} = M_{f,T} n K_{NO_x} \lambda_{NO_x}(1 - \eta_N)/m \tag{9-112}$$

式中：G_{NO_x} 为 NO_x 排放量；n 为燃煤含氮率；K_{NO_x} 为燃煤氮向烟气氮转化率；λ_{NO_2} 为 NO_x 和 N 的摩尔质量比，为 $46/16$；η_N 为脱氮效率；m 为燃料氮生成的 NO_x 占全部 NO_x 排放量的比率。

$$G_S = \frac{M_{f,T} A d_h (1 - \eta_d)}{1 - C_{fh}} \tag{9-113}$$

式中：G_S 为烟尘排放量；A 为煤的灰分；d_h 为烟气中烟尘占灰分的百分数，其值与燃烧方式有关；η_d 为除尘系统的除尘效率；C_{fh} 为烟尘中可燃物的百分含量，与煤种、燃烧状态和炉型等因素有关。

综上，火电机组分段运行成本可表示为

$$F(P_{f,t}) = \begin{cases} f_{coal}(P_{f,t}) & P_{min} < P_{f,t} < P_{max} \\ f_{coal}(P_{f,t}) + f_{add,coal}(P_{f,t}) + \omega_{cost}(P_{f,t}) & P_a < P_{f,t} < P_{min} \\ f_{coal}(P_{f,t}) + f_{add,coal}(P_{f,t}) + \omega_{cost}(P_{f,t}) + \omega_{ev}(P_{f,t}) & P_b < P_{f,t} < P_a \end{cases}$$

$$\tag{9-114}$$

（4）电量收益损失与节煤效益。火电机组调峰深度增加会导致其上网电量大幅度减少，造成电量收益损失，称其为发电电量收益损失。此时虽因调峰深度增加而产生附加煤耗成本，但其远小于因发电量减少而降低的发电煤耗成本，因此火电机组总煤耗成本减少，对环境、资源与经济都产生正面影响。

火电机组因新能源功率向上波动而下调功率时也会产生附加电量损耗，导致收益损失，称其为调峰附加电量收益损失，如图 9-27 所示。负荷、新能源功率、火电机组功率分

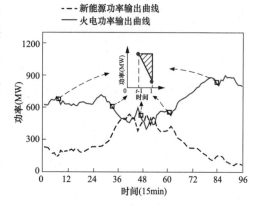

图 9-27　调峰过程中附加火电机组电量损失

别有上升、平稳、下降的趋势。只有因新能源功率上升而导致火电机组功率下降时，才将这部分少发的电量视为附加电量损失

9.5.3 算例分析

本节采用辽宁省某 500kV 并网点风光火耦合系统进行仿真，算例中火电机组装机容量为 1200MW（2×600MW 超超临界发电机组），光伏发电装机容量为 400MW，由于该风电场处于在建状态目前已并网 200MW，故暂定该风电场装机容量为 200MW。

（1）算例概述。辽宁省位于我国东北地区南部，介于北纬 $38°43'\sim43°26'$，东经 $118°53'\sim125°46'$，土地面积约为 145 万 km²，位处于我国"三北"风带上，属于温带大陆性季风气候区，风能与太阳能资源较为丰富，大部分地区常年多风，风速在春秋季较大、夏冬季较小，太阳能资源春夏季较大、秋冬季较小。其中，辽宁省供热期为每年 11 月 1 日至翌年 3 月 31 日。根据供热期、非供热期与风电的季节性可将一年之中的 12 月划分为 4 类：①供热期大风月；②供热期平风月；③非供热期大风月；④非供热期小风月。供热期与风资源分类见表 9-17。

表 9-17 供热期与风资源分类

时期	供热期		非供热期	
风量	平风	大风	小风	大风
月份	1、2、12 月	3、11 月	6、7、8、9 月	4、5、10 月

虽然辽宁省有比较丰富的风、光资源，但是辽宁省电网中水电、燃气机组等灵活性可调电源占比少，电源结构相对单一，进一步加大了调峰压力。为了更好地描述辽宁省调峰压力，以下将会列举相关的问题。首先，光伏发电的整体功率与辽宁省负荷走势呈相反态势，中午负荷呈"谷"状，电网低谷电力平衡异常困难，调度压力巨大，增加了电网安全运行风险（添加辽宁省全口径用电曲线 1 日即可）。其次，电网消纳风电、核电等新能源能力严重不足，弃风问题十分突出，不利于地区节能减排和能源结构升级。再者，辽宁省冬季平均气温为 $-5.7℃$，在冬季供暖期，全网供热机组运行容量占火电运行总容量的 70%，电网调峰与火电供热机组之间矛盾突出，影响到居民冬季供暖安全，存在引发民生问题等风险。此外，辽宁省高载能负荷（包括化工行业、建材行业、黑色金属冶炼与有色金属冶炼行业）用电消耗占全社会用电量的 36%，其开机方式大多集中在夜晚开机，但由于新能源功率的随机性与不确定性，进一步加剧火电机组调峰压力。

国家能源局东北监管局在 2020 年发布《东北电力辅助服务市场运营规则》，旨在从

根本上改革原有的调峰方式，运用市场化机制配置辽宁省电网稀缺的调峰资源。调峰辅助服务市场化以后，灵活性可调资源，其价值才能被真实地体现出来；对于那些有调峰能力的火电机组，通过市场形成的价格引导，其参与调峰的积极主动性会大大提高。

2021年3月5日国家发改委与国家能源局发布关于推进电力源网荷储一体化和多能互补发展的指导意见中明确指出对于增量就地开发消纳项目，在充分评估当地资源和消纳能力的基础上有限利用新能源电力。风光火耦合系统实现了在同一并网点的物理耦合，对外该耦合系统看作一个整体可控电源，不仅满足新能源就地消纳政策，同时，可充分挖掘火电与新能源在调峰等方面的互补性与聚合协同调节潜力。同一并网点风光火耦合系统示意图如图9-28所示。

（2）数据来源。第二章中 s_{coal} 煤价采用的是秦皇岛5500动力煤当季煤炭价格。s_{unit} 所采用的是600MW超超临界火电机组中汽轮机整机购机成本。此外，600MW机组煤耗率如图9-29所示，图中所展示的是600MW机组从100％功率降到30％功率的煤耗特性曲线，正常来说机组最优煤耗率是机组满负荷运行时所得出的煤耗率，但随着高比例新能源持续接入电网，火电机组几乎做不到处于满发的运行工况，这里采用75％的煤耗率作为火电机组额定功率下的煤耗率为316.1kg/MWh。

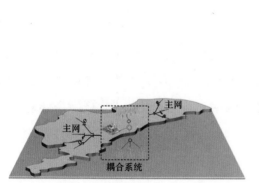

图9-28　同一并网点下耦合系统示意图

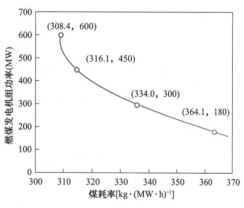

图9-29　中国辽宁省大连市庄河600MW
火电厂煤耗率特性曲线

另外，国家出台了相关政策对参与调峰的火电机组给予一定补偿，上文提及火电机组提供调峰辅助服务分为无偿调峰辅助服务与有偿调峰辅助服务，并且两种不同调峰辅助服务所对应的补偿也是不同。有偿调峰辅助服务补偿机制见表9-18。"两个细则"中针对参与深度调峰的火电机组提出了两档阶梯报价方式和出清补偿机制，特别要注意的是非供热期火电厂深度调峰获得的调峰补偿费用减半处理，也就是在4～10月份火电机组提供辅助服务所获得补偿将进行减半处理。

表 9-18　　　　　现行机制下火电机组参与调峰辅助服务市场报价方式

时期	报价挡位	火电厂类型	火电厂负荷率 μ	报价下限（元/kWh）	报价上限（元/kWh）
非供热期	第一档	纯凝火电机组	$40\% < \mu \leqslant 50\%$	0	0.4
		热电机组	$40\% < \mu \leqslant 48\%$		
	第二档	全部火电机组	$\mu \leqslant 40\%$	0.4	1
供热期	第一档	纯凝火电机组	$40\% < \mu \leqslant 48\%$	0	0.4
		热电机组	$40\% < \mu \leqslant 50\%$		
	第二档	全部火电机组	$\mu \leqslant 40\%$	0.4	1

此外，根据《辽宁省物价局关于合理调整电价结构有关事项的通知（辽价发〔2017〕57号）》，火电上网电价为 0.3749 元/kWh。根据以上所获得的数据，对火电提供调峰辅助服务的成本进行计算并分析评估火电机组在调峰市场的经济性会在后文被提及。

9.5.4　火电机组调峰经济性分析

本文考虑新能源装机容量占比的增加，计算不同场景下煤价为 850 元/t 时火电机组全年的成本与收益，分析火电机组调峰经济性。并考虑煤炭价格对火电机组收益的影响，分析火电机组收益随煤价增长的变化。

（1）场景描述。本文所选取的风光火耦合系统目前已有 200MW 风电机组正式并网发电，未来将扩充 500MW 的风电容量，这些风电机组处于同一地区，其功率特性相同。根据风电装机容量占比不同，分 3 种场景进行分析，表 9-19 为 3 种场景下的火电、风电与光伏发电的装机容量。场景 1 中，新能源装机容量占比为 33.3%，发电量占比为 12.2%；场景 2 中，新能源装机容量占比为 36.8%，发电量占比为 14.7%；场景 3 中，新能源装机容量占比为 38.6%，发电量占比为 16.0%。

表 9-19　　　　　　　　三 种 装 机 容 量 场 景　　　　　　　　　　　MW

场景	火电装机容量	风电装机容量	光伏装机容量
1	1200	200	400
2	1200	300	400
3	1200	354	400

基于上述描述与篇幅限制，考虑供热期、非供热期以及风能资源特性，列出风电装机容量为 200MW 时，4 个典型月负荷特性曲线与火电和新能源功率曲线，如图 9-30 所示。

各项成本架构如图 9-31 所示。

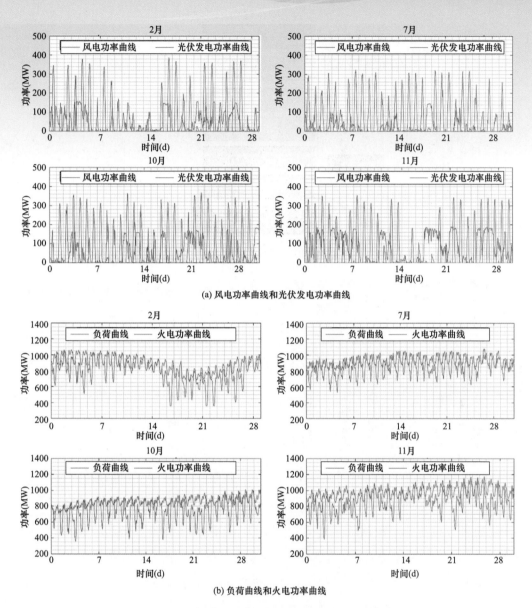

(a) 风电功率曲线和光伏发电功率曲线

(b) 负荷曲线和火电功率曲线

图 9-30　耦合系统典型月负荷曲线及风光火功率曲线

　　火电机组调峰净收益为调峰补偿费用减去调峰附加成本与调峰附加电量收益损失，由于电量收益已经扣除调峰附加电量损失部分，因此，火电净收益为火电电量收益与调峰补偿之和减去发电煤耗成本与调峰附加成本。

　　火电调峰净收益：火电调峰净收益＝火电调峰补偿费用－调峰附加成本－调峰附加电量收益损失。

　　火电净收益：火电净收益＝火电电量收益＋调峰补偿－发电煤耗成本－调峰附加成本。

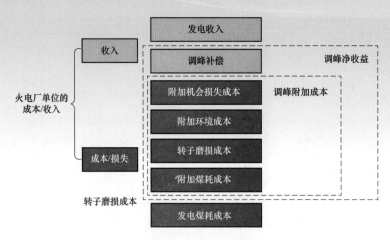

图 9-31　各项成本架构

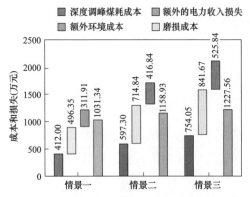

图 9-32　火电机组全年各项调峰附加成本与
附加电量收益损失

（2）调峰附加成本与调峰附加电量收益损失。火电机组全年附加电量收益损失与各项调峰附加成本如图 9-32 所示，调峰附加成本中，附加煤耗成本与寿命损耗成本占大部分比例，环境附加成本占比相对较小。随着风电装机容量不断增加，火电机组调峰附加成本随之增加。

在场景 2 中新能源装机容量较场景 1 扩大 1.17 倍，调峰附加成本增加 508.72 万元，其中附加煤耗成本、寿命损耗成本和环境附加成本分别增加了 44.97％、44.02％ 和 33.64％。在场景 3 中新能源装机容量较场景 1 扩大 1.26 倍，调峰附加成本增加 901.30 万元。其中附加煤耗成本、寿命损耗成本和环境附加成本分别增加了 83.02％、69.57％ 和 68.59％。火电为平抑新能源波动而下调的电量也逐渐增多，场景 2 与场景 3 调峰附加电量收益损失分别较场景 1 增加 12.37％ 与 19.03％。

随着新能源发电量占比增加，附加煤耗成本、寿命损耗成本与环境附加成本增加幅度均增大。调峰附加成本增量中，附加煤耗成本与环境附加成本占比增大，寿命损耗成本占比减小。附加煤耗成本在调峰附加成本中占比逐渐变大。

（3）发电煤耗成本与电量收益。火电机组的运行成本由发电煤耗成本与调峰附加成本组成，其中大部分为发电煤耗成本，见表 9-20，随着新能源装机容量增加，发电量减少，发电煤耗成本随之减少，场景 2 与场景 3 中发电煤耗成本分别较场景 1 减少 2.93％ 和 4.48％。同时，由于调峰附加成本增加，发电煤耗成本占总运行成本比例逐渐减少，在场景 1、2、3 中发电煤耗成本分别占火电机组运行成本的 99.37%，99.07% 和 98.85%。

表 9-20 火电机组全年发电煤耗成本与电量收益 万元

场景	发电煤耗成本	电量收益
1	170482.09	259100.08
2	165489.77	251791.69
3	162837.14	247891.63

火电机组发电量降低会减少火电机组的一部分成本，但同时也会造成其电量收益损失。场景 2 与场景 3 的电量收益分别较场景 1 减少 7308.40 万元和 11208.45 万元，发电煤耗成本的减少量分别为 4992.32 万元和 7644.95 万元，电量收益的减少量远大于发电煤耗成本的减少量。再考虑火电机组调峰附加成本的增加量，火电的收益大幅度下降。

（4）火电机组调峰经济性。火电机组为新能源提供调峰辅助服务会产生大量的收益损失，根据现有规则，火电机组会获得一定的补偿，以下对火电机组获得的调峰补偿费用以及这部分费用是否可以覆盖调峰产生的损失进行分析。

1）火电机组调峰补偿费用。在三种场景中，火电机组能够得到的调峰补偿费用与调峰量如图 9-33 所示。由于非供热期实时深度调峰费用减半，并且不同深度调峰阶段，火电机组报价上下限不同，因此同一场景下调峰量与调峰补偿费用的变化趋势并不完全相同。虽然 10 月的调峰量多于 2 月，但由于 10 月为非供热期，2 月为供热期，并且 2 月的某一段时间内全社会用电量需求较低，导致其调峰量中第二阶段深度调峰量占比较大，获得的调峰补偿费用更高。

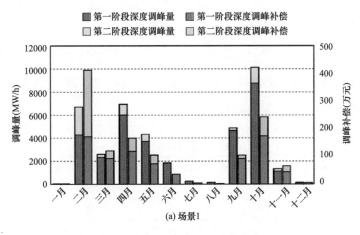

(a) 场景1

图 9-33 火电机组调峰量及调峰补偿费用（一）

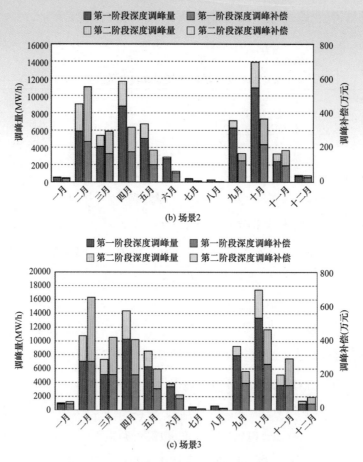

图 9-33　火电机组调峰量及调峰补偿费用（二）

　　新能源装机容量占比增加，火电机组的调峰量与调峰补偿费用也随之增加。相较场景 1，场景 2 与场景 3 的调峰补偿费用分别增加了 940.47 万元和 1687.34 万元。其中第二阶段深度调峰的调峰量与调峰补偿费用增速快于第一阶段，其在总调峰量与总调峰补偿费用中的占比逐渐增加。

　　2）火电机组收益分析。三种场景下火电机组全年调峰补偿费用、调峰附加成本与附加电量收损失见表 9-21。火电机组调峰附加成本与附加电量损失之和大于火电机组调峰补偿费用，火电机组全年调峰净收益为负。

表 9-21　　　　　　　　　　　　　火电全年调峰净收益　　　　　　　　　　　　　万元

场景	调峰补偿费用	调峰附加成本	调峰附加电量收益损失	调峰净收益
1	1283.66	1220.25	1031.34	−967.94
2	2224.12	1728.97	1158.93	−663.78
3	2970.99	2121.56	1227.56	−378.13

  三种场景中一年内每月火电机组调峰净收益组成如图 9-34 所示，随着新能源装机容量占比不断增加，调峰补偿费用增量大于调峰附加成本与损失的增量，某些月份火电机组的调峰净收益增长为正值，但从全年数据来看，火电机组的调峰净收益仍旧为负值。并且虽然火电机组能够得到高额的调峰补偿费用，但这无法弥补其在提供调峰辅助服务费用时的损失，随着调峰量的增加，看似火电机组调峰净收益逐渐增长，实现由亏损转为盈利，但考虑到这个过程中电量收益与发电煤耗成本的变化，其总净收益持续下降。

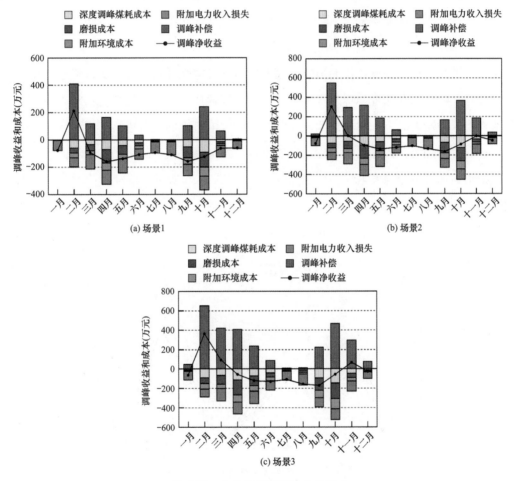

图 9-34 火电机组调峰净收益组成

  火电机组在场景 2 和场景 3 中相较场景 1 各项运行成本与收益变化见表 9-22。其中，场景 2 中附加煤耗成本、寿命损耗成本与环境附加成本分别增加 185.30 万元、218.49 万元和 104.93 万元，场景 3 中分别增加 342.05 万元、345.32 万元和 213.94 万元，寿命损耗成本增幅最大。

表 9-22　　　　　　　　场景 2 与场景 3 相比场景 1 火电机组净收益变化量　　　　　　　　万元

场景	调峰补偿费用	调峰附加成本	发电煤耗成本	电量收益	净收益
2	940.46	508.72	−4992.32	−7308.40	−1884.33
3	1687.33	901.30	−7644.95	−11208.45	−2777.47

虽然随着新能源装机容量占比增加，火电机组调峰量增多，获得的调峰补偿费用逐渐上升，发电煤耗成本也大幅度减少，但在这个过程中火电机组的调峰附加成本也逐渐增加，并且火电机组发电量减少产生大量电量收益损失。总体来看，在火电机组调峰量增加的过程中，产生的损失大于成本的减少与补偿费用的增加。火电机组的净收益逐渐减少，三个场景中火电机组全年净收益分别为 88681.39 万元、86797.06 万元、85903.93 万元，这会极大程度削弱火电机组调峰经济性。

（5）煤炭价格对火电收益的影响。火电机组的发电煤耗成本占其运行成本的绝大部分，并且火电机组在深度调峰过程中会产生附加煤耗成本，煤价的变化会对火电机组的收益产生巨大影响。下面对场景 2 中煤价变化时火电机组的收益进行分析。

在煤价增加时，火电机组的附加煤耗成本与发电煤耗成本随之增加。不同煤价下火电机组附加煤耗成本与发电煤耗成本如图 9-35 和图 9-36 所示，调峰净收益与总净收益如图 9-37、图 9-38 所示。在煤价为 1000 元/t 和 1300 元/t 时火电机组调峰附加成本与发电煤耗成本分别增加 17.65% 和 52.94%。

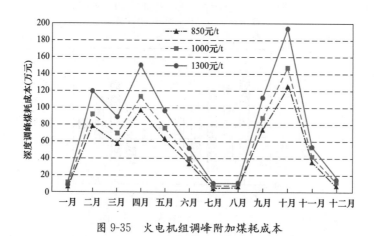

图 9-35　火电机组调峰附加煤耗成本

调峰净收益与净收益随煤价上升而减少，在煤价为 1000 元/t 与 1300 元/t 时，调峰净收益分别减少 105.41 万元与 316.22 万元，总净收益分别减少 29309.48 万元和 87928.45 万元。煤价的增加对火电机组的盈利能力产生较大的冲击，在煤价较高时，会出现火电机组净收益为负的情况，煤价持续升高给火电的生存带来巨大压力。

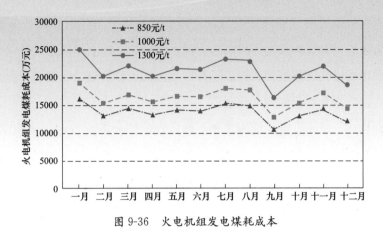

图 9-36 火电机组发电煤耗成本

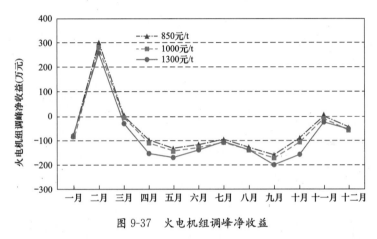

图 9-37 火电机组调峰净收益

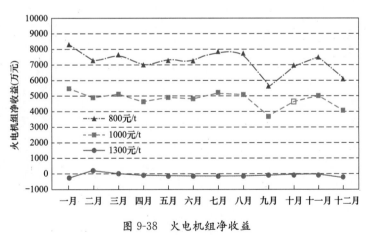

图 9-38 火电机组净收益

9.6 本 章 小 结

（1）本章在研究过程中充分考虑了目前辽宁省电力市场化交易环境及相关政策，并对未来辽宁省电力市场的发展趋势进行了合理展望，以分析耦合系统未来整体运营情况。在对耦合系统进行成本及运行机制进行深入研究的基础上，构建了各类交易环境下的耦合系统的市场优化运营模型，提出了相应的优化运营策略，以求耦合系统获得理想的市场收益，实现耦合系统整体优化运营。

（2）本章构建了考虑可再生能源功率不确定性的耦合系统发电主体成本函数模型，分析对比了耦合系统内各参与方独立运行及联合运行时的收益情况和现行机制下火电深度调峰补偿费用不足的问题。通过构建耦合系统内各参与方贡献度量化评估方法及耦合系统内各参与方辅助服务细化补偿方法，实现了耦合系统内部收益精细化分配。

参 考 文 献

[1] 夏清,白杨,钟海旺,等. 中国推广大用户直购电交易的制度设计与建议 [J]. 电力系统自动化,2013, 37(20):1-7.

[2] Kim M, Ramakrishna R S. New indices for cluster validity assessment [J]. Pattern Recognition Letters, 2005, 26(15):2353-2363.

[3] 环境保护部. 关于印发《燃煤发电机组环保电价及环保设施运行监管办法》的通知 [EB/OL]. [2014-03-28]. https://www.mee.gov.cn/gkml/hbb/gwy/201404/t20140404_270185.htm.

[4] 吴诚,高丙团,汤奕,等. 基于主从博弈的发电商与大用户双边合同交易模型 [J]. 电力系统自动化,2016, 40(22):56-62.

[5] 荆朝霞,朱继松. 月度电量集中竞价市场规则的仿真实验分析 [J]. 电力系统自动化,2017, 41(24):42-48.

[6] 王漪,何召慧,于继来. 按让价、索价和能效综合排序的集中撮合交易方法 [J]. 电力系统自动化,2010, 34(18):32-38.

[7] 谢畅,王蓓蓓,赵盛楠,等. 基于双层粒子群算法求解电力市场均衡 [J]. 电网技术,2018, 42(04):1170-1177.

[8] 姚生奎,钟浩,袁文,等. 考虑后悔规避的风储联合参与日前市场竞标策略 [J]. 科学技术与工程,2022, 22(07):2735-2740.

[9] 魏泓屹,卓振宇,张宁,等. 中国电力系统碳达峰·碳中和转型路径优化与影响因素分析 [J]. 电力系统自动化,2022, 46(19):1-12.

[10] 陆承宇,江婷,邓晖,等. 基于合作博弈的含清洁能源发电商参与现货市场竞价策略及收益分配 [J]. 电力建设,2020, 41(12):150-158.

[11] 武昭原,周明,姚尚润,等. 基于合作博弈论的风储联合参与现货市场优化运行策略 [J]. 电网技术,2019, 43(08):2815-2824.

[12] 刘学,刘硕,于松泰,等. 面向新型电力系统灵活性提升的调峰容量补偿机制设计 [J/OL]. 电网技术:1-10. https://doi.org/10.13335/j.1000-3673.pst.2022.0790.

[13] 张燕,乔松博,徐奇锋,等. 基于纳什议价理论的分布式绿色电力交易优化分析 [J]. 中国电力,2022, 55(12):168-178.

[14] 刘英培,黄寅峰. 考虑碳排权供求关系的多区域综合能源系统联合优化运行 [J/OL]. 电工技术学报:1-15. https://doi.org/10.19595/j.cnki.1000-6753.tces.220595.

[15] 刘硕,杨燕,杨知方,等. 计及新能源随机特性的备用容量确定及其成本分摊方法 [J/OL]. 电力系统自动化:1-9. http://kns.cnki.net/kcms/detail/32.1180.TP.20221123.1245.006.html.

［16］ Zhang Y, Lv Q, , Zhang N, Wang HX, Liu R, Sun H. Cooperative Operation of Power-heat Regulation Resources for Wind Power Accommodation ［J］. Power System Technology 2020; 44（04）: 1350−1362.

［17］ Liu CJ, Gao XG, Zhang P. Study on technical route of thermal power unit participating in deep peak shaving ［J］. Enterprise Management 2020; （S2）: 420−421.

［18］ Cui Y, Xiu ZJ, Liu C, Zhao YT, Tang YH, Chai XZ. Dual Level Optimal Dispatch of Power System Considering Demand Response and Pricing Strategy on Deep Peak Regulation ［J］. Proceedings of the CSEE 2021; 41（13）: 4403−4415.

［19］ Li JH, Wang S. Control Strategy for Battery Energy Storage System Based on Modular Multilevel Converters ［J］. Automation of Electric Power Systems, 2017; 41（09）: 44−50+150.